DAS SÄCHSISCHE KOBALT- UND BLAUFARBENWESEN

Dr. Mike Haustein, geb. 1974, 1992–1997 Studium der Anorganischen Chemie an der TU Bergakademie Freiberg (Abschluss als Diplomchemiker), 1998–2004 wissenschaftlicher Mitarbeiter an den Instituten für Anorganische Chemie und Archäometrie der TU Bergakademie Freiberg. 2002 Promotion zum Dr. rer. nat., 2005–2009 Post-Doktorand am Curt-Engelhorn-Zentrum für Archäometrie gGmbH in Mannheim im Rahmen des Forschungsprojektes „Aufbruch zu neuen Horizonten – die Funde von Nebra und ihre Bedeutung für die Bronzezeit Europas". 2008–2010 Honorardozent an der Eberhard-Karls-Universität Tübingen, 2011 Dr. habil. daselbst. Seit 2010 Leitender Angestellter der Nickelhütte Aue GmbH in Aue/Sa.; Vorsitzender des Fördervereins Schindlers Blaufarbenwerk e. V. Veröffentlichungen u. a.: Clemens Winker – Chemie war sein Leben (2004), Das Erbe des Blaufarbenwerks. 1635–2010. Impressionen aus 375 Jahren Geschichte der Nickelhütte Aue (2010).

Mike Haustein

DAS SÄCHSISCHE KOBALT- UND BLAUFARBENWESEN

Geschichte, Technologien und Denkmale

mitteldeutscher verlag

Dieses Buch entstand mit freundlicher Unterstützung
durch die Nickelhütte Aue GmbH.

INHALT

AN DEN LESER

Eine Geschichte des sächsischen Kobalt- und Blaufarbenwesens von den Anfängen bis zur Gegenwart? Ein solcher Titel wird beim Leser zwangsläufig die Frage aufwerfen, ob dieser alte Industriezweig überhaupt den Anspruch erheben kann, gegenwärtig vertreten zu sein. Und tatsächlich sind die Zweifel berechtigt, denn formal ist das sächsische Blaufarbenwesen mit der Einstellung der Produktion seines finalen Produktes Kobaltblau und der Auflösung des Blaufarbenwerksvereins in den Jahren nach dem zweiten Weltkrieg erloschen. Eine Gegenwart der nachfolgenden Unternehmen sowie ein kulturelles und materielles Erbe gibt es dagegen sehr wohl. Die Nickelhütte Aue mit der Erzgebirgischen Fluss- und Schwerspatwerke GmbH (EFS) stellt heute einen wesentlichen Wirtschaftsfaktor für das Westerzgebirge dar. In Schindlerswerk werden neben anderen Spezialprodukten noch immer Farben produziert und die Hüttenknappschaft „Blaufarbenwerk Zschopenthal" hält, wie die Bergbrüderschaft „Schneeberger Bergparade" auch, die kulturelle Tradition des Blaufarbenwesens hoch.

Vor allem aber wirken die Entwicklungen und Innovationen, die aus den sächsischen Blaufarbenwerken hervorgingen, bis in die Gegenwart nach. So wurde hier u. a. die industrielle Gewinnung von Nickel und Kobalt auf den Weg gebracht. Um dem Problem der Umweltbelastungen durch den Hüttenrauch und den daraus resultierenden Schadenersatzforderungen zu begegnen, entwickelte man schon im 19. Jahrhundert die erste funktionsfähige Rauchgasentschwefelung. Eine Technologie, die heute zum unverzichtbaren Standard industrieller Feuerungsanlagen zählt. Selbst die Entdeckung eines neuen chemischen Elements steht im Zusammenhang mit den Blaufarbenwerken, doch davon wird später noch zu berichten sein.

Nachdem wir nun für das Erbe des Blaufarbenwesens eine gegenwärtige Relevanz belegen konnten, bleibt die Frage, wie überhaupt ein ganzer Industriezweig auf der Grundlage eines Blaupigmentes entstehen konnte. Die Antwort liegt in den Erfordernissen des 16. bis 19. Jahrhunderts begründet. Was wir heute so undifferenziert als „Kobaltblau" oder gar als „Kobaltfarbe" bezeichnen, war in Wirklichkeit eine ganze Gruppe unterschiedlicher Erzeugnisse, die wohl am ehesten mit dem Begriff „Kobaltglasprodukte" umschrieben werden können. Tatsächlich wurde nur ein kleiner Teil davon als Blaupigment in der Malerei oder zur Zubereitung von Anstrichfarben o. Ä. verwendet. Schon deutlich größere Mengen fanden zur Färbung von Gläsern, Glasuren und Fayencen Verwendung.

Das Gros der Erzeugnisse allerdings diente einem anderen Zweck. Mit Hilfe von fein aufgemahlenem Kobaltglas, man bezeichnete diese Produktgruppe als „Eschel", war es möglich, Weißwaren zu bläuen. So trieb die Aussicht auf weiße Wäsche und vor allem auf helles Papier den Absatz der Blaufarbenwerke im 18. und frühen 19. Jahrhundert in die Höhe. Um 1850 wurden nicht weniger als 40 verschiedene Sorten von Kobaltglaserzeugnissen angeboten. Heute sind die Blaufarbenwaren fast vollständig vom Markt und somit aus dem Bewusstsein der Konsumenten verschwunden. Daraus erklärt sich wohl auch, dass das Blaufarbenwesen, obwohl es ein wesentlicher Teil der sächsischen und deutschen Industriegeschichte ist, bisher eher wenig Beachtung fand.

Im Jahre 2009 wurde ich von der Geschäftsführung der Nickelhütte Aue gebeten, eine Chronik des Unternehmens auszuarbeiten. Da ich mich damals schon seit längerem mit der Geschichte des Blaufarbenwesens befasst hatte und auf umfangreiche Recherchen zurückgreifen konnte, fühlte ich mich dieser Herausforderung gewachsen und nahm sie gern an. Allerdings war die im März 2010 zur 375-Jahrfeier der Nickelhütte fertig gestellte Monografie „Das Erbe des Blaufarbenwerks" stark auf das Auer Unternehmen fixiert und hinterließ daher bei mir das Gefühl, der Gesamtthematik nicht ausreichend gerecht geworden zu sein. Oder anders ausgedrückt: Der Wunsch nach einer Fortsetzung ist seitdem stets präsent geblieben.

Während meiner Tätigkeit als Hüttenchemiker für das traditionsreiche Auer Unternehmen erhielt ich Einblick in eine Vielzahl bisher unbekannter oder verloren geglaubter historischer Dokumente. Sogar komplette Nachlässe ehemaliger Werksangehöriger konnte ich in das Archiv der Nickelhütte überführen. Kurzum, es ergaben sich zahlreiche neue Erkenntnisse, die den Drang zu einer erweiterten Publikation zum sächsischen Blaufarbenwesen in mir beförderten. So erhebt das vorliegende Buch den Anspruch, vorhandenes Wissen über diesen traditionsreichen Industriezweig zu bündeln und zu bewahren. Nicht zuletzt soll es aber auch ein Denkmal für die Generationen von Hüttenwerkern sein, die oft unter schwierigen Bedingungen und unter Aufopferung ihrer Gesundheit vor uns wirkten.

Hervorheben möchte ich noch, dass dieses Buch in dem Bewusstsein entstand, dass es sich, wie jede andere populärwissenschaftliche Publikation auch, zwei wesentlichen Herausforderungen stellen muss. Es sind dies einerseits die Authentizität der Ausführungen und andererseits die interessante und flüssige Verarbeitung der Fakten. Was den ersten Punkt betrifft, so sind wissenschafts- und technikhistorisch korrekte Darstellungen nur durch die sehr aufwändige Sichtung primärer Quellen, also im Wesentlichen durch eine umfangreiche Archivrecherche möglich. Das vorliegende Buch stellt sich dieser Forderung und grenzt sich damit ganz klar von Publikationen ab, die ungeprüft vermeintliche Fakten aus der Sekundärliteratur oder dem digitalen Raum verarbeiten oder zumindest mit einfließen lassen. So sehr auch ich die neuen Medien schätze, so können sie beim derzeitigen Stand doch meist nur als Orientierung dienen oder dazu beitragen, den Einstieg in ein Thema zu erleichtern.

Was die ansprechende Darstellung populärwissenschaftlicher Literatur betrifft, so kann ein Autor wohl niemals genug für seine Leser leisten. Ein Buch, das sowohl Wissen vermitteln als auch unterhaltsam sein möchte, stellt immer eine besondere Herausforderung für den Verfasser dar. Jedenfalls habe ich mich in diesem Punkt sehr ernsthaft um Ihr Wohl, lieber Leser, bemüht. Um in diesem Sinne nicht Gefahr zu laufen, Ihre Geduld mit einleitenden Worten über Gebühr zu strapazieren, wollen wir nun unverzüglich in die Thematik des Blaufarbenwesens einsteigen. Wie der Farbeffekt entsteht und worin eigentlich der Sinn der Farbigkeit liegt, sollten uns dabei ebenso eine Überlegung wert sein wie die Frage, seit wann sich Menschen überhaupt mit der Gewinnung von Pigmenten befassen.

Mit herzlichem Glück auf!

Mike Haustein

Aue-Niederpfannenstiel, im Juli 2020

FAKTEN, SAGEN UND LEGENDEN – ÜBER DIE ANFÄNGE

Aus grauer Vorzeit oder Warum der Himmel blau ist

Nüchtern betrachtet ist Farbigkeit nichts anderes als ein Phänomen, dass auf physikalischen Effekten beruht. Das weiße Licht, eine Mischung aus den Spektralfarben des Regenbogens mit unterschiedlichen Wellenlängen, wird durch die Wechselwirkung mit Materie beeinflusst. Bestimmte Anteile werden dabei geschwächt oder ausgelöscht, andere treten hervor. Das menschliche Auge wiederum ist ein Detektor, der seinen Arbeitsbereich eben in jenem kleinen Teil des elektromagnetischen Spektrums hat, den wir aus diesem Grund den „sichtbaren Bereich" nennen. Blau erscheint uns der Himmel am Tage nur deswegen, weil die Luftteilchen die kurzwelligen Blautöne stärker zurück streuen als den gelb-roten Spektralanteil des Lichtes und das menschliche Auge geeignet ist, diesen Effekt wahrzunehmen.

Dennoch bedeuten uns Farben sehr viel mehr als nur die Detektion eines physikalischen Phänomens. Farbigkeit geht mit Emotionen einher. Farbtöne können Wohl- oder Unbehagen vermitteln, Gefahr oder Sicherheit bedeuten. Sie können Informationen enthalten und Botschaften überbringen. Das trifft sowohl auf den Alltag des Menschen wie auf das Tierreich zu. Bunte Blumen locken Bienen ebenso an, wie uns die sprichwörtlichen „blühenden Landschaften" erstrebenswert erscheinen. Schon unseren menschenähnlichen Vorfahren signalisierten Farben den richtigen Zeitpunkt, wann eine Frucht reif und somit zum Verzehr geeignet ist. Und darin scheint wohl auch der Sinn der Farbigkeit zu liegen. Der Evolution erschien es geraten, ihre Geschöpfe mit Augen auszustatten, die so genial konstruiert sind, dass sie Farben als Unterinformationen des Sehsinnes erkennen können und damit imstande sind, einen Nutzen für den Gesamtorganismus zu erzielen. Auf jeden Fall sollten wir dafür dankbar sein, denn ohne Farben wäre unser Leben nicht nur trist und grau, sondern sehr viel emotionsärmer.

Nach heutigen Erkenntnissen existieren menschliche Wesen seit etwa 2,5 Millionen Jahren auf der Erde. Folglich beginnt vor eben dieser Zeitspanne mit der Altsteinzeit, dem Paläolithikum, das älteste und zugleich längste Kapitel der Menschheitsgeschichte. Es endet mit der letzten Eiszeit in Europa vor 12.000 Jahren. Schon die frühen Urmenschen kannten die Faszination der Farben. Der Neandertaler, er war auf unserem Kontinent vor 250.000 bis 30.000 Jahren heimisch, nutzte Ockerpigmente zur Körperbemalung, wahrscheinlich aber auch bereits zum Kolorieren von Gegenständen.

Die wohl faszinierendsten Anwendungen von Farben im Paläolithikum werden allerdings dem Cromagnonmenschen, wie der moderne Mensch (Homo sapiens) von seinem Auftreten in Europa vor 40.000 Jahren bis zum Ende der letzten Eiszeit vor 12.000 Jahren genannt wird, zugeordnet. Die Tierdarstellungen und Jagdszenen in den Höhlen von Lascaux (Südfrankreich), Altamira (Spanien) und einigen anderen legen nicht nur Zeugnis von einem bemerkenswerten Kunstsinn unserer steinzeitlichen Vorfahren, sondern auch von deren Kenntnis verschiedener Farbmittel ab. Aus natürlich vorkommenden Eisenoxiden und Ockern konnten Rot-, Orange- und Gelbtöne gewonnen werden. Manganoxide und Holzkohle wurden zu Schwarzpigmenten verarbeitet. Vermutlich dienten Baumharze oder tierische Fette als Bindemittel bei der Bereitung dieser frühen Farben.

Ein Umstand allerdings dürfte sehr unbefriedigend für unsere altsteinzeitlichen Vorfahren gewesen sein. Obwohl sie alltäglich den blauen Himmel und die grüne Vegetation vor Augen hatten, war es ihnen nicht vergönnt, diese farbecht und dauerhaft abzubilden. Zumindest müssen wir das aufgrund der archäologischen Fundsituation, die das Fehlen von Blau- und Grüntönen in den Höhlenmalereien konstatiert, annehmen. Dazu passt, dass solche Pigmente in der Natur sehr viel seltener vorkommen als Ocker und Rötel. Lediglich dort, wo Kupfererze zu Tage traten und der Verwitterung ausgesetzt waren, konnten grüne und blaue Mineralbildungen wie Malachit und Azurit aufgefunden werden. Zur Bereitung von Farben sind diese allerdings nur sehr bedingt geeignet.

Trotzdem müssen solche farbigen Sekundärminerale die Aufmerksamkeit der Steinzeitmenschen auf sich gezogen haben. Vielleicht entdeckten einige besonders Findige unter ihnen, womöglich sogar als sie Farben daraus gewinnen wollten, den Metallgehalt der grün-blauen Ablagerungen. Jedenfalls gaben das Kupfer und seine etwas später entdeckte Legierung mit Zinn, die Bronze, die Bezeichnung für neue Zeitalter der Menschheitsgeschichte ab. In der Kupferstein- und frühen Bronzezeit, die am Nil schon um 4000 bzw. 2700 v. Chr. beginnen, begegnen wir nun auch dem ersten künstlich erzeugten Pigment, das eine größere Bedeutung erlangte. Seine Entwicklung dürfte Hand in Hand mit der Entdeckung der Ägyptischen Fayence, einer oft grünlich-blauen Glasur gehen, deren Herstellung die Bewohner der Nilregion schon früh beherrschten. Wie für die Glasur auch, war Kupfer das entscheidende Element zur Erlangung dieses blauen Pigmentes, das seit 3600 v. Chr.[1] zur Verfügung stand und sich mit der Etablierung des Ägyptischen Altreiches um 2700 v. Chr. verbreitete und dann fast die gesamte Antike dominierte.

„Ägyptisch Blau" findet sich nicht nur am Helm der berühmt gewordenen Büste der Königin Nofretete, sondern auch in den Grabstätten und Tempeln der Pharaonen. Es war in Mesopotamien ebenso beliebt wie in der griechischen und römischen Welt. Die farbgebende Komponente des mit vielerlei Synonymen wie „Alexandrinisches-" oder „Nil-Blau" belegten künstlichen Pigmentes ist das Schichtsilikat Cuprorivait ($CaCuSi_4O_{10}$). Seine Herstellung kann durch Brennen eines Gemisches aus Sand, Kalk und Kupfermineralen bei Temperaturen zwischen 850 und 1.000 °C bewerkstelligt werden. Gelingt es nicht, die Temperaturen einzuhalten, kann der Farbton eher ins Grüne tendieren oder ganz ausbleiben. Zudem musste, um wenigstens einigermaßen reproduzierbare Ergebnisse zu erzielen, eine möglichst einheitliche Zusammensetzung der Rohgemenge vorliegen. Hohe Anforderungen an die Kundigen, immerhin befinden wir uns in einer Zeit, die weder Thermometer noch die chemische Analyse kannte.

Neben seiner nicht ganz trivialen Synthese wies der Bestseller unter den antiken Pigmenten noch weitere Nachteile auf. So variiert der Farbton des Ägyptisch Blau sehr stark in Abhängigkeit von der Teilchengröße, zudem war seine Deckkraft eher mäßig, so dass es in vergleichsweise dicken Schichten aufgetragen werden musste. Es stellt sich daher die Frage, warum die antiken Kulturen am Mittelmeer nicht oder nur sehr selten auf ein natürlich vorkommendes Mineral zurückgriffen, das ein hochwertigeres Blau zu liefern im Stande ist.

Als Lapislazuli bezeichnet man einen Halbedelstein, der sowohl in Ägypten und Mesopotamien als auch bei den Griechen und Römern bekannt und geschätzt war. Sein tiefes Blau, oft verbunden mit golden schimmernden Einschlüssen aus Pyrit, machte den Halbedelstein zu einem begehrten Schmuckelement. Das daraus gewinnbare Pigment trägt den verheißungsvollen Namen „Ultramarin", was so viel wie „jenseits des Meeres" bedeutet. Es gilt als brillantes Blau des Mittelalters und der Renaissance. Künstler wie Albrecht Dürer verwendeten es gern, aber sparsam, schließlich war es zeitweise kostbarer als Gold. Und darin dürfte wohl auch der Grund dafür liegen, dass es in der Antike kaum zur Zubereitung von Farben genutzt wurde. Dem Massenprodukt Ägyptisch Blau konnte das seltene Ultramarin einfach nicht den Rang ablaufen, mochte es noch so brillant sein.

Im Übrigen erhält man beim Zerstoßen des Lapislazulis zwar ein blaues Pulver, das aber durch Bei-

1 Natürlicher Lasurstein (Lapislazuli), der Grundstoff des natürlichen Ultramarins, gilt als sehr kostbarer und seltener Halbedelstein. Fundort Baikalgebiet, Russland, 9×8 cm. Mineralogische Sammlung der TU Bergakademie Freiberg. Foto: Hartmut Meyer.

mengungen von Kalk u. Ä. verunreinigt ist und noch weiter aufbereitet werden muss. Die dazu nötige Technologie entwickelte man aber erst im Mittelalter, als das Wissen um die Bereitung des Ägyptisch Blau verloren gegangen war und es kaum Alternativen zu dem teuren Naturpigment gab.[2] Erst als es der Stand der chemischen Analyse erlaubte, die Bestandteile des Ultramarins hinreichend genau zu bestimmen, gelang schließlich im Jahre 1828 auch dessen synthetische Herstellung. Hierbei ging es allerdings nicht mehr nur um die Nachahmung des kostbaren Naturproduktes, sondern auch um die Substitution des Kobaltblaus, doch das ist eine Geschichte, die uns später noch beschäftigen wird.

Nun aber ist er endlich gefallen, der Begriff, der im Mittelpunkt dieses Buches steht. Ohne Übertreibung bedeutete die Verwendung des Kobalts einen Quantensprung im Bereich der Entwicklung blauer Gläser, Glasuren und Fayencen. Statt der oft ins Türkis variierenden, wenig transparenten Kupfer-Färbungen waren nun tiefblaue, durchscheinende Produkte möglich. Zudem ist die färbende Wirkung des Kobalts sehr viel intensiver als die des Kupfers. Abhängig von der sonstigen Zusammensetzung sind schon Gehalte von etwa 0,01 Prozent des Übergangsmetalls ausreichend, um eine signifikante Blaufärbung in einer Glasmatrix hervorzurufen.

Die Frage, wann und wo die Menschen erstmals Kobalt zur Färbung von Glas oder zur Erzeugung einer blauen Glasur verwendeten, lässt sich nicht zweifelsfrei beantworten. Zwar existieren Einzelfunde von Kobaltgläsern, wie die Glasperlen von Nitra (Slowakei) oder das Glasfragment von Eridu (Süd-Irak), die beide um 2000 v. Chr. datieren sollen, doch bleibt unklar, ob die Färbung gezielt oder eher zufällig durch das Metall hervorgerufen wurde. Eine regelhafte Verwendung von Kobalt scheint dagegen wiederum zuerst am Nil stattgefunden zu haben. Das plötzliche Auftreten größerer Mengen von kobaltblauen Keramiken ab etwa 1540 v. Chr. ist für die Altertumsforschung bis heute ein ungeklärtes Kuriosum geblieben. Noch verblüffender ist, dass das Kobaltblau etwa 300 Jahre später wieder sang- und klanglos aus der Farbpalette der Ägypter verschwand.

Vielleicht lässt sich dieses Mysterium mit den gesellschaftlichen Verhältnissen im Ägypten jener Zeit erklären. So fällt die Verwendung des Kobalts mit dem Beginn der 18. Dynastie und der Entstehung des Neuen Reiches zusammen. Angefangen mit dem Pharao Ahmose begegnen uns in dieser oft als „Goldenes Zeitalter" betitelten Blütezeit Ägyptens so klangvolle Namen wie Echnaton und Nofretete sowie der durch den Fund seiner goldenen Totenmaske berühmt gewordene Kindkönig Tutanchamun. Tatsächlich war die 18. Dynastie (1540–1300 v. Chr.) sowohl eine Zeit der Expansion und des Handels als auch tiefgreifender politisch-religiöser Umwälzungen. Fast könnte man meinen, das innovative Blaupigment passte nur zu gut zu dieser neuen Epoche. Als die religiösen Neuerungen des Königs Echnaton, er ließ anstatt der bisherigen Gottheiten nur mehr die Sonnenscheibe Aton als anbetungswürdig zu, gegen Ende der 18. Dynastie revidiert wurden, verschwand auch das Kobaltblau wieder. Natürlich wissen wir nicht, ob die Verwendung des glasfärbenden Metalls tatsächlich mit den geschilderten Umständen im Zusammenhang steht. Genauso gut könnten viel profanere Gründe, wie ein Versiegen der Rohstoffquellen oder verlorengegangenes Wissen, eine Rolle gespielt haben.

Dass die Ägypter den neuen Blauton nicht nur zur Dekoration von Keramik verwendeten, offenbart uns ein außergewöhnlicher archäologischer Fund, der im Jahr 1980 vor der türkischen Mittelmeerküste gemacht wurde. Eine bisher unbekannte Landzunge in der Provinz Antalya wurde durch die Entdeckung eines mit den Hightech-Produkten seiner Zeit beladenen Schiffswracks weltberühmt. So gibt uns das um 1400 v. Chr. gesunkene „Schiff von Uluburun" einen Einblick in den Handel und die Erzeugnisse der antiken Mittelmeerkulturen. Neben Kupfer und Zinn, Silber und Ebenholz sowie weiterer Kostbarkeiten fanden sich unter der Ladung auch eine Anzahl kobaltblauer Glasbarren, die mit hoher Wahrscheinlichkeit aus Ägypten, genauer gesagt, aus Amarna, der neu gegründeten Hauptstadt des bereits erwähnten Königs Echnaton, stammen. Jedenfalls liegt dieser Schluss aufgrund der Ähnlichkeit der chemischen Zusammensetzung mit anderen ägyptischen Funden der 18. Dynastie nahe.[3] Die je 1,3 bis 3 kg schweren Stücke werden von den Archäologen als Imitate der Halbedelsteine Lapislazuli, Amethyst und Türkis angesehen. Wenn diese Annahme zutrifft, handelt es sich hierbei um die ältesten künstlichen Schmucksteine oder zumindest um die Halbzeuge zu deren Herstellung.

Das Schiffswrack belegt anschaulich, dass im Mittelmeerraum der späten Bronzezeit ein reger Warenaustausch zwischen den prosperierenden Gesellschaften Ägyptens, des Hethiterreiches, Assyriens und Babyloniens sowie Griechenlands stattfand. Aus all diesen Gebieten sind auch kobaltblaue Glasperlen oder Glasfragmente bekannt. Ob diese womöglich aus Ägypten importiert oder lokal hergestellt wurden (oder beides), lässt sich beim derzeitigen Forschungsstand nicht abschließend beantworten. Dass sich die Glaswerkstätten des Vorderen Orients und Mesopotamiens neben Kupfer auch des Kobalts als Färbemittel bedienten, gilt jedenfalls als sehr wahrscheinlich. Ein spektakulärer Fund, der wie das spätbronzezeitliche Uluburun-Wrack von der Verwendung des Kobalts zeugt, tritt in Mesopotamien aber erst gut 800 Jahre später, d. h. in der Eisenzeit, auf.

2 Kobaltblauer Glasbarren aus der Ladung des Schiffswracks von Uluburun. Durchmesser etwa 14 cm. Vorlage: Deutsches Bergbaumuseum Bochum.

Es gibt wohl kaum jemanden, der nicht zumindest von dem berühmten Stadttor Babylons, das von dem deutschen Architekten und Altertumsforscher Robert Koldewey (1855–1925) Anfang des 20. Jahrhunderts ausgegraben wurde, gehört hat. Das Ischtar-Tor und die dazugehörige Prozessionsstraße wurden einst von König Nebukadnezar II. um 575 v. Chr. errichtet und beeindrucken bis heute besonders durch ihre vielen tausend kobaltblau glasierten Ziegel. Außerhalb der Fachwelt ist das Tor auch deshalb besonders populär geworden, weil es in hunderte Kisten verpackt nach Berlin verschickt und hier aufwändig für das Pergamonmuseum rekonstruiert wurde. So kann sich die Öffentlichkeit seit 1930 von der Pracht des biblischen Babylons überzeugen. Wenn die alten Ägypter Kobalt erstmals regelhaft verwendeten, so gebührt den Babyloniern das Verdienst, kobaltblaue Glasuren in bisher unerreichter Menge und konstanter Qualität erzeugt zu haben.

Rätselhaft aber ist, woher die Glas- und Keramikwerkstätten dieser frühen Hochkulturen die erforderlichen Erze bezogen, immerhin sind im Bereich Ägyptens und des östlichen Mittelmeeres keine abbauwürdigen Kobaltvorkommen bekannt. So erscheint die Tatsache, dass sich gerade hier erste Zentren der Kobaltverarbeitung entwickelten, wie ein Mirakel der Archäologie, das die Phantasie anregen und unkonventionelle Ansätze geradezu herausfordern musste.

Eine solche ebenso verblüffende wie provozierende These zur Lösung des Rätsels präsentierte der Bauingenieur und Archäologe John E. Dayton der wissenschaftlichen Welt im März 1980 auf einem internationalen Symposium für Archäometrie in Paris. In seinem Vortrag mit dem etwas sperrigen Titel „Geologischer Nachweis der Entdeckung des Kobaltglases in mykenischer Zeit als Nebenprodukt des Silber-Schmelzens im Schneeberger Raum im böhmischen Erzgebirge“[4] behauptet er, dass es keinen Zweifel daran geben könne, dass die Quelle des antiken Kobalts, so auch der 18. Dynastie Ägyptens, im Schneeberger Raum zu lokalisieren ist.

In einer Folgepublikation aus dem Jahre 1993 bekräftigt er diese Aussage nachdrücklich und hat überdies erkannt, dass es sich bei Schneeberg nicht um eine böhmische, sondern um eine sächsische Bergstadt handelt.[5] Ein verzeihlicher Irrtum für einen Londoner Wissenschaftler, dem die Länder hinter dem Eisernen Vorhang im Jahre 1980 fast ebenso fern wie die Mondkrater gewesen sein müssen. Und darin liegt auch ein gewichtiges Argument für die Schwere seiner Behauptung. Der Autor ist eben kein im Erzgebirge verwurzelter Heimatforscher, dem ein Interesse daran unterstellt werden kann, aus Lokalpatriotismus Schneeberg zum antiken Montanzentrum emporschwindeln zu wollen.

Worauf aber stützt John Dayton seine Argumentation? Zunächst einmal führt er eine Anzahl älterer Publikationen an, die chemische Analysen antiker Bronzen und Kobaltgläser aus Mykene, Mesopotamien und Ägypten enthalten. Ohne dies näher zu differenzieren, stellt er fest, dass sowohl in den Bronzen als auch in den Gläsern Spuren von Silber, Nickel, Wismut und Arsen aufgefunden wurden. Da diese Elemente typisch für die im Schneeberger Revier vorkommenden Erze (BiCoNi-Formation) wären, zieht er daraus den Schluss, dass sich hier ein montanes Zentrum befand, das die Antike Welt mit Rohstoffen wie Kobalt und Silber belieferte. Weiterhin behauptet er, dass bei der Verarbeitung von silberhaltigen BiCoNi-Erzen das kobaltblaue Glas in Form einer Schlacke zwangsläufig als Nebenprodukt mit angefallen sein muss. Die Größe und Form der antiken Glasbarren, so wie sie u.a. aus dem Schiffswrack von Uluburun bekannt sind (vgl. Abb. 2), entspräche darüber hinaus genau derjenigen der Schneeberger Silberschachtöfen. Demnach wäre das antike Kobaltglas nichts weiter als eine zufällige Entdeckung prähistorischer Silberschmelzer im Westerzgebirge.

Wie nun reagierte die Fachwelt auf diese These, die unsere bisherige Wahrnehmung der klassischen Antike durcheinanderwerfen und uns zwingen würde, einen Teil der Vorgeschichte neu zu interpretieren? Symptomatisch für den Umgang mit Daytons Publikationen ist der Ausspruch eines Nutzers in einem archäologischen Internetforum. Sinngemäß entgegnet dieser auf die Behauptung, dass das Ägyptische Kobalt aus dem Erzgebirge stamme: „Das glaube ich erst, wenn mir jemand die Quittung des Pharaos zeigt.“ Oder anders ausgedrückt: Von der überwältigenden Anzahl der Archäologen und Altertumsforscher werden Daytons Ausführungen abgelehnt bzw. seine Schlussfolgerungen als unzulässig zurückgewiesen.

Tatsächlich gehört der streitbare Forscher einer Minderheit von Archäologen an, die unter der Oberbezeichnung „Ex Occidente Lux“ zusammengefasst und wohl auch etwas stigmatisiert werden. Frei übersetzt bedeutet der lateinische Ausspruch „Aus dem Abendland kommt die Erkenntnis“. Diese Aussage steht im krassen Widerspruch zum etablierten Forschungsstand „Ex Oriente Lux“, was bedeutet, dass die antiken Kulturen und Techniken ihren Ursprung im Orient hatten und sich dann über Europa verbreiteten. Dabei ist ein Hauptargument der ersten Gruppe nicht ganz von der Hand zu weisen. Demnach ist Europa im Gegensatz zum Nahen Osten reich an Kupfer-, Zinn- und eben Kobaltlagerstätten und bildet somit den idealen Nährboden für technisch-kulturelle Fortschritte, wie die Entdeckung der Bronze. Dass es im Altertum Verbindungen zwischen dem nördlichen Europa und dem Orient gab, gilt als gesichert. So bestreitet kein seriöser Archäologe, dass Bernstein aus dem Ostseeraum bereits in der Bronzezeit seinen Weg bis zu den antiken Zentren des Mittelmeeres fand.

Wie also ist Daytons These zu bewerten? Ist es wirklich vorstellbar, dass Ägypter und Babylonier ihre Kobaltrohstoffe auf irgendeine Art und Weise aus dem Erzgebirge bezogen und sich im Bereich Schneebergs ein antikes Montanzentrum befand? Wenn wir nun das Für und Wider dieser These abwägen, müssen wir uns frei machen von Lokalpatriotismus und Sensationslust und die objektive Wertung der Fakten und Indizien als oberstes Gebot annehmen.

Eine solche sachliche Herangehensweise muss zwingend von der Betrachtung der archäologischen Fundsituation ausgehen. Demnach gibt es im Schneeberger Raum bisher keinerlei Belege für prähistorische Bergbauaktivitäten. Zumindest keine, die einer kritischen fachlichen Prüfung standhalten würden. Lediglich für das Vogtland und den Bereich der Zinnseifen um Johanngeorgenstadt liegen Hinweise auf eine Kupfer- und Zinngewinnung in der späten Bronzezeit (1200–900 v. Chr.) vor. Für die Frühbronzezeit (3800–1700 v. Chr.) wird eine kleinflächige Seifenzinngewinnung für Teile des Osterzgebirges diskutiert. Dabei dürften die Vorkommen im Bereich der heutigen Stadt Graupen (CZ: Krupka) für die in der Nähe des Erzgebirges siedelnden Menschen der Aunjetitzer Kultur von besonderem Interesse gewesen sein. Jedenfalls gilt es als nicht unwahrscheinlich, dass diese Menschen in den Sommermonaten ins Gebirge stiegen, um Zinnstein aus den Seifen zu waschen.[6] Dem genannten Kulturkreis wird übrigens auch die berühmt gewordene Himmelsscheibe von Nebra zugeordnet. Für einen ebenso alten Kobaltabbau allerdings gibt es im gesamten Erzgebirge bisher nicht die geringsten Anzeichen.

Nicht ganz unberechtigt könnte man nun einwenden, dass solche Spuren, seien es Schlacken, Ofenreste o. Ä. wenn sie denn vorhanden waren, durch den intensiven mittelalterlichen und neuzeitlichen Bergbau überprägt wurden und daher heute nicht mehr auffindbar sind. Abgesehen davon, dass es schon aus archäologischer Sicht unwahrscheinlich ist, dass etwaige prähistorische Relikte vollständig ausgelöscht worden sein sollen, gibt es noch ein weiteres Argument gegen die „Überprägungsthese". So erscheint es wenig plausibel, dass Chronisten wie Petrus Albinus (1543–1598) oder Christian Melzer (1655–1733) außer dem Hohen Forst bei Kirchberg, der wohl in den Hussitenkriegen im frühen 15. Jahrhundert zum Erliegen kam, keinerlei Altbergbaurelikte erwähnen.[7, 8, 9] Ganz im Gegenteil, die Geschichtsschreiber berichten recht detailliert über die Anfänge des erzgebirgischen Bergbaues im Mittelalter bzw. der frühen Neuzeit. Es bleibt daher zunächst erst einmal nur der Schluss, dass der aktuelle Fundbestand ganz eindeutig gegen Daytons Theorie spricht. Damit wird auch gleich das zweite Argument des streitbaren Forschers, nämlich die Übereinstimmung der Formen der Schneeberger Schachtöfen mit denen der antiken Kobaltglasbarren entkräftet. Wenn es keine Befunde zu prähistorischen Schmelzplätzen im Westerzgebirge, geschweige denn im Schneeberger Raum gibt, so ist auch kein Vergleich mit den genannten Glasbarren zulässig.

Im Übrigen ist die Mutmaßung, dass sich bei der Verhüttung von BiCoNi-Erzen zwangsläufig blaues Glas bildet, schon vom hüttentechnischen Standpunkt aus unhaltbar. Zwar kann sich Kobalt unter bestimmten Bedingungen in einer glasigen Schlacke anreichern, eine reproduzierbare Blaufärbung des Glases ist aber schon wegen der möglichen Beimengungen von Nickel und anderen Elementen nicht zwangsläufig zu erwarten. Immerhin war die Abtrennung schon der geringsten Nickel- und Eisengehalte die hohe Kunst der neuzeitlichen Blaufarbenwerker. Ein Schmelzprozess, der einerseits Silber und andererseits Kobaltglas liefert, ist aus verhüttungstechnischer Sicht, gelinde ausgedrückt, blanker Unsinn.

Für das schwerste Gegenargument aber benötigt man noch nicht einmal Fachkenntnisse. Jeder Laie wird sich fragen, wie die immensen Entfernungen zwischen dem Erzgebirge und Ägypten hätten überbrückt werden können und wie die Nilanwohner überhaupt vom Kobaltreichtum dieses weit im Norden gelegenen Mittelgebirges erfahren haben sollen. Überdies treten Kobalterze nur selten zutage, und selbst den Berg- und Hüttenleuten des ausgehenden Mittelalters blieb der Wertgehalt dieser Rohmaterialien noch lange verborgen. Demnach ist auch das Argument des Erzreichtums nicht stichhaltig. Allein aus dem Vorhandensein von Rohstoffen ergibt sich keine Wahrscheinlichkeit ihrer Ausbeutung. Immerhin werden auch noch heute reichlich neue Bodenschätze entdeckt.

Die Reihe der Zweifel und Gegenargumente ließe sich noch endlos fortsetzen. Der Leser möge sich aufgefordert fühlen, seiner Phantasie selbst freien Lauf zu lassen. Es bleibt nur zu hoffen, dass sich kein Erzgebirger gekränkt fühlt, wenn wir die Behauptung, dass sich die Pharaonen des Kobalts aus unserer Heimat bedienten, als unbegründet zurückweisen müssen. Die Sachlage lässt keinen anderen Schluss zu. Wer sich aber berufen fühlt, Daytons Theorie weiterhin zu vertreten, sei dazu aufgefordert, statt bloßer Behauptungen doch endlich Fakten, Funde oder wenigstens belastbare Indizien vorzulegen.

Wenn wir nun das Erzgebirge als prähistorischen Kobaltlieferant ausschließen, bleibt dennoch die Frage bestehen, wie Ägypter und Babylonier zum Rohstoff für ihre blauen Gläser und Glasuren kamen. Dabei ist dieses Rätsel gar nicht so unlösbar, wie es erscheint, wenn man nur den Blickwinkel etwas verändert und sich von unserer heutigen Sichtweise auf die Erzlagerstätten löst. Demnach lassen wir nur große Vorkommen, die eine wirtschaftliche Gewinnung eines Erzes ermöglichen, als Rohstoffquellen gelten. Kleinflächige Anomalien, oft nur in Form von Ausbissen, werden dagegen nur von Spezialisten, wie Mineraliensammlern beachtet. Dieser Sichtweise folgend, gibt es in Mitteleuropa eben nur eine Kobaltlagerstätte, nämlich das Erzgebirge. Tatsächlich aber finden sich auch in Thüringen, im Schwarzwald, in Hessen, Schlesien und einigen anderen Gegenden Kobalterze in kleineren Quantitäten, die für die Versorgung der antiken Welt voll ausgereicht hätten. Legt man die Kobaltgehalte prähistorischer Gläser und Glasuren von oft weniger als 0,1 Prozent zugrunde, so hätten die Glasmacher der antiken Welt mit wenigen Zentnern hochwertigem Kobalterz vollauf befriedigt werden können.

Die These, die Pharaonen seien mit Rohstoffen aus dem Schwarzwald versorgt worden, ist also nicht weniger berechtigt, als das Erzgebirge dafür anzuführen. Die Behauptung wirkt nur deshalb so absurd, weil wir von unseren heutigen Vorstellungen von einer Lagerstätte ausgehen und somit nur die erzgebirgischen Vorkommen als abbauwürdig gelten lassen. Im Übrigen besitzt auch das südliche Norwegen reiche Kobaltlagerstätten, die im 18. und 19. Jahrhundert zur Blaufarbenfabrikation herangezogen wurden. Dass sie im Zusammenhang mit der Antike nicht diskutiert werden, liegt wohl nur daran, dass sich bisher noch niemand dazu herabgelassen hat, diese der Fachwelt als prähistorische Erzbasen zu offerieren.

Wenn man nun im näheren Umfeld Ägyptens nach kleinen und kleinsten Kobaltvorkommen sucht, wird man tatsächlich fündig. In den etwa 150 km westlich des Nils in der Lybischen Wüste befindlichen und seit der Steinzeit besiedelten Oasen Kharga und Dakhleh existieren Alaunvorkommen, die nachweislich zu Zeiten des Neuen Reiches abgebaut wurden. Eine rosa Verfärbung des Salzes, hervorgerufen durch Kobaltgehalte von etwa 0,3 bis 0,7 Prozent, könnte den antiken Bergleuten aufgefallen sein und sie zu Versuchen veranlasst haben, den farbgebenden Bestandteil des Alauns zu nutzen. Tatsächlich stimmt sein Spurenelementinventar, bestehend aus Nickel, Zink und Mangan, mit ägyptischem Glas überein. Mehr noch, das Aluminium, also der Hauptbestandteil des Alauns, ist geradezu ein Markenzeichen der blauen ägyptischen Gläser und Glasuren. Zudem sollen Steuerlisten die Lieferung von Alaun an den Nil belegen.[10] Auch wenn die Frage, mit Hilfe welcher Techniken und Verfahren es den Ägyptern möglich war, den Alaun zu verwerten, noch offen bleibt, so sind die genannten Indizien doch so überzeugend, dass die Oasen als Kobaltlieferanten des Neuen Reiches angesehen werden müssen. Jedenfalls ist es bei objektiver Betrachtung die wahrscheinlichste aller Varianten, die denn auch von den meisten Wissenschaftlern vertreten wird und damit als etablierter Forschungsstand gilt.[11]

Ohne sich zu weit in chemische Details verwickeln zu wollen, scheint es an dieser Stelle doch geboten, auf eine bemerkenswerte Eigenheit des ägyptischen Kobaltblaus hinzuweisen, in der es sich ganz wesentlich von anderen archäologischen Funden und vor allem von den Smalteprodukten der späteren Blaufarbenwerke unterscheidet. So wird seine Farbigkeit im Gegensatz zu diesen nicht durch die Auflösung von Kobalt in einer Glasmatrix, sondern durch eine Aluminium-Kobalt-Sauerstoffverbindung, die als „Spinell“ bezeichnet wird, hervorgerufen. Das Wissen um die blaue Substanz mit der chemischen Formel $CoAl_2O_4$ ging mit dem Ende des Neuen Ägypterreiches für fast 3.000 Jahre verloren. Erst 1804 wurde die Rezeptur von dem Franzosen Louis Jacques Thénard (1777–1857) wiederentdeckt und zur technischen Reife entwickelt. Die sächsischen Blaufarbenwerke stellten „Thénards Blau“ im 19. Jahrhundert als Nebenprodukt her und verkauften es unter der Markenbezeichnung „Königsblau“ oder „Kobaltultramarin“. Beliebt war das Pigment bei Kunstmalern, sogar beim Druck von Banknoten fand es Verwendung. Die aus dieser Zeit überlieferten Darstellungsvorschriften gehen übrigens genau wie im alten Ägypten von Alaun als Rohstoff aus.[12]

Anders verhält es sich mit dem Kobalt Babyloniens und weiterer Kulturen des Zweistromlandes. Hier gelten Erzvorkommen im heutigen Iran als wahrscheinlichste Rohstoffquellen. Die Gläser und Glasuren sind, im Gegensatz zu denen aus Ägypten, denn auch eher arm an Aluminium. Die Kunst indes, Kobalt als färbendes Agens für Glas oder mehr noch für feinsinnige Glasuren und Fayencen zu verwenden, ging in den folgenden Jahrhunderten nie ganz verloren. Perser, Inder und Chinesen bedienten sich des Metalls ebenso wie Griechen und Römer. Recht bekannt geworden sind die oft sehr kunstvoll gearbeiteten und zum Teil durch Kobalt gefärbten Glasperlen des keltischen Kulturkreises. Auch im Mittelalter gerät Kobalt als Glasfärbemittel nicht gänzlich in Vergessenheit. Davon zeugen u. a. kunstvolle blaue Fenstergläser in einigen der großen romanischen und gotischen Kathedralen jener Zeit.

Den Ausflug in die älteren Kapitel der Menschheitsgeschichte wollen wir nun mit der Erkenntnis abschließen, dass das Blau des Kobalts seit mehr als 3.500 Jahren dazu beiträgt, das Verlangen der Menschen nach Schönheit, Kunst und Farbigkeit zu stillen. Daraus folgt aber auch, dass es vermessen wäre, die Erfindung des Kobaltblaus für das sächsische Berg- und Hüttenwesen der frühen Neuzeit zu reklamieren. Dennoch sind die Unterschiede zu den antiken Anwendungen so augenscheinlich, dass man die Entwicklung, wie sie sich im Schneeberger Raum im 16. und 17. Jahrhundert vollzogen hat, durchaus als Quantensprung auf diesem Gebiet bezeichnen kann. So nutzten die alten Kulturen das Metall lediglich als Färbemittel für Glas und Glasuren, Pigmente daraus zu fertigen, vermochten sie jedoch noch nicht. Erklärlich wird dieser Fakt dadurch, dass für die fein aufgemahlenen Smalteprodukte, um einen Blauton zu erzielen, etwa die 100-fache Kobaltmenge notwendig ist als zur Färbung eines kompakten Glases. Zieht man die Begrenztheit der antiken Kobaltquellen in Betracht, wird die Unmöglichkeit dieses Unterfangens offenbar.

Die Verfügbarkeit des Kobalts bestimmte denn auch meist die Farbtiefe der frühen Gläser und Glasuren.

Die Gemenge mit dem leichter zu beschaffenden, aber deutlich schlechter färbenden Kupfer zu strecken, war gang und gäbe. Während die antiken Blaugläser noch ohne erkennbares Muster verfertigt wurden, entwickelten die sächsischen Blaufarbenwerker reproduzierbare Rezepturen, die in ein frühes Normensystem mündeten, das ohne jedes Beispiel in der Geschichte war und später sogar von allen europäischen Konkurrenten übernommen wurde. Nicht zuletzt erschlossen sich den Kobaltglaserzeugnissen ab dem 17. Jahrhundert völlig neue Anwendungen. Die Möglichkeit, mit ihrer Hilfe Wäsche und Papier bleichen zu können, ließ das bisher in geringer Menge hergestellte Spezialprodukt Kobaltblau zur Massenware avancieren und ermöglichte somit den Aufbau eines ganzen Industriezweiges.

Das sächsische Blaufarbenwesen knüpft also nicht nahtlos an die antiken Vorbilder an, sondern kann, was Qualität und Quantität der Produkte betrifft, als eigenständiger Neubeginn betrachtet werden. Unterstrichen wird diese Feststellung auch durch den Fakt, dass die in den alten Zeiten so gesuchten Erze, von den Schneeberger Bergleuten verächtlich „Kobolte" genannt, noch bis Anfang des 16. Jahrhunderts achtlos auf Halde geworfen wurden. Metallisches Kobalt wiederum wurde erstmals von dem schwedischen Chemiker Georg Brandt (1694–1768) im Jahre 1735 isoliert. Der Blaufarbeneffekt endlich lässt sich erst seit dem Aufkommen der modernen Quantentheorie erklären. So führt die Lösung des zweiwertigen Kobalts in einer Glasmatrix zu elektronischen Zuständen im atomaren Aufbau des Übergangsmetalls, die eine intensive Wechselwirkung mit dem sichtbaren Licht zur Folge haben und dessen kurzwelligen Blauanteil begünstigen. Der Effekt ist demnach gar nicht so verschieden von jenem Phänomen, dem wir auch das Blau des Himmels verdanken.

Das verschmähte Mineral vom schneebedeckten Berg

Immer dann, wenn sich im März der Winter aus dem Westerzgebirge zurückzog, war es jene markante Erhebung, auf der sich der Schnee am längsten hielt. Was lag da näher für die Siedler der umliegenden Ortschaften, als vom schneebedeckten Berg oder kurz vom „Schneeberg" zu sprechen. Merkwürdig allerdings war, dass sich ein Platz auf der Erhebung stets kahl präsentierte. Selbst im ärgsten Winter konnte sich hier weder Schnee noch Eis halten. Just unter jenem Ort sollen sich später die reichsten Erzanbrüche in der St.-Georg-Fundgrube aufgetan haben und auch die St.-Wolfgangs-Kirche errichtet worden sein. Das jedenfalls berichtet uns der Schneeberger Chronist Christian Melzer im Jahre 1716.[9] So ähnlich wie die heißen Quellen in der Gegend von Karlsbad den Winter fernhielten, macht Melzer hier die Ausdünstungen der Erzgänge für dieses Phänomen verantwortlich. Nachvollziehbar ist, dass die nach den ersten Silberfunden sich stürmisch und wild entwickelnde Stadt den Namen des Berges, auf dem sie errichtet wurde, erhielt.

Was allerdings die Anfänge des Schneeberger Bergbaues betrifft, so meldet selbst der Chronist Melzer, der sonst nicht um die Wiedergabe von phantastischen Geschichten verlegen ist, Zweifel daran an, dass ein Pferd das erste gediegene Erz mit den Hufen ausgescharrt haben soll. Solche und ähnliche Legenden begegnen uns nur allzu oft auch in Beziehung zur Entstehung anderer Bergbauzentren, nur belegen lassen sie sich meist nicht. So ist es viel wahrscheinlicher, dass die Silberfunde am Schneeberg nichts anderes als das Ergebnis einer systematischen Erzsuche sind, die sich nach dem Fündigwerden des Freiberger Bergbaus im 12. Jahrhundert über das gesamte Gebirge ausbreitete. Immerhin gab es in der Gegend um den Schneeberg bereits bergbauliche Aktivitäten, so wuschen Siedler aus Zschorlau, Griesbach und Lindenau schon um 1350

Zinn aus den Seifen oberhalb des Dorfes Scheibe, dem späteren Neustädtel.[13] Hier, aber besonders am nahe gelegenen Steinberg bei Zschorlau und Burkhardtsgrün, finden sich noch heute Relikte dieser frühen Seifenarbeit.

Noch bemerkenswerter ist der Altbergbau im nur wenige Kilometer nordwestlich von Schneeberg gelegenen Hohen Forst. Im Kontaktbereich von Granit und Schiefer befand sich eine Erzlagerstätte, die vor allem Kupfer und Silber führte und schon früh ausgebeutet wurde. Die ersten Schriftquellen datieren zwar erst in die Jahre 1316/17, aus ihnen geht aber hervor, dass sich hier nicht nur ein florierendes Bergwerk, sondern auch eine befestigte Montansiedlung befand.[14] Daraus, aber vor allem aus dem Umfang der später aufgefundenen Grubenbaue lässt sich mutmaßen, dass die Bergbauaktivitäten im Hohen Forst viel früher, vielleicht schon im 13. oder gar im 12. Jahrhundert, ihren Anfang nahmen.

Sicher ist, dass der Bergbau nach 1355, als er vorerst letztmalig urkundlich erwähnt wird, zum Erliegen kommt. Als Erklärungsansatz hierfür gilt die Plünderung der bergbaulichen Anlagen durch hussitische Heerscharen um das Jahr 1430, denen auch umliegende Ortschaften zum Opfer gefallen sein sollen. Diese Meinung jedenfalls vertritt Petrus Albinus in seiner Bergchronik.[7] Aus heutiger Sicht erscheint allerdings eine andere Erklärung als sehr viel wahrscheinlicher. Demnach war es wohl eher eine Kombination aus Erschöpfung der Lagerstätte, Pest und Hungersnöten, die den Niedergang der einst florierenden Montansiedlung bewirkte, die vielleicht durch die Hussiten nur noch gänzlich ausgelöscht wurde. Dass dabei die Auserzung der Gänge der entscheidende Punkt gewesen sein muss, manifestiert sich schon daran, dass der Bergbau nach dem Ende der kriegerischen Auseinandersetzungen nicht sogleich wieder aufgenommen wurde. Eine ergiebige Grube hätte sicher nicht lange auf einen neuen Betreiber warten müssen. Auch wenn es unklar bleibt, welchen Anteil die Hussiten am Niedergang des Bergbaus im Hohen Forst tatsächlich hatten, so wirkt es doch wie eine Ironie der Geschichte, dass sie nicht unwesentlich dazu beitrugen, dass eine Generation später der Höhenzug zwischen Kirchberg und Weißbach wieder in den Fokus bergbaulichen Interesses rückte.

So waren es u.a. die von den Einheimischen kolportierten abenteuerlich-schaurigen Geschichten um die wegen ihrer Grausamkeit gefürchteten kriegerischen Anhänger des böhmischen Reformators, die im Jahre 1473 zur Wiederaufwältigung der alten Grubenbaue führten. Der Herr von Wiesenburg, Georg von der Planitz, und seine Mitgewerken hofften nämlich nicht nur auf reiche Erzanbrüche, sondern glaubten auch an Schätze und Reichtümer, die in der alten Zeche vor den Hussiten in Sicherheit gebracht worden sein sollten. Um die abgesoffenen Grubenbaue neu aufzufahren, bediente man sich der modernsten Wasserhebetechnik der damaligen Zeit. Damit gelang den Gebrüdern Hans und Niclas Staudte aus Nürnberg zwar die Aufwältigung des Bergwerks, doch fanden sie weder Schätze noch nennenswerte Erzmengen. Übrigens kursiert die Mär von den Hussitenschätzen bis heute in den Anliegergemeinden des Hohen Forstes.

Als das Wiederauffahrungsprojekt nach zwei Jahren erfolglos abgebrochen wurde, waren die verlorenen Geldmittel zwar ärgerlich, aber für kaum einen der Kontrahenten der Gewerkschaft existenzbedrohend. Insbesondere für den Hauptfinancier des Unternehmens dürfte es sich um nichts weiter als die sprichwörtlichen „Peanuts" gehandelt haben, immerhin war er zu jener Zeit der reichste Mann in Sachsen. Nach ihm wurde 1793, als nach weiteren erfolglosen Aufwältigungsversuchen wieder einmal eine Erschließung der Lagerstätte anstand, das neue Grubengebäude mit dem vermuteten Erzgang benannt. Der „Martin-Römer-Stollen" und der „Jung-Martin-Römer-Gang" sind seitdem untrennbar mit dem Bergbau im Hohen Forst verbunden. Übrigens versuchten nach Römer noch mehr als 80 Eigenlehner vergeblich ihr Glück in dem Areal. Heute ist das etwa 50 Hektar umfassende Gebiet mit seinen Grubenbauen, Pingen, Resten der Montansiedlung und weiteren bergbaulichen Relikten ein bedeuten-

des Denkmal der erzgebirgischen Montangeschichte und Bestandteil der UNESCO-Welterbestätte „Montanregion Erzgebirge/Krušnohoří".
Das Abenteuer im Hohen Forst finanzierte Martin Römer (um 1430–1483) aus den märchenhaften Gewinnen des Schneeberger Bergbaus, die ihm ab 1471 als Hauptgewerke der fündigen Zechen in reichem Maße zuflossen. Dabei war die Entscheidung, am Schneeberg nach Silber schürfen zu lassen, alles andere als risikofrei für den Zwickauer Bürger und Kaufmann. Ab 1460, nach anderen Angaben schon seit 1453, förderten Bergleute in Römers Auftrag Wismut auf dem Schneeberg. Die Hoffnung auf Silber blieb allerdings zunächst unerfüllt. Erst als der weitsichtige Investor die Suche nach dem Edelmetall weiter intensivieren ließ, also nach größerer Teufe vordrang, sollte sich seine Zähigkeit auszahlen.
Dass als Datum der ersten Silberfunde von Petrus Albinus exakt der 6. Februar 1471 genannt wird, mag zunächst verwundern.[7] Immerhin trennte den Chronisten, als er 1590 seine Aufzeichnungen verfertigte, schon mehr als ein Jahrhundert von dem Ereignis. Weniger überraschend ist dagegen, dass Melzer 1716 ebenso genau über den Zeitpunkt des Fündigwerdens des Schneeberger Bergbaus orientiert ist. Seine Ausführungen gleichen bis ins Detail den Angaben bei Albinus, so dass sich ein Nachsinnen über Melzers Quelle erübrigt. Die Zweifel an der allzu peniblen Datumsangabe werden durch den Fakt, dass Martin Römer bereits im September 1470 eine Gratifikation an einen Bergmann auszahlen lässt, der das erste Erz aufgefunden hatte, nicht gerade geringer. So jedenfalls soll es aus den Zehntrechnungen für das Jahr 1470 hervorgehen.[13]
Dieser offensichtliche Widerspruch lässt sich auflösen, wenn man in Betracht zieht, dass es sich beim 6. Februar um den Namenstag der Heiligen Dorothea handelt und der lateinische Begriff nichts weiter als „Gottesgeschenk" bedeutet. Der Leser möge nun selbst entscheiden, ob er daran glauben möchte, dass das erste Silbererz nun wirklich am 6. Februar brach und damit als Geschenk des Himmels zu interpretieren ist, oder ob der Chronist womöglich seinen, sagen wir mal Gestaltungsspielraum ausnutzte, um dieses denkwürdige Ereignis auf ein gefälligeres Datum zu verlegen. Melzer jedenfalls bevorzugte Albinus' Angabe, konnte er doch so seinen etwas hölzernen Reim: *Der Jahrestag war sanct Dorotheen/Als Schneebergs Berck-Werck thät angehen* in seiner Chronik von 1716 unterbringen.
Fest steht, dass nun ein regelrechter Silberrausch einsetzte. Die Ausbeute war mitunter so gewaltig, dass die Zwickauer Münze die Mengen des Edelmetalls gar nicht ausprägen konnte und man sich nicht anders zu helfen wusste, als Silberkuchen an die glücklichen Kuxinhaber auszugeben. Im Jahr 1472 wurde für 1 Kux auf der „Rechten Fundgrube" ($^{1}/_{128}$ Anteil) die schwindelerregende Ausbeute von 1.300 Gulden verteilt. Diese Summe hätte zu jener Zeit zum Bau einiger Häuser ausgereicht. Ein Rekord, der in den folgenden Jahren noch mehrfach überboten wurde.
Bezeichnend für diese Blütezeit ist der oft zitierte Silberfund von 1477, bei dem sich in der Fundgrube St. Georg eine Masse an gediegen Silber und Silberglanz von 18 Tonnen aufgetan haben soll. Ob diese Menge übertrieben wurde und vor allem, ob die anheimelnde Geschichte, dass vor Ort ein Tisch aus dem Erz entstand, an dem Herzog Albrecht zu Speis und Trank Platz nahm, nur eine Legende ist, sei dahingestellt.[15, 16] Der Eindruck des ungeheuren Berggeschreis am Schneeberg, der mit der Überlieferung des außergewöhnlichen Fundes vertieft wird, ist sicher richtig. Unzweifelhaft ist außerdem, dass in nur wenigen Jahren ein umfangreiches Bergrevier entstand und die anfangs planlos und stürmisch wachsende Siedlung am Schneeberg im Jahre 1481 zur Bergstadt erhoben wurde.
Was Martin Römer, den Pionier in Sachen Bergbau auf dem Schneeberg betrifft, so bleibt noch nachzutragen, dass er nicht nur zu märchenhaftem Reichtum gelangte, sondern auch zahlreiche öffentliche Ämter bekleidete. Unter anderem fungierte er als Amtshauptmann von Zwickau und hatte ab 1474 als Berghauptmann von Schneeberg die Kontrolle über den Silberbergbau inne. Großes Vertrauen genoss

er auch bei den Wettinischen Landesherren. So begleitete er Herzog Albrecht 1476 auf seiner Pilgerfahrt nach Jerusalem, um dort von seinem Fürsten den Ritterschlag zu erhalten. Eine nachvollziehbare Würdigung, immerhin finanzierte der erfolgreiche Kaufmann und Bergherr den größten Teil des frommen Unterfangens. Der Gedanke an die Absicherung seines Seelenheils darf Römer auch unterstellt werden, wenn er in seinen letzten Lebensjahren eine Vielzahl von wohltätigen Stiftungen ins Leben rief. Eigentlich müsste noch heute an jedem Freitag an seiner Grablege in der Zwickauer Marienkirche eine ewige Messe für ihn gelesen werden, jedenfalls hatten Römers Erben nach seinem Tode 1483 dafür 600 rheinische Goldgulden bezahlt. Doch selbst diese stattliche Summe reichte wohl nicht bis in alle Ewigkeit.

3 So stellte sich ein Künstler aus dem 19. Jahrhundert die Tafelszene von Herzog Albrecht an einem silbernen Tisch in der St. Georg-Fundgrube zu Schneeberg im Jahre 1477 vor. Repro: Mike Haustein.

Zu Ende des 1480er Jahrzehnts ging das Silberausbringen der meisten Schneeberger Gruben deutlich zurück. Der Wert der Kuxe fiel und auf die Euphorie vieler Investoren folgte die Ernüchterung. Dieser Effekt, der bereits rund 100 Jahre früher in Freiberg auftrat, ist auf das Erschöpfen der reichen oberflächennahen Erzlager in der Oxidationszone zurückzuführen. Der Bergbau nach größeren Teufen war nicht nur mit technischen Problemen und höheren Kosten verbunden, sondern förderte auch ärmere und stärker vergesellschaftete Erze zutage.

Zu allem Überfluss wurden die Bergleute noch mit einem weiteren Übel konfrontiert, das so unerklärlich war, dass man sich zunächst keinen anderen Rat wusste, als das verderbliche Wirken böser Berggeister dafür verantwortlich zu machen. Immer wieder glänzte das Erz im Schein der Öllampe, doch beim Schmelzen entwickelte sich nur ein beißender, giftiger Rauch, der scheinbar alles Silber verzehrte. Dieses Blendwerk wurde alsbald dem neckischen Berggeist Kobalus zugeschrieben. Die Erze, die eine solcherart verderbliche Erscheinung hervorbrachten, wurden daher als „Silberräuber“ oder „Kobalte“ bezeichnet. Ähnliches könnte man von den Nickelerzen, die oft mit Kupfermineralen verwechselt wurden, berichten. Der böse, schelmische Nickel trieb sein Unwesen.

Zugegeben, diese Deutung für die Bezeichnung „Kobalt“ ist nicht mehr als eine Legende, wenn auch eine nachvollziehbare. Immerhin standen die Bergleute unter den damaligen Arbeitsbedingungen dem Tod oft sehr nahe und waren sich daher der Endlichkeit des Lebens wohl bewusst. Daraus erklärt sich ihre besondere Gottergebenheit und tiefe religiöse Bindung. Allerdings war das Bergvolk auch für übergroßen Aberglauben empfänglich, der sich anhand zahlreicher Sagen aus dem Umfeld des Bergbaus nachempfinden lässt. Tatsächlich stellt sich die Entstehungsgeschichte der Bezeichnung „Kobalt“, die ihren Ursprung ohne Zweifel im sächsischen Erzgebirge hat, etwas differenzierter dar.

Demnach waren Begriffe wie Kobold, Cobelt, Cobel, Kobalt u. Ä. im Umfeld des Bergbaus schon länger gebräuchlich. Allerdings bezogen sie sich weniger auf eine bestimmte Erzspezies, sondern eher auf gewisse unerwünschte Eigenschaften. Besonders Erze, die beim Erhitzen einen dichten Rauch entwickelten und sich trotz aller Bemühungen nicht zu Metall verarbeiten ließen, mussten sich verächtlich als „Kobalte“ betiteln lassen. Das trifft natürlich besonders auf sehr arsen- und schwefelreiche Spezies zu. Noch heute bezeichnet man gediegen vorkommendes Arsen, das beim Erhitzen zu staubförmigem Arsenik verbrennt, als „Scherbenkobalt". Albinus nennt denn auch das *Kobelt ein zähes und heißgretiges wildes und gifftiges Metall*, dass *raubet offt und verzehret die Silber.*[7] Auch Agricola und Matthesius äußern sich ähnlich ungünstig.[17, 18] „Kobalt" war also zunächst nichts anderes als ein Schimpfwort für solche Erze, die zwar von ihrem Habitus her den Eindruck erweckten, dass sich Metall aus ihnen schmelzen ließe, diese Erwartung dann aber nicht erfüllten. In historischen Texten ist „Kobalt" demnach oft nur als Sammelbegriff für alle möglichen unerwünschten und verschmähten Bergarten zu interpretieren.

Recht schnell lernten die Bergleute mit den Eigenheiten der Schneeberger Gangmineralisationen umzugehen. Zwar ahnten sie noch nichts von der Existenz der Metalle Kobalt und Nickel, dennoch waren sie sehr wohl in der Lage, die Minerale der berühmten BiCoNi(Ag)-Formation zu unterscheiden und hinsichtlich ihres Wertes voneinander zu trennen. Kobalt-, Nickel- und Arsenminerale, die offensichtlich kein Silber enthielten, also als unerwünschte „Kobelte" galten, wurden ausgelesen und kurzerhand mit dem tauben Gestein auf Halde gestürzt oder als Versatzmaterial unter Tage verwendet. Es ist nachvollziehbar, dass kein Fundgrübner darüber erbaut war, wenn die Kobelte überhandnahmen und damit scheinbar die guten Silbererze zurückdrängten.

Alles andere als verschmäht wurde dagegen das oft gediegen vorkommende Wismut. Das leicht schmelzbare Schwermetall wurde bereits am Schneeberg gewonnen, noch bevor an die ersten Silberfunde überhaupt zu denken war. Matthesius bezeichnet es als *Dach des Silbers*, was durchaus nicht abwegig ist, immerhin wird damit auf eine Eigenart der Schneeberger BiCoNi(Ag)-Formation angespielt, wonach das Wismut eher oberflächennah, also abbautechnisch gesehen noch vor dem begehrten Edelmetall auftritt.[18]

Die Tatsache, dass Wismut wohl schon um 1450 bergmännisch gewonnen wurde, wirft unwillkürlich die Frage auf, was die Menschen des ausgehenden Mittelalters mit dem doch recht exotischen Schwermetall anfingen. Zwar findet man in Zinngeschirr aus jener Zeit hin und wieder etwas Wismut einlegiert, doch können die meist nur im unteren Prozentbereich liegenden Gehalte kaum eine hinreichende Erklärung für seine Begehrtheit liefern. Auch Arzneimittel und Farben auf Wismutbasis scheint es erst später gegeben zu haben, zudem ist ihre Herstellung aus dem Metall eher schwierig. Wir müssen also einräumen, dass wir über die frühe Verwendung des schon bei 271° C schmelzenden Elementes nicht vollständig unterrichtet sind. Ein sehr augenscheinlicher Zusammenhang mit einer Erfindung, die sich just zu der Zeit Bahn brach, als auch das Wismut in den Focus bergbaulicher Aktivitäten geriet, lässt sich aber sehr wohl herstellen.

Johannes Gutenberg (um 1400–1468) war zwar nicht wirklich der erste Buchdrucker, ihm gebührt aber neben der Einführung der Druckerpresse und einer guten Schwärze das Verdienst, als erster bewegliche Lettern entwickelt zu haben. Dass er oft als Erfinder des Buchdruckes benannt wird, kann als Beleg für den erheblichen Fortschritt, den seine Letterntechnik brachte, gewertet werden. Die Buchstaben immer wieder neu kombinieren und setzen zu können, bedeutete einen Quantensprung in Hinsicht auf die Vervielfältigungsmöglichkeiten. Allerdings stieg und fiel die innovative Technik mit der Qualität des Letternmetalls. Um den Guss der Buchstaben in den Druckereien zu ermöglichen, bedurfte es einer Legierung mit niedrigem Schmelzpunkt. Blei oder Zinn erfüllten zwar diese Voraussetzung, waren aber zu weich, so dass die Lettern dem Druck der Pressen nicht lange widerstehen konnten und schnell verschlissen. Gutenberg und seine Mitstreiter lösten das Problem, indem sie eine Legierung mit niedrigem Schmelzpunkt entwickelten, die dennoch über eine ausreichende Härte verfügte, um dem Druck der Pressen standzuhalten. Diese Mixtur blieb ein besonders sorgfältig gehütetes Geheimnis der Gutenbergschen Druckerei und wurde nie offiziell bekannt gegeben.

Auch wenn spätere Letternmetalle nur noch aus Blei, Zinn und Antimon als härtendem Anteil bestanden, so steht heute außer Frage, dass die frühen Legierungen etwa 10 Prozent Wismut enthielten. Somit kam diesem Schwermetall eine Schlüsselrolle bei der Etablierung und Verbreitung des Buchdruckes zu. Viele Wismutlegierungen zeichnen sich nämlich nicht nur durch ihren sehr niedrigen Schmelzpunkt und ihre vergleichsweise hohe Härte aus, sondern haben auch die Eigenschaft, sich beim Erstarren auszudehnen, was sich sehr positiv auf eine gute Ausfüllung der Buchstabenformen und damit auf die Qualität der Lettern auswirkte. Der bekannte Hallenser Chemiker und Wissenschaftshistoriker Edmund Oskar v. Lippmann (1857–1940) belegt die Verwendung des Wismuts beim Buchdruck neben vielen anderen nachvollziehbaren Argumenten damit, dass ein deutscher Buchdrucker in Spanien im Jahre 1495 fleißig Wismut aus der Heimat orderte.[19] Auch bei Agricola und Matthesius finden sich überzeugende Belege dafür, dass Wismutlegierungen essentiell für den frühen Buchdruck waren.[17, 18]

Der Leser wird sich nun fragen, warum wir gerade dem Wismut eine solche Aufmerksamkeit widmen, immerhin soll sich das vorliegende Buch doch mit Kobalt und dem Blaufarbenwesen befassen. Diese kleine Abschweifung ist darin begründet, dass die ersten Blaufarben keineswegs direkt aus typischen Kobalterzen wie Safflorit ($CoAs_2$) oder Skutterudit ($[Co, Ni] As_3$), sondern aus den Mineralbeimengungen des Wismuts gewonnen wurden. Mehr noch, eine Zeit lang vermutete man sogar Wismut als Quelle der blauen Farbe. Doch wie kam es zu dieser irrigen Annahme?

Um das Metall aus den gediegenen Erzen auszuschmelzen, bedurfte es keines großen Aufwandes. Laut Agricola genügte dafür ein schlichtes Reisigfeuer in einer tönernen oder eisernen Pfanne, auf deren Boden sich das ausgesaigerte Metall ansammelte.[20] Wurde der Aufbau zusätzlich mit einem Vorherd versehen, floss das geschmolzene Metall in diesen ab und konnte sogleich als verkaufsfertiger Wismutkuchen entnommen werden. Mitunter wurde das Wismut auch zusätzlich durch nochmaliges Umschmelzen gereinigt. Diese und ähnliche einfache Technologien genügten bis ins 19. Jahrhundert, erst dann bediente man sich sogenannter Röhrenöfen, aus denen das geschmolzene Metall in eiserne Vorlagen abfloss.[13]

4 Wismut mit Quarz, Dolomit und Kobaltblüte (rosa). Fundort Niederschlema. 12 × 14 cm. Pohl-Ströher-Mineralienstiftung an der TU Bergakademie Freiberg. Foto: Hartmut Meyer.

An den Schmelzstätten fanden sich nun mehr oder weniger zusammen gesinterte, stückige Rückstände, die von den Hüttenleuten als „Wismutgraupen“ bezeichnet wurden. Waren die Reste frei von Silber, wurden sie als wertlos betrachtet und auf Halde gestürzt. Heute wissen wir, dass diese Graupen Kobalt als Begleitelement des Wismuts überwiegend in oxidischer Form enthielten. Fügt man dieses geröstete Material, das von seiner Art her dem späteren Safflor ähnelte, zu einer Glasschmelze, so wird diese intensiv blau gefärbt. Für die frühen Schmelzer musste es logisch erscheinen, dass die Farbe im Zusammenhang mit dem Wismut stand. Diesem Irrtum unterliegt übrigens auch Agricola in seinen „Bermannus“ von 1530, indem er über das Wismut äußert: *Man pfleget das Erz zu rösten, wobei man aus dem wertvolleren Teile das Metall, aus dem geringwertigeren Teile eine Art Farbe, die nicht zu verachten ist, gewinnt.* Auch Matthesius glaubt 1559

in seinen Bergpredigten noch fest an das Wismutblau.[18, 21]
Eine außerordentlich wertvolle Quelle zum frühen Blaufarbenwesen, die bisher kaum ausgewertet wurde, fand sich im Archiv der Nickelhütte Aue. Es grenzt fast an ein Wunder, dass das von einem unbekannten Autor handschriftlich abgefasste Buch mit dem Titel „Ober-Ertz-Gebürgischer Wißmuth-Grauppen und Kobelt-Schatz“[22] die Wirren der Zeiten und insbesondere die Vernichtung des Archivs des Pfannenstieler Blaufarbenwerks im Jahre 1949 überstanden hat (vgl. den Abschnitt „Arsen und Kräutertee ...“). Ursprünglich handelte es sich dabei um ein zweibändiges Werk, wobei sich der erste Teil mit den Anfängen der Kobaltfarbenherstellung befasst und im Jahr 1649, als Schindlerswerk, das letzte der sächsischen Blaufarbenwerke entstand, endet. Der zweite Teil wiederum, er wird im ersten erwähnt, soll von der weiteren Entwicklung *biß auf unsere Zeiten* (wie es heißt) handeln. Leider ist diese Fortsetzung verschollen.
Das Buch trägt zwar kein Erscheinungsdatum, es kann aber aufgrund des Inhalts zeitlich eingegrenzt werden. So findet sich bei der Passage zum Kobaltkontrakt von 1627 die Schlussfolgerung, dass das Mengen von guten und schlechten Kobalterzen *bereits vor hundert Jahren ... nicht gestattet ... worden ist.* Demnach muss diese frühe Chronik um 1730 erschienen sein. Vielleicht wurde sie sogar aus Anlass des 100-jährigen Bestehens der Pfannenstieler Farbmühle 1735 angefertigt. Für entsprechende Feierlichkeiten in jenem Jahr sprächen auch Nachforschungen, die zu dieser Zeit in kursächsischen Archiven zu den Pfannenstieler Gründungsunterlagen stattgefunden hatten und zu denen sich heute im Hauptstaatsarchiv Dresden und im Bergarchiv Freiberg Aufzeichnungen finden.[23-1, 24-1] Auf jeden Fall dürfte es sich bei dem etwa 360 Seiten umfassenden Werk um ein Einzelstück handeln, dessen Inhalt deswegen als authentisch gelten kann, weil es ausschließlich die damals vorhandenen Aktenstücke auswertet und sie dabei gleichsam als Faksimiles wiedergibt. Das Buch ist ohne Zweifel als der erste Versuch einer Geschichtsschreibung im sächsischen Blaufarbenwesen zu betrachten.
Dabei ist der Inhalt der ersten im Buch ausgewerteten *alten Urkunden,* wie die amtlichen Schriftstücke mit Bezug zu Kobalt und Wismutgraupen aus der ersten Hälfte des 16. Jahrhunderts genannt werden, durchaus überraschend. Sie beziehen sich nämlich nicht, wie man vielleicht erwarten würde, auf Belange der Förderung und des Handels, sondern auf ein ganz profanes Problem der Verarbeitung. So beklagten sich der Rat und die Einwohner von Neustädtel (hier *Neustadt bey Schneeberg* genannt) 1533 mehrfach bei den *Wismutgewerken* über *das häuffige* Rösten der Wismut *Ertze ... wegen des daher entstehenden Staubs und gifftigen Rauchs.* Nachdrücklich verweisen die Beschwerdeführer auf eine Verordnung des Kurfürsten Johann Friedrich I. (1503–1554), wonach das Wismutrösten und Schmelzen zwischen Walpurgis (30. April) und Michaelis (29. September), also in der Vegetations- und Ernteperiode, scharf verboten ist.
Die Wismutgewerke nahmen es wohl aber auch zukünftig mit der kurfürstlichen Verordnung nicht so genau, jedenfalls rissen die Klagen in den folgenden Jahren nicht ab, sondern gipfelten 1555 darin, dass der Hüttenschreiber Christoph Stahl, von dem später noch die Rede sein wird, neun Gulden Schadenersatz für eine *vom gifftigen Rauch* gestorbene Kuh an den Eigentümer des Nutztieres bezahlen musste. Schließlich erklärte sich das Schneeberger Bergamt dazu bereit, die Einhaltung des kurfürstlichen Röstverbotes stärker zu überwachen und ggf. empfindliche Geldstrafen zu verhängen. Kurfürst August (1526–1586) verschärfte 1571 die Verordnung nochmals, indem er das Rösten nur noch von Martini (11. November) bis Fastnacht (meist Ende Februar) zuließ. Tatsächlich werden einige Neustädtler Bergleute aktenkundig, die sich trotz des novellierten Verbotes am 29. April 1595 erdreisteten, mehrere Röststadel abzubrennen. Die als *Verbrecher* betitelten Männer wurden umgehend mit 30 Gulden Strafe belegt.

Aus diesen z. T. doch etwas kurios anmutenden Aufzeichnungen lassen sich einige durchaus interessante Aussagen zum frühen Schneeberger Blaufarbenwesen ableiten. Demnach ist es kaum denkbar, dass ein alleiniges Ausschmelzen von gediegenem Wismuterz, wie es bei Agricola[20] beschrieben wird, solch enorme Mengen an giftigen Schadstoffen freisetzt, die den erwähnten Streit zwischen den Einwohnern von Neustädtel und den Wismutgewerken unter Einbeziehung der kurfürstlichen Verwaltung rechtfertigen würden. Vielmehr ist davon auszugehen, dass ab etwa 1530 nicht mehr nur allein die Wismutgraupen zur Blaufarbenbereitung herangezogen wurden, sondern auch arsenidische Kobalterze. Diese sogenannten „Farbkobalte" liefern beim Röstprozess große Mengen des giftigen Arseniks, das zu dieser Zeit offenbar noch nicht aus dem Röstgas abgeschieden wurde. Später löste man das Problem durch lange Rauchgaskanäle, die sogenannten Giftfänge, in denen sich das Arsenik niederschlug und somit nicht in die Umwelt gelangen konnte (vgl. den Abschnitt „Technologie der ‚Blauen Farbe'"). Jedenfalls muss das sommerliche Röstverbot 1532 oder 1533 erlassen worden sein, da Johann Friedrich, genannt der Großmütige, erst 1532 sächsisch-ernestinischer Kurfürst wurde.

Klar ist nun auch, wie wir uns die Praxis der frühen Kobaltverarbeitung vorstellen müssen. Da angenommen werden darf, dass die meisten Schneeberger bzw. Neustädtler Bergleute keine „Verbrecher", sondern rechtschaffene Arbeiter gewesen sind und somit nicht im Frühjahr und Sommer rösteten, müssen die Kobalte gesammelt und im Winter verarbeitet worden sein. Dabei agierte jede Grube für sich, eine Organisation scheint zu dieser Zeit weder im Bereich Förderung noch im Handel existiert zu haben. Die kobalthaltigen Halbzeuge, die als „Safflor", „Safflorfarbe" oder gar „Safranfarbe" bezeichnet wurden, fanden ihren Weg in Handelsmetropolen wie Nürnberg und von dort unter anderem nach Holland und Venedig. Laut den Ausführungen im „Kobelt-Schatz" waren es ausländische Kaufleute bzw. deren Faktoren, die den Einkauf in Schneeberg besorgten. Für die Grubengewerke dürfte diese Art der Kobaltverwertung nicht mehr als ein willkommener Nebenerwerb gewesen sein, immerhin war Silber in jener Zeit das noch unangefochtene Haupterzeugnis des Schneeberg-Neustädtler Bergbaus.

Auch wenn wir nun mit gewisser Sicherheit annehmen dürfen, dass spätestens ab 1533 ein gezielter Abbau und die Verarbeitung von Kobalterzen stattfand, bleibt doch die Frage bestehen, wann es den Zeitgenossen schließlich dämmerte, dass Wismut und „Blaue Farbe" zwei verschiedene Dinge sind. Schlüsse dazu aus den Überlieferungen zu ziehen, ist schon deswegen sehr gewagt, weil wir von keiner einheitlichen Terminologie der Roherze ausgehen können. Die Bezeichnungen „Wismutgraupen" und „Kobelte" usw. wurden synonym verwandt. Wahrscheinlich ist, dass sowohl die Schmelzrückstände des Wismuts als auch Haldenkobalt und bergmännisch gewonnene Kobalte eine Zeit lang nebeneinander als Rohstoffe für die Bereitung der safflorähnlichen blauen Färbemittel herangezogen wurden.

Auf die fundamentalen Fragen, wann genau die färbende Eigenschaft der Wismutgraupen entdeckt wurde und wer überhaupt als erster auf den Gedanken kam, diese Rückstände einer solch ebenso innovativen wie verblüffenden Verwertung zuzuführen, geben weder Urkunden noch sonstige amtliche Dokumente Auskunft. Trotzdem müssen wir uns nicht unbedingt mit dem Gedanken abfinden, überhaupt keine Erkenntnisse zum Ursprung des neuzeitlichen Blaufarbenwesens zu haben. Wenn wir nur etwas von dem Grundsatz abrücken, allein vollständig verlässliche Quellen als Erkenntnisgrundlage zu akzeptieren und der Phantasie etwas mehr Raum geben, so lassen sich zumindest wahrscheinliche Szenarien des Anfangs der Blaufarbenherstellung im Erzgebirge herausarbeiten. So wird der einfallsreiche Erfinder der Kobaltfarbe in Melzers Bergchronik nicht nur erwähnt, sondern sogar in jene Couleur von Glücksrittern eingereiht, die mittellos nach Schneeberg kamen und hier zu Reichtum und Ansehen gelangten.[9]

Glücksritter, Farbmacher und Kontrakte – die Zeit bis 1635

Nicht ohne eine gewisse Sensationslust berichtet der Schneeberger Chronist von drei Studenten oder Vagabunden, die noch vor den großen Silberfunden eher zufällig auf den Schneeberg kamen, die schwer arbeitenden Bergleute mit ihrer Musik erfreuten und so ihr Wohlwollen erlangten. Fast umsonst erhielten die Musikanten je 1 Kux an den Bergwerken. Durch die sensationellen Silberfunde ward den bislang Mittellosen nur wenig später eine hohe Ausbeute zuteil, die sie in weiser Voraussicht wiederum in neue Anteile investierten. Als sie den Schneeberg verließen, konnten sie ein märchenhaftes Vermögen mit auf die Reise nehmen.

Melzer wird nicht müde, solche und ähnliche Geschichten, die das oft kolportierte Klischee „vom Tellerwäscher zum Millionär" erfüllen, als Beleg dafür anzuführen, welch sagenhafte Schätze der Schneeberg einst barg. Eine dieser Überlieferungen allerdings fällt dabei etwas aus dem Rahmen. Während nämlich den meisten Glücksrittern einfach nur der Zufall hold war, brachte es dieser Zeitgenosse mit seinem Einfallsreichtum und Geschick zu beachtlichem Reichtum. Ausnahmsweise spielte dabei auch das sonst in dieser frühen Zeit so omnipotente Edelmetall Silber keine Rolle.

Demnach soll sich vor 1520 in Schneeberg ein Franke, Peter Weidenhammer, niedergelassen haben. Er experimentierte mit Wismutgraupen und fand heraus, dass das oxidische, kobalthaltige Material, das er vermutlich mit fein gemahlenem Quarz anmengte, eine Glasschmelze prächtig blau zu färben vermochte. Es könnte sein, dass Weidenhammer später auch mit Haldenkobalt experimentiert hat und gleichfalls gute Ergebnisse erzielte. Auf jeden Fall soll er sein Rohprodukt, eine Art des späteren Safflors, recht erfolgreich an die berühmten Glasmacher von Venedig verhandelt haben. Diese Schlüsse lassen sich aus einer Notiz in Melzers Bergchronik, die dem Leser nicht vorenthalten werden soll, ziehen: *Peter Weidenhammer/ auch ein Franck/ ist arm anhero kommen/ hat sich aber mit der Farbe/ so er aus denen Wißmuth Graupen gemachet/ und in vielen Centnern/ jeden für 25 Rthl/ nach Venedig verhandelt/ also auffgekobert/ daß er zu großen Mitteln kommen/ und ein schönes Hauß am Marckte auffgebauet. Sein Nahme stunde vor diesem in der grossen Kirchen hinter der Canzel im unteren Fenster/ mit dieser Jahr-Zahl: 1520.*[8, 9]

An anderer Stelle weiß der Chronist sogar etwas über die Motivation Weidenhammers zu berichten, die ihn dazu bewog, dieses sicher nicht gerade kostengünstige Fenster zu stiften. Demnach scheint der Franke ein überzeugter Anhänger der Reformation gewesen zu sein, die nach Luthers Thesenanschlag an die Schlosskirche zu Wittenberg am 31. Oktober 1517 nun auch in Schneeberg Einzug hielt. Das farbige Fenster soll entgegen dem alten katholischen Brauch keine Heiligen glorifiziert, sondern Gottvater mit dem gekreuzigten Christus dargestellt haben. Ein Gläubiger, der vor der Szene kniend dargestellt war, stand für den Anspruch der Protestanten zum wahren Glauben, der allein in den Evangelien begründet liegt, zurückzufinden. Leider fehlt heute von dem Fenster jede Spur, schon 1684, als Melzer seine erste Chronik schrieb, scheint es nicht mehr vorhanden gewesen zu sein. Moritz Gerber dagegen meint 1864, *die blaue Scheibe im untersten Fenster hinter der Kanzel in der Hauptkirche zu Schneeberg, mit Peter Weidenhammers Namen und der Jahreszahl 1520...*[25] lokalisiert zu haben. Der Autor der „Sächsischen Privat-Blaufarbenwerke in der Vergangenheit und Gegenwart" wird uns aber noch mit einer Reihe sehr phantasiereicher Behauptungen auffallen, so dass seine Ausführungen, zumal er keine Quellen angibt, nicht besonders glaubhaft sind.

Überhaupt ist bei dieser und den folgenden Darstellungen nochmals zu betonen, dass über die Anfänge der neuzeitlichen Kobaltverarbeitung keine amtlichen, das heißt vollständig verlässlichen Quellen existieren. Bereits Johann Christian Mothes beklagt in seiner 1771 verfassten Abhandlung „Historische

Beschreibung von dem Chur-Sächs. Blau-Farben und Kobalt-Wesen“[26] den Verlust alten Aktenmaterials aus dem Bergamt Schneeberg während der Wirren des Dreißigjährigen Krieges (1618–1648). Das deckt sich mit den Angaben im bereits zitierten „Ober-Ertz-Gebürgischen Wißmuth-Grauppen und Kobelt-Schatz“, wonach sich in den *Bergämtern oder deren Archiven des iezigen Churfürstenthumbs Sachßen* keine Nachrichten über das frühe Kobalt- und Blaufarbenwesen finden.[22]

Um nicht missverstanden zu werden: Hier soll keineswegs generell die Authentizität von Melzers Bergchronik in Frage gestellt werden. Allerdings ist zu beachten, dass die Schilderungen zumindest teilweise auf mündlichen Überlieferungen beruhen, so dass man nicht jede Einzelheit als Tatsache auffassen sollte. Auf jeden Fall sind die Darlegungen nachvollziehbar und glaubhaft, so dass man zumindest sagen kann, dass es so oder so ähnlich gewesen sein könnte.

Demnach muss Weidenhammer im Jahre 1520, als er das aufwändige Fenster stiftete, bereits den Honoratioren der jungen Bergstadt angehört haben. Wie selbstverständlich erwähnt Melzer bei einer Notiz über die Zusammenschlagung zweier Zechen im Jahre 1519 auch die Wismut-Graupen. Aufgrund dieser Indizien ist davon auszugehen, dass 1520 das Farbgeschäft schon einige Jahre florierte und Weidenhammers Erfindung wohl eher um das Jahr 1510 anzusiedeln ist. Der Chronist weiß ebenfalls zu berichten, dass Peter zusammen mit einem Conrad Weidenhammer, der möglicherweise sein Sohn war, 1527 zum Gemeindevorsteher der Bergstadt Schneeberg gewählt wurde. Danach verliert sich die Spur des fränkischen Blaufarbenpioniers. Bleibt noch nachzutragen, dass „Weidenhammer“ in Franken und in der Oberpfalz noch heute ein weit verbreiteter Nachname ist.

Wie in undurchdringlichem Nebel liegt die Geschichte Christoph Schürers, die von vielen Autoren aufgegriffen, ergänzt und bis zur Unkenntlichkeit ausgeschmückt wurde. Ein Meisterstück der Fakten ignorierenden Phantasie gibt dabei der bereits erwähnte Moritz Gerber in seinem Buch aus dem Jahre 1864 ab. Zunächst behauptet er, dass Schürer, seines Zeichens Glashüttenbesitzer aus Neudeck (CZ: Nejdek), nach 1540 die blaue Farbe vervollkommnete. Bis dahin könnte man Gerber noch folgen, immerhin besaßen die Glasmacher einen wesentlichen Teil des Wissens, das für die Herstellung von Kobaltfarben vonnöten ist. Was daran anschließt, ist allerdings eine Geschichte, die weder Intrige noch Lust und Leidenschaft auslässt. Demnach wurde der mit der Tochter eines Schneeberger Hüttenmeisters verlobte Schürer aus purem Neid der Alchimie und Zauberei beschuldigt. Seine nächtlichen Versuche, den verhassten Kobalt in ein nützliches Produkt zu verwandeln, hatten ihn verdächtig gemacht. Als er schließlich als Zauberer verhaftet werden sollte, konnte er den Häschern ein schönes blaues Pulver vorweisen und wurde rehabilitiert. Soweit in Kürze diese Geschichte, bei der nur eines wirklich sicher ist, nämlich dass sie jeglicher Fakten entbehrt, im besten Falle als Sage bewertet werden kann.

Trotzdem wurde die Person Schürers bisher von beinahe jedem Autor, der sich mit dem sächsischen Blaufarbenwesen beschäftigt hat, aufgegriffen. Selbst der Verfasser dieses Buches hat sich 2010 in „Erbe des Blaufarbenwerks“[27] der Omnipräsenz dieses Namens nicht entziehen können. Auch wenn er, aus gewissen Zweifeln um diese Person, nur sehr knapp als möglicher Verfeinerer der Blaufarbenprodukte erwähnt wird. Auf jeden Fall schien es dringend geboten, nach dem Ursprung der Schürer-Legenden zu suchen und die Quelle, soweit sie überhaupt in schriftlicher Form existiert, hinsichtlich ihrer Glaubwürdigkeit zu bewerten. Das Ergebnis dieser an sich überfälligen Spurensuche führte zu einem recht prominenten Erzgebirger des 17. Jahrhunderts zurück, der ob der Qualität seiner Überlieferungen viel gelobt, aber auch mindestens eben so viel getadelt wurde.

Tatsächlich gilt der Scheibenberger Pfarrer Christian Lehmann (1611–1688) als wertvoller Chronist insbesondere dann, wenn es sich um seine Darstellungen der Schrecken des „großen deutschen Krieges", wie der 30-jährige Religionskonflikt zwischen 1618 und 1648 von den Zeitgenossen genannt wurde, handelt. Sein Hauptwerk „Historischer Schauplatz derer natürlichen Merkwürdigkeiten in dem Meißnischen Ober-Ertztgebirge"[28] wird allerdings mitunter als erzgebirgisches Märchenbuch verrissen. Lehmann selbst soll zu demütig gewesen sein, um es zu seinen Lebzeiten zu veröffentlichen. Tatsächlich besorgten das später erst seine Kinder und Enkel. Um nicht lange darum herumzureden, sei gesagt, dass die ursprüngliche Geschichte des Christoph Schürer aus keiner anderen Feder als der des umstrittenen Erzgebirgschronisten stammt. Das Manuskript wurde allerdings erst später in seinem Nachlass entdeckt und 1769 in den „Vermischten Nachrichten zur Sächsischen Geschichte" abgedruckt.[29] Ausnahmsweise soll sie, damit sich der Leser selbst eine Meinung von der Quelle bilden kann, hier ausführlich wiedergegeben werden:

Nachricht, von Aufkunft der Blaufarbenwerke, in dem Obererzgebürge.
Die Farbmühlen sind ohngefähr vor hundert Jahren aufkommen auf diese Weise. Chistoph Schürer, ein Glasmacher von der Platten, zog nach Neudeck, auf die Eulen Hütte, und machte daselbsten Glas. Als er einsten zu Schneeberg gewesen, und schön gefärbten Kobalt liegen gesehen, nimt er etliche Stücke mit anheim, probirts im Glas Ofen, und siehet, daß es schmelzt, ***er thut Asche und anderes darzu, was zum Glas gehöret, und macht ein schön blau Glas daraus.*** *Sinnet der Sachen besser nach, und machet etliche Schachteln voll blauer Farbe, nur vor die Töpfer. Diese Farbe kommet nach Nürnberg, und wird sehr verwundert, und solche den Holländern gewiesen. Diese forschen nicht allein darnach, wo sie gemachet wird, sondern kommen selbst nach Neudeck zu dem Meister, lernen ihm die Kunst ab, und reden ihn auf, daß er mit nach Magdeburg zeugt, und etliche Proben macht von Schneebergischen Cobalten, als wollten sie ihn dadurch zum reichen Manne machen, schicken ihn aber wieder zurück anheim. Da bauet dieser Schürer eine kleine Mühle, nur mit Schwangrädern, weil es aber zu sauer zugehet, richtet ers ans Wasser, und galt erst ein Centner Farbe, hier 7- und einen halben Thaler, in Holland 50. 60. Gulden.* ***Die Holländer baueten in ihrem Lande acht Farbemühlen, hatten aber keine Cobalten, sondern liesen dieselben geröstet zum Schneberg kauffen, und in Fäßlein zu sich führen.***

Der restliche Teil der Veröffentlichung bezieht sich nicht mehr auf Schürer, sondern auf die Gründung der großen Blaufarbenwerke zwischen 1635 und 1650 und wurde ganz offensichtlich aus Melzers Bergchronik übernommen. Es ergeben sich daraus keine weiteren Erkenntnisse, so dass hier auf die Wiedergabe verzichtet werden soll. Was ist nun aber von Lehmanns Überlieferung, die ohne Zweifel die Grundlage für alle späteren Schürer-Erzählungen abgab, zu halten?
Zunächst einmal drängt sich die Frage nach dem Ursprung der Informationen auf, die Lehmann in dem Text verarbeitet. Schriftliche Quellen werden nicht erwähnt, so müssen wir davon ausgehen, dass es sich bei den Ausführungen bestenfalls um mündliche Überlieferungen handelt. Es ist kein Geheimnis, dass der Scheibenberger Pastor seine Erkenntnisse von ausgedehnten Wanderungen durch das Erzgebirge mitbrachte, indem er gezielt den Kontakt zur Bevölkerung suchte. Wollen wir dem rührigen Chronisten nicht unterstellen, dass er die Geschichte frei erfunden hat, so könnte sie ihm von Mitarbeitern sächsischer oder grenznaher böhmischer Blaufarbenwerke zugetragen worden sein. Aus der geografischen Nähe zu Scheibenberg heraus käme besonders die Farbmühle an der Sehma (1686 nach Zschopenthal bei Waldkirchen verlegt) in Frage. Wenn nun Lehmann selbst angibt, dass die Ereignisse bei ihrer Aufzeichnung schon um 100 Jahre, also drei bis vier Generationen zurückliegen, so ist der Wahrheitsgehalt einer mündlichen Überlieferung kritisch zu hinterfragen. Erschwerend kommt hinzu, dass sich aus den Ausführungen Lehmanns

der Zeitpunkt der angeblichen Erfindung nur sehr grob abschätzen lässt. Nehmen wir an, dass er die Geschichte in seinem besten Alter, also etwa zwischen 1640 und 1680 geschrieben hat, was natürlich nur vermutet werden kann, so hätten die Ereignisse 100 Jahre früher, also zwischen 1540 und 1580 stattgefunden. Unverständlich bleibt, dass viele der späteren Autoren Schürers Erfindung einfach um das Jahr 1540 ansiedelten, obwohl das nicht mehr als eine Mutmaßung sein kann.

Auch sonst ergeben sich Unstimmigkeiten. So muss man sich fragen, ob sich die Holländer nicht eher bei den Venezianern als bei einem böhmischen Glasmacher über die Blaufärbekunst unterrichtet hätten, immerhin beherrschten diese das Färben mit Kobalt schon länger. Jedenfalls dürften holländische Kaufleute des Öfteren die als Handelsmetropole bekannte Lagunenstadt aufgesucht haben. Am allermerkwürdigsten aber ist, dass Schürer, wenn er wirklich eine Schlüsselrolle bei der Entwicklung des Blaufarbenwesens gespielt haben sollte, weder in Melzers Schneeberger Bergchronik noch im „Ober-Ertz-Gebürgischen Wißmuth-Grauppen und Kobelt-Schatz" auch nur mit einer Silbe erwähnt wird.

Bei kritischer Betrachtung bleibt also von der glänzenden Geschichte des Christoph Schürer nicht viel mehr übrig als nagende Zweifel. Von einem Autor zum nächsten weitergereicht, ist die Erzählung aus Pastor Lehmanns Feder offenbar eine Art Selbstläufer geworden. Völlig entstellt, taucht sie 1903 sogar im „Sagenbuch des Königreichs Sachsen" auf.[30] Die Häufigkeit des Namens „Schürer" und damit einhergehende Verwechslungen – beispielsweise ist oft von einem Christian statt Christoph die Rede – taten wohl ein Übriges, um die Geschichte weiterzuentwickeln.

Doch nun genug der Kritik! Trotz der eher ernüchternden Bilanz und der äußerst dünnen Faktenlage gibt es keinen Grund, warum dieser tüchtige Schürer nicht doch existiert haben soll. Ein wahrer Kern steckt bekanntlich in jeder Sage. So sind nämlich zwei Aussagen in Lehmanns Text (im Zitat fett hervorgehoben) durchaus plausibel. Erstens könnte Schürer als Glasfachmann durch den gezielten Zusatz von Pottasche und anderen Rohmaterialien tatsächlich ein tiefblaues Glas, also eine Art Smalte, die aufgemahlen ein blaues Farbpulver ergibt, erzeugt haben. Zweitens ist nicht von der Hand zu weisen, dass die Holländer vermutlich schon im 16., ganz sicher aber in der ersten Hälfte des 17. Jahrhunderts eine führende Rolle bei der Blaufarbenbereitung innehatten. Auch wenn über die Farbmühlen in Holland bisher fast nichts in Erfahrung gebracht werden konnte, so steht doch ihre Existenz außer jeder Frage. Immerhin lässt sich die Beteiligung holländischer Kaufleute an den frühen Kobaltkontrakten belegen und Delfter Kacheln sind bis heute weltberühmt.[31]

Für die Existenz und die Verdienste des Christoph Schürer soll übrigens auch ein Aktenstück sprechen, das von einem Professor Bernhard Neumann aus Breslau, der sich in den 1920er Jahren durch eine Vielzahl von Analysen an antiken Blaugläsern hervorgetan hat, erwähnt wird. Demnach soll es sich um ein an den sächsischen Kurfürsten gerichtetes Anschreiben mit dem Titel *Was der Centner blaue Glas zur Wasserfarb zu schmelzen in Schneeberg kosten soll* handeln.[32] Der Verfasser des sich angeblich im Hauptstaatsarchiv Dresden befindlichen Kostenvoranschlages soll kein geringerer als Christoph Schürer aus Platten sein. Mit der Existenz dieses Papiers wäre demnach die herausragende Rolle Schürers bei der Erfindung der neuzeitlichen Kobaltglasprodukte belegbar. Grund genug, einige Mühe auf die Auffindung dieses Schlüsseldokuments zu verwenden. Und tatsächlich existiert ein solches Papier im Hauptstaatsarchiv Dresden.[23-2] Dumm nur, dass das undatierte Anschreiben an den Kurfürsten keinesfalls aus dem Jahr 1540 stammen kann, da sich ein in dem fraglichen Aktenkonvolut enthaltenes Gutachten des Schneeberger Zehndners Daniel Zobel aus dem Jahre 1609 darauf bezieht. Zwar handelt es sich bei dem Unterzeichner des Schriftstückes um einen Christoph Schürer, als Erfinder der blauen Farbe tritt er aber beinahe 100 Jahre zu spät auf.

Fasst man nun die vorliegenden Erkenntnisse zusammen, so fällt es schwer, an nur einen oder wenige prominente Erfinder des Schneeberger Kobaltblaues zu glauben. Während die Person Weidenhammers noch einigermaßen klar aus Melzers Bergchronik herausgearbeitet werden kann, bleibt die des Christoph Schürer eher konturlos im Dunst der Geschichte zurück. Wahrscheinlich ist die Verwendung des Kobalts zur Zubereitung blauer Farbmittel das Ergebnis der Versuche einer nicht näher bestimmbaren Anzahl tüchtiger Berg- und Hüttenleute des frühen 16. Jahrhunderts. Immerhin gab es zu jener Zeit im sächsisch-böhmischen Erzgebirge nicht wenige Glashütten, in denen durchaus ein wesentlicher Teil des Wissens vorhanden war, das zur Bereitung von Kobaltblau notwendig ist. Der große Zuzug aufgrund der Silberfunde am Schneeberg gegen Ende des 15. Jahrhunderts spülte sicherlich noch andere Kundige als Weidenhammer und Schürer in die Bergstadt. Jedenfalls geistern durch die Literatur noch eine Anzahl weiterer Namen, wodurch die Entstehungsgeschichte des Blaufarbenwesens aber nicht gerade durchsichtiger wird.[33]

Statt weiter Sagen und Legenden nachzugehen, wollen wir uns nun mit dem befassen, was wir sicher wissen. So findet sich aus dem Jahre 1546 ein Aktenstück, das uns wiederum einen Einblick in die Gepflogenheiten der frühen Kobaltverwertung erlaubt.[23-3] Es ergibt sich dabei ein ähnliches Bild, wie es im vorangegangen Kapitel auch aus dem „Kobelt-Schatz" abzuleiten war. Demnach beklagt ein gewisser Paul Pudloff aus Schneeberg, dass ihm ein Wolff Hopfenstein die Zahlung für die Lieferung mehrerer Zentner blauer Farbe mit der Begründung verweigert habe, dass es sich nicht um Kaufmannsgut, sondern um minderwertige Ware handeln würde. In dem Schreiben, das an den kurfürstlichen „Poch- und Amtsverweser" auf dem Schneeberg gerichtet ist, erwähnt Pudloff auch, dass er Proben der Farblieferung nach Nürnberg gesandt habe, die vom dortigen vereidigten Probierer für gut befunden wurden. Er ersucht nun den kurfürstlichen Beamten, Hopfenstein zur Auszahlung des Geldes zu veranlassen.

Paul Pudloff dürfte einer von jenen Kundigen gewesen sein, welche die als Nebenprodukte anfallenden Kobalte rösteten und als Halbzeuge verkauften. Es ist unwahrscheinlich, dass unter der Bezeichnung „Farbe" schon höhere Qualitäten zu verstehen sind. Jedenfalls verstärkt der Vorgang den Eindruck, dass die Verwertung des Kobalts zu Safflor o. Ä. in Schneeberg lediglich von Einzelpersonen betrieben wurde und noch jeder Organisation entbehrte. Ganz offenkundig galt Nürnberg als Drehkreuz eines noch bescheidenen Handels mit Blaufarbenwaren. Dass am Ort der Erzeugung noch keine Schiedsproben angefertigt werden konnten, bedeutet nichts anderes, als dass sich die kurfürstliche Bergverwaltung noch nicht für den Kobaltbergbau interessierte und dieser daher noch sehr bescheiden und wenig profitabel gewesen sein muss.

Je weiter wir nun in der Zeit voranschreiten, desto mehr verdichtet sich der Aktenbestand in den Archiven und umso mehr lichtet sich der Nebel um die Anfänge des Sächsischen Blaufarbenwesens. Den Schneeberger Kobaltröstern dürfte nicht verborgen geblieben sein, dass die Ausländer, die ihnen die Kobaltkonzentrate abkauften, aus dem preisgünstigen Halbzeug nicht nur blaue Gläser und Glasuren, sondern auch Pigmente, Bleichmittel und andere hochwertige Erzeugnisse fertigten und damit gute Gewinne einfuhren. Was lag da näher, als sich selbst in der Herstellung der kostbaren Fertigwaren zu versuchen?

Den ersten aktenkundig gewordenen Vorstoß in diese Richtung unternahm ein Mann, der uns bereits als jener „Missetäter" bekannt ist, der durch verbotenes Kobaltrösten den Tod einer Kuh zu verantworten hatte. Seine Verurteilung im Jahre 1555 zu einer Geldstrafe von neun Gulden tat seiner Karriere allerdings keinen Abbruch, immerhin war der damalige Hüttenschreiber Christoph Stahl bis 1568 zum kurfürstlichen Hüttenverwalter aufgerückt und mehrfach zum Stadtrichter von Schneeberg ernannt worden. Sowohl die finanziellen Mittel als auch das erforderliche Know-how zum Aufbau einer Farbmühle, die hochwertige Fertigprodukte herzustellen in der Lage war, besaß er wohl. Was ihm fehlte, war lediglich das sprichwörtliche Quäntchen Glück, um sein Unternehmen zum Erfolg zu führen.

Tatsächlich war es ein unabwendbares Naturereignis, das die Entwicklung dieses ersten sächsischen Blaufarbenwerkes, von dem wir sicher wissen, dass es wirklich existierte,[23-4] jäh beendete. Für die 1568 von Stahl angelegte Unternehmung bedeutete das Hochwasser von 1573 das Aus. In der Liste der Verheerungen, die diese gewaltige Flut in Schneeberg hinterließ, erwähnt Melzer in seiner Chronik auch die Zerstörung der Farbmühle.[8] Dessen Schilderung dürfte allerdings auf eine frühere Aufzeichnung zurückgehen. Der just zur Zeit der Flut als eine Art sächsischer Geschichtsschreiber in Wittenberg tätige Petrus Albinus hält das Naturereignis für so ungewöhnlich, dass er ihm ein mehrseitiges Pamphlet widmet, das zeitnah veröffentlicht wird und daher als authentisch angesehen werden kann. In seiner „Gründlichen und vleissigen Beschreibung der erschrecklichen Wasserfluth"[34] beschreibt er sehr anschaulich ein am 12. August 1573 einsetzendes und sich über drei Tage hinziehendes Unwetter, das sich vor allem über dem Westerzgebirge und Vogtland entlud.

Ungewöhnlich heftige Gewitter mit starkem Dauerregen ließen Bäche anschwellen und Dämme brechen. Die Flut forderte zehn Todesopfer und richtete darüber hinaus in Neustädtel, Schneeberg und Schlema einen immensen materiellen Schaden an. Neben einer kompletten Schmelzhütte, vier Pochwerken, der Oberschlemaer Kirche, unzähligen Wohnhäusern und Scheunen, Kauen und Brücken berichtet Albinus auch von einer Farbmühle, die durch die Flut verlustig ging. Mehr noch, der Chronist beschreibt die verloren gegangenen Stahlschen Besitzungen recht detailliert, so dass sich daraus einige Erkenntnisse zum Stand der Technologie und der Produkte ergeben. So heißt es, *Chistoffen Stahels Puchwergk, darinnen 3 künste, als nemlich eine zur Saffran farb, die ander zur gute blaue Lasur und die dritte allerley Würtze darinne zu stossen angericht gewesen. Mehr daselbst ein Farbmühle, und eine Glashütten, welches alles lustig und ordentlich gebauet, und zu sehen gewesen, in grundt gerissen, und mit viel Saffran und Lasurfarb gantz und gar bis auff die Mühlstein und wenig stück Mauers, hinwegk geführt.*

Aus dieser Schilderung lässt sich ableiten, dass Stahl nicht nur ein Halbzeug in Form des späteren Safflors (*Saffran farb*), sondern bereits fertige Smaltepigmente (Lasurfarbe) erzeugen konnte. Mit Glasöfen, Pochwerk und Mühle besaß sein Etablissement alle Einrichtungen, wie wir sie auch in den späteren Blaufarbenwerken finden. Während in den Glasöfen die Smalte erzeugt wurde, diente das Pochwerk sowohl zur Zerkleinerung der Rohstoffe Quarz und Wismutgraupen bzw. Kobaltröstgut als auch zur Safflorbereitung. Mit Hilfe der Mühle wurden schließlich die feinen blauen Farbmittel aus der Smalte gewonnen. Aus den Aufzeichnungen können wir zwar schließen, dass sich Stahl aufs *Farbmachen* verstand, allerdings wissen wir nichts über die Qualität und den Absatz seiner Produkte. Dass er nicht der einzige war, der sich mit der Problematik befasste, geht daraus hervor, dass neben Stahls 200 Zentnern Wismutgraupen auch noch weitere erhebliche Quantitäten dieses Rohstoffes bei der Flut von 1573 verloren gingen.

Doch wo genau befand sich nun diese erste Farbmühle? Da Albinus die Zerstörungen der Flut, systematisch in Neustädtel beginnend, über Schneeberg bis Schlema weiterführend, schildert, lässt sich der Standort zumindest eingrenzen. Demnach muss sie sich unterhalb des Zusammenflusses des Lindenauer und des Griesbacher Baches, also im Tal zwischen dem Gleesbergmassiv und dem Schneeberg im Bereich der heutigen Kobaltstraße etwa in Höhe der Hausnummern 1 oder 2 befunden haben. Auf jeden Fall soll der schwer getroffene Stahl zwar einen Neuanfang in der leerstehenden Catharina Neufang Hütte in Neustädtel versucht haben,[8] doch verstarb der Blaufarbenpionier schon 1574, also nur ein Jahr nach der verheerenden Flut.

5 Kurfürst August prägte mit prächtigen Bauwerken und soliden Staatsfinanzen das albertinische Sachsen. Porträt Lucas Cranach d. J., Gemäldegalerie Alte Meister (Dresden).

Die tragische Geschichte des Christoph Stahl mit der Erwähnung mehrerer 100 Zentner Wismutgraupen belegt, dass das Interesse an den Schneeberger Kobalten in der zweiten Hälfte des 16. Jahrhunderts zunahm. Dass es sich zu dieser Zeit bereits um einen lukrativen und wachsenden Markt handelte, manifestiert sich aber noch mehr an den Bestrebungen zweier gut situierter Herren, die bereits ein Jahr nach Stahls Tod alles daran setzten, das gesamte sächsische Kobaltwesen unter ihre Kontrolle zu bringen.

Hans Harrer (?–1580) galt als eine der einflussreichsten und schillerndsten Personen am Hofe des Kurfürsten August, der später verklärend „Vater August" genannt wurde und die Geschicke des Landes von 1553 bis zu seinem Tode im Jahre 1586 lenkte. Monumentale Prachtbauten wie das Schloss Augustusburg, das er errichten ließ, zeugen von einer Zeit wirtschaftlicher Entfaltung und blühendem Handel. Im Gegensatz zu seinem Vorgänger und so manchem Landesherren nach ihm hinterließ er ein strukturiertes Staatswesen mit wohlgeordneten Finanzen. Wenn der Kurfürst 1584 Hans Harrer und drei andere Staatsdiener mit den Worten *was ich ihnen zu tun befahl, dass unterließen sie und was ich ihnen verbot, das taten sie*[35] charakterisierte, so bezieht sich dieser Ausspruch lediglich auf das letzte große Unternehmen Harrers, an dem er grandios scheiterte und dessen Misslingen ihn schließlich in den Freitod trieb. Seine früheren Verdienste um das Herrscher- und Landeswohl, was zu jener Zeit im Grunde dasselbe war, werden dadurch nicht geschmälert.

Die Amtsbezeichnung Hans Harrers am Dresdner Hof lautete „Silberkammermeister des Kurfürsten". Eine vergleichbare Position existiert heute deswegen nicht mehr, weil die öffentlichen Finanzen im modernen Staatswesen von den privaten Vermögen der Staatsoberhäupter getrennt sind. Jedenfalls sollte es so sein. Damals flossen die Geldströme des Landes durch die Privatschatulle oder eben die Silberkammer des Landesherrn. Schließlich betrachtete seine kurfürstliche Durchlaucht das Land oder zumindest den Teil davon, der nicht gerade anderen Adeligen oder dem Klerus gehörte, als sein persönliches Eigentum. Hans Harrer ist demnach als Vermögensverwalter oder als eine Art Geschäftsführer des Kurfürsten zu verstehen. Er trieb auf Rechnung seines Herrn Handel, erledigte die Einkäufe für den Hof, überwachte die Ausführung der kleinen und großen Bauten und übte die Kontrolle über kurfürstliche Unternehmungen, wie den Betrieb der Bergwerke und Hütten im Erzgebirge, aus. Beispielsweise gehörte die lukrative Saigerhütte Grünthal seit 1567 zu den Filetstücken der vielfältigen kurfürstlich-harrerischen Montanunternehmungen.

Trotz oder gerade wegen seiner vielfältigen Verpflichtungen fand der Kammermeister noch genügend Zeit, eigene Unternehmungen und Handelstätigkeiten auf die Beine zu stellen. Seine Vertrauensposition mit dem Recht, seiner kurfürstlichen Durchlaucht persönlich Vortrag halten zu dürfen, eröffnete ihm ungeahnte Möglichkeiten. So engagierte er sich erfolgreich im Altenberger Zinnbergbau, im Mansfelder Kupferbergbau, in Steinbrüchen und Papiermühlen ebenso, wie er mit allen möglichen Waren Handel trieb. Im Amte wie bei seinen Privatgeschäften bediente er sich getreuer Gehilfen, schon bald galt er als bedeutender Kaufmann und Unternehmer. Was sein Verhältnis zum Herrscherhaus betraf, hatte Harrer noch ein besonderes As im Ärmel: mit dem engsten und einflussreichsten Berater des Kurfürsten verband ihn eine treue und unerschütterliche Freundschaft.

Ohne Übertreibung kann Hans Jenitz (?–1589) durchaus als eine Art graue Eminenz am Hofe Augusts bezeichnet werden. Als geheimer Kammersekretär genoss er das unbedingte Vertrauen des Kurfürsten, das ihm sogar über dessen Tod 1586 hinaus noch von seinem Nachfolger Christian I. entgegengebracht wurde. Jenitz stand der kurfürstlichen Geheimkanzlei, der damaligen Schaltzentrale der Macht, vor. Verpflichtet war er persönlich nur dem Herrscher selbst. Fast erinnert die Stellung etwas an den allmächtigen Grafen Heinrich von Brühl, der als erster Minister gut 150 Jahre später als eigentlicher Herrscher im Staate galt. Doch ist dieser Vergleich unzutreffend, denn im Gegensatz zu Brühls schwachem Kurfürst Friedrich August II. ließ sich „Vater August" die Zügel nicht aus der Hand nehmen. Im Gegenteil, meist behielt sich der als detailverliebt geltende Fürst, selbst in unbedeutend anmutenden Angelegenheiten, die finale Entscheidung vor. So war Jenitz wohl eher ein loyaler und unverzichtbarer Diener seines Herrn, der es aber auch verstand, seine herausragende Stellung zu seinem Vorteile und dem seiner Freunde zu nutzen.[35, 36]

Der mehr im Verborgenen agierende Jenitz bediente sich gern seines Freundes Harrer zur Abwicklung vielfältiger Geschäfte und wirkte dafür für dessen Interessen auf den Kurfürsten ein. Neben einer persönlichen Sympathie, die nicht in Abrede gestellt werden soll, kann so das Fundament ihrer Freundschaft umrissen werden. Tatsächlich hatte sich das Duo Jenitz/Harrer bereits bei einer Vielzahl von Unternehmungen bewährt. Um ihr dabei erlangtes, nicht unbeträchtliches Vermögen weiter vermehren zu können, waren sie stets auf der Suche nach neuen Investitionsmöglichkeiten. Wie schon so oft dürfte es Harrer gewesen sein, der Jenitz mit einer neuen Idee infizierte.

Die Brücke zu dieser Unternehmung schlug Hans Harrers Frau Barbara, geborene Funke, die zwei Brüder in Schneeberg hatte. Bastian und Hans Funke unterhielten ein gutes und reges Verhältnis zu ihrem einflussreichen Schwager. Sie waren es denn auch, die die Aufmerksamkeit des Kammermeisters auf das innovative und sich im Aufschwunge befindliche Kobaltgeschäft lenkten. Was jetzt folgt, ist sowohl durch Akten im Hauptstaatsarchiv Dresden, die von Bruchmüller[31] ausgewertet wurden, als auch durch deren Abschriften im „Kobelt-Schatz"[22] belegt und kann daher als unbedingt authentisch gelten. Es handelt sich um nichts weniger als den ersten Versuch, das sächsische Kobalt- und Blaufarbenwesen monopolistisch zu organisieren und auf ein dauerhaftes Fundament zu stellen. Dass Jenitz und Harrer, die in der Umsetzung montanistischer Unternehmungen genügend Erfahrung vorzuweisen hatten und überdies das Wohlwollen des Kurfürsten besaßen, prädestiniert dafür waren, diesem Ansatz nachzugehen, steht außer Frage. Umso mehr muss es verwundern, dass das sonst so erfolgsverwöhnte Duo an dieser Aufgabe letztlich scheiterte. Doch wie konnte es so weit kommen?

Jenitz und Harrer gingen bei der Umsetzung ihrer neuen Geschäftsidee gewohnt routiniert vor. Ihr Ziel war es, ein Kobaltmonopol zu schaffen und damit die Preise für Rohstoffe und Fertigprodukte allein festlegen zu können. Dazu brauchten sie ein Privileg, das ihnen garantierte, dass alle Schneeberger Gruben ihre Wismutgraupen, Kobalterze oder den daraus gewonnenen Safflor an die beiden Unternehmer verkaufen mussten. Ein solches Schriftstück konnte nur der Kurfürst selbst ausstellen und Jenitz und Harrer wussten sehr wohl, welche Argumente sie bemühen mussten, um den Herrscher dazu zu bewegen.

Eindringlich legten sie August dar, dass ausländische Kaufleute die Kobaltrohstoffe sehr billig in Schneeberg erwarben, um sie dann über die großen Handelsmetropolen Nürnberg und Regensburg nach Venedig, Frankreich, Holland und anderen Orten zu verbringen. Dort würden sie dann nach Jenitz' und Harrers Meinung *zum Schaden der Churfürstlichen Unterthanen ... aufbereitet*[22], also in Fertigprodukte verwandelt und mit hohem Profit weiterveräußert werden. Um Nutzen und Gewinn des Kobaltgeschäftes im Lande zu behalten, boten die beiden Unternehmer dem Kurfürsten an, die gesamte Wertschöpfung in ihre Hände zu nehmen. Statt der billigen Rohstoffe sollten nur noch fertige Farbwaren zu entsprechend höheren Preisen exportiert werden. Das Geheimnis der Farbbereitung hätten sie sich durch langwierige Nachforschungen und unter Aufwendung hoher Kosten angeeignet.

Natürlich mussten diese Ausführungen dem Kurfürsten plausibel erscheinen und seinem Wunsche nach Stärkung und Weiterentwicklung des kursächsischen Manufakturwesens entgegenkommen. Jedenfalls zögerte der Herrscher nicht, die daran geknüpfte Bedingung der beiden Hofbeamten zu erfüllen. Niemandem außer ihnen sollte das Recht zustehen, Safflor oder Wismutgraupen von den Schneeberger Gewerken aufzukaufen und daraus Blaufarben herzustellen. Als Jenitz und Harrer das so lautende kurfürstliche Privileg am 15. November 1575 in ihren Händen hielten, glaubten sie, die lästigen ausländischen Kaufleute ein für alle Mal ausgebootet zu haben. Ihre Freude war umso größer, da der Herrscher noch nicht einmal, wie sonst üblich, auf einem Anteil an dem Geschäft bestanden hatte.

Jenitz und Harrer gingen nun an die praktische Umsetzung ihres Planes. In Dresden ließen sie einen „Lasurhof", also eine Art Farbmanufaktur anlegen und begannen mit dem Ankauf der Kobaltrohstoffe zu einem Festpreis von 10 Groschen pro Zentner. Diese Vergütung entsprach in etwa derjenigen, die den Gewerken von den Ausländern zuletzt gewährt wurde. Nun brauchten die zwei kurfürstlichen Beamten nur noch die Fertigwaren zu Preisen verkaufen, wie sie in Venedig oder Holland üblich waren. Einer märchenhaften Rendite sollte demnach nichts mehr im Wege stehen. Doch eines hatten die beiden Geschäftsfreunde wohl nicht bis zum Ende durchdacht: Das Aufkaufsmonopol berechtigte sie nämlich nicht nur zum Kauf der Kobalte, sondern verpflichtete sie gleichsam auch dazu. Schließlich konnten die Grubengewerke, wenn sie sich an das kurfürstliche Privileg hielten, auf keine andere Absatzmöglichkeit mehr zurückgreifen. Außerdem hatten sie versäumt, verbindliche Qualitätskriterien für die abzuliefernden Rohstoffe festzulegen. Damit waren die nun folgenden Probleme vorprogrammiert.

Während die ausländischen Kaufleute immer nur mit den jeweiligen Gewerken direkt verhandelt hatten und begrenzte Kobaltmengen entsprechend ihren Qualitätskriterien aufkauften, war durch die Privilegierung der beiden Hofbeamten eine dauerhafte Absatzmöglichkeit entstanden. Ungeahnt schnell verbreitete sich diese Neuigkeit in Schneeberg und Umgebung. Schließlich waren nun auch minderwertige Kobalte, die bis dahin von den Ausländern verschmäht wurden und nach wie vor auf Halde gingen, nicht weniger als 10 Groschen pro Zentner wert. So kam es, dass selbst die Gruben, die bisher keine oder kaum Kobaltrohstoffe förderten, nun eine willkommene zusätzliche Einnahmequelle für sich entdeckten. Sogar Frauen, Kinder und Alte durchwühlten die Halden auf der Suche nach Wismutabbrand und Kobalterzen. Allerdings weigerten sich auch manche Gewerke, ihre hochwertigen Erze oder guten Safflor für den offerierten Preis abzugeben. Diese Rohstoffe unter Missachtung des Privilegs den Ausländern zu verkaufen oder sie selbst in Regensburg oder Nürnberg anzubieten, war sehr viel lukrativer als sie den beiden Hofbeamten zu überlassen. Kein Wunder, dass der Dresdner Lasurhof bald von minderwertigen Rohstoffen überquoll und ein lukrativer Schmuggel mit hochwertigen Kobalten in Schwung gekommen war.

Unterschätzt hatten Jenitz und Harrer auch die ausländischen Kaufleute, die bisher das Kobaltgeschäft dominierten. Natürlich waren diese über das Privileg der kurfürstlichen Günstlinge alles andere als erfreut. Ihnen die fertigen Farbwaren zu guten Preisen abzunehmen, war das Letzte, was sie tun würden. Leicht konnten sie ihren Bedarf weiterhin mit Schmuggelware oder böhmischem Kobalt decken. Zwar konnte Hans Harrer auf umfangreiche eigene Geschäftsbeziehungen zurückgreifen, doch lief der Absatz eher stockend. Wer bisher Kupfer, Zinn, Schafe und Ziegen von Harrer gekauft hatte, wusste mit Kobaltblau nicht unbedingt etwas anzufangen. Auch Angebote nach Übersee brachten nicht den gewünschten Erfolg.

Die für die beiden Unternehmer unbefriedigende Situation zog sich über einige Jahre hin. Schließlich konnte man in Schneeberg ganz gut damit leben, einen Teil der Erze, meist die schlechteren, an Jenitz und Harrer zu verkaufen, die besseren aber außer Landes zu schmuggeln. Für die beiden Freunde wiederum war die Sache zwar ärgerlich, aber nicht wirklich existenzbedrohend. Dass sie die Hoffnung, doch noch günstige Absatzmärkte für ihr Produkt erschließen zu können, auch nach gut vier Jahren noch nicht aufgegeben hatten, beweist ein neues Privileg, das ihnen am Neujahrstag 1580 erteilt wurde. Sein eigentlicher Zweck bestand darin, die augenscheinlichen Versäumnisse des ersten auszugleichen. So wurde der Kobaltschmuggel mit drastischen Strafen belegt und einige Gütekriterien für den Rohstoff definiert. Aber auch die Androhung von 200 Talern Geldbuße, verbunden mit dem Verlust der Ware, konnte den Schmuggel nicht wirksam eindämmen.

Überhaupt erlangte das erneuerte Privileg nach dem Freitod Hans Harrers im Juni 1580 kaum noch Bedeutung. Den Kammermeister hatte ein anderes Geschäft, das den vom Umfange her eher als Nische zu bezeichnenden Kobaltfarbenhandel weit übertraf, in arge finanzielle Bedrängnis gebracht. Erneut im Bunde mit Jenitz und dem Kurfürsten hatte er Anfang 1579 den kühnen Plan vorangetrieben, den gesamten europäischen Markt für den damals so kostbaren indischen Gewürzpfeffer unter seine Kontrolle zu bringen.[37]

Als Schlüsselfigur in diesem Unternehmen fungierte der Großkaufmann Konrad Roth aus Augsburg. Dieser schloss mit dem König von Portugal einen Vertrag, in dem einer gewissen „Thüringischen Gesellschaft“ das Recht eingeräumt wurde, allen in Lissabon eintreffenden Pfeffer allein ankaufen zu dürfen. Hinter der Gesellschaft stand neben Roth, Jenitz, Harrer und dem Geheimen Kammerrat Hans v. Bernstein niemand Geringer als der Kurfürst selbst. Lissabon war damals die bedeutendste Handelsstadt der Welt. Fast der gesamte für Europa bestimmte Pfeffer, er kam im Wesentlichen aus dem portugiesischen Einflussgebiet in Indien, wurde im Hafen der Metropole umgeschlagen. Der alleinige Zugriff auf die portugiesischen Schiffe würde das Monopol sichern.

Als Drehscheibe für den europäischen Pfefferhandel sollte die sächsische Messestadt Leipzig dienen. Die Thüringische Gesellschaft begann nun sogar, möglichst die gesamten in Europa vorhandenen Vorräte des begehrten Gewürzes aufzukaufen, um das Angebot so weit als möglich zu verknappen. Der Haken an der Sache war allerdings, dass zunächst große Summen zum Ankauf der Ware vonnöten waren. Während der Kurfürst bei der Vergabe von Krediten an den Aufkäufer Roth vorsichtig agierte, zeigte sich Harrer spendabler. Den Gewinn im Auge, unterschätzte er das Risiko. Bei der Investition nahm es der Kammermeister mit der Herkunft der Mittel nicht immer so genau. Immerhin würde er der kurfürstlichen Kasse die geliehenen Gelder mit den Gewinnen aus dem Pfeffermonopol leicht wieder zurückzahlen können. Soweit jedenfalls die Theorie.

In der Praxis traten nun Schwierigkeiten auf, die von ihrer Art her denen des Blaufarbengeschäftes gar nicht so verschieden waren. Wiederum waren es andere Kaufleute, die sich den lukrativen Handel mit dem indischen Gewürz nicht widerstandslos aus der Hand nehmen ließen. Der Unterschied bestand nur darin, dass die investierten Summen weit höher und die geprellten Kaufmannsgeschlechter zum Teil sehr mächtig waren. Schnell fanden sich andere Wege, den Pfeffer unter Umgehung von Lissabon nach Europa einzuführen. Auch die indischen Lokalhändler scherten sich nicht um Anordnungen und Privilegien, sondern verkauften ihre Gewürze an jeden zahlungskräftigen Kunden. So muss es nicht verwundern, dass die Preise, statt wie geplant zu steigen, ab Frühjahr 1580 deutlich nachgaben. Zu allem Ungemach verstarb nun auch noch der König von Portugal, das Aufkaufsmonopol für die Gesellschaft war von da ab nur noch Makulatur. Der hochverschuldete Konrad Roth sah keine Möglichkeit mehr, seinen vielfältigen Verpflichtungen nachzukommen und griff im April 1580 zum Gift. Schließlich dämmerte auch den sächsischen Pfefferkontrahenten der Ernst der Lage. Der Kurfürst fühlte sich getäuscht und hintergangen und verlangte die Fortsetzung der Geschäfte, um den Verlust seines investierten Kapitals zu vermeiden. Hans Harrer, der noch größere Summen, wohl auch ohne Kenntnis seines Herrn in das Geschäft gesteckt hatte, begab sich am 20. Juni 1580 in die Silberkammer, um seinem Leben selbst ein Ende zu setzen.

Der Schock über diese Ereignisse saß nicht nur beim Kurfürstenpaar, sondern in ganz Dresden tief. Es fehlte nicht an Mutmaßungen über die Ursache des Freitodes von Hans Harrer. Allerdings blieben Nachforschungen zu möglichen galanten Beziehungen des Kammermeisters ebenso ohne Ergebnis, wie seine gelegentlichen Trinkgelage als eher harmlos eingeordnet wurden. Dass er der kurfürstlichen Kammer aufgrund der Pfeffergeschäfte 130.000 Gulden schuldete, war denn schon eher ein nachvollziehbarer Grund. Es sollte noch über zwei Jahrzehnte dauern, bis die vielfältigen Geschäfte des umtriebigen Kammermeisters soweit entwirrt und ein Ausgleich zwischen Gläubigern und Schuldnern erreicht war, dass die Akte Harrer geschlossen werden konnte. Der Kurfürst übrigens kam noch einmal mit einem blauen Auge davon. Durch den Verkauf der Pfeffervorräte der Thüringischen Gesellschaft konnten die Auslagen des Herrschers einigermaßen gedeckt werden. Auf Hans Harrer allerdings war er nun, wie eingangs erwähnt, nicht mehr so gut zu sprechen.

Formal behielt das im Januar 1580 erneuerte Blaufarbenprivileg für Jenitz und Harrer bzw. für deren Erben noch zehn Jahre seine Gültigkeit. Tatsächlich ließ Harrers Witwe Barbara 1587 vier Fässer Safflor-Farbe in Zwickau beschlagnahmen. Das dürfte aber eher ein Einzelfall gewesen sein. Jedenfalls bemühte sich 1590, als das Privileg ablief, keiner der Erben mehr um seine Erneuerung. Damit war der erste Versuch, die Kobaltverarbeitung monopolistisch im eigenen Lande zu etablieren, endgültig gescheitert. Der unbekannte Autor des „Kobelt-Schatzes" kommt hinsichtlich des Grundes für den Misserfolg der beiden Hofbeamten zu einer recht profanen Erkenntnis. Demnach hätten der Kobalt-Ankauf und der Abgang der fertigen Farben nicht im Einklang gestanden. Dieser richtigen, aber sehr vereinfachten Einschätzung wäre hinzuzufügen, dass es letztlich die Kombination aus eigenen Fehlern, widrigen Begleitumständen und vermutlich auch technologischen Unzulänglichkeiten war, die dazu führten, dass diesem durchaus ambitionierten Vorhaben der Erfolg verwehrt blieb.

Den vorerst letzten Versuch, die Kobaltverarbeitung im eigenen Lande zu etablieren, erwähnen wir nur deshalb, weil damit ein uns schon hinreichend bekannter Name verbunden ist. Im Jahre 1592 bewarben sich ein Hans Wörner und eine gewisse Margaretha Stahl, die keine geringere als die Witwe des 1574 verstorbenen Christoph Stahl war, um ein Blaufarbenprivileg. Wörner, übrigens der Schwager von Stahl, beteuerte, durch seine Frau, der Schwester Stahls, des Farbmachens kundig zu sein. Anders als Jenitz und Harrer hatte Wörner nicht die Absicht ein Monopol zu errichten und bot sogar an, Abgaben an den Kurfürst zahlen zu wollen. Allerdings scheint der Versuch schon im Ansatz stecken geblieben zu sein, jedenfalls existieren keine weiteren Überlieferungen zu diesem Unterfangen.[31]

Wie aber ging es nun weiter? Fast scheint es, als hätten die Sachsen nach Jenitz und Harrer allen Mut verloren, sich selbst mit der Anfertigung hochwertiger Kobaltglasprodukte zu befassen. Die Förderung der Kobalterze indes gewann, da die Silberausbeute der Schneeberger und Neustädler Gruben immer mehr zurückging, weiter an Bedeutung. Der Chronist Melzer[8] weiß zu berichten, dass diese Entwicklung im Jahre 1620 darin kulminierte, dass überhaupt kein münzfähiges Silber mehr ausgebracht werden konnte. Tatsächlich war die Gewinnung der färbenden Rohstoffe im Laufe der zweiten Hälfte des 16. Jahrhunderts vom bescheidenen Nebenerwerb zur Haupteinnahmequelle der Gewerken der Region aufgestiegen. Den Ruf, das bedeutendste Kobaltfeld der Welt zu bebauen, sollte den Schneebergern in den folgenden 200 Jahren keiner ernsthaft streitig machen. Umso mehr muss es verwundern, dass in der Zeit von 1590 bis 1602 quasi Kobaltanarchie herrschte. Die Zechen verkauften nach Gutdünken ihre Blaufarbenkonzentrate an ausländische Kaufleute, nach der Aktenlage interessierte sich weder das Bergamt noch sonst eine staatliche Institution für das Geschäft. Vermutlich expandierte der Markt in dieser Zeit derart, dass die Gewerken Preise für den Rohstoff aushandeln konnten, die ihnen sowohl den Erhalt der Grubenbaue als auch auskömmliche Gewinne ermöglichten.

Allerdings wurden zu Beginn des neuen Jahrhunderts Probleme aktenkundig, die eine hoheitliche Überwachung des florierenden Kobalthandels wünschenswert erscheinen ließen. So stieß den bauenden Gewerken bitter auf, dass die aus alten Halden geklaubten Erze billiger als die bergmännisch gewonnenen waren und somit die Preise drückten. Geradezu kriminell mutet eine andere Praxis im Kobaltgeschäft an. So wird berichtet, dass böhmische Farbmacher aus St. Joachimsthal Kobaltrohstoffe nach Schneeberg brachten um sie hier als sächsische Ware anzubieten. Da die böhmischen Kobalte als minderwertig galten und daher weniger gut als die sächsischen bezahlt wurden, war so ein nicht unbeträchtlicher Mehrerlös zu erzielen. Dass damit der gute Ruf der Schneeberger Rohstoffe bedroht wurde, veranlasste den Zehndner Daniel Zobel im Dezember 1609 dazu, diese Praxis per Dekret zu verbieten.[22]

Es waren diese und andere Begebenheiten, die das Kobaltwesen in den Fokus staatlicher Stellen rückte. So erließ Kurfürst Christian II. im Jahre 1603 ein Reskript, das eine stärkere Überwachung der Safflorbereitung durch das Schneeberger Bergamt anmahnte. Schon im Folgejahr wird erstmals eine Steuer auf die Wismutgraupen in Form des „Stollenneunten“ erhoben. Diese Abgabe sollte, wie die Bezeichnung ja bereits suggeriert, zur Instandhaltung der Grubenbaue eingesetzt werden. Es brauchte nun nicht lange, um den unter ständiger Geldnot leidenden Landesherrn auf die Idee zu bringen, auch die bislang noch nicht unter das kurfürstliche Bergregal fallenden Rohstoffe, wie eben Kobalt, mit weiteren Steuern zu belegen. So wurde 1606 zunächst der Zwanzigste erhoben, bis schließlich im Jahre 1609 eine Verordnung erging, die eine scharfe Zäsur für das seit nunmehr fast 100 Jahren bestehende sächsische Kobalt- und Blaufarbenwesen bedeutete und die Weichen für die Zukunft stellte.

Der Grundgedanke der kurfürstlichen Verordnung vom 18. Dezember 1609[23-5] bestand darin, die gesamten Kobaltrohstoffe durch den Zehndner zu Festpreisen ankaufen zu lassen, um sie dann geordnet an die ausländischen Kaufleute, natürlich mit möglichst hohem Gewinn, weiter zu veräußern. Um der Anordnung Nachdruck zu verleihen, scheute sich die kurfürstliche Verwaltung nicht, empfindliche Strafen anzudrohen. So musste jeder, der gegen das Aufkaufsmonopol verstieß, also Unterschleif betrieb, mit einer Geldbuße von 500 Gulden rechnen. Die neue Situation ähnelte nun derjenigen, wie sie nach der Privilegierung von Jenitz und Harrer 1575 eingetreten war, nur mit dem Unterschied, dass nicht Privatpersonen, sondern der sehr viel mächtigere Fiskus sich ein Monopol verschafft hatte. Der Kobalthandel war nunmehr zu einem staatlichen Unternehmen geworden.

Wie wirkte sich nun aber die neue Verordnung aus? Dass der Staat günstigere Voraussetzungen und andere Mittel hatte als vormals die Privatunternehmer Jenitz und Harrer, steht außer Frage, immerhin konnte sich der Fiskus seiner Institutionen, wie dem Bergamt mit seinen Bediensteten und insbesondere des Zehndners bedienen. Dem Steuereinnehmer und seinen Gehilfen oblag nun auch die Pflicht, Kobalt und Safflor zu bewerten und zu vorher festgelegten Preisen aufzukaufen.

Was nun den Weiterverkauf des Rohstoffes betraf, so konnte die kurfürstliche Verwaltung den ausländischen Kaufleuten ein besonders lukratives Angebot unterbreiten. Es stand die gesamte Produktion mehrerer Jahre als Paket und damit nichts weniger als das Kobaltmonopol auf Zeit, zum Verkauf. Schon am 29. März 1610 fanden sich mit Heinrich Greifinger aus Geldern und Winandt Woldring aus Harlem zwei holländische Kaufleute, die mit dem Kurfürsten einen Vertrag für die Dauer von sechs Jahren abschlossen. Über die gesamte Laufzeit sollten mehr als 20.000 Zentner Kobaltrohstoffe hoher und minderer Qualitäten abgenommen werden. Symptomatisch für das finanziell stets klamme Herrscherhaus war, dass die Holländer einen Vorschuss von 3.000 Gulden zu leisten hatten. Später werden sogar verzinsliche Darlehen mit den Verträgen verknüpft.

Die als zeitnahe Quelle zu wertenden Darstellungen im „Kobelt-Schatz" erwecken den Eindruck, dass dieser erste Kobaltkontrakt ziemlich desaströse Folgen für das Blaufarbenwesen hatte und daher eher schadete als nützte. Tatsächlich forderten einige der Gewerken schon bald die Auflösung des Vertrages, um ihre Kobalte wieder frei verhandeln zu können. Insbesondere aber häuften sich die Klagen gegen den Zehndner Daniel Zobel, dem es laut „Kobelt-Schatz" an *genugsamer Vorsichtigkeit und Fleiß* bei seiner verantwortungsvollen Tätigkeit gemangelt habe und der *auf die Ausschläger und Taxirer ... kein gebührliches Aufsehen gehabt* haben soll. Mehrfach wurde ihm von Seiten der Gewerken vorgeworfen, die Erze falsch, d. h. zum Nachteil der Gruben bewertet zu haben. Dass die Erze oft mit erheblicher Verspätung bezahlt wurden, muss aber eher der klammen Landeskasse als dem Steuereinnehmer angelastet werden.

Trotzdem dürften die Vorwürfe gegen Zobel nicht ganz aus der Luft gegriffen gewesen sein, immerhin reichen sie aus, um ihn 1614 in Haft zu nehmen. Die Untersuchungen gegen ihn gestalteten sich allerdings schwierig, da seine Buchführung mangelhaft oder schlichtweg nicht vorhanden war. Schließlich gelang Zobel die Flucht aus dem Arrest, eine Aufklärung der Missstände wurde damit gänzlich unmöglich.

Obwohl sich diese und ähnliche Querelen über die gesamte Laufzeit des Vertrages fortsetzten, kann nicht die Rede davon sein, dass der Kobaltkontrakt ein kompletter Misserfolg war. Grundsätzliche Mängel des Vertragstextes, wie das Fehlen verbindlicher Anweisungen zur Taxierung und Bezahlung der Kobalte, versuchte Kurfürst Johann Georg I. durch Erlasse und Befehle nachzubessern. Ob diese stets akkurat eingehalten wurden, ist freilich eine andere Frage. Trotzdem konnten die Gruben durch den einigermaßen garantierten Ankauf des Erzes mit einem zwar geringen, aber doch stetigen Einkommen rechnen und der Bergbau nahm wieder einen leichten Aufschwung. Auch und vor allem die landesherrliche Kasse erfuhr Gewinn, da die Ware oft mit merklichen Aufschlägen an die holländischen Kontrahenten abgesetzt werden konnte.

Allerdings zogen mit diesem ersten Kobaltkontrakt schon dunkle Wolken am Horizont auf. Da war der schwelende Gegensatz zwischen Protestanten und Katholiken, der ein Gewirr verschiedenster Machtinteressen innerhalb und außerhalb des Reiches im Gepäck trug und die Gefahr eines Krieges ahnen ließ. Und da war eine bisher nicht gekannte Geldentwertung in der sogenannten Kipper- und Wipperzeit, die ihren Höhepunkt zwischen 1618 und 1623 erreichte und in Verbindung mit den Kriegsereignissen den Schneeberger Bergbau fast vollständig zum Erliegen brachte. Hatte sich die Praxis der Kobaltkontrakte bis 1620 einigermaßen bewährt, so sollten sich nun, vor dem Hintergrund dieser verderblichen Entwicklungen, die Ereignisse überschlagen.

Das Grundproblem bestand darin, dass die Schneeberger Kobaltrohstoffe nur zur Herstellung von

6 Der als grob und eher unkultiviert geltende Kurfürst Johann Georg I. (1585–1656) lenkte die Geschicke des Landes von 1611 bis zu seinem Tod. In seiner Regierungszeit entstanden die sächsischen Blaufarbenwerke. Er war auch der Gründer der Exulantensiedlung Johanngeorgenstadt. Öl auf Leinwand, M. Crocinus 1637. Original im Museum Bautzen.

Blaufarben und kunstsinnigen Luxusgütern taugten, die in Kriegs- und Krisenzeiten, noch dazu, wenn gute Geldmittel fehlten, naturgemäß nur wenig Absatz finden konnten. Überdies wurden Wege und Pässe oft von kriegerischen Horden belagert, so dass der Transport der Rohstoffe nach Holland, Nürnberg, Venedig usw. ein unkalkulierbares Risiko darstellte. So braucht es nicht zu verwundern, dass sich die Holländer aus dem Geschäft zurückzogen und den Kobaltkontrakt 1620 nicht mehr erneuern wollten. Dass sich nun zwei Erfurter Kaufleute, Johann Jordan und Nicolaus Panzer, im Verein mit dem Hamburger Händler Hans Friese zum Abschluss eines neuen Kontraktes bereit erklärten, grenzt unter den genannten Umständen fast an ein Wunder. Auf der Ostermesse 1621 in Leipzig willigten sie ein, in den nächsten sechs Jahren jeweils 6.000 Zentner Safflor über den Schneeberger Zehndner beziehen zu wollen und dem Kurfürsten einen Vorschuss von 6.000 Gulden dafür zu bezahlen.

Dass den Kurfürst trotzdem weiterhin schwerwiegende Geldprobleme plagten, offenbarte sich noch im Herbst desselben Jahres. So forderte Johann Georg I. von den drei Kontrahenten die Verlegung einer Anleihe über die gewaltige Summe von 50.000 Gulden. Die Kaufleute erklärten sich auch tatsächlich zu dem Darlehen bereit, allerdings stellten sie eine geradezu unerhörte Bedingung. So sollte ihnen der Kurfürst das Recht des Kobaltkaufes erblich, unwiderruflich und ohne staatliche Aufsicht übertragen. Sie dürften nicht wenig überrascht gewesen sein, als dieser sich kurzerhand bereit erklärte, auf die ungebührliche Forderung einzugehen. Aus heutiger Sicht hätte das bedeutet, dass die Gründung der sächsischen Blaufarbenwerke ausgeblieben und somit die gesamte Entwicklung des einheimischen Montanwesens anders und gewiss nicht günstiger verlaufen wäre. Zum Glück gab es im Oberbergamt in Freiberg fähige Beamte, die den Widersinn eines solchen Vertrages erkannten und seinen Abschluss verhindern konnten.

Für Panzer, Jordan und Friese stellte sich der Kontrakt in seiner nunmehr beibehaltenen ursprünglichen Form als nicht besonders lukrativ heraus. Es war einfach keine gute Zeit für die sonst so begehrten Kobaltglasprodukte. Mehrfach versuchten sie, sich aus dem Vertrag herauszuwinden. Schließlich fand sich 1624 aus dem Umfeld des Kurfürsten ein Mann, der sich erbot, den ungeliebten Kontrakt von ihnen zu übernehmen.

Der kurfürstliche Kammer- und Bergrat Christoph Carl von Brandenstein (1593–1642) war bisher nicht gerade als selbstloser Menschenfreund aufgefallen. Dass der später zum Reichsgrafen ernannte Jurist sich emsig an der Münzverschlechterung beteiligt hatte und daher nicht unwesentlich für die Geldentwertung der Kipper- und Wipperperiode mitverantwortlich war, ließ nichts Gutes für die Zukunft des nun unter seinem Einfluss stehenden Kobaltbergbaus erahnen. Zudem war der Kurfürst ihm mit einer nicht unbedeutenden Summe verpflichtet, so dass er den Herrscher bei der Neufassung des Kontraktes leicht unter Druck setzen konnte. Und Brandenstein scheute sich nicht, davon Gebrauch zu machen. Der am 30. Mai 1624 neu ausgehandelte, umfangreiche Vertrag enthält denn auch einige Passagen, die den Schneeberger Gewerken, denen das Wasser ohnehin schon bis zum Halse stand, nur zu weiterem Nachteil gereichen konnten.

So werden die Gruben einerseits dazu verpflichtet Kobalt zu liefern, der *zum Safflor zu gebrauchen*[22] ist, andererseits muss Brandenstein niedere Qualitäten gar nicht ankaufen. Für gute Rohstoffe sicherte er sich dagegen einen niedrigen Preis von fünf Gulden. Geradezu haarsträubend mutet in dem Zusammenhang eine Klausel des Vertrages an, in der dem späteren Reichsgrafen die Taxierer und sonstige Bedienstete, die in Schneeberg tätig waren, höchstselbst unterstellt wurden. Dass es an den eingelieferten Rohstoffen nun stets etwas zu kritisieren gab und Preisabschläge zur Regel wurden, versteht sich damit von selbst. Dass für den Vertrag eine Laufzeit von zwölf Jahren, mit der Möglichkeit zur Verlängerung angedacht war, konnte unter diesen Umständen nicht mehr als ein frommer Wunsch sein.

Tatsächlich hatte Brandenstein den Widerstand der Schneeberger Gewerken unterschätzt. Durch vielfach ausstehende Löhne und kaum mehr mögliche Instandhaltung der Zechen standen diese mit dem Rücken zur Wand und wehrten sich mit allen Mitteln gegen den Kontrakt. Dass die Methoden Brandensteins allen Anlass zur Klage gaben, steht außer Frage. Im „Kobelt-Schatz" heißt es dazu: *Bey berührter Zwistigkeit zwischen dem von Brandenstein und der Schneebergischen Gewerkschafft nimmt man wahr, daß die damaligen Kobelt-Beambte und des von Brandenstein Bediente die Bergleuthe und Gewercken sehr raue tractieret, und ihnen sehr viel Guth, alß zu geringe ... wieder zurückgegeben, daß zu tausend und mehr Centnern gelieferten Kobelt die Gewercken wieder annehmen und dagegen besseren erschütten sollten.* Die Beschwerden über den Kammer- und Bergrat nahmen ob solcher Machenschaften in ihrer Schärfe und Häufigkeit so weit zu, dass sich der Kurfürst selbst dazu gezwungen sah, die Parteien zur Mäßigung aufzurufen. Einen ebenbürtigen Gegner fand Brandenstein dabei in dem als besonders renitent geltenden Grubenbesitzer Johannes Burckhardt, der uns als Begründer des Blaufarbenwerkes Oberschlema später noch begegnen wird. In der Fortsetzung des obigen Zitates heißt es dazu, dass Burckhardt mit von Brandenstein noch *hefftige Widerwerttigkeiten* gehabt hätte.

Die Streitigkeiten kulminierten derart, dass sich daraus fast eine Staatsaffäre entwickelte. Jedenfalls sah sich die kurfürstliche Verwaltung veranlasst, in Dresden eine Konferenz unter Hinzuziehung des Kanzlers sowie hoher Kammer-, Hof- und Bergräte einzuberufen, um eine Lösung für den immer weiter eskalierenden Konflikt zwischen Brandenstein und den Schneeberger Gewerken zu finden. Die Zusammenkunft fand am 25. März 1625 in der Hofratsstube zu Dresden statt. Bei der Nennung des Anlasses für die höchst ungewöhnliche Versammlung übt sich das später ausgefertigte Protokoll in vornehmer Zurückhaltung. So ist von *Irrungen ... zwischen Ihr Churfürstl. Gnaden, Cammer Rath, Christoph Carl von Brandenstein und den Bergwerks Gewerken*[22] die Rede.

Die Schneeberg-Neustädtler Gewerke werden auf der Konferenz von den bedeutendsten Kuxinhabern der Kobaltzechen wie Christian Röhling, Joseph Feyerabend, Casper Zickel und Johannes Burckhardt vertreten. Diese offenbar recht schlagkräftige Truppe weigerte sich standhaft, auf irgendeinen Vergleich mit von Brandenstein einzugehen und erreichte damit, dass dem Kurfürst kein anderer Ausweg blieb, als den Vertrag aufzuheben und den Gewerken bis auf weiteres wieder den freien Verkauf der Kobalte zu gestatten. Mit der frohen Botschaft, nicht nur den lästigen Knebelvertrag, sondern auch den unangenehmen Brandenstein losgeworden zu sein, kehrten die Vertreter der Gewerken nach Schneeberg zurück. Die Hoffnung auf eine gedeih-

lichere Entwicklung des Kobalt- und Safflorgeschäftes währte allerdings nur kurz.
Der durch Brandenstein ins Hintertreffen geratene Hamburger Hans Friese hatte in dem Frankfurter Kaufmann Daniel de Briers inzwischen einen neuen Kompagnon gefunden, mit dem er erneut ins Kobaltgeschäft einzusteigen gedachte. Das zur Michaelis (Herbst-)Messe 1626 unterbreitete Angebot nahm der Kurfürst freudig auf und schloss mit den Kaufleuten am Neujahrstag 1627 einen Kobaltkontrakt über sechs Jahre ab. Der Vertrag ist insofern bemerkenswert, als die Kontrahenten offenbar aus den Fehlern der Vergangenheit gelernt hatten und einige neue und wegweisende Bestimmungen in den Text mit aufgenommen hatten. So werden vier Sorten von Kobalterzen hinsichtlich ihrer Qualität und Bezahlung klar definiert. Hierin finden wir nichts weniger als den Keim der späteren Normierung der Rohstoffe und Blaufarbenwaren, die in das erste Normensystem münden sollte, das schon zu Beginn des 18. Jahrhunderts von allen ausländischen Konkurrenten übernommen wurde und damit quasi internationale Gültigkeit erlangte. Da die Kaufsumme sofort bei Erhalt der Ware an die Gewerken ausgezahlt werden musste, wurde nicht nur das unsägliche Schuldenmachen der kurfürstlichen Kasse verhindert, sondern dem Zehndner auch die Möglichkeit gegeben, die Rohstoffe wirklich unabhängig zu taxieren. Grundlage der Bewertung waren Analysen, die ein Probierer im Bergamt anfertigte. Steuern wurden freilich trotzdem fällig.
Obwohl dieser Vertrag unter den gegebenen Voraussetzungen die günstigsten Bedingungen für die Gewerken beinhaltete, die ihnen jemals geboten wurde, und er mehr als ein Jahr vergleichweise reibungslos praktiziert werden konnte, waren sich die Grubenbesitzer in Bezug auf dessen Akzeptanz alles andere als einig. Zwar hätte der Kurfürst das Recht gehabt, die Fortführung des Vertrages einfach anzuordnen, doch wusste der Landesherr von der Causa Brandenstein inzwischen sehr wohl, wohin ein solcher Befehl führen konnte. So griff der Herrscher zu einer für die damaligen feudalen Verhältnisse recht ungewöhnlich demokratischen Lösung. Die Gewerken sollten in einer Abstimmung selbst über die Weiterführung oder Ablehnung des Kontraktes entscheiden.
Das Ergebnis dieser Befragung, die am 12. Februar 1628 stattfand, war eindeutig. Etwa zwei Drittel der Kuxinhaber votierte gegen den Vertrag.[31] Der Kurfürst respektierte die Entscheidung und bestätigte per Erlass am 28. April 1628 den freien Verkauf unter der Maßgabe, dass sowohl der Stollenneunte als auch jeder 10. Kübel Kobalt dem Fiskus überlassen werden muss. Bemerkenswert ist, dass auch der unbekannte Autor des „Kobelt-Schatzes" Unverständnis über die Entscheidung der Gewerken äußert und mutmaßt, dass möglicherweise die Herren de Briers und Friese selbst ein Interesse an der Auflösung des Vertrages hatten, weil ihnen der Kontrakt über den Kopf wuchs. So oder so wissen wir nicht, ob eine andere Entscheidung das Unheil hätte verhindern können, das nun über den Schneeberger Kobaltbergbau hereinbrach.
Anders als erhofft stellte sich nämlich der freie Verkauf der Ware für die einzelnen Gruben, die vor dem Hintergrund eines schrumpfenden Absatzmarktes nun miteinander in Konkurrenz treten mussten, als äußerst schwierig heraus. Durch die kriegsbedingten Unterbrechungen der Handelsrouten war ein Export des Kobalts kaum mehr möglich. Die Holländer, bisher Hauptabnehmer von Erzen und Halbfabrikaten, hatten sich gänzlich aus dem Geschäft zurückgezogen. Nach der Überlieferung im „Kobelt-Schatz" war es lediglich Hans Friese, der sich in dieser schwierigen Zeit hin und wieder in Schneeberg aufhielt, um geringe Quantitäten an Kobalten aufzukaufen. Freilich konnte es sich dabei um nicht mehr als einen Bruchteil dessen handeln, zu dem er ehemals als Kobalt-Kontrahent verpflichtet gewesen war.
Das Ausbleiben von Zahlungsmitteln führte dazu, dass die Bergleute mit Kobalt entlohnt wurden und es aufgrund wirtschaftlicher Not sehr billig verkaufen mussten, wodurch sich das ohnehin schon vorhandene Überangebot weiter ausweitete, was wiederum eine Beschleunigung des Preisverfalls

nach sich zog. Wurde der Kübel Kobalterz (etwa ein Zentner) bei den ersten Kontrakten noch mit durchschnittlich fünf Gulden gehandelt, sank der Preis nun auf unter einen Gulden. Da so nicht einmal die Gestehungskosten gedeckt werden konnten, ging auch die Förderung stark zurück. Der Tiefpunkt wurde 1633 mit 1.341 Kübeln, gegenüber 9.582 im Jahre 1622 erreicht.[31] Die schlimmsten Jahre für Schneeberg waren 1632 und 1633, als die Stadt, die bekanntermaßen nie eine schützende Ummauerung besaß, noch zusätzlich von durchziehenden Heeren geplündert wurde. Von ehemals 600 Häusern waren um 1640 nur noch 100 bewohnt.

In Anbetracht dieser Lage muss es nicht verwundern, dass nun etwas geschah, was vor wenigen Jahren noch undenkbar schien. In einer von 28 Gewerken verfassten Denkschrift wird dargelegt, dass der Kobaltbergbau unter den herrschenden Umständen nicht zu halten sein werde. Untertänigst ersuchten sie den Kurfürsten um die Errichtung eines neuen Kobaltkontraktes. Unter den vorherrschenden Umständen eine Bitte, die unmöglich zu erfüllen war. In einem an das Oberbergamt eingesandten Gutachten werden noch verzweifeltere Vorschläge unterbreitet. Einer davon zielte allen Ernstes darauf ab, eine von Art Bergbau-Mäzenen ausfindig zu machen. So sollten *etlichen vermögenden Leuthen, sonderlich Bergwerks Liebhabern und Beförderern Privilegia* erteilt werden, die ihnen einen *billigen* Ankauf der Kobalte ermöglichen.[22]

Deutlich vernünftiger klingt da schon der zweite Vorschlag, den der unbekannte Autor des Gutachtens unterbreitet. Demnach könnten sich die Privilegierungen auch darauf erstrecken, *Farbmühlen an bequeme Orte im Lande zu erbauen, darinnen Sie die Kobelte ... zu Guth machen.* Das Oberbergamt übrigens äußert sich in einer am 18. März 1640 verfasstem Note in ähnlicher Weise. Dort heißt es: *Unseres Erachtens wäre wohl zu wünschen, daß wieder vermögende Contrahenten vorhanden, so alle gewonnenen Kobelte, ... in billichem Preiße annehmen, bezahlen und verführen thäten, oder auch gleich im Lande zu blau machten.*[22]

Sicherlich war die Zeit nun reif, ein Unterfangen in die Tat umzusetzen, das zwar schon mehrfach in Angriff genommen wurde, aber bisher immer an ungünstigen Rahmenbedingungen oder sonstigen Umständen gescheitert war. Dabei war ein Teil dieses Vorhabens um 1640, als das Oberbergamt seine Note verfasste, schon Wirklichkeit geworden. Eine erste Farbmühle hatte sich nämlich in der Nähe von Schneeberg bereits etabliert. Erwähnt wird sie in den zitierten Schreiben nur deshalb nicht, weil sie sich streng genommen gar nicht in Kursachsen befand. Das erste beständige Blaufarbenwerk war, von den sächsischen Bergbehörden weitgehend unbemerkt, bereits im Jahre 1635 am Pfannenstiel bei Aue in der Herrschaft Schönburg errichtet worden. Diese Gründung sollte sich als so erfolgreich erweisen, dass sie wie eine Initialzündung auf die Entstehung weiterer Farbmühlen wirkte. Der Aufstieg des sächsischen Blaufarbenwesens war nun nicht mehr aufzuhalten.

DAS SÄCHSISCHE KOBALTSYNDIKAT – VOM AUFSTIEG EINES WELTMONOPOLS

Noch heute sind sie im Erzgebirge allgegenwärtig, die Relikte des einstmals so mächtigen Blaufarbenwerkskonsortiums. Die Grube Weißer Hirsch und die Pochwerke Siebenschleen und Wolfgangmaßen in Schneeberg verdeutlichen dem interessierten Besucher die Gewinnung und Aufbereitung der Kobalterze. Sie gehörten dem Konsortium, das sich ihrer wie aller anderen ober- und unterirdischen Einrichtungen des Schneeberger Kobaltfeldes auch, nach und nach bemächtigt hatte, um die Rohstoffversorgung der Blaufarbenwerke sicher zu stellen. Weithin sichtbar prangt am Haupteingang der Nickelhütte Aue das ehemalige konsortschaftliche Wappen, bestehend aus den vier Werkszeichen der einstigen Blaufarbenwerke. Der fast vollständig erhaltene Denkmalkomplex „Schindlerswerk" in Zschorlau-Albernau zeugt vom Umfang und der Funktion der erzgebirgischen Farbfabriken. Nicht zuletzt bemühen sich zahlreiche Vereine um die Bewahrung des traditionellen Brauchtums des sächsischen Berg-, Hütten- und Blaufarbenwesens. Dies alles sind Zeugnisse für ein Unternehmensmonopol, das sich nicht nur durch einen hohen Organisationsgrad, strengste Geheimhaltung und ständige Innovationsbereitschaft, sondern auch durch seine vorbildliche Sozialfürsorge auszeichnete.

Die zwischen 1635 und 1650 gegründeten Farbmühlen Pfannenstiel, Oberschlema, Sehma (ab 1684 Zschopenthal) und Schindlerswerk einigten sich bereits 1656 auf einen gemeinsamen Vertrieb der Waren. Die zunächst noch weitgehend selbstständig agierenden Werke rückten in den Folgejahren immer näher zusammen. Diese Entwicklung gipfelte 1694 in der Gründung des Blaufarbenwerkskonsortiums, einer Art Dachorganisation des sächsischen Blaufarbenwesens. Dabei hatte das gemeinsame Wirtschaften eine solche Qualität erreicht, dass man ob der straffen Organisation innerhalb des Konsortiums weithin ehrfurchtsvoll von der „Festen Hand" sprach. Das ursprüngliche Ziel, nämlich durch Absprachen Überproduktionen und Preisverfall bei den Farbwaren zu vermeiden, war damit nicht nur erreicht, sondern weit übertroffen worden. Es entstand ein Wirtschaftssyndikat, das mit seinen Produkten lange Zeit monopolartig den Weltmarkt beherrschte.

In schwierigen Zeiten sicherte das Konsortium den Bestand der einzelnen Werke. Ein Austausch von Führungspersonal und in gewissem Umfange auch von Technologie wurde schon im 18. Jahrhundert vorgenommen. Bemerkenswert ist auch, dass sich ein staatliches Unternehmen, das kurfürstliche bzw. Königliche Blaufarbenwerk Oberschlema, fast problemlos in diese Organisation einfügte. Erst 1848, unter dem Zwang der wirtschaftlichen Veränderungen, schlossen sich die Privatwerke zum Privatblaufarbenwerksverein, in dem Pfannenstiel den Ton angab, zusammen. Trotzdem blieb das Konsortium die übergeordnete Organisation des sächsischen Blaufarbenwesens. Erst die Ereignisse nach 1945 führten zur Auflösung dieser sich über mehr als zwei Jahrhunderte bewährenden Verbindung. Am Anfang dieser bemerkenswerten Erfolgsgeschichte steht ein Mann, der nicht nur den Wagemut zu einer wegweisenden Unternehmungsgründung aufbrachte, sondern auch das Gespür für den rechten Zeitpunkt dafür hatte.

Die Farbmühle am Pfannenstiel – ein Wagnis macht Schule

Eigentlich konnte es ihm ja egal sein, was dieser Veit Hans Schnorr, Sohn des Schneeberger Stadtrichters und gerade einmal 21 Jahre alt, mit seiner Wiese vorhatte. Trotzdem trieben Gabriel Günter so einige Gedanken um, als er sich am 12. Februar 1635 auf den Weg zum schönburgischen Lehnsamt nach Lößnitz machte. Dabei war er wirklich froh über das vor sechs Tagen mit Schnorr getätigte Geschäft, denn immerhin war es in diesen Zeiten nicht leicht, jemanden zu finden, der genügend gutes Geld besaß und bereit war, es für ein Stück Wiese auszugeben. Gebrauchen konnte Günter die 60 Gulden schon, denn noch immer war er mit der Instandsetzung seines kleinen Hammerwerks befasst, das die kaiserliche Soldateska vor zwei Jahren fast völlig zerstört hatte. Eine Farbmühle wolle er bauen, hatte ihm Schnorr berichtet, die durchlauchten Brüder Veit und Otto Albrecht von Schönburg, Herren der Grafschaft Hartenstein, hätten ihm den Bau gestattet und würden das nötige Privileg in Kürze ausstellen lassen.
Günter hielt das ganze Ansinnen des jungen Schnorr für eine ziemliche Torheit. Immerhin war es mit dem Kauf des Grundstücks nicht getan. Eine Schmelzhütte mit Röstherden, Giftfang und Glasöfen war zu errichten, ein Pochwerk, Mühlen-, Magazin- und Lagergebäude waren ebenfalls erforderlich. Sicher handelte es sich um keine geringe Summe, die zu investieren war. Dabei konnte niemand für den Bestand einer solchen Unternehmung garantieren. Was nützte der gräfliche Schutzbrief, wenn die plündernden Horden zurückkehren würden, denn ein Ende des Krieges zwischen protestantischen und katholischen Glaubensanhängern war nicht in Sicht. Und wer brauchte in diesen Zeiten Wäscheblau und kobaltblaues Geschirr, wenn man sich glücklich schätzen konnte, überhaupt etwas auf den Teller zu bekommen? Die bisherigen Versuche, hierzulande Farbmühlen zu errichten, waren ja auch nicht gerade von Erfolg gekrönt gewesen. Überhaupt, was wollte dieser Schnorr denn gerade auf schönburgischem Gebiet, wo die Kobaltgruben doch allesamt auf kurfürstlichen Grund am Schneeberg lagen? Der umständliche Transport der Erze über die Schlem und die Au musste sich doch von vornherein nachteilig auf die Unternehmung auswirken.
Mit solcherlei Gedanken betrat Günter schließlich das Amtshaus. Die Angaben über den Verkauf der Wiese wurden entgegengenommen und eine halbseitige Notiz im Lehnsbuch der Grafschaft Hartenstein angelegt. Auch der Vermerk, dass Schnorr eine Farbmühle auf dem neu erworbenen Grundstück bauen wolle, fand Eingang in das amtliche Schreiben. Mit der Zahlung der Gebühren in Höhe von drei Gulden, die ebenfalls noch zu Lasten des Käufers gingen, war das Geschäft offiziell vollzogen. Diese Eintragung, heute würden wir sie als Grundbuchauszug bezeichnen, ist im Original erhalten geblieben.[38-1] Da der eigentliche Kaufvertrag vom 6. Februar 1635 nicht mehr vorhanden ist, markiert sie den Beginn der Geschichte des Pfannenstieler Hüttenwerks, der heutigen Nickelhütte Aue. In dem Schriftstück heißt es:

Gabriel Günter uffm Pfannestihl und Veit Hans Schnorr zu Schneeberg

Am 12. Feb. 1635 ist Gabriel Günter uffm Pfannenstihl im Ambt erschienen und angezeiget wie er von seiner Wiesen ein Stücklein Wiese wie solches voreinmal zur Bauung einer Farbmühlen Veit Hans Schnorren zu Schneeberg umb 60 fl erblich verkauft ..., Demhalber Verkäufer dem Ambt die Lehnabgabe, die Käufer gebühren gereichet
Lehngeld 3 fl welches Käufer des Kaufgeld ohn Schaden entrichtet.

Nun drängt sich die Frage auf, wer dieser Veit Hans Schnorr, den man später den Älteren nennen wird, eigentlich war und worin seine Motivation bestand, gerade in so unsicheren Kriegszeiten, als Sachsens Bergbau und Hüttenwesen darniederlagen, ein Blau-

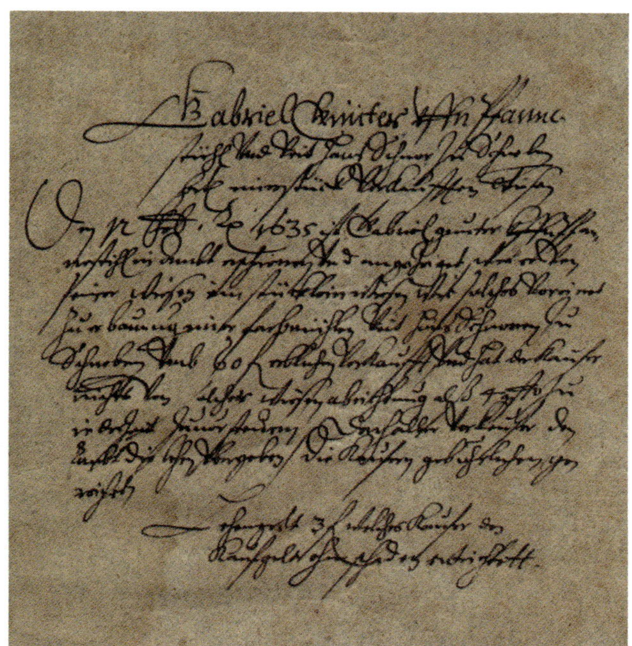

7 Mit diesem Eintrag im Lehnsbuch der Grafschaft Hartenstein beginnt am 12. Februar 1635 die Geschichte des ersten beständigen sächsischen Blaufarbenwerks, der heutigen Nickelhütte Aue. Da sich das Datum am Julianischen Kalender orientiert, würde es sich heute um den 2. Februar handeln. Vorlage: Sächs. Staatsarchiv Chemnitz, 30584, Nr. 1903.

farbenwerk zu errichten. Wie die Gründer der späteren Farbmühlen auch, war Schnorr alles andere als ein Habenichts oder Emporkömmling. Vielmehr stammte er aus einer wohlhabenden bürgerlichen Familie, deren Mitglieder bedeutende Universitäten in deutschen Landen besucht hatten. Der Vater Johann Schnorr (1564–1637) war von 1604–1618 als Verwalter des kurfürstlichen Amtes Wiesenburg tätig, ab 1620 trat er als Bürger von Schneeberg auf, wurde dort Ratsherr und schließlich Stadtrichter.[39] Der 1614 in Wiesenburg geborene Veit Hans Schnorr d. Ä. (wir wollen ihn bereits an dieser Stelle als den „Älteren" bezeichnen, um Verwechslungen zu vermeiden) war sein zweites Kind aus dritter Ehe.

Obwohl nichts darüber bekannt ist, dass der Stadtrichter direkt am Kobaltgeschäft beteiligt war, ist anzunehmen, dass er mit Personen aus diesem Metier, dem kurfürstlichen Zehntner, Grubenbesitzern und vielleicht sogar mit Kobaltkontrahenten Kontakt hatte. Dass sein Sohn Veit Hans, der in Schneeberg aufwuchs, schon früh mit dieser Thematik in Berührung gekommen ist, steht deshalb außer Frage. Anders als die Mehrzahl seiner bekannten Vorfahren hielt er sich auch nicht mit dem Besuch einer Universität auf, was in jenen schweren Kriegszeiten ohnehin kaum möglich gewesen sein dürfte, sondern forcierte, als die kriegerischen Horden das Westerzgebirge verlassen hatten, die Errichtung seines Blaufarbenwerks.

Was aber war die Motivation, die ihn zu dieser durchaus risikobehafteten Unternehmung trieb? Wenn wir ganz korrekt sein wollen, müssen wir einräumen, dass wir es nicht wissen. Es lassen sich lediglich Indizien aneinanderreihen, die die Sinnhaftigkeit der Werksgründung untermauern. Wie bereits ausgeführt, waren die 1630er Jahre die schwierigste Zeit des Schneeberger Bergbaus. Seit 1628 bestand kein Kobaltkontrakt mehr. Der freie Verkauf der Ware und die sinkende Nachfrage führten zu einer scharfen Konkurrenzsituation unter den einzelnen Gruben, was wiederum zur Folge hatte, dass die Kobaltpreise beinahe ins Bodenlose fielen.

Für den Jungunternehmer Schnorr bot diese Situation den Vorteil, den Rohstoff günstiger als je zuvor beziehen zu können. Da kein kurfürstlicher Kontrakt bestand, konnte er sich seine Lieferanten frei wählen. Sicherlich griff er, da er selbst Kuxe an den Zechen Rappold, Siebenschleen, Weißhäuptlein und Schafstall besaß,[22] zunächst auf seine eigenen Kobalte zurück. Zudem waren die Steuern, die er entrichten musste, außerordentlich niedrig bemessen. Der Kurfürst hatte nämlich, heute würden wir sagen, um die Wirtschaft anzukurbeln, auf einen großen Teil der Einnahmen aus dem Bergbau verzichten müssen. So wurde zeitweise statt des üblichen Zehnten nur der zwanzigste Teil auf den Kaufpreis erhoben. Es scheint so, als hätte Schnorr einfach das Gespür für den richtigen Zeitpunkt zu seiner Unternehmensgründung gehabt, denn die Krise bietet auch die besten Chancen. Im Nachhinein wissen wir, dass die Jahre 1633–1635 die Talsohle des wirtschaftlichen Niedergangs bedeuteten, danach setzte allmählich wieder eine Erholung ein, an der die neu errichtete Pfannenstieler Farbmühle voll partizipieren konnte.

Abgesehen von dem Risiko, dass der Krieg jederzeit in das Westerzgebirge zurückkehren konnte, waren die wirtschaftlichen Voraussetzungen für die Werksgründung also gar nicht so schlecht, wie man zunächst meinen könnte. Wenn wir die Frage der Herkunft des nötigen Kapitals taktvoll übergehen, es handelte sich eben um eine wohlhabende Familie, bleibt trotzdem offen, woher Schnorr das technologische Wissen hatte, das für die Herstellung von Kobaltblau erforderlich war. In Schneeberg wurde zwar traditionell Safflor erzeugt, es handelt sich dabei aber lediglich um ein Vorprodukt des eigentlichen Farbglases. Bis zum fertigen Kobaltblau bedurfte es aber noch einer bedeutenden Anzahl weiterer Technologieschritte (vgl. den Abschnitt „Technologie der blauen ‚Farbe'"), deren Kenntnis zum Bau eines Blaufarbenwerks unumgänglich notwendig war.

Die Antwort auf die Technologiefrage liefert uns wiederum der „Ober-Ertz-Gebürgische Wißmuth-Grauppen und Kobelt-Schatz".[22] Dort wird glaubhaft dargestellt, dass Schnorr sich beim Aufbau seines Werkes niederländischer Farbmacher bedient hat, die er *mit ziemlichen Aufwand* angeworben hatte. Dazu passt, dass an anderer Stelle[26] berichtet wird, dass der Gründer selbst eine Reise nach Holland unternommen hatte. Zwar soll sein Bemühen um Einlass in die dortigen Farbmanufakturen vergeblich gewesen sein, dennoch könnte er bei dieser Gelegenheit den einen oder anderen Kundigen abgeworben haben. Überdies ist anzunehmen, dass die Prozesse nach der Gründung in Pfannenstiel durch eigene Forschungen und Erfahrungen zügig verbessert und verfeinert wurden.

Den geschicktesten Schachzug vollführte der für sein jugendliches Alter ungewöhnlich weitblickende Schnorr aber mit der Wahl des Standortes für seine Neugründung. Dabei ist es nicht einmal so ausschlaggebend, dass der Platz am Pfannenstiel, wie der eigentümlich geformte Bergrücken, der in die Schwarzwasserschleife vorstößt, noch heute genannt wird, gute technische Voraussetzungen wie ausreichende Wasserkraft und Möglichkeiten zur Holzflöße bot, sondern verwaltungstechnisch nicht dem Kurfürsten, sondern den Herren von Schönburg unterstand. Das Gebiet der Schönburger erstreckte sich zur Zeit der Werksgründung über Waldenburg, Glauchau, Oelsnitz, Hartenstein und Lößnitz bis an das Schwarzwasser im östlichen Teil des Auer Talkessels. Rechtlich waren die Herren von Schönburg Lehnsleute der Wettiner, sie besaßen aber für ihr Gebiet staatliche Hoheitsrechte. Die niedere Grafschaft Hartenstein mit dem Verwaltungszentrum in Lößnitz, zu der auch der Bereich am Pfannenstiel gehörte, war ein Teil der schönburgischen Besitzungen.

Veit Hans Schnorr d. Ä. vermied es demnach bewusst, sich der kurfürstlichen Herrschaft zu unterwerfen und nahm dafür sogar den umständlichen Transport der Erze von Schneeberg an den Pfannenstiel in Kauf. Welchen Vorteil boten ihm also die gräflichen Herren? Knapp formuliert, ermöglichte ihm der exterritoriale Bauplatz überhaupt erst die Gründung seiner Farbmühle. Nach Lage der Dinge wäre ihm nämlich ein kurfürstliches Privileg für sein Werk aus dem Grund verweigert worden, weil er nur mit einigen wenigen Zechen, vorzugsweise jenen, die auf die besten Erze bauten, Lieferverträge abschließen hätte können. Die Beamten seiner kurfürstlichen Durchlaucht fürchteten zu Recht eine Protestwelle von den anderen, ebenfalls um ihre Existenz kämpfenden Grubengewerken. Dass diese Gedanken keine bloße Theorie darstellen, wird durch den Fakt bezeugt, dass dem Glashüttenbesitzer Gabriel Löbel aus Jugel und dem Müller Nikolaus Fischer aus Aue im Jahr 1640 die Erlaubnis zum Bau einer Farbmühle aus dem nämlichen Grund verwehrt wurde.[22, 31]

Abschlägig wurde auch das Ansinnen des Holländers Weynand Wohltrunck (oder Wohltringer) beschieden, der eine Farbmühle in St. Joachimsthal sein Eigen nannte und durch ein weiteres Werk auf kursächsischem Gebiet von den hochwertigen Schneeberger Kobalten profitieren wollte.[22, 31] Überhaupt ist zu bemerken, dass auf der böhmischen Seite des Erzgebirges, insbesondere im Bereich der Bergstadt Platten (CZ: Horni Platna) schon vor 1600 einige Farbmühlen existierten. So muss es nicht verwundern, dass dieser Vorstoß aus Böhmen nicht der erste seiner Art war. Gemein ist all diesen Ansinnen, dass ihnen stets die nötige Privilegierung verweigert wurde. Der Grundsatz der kurfürstlichen Verwaltung, für möglichst alle Kobaltgruben einen auskömmlichen Absatz zu schaffen, zieht sich wie ein roter Faden durch das frühe sächsische Blaufarbenwesen. Lieber verkaufte man den Rohstoff in Gänze ins Ausland, als kleine Einzelgründungen zuzulassen. Aus heutiger Sicht ein genialer Ansatz. Zwar konnten sich so in Sachsen erst relativ spät Farbmühlen etablieren, als sich aber ausreichend potente Gründer fanden und Schnorr durch sein Werk eine Art Zugzwang ausübte, entstand mit dem späteren Blaufarbenwerkskonsortium eine Organisation, die keine Konkurrenz fürchten musste und lange Zeit den Weltmarkt dominierte. Die kleinen, gegenseitig konkurrierenden böhmischen Farbmühlen dagegen, hatten keine Chance, sich dauerhaft zu halten. Durch die Abwanderung protestantischer Berg- und Hüttenleute aufgrund der Gegenreformation nach dem Ende des Dreißigjährigen Krieges entscheidend geschwächt, mussten die letzten ihren Betrieb bis Mitte des 19. Jahrhunderts aufgeben. Das trifft gleichsam auch auf andere europäische Blaufarbenwerke zu.

Veit Hans Schnorr d. Ä. erhielt am 20. Februar, dem Fastnachtstag des Jahres 1635, das schönburgische Privileg, worin ihm die Errichtung und der Betrieb einer Farbmühle auf der angekauften Wiese gestattet wurde. Das nötige Bau- und Brennholz bekam er zu Festpreisen aus den schönburgischen Waldungen zugesprochen. Die Höhe der Abgaben, vergleichbar mit der heutigen Gewerbesteuer, wurde auf 20 Reichstaler pro Jahr, zahlbar in zwei Raten, festgelegt. Konkurrenz brauchte er nicht fürchten, denn die gräflichen Herren garantierten ihrem neuen Untertan, innerhalb der nächsten sechs Jahre keine vergleichbaren Unternehmungen auf ihrem Grund und Boden zuzulassen. Interessant ist, dass Schnorr die bereits bestehende Wehr- und Grabenanlage, aus der das Güntersche Hammerwerk und eine Schneidmühle ihr Aufschlagswasser bezogen, mitbenutzen durfte. Dass beide Unternehmungen tatsächlich noch eine Zeitlang nebeneinander existierten und das Farbwerk nicht, wie es mitunter dargestellt wurde (vgl. z. B. [40]), den Eisenhammer ersetzte, geht zweifelsfrei aus der Aktenlage hervor. Demnach kaufte Rosina Schnorr, die Witwe Veit Hans Schnorrs d. Ä., erst 1660 das Güntersche Etablissement nebst Grundstücken für die Erweiterung des Pfannenstieler Blaufarbenwerks für beachtliche 1.292 Gulden auf.[38-2]

Leider sind vom ersten schönburgischen Privileg und auch von seiner Erneuerung zu Pfingsten des Jahres 1641 nur Abschriften erhalten geblieben. Bereits 1735 waren die Originale in Pfannenstiel nicht mehr vorhanden, die Administration des Werkes äußerte seinerzeit den Verdacht, dass Schnorr diese Dokumente in seinem Wohnhaus in Schneeberg aufbewahrt habe und dass sie dort beim großen Stadtbrand von 1719 vernichtet worden seien.[23-1] Die Abschriften fanden sich 1735 im Schneeberger Bergarchiv, dadurch ist uns der bereits geschilderte Inhalt der frühen Privilegien bekannt. An der Glaubwürdigkeit der zeitgenössischen Duplikate kann indes keinerlei Zweifel bestehen, da auch in anderen Schriftstücken auf die dort geschilderten Umstände der Werksgründung am 20. Februar 1635 Bezug genommen wird (vgl. u. a. [22, 38-3]).

Zwar ermöglichte die schönburgische Privilegierung überhaupt erst den Bau des Werkes, der aus den genannten Gründen zu jener Zeit im Kurfürstentum nicht möglich gewesen wäre, dennoch verkehrte sich dieser entscheidende Vorteil, als die Zeiten ruhiger wurden und wieder Kobaltkontrakte auf den Weg gebracht werden konnten, ins Gegenteil. Immerhin war es der Kurfürst, der über die Verteilung des Kobalterzes bestimmte! Und letztlich zahlte Schnorr, von den Kaufgebühren des Er-

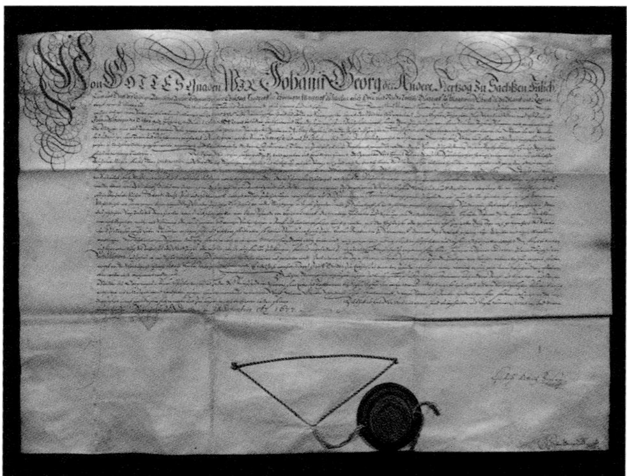

8 Das kurfürstliche Privileg für die Farbmühle am Pfannenstiel aus dem Jahre 1677 blieb, anders als die früheren Dokumente dieser Art, als Original erhalten und befindet sich heute im Stadtmuseum Aue. Es markiert gleichsam den Beginn der Ära Veit Hans Schnorr d. J. im sächsischen Blaufarbenwesen.

zes abgesehen, keine Steuern an die landesherrliche Kasse. Wenn es darum ging, als Kobaltkontrahent akzeptiert zu werden, hatte er demnach keinen besseren Status als die ausländischen Kaufleute, die das Erz außer Landes verhandelten. Besonders ab Ende der 1640er Jahre, als bereits weitere Farbmühlen entstanden waren, hätte dieser Punkt als Argument dafür herangezogen werden können, Schnorr vom Kobaltgeschäft auszunehmen. Er bemühte sich also um ein kurfürstliches Privileg, das ihm 1642 auch erteilt wurde. Hierin werden ihm, falls er sein Werk verlegen würde, ebensolche Freiheiten wie unter schönburgischer Herrschaft zugesichert. Schnorr konnte nun sogar auf zwei mächtige Herren zählen, freilich musste er dafür auch den vereinbarten Erbzins, also jene 20 Reichstaler, doppelt bezahlen.

Später nahm Veit Hans Schnorr d. J. (1644–1715), seit 1677 im Besitz der Majorität der väterlichen Farbmühle, die etwas kuriose Rechtslage zum Anlass, eine eigene Interpretation der Gründungsgeschichte zu entwerfen. Gleich seinem Vater zog er, wie alle späteren Eigentümer auch, vermutlich aus technischen oder auch nur aus praktischen Gründen, eine Verlegung des Werkes auf kurfürstliches Gebiet nicht ernsthaft in Betracht. Er musste aber in einem Umfeld des wachsenden Interesses für Kobalterz und Blaufarbenerzeugnisse auf die Sicherung der Rohstoffbasis seines Unternehmens bedacht sein. Es ist daher nicht verwunderlich, dass der junge Schnorr die schönburgischen Privilegien nicht gern erwähnte. Fortan lautete die offizielle Pfannenstieler Werkshistorie: *1635 erbaut und 1642 privilegieret worden.*[24-2]. Erst 1883 rückten historische Forschungen, die in Vorbereitung der 250-Jahrfeier des Werkes im Jahre 1885 stattfanden, diese begreifliche Geschichtsbeugung offiziell gerade. Das erste, im Original erhaltene Privileg des Pfannenstieler Blaufarbenwerks stammt aus dem Jahre 1677 und wurde Veit Hans Schnorr d. J. nach dem Erwerb des Werkes von seiner Mutter Rosina durch Kurfürst Johann Georg II. ausgestellt (Abb. 8). Es ist auch deshalb von besonderer Bedeutung, da es den Beginn der Ära des jüngeren Veit Hans Schnorr im Blaufarbenwesen markiert.

Legendär und mysteriös zugleich ist das urplötzliche Verschwinden seines Vaters, Veit Hans Schnorr d. Ä., im Jahre 1648, eben als der fürchterliche Krieg mit dem Westfälischen Frieden sein Ende fand. Wir wissen nicht genau, was von der Geschichte, die von mehreren Autoren aufgegriffen wurde (z. B. [25, 39]) und seine Entführung nach Russland beschreibt, wahr ist und bei welchen Details es sich, sagen wir mal, um dichterische Freiheit handelt. Bemerkenswert sind die Vorkommnisse, deren wohl früheste Schilderung im Jahre 1716 der Feder des Schneeberger Stadtchronisten Christian Melzer entsprungen ist, aber allemal.[9]

Demnach sollen ehemalige Landsknechte, die mit dem Friedensschluss von Münster und Osnabrück sozusagen ohne Beschäftigung waren, den von der Leipziger Messe nach Schneeberg zurückkehrenden Schnorr überfallen und entführt haben. Über Preußen (gemeint ist hier das spätere Ostpreußen) und Polen wurde er schließlich nach Moskau verschleppt. Ob diese Gewalttat in russischem Auftrage geschah oder ob Schnorrs Kenntnisse des Bergbaus und Hüttenwesens erst später offenbar wurden und man ihn daraufhin zwangsweise in den Dienst des Zaren stellte, bleibt unklar. Jedenfalls wurde er viele Jahre im Land festgehalten, um dem bislang noch sehr primitiven russischen Montanwesen auf die Sprünge zu helfen. Nach einem Tatarenüberfall kam er schließlich frei und trat eine abenteuerliche Heimreise an, die ihn durch Siebenbürgen, die Walachei bis nach Wien führte. Hier soll er 1664, ohne die Heimat und die Seinen wiedergesehen zu haben, verstorben sein. Auch Prag wird mitunter als seine letzte Station angegeben.[39]

So wie die bekannte Barbara Uthmann (1514–1575) nach dem Tod ihres Mannes einst die Leitung der Saigerhütte Grünthal übernahm, ergriff im Pfannenstieler Blaufarbenwerk die Gattin des verschollenen Werksgründers, Rosina Schnorr, die Zügel des Unternehmens. Zwischen den beiden Frauenpersönlichkeiten, die sich in einer von Männern dominierten Welt behaupten konnten, sind einige Parallelen durchaus augenscheinlich. So waren ihnen Entschlossenheit und Charakterstärke ebenso eigen wie ihre weitreichenden Bemühungen um das Gemeinwohl. Die Leistungen dieser Frauen kann man nur angemessen bewerten, wenn man in Betracht zieht, dass sie von heute auf morgen die Geschäfte ihrer Ehegatten übernahmen, für die sie im Geiste früherer Jahrhunderte keinerlei Voraussetzungen vermittelt bekommen hatten.

Neben der Leitung des Pfannenstieler Blaufarbenwerks fielen Rosina Schnorr auf diese Weise auch große Anteile am bekannten Auerhammer zu. Bereits 1649 trat die resolute Frau gegenüber dem Kurfürsten als Kobaltkontrahent auf und konnte sich unter ihren Mitbewerbern Johannes Burckhardt, Sebastian Öhme und Erasmus Schindler, die inzwischen ebenfalls Farbmühlen errichtet hatten, ohne Schwierigkeiten behaupten. Sie erhielt sogar ein größeres Quantum Erz als die anderen Kontrahenten zugesprochen, was aber damit zusammenhängen dürfte, dass sich Schindlers und Öhmes Werke (Schindlerswerk und Sehma) noch im Aufbau befanden. Obwohl Rosina Schnorr sich juristischer und technischer Berater bediente und zumindest anfangs eine Art Vormund akzeptieren musste, trat sie doch in allen maßgeblichen Angelegenheiten persönlich auf. Wichtige Kontrakte, wie jene von 1656 und 1659, in der eine gemeinsame Handelsorganisation aller Blaufarbenwerke vereinbart und somit die Bildung des sächsischen Blaufarbenmonopols „Feste Hand“ vorbereitet wurde, tragen ihre Unterschrift.

9 Rosina Schnorr, geb. Hübner (1618–1679) könnte man durchaus als die Barbara Uthmann des Blaufarbenwesens bezeichnen. Nachdem ihr Mann Veit Hans 1648 verschollen war, übernahm sie die Leitung des Pfannenstieler Blaufarbenwerks. Sie trat an dessen Stelle in die Kobaltkontrakte ein. Erst im fortgeschrittenen Alter gab sie die Zügel aus der Hand und überließ ihrem Sohn Veit Hans Schnorr d. J. ein florierendes Unternehmen. Abbildung nach einem Gemälde im Besitz der Familie Schnorr v. Carolsfeld.

Von 1648 bis 1677, also beinahe 30 Jahre, leitete Rosina Schnorr das Pfannenstieler Blaufarbenwerk. Es ist eine Episode, die in der nunmehr fast 400-jährigen Unternehmensgeschichte ohne Beispiel geblieben ist. Erst im fortgeschrittenen Alter von 59 Jahren, entschloss sie sich, ihrem zweiten Sohn Veit Hans Schnorr d. J. alle nötigen Vollmachten zu übertragen. Der entsprechende Kaufvertrag, mit dem natürlich auch ein gewisser Ausgleich mit ihren anderen potentiellen Erben verbunden sein musste, wurde am 24. April 1677 gesiegelt.[38-2] Ab diesem Zeitpunkt übernahm der 33-jährige Schnorr Junior die Administration eines florierenden Unternehmens. Bleibt nur noch nachzutragen, dass sich Rosina Schnorr bis zu ihrem Tode 1679 für die Errichtung eines Armen- und Waisenhauses in Schneeberg engagierte und auch das Erbbegräbnis der Familie, das noch heute auf dem Schneeberger Friedhof vorhanden ist, begründet hat.

Jener Veit Hans Schnorr d. J. mauserte sich im ersten Jahrzehnt nach der Übernahme des Blaufarbenwerks zum bedeutendsten Montanunternehmer des Westerzgebirges. Getreu seinem Wahlspruch „Nur nichts geacht", der etwa im Sinne von „Groß denken" oder „Klotzen nicht kleckern" zu verstehen ist, beteiligte er sich an einer Vielzahl von Berg-, Hütten- und Hammerwerken. Es ist müßig, all diese Unternehmungen aufzuzählen, als Beispiel sei nur die bekannte St.-Andreas- oder Weißerdenzeche bei Aue erwähnt, die lange Zeit besonders reines Kaolin als Rohstoff für die Meißner Porzellanmanufaktur lieferte. Auch an der Gründung der „Festen Hand", also der monopolartigen Vereinigung der sächsischen Blaufarbenwerke, war er maßgeblich beteiligt. Mit den als „Kompanie-Verfassung" bezeichneten Verträgen, die 1694 und 1696 zustande kamen, wurde ein Wirtschaftssyndikat geschaffen, das noch bis ins 20. Jahrhundert hinein Bestand hatte (vgl. den Abschnitt „Die Blaufarbenwerke in ‚Fester Hand'").

Schnorr ließ es bei seinem weitreichenden Engagement für Bergbau und Hüttenwesen nicht bewenden. Aus einem Hammerwerk, dass er 1677 an der Wiltzsch im oberen Erzgebirge anlegen ließ, entwickelte sich recht schnell eine Siedlung, die fortan Carlsfeld genannt wurde. Auf seine Initiative hin erhielt der neu entstandene Ort 1682 eine Schule, weiterhin stiftete er die Trinitatiskirche, die 1688 fertig gestellt wurde. Diese Kirche setzte in ihrer Ausführung als Zentralbau neue Maßstäbe, die Ähnlichkeit mit der viel später entstandenen Frauenkirche zu Dresden soll kein Zufall sein. Vom Kaiser des Heiligen Römischen Reiches Deutscher Nation, Leopold I., wurde Schnorr im Jahre 1687 in den erblichen Adelsstand erhoben. Fortan durfte er sich „Schnorr von Carolsfeld" nennen. Diesen Titel tragen seine Nachkommen noch heute.

Um das Jahr 1696 herum scheint sich der Montanunternehmer ob seiner vielen Beteiligungen und Stiftungen doch etwas übernommen zu haben. Jedenfalls sah er sich genötigt, das Pfannenstieler Blaufarbenwerk oder besser: die zwei Drittel, die sich zu jener Zeit in seinem Eigentum befanden, zu verpfänden oder widerruflich zu verkaufen, wie es offiziell hieß. Als Gläubiger traten die Konsortschaften, d. h. die Eigner des Zschopenthaler und Schindlerschen Blaufarbenwerkes auf. Dass ihm ohne weiteres die Summe von 100.000 Reichstalern zur Verfügung gestellt wurde, zeigt, wie gut entwickelt und gewinnträchtig das Werk zu jener Zeit gewesen sein muss.[24-3] Es stellte zweifellos den Mittelpunkt und das Filetstück der Schnorrschen Besitzungen dar. Allerdings scheint sein Stern nach 1699, als ein weiterer Kaufvertrag zustande kam, im Sinken begriffen gewesen zu sein. Sein Besitz am Pfannenstieler Werk verringerte sich um 1700 auf ein Drittel, nach seinem Tod am 26. Januar 1715 hielten die Erben nur noch etwa ein Viertel der einstigen Gründung ihres Vorfahren in den Händen. Allerdings zogen sich die letzten Mitglieder der weit verzweigten Familie erst im ausgehenden 19. Jahrhundert gänzlich aus dem Unternehmen zurück.

Es ist ein Irrtum zu glauben, dass sich ein Blaufarbenwerk allmählich aus einem Handwerksbetrieb entwickeln kann, wie es bei anderen Industrieunternehmen der Fall war. Tatsächlich muss in einer Farbmühle von Anfang an eine recht umfangreiche technische Grundausstattung vorhanden sein. Dazu gehören wasserkraftgetriebene Pochwerke für Erz und Quarz ebenso wie Mühlen, Kalzinier-, Trocken-

10 Veit Hans Schnorr d.J. (1644–1715) war einer der bedeutendsten Montanunternehmer des Erzgebirges. Seit 1677 leitete er das Pfannenstieler Blaufarbenwerk. An den Soziätätskontrakten, die zur Gründung der „Festen Hand" führten, war er maßgeblich beteiligt. Abbildung nach einer Darstellung im Altar der Trinitatiskirche zu Carlsfeld aus dem Jahre 1688.

und Glasschmelzöfen (vgl. den Abschnitt „Technologie der ‚Blauen Farbe'"). Hier wird deutlich, warum als Blaufarbenwerksgründer nur wohlhabende und angesehene Persönlichkeiten ihrer Zeit in Frage kamen. Die notwendigen Investitionen waren vergleichsweise hoch, so dass ein entsprechendes Vermögen oder zumindest eine hohe Kreditwürdigkeit gegeben sein musste. Eine gewisse öffentliche Reputation war darüber hinaus erforderlich, um überhaupt als Kontrahent in den kurfürstlich kontrollierten Kobaltkontrakten akzeptiert zu werden. So ist es nicht verwunderlich, dass neben Schnorr auch die Begründer der anderen sächsischen Farbmühlen, die im Zeitraum 1642–1650 entstanden, bedeutende Persönlichkeiten ihrer Zeit waren. Wenn wir uns nun etwas eingehender mit jenen wohlsituierten Herren und ihren Werken beschäftigen, dürfen wir nicht vergessen, dass sie letztlich von Schnorr inspiriert wurden und dass ihren Initiativen zu einem nicht geringen Teil der augenscheinliche wirtschaftliche Erfolg der Pfannenstieler Unternehmung zugrunde lag.

Tatsächlich können die Impulse, die von der Schnorrschen Gründung zur Wiederbelebung des Schneeberger Montanwesens nach den Verheerungen des Krieges ausgingen, gar nicht überschätzt werden. Das auf schönburgischem Grund produzierende Werk konnte sich seine Kobaltlieferanten auswählen, was die kurfürstliche Verwaltung in einen gewissen Zugzwang brachte, da der Wunsch nach einem neuen allgemeinen Kobaltkontrakt, der allen Gruben die Abnahme ihrer Erze garantierte, nun besonders laut wurde. Hilfreich war, dass Schnorr, der wohl die weitere gedeihliche Entwicklung seines Werkes in einem günstigen Gesamtumfeld vor Augen hatte, keineswegs auf seiner Sonderstellung beharrte, sondern vielmehr als uneingeschränkter Befürworter einer solchen Vereinbarung auftrat.[22] Dieser als „Hauptkobaltkontrakt" bezeichnete Vertrag wurde am 5. September 1641 geschlossen und am 18. Januar 1642 durch den Kurfürsten ratifiziert. Der Kontrakt umfasste alle Schneeberger Kobaltgruben, denen ein Absatz von 2.400 Zentnern Erz zugesichert wurde. Als Käufer traten Veit Hans Schnorr d.Ä., der Hamburger Kaufmann Hans Friese und der Schneeberger Bergherr und spätere Stadtrichter Johannes Burckhardt auf.[22, 23-6] Die Preise für den Rohstoff hatten sich seit 1635 merklich erholt. Hinsichtlich ihrer Qualität wurden die Erze in drei Gruppen unterteilt, wobei für die besten Kobalte 3 Reichstaler und 18 Groschen, für die mittleren 2 Reichstaler, 18 Groschen und für geringer wertige 2 Reichstaler bezahlt werden mussten.

Burckhardt, der sowohl die ergiebigen und noch heute bekannten Kobaltzechen St. Anna und Daniel besaß als auch eine Farbmühle im böhmischen Platten gepachtet hatte, war von dem Vertrag zunächst nicht besonders angetan. Bisher konnte er nämlich seine besonders hochwertigen Kobalte vorteilhaft in Platten verarbeiten. Nun sollte er sie nicht nur mit den anderen Kontrahenten teilen, sondern durfte auch keinen Rohstoff mehr nach Böhmen ausführen. Kein Wunder, dass er sich mit allen Mitteln gegen den Kontrakt gewehrt hatte und somit in einen unerquicklichen Disput mit den kurfürstlichen Bergbehörden geraten war. Das Oberbergamt hatte, vielleicht um Burckhardt zu umgehen oder ihn gefügig zu machen, sogar die Idee eines Universal-Blaufarbenwerks, das von den Kobaltgewerken selbst gebaut und betrieben werden sollte, ins Spiel gebracht. Dieses Ansinnen scheiterte allerdings an den hohen Investitionen und der Uneinigkeit der einzelnen Grubenbesitzer untereinander. Im „Kobelt-Schatz" ist von *vielfältigen Confusiones* die Rede.[22]

Schließlich musste der streitbare Bergherr dem landesherrlichen Druck nachgeben. Ein Kontrakt ohne ihn, verbunden mit dem Verbot von Kobaltlieferungen nach Böhmen, hätte für Burckhardt das wirtschaftliche Aus bedeutet. Aus dieser Überlegung heraus trat er zwar in den Hauptkobaltkontrakt ein, trotzte den Bergbehörden aber einige Zugeständnisse ab. Seine wichtigste Bedingung, selbst eine Farbmühle in Sachsen errichten und betreiben zu dürfen, sollte sich später als Meilenstein auf dem Weg zum Blaufarbenwerkskonsortium herausstellen.[23-7]

Zunächst allerdings hatte der Gründer einige Mühe, einen geeigneten Bauplatz zu finden. Offenbar war nämlich der Rat der Stadt Aue, deren Flur als Standort vorgesehen war, von dem Ansinnen alles andere als begeistert. Jedenfalls verwehrten ihm die hohen Herren die Baugenehmigung, weil sie Rauchschäden durch das Werk befürchteten. Burckhardt, wir kennen ihn ja bereits als unnachgiebigen Verhandlungsführer der Schneeberger Kobaltgewerken im Streit mit dem Kammerherrn von Brandenstein, dachte aber nicht daran, auf die Verwirklichung seines Planes zu verzichten. So erreichte er, dass sich im Juni 1642 eine Kommission, der sogar der damalige Berghauptmann Georg Friedrich von Schönberg vorstand, mit der Problematik befasste. Dass die Verhandlungen mit Burckhardt nicht einfach gewesen sein können, lässt sich an einer späteren Äußerung des Berghauptmannes nachvollziehen, der den Schneeberger Stadtrichter als einen *harten, widerwärtigen Kopf* betitelte.[41, 42]

Bei dem Vor-Ort-Termin in Aue besichtigte die Kommission auch das Pfannenstieler Werk, was als Beleg dafür gewertet werden kann, dass es zu dieser Zeit schon gut entwickelt gewesen sein muss. Auf jeden Fall wird dahingehend ein Kompromiss gefunden, dass als Bauplatz für die neue Farbmühle ein Grundstück *in der Obern Schlem* vorgeschlagen wird.[24-1] Das Privileg für das neu zu errichtende Werk wird schließlich am 28. Juli 1642 erteilt.[23-8] Allerdings verzögerte sich der Baubeginn wiederum, da auch der Rat von Schneeberg Einwendungen vorzubringen hatte. Womöglich findet man deswegen als Gründungsdatum des Blaufarbenwerkes Oberschlema mitunter die Jahreszahl 1644 (vgl. z. B. [25, 40]).

Als der angeblich so *harte und widerwärtige Kopf* als wohlhabender Kobaltkontrahent und Blaufarbenwerksbesitzer 1651 verstarb, sollte sich herausstellen, dass die unvorteilhafte Charakterisierung Burckhardts durch den Berghauptmann doch etwas voreilig und einseitig geraten war. Sein Testament vom 4. Februar 1651 enthielt nämlich eine handfeste Überraschung. So setzte der Stadtrichter als Erben für seine ergiebigen Kobaltzechen, sein prächtiges Haus in Schneeberg und sein florierendes Blaufarbenwerk in Oberschlema den sächsischen Kurprinzen und späteren Kurfürsten Johann Georg II. ein. Diese Entscheidung muss umso mehr verwundern, als er doch in beinahe ständigem Streit mit den kurfürstlichen Behörden stand und wenn auch keine leiblichen, so doch eine stattliche Anzahl an Stiefkindern und -enkeln hatte. Burckhardt, der sich über die zu erwartende Verstimmung seiner Angehörigen ob seines ungewöhnlichen letzten Willens im Klaren gewesen sein musste, bemühte sich, seine Motivation nachvollziehbar darzulegen. In seinem Testament heißt es dazu: *Ich habe über diesen*

11 Johannes Burckhardt, Gründer des Blaufarbenwerks Oberschlema, um 1650. Fotografie eines Bildnisses, das sich bis zu seiner Zerstörung im April 1945 am Grabmal der Familie Burckhardt in der St.-Wolfgangs-Kirche zu Schneeberg befand.[9, 43]

Punkt viel und mancherlei Gedanken gehabt, einzig und allein aber dahin gezielet und gesehen, daß ... meine Farbhandlung continuieret werden möge ... Sintemal ich mir leichtlich habe einbilden können, wenn meine Stiefkinder und Stiefenkel in meinem Vermögen als Erben einsitzen sollten, es würde ... nicht länger bestehen können, sondern vielmehr alles zu Boden geritten ... und überm Haufen geworfen werden.

Diesem nun vorzukommen und weil unter dem Schatten der allzeit grünen Raute ... ich meine höfflichen Bergwerke habe belegen, ... die Kobalt-Contracte continuirlich halten und die Blau-Handlung fortsetzen können, will hiermit in unterthänigstem Gehorsam den Durchlauchtigsten Herrn Johann Georg den Anderen ... zum Erben meiner ... Bergwerke, Wohnhaus, Haussrath und an der Farbmühle gesetzt ernennet und instituirt haben, mit der Bitte ... diese zu continuiren.[24-4]

Kurz gesagt, der zukünftige Kurfürst schien als Vertreter des Staates die beste Gewähr dafür zu geben, dass Burckhardts Wunsch nach der Fortführung seines umfangreichen Lebenswerkes umgesetzt würde. Ein weitsichtiger Gedanke, der sich zumindest im Falle des Blaufarbenwerkes auch tatsächlich bewahrheiten sollte. Immerhin avancierte Oberschlema, als es 1677 mit Jugel zusammengelegt wurde, zum größten Blaufarbenwerk seiner Zeit. Es trug wesentlich zur Herausbildung des sächsischen Kobaltsyndikats bei, da die Eigentumsverhältnisse so manche landesherrliche Entscheidung zu Gunsten des Blaufarbenwerkskonsortiums beeinflussten. Die Wettinischen Herrscher vererbten den Besitz über viele Generationen weiter, bis es schließlich von König Anton (genannt „der Gütige") 1830 dem sächsischen Fiskus geschenkt wurde. Bis zu seinem Abbruch im Jahre 1965 verblieb das Werk denn auch im Staatsbesitz. In Anbetracht des gesicherten Fortbestandes seines Blaufarbenwerks hätte es der verstorbene Bergmagnat vielleicht auch verschmerzt, dass die Nachkommen Johann Georgs II. mit dem übrigen Erbe nicht ganz so sorgsam umgingen. So verschenkte Johann Georg IV. die Burckhardtschen Kobaltzechen St. Anna und Daniel an seine Mätresse, während bereits sein Vorgänger das Haus in Schneeberg verkauft hatte. Es existiert, wenn auch nach dem Stadtbrand von 1719 im Barockstil neu aufgebaut und in großen Teilen nach 1945 rekonstruiert, als sogenanntes „Fürstenhaus" bis heute.

Nicht ganz gewöhnlich an Burckhardts letztem Willen war auch, dass ein Großteil seines beträchtlichen Barvermögens verschiedenen wohltätigen Zwecken zugutekam. Weiterhin bedachte er Freunde, Bekannte und Verwandte ebenso wie die Bergleute seiner Gruben und leitende Mitarbeiter seines Blaufarbenwerks. Als „widerwärtig" stellte sich demnach letztlich nur der Streit heraus, der unter einigen Erben sowie den geistlichen und städtischen

12 Johannes Burckhardts Haus, in dem er u.a. eine Farbhandlung betrieb, existiert noch heute am Fürstenplatz 4 in Schneeberg. Es handelt sich allerdings um eine Rekonstruktion des nach dem Stadtbrand von 1719 im Barockstil wiedererrichteten Gebäudes. Aufnahme 2018.

Würdenträgern Schneebergs ob der Verteilung des Burckhardtschen Legats ausbrach und sich noch über Jahre hinzog.

Übrigens zählte das aufwändig gestaltete Grabmal der Familie Burckhardt hinter dem Altar in der St.-Wolfgangs-Kirche zu Schneeberg einst zu den bedeutendsten Kunstdenkmälern in Sachsen.[43] Tragisch, dass es beim Tieffliegerangriff auf die Stadt am 19. April 1945, bei dem die Kirche in Brand geschossen wurde, der Zerstörung anheimfiel. Dieses Schicksal teilt es mit vielen anderen unwiederbringlichen Kunstschätzen, die sich einst im Inneren des „Bergmannsdoms" befunden hatten. Burckhardts Gebeine freilich dürften noch immer unter dem Altarbereich von St. Wolfgang ruhen.

Auf jeden Fall waren nun im Lande selbst Produktionsstätten für die blaue „Farbe" vorhanden, die es besonders vor der nahen böhmischen Konkurrenz zu schützen galt. Zu diesem Zweck erließ der Kurfürst zeitgleich mit dem Inkrafttreten des Hauptkobaltkontraktes 1642 ein Patent gegen das Verbringen von Kobalterz nach Böhmen.[23-9] Damit sollte den Konkurrenten, die aufgrund der minderen Qualität ihrer eigenen Kobaltvorkommen auf gutes sächsisches Erz angewiesen waren, sozusagen der Rohstoffhahn abgedreht werden. Das erwähnte Patent war zwar nicht das erste seiner Art, offenbar ist es aber hinsichtlich der angedrohten Strafen eines der bisher drastischsten. Das Partieren oder Paschen, wie man den Kobaltschmuggel über den Gebirgskamm nannte, wurde mit 500 Gulden Strafe bedroht. Zudem sollte das partierte Gut konfisziert und dessen Wert zu 50 Prozent dem Denunzianten zuerkannt werden. Löblich ist der Ansatz, die andere Hälfte zur Unterhaltung der kurfürstlichen Stollen in Schneeberg einzusetzen.

Allerdings konnte die lukrative Kobaltpartiererei nie ganz eingedämmt werden, selbst dann nicht, als sie angeblich ab dem Jahre 1724 mit der Todesstrafe bedroht wurde.[13] Die legendären Kobaltüberreiter, eine Art interne Polizeitruppe des Blaufarbenwesens, die an der böhmischen Grenze, aber auch im sächsischen Hinterland patrouillierten, machten etliche Schmuggler dingfest, für eine Vollstreckung der angedrohten Todesstrafe wurden allerdings bisher keine Belege gefunden. Geldstrafen oder schlimmstenfalls Landesverweis blieben die gängige Ahndung für das Vergehen. Bezeichnend für den florierenden Kobaltunterschleif ist, dass sogar einige Überreiter selbst in die dunklen Geschäfte verstrickt gewesen sein sollen.[33] Gegen Ende des 18. Jahrhunderts ging man schließlich dazu über, die Kontrollen in die Hütten selbst zu verlegen, trotzdem wurden die Überreiter erst in der zweiten Hälfte des 19. Jahrhunderts gänzlich entbehrlich, als die erzgebirgischen Rohstoffvorkommen zur Neige gingen und die Blaufarbenwerke selbst Erze aus dem Ausland importieren mussten.

Unter den Paschern fanden sich sogar prominente Erzgebirger. So wurde am 2. Mai 1811 auf der Straße von Marienberg nach Reizenhain ein mit zwei Personen besetztes Fuhrwerk angehalten. Die Männer, einer von ihnen ließ sich nicht ins Gesicht sehen, gaben an, Getreide zu transportieren. Allerdings zeigte die Überprüfung, dass sich unter der Ladung zwei Säcke mit bestem gepochtem Kobalt befanden, das nach Lage der Dinge nur aus dem Zschopenthaler Blaufarbenwerk stammen konnte. Vermutlich war das Material für die nahe böhmische Farbmühle in Christophshammer bestimmt. Weitere Ermittlungen wurden durch die gewaltsame Flucht der beiden Pascher vereitelt. Der kontrollierende Gendarm gab später an, dass einer der Flüchtigen kein geringerer als Karl Stülpner, der bekannte erzgebirgische Volksheld, gewesen sein soll.[44]

Von einer anderen, gleichwohl einfallsreicheren und für Laien kaum offenbaren Methode des Schmuggels legt eine kürfürstliche Verordnung aus dem Jahre 1691 Zeugnis ab.[23-3] Der Unterzeichner dieser Urkunde ist Ludwig Gebhard von Hoym (1631–1711), der zu dieser Zeit als kursächsischer Geheimrat und Kammerpräsident im Dienste des Kurfürsten Johann Georg III. stand. Bekannter wurde er allerdings als Schwiegervater einer gewissen Anna Constantia von Brockdorff (1680–1765), die sein Sohn Adolph Magnus von Hoym (1668–1723) im Jahre 1705 geehelicht hatte. Allerdings verzichtete der Sohn schon zwei Jahre nach der Heirat zu Gunsten Augusts des Starken auf seine Frau, die dann als „Gräfin Cosel" ins Getriebe der Macht eingriff und dabei die Licht- und Schattenseiten des Dresdner Hofes durchlebte. Anders als sie konnte sich ihr geschiedener Gatte, 1711 zum Reichsgrafen und Reichsvikar erhoben, zeitlebens die Gunst des ebenso starken wie launischen August erhalten.

Was also erfahren wir aus jenem Erlass des prominenten Staatsdieners? Zum Versand der fertigen Kobaltfarben bedienten sich die Blaufarbenwerke verschieden großer Holzfässer, in die neben dem Zeichen des Herstellerwerkes auch die Sorte eingebrannt werden musste. Einige findige Händler kamen nun auf den Gedanken, nach dem Verkauf des Inhalts die leeren Gebinde in die Blaufarbenwerke zurückzubringen und mit einer höheren Farbsorte oder sogar mit Safflor-Kobalt wieder befüllen zu lassen. Es wurden also hochwertige Waren als billige „böhmische" Sorten deklariert und konnten so leichter ins Ausland geschmuggelt werden. Das bedeutete sowohl einen Verstoß gegen die Kennzeichnungspflicht als auch gegen das Verbot des Verbringens von Rohstoffen nach Böhmen. Wir wissen zwar nicht, wie die kurfürstliche Verwaltung dieser Art des Schmuggels auf die Schliche gekommen war, dass das Vergehen durch den hoymschen Erlass nun aber mit 100 Talern Strafe bedroht war, beweist, welche Bedeutung dem Kobalt- und Blaufarbenwesen inzwischen auch in Dresden beigemessen wurde.

Der kleine Ort Jugel existierte schon vor 1654, als böhmische Exulanten, die ihr Land während der Gegenreformation aufgrund ihres protestantischen Bekenntnisses verlassen mussten, das nahegelegene Johanngeorgenstadt gründeten. Die Geschichte des Blaufarbenwerkes, das sich einstmals in dieser Streusiedlung im oberen Erzgebirge befand, ist sehr undurchsichtig. Es kann nicht einmal sicher davon ausgegangen werden, dass die Farbmühle unabhängig von der dortigen Glashütte existierte, die 1571 von Sebastian Preissler gegründet wurde und bis 1707 bestand.

Das Blaufarbenwerk soll 1642 von Preisslers Enkel Gabriel Löbel, übrigens ein Name, der oft im Zusammenhang mit den Kobaltkontrakten in den Akten erscheint, errichtet worden sein.[23-6] Da just in jenem Jahr auch jegliche Kobaltlieferungen nach Böhmen verboten wurden, ist es sicher nicht abwegig, hier einen Zusammenhang zu vermuten. Die Versorgung der Farbmühlen bei Platten, auch Löbel soll dort eine besessen haben, vom nur wenige Kilometer entfernten Jugel aus hätte einen komfortablen Ausweg aus der Rohstoffmisere der böhmischen Farbmüller bedeutet. Dieses war offenbar auch den Bergbeamten seiner kurfürstlichen Durchlaucht klar, denn auf sein Privileg wartete Löbel vergeblich. Mit der Begründung, ihr Werk läge ja gar nicht auf kursächsischem Grund, versuchte er später sogar Rosina Schnorr aus den Kobaltkontrakten auf gerichtlichem Wege zu verdrängen. Besonders deswegen, weil er bereits früher wegen Partierens verurteilt worden war, gelang es ihm nicht, sich durchzusetzen. Einem so unsicheren Kandidaten ein Blaufarbenwerk direkt an der böhmischen Grenze anzuvertrauen, hätte nach dem Dafürhalten der Bergbeamten bedeutet, den Bock zum Gärtner zu machen.

13 Die ehemalige Gaststätte „Farbmühle" in Unterjugel hat mit dem einstigen Blaufarbenwerk natürlich nur den Namen gemein. Allerdings ist es nicht unwahrscheinlich, dass sich das Werk bzw. die Glashütte an dieser Stelle befunden hat, da der Standort durchaus die notwendigen Voraussetzungen, vor allem eine ausreichende Wasserkraft aufbieten kann. Aufnahme 2009.

Nach Lage der Dinge hatte Löbel nur kurzzeitig im Jahre 1665 eine Konzession zur Blaufarbenherstellung in Jugel inne, die obendrein nur deshalb zustande gekommen war, weil Kurfürst Johann Georg II. sein Jagdlager in der Nähe aufgeschlagen hatte und dem vorsprechenden Löbel die Erlaubnis aus einer Laune heraus erteilt haben soll. Die Proteste der anderen Farbwerksbesitzer folgten auf dem Fuße, wobei die vorgebrachten Beschuldigungen, Löbel arbeite mit den nahen böhmischen Konkurrenten zusammen und verschaffe diesen sächsisches Erz, wohl nicht so ganz aus der Luft gegriffen waren. Jedenfalls wurde die Konzession schon nach wenigen Monaten wieder entzogen. Dieser Umstand kann durch vorhandene Urkunden belegt werden.[23-10] Sicher ist auch, dass der Kurfürst 1668 das Etablissement ankaufte, vielleicht um die Machenschaften in Sachen Kobaltblau so dicht an der Grenze besser kontrollieren zu können.[23-11]

Falls es also jemals zu einer größeren Produktion von Blaufarben in Jugel gekommen sein sollte, so kommt dafür wohl nur der Zeitraum zwischen 1668 und 1677, als sich die Hütte in kurfürstlichem Besitz befand, in Frage. Jedenfalls wird das Werk bereits 1677 geschlossen. Die entsprechende Kobaltquote, also das Recht, ein Fünftel der sächsischen Erze verarbeiten zu dürfen, wurde auf das ehemals Burckhardtsche, nun unter kurfürstlicher Regie stehende Oberschlema übertragen. Das dadurch entstandene „Doppelte" oder „Zwei Fünftel-Werk" war lange Zeit das größte Blaufarbenwerk der Welt. Den vermutlichen Standort der aufgelassenen Farbmühle Jugel markiert heute eine ehemalige Gaststätte gleichen Namens, die derzeit als Wohnhaus und Freizeitheim genutzt wird.

Als 1643, ein Jahr nach dem Inkrafttreten des Hauptkobaltkontraktes, der Kontrahent Friese aus Hamburg verstarb und dessen Witwe die Abnahmeverpflichtungen nicht erfüllen konnte, trat an dessen Stelle der Leipziger Kaufmann Sebastian Öhme 1644 in den Vertrag ein. Für den aus einem angesehenen fränkischen Händlergeschlecht stammenden Öhme war der Vertrieb von Blaufarben alles andere als Neuland. Schon sein Vater und Großvater hatten sich im aufstrebenden Kobaltgeschäft des 16. und frühen 17. Jahrhunderts engagiert.[45] Noch im gleichen Jahr wurde auch ihm das Privileg zum Bau einer Farbmühle erteilt, allerdings kam der Bau erst fünf Jahre später zur Ausführung.[23-8] Bemerkenswert ist, dass Öhme oder Oheim, wie er mitunter auch genannt wird, offenbar nie selbst in Erscheinung trat, sondern sich stets von seinem Bevollmächtigten, Paul Nordhoff, vertreten ließ. Über jenen Nordhoff wissen wir, dass er bis 1638 auf der Zwittermühle, einem Pochwerk in der Nähe von Platten, tätig war. Danach soll er längere Zeit in Pfannenstiel beschäftigt gewesen sein. Im Jahre 1641 wird er als Diener von Hans Friese in Schneeberg erwähnt. Demnach dürfte Öhme von dem verstorbenen Hamburger Kaufmann nicht nur dessen Rechte und Pflichten aus dem Hauptkobaltkontrakt, sondern auch gleich dessen Diener mit übernommen haben.[22, 33, 45]

Nordhoff wurden, was die Fertigung von blauer „Farbe" betrifft, besondere Fähigkeiten nachgesagt. Sicher ist, dass er Öhmes Vertrauen besaß und für den Leipziger Rats- und Handelsherrn alle Geschäfte in Annaberg tätigte. So betrieb dieser im Jahre 1647 zunächst ein Pochwerk, von einer Farbmühle ist, trotz des bereits drei Jahre früher erteilten Privilegs, noch nicht die Rede. Erst am 21. April 1649 kaufte Nordhoff im Auftrag Öhmes eine Wiese von einem gewissen Tobias Seydenglanz für 30 Gulden. Es dürfte sich hierbei um das Grundstück handeln, auf dem das Blaufarbenwerk errichtet wurde, denn schon am 4. Mai 1649 erhielt er, zusammen mit Erasmus Schindler, erneut ein Privileg zum Bau des Werkes. Die Farbmühle, zu der nunmehr auch das besagte Pochwerk und ein Wohnhaus gehörten, hatte spätestens am 10. April 1650 den Betrieb aufgenommen. Diese und alle nun folgenden Erkenntnisse zum Werk Sehma und seiner Verlegung nach Zschopenthal konnten aus den Akten des kurfürstlichen Geheimkabinetts, die im Hauptstaatsarchiv Dresden lagern, gewonnen werden.

Der ehemalige Standort des Werkes, von dem heute begreiflicherweise keine Bauwerke mehr existieren, lässt sich mit einiger Wahrscheinlichkeit bestimmen. Es ist stets von einem Platz unterhalb Annabergs, nahe der kurfürstlichen Schmelzhütte die Rede. Sieber,[33] gestützt auf die Untersuchungen der Heimatforscher Otto Hessel und Gerhard Lampel, vermutet das Werk zwischen Buchholz und Annaberg, eben dort, wo der in den 1920er Jahren kanalisierte Kleinrückerswalder Bach in die Sehma mündet. An der Stelle des bereits 1687 aufgegebenen Blaufarbenwerks soll hier später die Hüttenmühle bzw. das Annaberger Ferngaswerk errichtet worden sein. In der unmittelbaren Nähe befindet sich heute mit der Silberlandhalle ein Mehrzweckbau für Schul- und Vereinssport. Mitunter wird als ehemaliger Standort des Blaufarbenwerks irrtümlich auch der sich südlich von Annaberg befindliche Ort Sehma angenommen, was aber lediglich auf einer Verwechslung des Ortes mit dem gleichnamigen Gewässer beruhen dürfte. Auf jeden Fall lag eine Motivation für Öhme, diesen Standort weitab der anderen Blaufarbenwerke zu wählen, wohl darin, die im Annaberger Revier brechenden Kobalterze verarbeiten zu können. Allerdings musste er, unter Androhung des Entzugs der Konzession zur Farbbereitung, sich stets verpflichten, sein zum Werk gehöriges Pochwerk den Annaberger Gruben zur Aufbereitung ihrer Erze zur Verfügung zu stellen.

Nach dem Tode Sebastian Öhmes im Jahre 1662 übernahm sein Vetter Philipp Öhme, Bürger und Handelsmann zu Leipzig, die Farbmühle. Wann und warum Nordhoff aus dem Unternehmen ausschied, bleibt unklar. Sicher ist dagegen, dass 1676 Philipp Öhme verstarb, worauf seine Witwe den Betrieb übernahm. Fünf Jahre später vererbte sie das Unternehmen an ihre unmündigen Töchter Johanna Sybille und Marie Elisabeth Öhme. Für diese übte dann ein Leipziger Kaufmann, Stephan Pliz, die Vormundschaft aus. Im Jahre 1682, als die Töchter das Erbe antraten, soll ihr Anteil ⅔ des Werkes betragen haben. Im Widerspruch dazu steht, dass 1684 Johann Georg Morgner und ein gewisser Sigismund von Berbisdorff, von dem noch die Rede sein wird, zusammen $^5/_9$ des Werkes innegehabt haben sollen. Auch wenn sich die Eigentumsverhältnisse zu dieser Zeit nicht gänzlich aufklären lassen, so sind sie doch von Interesse, da sie bei der Verlegung von Annaberg an die Zschopau bei Waldkirchen eine gewichtige Rolle spielen. Wie aber ist es zu dieser ungewöhnlichen und kostspieligen Aktion gekommen?

Im Jahre 1684 klagte der Rat der Stadt Annaberg darüber, dass das Blaufarbenwerk zu viel Brennholz verbrauche, was der Stadt und besonders den dortigen Gruben sehr schaden würde. Es ist anzunehmen, dass ähnliche Klagen bereits früher vorgebracht wurden, aber erst in besagtem Jahr scheint das Problem so akut geworden zu sein, dass entsprechende Maßnahmen ergriffen werden mussten. Es ist nachvollziehbar, dass die im Umfeld der Sehma beschaffbare Holzmenge begrenzt war. Der Bedarf der Stadt an Bau- und Grubenholz muss enorm gewesen sein. Der Brennstoffverbrauch eines Blaufarbenwerks war ebenfalls immens hoch (vgl. den Abschnitt „Technologie der blauen ‚Farbe'") und dürfte durch die Expansion des Betriebes seit der Gründung noch merklich angestiegen sein. Auch sollen die Stadtväter den Ausstoß an giftigen Dämpfen durch das Werk moniert haben, durch welche die Bürger Schaden nehmen würden.[46] Diese Vermutung ist allerdings anhand der eingesehenen Akten nicht belegbar. Auf jeden Fall wurde zur Lösung des Problems die *Translocation*, also die Verlegung des Werkes im Jahre 1684 durch den Kurfürsten angeordnet.

Wie erdrückend das Problem war, zeigt eine Verordnung, die am 7. Mai 1684 im Namen des Kurfürsten Johann Georg III. ausgefertigt und an den Landjägermeister Wolf Dietrich von Erdtmannsdorff gesandt wurde. Das Schreiben enthält die Anweisung, eine gewisse Menge Holz zusätzlich als Hilfe für die Stadt Annaberg und das Blaufarbenwerk auf der Sehma zu flößen. Gleichzeitig befiehlt es dem Landjägermeister, der auch als Oberhofjägermeister fungierte, einen neuen Platz für das Farbwerk im Oberen Erzgebirge anzuweisen. Als Kriterien für die Wahl des Platzes werden angeführt, dass er nicht zu nahe an der böhmischen Grenze liegen, eine gute Zufahrt bieten und genügend Holz aufweisen solle. Als Erdtmannsdorff am 3. Juli 1684 einen geeigneten Platz an der Pockau, oberhalb das gleichnamigen Ortes gefunden zu haben glaubte, verbot der Kurfürst sogar, dem noch bei Annaberg gelegenen Werk weiteres Brennholz zuzuleiten. Über den neuen Standort an der Pockau sollte Erdtmannsdorff die Eigner des Werkes, nämlich den Vormund der Öhmschen Töchter und den Herrn von Berbisdorff informieren.

Caspar Sigismundt von Berbisdorff zur Kühnheyde auf Rückerswalde, wie der vollständige Name dieses streitbaren Herrn aus altem Meißnischen Adel lautete, hatte bereits am 29. Juni 1684 einen anderen Vorschlag unterbreitet. Berbisdorff war, wie es in den Akten heißt, *Oberaufseher der Obergebürgischen Holzflöße.*[23-12] Neben Anteilen an dem besagten Blaufarbenwerk wurden ihm auch andere vielfältige Aktivitäten im Berg- und Hüttenwesen nachgesagt. Er war also sicher kein unbedeutender Zeitgenosse, deshalb sollte sein Vorschlag, der auf die Verlegung des Werkes auf einen ihm gehörigen Platz an der Zschopau unterhalb von Waldkirchen abzielte, auf Anweisung des Kurfürsten geprüft werden. So wurde der Vize-Berghauptmann von Carlowitz beauftragt, den in Vorschlag gebrachten Standort, an dem Berbisdorff ein Hammerwerk, Mühlen und Wohnhäuser besaß, zu begutachten. Zu dem Vor-Ort-Termin am 28. Juli 1684 erschien neben Carlowitz auch Berbisdorff. Der Vormund der Öhmschen Töchter, der auch geladen war, blieb dagegen aus. Berbisdorff soll sich sehr eifrig gezeigt haben, dennoch fiel das Gutachten des Herrn von Carlowitz nicht so günstig aus, wie er es wohl erhofft hatte. Zwar wird der Platz als geeignet befunden, aber Vorteile gegenüber Pockau werden nicht aufgeführt. Ausschlaggebend für die Anweisung des Kurfürsten vom 28. August 1684, den Bau an der Pockau zu beginnen, war sicherlich, dass Carlowitz in seinem Gutachten bezweifelte, dass auf die Dauer genügend Holz für Zschopenthal beschafft werden kann.

Doch die Geschichte endet noch nicht an dieser Stelle, denn der streitbare Oberaufseher dachte keineswegs daran aufzugeben. Am 23. Februar 1685 fasste Berbisdorff ein Schreiben ab, worin er mit Nachdruck die Erbauung des Werkes bei Waldkirchen fordert. Das Pamphlet mit dem Titel „Unterthänigste und Unmaaßgebliche Erinnerung, wie aus nachfolgenden Umständen, die Farbmühle füglicher nacher Waldtkirchen, als in das Dorff Pockau zu translociren seyn wird"[23-12] enthält insgesamt 15 Punkte, die die Vorzüge von Zschopenthal belegen sollen. Er führt u. a. an, dass der Platz sein Eigentum sei, bei Pockau bestünde noch keine Klarheit über die Kaufmodalitäten. Wasser und Quarz seien in großen Mengen vorhanden, auch sei der Platz sehr *bequem*, so dass man das Brennholz direkt vor die Hütte flößen könnte. In Pockau müsste man das Holz *hingegen ... mitten auf dem Dorffanger, und den Leuten vor die Fenster setzen ..., und sich also täglichen Abganges zu bewahren hätte ...* Überhaupt scheint Berbisdorff nicht viel von den Pockauern gehalten zu haben, denn er rechnet mit *Diebsgesindel* und meint darüber hinaus, dass das *Dorff Pockau in bö-*

sem beruf wegen der Parthirerey (wieder der leidige Kobaltsschmuggel) sei. Auch die dort zuständige Obrigkeit des Amtes Lauterstein bezeichnet er als *absonderlich*.
Als letztes führt er den heikelsten Punkt an, die Holzbeschaffung für Zschopental. Ihm musste klar sein, dass an der Zschopau einige Ortschaften und Hammerwerke lagen, die Holz brauchten. Dass diese und zusätzlich das Blaufarbenwerk ausreichend mit Holz versorgt werden konnten, musste allen Beteiligten als fraglich erscheinen. Und was machte es für einen Sinn, das Werk wegen Brennstoffmangel an einen Ort zu verlegen, wo das gleiche Problem über kurz oder lang erneut aufzutreten drohte? Berbisdorff wusste, dass er auf diese Frage eine Antwort parat haben musste, sollte sein Projekt noch eine Chance haben. So schlug er vor, dass der Oberhofjägermeister Erdtmannsdorff, der Oberforstmeister von Augustusburg, Georg Günter, sowie der zuständige Amtsförster Christoph Bitterlinger die Möglichkeiten der Holzbeschaffung vor Ort beurteilen sollten. Das Gutachten der drei Förster vom 3. März 1685 fällt dann auch überraschend günstig für Berbisdorff aus. Sie sind der Meinung, dass unter Hinzuziehung der Forstreviere Augustusburg und Wolkenstein sowohl der Holzbedarf des Werkes als auch des Zschopenthaler Hammers gedeckt werden könne. Sehr wichtig ist ihre Versicherung, dass auch den Freiberger Schmelzhütten kein Nachteil entstehen würde.
Endlich erging am 11. April 1685 der kurfürstliche Beschluss, dass die Verlegung des Annaberger Blaufarbenwerkes auf das Gelände des Zschopenthaler Hammerwerkes zu erfolgen hat. Zwar protestierten dagegen sowohl die Öhmschen Töchter als auch Vertreter der Stadt Zschopau, doch konnten Sie die Erbauung des Zschopenthaler Werkes nur um wenige Wochen verzögern. Der bereits ergangene Beschluss zur Verlegung wurde am 23. April 1685 nochmals bestätigt. Eine Geländeskizze, die, heute würden wir sagen, im Rahmen des Planfeststellungsverfahrens des Baus entstand, ist erhalten geblieben. Das einzigartige Dokument zeigt, dass hier auf eine bereits vorhandene Infrastruktur zurückgegriffen werden konnte. Neben dem bereits erwähnten Hammerwerk fanden sich auf dem Gelände noch ein Hochofen zur Eisenerzeugung, eine Mahl- und Brettmühle, Wehranlagen und Wassergräben sowie einige Wohngebäude. Der Bauplatz ist durchaus exemplarisch für alle im 17. Jahrhundert errichteten sächsischen Blaufarbenwerke. In allen Fällen handelte es sich dabei um Standorte, die bereits eine quasiindustrielle Vorgeschichte aufzuweisen hatten (Abb. 14).
Es bleibt die Frage, wieso sich Berbisdorff so vehement für den Standort Zschopenthal eingesetzt hat. Dass es nur der Zweifel an der Eignung des Platzes bei Pockau war, erscheint nicht schlüssig genug. Vielmehr dürfte er mit der Erbauung des Werkes auf seinem Grund und Boden das Ziel verfolgt haben, mehr Einfluss auf das Unternehmen zu gewinnen. Diese Vermutung wird dadurch untermauert, dass sich die anderen Eigner, also die Erben Philipp Öhmes, gegen den Beschluss gewehrt hatten, obwohl der Standort Zschopenthal nach den erwähnten zeitgenössischen Gutachten vorteilhafter schien oder zumindest keine Nachteile gegenüber Pockau erwarten ließ. Wie sehr Berbisdorff das neue Blaufarbenwerk als seine eigene Unternehmung betrachtete, geht auch daraus hervor, dass er den Bau vom Entwurf bis zur Vollendung der Gebäude persönlich überwachte. Es soll sein Ehrgeiz gewesen sein, ein architektonisch besonders reizvolles Werk zu schaffen. So jedenfalls berichtet es Kurt Alexander Winkler, der letzte Faktor Zschopenthals, im Jahre 1847.[47] Fakt ist, dass das Zschopenthaler tatsächlich als das schönste der sächsischen Blaufarbenwerke galt. Ein Eindruck, den man auch heute noch nachvollziehen kann, wenn man sich das verbliebene Gebäudeensemble unterhalb von Waldkirchen betrachtet (vgl. den Abschnitt „Zschopenthal").
Die oft getroffene Aussage, Schindlerswerk sei als das letzte der fünf sächsischen Blaufarbenwerke im Jahre 1649 erbaut worden, ist zwar nicht falsch, dennoch sollte sie relativiert werden. Schließlich begann die Produktion an der Sehma auch erst 1650,

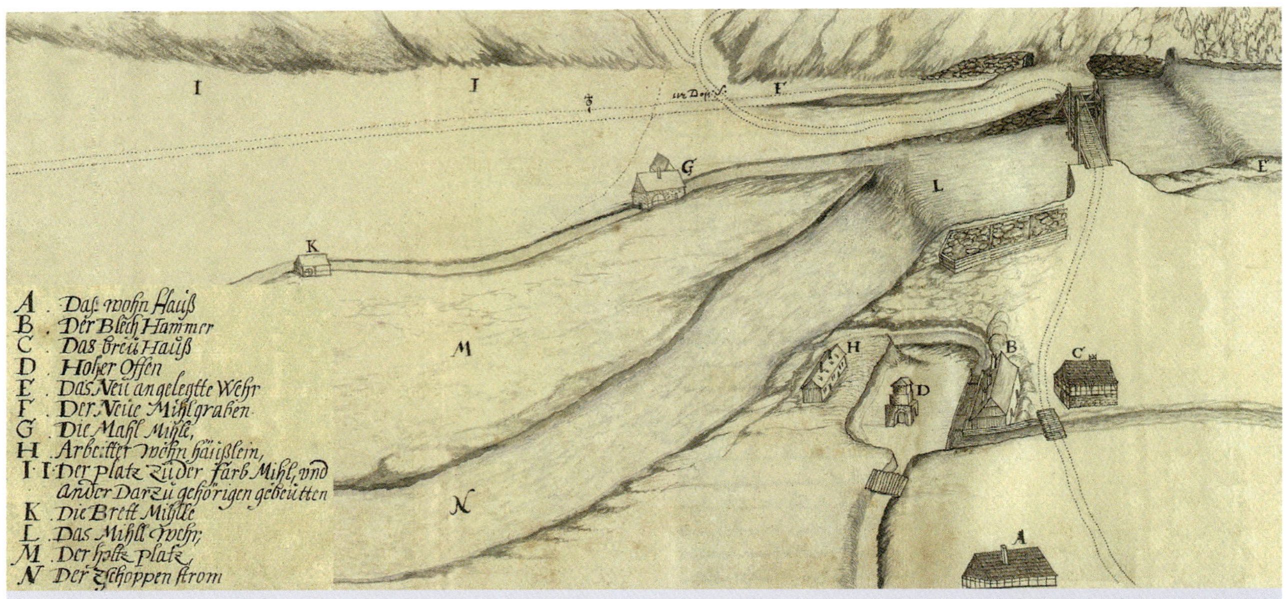

14 Kartenskizze der Berbisdorffschen Besitzungen an der Zschopau, unterhalb von Waldkirchen im Jahre 1684, kurz vor der Errichtung des Blaufarbenwerks. Es handelt sich um die einzig bekannte Darstellung des Bauplatzes einer Farbmühle. Wie im Falle von Pfannenstiel sollte auch hier ein bestehender Mühlgraben mitgenutzt werden. Überhaupt ist allen sächsischen Blaufarbenwerken gemein, dass sie auf bereits vorindustriell geprägtem und somit weitgehend erschlossenem Gelände zur Ausführung kamen. Vorlage: Sächs. Staatsarchiv, Hauptstaatsarchiv Dresden, 10036, Loc 36, Rep IX, Nr. 2561.

zudem sind die Verhältnisse in Jugel nicht gänzlich geklärt. Die Vorfahren des Werksgründers Erasmus Schindler sollen aus Böhmen, genauer gesagt, aus Schindlerswalde bei Elbogen stammen. Schon dort waren Mitglieder der Familie im Berg- und Hüttenwesen engagiert. Ihr Wappen mit Seifenrechen und Bergkratze, den traditionellen Gerätschaften der Zinnwäscher, brachten sie aus der alten Heimat mit.[48, 49] Sie finden sich noch heute im Ortswappen der Gemeinde Zschorlau. Schindler selbst wurde am 29. Mai 1608 in Schneeberg geboren. Die Feststellung, dass die Errichtung einer Farbmühle nur bedeutenden Persönlichkeiten möglich war, erfährt durch ihn nochmals eine Bestätigung. Ebenso wie die anderen Farbwerksgründer besaß auch Schindler ergiebige Kobaltzechen. Das Bergamt selbst betitelte ihn als einen *starken bauenden Gewerck- und Handelsmann zum Schneeberg* und unterstützte nachdrücklich sein Gesuch zur Erteilung der Konzession für das Blaufarbenwerk.[23-13]

Erasmus Schindler stand sich aber nicht nur mit den Bergbehörden gut, vielmehr scheint er auch sonst ein recht verträglicher Zeitgenosse gewesen zu sein. Jedenfalls sind Kontroversen, Beschwerden und Eingaben, wie sie vor allem bei Burckhardts Plänen zuhauf aktenkundig geworden sind, in seinem Falle nicht bekannt. Tatsächlich konnte Schindler sein Anliegen sozusagen in Rekordzeit verwirklichen. So kaufte er das entsprechende Grundstück an der Mulde am 27. Februar 1649, die Konzession zur Errichtung der Farbmühle erhielt er am 4. Mai des gleichen Jahres. Auch der Aufbau des Werkes muss sehr zügig vonstattengegangen sein, denn bereits am 7. September 1650 durfte er laut kurfürstlicher Verordnung die Produktion aufnehmen. Über all diese Daten sind wir deshalb so genau unterrichtet, weil die jeweiligen Urkunden bzw. Schreiben bis heute zum Teil in mehreren Abschriften im Hauptstaatsarchiv Dresden erhalten geblieben sind.[23-13]

Erasmus Schindler wählte als Standort für seine Farbmühle einen Platz an der Zwickauer Mulde, hinter Albernau, wie es im Kaufvertrag vom 27. Februar 1649 heißt. Der Verkäufer, ein Hans George, fungierte als Richter in Zschorlau und besaß zu jener

15 Blaufarbenwerk Zschopenthal. Nachkolorierte Zeichnung nach einer historischen Abbildung von Christian Friedrich Krafft aus dem Jahre 1765.

Zeit auch das Freigut Albernau, zu dem das fragliche Gelände gehörte. Er vereinbarte mit Schindler die Zahlung des Kaufpreises von 75 Gulden in drei Raten in halbjährlichem Abstand. Weiterhin erklärte sich der Käufer bereit, George eine Weide für zwei oder drei Stück Vieh und eine Wohnung in den neu zu errichtenden Gebäuden zu überlassen.

Wie im Falle der anderen Werksgründungen auch hatte der Bauplatz bereits eine Vorgeschichte aufzuweisen. So soll es sich um einen alten Seifengrund handeln, vermutlich waren auch Graben- und Wehranlagen vorhanden. Dass Schindler die Absicht hatte, die alten Seifen neu aufzuwältigen, steht außer Zweifel, da ihm dies bei der Erteilung des Privilegiums für seine Farbmühle ausdrücklich gestattet wurde. Die Frage, in welchem Umfange die Zinngewinnung tatsächlich wieder in Gang kam und ob damit wirklich einiger Ertrag erwirtschaftet werden konnte, blieb bisher unbeantwortet. Glaubt man den Ausführungen des Bockauer Chronisten Magister George Körner (1717–1772), so soll 1674 sogar noch ein Seifenwerk in den Besitz von Schindlerswerk gekommen sein.[49]

Interessant ist in diesem Zusammenhang eine bauliche Besonderheit des Wohnhauses, das heute unter der Adresse Schindlerswerk Nr. 5 zu finden ist. Das um das Jahr 1830 herum entstandene Fachwerkgebäude wurde nämlich auf einem alten Abbauversuch für Bergzinn errichtet. Offenbar handelt es sich dabei um die zweckmäßige Zweitverwertung vorhanden gewesener Hohlräume als großzügig dimensionierter Kellerbau. Davon zeugt eine Weitung im anstehenden Granit mit einer kurzen Seitenstrecke, die einer deutlich erkennbaren Störung folgt. Eine Abbildung des Gebäudes mit diesem eher ungewöhnlichen Unterbau findet sich im Abschnitt „UNESCO-Welterbe Schindlerswerk“.

Jedenfalls ist der Kaufpreis von 75 Gulden für das Grundstück an der Mulde sicherlich nicht zufällig mit jener Summe vergleichbar, die Veit Hans

16 | 17 Erasmus Schindler (1608–1673) gründete 1649 Schindlerswerk, das zügig an die bereits bestehenden Farbmühlen anschließen konnte und im Blaufarbenwerksverein noch bis 1946 mit Pfannenstiel verbunden war. Das Porträt des Gründers befand sich zusammen mit dem seiner ersten Gattin Maria, geb. Sörling (1608–1670) im Sitzungssaal von Schindlerswerk. Heute werden die beiden zeitgenössischen Gemälde, die bereits vom Bockauer Chronisten Magister George Körner im Jahre 1763 erwähnt werden,[49] im Stadtmuseum Aue aufbewahrt. Erasmus Schindlers Bildnis trägt die Aufschrift *Eraßmus Schindler. Fundator des hie. Werckes und Stam=Vater viler Nachkomm.* Öl auf Leinwand, unbekannter zeitgenössischer Künstler.

Schnorr d. Ä. 14 Jahre zuvor für die Wiese am Pfannenstiel ausgegeben hatte. Neben den auf dem Areal vorhandenen und bereits erwähnten Seifenablagerungen besteht aber noch ein weiterer wesentlicher Unterschied zwischen diesen beiden Lokalitäten. Damals wie heute fällt Schindlerswerk besonders durch seine Abgelegenheit auf, die sich vor allem in schneereichen Wintern unweigerlich als Nachteil erweisen musste. Wenn man dem Werksgründer unterstellt, dass die Zinnseifen nicht der ausschlaggebende Grund für die Wahl dieses Standortes waren, so stellt sich die Frage, welche weiteren Vorzüge das abgelegene Grundstück für den Bau der Farbmühle noch zu bieten hatte.

Bei näherer Betrachtung kommt man zu dem Schluss, dass das Werk zwar etwas abseits größerer Siedlungen liegt, dennoch sind andere, zu dessen Betrieb essentielle Voraussetzungen geradezu ideal erfüllt. So genügte die vorhandene Wasserkraft noch weit bis ins 20. Jahrhundert hinein allen Ansprüchen. Während Niederpfannenstiel in trockenen Sommern fast regelmäßig vom Schwarzwasser im Stich gelassen wurde, war das bei der viel ergiebigeren Mulde nur selten der Fall. Zudem konnte Brennholz in fast jeder beliebigen Menge herangeflößt werden, wenn es denn vorhanden war, denn auch Schindlerswerk musste mit dem holzhungrigen Schneeberger Bergbau konkurrieren. Jedenfalls war die Nähe zu den Kobaltgruben gegeben, so dass die Erze hier nicht zu ungünstigeren Konditionen wie in Oberschlema oder Pfannenstiel beschafft werden mussten. Übrigens war die Anbindung des Werkes eine durch-

18 Die Brücke am 1556 erbauten Rechenhaus (im Hintergrund rechts) war einst ein Schlüsselbauwerk des frühen Nord-Süd-Handels über den Erzgebirgskamm. Sie wurde beim Bahnbau 1874 erneuert und trotz umfangreichen Bürgerprotestes 2019 abgebrochen. Die Zeichnung von G. Vogel stellt die Brücke in ihrer ursprünglichen Form vor 1874 dar.

19 So ähnlich, wie sich Gerhard Vogel Schindlerswerk kurz nach der Gründung 1649 vorstellte, könnten auch die anderen sächsischen Blaufarbenwerke anfangs ausgesehen haben.

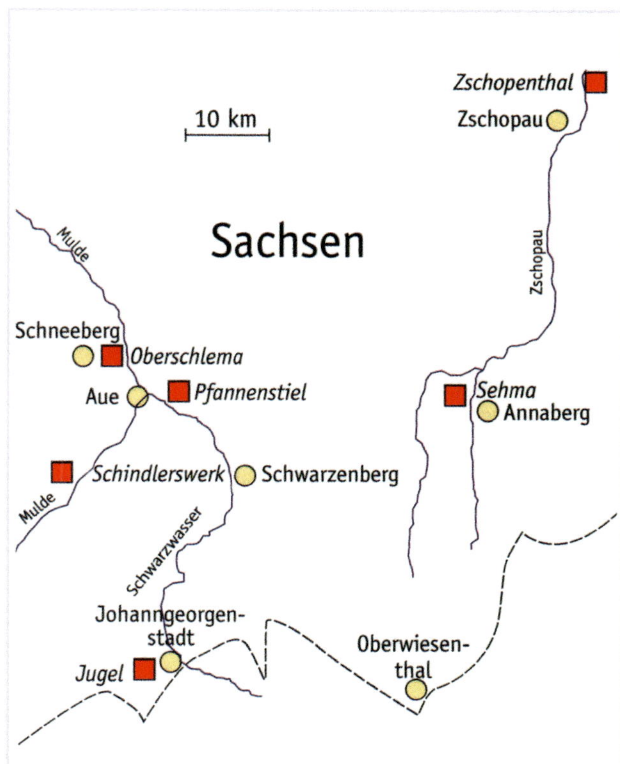

20 Standorte der sächsischen Blaufarbenwerke.

Pfannenstiel	1635 bis Gegenwart (heute Nickelhütte Aue GmbH)
Jugel	1642 (?) bis 1677
Oberschlema	1644 (Konzession 1642) bis 1959 (Abbruch des Werkes bis 1965)
Sehma	1649 (Konzession 1644) bis 1687, Verlegung nach **Zschopenthal** 1687 bis 1848
Schindlerswerk	1649 bis Gegenwart (heute Schindlerswerk GmbH & Co. KG)

aus komfortable, immerhin lag es nicht weit von der alten Passstraße entfernt, die Norddeutschland mit Karlsbad und dem Egerland verband. Über die historische, vormals überdachte Brücke am Rechenhaus wurde einst der gesamte Verkehr dieser wichtigen Nord-Süd-Verbindung abgewickelt. Es bleibt ein unbeschreiblicher Frevel, dass dieses Zeugnis des frühen Handels zu Beginn des Jahres 2019 als sogenannte „Ausgleichsmaßnahme" für einen Neubau abgebrochen wurde.

Einen ersten Eindruck von dem neu erbauten Blaufarbenwerk vermittelt uns eine Zeichnung des pensionierten Bockauer Heimatforschers Gerhard Vogel (1895–1987), der nach eigenen Angaben seine Jugend in Schindlerswerk verbracht hat.[50] Bei der Anordnung der Gebäude orientiert er sich an der Beschreibung des Werkes von Magister George Körner aus dem Jahr 1763.[49] Natürlich muss die Authentizität dieser Darstellung kritisch hinterfragt werden, dennoch entsprechen die abgebildeten Gebäude dem Minimalbestand, der von Anfang an in Schindlerswerk, genauso wie an den anderen Standorten auch, vorhanden gewesen sein muss. Man kann also zumindest sagen, dass das Werk um 1650 so ausgesehen haben könnte, wie Gerhard Vogel es dargestellt hat. Demnach dominieren Pochwerks- und Mühlengebäude (Abb. 19, Bildmitte). Links davon finden wir die eigentliche, niedrig gehaltene Hütte mit jeweils mindestens einem Kalzinier- und Glasschmelzofen. Die Bauten im Vordergrund dienten zu Lagerzwecken. Hinter der Hütte erkennt man den Holzanger, auf dem das herangeflößte Brennholz ausgeworfen und getrocknet wurde. Der spätere Mittelpunkt des Werkes, das Herrenhaus mit dem charakteristischen Glockenturm, fehlt auf dieser Zeichnung noch. Es entstand erst zwischen 1709 und 1713. Die erste reale Darstellung von Schindlerswerk stammt aus dem Jahre 1845 (Abb. 76).

Im Kobaltkontrakt vom 11. September 1649, in dem Erasmus Schindler erstmals in Erscheinung trat, verpflichtete er sich ebenso wie die anderen Kontrahenten, 600 Zentner Kobalterz jährlich aufzukaufen.[22, 23-14] Es gelang ihm demnach fast aus dem Stand heraus mit den anderen Blaufarbenwerksbesitzern Burckhardt, Öhme und Rosina Schnorr gleichzuziehen. Schindlerswerk wurde in der Folgezeit kontinuierlich erweitert und eroberte sich seinen Platz im sächsischen Blaufarbenwesen. Als der Industriezweig in der Mitte des 19. Jahrhunderts in die Krise geriet, wurde neben der Einziehung von Zschopenthal auch die Schließung von Schindlerswerk diskutiert. Fast im letzten Moment entschied man sich aber für eine andere Lösung. Das Blaufarbenwerk wurde 1855 unter großem Aufwand zur Fabrik für künstliches Ultramarin umgebaut. Eine weitsichtige Entscheidung, die ganz wesentlich dazu beitrug, dass das Blaufarbenwerkskonsortium, anders als die meisten ausländischen Produzenten von Kobaltglasprodukten, diese wirtschaftlich schwierige Zeit überstehen konnte.

Allerdings waren mit der Einführung der Produktion des neuen Blaupigmentes auch unerwartete Herausforderungen verbunden. Unter dem Zwang der Gegebenheiten wurde hier eine wegweisende Technologie entwickelt, die heute für Hüttenwerke ebenso wie für Großfeuerungsanlagen als unverzichtbar gilt. Doch davon wird später noch zu berichten sein. Wir wollen uns einstweilen mit der Erkenntnis begnügen, dass auf dem von historischer Bausubstanz geprägtem Areal auch gegenwärtig noch verschiedene Anstrichfarben und Spezialprodukte hergestellt werden. Somit kann Schindlerswerk für sich in Anspruch nehmen, die älteste noch produzierende Farbfabrik der Welt zu sein.

Die Blaufarbenwerke in „Fester Hand“

Mit dem Bau des Schindlerschen Blaufarbenwerkes 1649/50 war eine Industriestruktur vollendet worden, die über Jahrhunderte bestehen bleiben sollte. Nachdem lange Zeit der Rohstoff mit nur dürftigem Nutzen ins Ausland verkauft werden musste, war es nunmehr gelungen, die gewinnbringende Verarbeitung der Erze in Sachsen selbst durchzusetzen. Bald erreichte die inländische Farbproduktion eine solch hohe Perfektion, dass alle den Herstellungsprozess betreffenden Belange streng geheim gehalten wurden. Fremden war der Zugang zu den Werken untersagt, Vergehen wie der Diebstahl von Kobalt wurden streng bestraft. Kein Wunder, dass die Farbwerker bald ein besonderer Nimbus umgab. Die Praxis der Kobaltkontrakte garantierte jeder Farbmühle die Versorgung mit Rohstoffen, fest vereinbarte Abnahmemengen und Qualitätsstandards sorgten dafür, dass weder das eine noch das andere Werk bevorzugt oder benachteiligt wurde. Es erscheint geradezu logisch, auch den Vertrieb der Waren gemeinsam zu organisieren. Zu diesem Zweck begnügte man sich anfangs damit, entsprechende Vereinbarungen in die Kobaltkontrakte mit aufzunehmen, doch dann entstand mit dem Blaufarbenwerkskonsortium eine übergeordnete Instanz, die eine wirksame und straffe Organisation innerhalb des sächsischen Blaufarbenwesens durchsetzte, was ihr den Beinahmen „Feste Hand“ eintrug. Fortan agierte jedes der vier Werke nicht mehr nur für sich und seine Interessen, sondern verstand sich vielmehr als ein Teil dieser großen Wirtschaftsgemeinschaft. Wie aber kam es zur Bildung dieses mächtigen Syndikats, das die sächsischen Blaufarbenwerkserzeugnisse zu einer weltweit bekannten Marke werden ließ?

Wie bereits erwähnt, vermachte der im März 1651 verstorbene Johannes Burckhardt sein Blaufarbenwerk in Oberschlema dem späteren Kurfürsten Johann Georg II. Der Kurprinz sandte im April 1651 nicht nur eine Kommission nach Oberschlema, um sein Erbe in Besitz zu nehmen, sondern besichtigte es etwas später sogar höchstselbst. Als Faktor, im heutigen Sinne als Geschäftsführer, des nunmehr kurfürstlichen Werkes wurde mit Conrad von Iphoff ein erfahrener Farbwerker fränkischer Abstammung eingesetzt, der bereits unter Burckhardt als Schichtmeister tätig gewesen war.

Die neue Situation, nämlich dass sich eine fiskalische Unternehmung unter den bisher nur privatwirtschaftlich betriebenen Blaufarbenwerken befand, trug entscheidend dazu bei, dass der Kurfürst eine folgenschwere Versicherung abgab, über die am 14. September 1653 ein feierliches Privilegium erteilt wurde.[23-15] Auf Ersuchen der Betreiber der bestehenden Werke Pfannenstiel, Sehma und Schindlerswerk wurde ein Vertrag ausgefertigt, der die Gründung neuer Farbfabriken in Kursachsen für die nächsten zwölf Jahre ausschloss. Mit diesem Privileg, das nun selbst den Interessen des Kurfürsten entsprach, denn auch er konnte nicht an Konkurrenz für Oberschlema interessiert sein, wurde die bestehende Industriestruktur zementiert. Obwohl es nach Ablauf der Frist Versuche zur Gründung weiterer Blaufarbenwerke gab, zwei davon sind aktenkundig geworden,[23-16] waren die bestehenden Unternehmen derart gefestigt, dass diese Vorhaben scheitern mussten.

Während der Plan eines Johann Schädlich, 1737 in Blauenthal eine neue Farbmühle zu errichten, an ein dann doch nicht vorhandenes Kobaltvorkommen am Steinberg geknüpft war und daher keine Chance auf Verwirklichung hatte, ist ein vorausgegangener Versuch aus dem Jahre 1724 als aussichtsreicher zu bewerten. Der Antragsteller war nämlich ein wohlhabender Kaufmann aus Schneeberg, dessen Name bis heute mit einem bekannten Bauwerk der Stadt verbunden ist. Das 1725 erbaute „Bortenreuther-Haus“ beherbergt seit 1934 das Museum für bergmännische Volkskunst und zeugt in seiner barocken Pracht noch heute vom Reichtum seines ersten Besitzers, des Spitzenhändlers und Bergherrn Johann Friedrich Bortenreuther. Vielleicht nach neuen Investitionsmöglichkeiten Ausschau haltend, suchte der Kaufmann bei Kurfürst August dem Starken um eine Konzession *zur Erbauung einer Farbmühle entweder im Dorfe Lauter oder sonst an einem anderen bequemen Orte*[23-16] nach. Der Kurfürst ließ das Ansinnen gründlich prüfen, nach mehreren Gutachten, musste sich Bortenreuther allerdings damit begnügen, Blaufarben aus den bestehenden Werken handeln zu dürfen. Zu einer eigenen Farbmühle brachte er es trotz allen Reichtums nachvollziehbar vor allem deswegen nicht, weil man in Dresden das Aufkommen eines Konkurrenzunternehmens für das königliche Doppelwerk Oberschlema, gelinde ausgedrückt, als nicht zielführend erachtete.

Bemerkenswert sind die 1656 und 1659 abgeschlossenen Kobaltkontrakte, an denen die Privatwerke Sehma, Pfannenstiel, Schindlerswerk und die kurfürstliche Farbmühle Oberschlema beteiligt waren.[23-17] Neben der üblichen Preisnormierung für die Kobalte und der Festlegung der abzunehmenden Mengen sind auch einige weit über die Inhalte der bisherigen Verträge hinausgehende Bestimmungen enthalten. So verpflichten sich die Kontrahenten, wöchentlich nicht mehr als 24 Zentner Farbe herzustellen und den Zentner zum Festpreis von 10 Reichstalern, geringere Qualitäten zu 5 Reichstalern zu veräußern. Der Verkauf der Ware wurde von einem gemeinsamen Lager in Schneeberg aus organisiert. Der Sonderstatus des kurfürstlichen Werkes Oberschlema manifestierte sich darin, dass ihm das Vorkaufsrecht für die Produkte der Privatwerke zustand und es somit über den Handel der Erzeugnisse noch einen zusätzlichen Gewinn erwirtschaften konnte. Auch die Qualitätssicherung der Farbwaren stand zu jener Zeit noch unter landesherrlicher Regie, was nicht weiter verwunderlich ist, denn immerhin besorgten die Staatsbediensteten ja auch die Taxierung der Kobalterze. Die dazu praktizierte Methode war zwar etwas umständlich, aber wirksam. Sämtliche, nach Schneeberg eingelieferte Farbfässer wurden angebohrt und Proben aus ihnen entnommen. Wenn diese für gut befunden wurden, erhielt das jeweilige Fass das kurfürstliche Zeichen in Form der gekreuzten Schwerter und der sächsischen Rauten.

Es ist wohl richtig, dass die Kontrakte von 1656 und 1659 wichtige Schritte auf dem Weg zur Gründung des Blaufarbenwerkskonsortiums waren, sie sind aber keineswegs mit der Entstehung des Syndikats gleichzusetzen. Besonders durch die Dominanz des kurfürstlichen Werkes wurde die Bildung einer solchen Organisation, in der alle Werke gleichberechtigt nebeneinander hätten bestehen müssen, gehemmt. Auch in den bis 1692 abgeschlossenen Kobaltkontrakten beließ man es in Sachen des gemeinsamen Vertriebs der Produkte bei weitgehenden Absprachen. So wurden 1676 sogenannte „Faktore der Blaufarbenhandlung" bestellt, die den Verkauf der Erzeugnisse auf der Leipziger Messe forcieren sollten. Dieser Schritt ist allerdings nicht mit der Gründung des Hauptblaufarbenlagers, die erst später erfolgte, zu verwechseln.

Auf jeden Fall gab es, wenn es um die Einhaltung der vielgestaltigen Vereinbarungen ging, immer wieder Schwierigkeiten. Einmal wurden zu viele Waren hergestellt, ein andermal entstand ein Mangel an einer bestimmten Farbsorte. So machte sich das Fehlen einer handlungsfähigen Instanz, die die Zusammenarbeit der einzelnen Werke wirksam koordinierte und steuerte, immer stärker bemerkbar. Dabei existierte bereits seit 1668 eine Institution mit Vorbildcharakter. So waren in der „Erzgebirgischen Blechkompanie" die privaten Hammerwerke des Gebirges miteinander vereint. Da Veit Hans Schnorr d. J. in der Blechkompanie den Ton angab, war er es auch, der sich besonders vehement für die Gründung der „Festen Hand" im sächsischen Blaufarbenwesen einsetzte. Die Bemühungen führten aber erst in den Jahren 1694 und 1696 zum Erfolg. Maßgebend dafür war, dass sich die Verhältnisse in Oberschlema entscheidend gewandelt hatten.

1656 war Kurfürst Johann Georg II. seinem verstorbenen Vater Johann Georg I. als Erbe des Werkes nachgefolgt und zeigte nur noch leidliches Interesse an der Unternehmung. Zwar nutzte er das Werk gern als Pfand für geliehene Gelder, nachhaltige Investitionen standen dagegen nicht gerade ganz oben auf der landesherrlichen Agenda. Immerhin ließ er die Kobaltquote der Jugeler Farbmühle 1677 auf Oberschlema übertragen, wodurch die kleine Siedlung zwischen Schneeberg und Aue zum Standort des größten Blaufarbenwerks der Welt wurde. Allerdings neigte jener Landesherr, wie es zur Zeit des ausufernden Absolutismus nun einmal üblich war, dazu, große Summen in eine prunkvolle Hofhaltung zu investieren. Geld war also immer willkommen. Anfangs versuchte er, um maximale Gewinne erzielen zu können, sein Werk durch höhere Kobaltquoten zu bevorteilen, worauf er allerdings besonders von Rosina Schnorr und Sebastian Öhme heftige Proteste erntete. Dann verhandelte der Kurfürst mit den Privatwerken über die Verpachtung seines Etablissements, zu hohe Geldforderungen ließen das Ansinnen aber zunächst scheitern.

Seine Nachfolger, Johann Georg III. und Johann Georg IV., seit 1680 bzw. 1691 Herrscher in Kursachsen, betrachteten das Hüttenwerk offenbar auch nur als willkommene Geldquelle. Jedenfalls kam 1686 eine Vereinbarung zustande, nach der Oberschlema seine gesamte Produktion an die Privatwerke ausliefern musste. Doch damit nicht genug: Mit Abschluss eines Pachtvertrages gelangte es 1692 gänzlich unter die Kontrolle der anderen Blaufarbenwerke.[31, 41] Fortan arbeitete das kurfürstliche Doppelwerk nur noch im Auftrag der Privatunternehmer, womit es gleichsam seinen Sonderstatus einbüßte. Demnach war es die Geldnot des wettinischen Landesvaters, gepaart mit einer gewissen unternehmerischen Unbekümmertheit, die sich nun kurioserweise positiv auf den weiteren Fortgang der Geschichte auswirken sollte. Mit dem Wegfall der landesherrlichen Privilegien war nämlich ein wesentliches Hindernis auf dem Weg zur Bildung eines Blaufarbenwerkskonsortiums nach dem Vorbild der „Erzgebirgischen Blechkompanie" aus dem Weg geräumt worden.

Die Eigner der Privatwerke ließen die günstige Gelegenheit nicht ungenutzt. Den entscheidenden Durchbruch erreichten sie schließlich auf der Ostermesse 1694 in Leipzig. Hier wurden zwei Verträge aufgesetzt, die das sächsische Blaufarbenwesen nachhaltig prägen sollten. So einigte man sich am 10. Mai zunächst darauf, für die neu zu errichtende Farbniederlage in Leipzig einen vertrauenswürdigen Lagerhalter zu berufen. Wenn diese Person bis heute nicht ganz in Vergessenheit geraten ist, so liegt das allerdings weniger an seinen Diensten für das Blaufarbenwerkskonsortium als mehr daran, dass er es später sogar bis zum Bürgermeister der Messestadt brachte. Tatsächlich konnte mit dem Leipziger Baumeister und Ratsherrn, sein vollständiger Name lautete Georg Winckler auf Dölitz (1650–1712), eine herausragende Persönlichkeit verpflichtet werden, die die Bedeutung des neuen Amts unterstreichen und ihm wohl auch einen besonders repräsentativen Charakter verleihen sollte. Für die Besoldung des prominenten kaiserlichen Hofpfalzgrafen und kursächsischen Rates mussten die Blaufarbenwerksbesitzer freilich etwas tiefer in die Tasche greifen. Für seine zunächst auf fünf Jahre beschränkte Tätigkeit wurde ihm die stolze Summe von 1.400 Reichstalern pro Jahr bei Erstattung sämtlicher Auslagen zugebilligt.[51, 52]

Ein zweiter Vertrag wurde am 30. Mai 1694 von allen Blaufarbenwerksbesitzern, im Text ist stets von den *Interessenten der Privatwerke und Pächtern des Churfüstlichen Blaufarbenwerks* die Rede, unterzeichnet.[24-5] Diese Vereinbarung kann mit Fug und Recht deswegen als „Kompanie-" oder „Soziätätskontrakt" bezeichnet werden, weil darin der Rahmen für die zukünftige Zusammenarbeit der Blaufarbenwerke definiert wurde. Der wichtigste Punkt ist die Einrichtung der gemeinsamen Warenlager in Leipzig und Schneeberg, wobei die Farbniederlage in der Messestadt wenig später zum Hauptblaufarbenlager erhoben wurde. Künftig mussten alle in den Blaufarbenwerken erzeugten Produkte in diese beiden Lager eingeliefert oder zumindest auf deren Rechnung veräußert werden. Um die Einhaltung dieser fundamentalen Festlegung sicherzustellen, einigen sich die Kontrahenten darauf, als Ahndung für Verstöße eine saftige Geldstrafe von 1.000 Reichstalern zu verhängen, die den ehrlichen Vertragspartnern zugutekommen sollte.

21 Georg Winckler auf Dölitz fungierte, noch bevor er 1708 Bürgermeister von Leipzig wurde, als erster Verwalter des Hauptblaufarbenlagers in der Messestadt. Repro: M. Bernigeroth, Stadtgeschichtliches Museum Leipzig.

Das Schneeberger Lager wurde dem Faktor Michael Franke unterstellt. Im Gegensatz zu seinem adeligen Pendant in Leipzig erhielt er aber lediglich eine zweiprozentige Provision von den verkauften Waren. Obwohl das Lager in der Bergstadt hinsichtlich seines Umsatzes von Anfang an hinter der Leipziger Farbniederlage rangierte, billigte man Franke ab 1696 eine Kontrollfunktion über Winckler zu. So musste er dessen Abrechnungen nachprüfen und überhaupt die Geld- und Warenströme von und nach Leipzig im Auge behalten. Fast scheint es, als wäre das Vertrauen der Blaufarbenwerksbesitzer in die Führungsqualitäten des Hofpfalzgrafen in den ersten zwei Jahren seiner Tätigkeit für die Kompanie nicht gerade gewachsen. Diese Vermutung wird auch dadurch genährt, dass die Leipziger Stelle bereits 1697, also noch vor Ablauf der vereinbarten Vertragsdauer von fünf Jahren, anderweitig vergeben wurde.[24-1, 24-5]

Jedenfalls gerät die Hauptlagerverwaltung nach einigen Interimsbesetzungen ab 1703 in die Hände von Thomas Zacharias Richter und Johann Georg Richter aus Leipzig. Die Kaufmannsbrüder führten das Lager als eigenständiges Unternehmen in der Weise, dass sie den Blaufarbenwerken nach vorausgegangener Absprache ihre Produkte abkauften, um diese dann gegen eine in Waren zu entrichtende Provision weiter zu veräußern. Die Verträge über die Lagerverwaltung wurden von beiden Parteien mehrfach erneuert, um schließlich sogar innerhalb der Familie weitervererbt zu werden. So blieben die Richters dem Blaufarbenhandel über fast ein Jahrhundert treu. Als der Lagerhalter Johann Christoph Richter 1792 in die Insolvenz geriet, musste er sich als letzter seines Stammes aus dem Unternehmen zurückziehen.

Was die Erzeugung der verschiedenen Farbsorten betrifft, so wurde ein Turnus von fünf Jahren eingeführt, in welchem die Werke jeweils die gleichen Warenmengen nach Schneeberg oder Leipzig einzuliefern hatten. Dass diese Regelung nicht immer exakt einzuhalten war, ist nachvollziehbar, für diese Fälle wurde ein gewisser Ausgleich, Exäquation genannt, innerhalb der Farbmühlen vorgesehen. Auf jeden Fall schuf der neu definierte zeitliche Rahmen die notwendige Flexibilität, um auf etwaige Marktbewegungen reagieren zu können. Als letztes Überbleibsel des Blaufarbenwerkskonsortiums existierte das Hauptblaufarbenlager in Leipzig noch bis 1950. Danach wurde es als „Außenstelle Leipzig des VEB Hüttenwerk Aue“ sogar noch eine Zeitlang weitergeführt (vgl. den Abschnitt „Arsen und Kräutertee“).

Der Vertrag vom 30. Mai 1694 wurde in den folgenden Jahren weiter vertieft und mehrfach erneuert. Vom Blaufarbenwerkskonsortium ist in der zur Michaelismesse 1696 in Leipzig abgeschlossenen Zusatzvereinbarung erstmals die Rede. Um ihre jeweiligen Interessen gewahrt zu wissen, einigten sich die Privatwerke darin außerdem darauf, erst einen und später dann je zwei Bevollmächtigte in das Konsortium zu entsenden. Nach der Gründung des Privatblaufarbenwerksvereins im Jahre 1848 übernahmen diese Aufgabe schließlich je zwei, also insgesamt sechs General-Bevollmächtigte. Des Weiteren wurde ein „Kommunfaktor“ bestellt, der als eine Art von Generalinspektor des Blaufarbenwesens die Einhaltung der Absprachen zu überwachen hatte.[24-5] Er übernahm damit die Aufgaben des bisherigen Kobaltinspektors, offenbar scheinen aber beide Ämter noch eine Zeitlang nebeneinander existiert zu haben. Die spätere Praxis zeigt, dass der Posten des Kommunfaktors gern mit Werksleitern im fortgeschrittenen Alter besetzt wurde, die mit den Vorgängen in den Blaufarbenwerken gut vertraut waren. Die Führungspositionen in den Werken indes konnten an die nachrückende Generation übergehen.

Die Verpachtung des Oberschlemaer Werkes wurde durch Erneuerungen des Vertrages in gewissen Abständen bis 1724 beibehalten. In besagtem Jahr übernahmen die kurfürstlichen Behörden wieder selbst die Aufsicht über das Werk. Der Grund dafür dürfte gewesen sein, dass die Privatwerke die technischen Einrichtungen der gepachteten Farbmühle vernachlässigten, also „auf Verschleiß fuhren“. Kur-

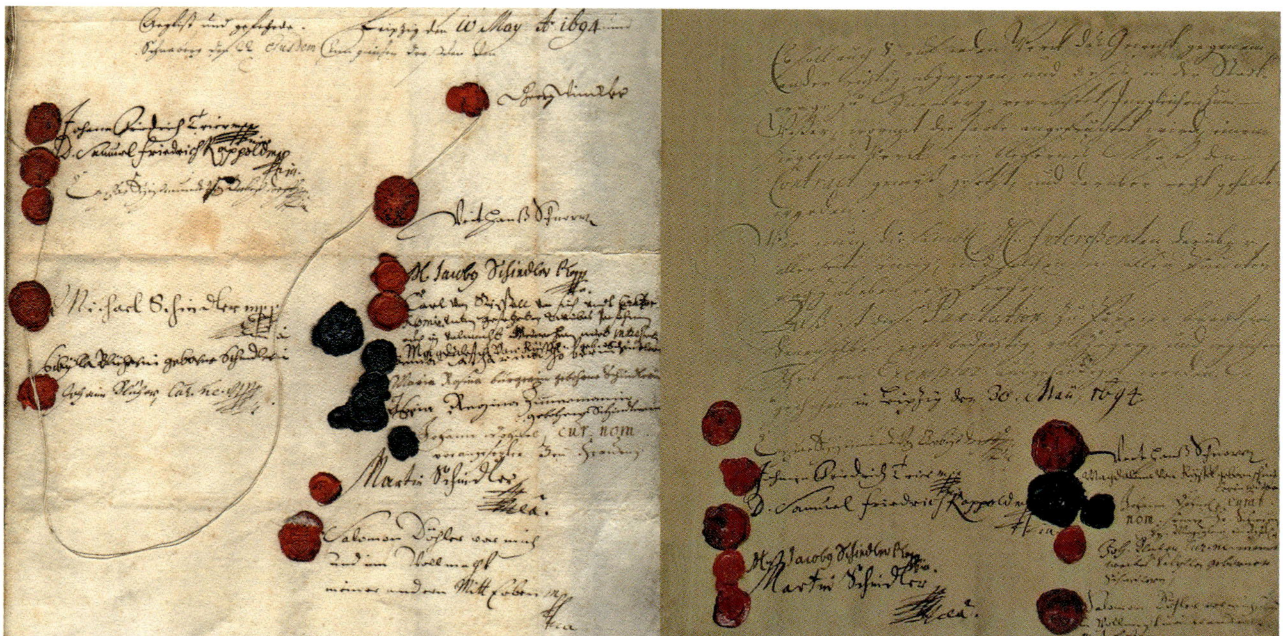

22 | 23 Ausschnitte aus den zur Ostermesse 1694 abgeschlossenen Kompaniekontrakten. Im Vertrag vom 10. Mai 1694 (links) wurde mit Georg Winckler auf Dölitz der erste Leipziger Lagerhalter bestellt. Der eigentliche Kompaniekontrakt (rechts) wurde am 30. Mai 1694 abgeschlossenen. Die Verträge, die letztlich die Geburtsstunde der „Festen Hand" markieren, tragen neben den Unterschriften vieler Mitglieder der Familie Schindler u. a. auch das Signum Veit Hans Schnorrs d. J. (jeweils rechts oben), der maßgeblich an der Gründung des Konsortiums beteiligt war. Die beiden erhalten gebliebenen Exemplare waren ursprünglich für Zschopenthal bestimmt. Abb. 22: Stiftung Familie Schnorr von Carolsfeld an die Blaufarbenwerksausstellung der Nickelhütte Aue. Abb. 23: Vorlage und Repro: Sächs. Staatsarchiv, Bergarchiv Freiberg, 40142, Nr. 2.

fürst August II. (der Starke) verlangte eine Entschädigung von 150.000 Reichstalern, die zusätzlich zur jährlichen Pacht von 13.000 Reichstalern zu zahlen war. Diese Forderung setzte der Monarch mit rigorosen Mitteln durch. So drohte er den Privatwerken sogar mit militärischer Besetzung. Auf jeden Fall war Oberschlema nun wieder unabhängig geworden und durfte sich „Königliches Doppelblaufarbenwerk" nennen, da August der Starke zum Wahlkönig in Polen geworden war.

Mit der wieder erlangten Eigenständigkeit ergab sich nun allerdings die Frage, wie sich ein fiskalisches Unternehmen in den Verbund der Privatwerke einbinden ließ. Das Konsortium hatte sich seit Abschluss des Kompaniekontraktes gut bewährt und war inzwischen derart erstarkt, dass ein Ausscheiden des königlichen Werkes aus dem Verbund nicht ernsthaft in Betracht gezogen wurde. So einigte man sich darauf, analog zu den Bevollmächtigten der Privatwerke, Beamte in das Konsortium zu entsenden, die dort die Interessen des Landesherrn vertreten sollten. Eine geeignete Bezeichnung, die den Unterschied zu den privaten Bevollmächtigten gebührend herauszustellen geeignet war, hatte man auch schon gefunden. So stand der Entsendung des Leipziger Kaufmanns Hochheimer als erstem „Königlichen Handelsdeputierten" ins Blaufarbenwerkskonsortium im Jahre 1726 nichts mehr im Wege. Später wurde die Position mit der Ernennung von „Königlichen Blaufarbenkommissaren" nochmals deutlich aufgewertet. Mit dem Amt sollten sich im 18. und 19. Jahrhundert denn auch klangvolle Namen wie Papst von Ohain (ab 1750), Johann Fr. W. von Charpentier (ab 1793), S. August W. von Herder (ab 1806) und Fr. Constantin von Beust (ab 1844) verbinden.[24-1] Bekannt wurden diese Herren allerdings eher dadurch, dass sie gleichsam als Berg- bzw. Oberberghauptmänner fungierten.

24 Königliches Blaufarbenwerk Oberschlema im Jahre 1725, kurz nach dem Ende der Pachtzeit. Mit insgesamt drei Glasöfen war es damals das größte Blaufarbenwerk der Welt. In Abb. 51 (Abschnitt „Technologie der „Blauen Farbe“) findet sich die technische Einrichtung der Schmelzhütte (p-Bildmitte, Gebäude mit grauen Dächern und Rauchfängen). a Herren Haus, b Neue Mühlen Gebäude, c Rad-Stube, d Tischler-Häußgen, e Glaß und Sand-Pochwerck, f Quarz-Platz, g Stein-Häußel, h Vorraths-Kammer, i Vice-Factors-Wohnung, k Kobalt-Pochwerck, l Keller-Häußgen, m Farb-Meisters-Wohnung, n Annaberger-Kobalt und Thon-Kammer, o Küh- und Pferde-Stall, p Schmelz-Hütten, q Magazine, r Vice-Farbmeisters Wohnung, s untere Wasch-Stuben-Gebäude, t Rad-Stube, u Sieb-Kammer und Treug-Stuben-Gebäude, v Schuppe vor das Geschier Holtz, vv Holtz-Anger, x Heu-Schuppe, y untere Garten, z obere Garten. Leider blieb vom Werk Oberschlema kein Gebäude erhalten. Vorlage und Repro: Sächsisches Staatsarchiv, Hauptstaatsarchiv Dresden, 10026, Loc. 1329/9.

Die bereits erwähnte Fünftel-Struktur des sächsischen Blaufarbenwesens bestand zwar schon seit 1668, als der Kurfürst das Werk Jugel aufgekauft hatte und somit das Kobalterz auf insgesamt fünf Werke aufzuteilen war, aber erst mit dem Kompaniekontrakt von 1694 wurde diese Regelung zementiert. Sowohl die Verteilung der Rohstoffe Kobalterz und Pottasche als auch die der Produktionsquoten erfolgte nach diesem Schlüssel. Selbstverständlich richtete sich auch die Anzahl der Stimmen des fiskalischen und der privaten Werksvertreter im Konsortium nach der Fünftel-Regel. Durch die Auflösung des Werkes Zschopenthal (1848) und die Umwandlung von Schindlerswerk in eine Ultramarinfabrik wurde Pfannenstiel ab 1856 Drei-Fünftel-Werk und erzeugte nun mehr Kobaltfarben als das königliche Doppelwerk. Allerdings war das Blaufarbenwesen zu dieser Zeit bereits ein Auslaufmodell. Die Fünftel-Struktur indes blieb formal noch bis zur Übernahme der Anteilsmajorität der Privatwerke durch den Staat im Jahre 1927 erhalten. Freilich hatte diese Regelung im 20. Jahrhundert aufgrund der nur noch geringen Produktion von Kobaltfarben kaum noch Bedeutung.

Die Abbildung 25 schematisiert die Organisation des sächsischen Blaufarbenwesens, wie es von 1694 bis 1927 bestand. Das Konsortium setzte sich aus den Vertretern der Eigner aller Blaufarbenwerke zusammen. In ihrem Auftrag handelte der Kommunfaktor, ein Industriebeamter, der insbesondere die gemeinschaftliche Produktion und den Handel aller Werke zu überwachen hatte. Dem Konsortium unterstand weiterhin das Hauptblaufarbenlager in Leipzig, dem ein Hauptlagerhalter vorstand. Er organisierte den Verkauf der Waren auf der Grundlage von Lagerhaltungskontrakten und erhielt dafür eine Provision. Nach der Einrichtung der konsortschaftlichen Lager in Leipzig und Schneeberg ging man daran, andere Farbniederlagen, wie sie eine Zeit lang u. a. in Magdeburg und Hamburg existierten, zu schließen.

Auch der konsortschaftliche Bergbau wurde von den Blaufarbenwerken gemeinsam betrieben. Die

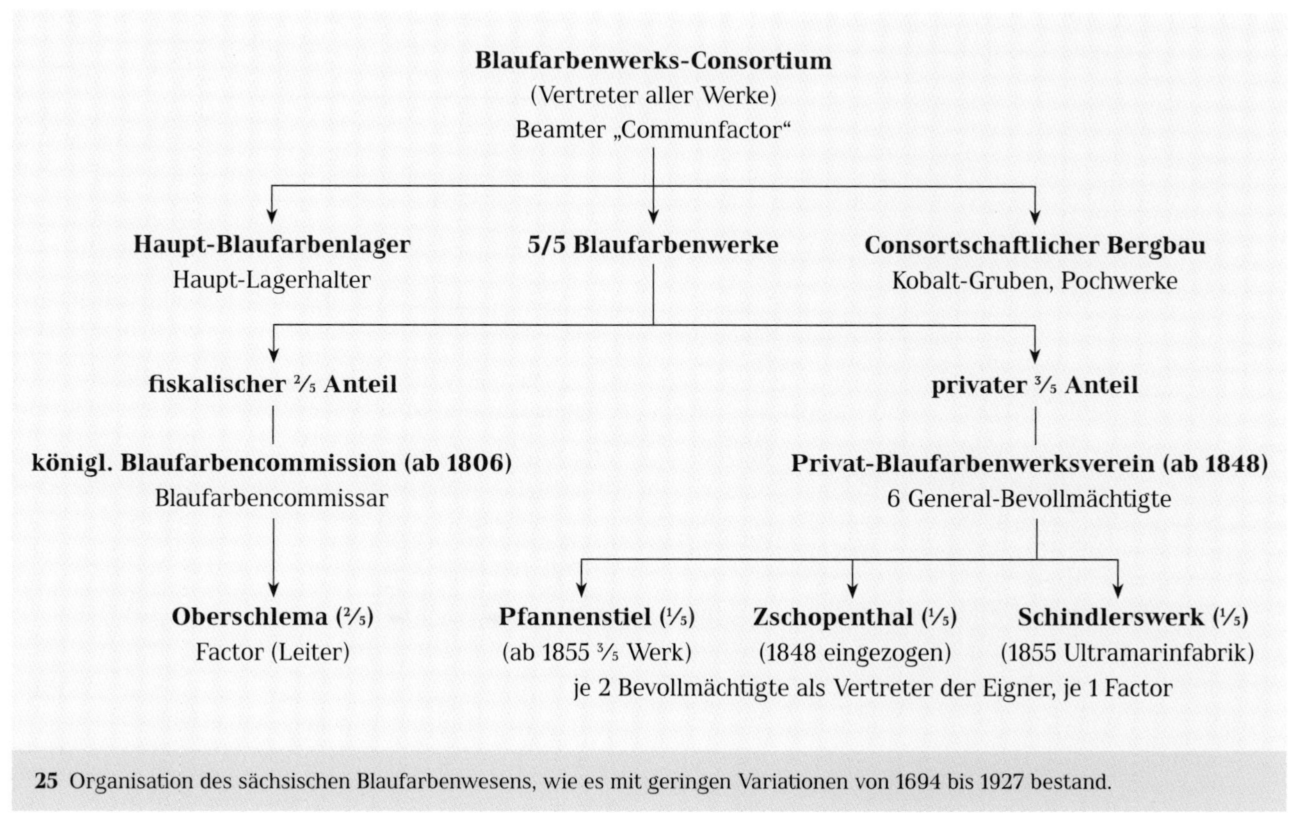

25 Organisation des sächsischen Blaufarbenwesens, wie es mit geringen Variationen von 1694 bis 1927 bestand.

Grube Besitzer	Pfannenstiel	Schindlerswerk	Zschopenthal	Andere Besitzer	gesamt
Adam Heber	16	11	–	101	128
Sieben Schleen	55 ½	–	–	72 ½	128
St. Anna	42 ⅔	42 ⅔	42 ⅔	–	128
Daniel	42 ⅔	42 ⅔	42 ⅔	–	128
Schindler und Fleischer	118	–	–	10	128
Unruh	118	–	–	10	128
Jung Sebastian	–	8	–	120	128
Sonnenwirbel	64	–	4	60	128
Gesellschaft	16	3 ⅞	12 ⅛	96	128
Michael Maaßen	16	48	32	32	128
Schafstall	22 ⅔	9	–	96 ⅓	128
Catharina Neufang	–	20 ⅙	4	103 ⅚	128
Weißer Hirsch	–	–	–	128	128
Egidi	–	–	–	128	128
Glück	–	16	–	112	128
Elisabeth	16	16	–	96	128
Priester	–	–	–	128	128
Andere Zechen	4	–	8	884	896
gesamt Kuxe	**531 ½**	**217 ⅙**	**145 ⅔**	**2.177 ⅔**	**3.072**

Tab. 1 Schon 1699, also wenige Jahre nach der Gründung des Konsortiums, gehörten fast ⅓ der Anteile an den Schneeberger Kobaltgruben den sächsischen Blaufarbenwerken. In den Folgejahren wurde der Besitz durch Zukäufe noch deutlich erweitert, so dass vom „Konsortschaftlichen Bergbau" gesprochen werden konnte. Angaben aus [24-1].

ersten Gruben, an denen alle Werke einen größeren Anteil hatten, waren seit 1696 die ergiebigen Kobaltzechen Daniel und St. Anna in Neustädtel. Sie gehörten einst Johannes Burckhardt und fielen nach dessen Tod 1651, wie das Werk Oberschlema auch, dem Kurprinzen zu. Kurzzeitig im Besitz der Mätresse Johann Georgs IV., verkaufte August der Starke nach seiner Machtübernahme 1694 die Zechen wieder an die Blaufarbenwerke. Überhaupt geriet der Schneeberger Bergbau nach und nach immer mehr unter die Kontrolle der Farbfabriken. Die Gründer der Werke waren ja einst selbst Besitzer oder Teilhaber von Kobaltgruben, nach ihrem Tode gingen diese Anteile an die Werke über. Darüber hinaus war das Blaufarbenwerkskonsortium stets bestrebt, weitere Zechen aufzukaufen. Auf diese Weise wurde der Schneeberger Bergbau immer mehr zu einer konsortschaftlichen Unternehmung. Schon 1699 gehörten fast ein Drittel der Kuxe den Blaufarbenwerken, um das Jahr 1800 herum befanden sich alle Gruben oder zumindest die Mehrheit ihrer Anteile im Besitz des Konsortiums. Die Kontrolle über den Kobaltbergbau bedeutete für die Farbfabriken die Sicherung einer sehr preisgünstigen Rohstoffbeschaffung. Trotz der damals üblichen, relativ niedrigen Entlohnung brachte der konsortschaftliche Bergbau aber auch für die Bergarbeiter Vorteile. Der garantierte Absatz der Erze bedeutete eine

Garantie für das Bestehen des Arbeitsplatzes. Auch Sozialleistungen wie Kranken-, Unfall- und Sterbegeld wurde, ähnlich wie in den Werken selbst, schon in frühen Zeiten gewährt.

Als sich die Vertreter der Blaufarbenwerke zum Neujahrsmarkt 1696, also zwei Jahre nach Abschluss des Soziätätskontraktes in Leipzig zusammenfanden, konnte eine überwiegend positive Bilanz der bisherigen Zusammenarbeit gezogen werden. Einmütig sprachen sich alle Interessenten für die Unverbrüchlichkeit des Vertrages aus. Dennoch waren inzwischen einige Unzulänglichkeiten zutage getreten, die es zu korrigieren galt. So ließen insbesondere die Qualität und Mustergültigkeit der Farben, beides unabdingbare Voraussetzungen für die gemeinschaftliche Handlung, mitunter zu wünschen übrig. Um dieses Problem zu lösen, mussten nun alle produzierten Waren ausnahmslos in die Niederlagen in Leipzig und Schneeberg eingeliefert werden. Der bisher noch tolerierte Werksverkauf auf Rechnung der Lager wurde als nicht ausreichend überprüfbar bewertet und unter Androhung einer Geldstrafe von 500 Reichstalern untersagt.

Mit dieser Maßnahme musste folgerichtig die Einführung neuer bzw. die Präzisierung bestehender Farbmuster einhergehen. Darüber hinaus wurden klare Regelungen zur Kennzeichnung der Erzeugnisse getroffen. Neben der in den Fässern enthaltenen Sorte musste auch das Herstellerwerk für den Fall evtl. Reklamationen eindeutig identifizierbar sein. Dabei wurde das jeweilige Werkszeichen ein- bis vierfach in die Fässer eingebrannt. Je öfter es vorhanden war, als umso feiner galt die jeweilige Sorte. Auf diese Praxis ist die Entstehung der über lange Zeit so typischen Werkszeichen zurückzuführen. Mag sein, dass einige der Vorlagen sogar noch älter sind bzw. schon früher Verwendung fanden, offiziell wurden sie aber erst ab 1696.

Dabei dienten die werkstypischen Symbole nicht nur als Brandzeichen für die Farbfässer, sondern sie fanden auch als Dokumentensiegel oder zu ähnlichen Zwecken Verwendung. Die Krone, das unverwechselbare Merkmal des Pfannenstieler Werkes, prangte noch in den 1930er Jahren auf offiziellen Schreiben. Die Blaufarbenkompanie selbst begnügte sich anfangs mit dem Kürzel B. F. C., wenig später aber wurde ein Generalbrandzeichen entworfen, das sich aus denen der einzelnen Werke zusammensetzte. Das heute von der Nickelhütte Aue GmbH verwendete Werkszeichen entstand in Anlehnung an dieses konsortschaftliche Siegel, womit bewusst an die Traditionen des sächsischen Blaufarbenwesens angeknüpft wird. Auch der 2017 gegründete Förderverein Schindlers Blaufarbenwerk e. V. bedient sich dieses Symbols in seiner ursprünglichen Erscheinungsform. Folgende Brandzeichen wurden von den Blaufarbenwerken genutzt:

Niederpfannenstiel: Krone oder ***EK***, später ***P***
Oberschlema: gekreuzte Schwerter mit **HB** (Hans Burckhardt), später ***A. R.*** (Augustus Rex)
Zschopenthal: gekröntes Herz, später ***Z***
Schindlerswerk: Lilie, später ***A. S.*** oder ***S***
Konsortium: **B. F. C.** mit Krone, später eine Kombination aller anderen Werkszeichen

Die Kennzeichnungspraxis wurde konsequent durchgeführt und bewährte sich über einen langen Zeitraum. Erst in den Jahren 1845 und 1846 wurden Probleme aktenkundig.[53] In einer Sitzung des Blaufarbenwerkskonsortiums, die am 30. Septem-

26 a, b, c, d Werkszeichen, wie sie zur Kennzeichnung der Farbwaren Verwendung fanden.
a: achtzackige Krone des Pfannenstieler Blaufarbenwerks nach einem historischen Siegel
b: gekröntes Herz des Zschopenthaler Blaufarbenwerks nach einem Siegel um 1820
c: gekreuzte Schwerter und sächsische Rauten des Doppelwerkes Oberschlema nach einer Vorlage aus dem späten 19. Jahrhundert
d: Lilie von Schindlerswerk nach einer Vorlage aus dem späten 19. Jahrhundert

27a Original Siegelstempel des Konsortiums (Maßstab etwa 2:1, gespiegelt, vermutlich um 1850). Die einzelnen Werkszeichen sind hier miteinander vereint. Die Abkürzung B. F. C. bedeutet „Blau-Farben-Compagnie". In abgewandelter Form wurde das konsortschaftliche Symbol auch nach 1898 als eingetragenes Warenzeichen für verschiedene Produkte verwendet.

27b Die Nickelhütte Aue GmbH verwendet das ehemalige konsortschaftliche Symbol in etwas abgewandelter Form heute wieder als Werkszeichen und knüpft damit bewusst an die Tradition des sächsischen Blaufarbenwesens an.

ber 1846 in Schneeberg stattfand, wurde erörtert, dass manche Warenzeichen von den Abnehmern bevorzugt würden. So gingen übermäßig viele feine Eschelsorten mit den gekreuzten Schwertern (Oberschlema) ab, wodurch Lieferengpässe bestünden. Erst hier wurde beschlossen, die Farben nach Bedarf zu kennzeichnen, was gerechtfertigt sei, da auch die anderen Werke die gleiche Qualität liefern würden. Ab 1877, als im Deutschen Reich die Eintragung von geschützten Warenzeichen möglich wurde, erlebten die klassischen Symbole eine Renaissance. So trug das Germaniablau der Ultramarinfabrik Schindlerswerk die umkränzte Krone des Pfannenstieler Werkes auf der Verpackung, während das in Oberschlema erzeugte Wismut nun mit dem ehemaligen konsortschaftlichen Wappen glänzte.

Die „Feste Hand" erwies sich als Erfolgsmodell. Wichtige Entscheidungen wurden fortan auf dieser Ebene getroffen, zudem machte insbesondere die Einrichtung einer „Kommunkasse", in die alle Werke einzahlten, das Konsortium zu einer handlungsfähigen Institution. Die enge Zusammenarbeit der sächsischen Blaufarbenwerke zog aber noch weitere, recht bemerkenswerte Entwicklungen nach sich. So ermöglichte die einkehrende Kontinuität die Herausbildung ganzer Dynastien von Blaufarbenwerkern, die mit ihren Familien in den werkseigenen Gutsbezirken wohnten. Das technologische Wissen wurde von einer Generation zur nächsten weitergegeben, dieses qualifizierte Stammpersonal sozusagen „bei der Stange" zu halten, gehörte alsbald zur Unternehmensphilosophie der Farbfabriken. Eine gewisse Abschottung nach Außen war dabei durchaus beabsichtigt und wurde durch soziale Maßnahmen, die ihrer Zeit weit voraus waren, nachdrücklich gefördert.

In Pfannenstiel gehörte es bereits um 1700 zur innerbetrieblichen Praxis, dass Kranken-, Unfall- und Sterbegelder gewährt wurden. Aus dieser Regelung, die vermutlich noch auf die Initiative Veit Hans Schnorrs d. J. zurückgeht, entstand am 17. April 1717 die erste Betriebskrankenkasse Deutschlands, die damals als „Armuts- und Begräbniskasse" bezeichnet wurde. Die näheren Bestimmungen dieser Einrichtung wurden in zwölf Punkten zusammengefasst und notariell beglaubigt. Leider ist diese Urkunde nicht mehr vorhanden, vermutlich fiel sie, wie so viele andere Dokumente auch, der Aktenvernichtung in der Zeit nach dem 2. Weltkrieg in Pfannenstiel zum Opfer (vgl. den Abschnitt „Uran um jeden Preis"). Glücklicherweise wurde das Schriftstück aber bereits im Jahre 1934 im Rahmen einer Forschungsarbeit ausgewertet, so dass uns zumindest der Inhalt glaubhaft überliefert ist.[54]

Demnach zahlten, so wie es auch heute noch üblich ist, sowohl die Arbeiter als auch das Werk Beiträge in die Kasse ein. Strafgelder flossen auf diese Weise ebenso dem Gemeinwohl zu. Dafür wurden im Krankheitsfall Leistungen gewährt, beim Tod eines Farbwerkers erhielten die Hinterbliebenen ein Begräbnisgeld. Auch die Witwen und Waisen von verstorbenen Werksangehörigen wurden unterstützt. Diese Bestimmungen, die allmählich auch von den anderen Werken des Konsortiums übernommen wurden, behielten offenbar bis 1871 ihre Gültigkeit. Erst dann wurde eine Satzung, das „Regulativ für die Arbeiter-Casse“ gedruckt, die für den gesamten Privatblaufarbenwerksverein, eine seit 1848 bestehende Gemeinschaft der Privatwerke innerhalb des Konsortiums, Gültigkeit besaß.[55] Als 1883 die auf Bismarck zurückgehende gesetzlich verankerte Krankenversicherung im Deutschen Reich eingeführt wurde, war in den Blaufarbenwerken längst ein viel umfangreicheres soziales Regelwerk vorhanden. Die Leistungen der „Arbeiter-Casse“ brauchen selbst den Vergleich mit der heutigen Sozialgesetzgebung nicht zu scheuen. So wurden Arzthonorare und Medikamente vollständig übernommen, Verdienstausfall und Arbeitsunfähigkeit waren ebenfalls abgesichert, auch Witwenunterstützung und Sterbegeld wurden gewährt.

Natürlich ist dieses weitreichende Leistungsspektrum vor dem Hintergrund eines allgemein niedrigen Lebensstandards zu bewerten. So konnten die Beerdigungskosten für die Angehörigen eines Farbwerkers durchaus den finanziellen Ruin bedeuten. Allerdings waren die Krankenkassen bei Weitem nicht die einzigen sozialen Einrichtungen der Blaufarbenwerke. So existierten in den Gutsbezirken Zschopenthal und Schindlerswerk auch eigene Schulen für den Nachwuchs der Blaufarbenarbeiter (vgl. den Abschnitt „Leben und Arbeiten“). Dass die Mehrzahl der dort unterrichteten Kinder später ebenfalls wie selbstverständlich dem elterlichen Betrieb zustrebten, bedarf keiner besonderen Erläuterung. Im 18. und 19. Jahrhundert unterhielten die Werke auch eigene Bäckereien, mit denen heraufziehende Hungersnöte entscheidend gemildert werden konnten. Im Falle besonders extremer Lebensmittelteuerungen wurden Unterstützungen aus der Kommunkasse gewährt.

In Grundstücksfragen bestand von Anfang an in Pfannenstiel, sagen wir mal, eine etwas grenzwertige Situation. Die ersten Gebäude wurden von Veit Hans Schnorr d. Ä. auf schönburgischem Besitz, vermutlich etwas nördlich des heutigen Haupteinganges der Nickelhütte errichtet. Die Grenze zu Kursachsen verlief den Bärengrund hinab entlang des Rumpelsbaches, um dann dem Betriebsgraben, dessen Lauf an dieser Stelle früher mit dem Bach identisch war, bis zu dessen Einmündung ins Schwarzwasser zu folgen. Ansonsten markierte die Mitte des Schwarzwassers das Ende des kurfürstlichen Einflussbereiches. In der Abbildung 28, die die früheste bekannte Kartenskizze des Blaufarbenwerkes aus dem Jahr 1834 wiedergibt, wird der Grenzverlauf verdeutlicht. Die Aufteilung des Werksgrabens in einen Ober- und Unterlauf, die noch bis zum Jahre 1900 bestand, könnte auf das bis etwa 1660 betriebene Güntersche Hammerwerk zurückzuführen sein.

Auf kursächsischem Gebiet grenzte das Werk nach Westen und Südwesten hin an die Stadtgemeinde Aue, nach Norden und Nordwesten aber an das Rittergut Klösterlein mit dem Dorf Zelle. Der Gutsbezirk Niederpfannenstiel entwickelte sich zunächst auf schönburgischem Grund, bald entstanden aber auch einige Werksgebäude und Häuser auf Zeller sowie später auch auf Auer Flur. Um 1720 wohnten in Niederpfannenstiel etwa zwanzig Familien. Dass die grenznahe und grenzüberschreitende Lage des Blaufarbenwerks einiges Konfliktpotential in sich barg und Schmuggelaktivitäten geradezu herausfordern musste, ist nachvollziehbar. Allerdings ging es dabei nicht um Kobalt, sondern um ganz profane Dinge des täglichen Bedarfs, wie Brot, Salz und ganz besonders um Bier.

Wie es bei den Farbmühlen, aber auch im Falle anderer größerer Unternehmungen üblich war, besaß das Werk einige für die damalige Zeit sehr wichtige Freiheiten. Dazu zählte die Ausübung der niederen Gerichtsbarkeit ebenso wie das Recht zu schlachten, zu backen und Bier ausschenken zu dürfen. Selbstverständlich mussten entsprechende Abgaben geleistet werden. Besonders die Bier- oder Tranksteuer scheint dabei eine wesentliche Einnahmequelle der jeweiligen Gemeinde gewesen zu sein. Es lässt sich nicht mehr näher nachvollziehen, aus welchem Grund Niederpfannenstiel um 1700 von der Schanksteuer des in Lößnitz gebrauten Bieres befreit wurde. Vielleicht rechtfertigte die Tatsache, dass Bier zu den elementaren Grundnahrungsmit-

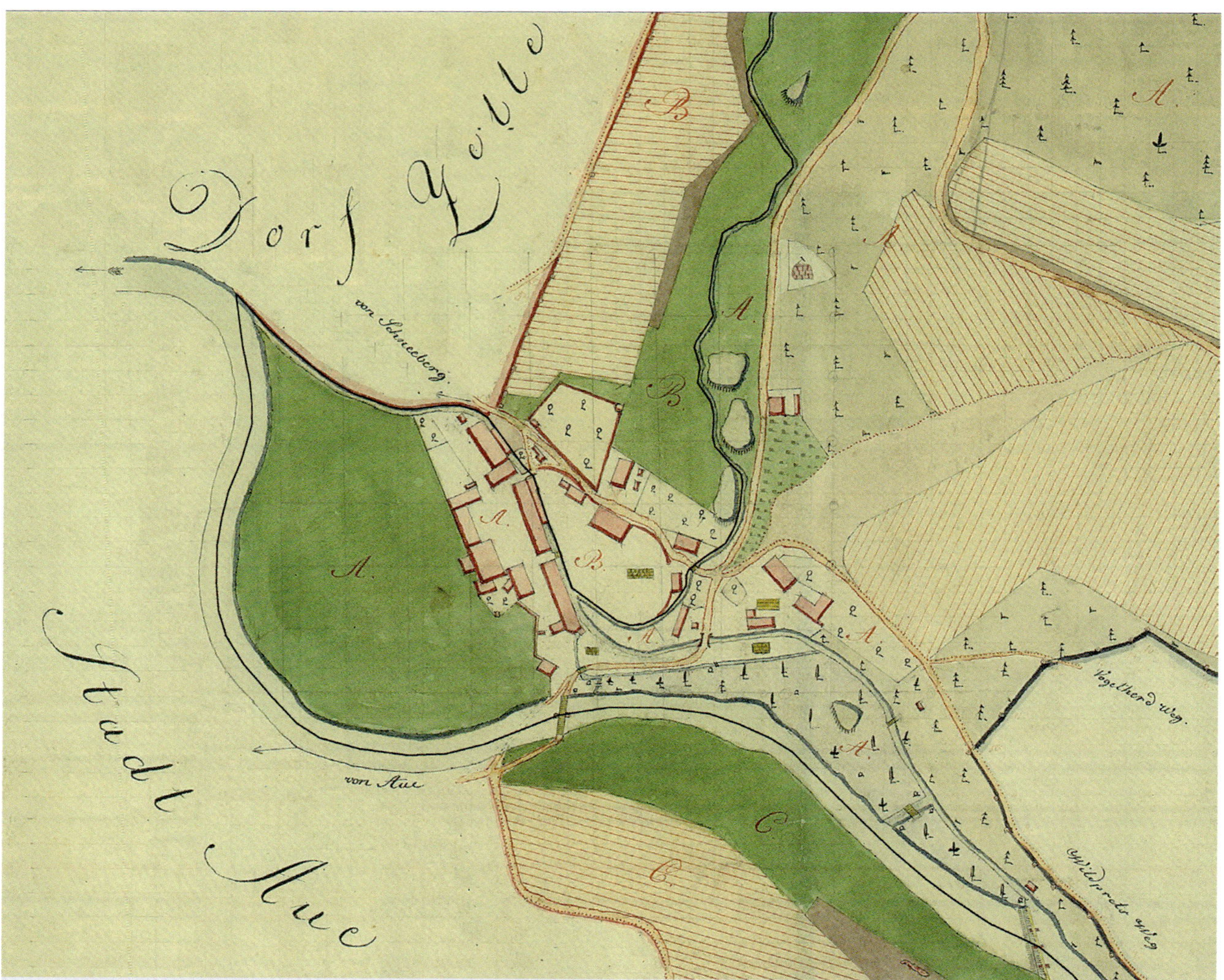

28 Leicht modifizierter Ausschnitt aus einer Kartenskizze des Pfannenstieler Blaufarbenwerks von 1834. Es handelt sich um die früheste bekannte Darstellung dieser Art. Die schwarze Linie markiert die Grenze der schönburgischen Herrschaft, die eingezeichneten Großbuchstaben bedeuten: schönburgisches Gebiet (A), Rittergut Klösterlein mit Dorf Zelle (B) und Stadtgemeinde Aue (C). Der Großteil des Werkes befand sich immer auf schönburgischem Grund, aber auch auf Zeller Flur wurden Gebäude, wie das noch heute als Kantine existente Magazin, erbaut bzw. zugekauft. Ab Mitte des 19. Jahrhunderts hatte das Werk auch Besitzungen im Bereich der Stadt Aue.

teln der Hüttenarbeiter gehörte, die Akzisefreiheit. Auf jeden Fall war nun das im Blaufarbenwerk ausgeschenkte Getränk wesentlich günstiger zu haben als in Aue oder Zelle. Dieser Steuervorteil in Verbindung mit der grenznahen Lage des Werkes war es, der einen über etwa ein halbes Jahrhundert währenden Disput mit den Nachbargemeinden nach sich zog.

So beklagt sich 1721 der Rat der Stadt Aue bitterlich darüber, dass Auer Bürger die beiden Schankstätten im Blaufarbenwerk über Gebühr aufsuchen würden und sich dort am „ausländischen“ Bier schadlos hielten. Ebenso scheint der „Bier-Unterschleif“, wie man den Schmuggel des alkoholischen Getränks nannte, fast eine Art Volkssport für die Auer Einwohner geworden zu sein. Jedenfalls wurde im Werk nicht weniger Bier als in der gesamten Stadt ausgeschenkt. Nachdem der über das Schwarzwasser führende Steg mit einem Tor verschlossen worden war, fanden die „Pascher“ andere Wege. So kletterten einige ganz Unerschrockene sogar über den Holzrechen des Wehres.[33]

Einfallsreich waren die Schmuggler auch in Bezug auf die Verstecke beim Transport des verbotenen Genussmittels. Frauen trugen die Flaschen und Kannen unter ihren Röcken, Fuhrleute hatten schon einmal ein unschuldig aussehendes Fass der regulären Ladung ihres Wagens beigefügt. So finden sich unter den im Auer Kreisarchiv erhalten gebliebenen Gerichtsakten der Stadt eine nicht geringe Anzahl von Klagen wegen *Bier-Einschleiffs von der Farbmühle*. Der letzte bekannte Fall dieser Art wurde am 25. Februar 1760 im Rathaus von Aue verhandelt. Demnach wurde ein gewisses Fräulein Clara Merkel auf dem Weg vom Werk in die Stadt mit einem verdächtigen Fässchen im Tragekorb angehalten. Zunächst versicherte sie, dass es sich um Essig handeln würde, nach einer Kostprobe des Inhalts war sie allerdings außerstande, diese Behauptung weiter aufrechtzuerhalten. Vor Gericht gab sie nun an, das Fässchen bzw. dessen Inhalt gehöre einem gewissen Herrn Walter, worauf dieser vorgeladen wurde. Er versicherte, dass er unpässlich gewesen wäre und daher das hiesige Auer Bier nicht vertrüge. Aus dem Grund hätte er die Bekömmlichkeit anderer Biersorten in Erfahrung bringen wollen, wobei ihm die besagte Botin behilflich gewesen wäre. Dem Gericht scheinen ob dieser Aussage die Worte weggeblieben zu sein, jedenfalls wird nur noch festgehalten, dass die Behörde nicht willig wäre, weiteren Aufwand zur genaueren Untersuchung der Angelegenheit zu treiben. Da sich der Beklagte bereit erklärte, die fälligen Steuern nachzuzahlen und außerdem ein geringes Strafgeld zu entrichten, legte das Gericht die Sache schließlich zu den Akten.[56]

Die schönburgische Grenze teilte das Werk noch bis ins ausgehende 19. Jahrhundert. So wurden die Baugenehmigungen für die „Kapelle" und das gegenüber liegende Gebäude (vgl. den Abschnitt „Nickelhütte Aue GmbH"), da sie links des Rumpelsbaches errichtet werden sollten, im Jahre 1847 vom Justizamt der Fürstlich-Schönburgischen Grafschaft Hartenstein erteilt. Die nur wenig später erbaute, an das Fabrikationsgebäude angrenzende Oxidfabrik (heute Kupferoxichloridanlage) lag dagegen größtenteils rechts des Grenzbaches, womit die Königliche Amtshauptmannschaft in Schwarzenberg zuständig war. Erst 1878 gaben die Schönburger die Justitz- und Verwaltungshoheit an das Königreich Sachsen ab. Somit war die Grenze bedeutungslos geworden. Der selbständige Gutsbezirk Niederpfannenstiel indes existierte noch bis 1921, als aufgrund der nach dem ersten Weltkrieg im Land Sachsen durchgeführten Gebietsreform alle Einwohner des Blaufarbenwerks Bürger der Stadt Aue wurden. Erst ab diesem Zeitpunkt ist es gerechtfertigt, vom Hütten- bzw. Blaufarbenwerk Aue zu sprechen.

Die Faktore und leitenden Beamten des Pfannenstieler Werkes zeigten nicht nur Geschäftssinn, sondern suchten offenbar auch einen gewissen Ausgleich für ihre berufliche Tätigkeit. Bereits Johann Friedrich Dentler, von 1736 bis 1758 Faktor der Farbmühle, legte unterhalb des Wehres, im Bereich zwischen Schwarzwasser und Betriebsgraben einen Gemüsegarten an. Da auch seine Nachfolger Interesse an der Natur und am Gartenbau hatten, entwickelte sich daraus eine werkseigene Parkanlage im englischen Stil. Seltene Pflanzen und exotische Ge-

29 Dieser Ausschnitt aus einer Kartenskizze, die um 1870 entstand, verdeutlicht die Lage und Ausdehnung der zum Pfannenstieler Blaufarbenwerk gehörigen „Englischen Gärten". Die mehrfach erweiterte Anlage existierte bis etwa 1900, dann fiel sie zum größten Teil den neu errichteten Beamtenwohnhäusern zum Opfer.

wächse wurden beschafft, Hecken und Bäume nach Biedermeierart zurechtgestutzt. Ein System von gepflegten Wegen führte durch die Anlage, hier und da traf man auf Steinvasen und Statuetten mit sinnreichen Versen. Sogar ein Lusthäuschen wurde errichtet. Die „Englischen Gärten", wie man die Anlage nannte, bildeten einen beeindruckenden Kontrast zum gegenüberliegenden Hüttenwerk und wurden sogar ein beliebtes Ziel für die Einwohner von Aue. Zu Beginn des 20. Jahrhunderts mussten große Bereiche des Gartenareals zwei Beamtenwohnhäusern weichen, womit das Ende der kunstvoll gestalteten Landschaft besiegelt war. Noch um 1950 fanden sich hier einige Relikte von Figuretten und Gedenksteinen.[33] Inzwischen wurden die beiden Wohnhäuser zurückgebaut und das Gelände landschaftlich ansprechend gestaltet, so dass man sich durchaus an die einstige Nutzung erinnert fühlt.

Will man die wirtschaftliche Bedeutung des Blaufarbenwerkskonsortiums für Sachsen im 18. und frühen 19. Jahrhundert richtig beurteilen, so ist in Betracht zu ziehen, dass in den Werken selbst lediglich ein Kern von Arbeitskräften beschäftigt war. Diesen hinzuzurechnen sind noch die Beschäftigten der konsortschaftlichen Gruben, der Pochwerke, Bergschmieden usw. So betrug 1846 die Anzahl der direkt der „Festen Hand" unterstellten Lohnempfänger etwa 1.200 Mann.[31] Die unzähligen Holzeinschläger, Köhler, Flößer, Pottaschebrenner und Fuhrleute, heute würden wir sie als Subunternehmer des Konsortiums bezeichnen, sind in dieser Rechnung natürlich auch noch nicht berücksichtigt. Sowohl für Kursachsen als auch für das 1806 entstandene Königreich Sachsen stellte das Blaufarbenwesen somit einen bedeutenden Wirtschaftsfaktor dar, im Ausland betrachtete man die sächsischen Farbfabriken als die Institution im Bereich der Kobaltfarben schlechthin. Umso mehr war man bemüht, die Einzelheiten der Blaufarbenprozesse möglichst unter Verschluss zu halten.

Streng geheim – die Technologie der blauen „Farbe"

Ein neues Kapitel mit einer inkorrekten Terminologie zu beginnen, erscheint nicht unbedingt erstrebenswert. Die Produkte der Blaufarbenwerke waren nämlich im heutigen Sinne alles andere als blaue Farbe, sondern lediglich Färbemittel, durch welche die Farbe überhaupt erst hervorgerufen wurde. Da es sich durchweg um unlösliche anorganische Substanzen handelte, wäre dafür die Bezeichnung „Pigment" zu verwenden. Doch wird selbst der eifrigste Sprachnormenverfechter zugeben müssen, dass es eher unvorteilhaft wäre, stoisch von „Blaupigmentwerken", „Pigmentmeistern" o. Ä. zu sprechen. Nicht weniger befremdlich erscheint es, diesen Abschnitt mit „Technologie der Blaupigmente" zu übertiteln. Wir wollen daher die historische Bezeichnung, immerhin ist in den Überlieferungen stets von *blauer Farbe* o. Ä. die Rede, wie bisher weiterverwenden. Schließlich handelt es sich dabei um historisch belegte Eigennamen für die vielfältigen Kobaltglasprodukte des sächsischen Blaupig... – Verzeihung, Blaufarbenwesens!

Nach diesen klärenden Zeilen wollen wir uns nun einer zentralen Frage dieses Buches zuwenden, die bei dem einen oder anderen Leser schon während der Lektüre der vorausgegangenen Kapitel aufgekommen sein mag: Wie erfolgte nun eigentlich die Herstellung der Blaufarben? Kurt Alexander Winkler beginnt seinen 1814 verfassten Bericht über die Blaufarbenbereitung auf dem Zschopenthaler Werk mit folgenden Worten:

Schmelzt man Pottasche, Kieselerde und Kobalt zusammen, so erhält man ein blaues Glas, welches, nachdem es gehörig zerkleinert und gereinigt ist, die blaue Kobaltfarbe giebt.[23-18] Diese einfache Rezeptur schränkt er aber schon im nächsten Satz wieder ein, in dem er zu bedenken gibt, dass eine Menge Arbeiten vonnöten sind, um mustergültige und verkaufsfähige Produkte zu erhalten. Und wirklich, es sind die Variationen der Blaufarbenprozesse mit ihren vielfältigen Nebenarbeiten schier unerschöpflich. Allein die stets schwankende Zusammensetzung der Erze und die daraus herzustellenden standardisierten Farbsorten lassen ahnen, welche Anstrengungen nötig waren, um eine immer gleich bleibende Qualität anbieten zu können. Kein Wunder, dass der Produktionsprozess anfangs ein gut gehütetes Geheimnis darstellte. In einer Zeit, als es noch keine Patente zum Schutz von gewinnträchtigen technologischen Neuerungen gab, war die Geheimhaltung das einzige Mittel, um dem Diebstahl von technologischem Wissen und dem Aufkommen von Konkurrenten entgegen zu wirken. So waren die sächsischen Farbfabriken besonders im 17. und 18. Jahrhundert in sich geschlossene Komplexe, also eine Art kleiner Staat im Staate. Die Werke wurden streng bewacht, Betriebsfremden war der Zutritt untersagt.

Die Geheimniskrämerei führte naturgemäß zu einiger Kritik. So äußerte sich der aus der Nähe von Dresden stammende Königlich-Preußische Bergrat Johann Gottlob Lehmann (1719–1767) in seinem 1761 erschienenen Buch „Cadmiologia oder Geschichte des Farben-Kobolds" recht unmissverständlich darüber, was er von der sächsischen Verschwiegenheit hielt. Demnach wäre es *unnöthig gewesen, dass man eine solche Sache als ein Geheimnis angesehen hätte, wenn man überlegt, dass ein jeder, der da Kobolde hat, auch blaues Glas, und folglich auch Blauefarbe würde machen können.*[57] Eine Meinung, die man nicht unwidersprochen stehen lassen kann, immerhin lieferten die sächsischen Werke nicht einfach nur blaues Glas. Die Kunst bestand vielmehr darin, eine Vielzahl von standardisierten Farbsorten erzeugen zu können.

Ein alter Bergreigen, der uns in Körners Chronik überliefert ist, bezieht sich auf die Geheimhaltungspraxis aus Sicht der Farbwerker. Wer glaubt, zwischen den Zeilen eine ironische Sicht auf die strenge Verschwiegenheit zu erkennen, muss nicht zwingend irren. Verkürzt heißt es:

Dass der Hüttenrauch aufgefangen werden soll,
Das wissen wir wohl.
Wie ein und das andre Werkzeug werde genannt,
Das ist uns bekannt.
Wie aber alles geschicht,
Das wissen wir nicht.[49]

Ob nun die Geheimhaltung übertrieben war oder nicht, so oder so sind wir heute recht gut über die Herstellungsprozesse der Kobaltfarben informiert. Die maßgebenden technologischen Schritte wurden in der zweiten Hälfte des 18. Jahrhunderts zum Allgemeingut, d.h. die Geheimhaltung erstreckte sich höchstens noch auf gewisse Einzelheiten und Spezialitäten. In diese Zeit fällt auch die Gründung einer stattlichen Anzahl von Blaufarbenwerken außerhalb Sachsens, wie z.B. in Schlesien, im Harz, in Thüringen und Frankreich. Schon Balthasar Rösler (1605–1673) beschreibt in seinem im Jahre 1700 erschienenen „Hell poliertem Berg-Bau-Spiegel"[58] recht präzise den Ablauf der Blaufarbenprozesse. Noch viel detailliertere Angaben enthält das bereits erwähnte Buch von Johann Gottlob Lehmann aus dem Jahre 1761. Gut dreißig Jahre später kann man Friedrich Kapffs „Beiträgen zur Geschichte des Kobolts, Koboltbergbaues und der Blaufarbenwerke"[59] sogar eine Anleitung zum Bau eines modernen Blaufarbenwerkes entnehmen.

Von noch höherem Interesse sind für uns die technologischen Abhandlungen, die ursprünglich nicht für die Öffentlichkeit bestimmt waren. Johann Gottfried Lauckner, der als Vize-Farbmeister in Oberschlema angestellt war, beschreibt nach derzeitigen Erkenntnissen als erster im Jahre 1725 die technischen Einrichtungen eines Blaufarbenwerks. In seinem Werk „Akkurater Entwurf von ... Chur-Fürstl. Sächs. Doppelten Blau Farben Werck zu Oberschlema"[23-19], das sich im Wesentlichen als eine Sammlung technischer Zeichnungen darstellt, berichtet er sehr detailliert vom Aufbau der Öfen und Apparate. Ein Nachbau einzelner Produktionslinien wäre mit diesem Material zwar möglich, die

Funktion und der Ablauf der Blaufarbenbereitung erschließen sich uns daraus allerdings nicht.
Anders aufgebaut sind die Werke von August Fürchtegott Winckler (1770–1807) und seinem Sohn Kurt Alexander (1794–1862), die überwiegend die Produktionsabläufe beschreiben. Zu den Zeiten, als Vater und Sohn ihre Abhandlungen verfassten, hatten beide bereits leitende Positionen im Blaufarbenwerk Zschopenthal inne. Später stiegen sie zu Faktoren auf. Von August Fürchtegott stammt das Buch „Zeichnungen ueber das Saechsische Blaufarbenwesen“[60], das einmalige bildliche Darstellungen der Arbeiten bei der Blaufarbenproduktion enthält. Von dem bemerkenswerten Werk existiert nur ein Exemplar, das sich im Besitz eines Nachkommens von Kurt Alexander Winkler befindet und 1959 erstmals von der Bergakademie Freiberg veröffentlicht wurde. Für die hier verwendeten Abbildungen konnte auf das Original aus dem Jahre 1790 zurückgegriffen werden. Allerdings stellt August Fürchtegott Winckler nur einen Teil der notwendigen Arbeitsabläufe dar, zudem sind die Beschreibungen der Abbildungen nicht besonders detailliert, wodurch viele Fragen offenbleiben. Glücklicherweise wird diese Bildersammlung aber durch das „Journal über das Blaufarbenwesen auf dem gnädigst priviligirten Blaufarbenwerk Zschopenthal“[23-18], das Kurt Alexander Winkler 1814 und 1815 verfasst hat, geradezu ideal ergänzt.
Ganz sicher nicht zur Veröffentlichung bestimmt war auch ein handschriftlich abgefasstes Buch aus dem Jahre 1820. In seinem „Journal über meinen auf den im Königreiche Sachsen befindlichen Blaufarbenwerken gemachten praktischen Cursus“ berichtet der spätere erste Farbmeister von Oberschlema, Christian Friedrich Bauer (?–1856), nicht nur über die technischen Einrichtungen der Blaufarbenwerke, sondern beschreibt auch deren Gebäude und Liegenschaften.[61] Die Aufzeichnungen erlauben detaillierte Rückschlüsse auf die Ausstattung, Funktion, die Bedienung und den Aufstellungsort der einzelnen Aggregate. Diese besonders authentische Quelle befand sich einst im Werksarchiv von Oberschlema und wurde von einem Mitarbeiter der Nickelhütte Aue vor der Vernichtung bewahrt. Heute befindet sich dieses wertvolle Zeugnis der Geschichte des sächsischen Blaufarbenwesens in der Obhut des Fördervereins Schindlers Blaufarbenwerk e. V.
Die Bedeutung der erwähnten Werke für unser heutiges Verständnis der historischen Blaufarbenprozesse kann gar nicht überschätzt werden. Dabei dürfte die Motivation der Autoren durchaus unterschiedlich gewesen sein. Während August Fürchtegott Winkler mit seinem zeichnerischen Talent womöglich nur seine Freizeit ausgefüllt hat, tragen sowohl die Abhandlung seines Sohnes als auch die des späteren Oberschlemaer Farbmeisters Bauer mehr den Charakter von Berichten. So wollen wir bei der Beschreibung der Blaufarbenprozesse den beiden letztgenannten Autoren folgen, wobei vor allem die bildlichen Darstellungen August Fürchtegott Wincklers zur Illustration genutzt werden sollen.
Was die Tätigkeit der Farbarbeiter betrifft, verfügen wir mit der erhalten gebliebenen Hüttenordnung des Blaufarbenwerks Zschopenthal von 1723,[23-20] deren erste Fassung sogar aus dem Jahr 1705 stammt, noch über eine weitere Informationsquelle. Es handelt sich dabei um eine Art Dienstanweisung für die Blaufarbenwerker, aus der hervorgeht, auf welche Art und Weise die einzelnen Tätigkeiten auszuführen sind. Auch diese Quelle wurde für die folgende Beschreibung der Blaufarbenprozesse genutzt.
Der prinzipielle Produktionsablauf ist vorab in Abbildung 33 dargestellt. Als Rohstoffe für die blaue „Farbe“ sind Kobalterz, Quarz und Pottasche zu nennen. Zusätzlich werden große Mengen an Brennholz und eine hinreichende Wasserkraft zum Antrieb der Pochwerke und Mühlen benötigt. Die Frage nach der Verfügbarkeit der Rohstoffe und Energieträger bestimmt die Wirtschaftlichkeit eines Blaufarbenwerksstandortes. An erster Stelle steht dabei nicht, wie man vielleicht vermuten könnte, die unmittelbare Nähe zu den Kobaltgruben, sondern die Verfügbarkeit von Brennholz. Das Holz war zu dieser Zeit der einzige und universelle Energieträger für

30 August Fürchtegott Winckler, bis zu seiner Generation ist diese Schreibweise des Familiennamens üblich, war Faktor des Zschopenthaler Werkes. Seine einmaligen bildlichen Darstellungen ermöglichen uns heute mehr als alle anderen Beschreibungen einen Einblick in die Produktionsprozesse eines Blaufarbenwerks. Abbildung nach einer Miniatur aus dem Jahre 1802.

31 Kurt Alexander Winkler, Sohn des Zeichners und ebenfalls Faktor in Zschopenthal, lieferte eine detaillierte Beschreibung der Blaufarbenprozesse. Seine größten Verdienste erwarb er sich aber in seiner Zeit als Hütteninspektor in Pfannenstiel, wo er maßgeblich an der Neuausrichtung der Produktpalette des Werkes auf Nickel und andere Buntmetalle beteiligt war. Abbildung nach einer Miniatur aus dem Jahre 1837.

das produzierende Gewerbe ebenso wie für den privaten Haushalt. Es war der wichtigste Baustoff und wurde überdies in großen Mengen für die Auszimmerung der Gruben benötigt. Der Brennstoffverbrauch eines Blaufarbenwerks war immens hoch, so dass sich die Verfügbarkeit von Holz überproportional auf die Herstellungskosten der Farbe auswirkte. Holzmangel war, wie bereits erwähnt, auch der Grund für die Verlegung des Blaufarbenwerks an der Sehma bei Annaberg in die Nähe von Waldkirchen (Werk Zschopenthal). Trotz der allgemein günstigen Lage der sächsischen Blaufarbenwerke im waldreichen Erzgebirge wird noch des Öfteren Holzmangel oder gestiegene Preise dieses Brennstoffes als Produktionshemmnis aktenkundig.

Um 1790, als August Fürchtegott Winckler seine bemerkenswerten Zeichnungen anfertigte, war der Kobaltbergbau im Schneeberger Revier der bedeutendste der Welt. Nach der zeitgenössischen Beschreibung von Kapff[59] wurden die Erze nach ihrer äußeren Erscheinung eingeteilt in: Glanz-, Spieß- und Erdkobalt sowie Kobaltblüte. Auch mehrere Unterarten wie der gelbe oder braune Erdkobalt werden genannt. Im Schneeberger Revier, wie auch in anderen Teilen des Erzgebirges, z.B. in Annaberg, Johanngeorgenstadt und St. Joachimsthal, sind die arse-

32 a, b Kobaltglanz (links) und Kobaltblüte sind typische Erze aus dem Schneeberger Revier. Die Stücke stammen aus der Lehrsammlung von Clemens Winkler, heute im Besitz des Instituts für Anorganische Chemie der TU Bergakademie Freiberg.

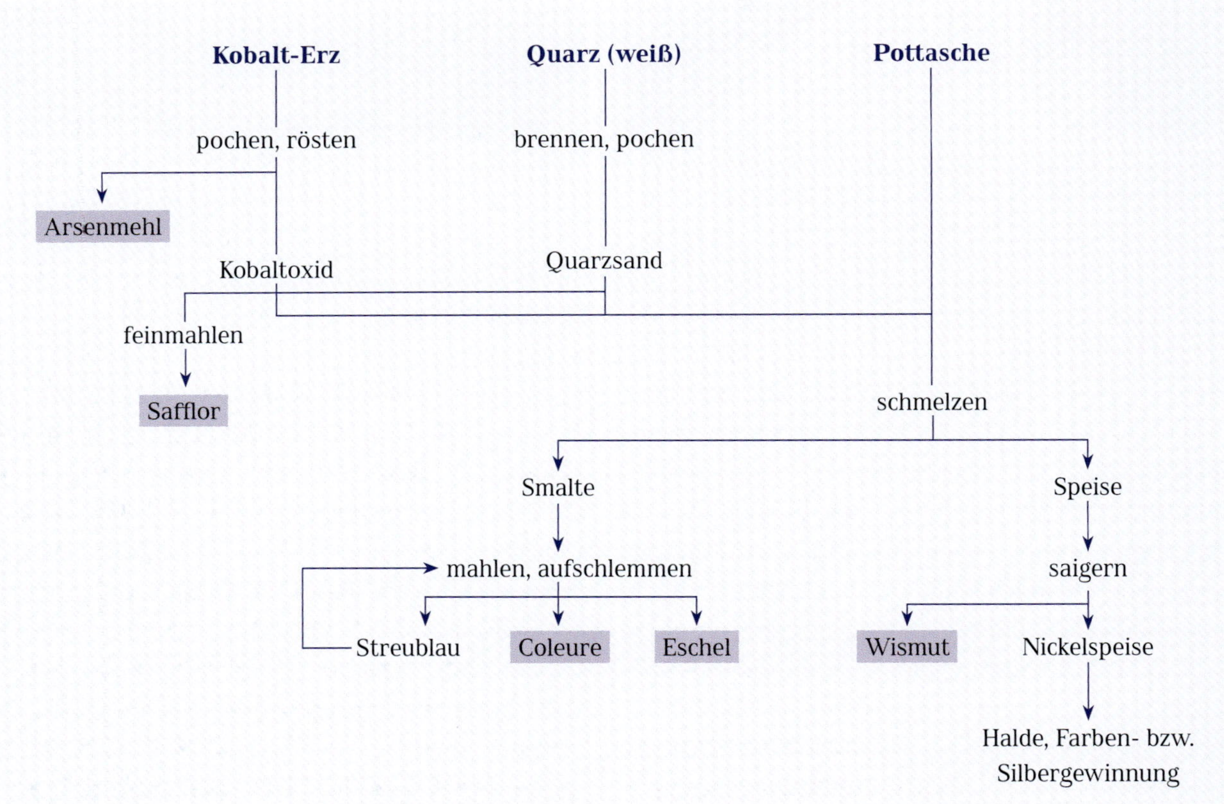

33 Schema der Blaufarbenprozesse um 1790. Die verkaufsfähigen Produkte sind umrahmt. Die Bezeichnung „Smalte“ ist von „Smaltare“ (italienisch für Schmelzen) abgeleitet und wurde vermutlich in Venedig geprägt, da dort auch die ersten Kobaltgläser der Neuzeit produziert wurden.

nidischen Kobalterze vorherrschend. Wirtschaftlich sehr bedeutend waren Safflorit (Kobaltkies, $CoAs_2$), Skutterudit (Speiskobalt [Co, Ni]As_3) und Cobaltin (Kobaltglanz, CoAsS). Der Erdkobalt, auch Kobaltmulm genannt, ist zwar ein sehr reiches oxidisches Erz, es kommt als Verwitterungsprodukt aber nur in der oberflächennahen Oxidationszone vor und war daher sehr schnell abgebaut. Das gleiche gilt auch für die Kobaltblüte. Dabei ist zu beachten, dass die Erzminerale keineswegs einheitlich, sondern stets durch wechselnde Anteile von anderen Metallen verunreinigt sind. Von den häufig vorkommenden Begleitelementen wirkten sich besonders Nickel, Kupfer und Eisen direkt auf den Farbton des Produktes aus. Durch eine Vielzahl von Probierversuchen musste für jede Erzcharge die optimale Mischung der einzelnen Komponenten ermittelt werden. Hier lässt sich erahnen, welches Können und empirisches Wissen für die Bereitung gleich bleibender Farbqualitäten notwendig waren.

Die Arbeiten in einem Blaufarbenwerk lassen sich formal in die Vorbehandlung der Rohstoffe, das eigentliche Schmelzen, verschiedene Nebenarbeiten und in die Aufbereitung und Sortierung der Schmelzprodukte gliedern. Zunächst wollen wir dem Weg des Kobalterzes folgen. Es konnte, was seine Eignung zur Bereitung der „Farbe" betrifft, von sehr verschiedener Qualität sein. Deshalb entnahm ein Farbmeister dem Erz vor der eigentlichen Aufbereitung einige Proben, die auf verschiedene Weise abgeröstet wurden. Diese Probierversuche dienten einerseits der Einteilung der Erze in Güteklassen, andererseits wurde nach Ausgang der Versuche festgelegt, auf welche Weise der Rohstoff am günstigsten zu verarbeiten sei. Für die Schneeberger Kobalte gab es nach Winkler[23-18] vier Möglichkeiten:

1. rohe Verarbeitung,
2. ordinäre Röstung (unvollständige Entfernung des Schwefels und Arsens)
3. tot Rösten (der größte Teil des Schwefels und Arsens wird verflüchtigt) und
4. ganz tot Rösten.

Mit den Annaberger Erzen, die besonders aufgrund ihres höheren Nickelgehaltes, der sich nachteilig auf den Farbton auswirkte, als minderwertig galten, wurde leicht modifiziert verfahren.

Die Art der Röstung oder Kalzination war insofern ein besonders wichtiger Punkt, da sich damit der Gehalt an Schwefel und Arsen im Rohstoffgemisch einstellen ließ. Diese Elemente konnten sich durch die Bindung von Eisen und Nickel beim Schmelzen in der Speise durchaus positiv auf den Farbton auswirken. Es war also mitunter günstiger, stark begleitmetallhaltige Erze nur sehr mild oder gar nicht zu kalzinieren. Die Ergebnisse der Probierversuche wurden durch den Vergleich mit entsprechenden Farbmustertafeln durch die Werksleitung ausgewertet (Abb. 34). Auf dieser Grundlage erfolgte die Einteilung der Erze in die Güteklassen:

1. Safflor-Kobalt (reinste Sorte)
2. FF-Kobalt (vorzüglich rein und zur Bereitung feinster Farben geeignet)
3. F-Kobalt (guter Kobalt, für feine Farben geeignet)
4. M-Kobalt (mittlere Qualität, für mittlere und mindere Farbsorten geeignet) und
5. O-Kobalt (minderwertige Qualität, nur für ordinäre Farben geeignet)

Die hohen Qualitäten zeichneten sich demnach dadurch aus, dass sie aufgrund ihrer geringen Anteile an Begleitmetallen wie Nickel und Kupfer nach dem vollständigen Abrösten eine besonders liebliche blaue Farbe gaben. Die minderwertigen Kobalte durften dagegen nur wenig geröstet werden, um noch genügend Arsen zur Bindung der zahlreichen Begleitmetalle in der Speise übrig zu lassen. Trotzdem war der erreichbare Farbton weniger lieblich. Nach den ermittelten Erzqualitäten richtete sich selbstredend auch die Bezahlung des Rohstoffes, was die Anwesenheit eines Beamten, vermutlich des Kommunfaktors oder Kobaltinspektors, der die Ergebnisse der Probierversuche protokollierte (Abb. 34, rechts), erklärt.

34 Der Werksfaktor und die Farbmeister entscheiden anhand von Schmelzproben, wie die Erze aufbereitet werden müssen. Bei dem Protokollanten (rechts) könnte es sich um den Kommunfaktor oder Kobaltinspektor handeln.

Überraschenderweise findet man bei Winkler[23-18] keinen Hinweis darauf, dass die Kobalterze vor dem Kalzinieren zerkleinert und angereichert werden mussten. Erklärlich ist die Auslassung dieses so offensichtlich notwendigen Arbeitsschrittes dadurch, dass das Pochen der Erze in der Regel nicht in den Blaufarbenwerken, sondern in separaten Anlagen durchgeführt wurde. Das trifft auch auf das mehr oder weniger vollständige Aussaigern des oft in den Kobalterzen enthaltenen Wismuts zu, das in offenen Stadeln noch in der Nähe der Gruben praktiziert wurde. Den Farbmühlen wurde also kein rohes Erz, sondern ein Kobaltkonzentrat geliefert, das keiner weiteren Zerkleinerung bedurfte.

Die Pochwerke, die meist auch Eigentum des Blaufarbenwerkskonsortiums waren, befanden sich in der Nähe der Kobaltgruben. Durch die Aufbereitung vor Ort konnten erhebliche Frachtkosten gespart werden, da das taube Material, das mehr als die Hälfte der Erzmasse ausmachte, beim Pochen abgetrennt wurde und daher nicht mittransportiert werden musste. Dieser Vorteil wirkte sich besonders auf das im mittleren Erzgebirge gelegene Blaufarbenwerk Zschopenthal aus, da es den Großteil seiner Erze aus Schneeberg bezog und daher deren Anlieferung von vornherein aufwändiger war als bei den anderen Werken. Ein Beispiel für eine solche konsortschaftliche Erzaufbereitungsanlage ist das Siebenschlehener Pochwerk in Neustädtel. Der historische Gebäudekomplex hat die Zeit überdauert und beherbergt heute ein technisches Museum. Während hier die trockenen Aufbereitungsschritte verdeutlicht werden, befindet sich im Pochwerk Wolfgangsmaßen, etwas westlich von Schneeberg, eine Schauanlage zur nassen Erzaufbereitung. Auch im norwegischen Modum wurden ab 1855 Kobaltkonzentrate für das Konsortium hergestellt und nach Sachsen geliefert.

Mit dem Kalzinationsprozess, der dem Rösten der Erze gleichkommt, wurden die Ziele verfolgt, das im Erz enthaltene Kobalt zu oxidieren und die Anteile von Arsen und Schwefel zu verringern. Als Produkt entstand ein mehr oder minder verunreinigtes Kobaltoxid. Temperatur und Dauer des Prozesses richtete sich danach, ob eine starke (vollständige) oder milde (unvollständige) Kalzinierung des Erzes erfolgen sollte, was wiederum durch die vorangegangenen Probierversuche festgelegt wurde. Für die Bereitung von Safflor-Kobalt wurde eine Charge acht Stunden bei Temperaturen von etwa 800 bis 900°C kalziniert. Kobalt für die Smaltebereitung wurde dagegen nur etwa fünf bis sechs Stunden bei dieser Temperatur gehalten. Die Kalzinierer, die in drei Schichten zu je acht Stunden arbeiteten, mussten während des Prozesses den Ofen schüren und das sich im Herd befindliche Röstgut mehrfach umschaufeln. War der Vorgang beendet, hatten sie die Aufgabe, die glühende Masse mit einer Art Krücke aus dem Ofen zu ziehen. Die Abbildung 35 verdeutlicht diesen abschließenden Vorgang. Kalzinierkrücke und Schaufel waren dann auch die charakteristischen Werkzeuge dieser Blaufarbenwerker.

Neben dem Kobaltoxid entstanden beim Kalzinieren der Erze auch Schwefeldioxid und Arsentrioxid (Arsenik). Während das gasförmige Schwefeldioxid mit den Rauchgasen ins Freie geführt wurde, war man

35 Nach dem Kalzinieren der Kobalterze zieht der Hüttenarbeiter die noch glühende Masse mit der Kalzinierkrücke aus dem Röstofen.

36 Hüttenarbeiter beim Ausräumen des Roharseniks aus dem geöffneten Rauchgaskanal des Zschopenthaler Blaufarbenwerks. Mit vor den Mund und die Nase gebundenen Tüchern suchten sich die Arbeiter vor dem giftigen Staub zu schützen.

stets bemüht, das als Flugstaub auftretende Arsenik aufzufangen. Die dazu notwendige Technologie stammte von dem Nürnberger Bürger Hieronymus Zürch. Es war ein einfaches, aber wirksames Verfahren, das der Franke im Jahre 1564 erstmals in Sachsen erfolgreich zur Anwendung brachte.[22, 58]
Dazu wurden die Rauchgase durch lange Kanäle, die sogenannten Giftfänge geführt. Die Abgase kühlten hier ab und verlangsamten ihre Strömungsgeschwindigkeit, wodurch sich das Arsenik absetzen konnte. Die neue Technik wurde allerdings zuerst zur Arsengewinnung auf sogenannten Gifthütten eingesetzt. Wann sie erstmals im Blaufarbenwesen angewendet wurde, lässt sich lediglich eingrenzen. So wird die Arsenabscheidung beim Kalzinieren der Kobalte bereits von Rösler[58] erwähnt, so dass davon auszugehen ist, dass die Blaufarbenwerke sich bereits vor 1670 dieser Technologie bedienten. Es ist überdies sehr wahrscheinlich, dass schon Schnorrs 1635 erbaute Pfannenstieler Farbmühle damit ausgestattet war, sonst hätten größere Mengen arsenidischer Erze gar nicht verarbeitet werden können. Genutzt wurde diese Technik der Rauchgasentstaubung noch bis weit ins 20. Jahrhundert hinein. Winkler[23-18] gibt an, dass die Wirksamkeit des Giftfanges im Winter durch die kalten Wände deutlich höher als im Sommer war. Auf jeden Fall musste der Kanal von Zeit zu Zeit geöffnet und der arsenhaltige Staub herausgeschaufelt werden. In Oberschlema und Pfannenstiel wurde das um 1820 einmal im Jahr praktiziert, während der Giftfang im Blaufarbenwerk Zschopenthal nur alle zwei Jahre ausgeräumt werden musste.[61] Es bedarf keiner extra Erwähnung, dass diese Arbeit sehr gesundheitsschädlich und alles andere als beliebt war, daran änderten auch die ausgereichten, z. T. recht üppigen Sonderprämien nichts. Immerhin versuchten sich die Arbeiter durch nasse Tücher vor Mund und Nase vor dem giftigen Staub zu schützen. Die Abbildung 36 zeigt die Arsenik-Schaufler vor dem geöffneten Rauchgaskanal.
Die Rückgewinnung des Arsenoxids war eine wirtschaftliche Notwendigkeit, denn es konnte als Rohprodukt an die Gifthütten des Erzgebirges verkauft werden. Dort wurde das Arsenik durch Umsublimieren gereinigt und als Rohstoff an Glashütten weiterveräußert. Ein Teil des Giftmehles kam aber auch im Blaufarbenwerk selbst wieder zum Einsatz. So

wurde das Arsenik, wenn es die Zusammensetzung der Kobalterze erforderte, als Speisebildner, d.h. als Sammler für Nickel, Eisen, Kupfer und gegebenenfalls Silber, beim Glasschmelzen zugesetzt. Man sollte nicht unerwähnt lassen, dass die Giftfänge der Hütten neben den wirtschaftlichen Aspekten auch als frühe Maßnahme des Umweltschutzes betrachtet werden können. Die verderbliche Wirkung des Arsens auf Mensch, Tier- und Pflanzenwelt war durchaus bekannt und wurde durch die geschilderten Maßnahmen bewusst gemindert. In diesem Zusammenhang sei nur an die sommerlichen Röstverbote aus der Frühzeit des sächsischen Kobalt- und Blaufarbenwesens (vgl. den Abschnitt „Das verschmähte Mineral") erinnert. Auch Agricola[20] beschreibt 1556 die Schädlichkeit des Hüttenrauchs und Winkler[23-18] weist 1815 ausdrücklich darauf hin, dass der Giftfang möglichst effektiv sein muss, da sonst den umliegenden Feldern merklicher Schaden zugefügt würde.

Das kalzinierte Kobalterz ließ man abkühlen und transportierte es zum Zerkleinern in das Kobaltpochwerk. Hier musste trocken gearbeitet werden, was naturgemäß zu einer erheblichen Staubbelastung führte. Daher suchten sich die Arbeiter wiederum durch nasse Tücher zu schützen. Anders als an den Kalzinier- und Glasöfen wurde nur in einer Schicht zu 12 Stunden gearbeitet. Noch im Pochwerk erfolgte eine Vorklassierung, gröbere Stücke gelangten von einem schrägen Sieb in den Pochtrog zurück und wurden weiter zerkleinert (Abb. 37). Das abgetrennte feine Material wurde mittels verschiedener Haarsiebe in Korngrößenfraktionen unterteilt (Abb. 38). Eine gewisse Menge des gesiebten Rohstoffes, vornehmlich das reinste Kobaltoxid, wurde im Verhältnis 1:2 bis 1:3 mit fein gemahlenem weißen Quarz vermengt und etwas angefeuchtet. Das dabei entstandene Halbzeug bezeichnet man als Safflor oder Zaffer. Das Produkt wurde in die Güteklassen FS, MS und OS eingeteilt, wobei FS für „feines Safflor", also für die höchste Qualität steht. M und O bedeuten „mittel" und „ordinär", es handelt sich also um mittlere und mindere Güteklassen. Das Safflor wurde an Glashütten sowie an keramik- und emailleerzeugende Betriebe verkauft, die es zum Färben ihrer Produkte bzw. zur Fertigung blauer Fayencen verwendeten.

37 Das kalzinierte Kobalterz wird in einem Trockenpochwerk zerkleinert. Ein Arbeiter (rechts) schaufelt das gepochte Material auf einen Durchwurf (Bildmitte), wobei die groben Teile in den Trog zurückfallen und erneut unter die Pochstempel geschoben werden. Das abgesiebte feine Gut wird von einem Arbeiter zur Weiterverarbeitung mit einem Schubkarren abtransportiert.

38 Klassierung des gepochten Kobaltoxides mittels verschiedener Haarsiebe. Mit fein gepochtem Quarz vermischt war das Safflor, ein Halbzeug, fertig zum Verkauf.

Der größere Teil des kalzinierten, gepochten und gesiebten Kobalterzes wurde für die Herstellung der Smalte, also des blauen Glases, benötigt. Dazu musste es vor dem eigentlichen Schmelzprozess mit Quarzmehl und Pottasche angemengt werden. An dieser Stelle erscheint es demnach geboten, die Wege dieser beiden Rohstoffe im Blaufarbenwerk nachzuzeichnen.

Der preisgünstigste und auch in der größten Quantität benötigte Rohstoff ist der Quarzsand. Allerdings musste dieses Material sehr rein sein, es war daher nicht möglich, für die Herstellung hochwertiger Farben Flusssand zu verwenden, obwohl sich dieser aufgrund leichter Beschaffbarkeit und geeigneter Korngröße angeboten hätte. Für die Erzeugung eines sehr reinen weißen Quarzmehls wurde oft Feuerstein oder guter Gangquarz eingesetzt. Auf jeden Fall ist dieses Material sehr hart, so dass eine Zerkleinerung im Pochwerk äußert mühsam war. Daher war der erste Verarbeitungsschritt auch nicht das Pochen, sondern das Mürbebrennen des Quarzes, ähnlich dem Feuersetzen im Erzbergbau. Für das Quarzbrennen existierte in jedem Blaufarbenwerk ein eigener Platz, der etwa 10×10 m groß war, und sich wegen der Feuergefahr etwas abseits der Hüttengebäude befinden musste. Für den Brennvorgang wurden große Mengen des Gesteins auf einem Rost aufgetürmt und etwa drei Tage stark erhitzt. Die Anlage musste so konstruiert sein, dass der Quarz nicht durch Ruß geschwärzt werden konnte. Als Brennstoff kam oft Abbruchholz von ausgedienten Gebäuden, Wasserrädern, Wellen, Rührern usw. zum Einsatz (Abb. 39). Ab Mitte des 19. Jahrhunderts wurde das Mürbebrennen nicht mehr im Freien, sondern in sogenannten Quarzöfen praktiziert.

Das mürbe gebrannte Gestein wurde durch einen Arbeiter mit dem Fäustel vorzerkleinert und anschließend in das Sandpochwerk gebracht. Da hier nass gepocht wurde, trat keine Staubbelastung auf, was die Arbeit wesentlich angenehmer als im Kobaltpochwerk machte. Der Durchsatz der Anlage betrug etwa 10 Zentner Quarz pro Tag. Zur Erklärung der Abbildung 40 soll August Fürchtegott Winckler (1790) zitiert werden: *Im Hintergrund sieht man den Pochtrog oder die Rolle, aus welcher die Steine in den Pochkasten rollen, und hier zu Sand gepocht werden, den der Austrage-Stempel, durch das im Pochkasten befindliche Wasser, in die Austragerinne, die man im Vordergrund sieht, schlämmet, woselbst er sich setzt, ausgeschlagen und in den Sandofen geschafft wird ...*[60].

Der Nachteil des Nasspochwerkes war, dass der Quarzsand getrocknet werden musste, bevor er weiterverarbeitet werden konnte. Der Sandofen (Abb. 41) ist ein frühes Beispiel für die Nutzung von Abwärme und die damit verbundene bessere Ausnutzung des Brennstoffes. Er war über einen Kanal

39 Mit dem Mürbebrennen des Quarzes beginnt die Aufbereitung dieses Rohstoffes für die Blaufarbenherstellung. Dieser Schritt war erforderlich, da das Material sehr hart ist und in seiner Rohform kaum mit Erfolg gepocht werden konnte.

40 Die mürbe gebrannten Quarze wurden im Sandpochwerk nass gepocht. Das Wasser, das übrigens sehr sauber sein musste, um den Rohstoff nicht zu verunreinigen, diente auch zum Ausbringen des gepochten Gutes (links unten), womit auch relativ einheitliche Korngrößen erreicht wurden.

41 Der Sandofen war über einen Kanal mit dem Glasschmelzofen (links) verbunden. So konnten die heißen Abgase der Smalteproduktion zum Trocknen des gepochten Quarzes ausgenutzt werden.

mit dem Glasschmelzofen (links in Abb. 41) verbunden, so dass ein Teil der etwa 1.000° C heißen Abgase in den Sandofen übergeleitet werden konnten, bevor sie ins Freie traten. Die Abwärme, deren Intensität durch Verengung des Kanals mit Ziegeln regelbar war, reichte aus, um das gepochte Material für sieben bis neun Stunden auf einigen hundert Grad Celsius zu halten und so von aller noch vorhandenen Feuchte zu befreien. Das Konstruktionsprinzip der Verbindung von Schmelz- und Sandofen scheint sehr lange Bestand gehabt zu haben, denn bereits Lauckner[23-19] beschreibt 1725 eine solche Anordnung auf dem Werk Oberschlema. Lehmann[57] erwähnt 1761 sogar eine Symbiose von Glas- und Darrofen, d. h. die Abwärme wurde zum Trocknen des Brennholzes genutzt. Ein solches Konstruktionsprinzip mag in preußischen Blaufarbenwerken vorgekommen sein, in Sachsen finden sich hierzu keine Hinweise. Der Sand musste nach dem Trocknen noch gesiebt werden, worauf er zum Anmischen der Glasschmelze oder des Safflors eingesetzt werden konnte.

Neben Kobalterz und Quarzsand war die Pottasche der dritte unentbehrliche Rohstoff eines Blaufarbenwerks. Die Pottasche, deren Hauptbestandteil Kaliumkarbonat ist, entsteht bei der Verbrennung von Holz. Schon im Altertum wurde sie bei der Glasherstellung als Flussmittel verwendet, da sie der Zähigkeit der silikatischen Schmelze entgegenwirkt bzw. deren Schmelzbarkeit überhaupt erst ermöglicht. Selbstverständlich wird auch der Farbton des Glases durch die Pottasche bzw. durch deren Qualität beeinflusst.

Die Pottasche wird in ihrer Bedeutung für die Blaufarbenwerke oft unterschätzt. Dabei war die Beschaffung dieses Rohstoffes oft schwieriger als die der Kobalterze selbst. Daher wurden in den Kobaltkontrakten in der Regel auch die Quantitäten an Pottasche festgelegt, die den einzelnen Werken zustanden. Warum dieser alkalische Grundstoff stets knapp war, wird deutlich, wenn man den Herstellungsprozess betrachtet. Bis etwa Mitte des 19. Jahrhunderts gab es nur einen Weg, das Kaliumkarbonat zu erhalten, nämlich durch das Auslaugen von Holzasche. Ursprünglich handelt es sich also um nichts anderes als um die Kalisalze, welche die Pflanze für ihr Wachstum benötigt und aus dem Boden aufnimmt. Mitunter wird der Rohstoff daher auch als Pflanzenkali bezeichnet. Nach dem Verbrennen des Holzes liegt der größte Teil des Kaliums in Form des Karbonates vor.

Jeder, der einmal Holz als Brennstoff eingesetzt hat, wird erstaunt darüber sein, wie wenig Asche beispielsweise im Vergleich zu Braunkohlenbriketts nach der Verbrennung übrig bleibt. Davon besteht wiederum nur ein Teil, nämlich der wasserlösliche, überwiegend aus Kaliumkarbonat. Die Ausbeute hängt natürlich von der Art des Holzes ab, so gibt nach Kapff[59] ¼ Zentner (etwa 12 kg) trockenes Ahornholz 80 Loth (etwa 1,2 kg) Pottasche, während aus der gleichen Menge Rotbuche nur etwa 0,15 kg erhalten werden. Durchschnittlich können aus 100 kg Holz etwa 2 bis 5 kg Pottasche gewonnen werden. Damit ist die Problematik klar: Der ohnehin knappe Grundstoff Holz musste in großen Mengen verbrannt werden, um geringe Quantitäten des Alkalis zu erhalten. Entsprechend knapp und teuer war das Pflanzenkali. Dabei ist zusätzlich zu beachten, dass die Blaufarbenwerke nur ein Abnehmer waren, große Mengen wurden auch von den sächsischen und böhmischen Glashütten sowie von Seifensiederein nachgefragt.

Nur ein geringer Teil der benötigten Pottasche konnte von den Blaufarbenwerken aus der ohnehin anfallenden Holzasche selbst erzeugt werden. Der größte Teil wurde von Subunternehmern, den Pottasche-Brennern, hergestellt und geliefert. Auch diese waren organisiert, über lange Zeit war der Betrieb von Hans Lange in Schwarzenberg für die Versorgung der Blaufarbenwerke verantwortlich. Das aus heutiger Sicht irrsinnig Erscheinende an der Pottaschegewinnung ist, dass das Holz noch im Wald sinnlos verbrannt, also quasi abgefackelt wurde, nur um die Asche einsammeln zu können. Während sich die Schäden im Erzgebirge durch das Pottaschebrennen aufgrund von Regularien in Grenzen hielten, wurden anderenorts riesige Waldflächen vernichtet. Clemens Winkler schreibt im Jahre 1893, als dieses Problem durch den bergmännischen Abbau von Natron- und Kalisalzen überwunden war, in einem seiner Gedichte sehr treffend:

In Polen und im Ungarland
Der Wald kreuz und quer
Vandalisch ward er weggebrannt.
Das braucht's nun nicht mehr,
Wer heut' nach Kalisalzen fragt:
In Staßfurt werden sie gemacht,
's ist eine wahre Pracht![62]

Auch wenn man die über Jahrhunderte in großem Umfang betriebene Pottaschebrennerei besonders in Zeiten des popularisierten Klimawandels verurteilt, sollte man doch bedenken, dass beispielsweise auch heute noch Erdgas aufgrund fehlender Transportmöglichkeiten abgefackelt wird, um an das Erdöl zu gelangen.

Auf jeden Fall musste es lohnend sein, die in den Blaufarbenwerken ohnehin anfallende Holzasche auf kohlensaures Kali, wie das Karbonat damals genannt wurde, aufzuarbeiten. Dieser als eine Art Nebenarbeit zu verstehende Prozess wird in der Abbildung 42 verdeutlicht. Die Asche wurde mit heißem Wasser ausgelaugt und anschließend die unlöslichen Bestandteile abfiltriert. Der als Waschstübner bezeichnete Arbeiter dickte dann die Lösung in einem stationären Kessel ein. Vermutlich wurde der Vorgang nicht bis zum wasserfreien Salz fortgesetzt, sondern die noch feuchten Abdampfrückstände wurden auf einem Herd, vielleicht auch unter Ausnutzung von Abwärme, getrocknet. Übrigens konnten erhebliche Mengen der Pottasche aus dem Schmelzprozess zurückgewonnen werden, indem das Waschwasser der besonders feinkörnigen Glassorten (Sumpfeschel) ebenfalls auf die beschriebene Weise aufgearbeitet wurde.

Es muss noch erwähnt werden, dass eine gleichbleibende Qualität der Pottasche sehr wichtig für die reproduzierbare Güte der Farben war. Deshalb tat

42 Pottaschesieder arbeiteten die im Blaufarbenwerk anfallende Holzasche und das Waschwasser der feinkörnigen Glasschmelze (Eschelsümpfe) auf Pottasche auf. Der größte Teil des Rohstoffes musste allerdings von externen Anbietern bezogen werden.

man sich sehr schwer, den Lieferanten zu wechseln oder gar nach Substitutionsprodukten zu suchen. Allerdings war der Rohstoff zeitweise so knapp, dass man große Mengen aus dem Ausland, insbesondere aus Ungarn und Schweden, zukaufen musste. Im Jahr 1834 wird die unzureichende Qualität des ungarischen Erzeugnisses moniert. Es wird ein ungünstiger Einfluss auf die Smalte, insbesondere durch zu frühes Verglasen vermutet.[23-18] Zwar gab es schon Anfang des 19. Jahrhunderts Versuche, das Pflanzenkali durch andere Rohstoffe, wie etwa Glaubersalz, zu ersetzen, aber erst ab etwa Mitte des 19. Jahrhunderts wurde zunehmend Soda (Natriumkarbonat) und bergmännisch gewonnenes Kalisalz zur Farbherstellung verwendet. Der Kalibergbau und das künstlich nach dem Leblanc- bzw. ab 1861 nach dem Solvey-Verfahren hergestellte Soda beendete die barbarische Waldvernichtung endgültig. Damit wurde selbstverständlich auch die Aufarbeitung der Asche in den Blaufarbenwerken hinfällig, zumal das Holz als Brennstoff nach und nach durch Steinkohle oder später dann durch Generatorgas abgelöst wurde.

Mit dem Prozess des Pottaschesiedens schließen wir den Bereich der Vorbereitung der Rohstoffe ab. Was nun folgt, ist ihre Verarbeitung, also im Wesentlichen der eigentliche Schmelzprozess. Für die richtige Zusammensetzung des Schmelzgemisches zeichneten die Farbmeister verantwortlich. Die Schwierigkeit bestand darin, die Komponenten so zusammenzustellen, dass trotz der wechselnden Zusammensetzung der Rohstoffe, insbesondere des kalzinierten Kobalterzes, in jedem Fall die standardisierten Farbmuster erreicht werden mussten. In der Praxis war dazu eine Reihe von Probierversuchen mit verschiedenen Rohstoffmischungen erforderlich. Das Anmengen erfolgte in Mörsern, geschmolzen wurde in kleinen Tiegeln, die der Abwärme des in Betrieb befindlichen Schmelzofens ausgesetzt wurden. Erst dann, wenn die Farbmuster erreicht waren, gab der Farbmeister die ermittelte Zusammensetzung des Schmelzgemisches an die Gemengemacher weiter. Nach diesen Vorgaben mussten sie für die möglichst genaue Einwaage der Bestandteile Sorge tragen (Abb. 43). Eine typische Zusammensetzung des Gemenges war: 70 Prozent Quarzsand, 15 Prozent Pottasche, 10 Prozent Kobalt-Kalziniergut (überwiegend Kobaltoxid) und 5 Prozent Arsenmehl. Aber auch Mischungen ohne Arsenik und mit stark abweichenden Anteilen der anderen Komponenten waren möglich.

Auf jeden Fall war für das Gelingen des Schmelzprozesses eine möglichst homogene Zusammensetzung der Ausgangsstoffe essentiell. Zu diesem Zweck bediente man sich großer Mengekästen, in denen die Komponenten mehrfach durchmischt werden mussten. Nach den bestehenden Vorgaben brauchte ein Gemengemacher nur 15 Minuten, um 24 Zentner Gemenge einmal durchzuarbeiten. Zur Erzielung eines homogenen Gemisches musste der Vorgang noch mindestens zweimal wiederholt werden. Das Mengen war zweifellos eine körperlich sehr anstrengende Arbeit, von der eine nicht unerhebliche Staubbelastung ausging. Dabei war es laut Hüttenordnung von Zschopenthal den Arbeitern ausdrücklich verboten, zur Verringerung der

Staubbelastung das Gemenge anzufeuchten, da das Wasser sich ungünstig auf den folgenden Schmelzprozess auswirkte. So versuchten sich auch hier die Arbeiter durch nasse Tücher vor Mund und Nase vor dem giftigen Staub zu schützen (Abb. 44). Als zusätzliche Arbeiten hatten die Gemengemacher auch den Sandofen zu bedienen und zwei der sechs oder acht Häfen des Glasschmelzofens auszuschöpfen. Um etwa 1820, das genaue Datum lässt sich leider nicht feststellen, werden Versuche mit „Gemengemaschinen" in Zschopenthal aktenkundig.[63] Zwar waren die Resultate sehr vielversprechend, laut den Aufzeichnungen stand das maschinelle Gemenge dem handgemengten Schmelzgut in nichts nach, dennoch konnte bisher nicht nachvollzogen werden, ob und wann diese Maschinen tatsächlich zum Einsatz kamen.

Für die Aufnahme des Schmelzgutes waren besondere feuerfeste Behältnisse nötig. Die Herstellung dieser großen Glasschmelztiegel oder Häfen, wie sie genannt wurden, war eine der wichtigsten Nebenarbeiten, die im Blaufarbenwerk vorkamen. Die Häfen hatten einen Durchmesser von ca. 50 cm und eine Höhe von 35 bis 40 cm. Sie mussten etwa 50 bis 70 kg Schmelzgut fassen und Temperaturen bis etwa 1.200° C widerstehen können. Es verwundert nicht, dass die Tiegel eine nur begrenzte Lebensdauer hatten, wodurch ein entsprechender Bedarf an diesen Behältnissen bestand. Neben den Häfen wurden noch große Mengen feuerfester Ziegel zur Beistellung der Schmelzöfen gebraucht, so dass der Betrieb einer werkseigenen Töpferei auf jeden Fall lohnenswert war. Die Abbildung 45 zeigt eine solche Töpferwerkstatt. Der rechte Arbeiter bereitet den Ton vor, während der linke mit dem Ausformen der Häfen beschäftigt ist. Ziegel und andere Feuerfest-Materialien sind ebenfalls erkennbar.

Die Tiegel mussten aus einem qualitativ hochwertigen Rohstoff gefertigt werden. Das Pfannenstieler Werk bediente sich dafür des Kaolins der St.-Andreas-Zeche (Weißerdenzeche) in Aue, die auch die Porzellanmanufaktur in Meißen belieferte. Für die Schmelzbehältnisse kam jener Teil der Förderung zum Einsatz, der sich aufgrund von Verunreinigungen nicht zur Herstellung des vielgerühmten „Weißen Goldes" eignete. Um Rohstoff zu sparen, war es üblich, das Material von schadhaften, wie schon beim Tempern gesprungener Häfen, der neuen Tonmischung in gemahlener Form zu etwa einem Sechstel bis zu einem Drittel wieder zuzusetzen. Alte, schon zum Schmelzen genutzte Tongefäße wurden

43 Die Gemengemacher mischten die Rohstoffe Sand, Kobaltoxid, Pottasche und evtl. Arsenik nach den Vorgaben des Farbmeisters. Zum Abwiegen der einzelnen Komponenten diente eine an der Decke aufgehängte Balkenwaage.

44 Aus den abgewogenen Komponenten musste für den Schmelzprozess ein möglichst homogenes Gemisch erzeugt werden. Dazu bediente man sich großer Mengekästen.

45 In der Töpferei eines Blaufarbenwerkes wurden die Glasschmelztiegel sowie andere feuerfeste Materialien aus einer geeigneten Tonmischung geformt.

46 Im Temperofen wurden die an der Luft getrockneten Häfen gebrannt und bis zu ihrer Verwendung getempert.

dagegen meist weggeworfen, da sich das anhaftende Glas negativ auf die Festigkeit der neuen Schmelzgefäße ausgewirkt hätte.

Von einem Werkstöpfer ist in den eingesehenen Quellen keine Rede, laut Lehmann[57] wurde diese Funktion vom Farbmeister mit übernommen. Aus der gut durchgeschlagenen Tonmischung wurde zunächst der Boden ausgeschnitten, darauf eine mit nasser Leinwand ausgekleidete Form aufgesetzt und ein rechteckiges Stück Ton eingepasst. Das leicht konische Wandteil musste gut mit dem Boden verbunden und akkurat ausgefugt werden. Nach einer Weile konnte der Hafen aus der Form entnommen werden. Die fertig geformten Tiegel ließ man mindestens 14 Tage an der Luft trocknen, oftmals wurden sie sogar bis zu einem Jahr gelagert, bevor man sie zum Glasschmelzen einsetzte. Die Häfen durften keinesfalls kalt in den Schmelzofen eingebracht werden, sondern mussten in einem Temperofen allmählich erhitzt und drei bis vier Tage bei einer gleichmäßig hohen Temperatur, die nur wenig unter der der Glasschmelze lag, gehalten werden (Abb. 46). Auf diese Weise wurde die Ausbildung von Spannungsrissen vermieden und das Material besonders widerstandsfähig gemacht. Übrigens wurde die Herstellung der Tiegel noch bis 1996 in Schindlerswerk praktiziert. Allerdings dienten die Gefäße nicht mehr zur Erzeugung der Smalte, sondern zum Brennen von Ultramarin (vgl. den Abschnitt „UNESCO-Welterbe Schindlerswerk").

Interessant ist, dass sich der Temperofen in unmittelbarer Nähe des Schmelzofens befinden musste. Auf diese Weise konnte ein defekter Tiegel im Schmelzofen schnell ersetzt werden, ohne dass eine allzu starke Abkühlung des getemperten Hafens zu befürchten war. Auch wenn A.F. Winckler den Temperofen in seiner Zeichnung als eigenständiges Objekt abbildet (Abb. 46), so scheint doch die Kombination von Temper- und Kalzinierofen üblicher gewesen zu sein. Jedenfalls findet sich diese Konstruktion sowohl 1725 als auch 1820 im Blaufarbenwerk Oberschlema (Abb. 51).[23-19, 61] Nicht verschwiegen werden soll, dass die Entnahme der glühenden Häfen aus dem Temperofen und deren möglichst rasches Einsetzen in den Schmelzofen alles andere als eine leichte Arbeit war. Die Häfen wurden dabei auf mit Sand bestreuten Pfosten transportiert und mit krummen Eisen, den sogenannten Schwertern, in den Schmelzofen eingebracht. Sie wurden auf kleine Tonfüße aufgesetzt, um eine gleichmäßige

47 Das Einsetzen der glühenden Häfen in den Schmelzofen war eine besonders schwere Arbeit.

Durchwärmung insbesondere des Tiegelbodens zu gewährleisten. Den Arbeitern, die diese schweißtreibende Prozedur auszuführen hatten, wurde sinnigerweise eine Zulage in Form von fünf Kannen Hüttenbier gewährt.[61] Die Abbildung 47 zeigt vier Arbeiter beim Einsetzen eines glühenden Tiegels in den Schmelzofen.

Der Glas- oder Hafenofen war von seiner Bauart her ein Flammofen, der mit 6 bis 10 Häfen bestückt und mit dessen Hilfe die Glasschmelze auf etwa 1.200° C erhitzt werden konnte. Um diese Temperatur zu erreichen, musste trockenes und gutes Scheidholz gefeuert werden. Man kann sich leicht vorstellen, dass der Brennstoffbedarf des Ofens enorm hoch war. Winkler[23-18] gibt einen Verbrauch von 15 Klaftern Holz pro Woche an, was etwa 45 Festmetern oder 22 Tonnen entspricht. Zu Beginn des Prozesses wurde das Schmelzgut in die sich im Ofen befindlichen Häfen befördert und die entsprechenden Öffnungen, die Glutlöcher, teilweise zugesetzt. Durch die Glutlöcher zogen auch die Rauchgase ab, so dass durch den Grad ihres Verschlusses der Zug des Ofens gesteuert werden konnte. Die Frischluftzufuhr wurde durch Öffnen oder Verengen eines entsprechenden unterirdischen Kanals, der im Hof des Werkes seinen Anfang nahm, gesteuert. Das Ziel des Schmelzprozesses war ein dünnflüssiges Glas, das Absetzen des Wismuts und der Nickelspeise im unteren Teil des Tiegels wurde durch regelmäßiges Umrühren gefördert. Aus dem Schnitt (Abb. 48) wird die Funktion des Glasofens ersichtlich. Die Abbildung 49 zeigt das Schüren des Glasofens während der Reaktionsphase.

Naturgemäß dauerte es einige Zeit, bis das Gemenge in den Häfen die Temperatur erreichte, die zum Schmelzen des Glases notwendig war. Winkler[23-18] beschreibt den Beginn der Reaktion folgendermaßen: *Nach einigen Stunden fängt die Beschickung an zu dampfen, und dies ist allerdings ein Zeichen, daß die chemischen Kräfte zu wirken anfangen.* Die Schmelzkampagne war in der Regel nach einer Schicht von acht Stunden beendet. Der richtige Zeitpunkt zum Ausschöpfen der Schmelze wurde danach bestimmt, wie sich das Gemenge beim Rühren verhielt. Bei Winkler heißt es hierzu: *Legt es sich gut an das Eisen an, und zieht es lange Fäden, so ist man zufrieden.*

Der Titel der Abbildung 50 lautet *Das Ausschöpfen*, dargestellt ist also der finale Prozess der Smalteproduktion. Die Aufteilung der durchzuführenden Arbeiten war durch die Hüttenordnung genau geregelt. Demnach endet für den Schürer, der den Ofen befeuert und überwacht hat, mit dem Ausschöpfen des geschmolzenen Glases seine achtstündige Schicht. Bei einem Ofen mit sechs Häfen musste er zwei Tiegel entleeren und wieder beschicken. Der neue Schürer, der eben seinen Dienst antrat, übernahm zwei weitere Schmelzbehältnisse. Um die verbliebenen zwei Häfen musste sich der Gemengemacher kümmern. Auf diese Weise waren beim Ausschöpfen und neu Belegen des Ofens immer drei Arbeiter zu Gange. Mit der Schöpfkelle, einem traditionellen Werkzeug der Blaufarbenwerker, wurde das flüssige Glas ausgetragen und auf die Granitplatten der Ofeneinfassung gegossen. Der erstarrte, aber noch heiße Glasfluss wurde anschließend in einen Trog mit kaltem Wasser befördert. Dieser Trog und die entsprechende Dampfentwicklung ist links

48 Schnitt durch den Glasofen aus Lauckner (1725).[23-19] Gut erkennbar sind die auf Tonfüßen stehenden Häfen und das sich darüber befindliche Ofengewölbe mit den Stütz- oder Flügelmauern. Im unteren Teil sind die Anzüchte zur Luftzufuhr (unten und links), der Aschefall (Mitte) und darüber die Schürhöhle (Feuerung) mit dem Glutloch, durch das die Flammen in den Ofenraum eintraten, zu erkennen. Bei dem Gebilde rechts handelt es sich um das Gewölbe des über einen Kanal mit dem Hafenofen verbundenen Sandofens. Vorlage und Repro: Sächs. Staatsarchiv, Hauptstaatsarchiv Dresden, 10026, Loc. 1329/09.

49 Schüren des Glasofens. Während der etwa achtstündigen Schmelzphase sorgte der Schürer durch Beschickung der Feuerung mit neuem Scheidholz für eine gleichmäßig hohe Temperatur. Links sind der Mengekasten und ganz rechts der Sandofen erkennbar.

50 Die finale Arbeit des Blaufarbenprozesses war das Ausschöpfen des Glasofens durch zwei Arbeiter, während ein dritter (rechts) die Neubeschickung vornahm.

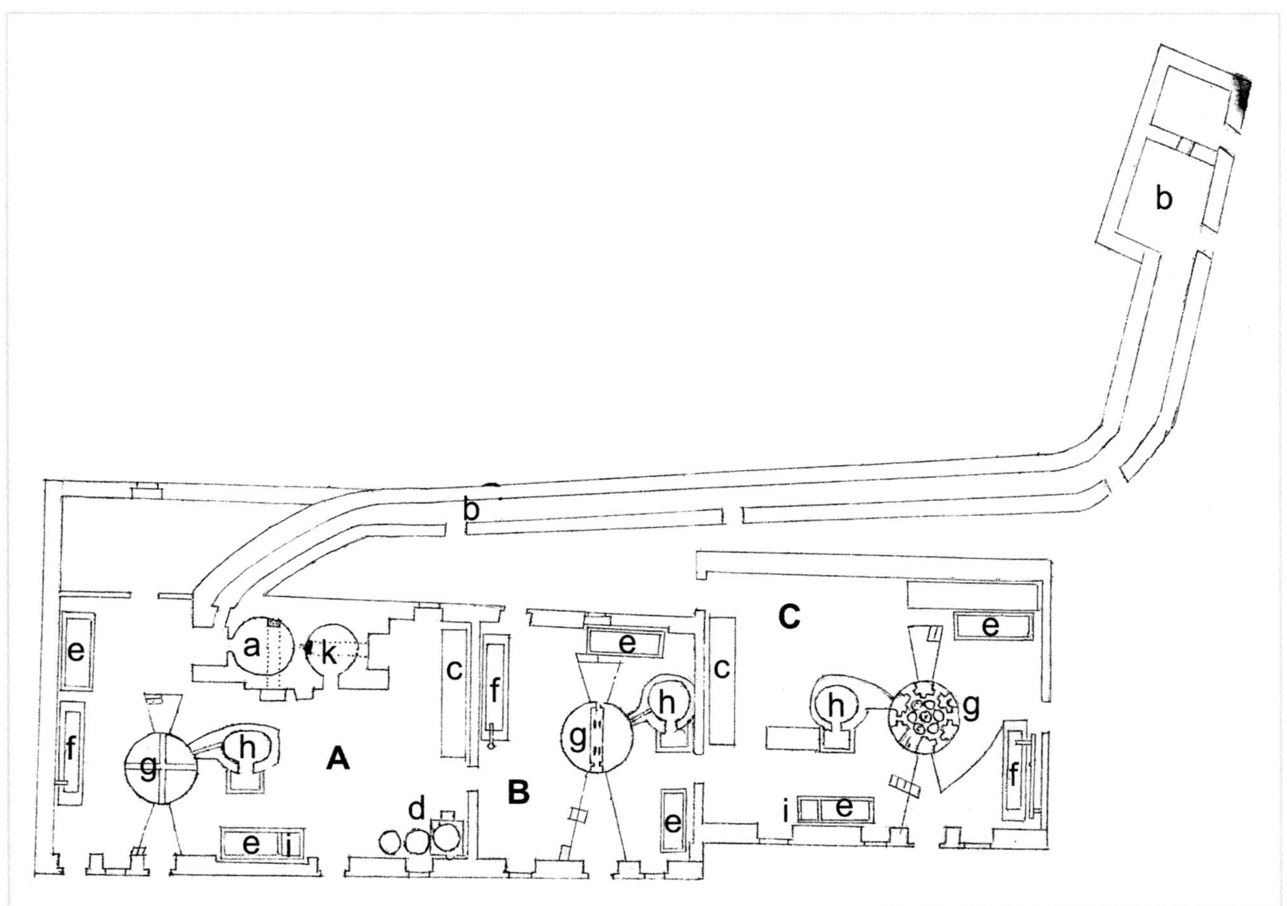

51 Technische Einrichtung der Oberen (A), Mittleren (B) und Unteren (C) Hütte in Oberschlema nach Lauckner (1725). Es handelt sich um den Grundriss der in Abb. 24 dargestellten Gebäude. Bauer (1820)[61] beschreibt die Hütteneinrichtung in ähnlicher Weise, so dass davon auszugehen ist, dass die Anordnung der Aggregate über einen langen Zeitraum beinahe unverändert geblieben ist. a Kalzinierofen, b Giftfang mit Flugstaubkammern, c Fluss- oder Pottaschekästen, d Pottasche-Siedekessel, e Mengekästen, f Wassertröge, g Glasöfen, h Sandöfen, i Sand-Siebkästen, k Temperofen für die Häfen. Vorlage und Repro: Sächs. Staatsarchiv, Hauptstaatsarchiv Dresden, 10026, Loc. 1329/09.

unten in Abbildung 50 erkennbar. Das Abschrecken des Glases führte dazu, dass es zersprang, also quasi granuliert wurde, was die anschließenden Arbeitsgänge, das Pochen und Mahlen sehr erleichterte. War alles Glas ausgeschöpft, so fand sich auf dem Boden der Häfen die Wismut enthaltende Nickelspeise, die möglichst vollständig aus dem Tiegel entfernt werden musste. Die flüssige Speise wurde in eine Form, die „Speisschüssel", gegossen. Das erstarrte Material wurde gesammelt und von Zeit zu Zeit auf Wismut aufgearbeitet.

Im Gegensatz zu allen anderen technischen Einrichtungen eines Blaufarbenwerks wurde der Schmelzofen im Dreischichtsystem auch an Sonn- und Feiertagen betrieben. Aus der Hüttenordnung des Werkes Zschopenthal geht hervor, dass um 1723 ein Erkalten des Ofens nur ganz ausnahmsweise, z. B. bei fälligen Reparaturen, vorgesehen war. Das wird verständlich, wenn man weiß, dass das Aufheizen etwa vier Tage dauerte und mit einem erheblichen Mehrverbrauch an Brennstoff verbunden war. Darüber hinaus werden die Blaufarbenwerker angehalten, wenn irgend möglich eine notwendige Unterbrechung des Schmelzens mit hohen kirchlichen Feiertagen wie Ostern, Pfingsten oder Weihnachten zu verbinden.

So waren denn auch die Schürer die einzigen Arbeiter im Blaufarbenwerk, die ständig anwesend sein mussten. In den frühen Zeiten oblag ihnen daher u.a. auch die Pflicht, die anderen Arbeiter durch *Blasen des Hüttenhorns*, wie es in der Zschopenthaler Hüttenordnung von 1723 heißt, zur Arbeit zu rufen. Rund 100 Jahre später ist davon nicht mehr die Rede. Überhaupt haben sich offenbar in der Zwischenzeit einige Änderungen ergeben. So berichtet Winkler 1815, dass nach 12 bis 16 Wochen der Schmelzbetrieb nunmehr turnusmäßig unterbrochen wird. Als Grund führt er an, dass insbesondere die Glasmühlen mit dem Schmelzen nicht Schritt halten könnten. Allerdings finden wir in den Hüttengebäuden der Privatwerke nun stets zwei Glasöfen, so dass einer davon immer in Betrieb war. Das königliche Werk war sogar mit drei solchen Schmelzaggregaten ausgestattet, immerhin hatte man in Oberschlema eine höhere Produktion als in den privaten Blaufarbenwerken zu erbringen.[23-19, 61]

Auch die Anordnung der beschriebenen Anlagen und Einrichtungen in den Hüttengebäuden lässt sich rekonstruieren. Die Abbildung 51 gibt den Grundriss der drei Oberschlemaer Schmelzhütten im Jahre 1725 wieder. Im Wesentlichen stimmt sie mit den Angaben in dem fast 100 Jahre später abgefassten Bericht des späteren Farbmeisters Bauer überein. Die Hüttengebäude waren zentral im Werk, in unmittelbarer Nachbarschaft zum Herrenhaus gelegen (vgl. Abb. 24). In der Oberen Hütte (A) befand sich der Kalzinierofen (a). Er war ausreichend dimensioniert, um die gesamte Kobaltkonzentratmenge, die aus den Schneeberger Pochwerken angeliefert wurde, verarbeiten zu können. Der Giftfang mit zwei Flugstaubkammern (b) diente zum Abscheiden des Arseniks aus dem Rauchgas. Der Kalzinierofen bildete zwar baulich mit dem Temperofen (k) eine Einheit, besaß aber eine separate Feuerung. Die Obere Hütte unterschied sich hinsichtlich ihrer Einrichtung von den anderen beiden außer im Vorhandensein der Kalzinier- und Tempereinheit nur noch darin, dass sich hier der Siedekessel für die Gewinnung der Pottasche aus dem Holzabbrand und den Sumpfwässern befand (d). Die anderen Einbauten wie die Fluss- und Mengekästen (c, e), die Wassertröge (f), die Sand-Siebkästen (i) und schließlich die Glas- und Sandöfen (g, h) waren doppelt bzw. dreifach vorhanden.

Die beschriebene Anordnung kann durchaus als zweckmäßig bezeichnet werden und ermöglichte einen rationellen Ablauf der Arbeiten vom Rösten der Kobalte bis hin zum Ausschöpfen der Smalte und deren Granulierung in den Wassertrögen. Allein ein Arbeitsgang dürfte mit größeren Unannehmlichkeiten verbunden gewesen sein. War nämlich ein Schmelztiegel im Glasofen der Unteren Hütte (C) zu ersetzen, musste das glühende Gefäß vom Temperofen in der Oberen Hütte (A) bis dorthin getragen werden. Sicherlich keine ideale Lösung. Auf jeden Fall kann man den Hafenofen als das Herz des Blaufarbenwerkes betrachten. Hier entstand die Smalte, alle bisher beschriebenen Arbeiten liefen schließlich auf den Schmelzprozess hinaus. Trotzdem findet der pyrometallurgische Teil des Blaufarbenprozesses oder der *Feuerarbeiten,* wie Winckler (1790) schreibt, nicht mit der Granulierung des Kobaltglases im Wassertrog seinen Abschluss, sondern erst mit einer eher unspektakulären Nebenarbeit. Das Ausschmelzen der „Speisscheiben" und das Gießen der „Wismutbrote" oder „Kuchen" ist denn auch der letzte Arbeitsschritt, den August Fürchtegott Winckler dargestellt hat.

Auf dem Boden der Häfen sammelte sich während des Schmelzprozesses ein Rückstand, der im wesentlichen Nickelspeise mit variierenden Anteilen von Eisen, Kupfer, Kobalt und metallischem Wismut enthielt. Beim Abfahren eines Glasofens, also etwa alle 12 bis 16 Wochen, erfolgte die Aufarbeitung dieses Rückstands. Dazu wurden die ausgeschöpften, aber noch heißen Häfen mit der bei den vorausgegangen Schmelzgängen gesammelten und vorzerkleinerten Speise bis zu etwa ¼ gefüllt. War das Material aufgeschmolzen, ließ man Ofen und Tiegel abkühlen. Schließlich gelangte man durch Zerschlagen der tönernen Häfen an die sogenannten „Speisscheiben", die wiederum aus zwei Phasen, nämlich aus Wismut und einer Polymetall-Arsenverbindung bestanden. Selbstredend kamen für das turnusmäßige Speiseschmelzen nur solche Tongefäße in Frage, die bereits verschlissen waren und ohnehin hätten ausgetauscht werden müssen.

Das Wismut wurde auf einem einfachen Saigerherd mit gemauerter oder eiserner Rinne, der in einem Nebengebäude untergebracht war, von den „Scheiben" abgeschmolzen (Abb. 52). Dazu wurden die Rohlinge auf dem Herd so positioniert, dass das Feuer die wismuthaltige Seite der Scheibe berührte. Der Arbeiter im Vordergrund schöpft das schon bei 271° C schmelzende Metall aus dem Rinnensumpf in die bereitgestellten Gefäße, in denen es erstarren konnte. Bauer (1820) gibt an, dass das Wismut nochmals einer Läuterung, d.h. einem weiteren Reinigungsschritt durch Umschmelzen in einem eisernen Kessel unterworfen wurde. Danach wurde das Schwermetall in Schüsseln gegossen und nach dem Erkalten ausgestürzt. In dieser Form gelangte es schließlich in den Handel. Die Abbildung 53 zeigt das Bruchstück eines solchen Wismutbarrens aus den 1930er Jahren. Die Form dieses klassischen Nebenproduktes der Blaufarbenwerke dürfte sich allerdings über die Jahrhunderte kaum verändert haben, so dass dieses bemerkenswerte Artefakt genauso gut viel älter sein könnte.

Interessant ist der Umgang mit den geringen Quantitäten an Silber, die aufgrund der Schneeberger Lagerstättenverhältnisse, besonders aber auch beim Einsatz Annaberger Kobalterze, fast immer mit in die Glasöfen der Blaufarbenwerke gelangten. Bauer (1820) gibt an, dass nach dem Aussaigern des Wismuts an den Speisscheiben eine dunkle Kruste verbleibt, die neben anderen Metallen auch Silber enthält. Dieser sogenannte „Silberruß" wurde allerdings zu dieser Zeit lediglich gesammelt, um irgendwann aufbereitet zu werden. Der Autor führt weiter aus, dass in Oberschlema auf diese Weise in den vergangenen acht Jahren schon über neun Zentner Silberruß eingelagert wurden. Auch meint er zu wissen, dass in den früheren Zeiten dieser Rückstand schon einmal auf das Edelmetall verarbeitet worden sein soll. Der spätere Farbmeister dürfte beim Abfassen seines Berichtes noch nicht einmal geahnt haben, dass er es selbst sein würde, der sich in naher Zukunft mit diesem Problem befassen sollte. Tatsächlich entwickelte Christian Friedrich Bauer bis 1827 ein innovatives Verfahren, mit dem das Silber aus der Speise gewonnen werden konnte. Es zählt zu jenen technologischen Neuerungen, über die noch zu berichten sein wird (vgl. den Abschnitt „Neuheiten aus Pfannenstiel und Oberschlema").

Für die edelmetallfreie Nickelspeise fand sich, abgesehen von der temporären Bereitung kleiner Mengen spezieller Grüntöne, lange Zeit keine Verwendung. Erst nach der Erfindung des Argentans oder Neusilbers, einer Legierung aus Nickel, Kupfer und Zink, durch Ernst August Geitner (1783–1852) im Jahre 1823 wurde dieses Abfallprodukt als Rohstoff interessant. Zu Ende des 19. Jahrhunderts waren Nickel und Nickellegierungen Haupterzeugnisse des Blaufarbenwerkskonsortiums und übertrafen

52 Zum Ausschmelzen der „Scheiben" wurden diese auf einem einfachen Saigerherd mit der „Wismutseite" zum Feuer hin aufgestellt. Das schon bei 271° C schmelzende Schwermetall saigerte aus und wurde in Schüsseln gegossen. Aufgrund ihrer charakteristischen Form wurden die fertigen Metallkörper mitunter als „Brote" bezeichnet (Bildmitte vorn). Das Gros der nickelhaltigen Restspeise wurde lange Zeit nur als Abfall betrachtet.

53 Aufgrund der charakteristischen Schneeberger BiCoNi-Erzformation fiel in den sächsischen Blaufarbenwerken stets Wismutmetall als Nebenprodukt mit an. Auf diesem aus den 1930er Jahren stammenden Bruchstück eines Wismutkuchens ist sogar noch das Wappen des Blaufarbenwerkskonsortiums zu erkennen. Das Stück kann im Werksmuseum der Nickelhütte Aue besichtigt werden.

hinsichtlich ihrer wirtschaftlichen Bedeutung die verbliebene Smalteproduktion bei weitem.

August Fürchtegott Wincklers Darstellungen der Blaufarbenprozesse enden mit der Ankündigung einer Fortsetzung, die von der Aufarbeitung der Glasschmelze zur blauen „Farbe“ handeln soll. Leider ist dieser zweite Teil verloren gegangen oder niemals erschienen. Bei der Beschreibung der weiteren Arbeitsschritte, die im Wesentlichen die Zerkleinerung des Glases, die Separation der einzelnen Sorten durch Schweretrennung und die Trocknung und Verpackung der Fertigwaren umfassen, müssen wir daher auf die anschaulichen Illustrationen des Zschopenthaler Faktors verzichten.

Über die Qualität bzw. Lieblichkeit der herzustellenden Farbsorten wurde bereits bei der Auswahl und Sortierung der Erze entschieden. Die sich an den Schmelzprozess anschließenden Poch-, Mahl-, Reibe- und Siebarbeiten dienten lediglich der Einstellung der Korngrößen, also ob Couleure (gröber) oder Eschel (feiner) erzeugt werden sollten. Um jeglichen Kontakt der guten Farben (F-Bezeichnungen) mit mittleren und ordinären Qualitäten (M- und O-Bezeichnungen) ausschließen zu können, erfolgte ihre Verarbeitung in separaten Mühlengebäuden mit identischen Einrichtungen. So jedenfalls berichten es Kurt A. Winkler[23-18] und Christian Fr. Bauer[61] übereinstimmend in ihren 1815 bzw. 1820 verfassten technischen Journalen. Dagegen weiß Lehmann (1761),[57] der preußische Farbmühlen beschreibt, nichts von einer solchen strikten Trennung zu berichten. Da der königlich-preußische Bergrat die Prozesse ansonsten durchaus akkurat und detailliert nachzeichnet, ist es eher unwahrscheinlich, dass er diesen Punkt einfach vernachlässigt oder aus anderen Gründen ausgelassen hat. Erklärlich wird die Diskrepanz in den Beschreibungen der verschiedenen Autoren dadurch, dass die preußischen Farbmühlen aufgrund minderwertiger Kobalte gar nicht in der Lage waren, höherwertige Farben herzustellen. Dass traf bis Anfang des 19. Jahrhunderts auch auf viele andere nicht-sächsische Werke zu. Danach wurden gute Kobalterze aus Norwegen und Übersee in Mitteleuropa verfügbar. Die Separierung der höheren Farbsorten von den minderen Qualitäten war somit lange Zeit ein Alleinstellungsmerkmal der sächsischen Blaufarbenwerke, die in Verbindung mit hochwertigen Rohstoffen den guten Ruf der heimischen Kobaltglasprodukte begründete.

Auf jeden Fall konnte das durch kaltes Wasser abgeschreckte und dadurch granulierte Blauglas noch nicht sogleich den eigentlichen Farbmühlen zugeführt werden. Dazu war seine Kornstruktur noch viel zu grob und ungleichmäßig. Heute würde man das Material mittels eines Brechers vorzerkleinern, damals nutzte man dazu ein Pochwerk mit eisenbeschlagenen Eichenstempeln. Das Glas wurde in Schubkarren, deren Boden mit kleinen Löchern versehen war, durch die das noch anhaftende Wasser während des Transportes abfließen konnte, zum Glaspochwerk gefahren. In Oberschlema befanden sich drei konventionelle Glaspochstempel und das Sandpochwerk an einer gemeinsamen Welle im oberen Bereich des Werkes (Gebäude e in Abb. 24). Genauso wie im Kobaltpochwerk (Abb. 37) warf hier ein Arbeiter das Pochgut auf ein schräges Sieb, fei-

54 Kobaltglasstücken aus einer Halde des Pfannenstieler Blaufarbenwerks. Auch wenn es sich hier vermutlich um Herdglas, also ein Abfallprodukt handelt, dürfte die durch kaltes Wasser nach dem Schmelzen granulierte Smalte so ähnlich ausgesehen haben. Größenverhältnisse ähnlich dem Original. Ausgestellt im Werksmuseum der Nickelhütte Aue.

nes Material fiel durch, zu grobes gelangte dagegen in den Pochtrog zurück.

Es soll nicht unerwähnt bleiben, dass schon um 1820 eine bemerkenswerte Weiterentwicklung dieser Einrichtung im unteren Teil des Oberschlemaer Blaufarbenwerkes installiert wurde. Es ist ohne Zweifel eine Hightech-Maschine der damaligen Zeit, die es erlaubte, automatisch die gewünschten Korngrößen auszutragen bzw. zu grobe Stücke erneut unter die Pochstempel zu befördern. Diese Maschine (Abb. 55) erinnert stark an die heute gebräuchlichen Separatoren, nur dass wir uns hier im Jahre 1820 befinden und die Anlage nicht elektrisch, sondern durch Wasserkraft in Umlauf gesetzt wurde. Diese innovative *Poch- und Siebmaschine*, wie sie Bauer (1820)[61] bezeichnet, ersetzte eine ganze Arbeitskraft, da sie vom Mühlenwärter mit bedient werden konnte. Pro Stunde erreichte das technische Wunderwerk mit 10 Zentnern Glas die doppelte Leistung wie das konventionelle Pochwerk. Der hohe Durchsatz konnte allerdings nur dann erreicht werden, wenn das zu pochende Glas absolut trocken war.

Unabhängig davon, ob das Glas das konventionelle oder das automatisierte Pochwerk verließ, wies es nun eine linsengroße Körnung auf und konnte im

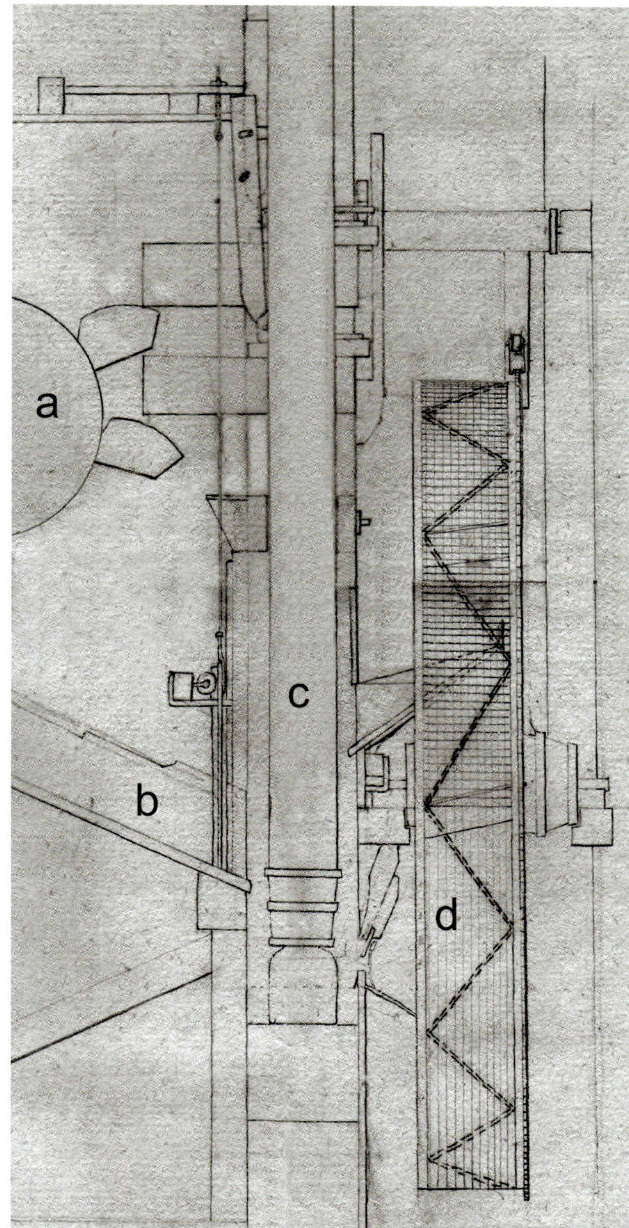

55 Ausschnitt aus der Zeichnung der *Poch- und Siebmaschine* von Chr. Fr. Bauer, die um 1820 im Blaufarbenwerk Oberschlema installiert wurde. Die Welle des Wasserrades (a) hebt die Pochstempel (c) und setzt dabei gleichzeitig das Siebrad (d) in Umlauf. Über die Rutsche (b) wird kontinuierlich Glasgranulat zugeführt. Das gepochte Glas wird durch die Bewegung der Pochstempel in die mit einem Messingsieb bespannte rotierende Trommel befördert und fällt, sofern es schon fein genug ist, aus dieser heraus in ein Vorratsgefäß. Zu grobe Stücke werden durch Mitnehmer in der Trommel nach oben befördert und gelangen in den Pochtrog zurück. Repro aus Bauer (1820).[61]

nächsten Schritt den Mühlen zugeführt werden. In Oberschlema befand sich das obere Mühlengebäude in direkter Nachbarschaft zum konventionellen Glaspochwerk (Gebäude b in Abb. 24). In den hier installierten fünf Mühlen wurden ausschließlich die feinen Sorten verarbeitet. Ein neues Gebäude, das neben sieben weiteren Mühlen auch die erwähnte Poch- und Siebmaschine beherbergte, wurde im unteren Werksteil errichtet. Es diente um 1820 ausschließlich zur Bereitung der „böhmischen Sorten", wie man die minderen Qualitäten mitunter auch nannte. Diesen insgesamt dreizehn Oberschlemaer Mühlen standen jeweils sechs bis acht in den privaten Werken gegenüber, was wiederum dadurch erklärlich ist, dass diese eine geringere Produktionsquote zu erbringen hatten. Natürlich war die Leistung der Mühlen nicht nur von ihrer Anzahl, sondern auch von den verwendeten Mahlsteinen und der verfügbaren Wasserkraft abhängig.

Die Mühlen waren von ihrer Konstruktion her alle gleichartig aufgebaut, nur hinsichtlich der zu produzierenden Sorte bestanden Unterschiede in der Schwere und Schärfe der Mühlsteine. Außerdem konnten, um die eine oder andere Korngröße bevorzugt zu erhalten, die Mahldauer, die aufgegebene Glas- und Wassermenge sowie die Drehzahl der Läufer variiert werden. Es handelte sich durchweg um Nassmühlen, das Wasser diente zugleich dem Austrag der fertigen Mahltrübe. Die Zeichnungen von Kurt Alexander Winkler (Abb. 56) verdeutlichen den Aufbau und die Funktion einer Glasmühle. Sie bestand aus einem fest gelagerten, geschärften und sehr massiven Bodenstein von etwa 1,0 bis 1,2 m Durchmesser. Auf diesem fixen Stein wurden zwei sich horizontal bewegende Läufer, die von ihren Abmessungen und ihrem Gewicht her deutlich geringer dimensioniert waren als der Bodenstein, installiert. Die Läufer wurden mit quadratischem oder halbkreisförmigem Grundriss ausgeführt, durch Klammern miteinander verbunden, fest an der vertikalen Mahlstange angebracht und mit Kanälen zum Fangen und zum Transport des Mahlgutes versehen.
Die Konstruktion wurde von eisenumreiften Holzdauben mit Deckel umschlossen, um das Wasser und die Mahltrübe in der Mühle zu halten bzw. um ein Verspritzen des Mahlgutes zu vermeiden. In die Umfassung wurde schließlich ein Zapfloch eingelassen, durch das die fertige Trübe ausgebracht werden konnte. Sowohl der Bodenstein als auch die Läufer mussten aus einem harten Material bestehen. So wird Sandstein, wie er bei Getreidemühlen üblich war, von Bauer (1820)[61] ausdrücklich als viel zu weich bezeichnet und daher als ungeeignet abgelehnt. Während Lehmann (1761)[57] Quarzit oder ähnlich hartes Gestein empfiehlt, hielt man sich in Sachsen an hochwertigen Granit, der aus nahen Steinbrüchen bezogen werden konnte. So bediente man sich in Zschopenthal des feinkörnigen Materials der Greifensteine, während man in Oberschlema und Pfannenstiel auf Auerhammer oder Neudörfler Granit zurückgriff. Außer in Schindlerswerk, wo man die Mühlsteine von externen Steinmetzen in Albernau behauen ließ, fertigten die Blaufarbenwerke diese selbst. In Oberschlema wurden pro Jahr etwa vier bis fünf Bodensteine und 80 neue Läufer benötigt.

Die verschlissenen Mühlsteine kamen, da es sich durchweg um sehr hochwertiges Gestein handelte, als Baumaterial erneut zum Einsatz. Dazu mussten die halbkreisförmigen Läufer nur geringfügig nachgearbeitet werden. Von dieser ebenso sinnvoll wie sparsam zu nennenden Zweitverwertung der Mühlsteine kann man sich noch heute an der südlichen Giebelwand des altehrwürdigen Kutscherhauses in Schindlerswerk überzeugen (vgl. den Abschnitt „UNESCO-Welterbe Schindlerswerk"). An dieser Stelle fanden sich auch einige noch vergleichsweise gut erhaltene Exemplare von Läufern mit halbkreisförmigem oder quadratischem Grundriss, die, aus welchen Gründen auch immer, nicht zum Einbau kamen. Sowohl die ausgeschlägelten Kanäle zum Transport des Mahlgutes als auch die Vertiefungen zur Befestigung der Eisenklammern, die die beiden Läufer an der Mahlstange fixierten, sind noch zu erkennen (Abb. 57). Auch in der Nickelhütte Aue fanden sich einige dieser unverkennbaren Relikte aus

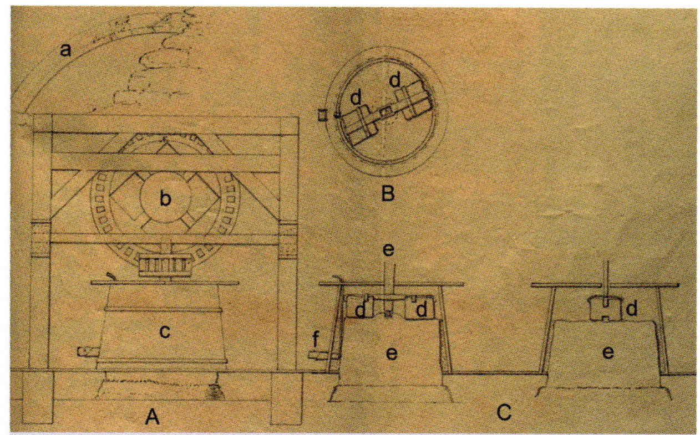

56 Kurt Alexander Winkler fertigte im Jahre 1815 detaillierte Zeichnungen der Glasmühlen des Zschopenthaler Blaufarbenwerks an. A: Übersicht über die gesamte Mühlenkonstruktion, a: oberschlägiges Wasserrad, b: Getriebe, c: konische Daubeneinfassung der Mühle, B: Draufsicht auf die Mühle, d: zwei quadratische Läufer, C: vertikaler Schnitt durch die Mühle, e: Bodenstein, f: Zapfloch zum Austrag der Mahltrübe. Vorlage und Repro: Sächs. Staatsarchiv, Hauptstaatsarchiv Dresden, Rep. IX, Loc. 41726, Nr. 2, 2b, 3a.

57 Dieser Läufer einer Glasmühle fand sich in Schindlerswerk. Die beiden Kanäle dienten zum Fangen und Transport des Mahlgutes. Bei der Vertiefung zwischen den Kanälen in der Stirnseite des Läufers handelt es sich um einen Befestigungspunkt für die Eisenklammern, die die beiden halbkreisförmigen Mühlsteine zusammenhielten. Der Granitstein weist deutliche Abnutzungsspuren (Rillen) auf und war bereits stark in den Bodenstein eingelaufen. Auf der Mahlseite fanden sich sogar noch Reste von Kobaltblau. Länge des Läufers: etwa 50 cm.

der Blaufarbenzeit in alten Mauern und Gebäuderesten. Die außergewöhnlichen Exponate können im Rahmen von öffentlichen Veranstaltungen in Schindlerswerk oder in der Blaufarbenausstellung der Nickelhütte Aue besichtigt werden.

Die richtige Bedienung der Mühlen erforderte einige Erfahrung. Der Vorgang begann mit der Beschickung der Mühle. Dazu wurden das Glasgranulat und einige Kannen sauberes Wasser von oben durch eine Klappe aufgegeben. Anhand der Mahldauer und der Beschickungsmenge ließ sich das Mahlergebnis, also die Korngrößenverteilung der blauen „Farbe“, beeinflussen. Wurde wenig Glas aufgegeben oder lange gemahlen, entstand mehr feines Material, also mehr E- als C-Sorten. Mitunter wurde zu viel „in die Sümpfe“ gemahlen, d. h. es entstand ein zu hoher Anteil der sehr feinen und blassen Sumpfeschel, die nicht verkaufbar waren und daher abermals eingeschmolzen werden mussten. Grobe C-Sorten erforderten eine Mahldauer von etwa drei, feine E-Sorten dagegen von bis zu sechs Stunden. Abhängig von der Verfügbarkeit der Wasserkraft konnten mit einer Mühle pro Woche etwa zwölf Zentner Eschel erzeugt werden.

Ein Mahlvorgang endete immer mit dem Abzapfen der Trübe, in der etwa dreißig Pfund Blaufarben enthalten waren. Anschließend gelangte die Aufschlämmung in die Waschstube, in der sich große, mit Wasser gefüllte Holzbottiche befanden, in denen eine Korngrößenseparierung durch Schweretrennung erfolgte. Die Trüben wurden nach festgelegten Absetzzeiten durch das Öffnen von Spundlöchern in das jeweils nächste Setzgefäß weitergeleitet. Lehmann (1761)[57] berichtet dagegen von Setzfässern, aus denen die Trübe nach einer gewissen Zeit von einem zum nächsten Fass geschöpft wurde. Es ist davon auszugehen, dass das Waschen in Sachsen anfangs ebenso einfach praktiziert wurde.

Auf jeden Fall setzten sich die groben Körner, das sogenannte Streublau, bereits im ersten Behälter ab und wurde erneut zerkleinert. Erst ab Mitte des 19. Jahrhunderts bildete sich ein gewisser Bedarf nach diesem Produkt aus, fortan wurde es teilweise zu Dekorationszwecken preisgünstig auf den Markt gebracht. An den ersten Holzbottich schlossen sich ganze Kaskaden weiterer Gefäße an, die jeweiligen Bodensätze stellten die entsprechenden Sorten dar. Winkler[23-18] gibt z. B. für FFC (eine feine Couleursorte) eine Sedimentationsdauer von 10,5 Minuten an, während die noch sehr viel feinkörnigere FFFE 19,5 Minuten benötigte. Absetzzeiten von mehreren Stunden waren ebenso üblich, die feinsten Sorten mussten nicht weniger als bis zu einem Tag stehen bleiben. Wie diffizil diese Arbeiten waren, zeigt sich schon daran, dass sogar die Temperatur (Dichte) des verwendeten Wassers einen merklichen Einfluss auf die Absetzzeit hatte. Noch heute existieren in Schindlerswerk die Schlämmkästen, die einst für die Schweretrennung des gemahlenen Ultramarins genutzt wurden. Vermutlich sind sie die letzten Originale ihrer Art (vgl. den Abschnitt „Die Ultramarinfabrik Schindlerswerk").

Am Ende der Schweretrennung gelangten die Trüben in die als „Eschelsümpfe" bezeichneten Steinbottiche, die sich meist unter dem Fußbodenniveau der Waschstube befanden. Hier blieben die Wässer oft mehrere Tage bis zu ihrer möglichst vollständigen Klärung stehen. Diese Sumpfwässer wurden aber keinesfalls verworfen, da sie einen wertvollen Rohstoff enthielten. So löst sich ein Teil des Glasflusses, die Pottasche, besonders beim Schlämmen der feinsten Sorten im Waschwasser auf. Zur Rückgewinnung des knappen Rohstoffes wurden die Sumpfwässer daher durch einen Waschstübner (Abb. 42) aufgearbeitet. Die Sumpfeschel aber wurden von Zeit zu Zeit aus den Steinbottichen ausgeschaufelt. Ein kleiner Teil davon konnte den minderen Eschelsorten zugemischt werden. Der größte Teil allerdings gelangte in den Schmelzprozess zurück.

Für die Couleure und Eschel, die sich in den einzelnen Waschkästen abgesetzt hatten, war der Separationsprozess beendet. Sie wurden mit der Farbhacke aus den Bottichen herausgehauen und auf sehr massiv ausgebildete Holztafeln, die sogenannten Reibebänke, aufgebracht. Mit dem Reibeholz, das den uns bekannten Nudelhölzern ähnelte, wurde die Masse nun zermalmt und homogenisiert. Diese Arbeit galt zwar als etwas mühsam, war aber weder körperlich schwer noch besonders anspruchsvoll. Daher wurden gern ältere oder teilinvalide Arbeiter zum Verreiben der Farben herangezogen. Nach heutigen Begriffen handelte es sich demnach um eine Art von Schonplatz. Im Laufe des 19. Jahrhunderts verzichtete man zunehmend auf das Verreiben und trocknete die Farbklumpen, um sie dann zu pochen, nochmals zu trocknen und dann zu sieben.

Im klassischen Blaufarbenprozess folgte auf das Verreiben die Entfeuchtung des homogenisierten Materials in einer ofenbeheizten Trockenstube. In Oberschlema befanden sich sowohl die Wasch- als auch die Trockenstube im unteren Bereich des Werkes (Gebäude s und u in Abb. 24). Die Trockenstuben besaßen gemauerte Gewölbe sowie eiserne Türen und Fensterläden. An den Wänden waren Gerüststangen angebracht, in die massive Trockenbretter eingehängt werden konnten. Die so entstandenen Trockenregale fassten insgesamt 40 bis 50 Zentner feuchte Farbmasse. Die Stube wurde durch einen eisernen Ofen mit Scheidholz oder Stöcken geheizt. Ein Trockengang dauerte 48 Stunden, dabei stieg die Temperatur in der Kammer auf 76° Reaumur (95° C).[61] Während des Trockenprozesses blieb die Tür geschlossen, die beträchtliche Menge an Wasserdampf gelangte aus einer kleinen Öffnung über dem Fenster ins Freie. Um den Vorgang zu unterstützen, wurde außerdem der eiserne Fensterladen von Zeit zu Zeit geöffnet. Das Ausräumen und neu Belegen der Trockenkammern erfolgte stets bei geöffneten Fenstern und Türen, um die Hitzeeinwirkung auf die Arbeiter gering zu halten. Trotzdem handelte es sich ohne Zweifel um eine recht schweißtreibende Angelegenheit für die Mühlenwärter, die diese Arbeit in der Regel mit zu erledigen hatten. Bleibt noch nachzutragen, dass für die Heizung der Trockenstube pro Woche 5 Klafter, also etwa 15 Raummeter Holz benötigt wurden. Das ist immerhin ein Drittel des Brennstoffverbrauchs eines Glasofens.

Vor der Verpackung mussten die getrockneten Smalten, zur exakten Korngrößeneinstellung und zum Absondern eventueller Grobteile und Verunreinigungen, gesiebt werden. Da das Material nun sehr feinkörnig und zudem trocken war, stellte die Staubbelastung das größte Problem bei dieser Arbeit dar. Der Vorgang erfolgte daher in geschlossenen Siebkästen, in denen die etwa 40 cm weiten und 10 cm hohen Haarsiebe auf Rollen hin und her bewegt wurden. Die Beschickung der Siebkästen musste mit noch möglichst warmer Smalte erfolgen. Durch das Abkühlen wieder angezogene Feuchte konnte dazu führen, dass die feinen Siebe leicht verschmierten und unbrauchbar wurden. Trotz der gekapselten Siebmaschinen gelangte einiger Staub in den Raum, die Arbeiter mussten daher Mundschutz tragen und erhielten, der unangenehmen Arbeit angemessen, eine etwas höhere Entlohnung.

Auch nach dem Sieben waren die Farb- und Eschelsorten noch immer nicht fertig zur Verpackung. Vielmehr wurde nun noch einmal homogenisiert, d. h. die Masse wurde zur Vereinheitlichung der Korngrößenstruktur kräftig durchgemengt. Danach erfolgte noch eine wichtige Zeremonie, ohne die keine Sorte in den Handel gebracht werden durfte. Noch während des Mengens wurden Proben entnommen und vom Farbmeister mit vorhandenen Farbmustern verglichen. Erst wenn er mit dem Ergebnis zufrieden war, wurde der Faktor informiert. Dieser veranlasste die Entnahme einer finalen Probe, die dem Kommunfaktor zur Approbation übergeben bzw. übersandt wurde. Erst wenn dieser die Probe schriftlich als mustergültig frei gegeben hatte, meist dauerte das zwei Tage, durfte die Charge als fertige Handelsware verpackt werden.

Dazu wurde die Smalte wiederum durchmengt und dabei etwas angefeuchtet. Bauer[61] erwähnt vier Pfund Wasser pro Zentner Farbe (etwa 4 %). Das Produkt konnte so besser in die fertigen Verpackungen eingebracht werden. Die genormten Farbfässer, die teils in werkseigenen Böttchereien und teils in Lohnarbeit außerhalb der Werke gefertigt wurden, fassten zwischen ⅛ und sieben Zentnern Ware. Welche Größen verwendet wurden, hing nicht zuletzt von der entsprechenden Sorte ab. So wurde Safflor nur in den größten Gebinden (sieben Zentner) oder in Ein-Zentner-Fässern angeboten. Bei den Farb- und Eschelsorten wurde in der Regel so verfahren, dass die Auswahl an Gebinden umso größer wurde, je feiner und teurer die Sorte war. Mit den Werks- und Sortenzeichen versehen, traten die gefüllten Behältnisse schließlich ihren Weg in die gemeinschaftlichen Lager nach Schneeberg oder Leipzig an.

Während der vorangegangenen Ausführungen zu den in einem Blaufarbenwerk vorkommenden Arbeiten hat sich dem einen oder anderen Leser vielleicht schon die Frage aufgedrängt, welche Belegschaftsstärke überhaupt für all diese Schritte notwendig war. Bauer[61] zählt 1820 folgende Mitarbeiter für Oberschlema auf: ein Faktor, zwei Farbmeister, sechs Schürer, 32 Arbeiter, ein Nachtwächter, je ein Tischlermeister, Schmied, Zimmermeister und Maurermeister. Insgesamt standen demnach im königlichen Doppelwerk Oberschlema zu dieser Zeit 46 Hüttenleute in Lohn und Brot. Sie erzeugten um 1820 pro Jahr etwa 5.000 Zentner Blaufarbenprodukte im Wert von ca. 150.000 Talern. In den Privatwerken lag die Belegschaftsstärke bei 30 bis 35 Mann, der Kobaltquote entsprechend fiel dort auch die Produktion geringer aus. Von 1724 bis 1823, also in 100 Jahren, konnte durch das fiskalische Werk ein Überschuss von 3.245.000 Reichstalern an die sächsische Staatskasse abgeführt werden.[61]

Nicht unerwähnt bleiben soll, dass in Oberschlema, wie in den anderen Werken auch, Schafe, Ziegen und sonstige Nutztiere direkt im Werk untergebracht waren. Für sie und vor allem für das Dienstpferd des Faktors wurde eigens eine Wiese gepachtet.

Die Palette der Blaufarbenerzeugnisse änderte sich im Laufe der Zeit nur insofern, als die angebotenen C- und E-Sorten immer weiter differenziert und spezifiziert werden konnten. Im 17. Jahrhundert, als die sächsischen Blaufarbenwerke entstanden, wurde nur in feine, mittlere und ordinäre Eschel und Couleure sowie Safflor unterschieden. Kontinuierlich verbesserte Probierverfahren und die weitgehende Entfernung von den Farbton beeinflussenden Metallen wie Eisen und Nickel brachten es mit sich, dass weitere Qualitätsabstufungen möglich wurden. So finden sich im Preis-Courant der sächsischen Blaufarbenwerke von 1869 (Abb. 60), dem

58 Farbproben aus der Produktpalette des Pfannenstieler Blaufarbenwerks, angefertigt um 1870. Neben traditionellen Smalteprodukten und Streublau (MSB_0) gehörten nun auch synthetische Farben wie Kobaltgrün, Coelin und Kobaltultramarin (FFU, auch als Kobaltblau bezeichnet) zur Produktpalette. Präparat aus der Sammlung Nichteisenmetallurgie der TU Bergakademie Freiberg. Derzeit im Archäologischen Landesmuseum Chemnitz ausgestellt.

59 Eschelproben aus der Produktpalette des Pfannenstieler Blaufarbenwerks, angefertigt um 1870. Die Unterschiede zwischen der feinsten Sorte RE_{00} und den ordinären Sorten werden deutlich. Präparat aus der Sammlung Nichteisenmetallurgie der TU Bergakademie Freiberg. Ausgestellt im Historicum der TU Bergakademie Freiberg.

bisher ältesten bekannten Dokument dieser Art, bereits 37 Couleur- und Eschelsorten. Die reinsten Farben, also die durch die Kombination der besten Rohstoffe erhaltenen Produkte, sind nun durch ein R für „rein" (z. B. RE_{00}) gekennzeichnet. Sie übertrafen die bisherigen Spitzenprodukte (F-Sorten) hinsichtlich ihrer Farbqualität deutlich. Auch die SF-Sorten (sehr feine) waren noch relativ junge Erzeugnisse. Dass Qualität und Preis miteinander verknüpft sein mussten, bedarf keiner besonderen Erwähnung.

Auch die Einsatzgebiete der Kobaltfarben hatten sich seit dem 17. Jahrhundert deutlich verschoben. Während in den frühen Zeiten Keramik- und Porzellanerzeugnisse gern mit kobaltblauen, feuerbeständigen Schmelzfarben verschönert wurden, wozu die C-Sorten prädestiniert waren, übertraf ab Mitte des 18. Jahrhunderts der Bedarf an Escheln zum Bläuen von Wäsche und Papiererzeugnissen diese traditionelle Anwendung bei weitem. Safflor wurde dagegen wie eh und je zur Erzeugung blauer Gläser benötigt. Eine andere Problematik lässt die Preisliste von 1869 aber auch erkennen. Gegenüber dem Jahre 1792, aus dem uns ebenfalls Aufzeichnungen über die gefertigten Produkte vorliegen, mussten auf die Farben erhebliche Preisabschläge gewährt werden.[59] Während 1792 für einen Zentner FFFC noch 35 Reichstaler erlöst werden konnten, waren es rund 80 Jahre später nur noch 20. Weiterhin fällt auf, dass sich nun völlig neue Produkte unter die traditionellen Erzeugnisse gedrängt hatten. So werden plötzlich auch synthetische Farben wie Kobaltblau, ein künstlich erzeugtes Kobalt-Aluminium-Spinell, oder Kobaltgrün (auch Rinmannsgrün genannt) und Coelin (Kobalt-Zirkon-Spinell) feilgeboten. Nickel- und Kobaltoxide sind ebenso erhältlich wie Würfelnickel zur Argentanfabrikation. Es musste demnach auch in den altehrwürdigen, über fast zwei Jahrhunderte auf ihre Smalteprodukte spezialisierten Blaufarbenwerken einiges geschehen sein in jenem 19. Jahrhundert, in dem Deutschland, wie kaum eine andere Nation, von einer stürmischen Industrialisierung ergriffen wurde.

PREIS-COURANT

der

Königlich 

Sächsischen

Blau-Farben-Werks-Fabrikate,

welche aus dem privilegirten Haupt-Lager zu **Leipzig** zu nachstehenden Preisen und in den umstehend verzeichneten Original-Packungen ächt und mustermässig gegen baare Zahlung im 30 Thaler-Fuss verkauft werden.

Blau-Farben per Zoll-Centner = 50 Kilo mit 1% Gutgewicht. E-Sorten, dienen zum Bläuen von Weisszeugen, Papier und Stärke.	Rthlr.	Ngr.
REoo	58	—
REo	48	—
REo†	48	—
RE I	38	—
RE II	35	—
RE III	30	—
SFFFE	33	—
SFFE	28	—
FFFFE	24	—
FFFESG	21	—
FFFE	20	16
FFESG I	18	16
FFE	18	—
FE	17	—
ME	14	—
OEG	12	—
OES	10	—
OESG	11	—
FEB	9	—
MEB	8	—
OE II	8	—
MEBS	8	—
MEBSG	9	—
HPB	8	—
C-Sorten, dienen als feuerbeständige Schmelzfarben.		
RCoo	58	—
RC I	38	—
RC II	35	—
RC III	30	—
SFC I.	26	—
SFC II	26	—
FFFFC	24	—
FFFC	20	16
FFC	18	—
FC	17	—
MC	14	—
OC	11	—
FCB	9	—
Blau-Sand dient als Streusand und zur Verzierung.		
MSBo	9	16
MSBI	9	—

Gutgewicht wird nur auf Packung in Fässern bis zu ½ Centner gegeben.

Zaffer Blau-Schmelz-Material für Glasfabriken und Töpfereien. per Zoll-Centner = 50 Kilo mit 1% Gutgewicht.	Rthlr.	Ngr.
FFS	50	—
FS	43	—
MS	30	—
Kobalt-Blau per Zoll-Pfund = ½ Kilo. Wird zu Oel- und Wasserfarben-, so wie zum Papierdruck und zur Fabrikation künstlicher Blumen verwendet.		
FFU	11	—
FU	8	—
MU	7	—
OU	6	—
U3	5	—
U4	4	—
U5 (Crystallblau)	1	20
Kobalt-Oxyde per Zoll-Pfund = ½ Kilo. Finden bei der Porcellan- und Steingut-Fabrikation Verwendung.		
PKO	6	—
FFKO	7	—
FKO	4	10
RKO	4	10
PO	3	5
AKO	3	15
KOH	3	15
Blau-Oxyd	2	—
Schmelz-Blau	1	15
Diverse Producte Giftfrei, dienen zur Tapeten-Fabrikation, Zimmer-Malerei u. s. w.		
Coelin (bleu Céleste)	1	20
Kobalt-Grün Nr. 3 und 4	—	13
dito „ 5, 6	—	15
Nickel-Oxyde per Zoll-Pfund = ½ Kilo. dienen zur Porcellan- und Glas-Färbung.		
Grünes	1	20
Schwarzes	1	20
Würfel-Nickel per Zoll-Pfund = ½ Kilo. dient zur Argentan-Fabrikation.		
prima Sorte	1	20

Ein Thaler ist gleich 30 Neugroschen.
Ein Neugroschen ist gleich 10 Pfennige.

Leipzig, 15. September 1869.

Königl. Sächsisches privil. Haupt-Blau-Farben-Lager
Vetter & Co. & P. R. Kraft.

60 Durch den vom Hauptblaufarbenlager in Leipzig zur Michaelis-Messe 1869 herausgegebenen Preis-Courant der sächsischen Blaufarbenwerke sind wir über die Produktpalette des Industriezweiges zu jener Zeit gut informiert. Das Original wird im Stadtmuseum Aue aufbewahrt.

KRISE, UMBRUCH UND INNOVATIONEN

Sachsen hat das Monopol verlohren, das Non plus ultra in der Fabrikazion der blauen Farbe aus Kobalt zu besitzen, und obschon man auf allen Blaufarbenwerken nach Sächsischen Mustern arbeitet, so geschieht es blos um ein Anhalten zu haben; denn die Nachahmung übertrifft nicht selten das Original.

Zu dieser für das sächsische Blaufarbenwesen auf den ersten Blick recht ernüchternden Bilanz kommt Friedrich Kapff in seinem 1792 erschienenem Buch mit dem Titel „Beyträge zur Geschichte des Kobolds, Koboltbergbaues und der Blaufarbenwerke".[59] Überhaupt erwähnt er das etablierte sächsische Blaufarbenwerkskonsortium in seinem Buch eher beiläufig, was die wirklichen Verhältnisse auf dem europäischen Markt im ausgehenden 18. Jahrhundert nicht gerade wahrheitsgetreu widerspiegelt. Zwar konnte von einem umfassenden Monopol des sächsischen Blaufarbenwesens nicht mehr die Rede sein, eine dominierende Rolle kam diesem einheimischen Industriezweig aber sehr wohl noch zu. Erklärlich werden die verzerrenden Ausführungen, wenn man in Betracht zieht, dass Kapff sein Buch im Auftrag des preußischen Ministers und Oberberghauptmannes Friedrich Anton von Heynitz (1725–1802), dem Bruder des sächsischen Berghauptmannes Benno von Heynitz (1738–1801), verfasste. Selbstredend wurde von dem Autor erwartet, dass er die größte preußische Farbmühle im niederschlesischen Querbach (heute Przecznica, Polen), die allerdings gerade einmal halb so viel Blaufarbe wie eines der drei sächsischen Privatwerke fertigte, in den Mittelpunkt seiner Ausführungen stellte.

Trotzdem spricht Kapff eine Entwicklung an, die sich in den folgenden Jahrzehnten durchaus bedrohlich für das sächsische Blaufarbenwesen darstellen sollte. Durch die zahlreichen Neugründungen von Blaufarbenwerken sowohl in den deutschen Staaten als auch im europäischen Ausland wuchs der Konkurrenzdruck auf die einheimischen Farbfabriken. Fast scheint es, dass im 18. Jahrhundert überall dort, wo auch nur ein Hauch von Kobalt gefunden wurde, zwangsläufig Farbmühlen entstehen mussten. Bemerkenswert ist, dass es oft sächsische Fachleute waren, die die Technologie verbreiteten. Meist handelte es sich dabei um abgeworbene Facharbeiter, die, in der Fremde zum Farbmeister aufgestiegen, bereitwillig ihr Wissen weitergaben. So wurden in der zweiten Hälfte des 18. und zu Beginn des 19. Jahrhunderts Blaufarbenwerke in Thüringen, im Harz, in Schlesien, in Hessen, im Schwarzwald, in Österreich, Frankreich, Norwegen, England und Schweden gegründet. Die beinahe schon als Erbkonkurrenz zu bezeichnenden Farbmühlen im böhmischen Erzgebirge bedürfen dabei nur insofern der Erwähnung, als sie mitunter Rohstoffe an die neuen Kobaltverarbeiter lieferten.

Vor dem Hintergrund eines expandierenden Marktes stellten die zahlreichen Neugründungen noch nicht einmal das schwerwiegendste Problem dar, mit dem sich das sächsische Blaufarbenwerkskonsortium konfrontiert sah. Vielmehr war es die Erfindung eines neuen Blaupigments, das die Kobaltfarben aus vielen Anwendungsbereichen zu verdrängen drohte und in Verbindung mit weiteren Widrigkeiten die einst so „Feste Hand" ins Wanken brachte. Nur durch umfassende Reformen konnte diese ungünstige Entwicklung aufgehalten und der völlige Ruin des gesamten Industriezweiges abgewendet werden. So war die Metamorphose, die die altehrwürdigen Farbmühlen im 19. Jahrhundert durchliefen und aus der sie schließlich gestärkt als moderne metallurgisch-chemische Fabriken hervorgingen, beispielhaft für den Umgang mit einem sich wandelnden Markt. Auf diese Weise konnte das Blaufarbenwerkskonsortium, anders als die meisten Konkurrenten, noch bis weit ins 20. Jahrhundert hinein überleben bzw. in Form von Nachfolgeunternehmen bis heute fortbestehen. Neben neuen

Technologien und innovativen Produkten war es die Konsolidierung der Privatwerke zum Privatblaufarbenwerksverein, die ganz wesentlich dazu beitrug, die Wettbewerbsfähigkeit des sächsischen Blaufarbenwesens gegenüber der erstarkenden Konkurrenz zu sichern.

Der Privatblaufarbenwerksverein

In der ersten Hälfte des 19. Jahrhunderts erreichte die Blaufarbenherstellung in Sachsen ihren Zenit. So produzierten im Jahre 1826 die vier Werke etwa 5.600 Tonnen Farben im Werte von 212.000 Talern. Im Jahre 1838 betrug der Umsatz sogar 375.000 Taler, was fast der Hälfte der Wirtschaftskraft des sächsischen Montanwesens entsprach.[13] Noch immer stammte ein beachtliches Drittel der gesamten europäischen Smalte- und Safflorproduktion aus Sachsen.[24-6] Allerdings war hier bereits der Kulminationspunkt erreicht, danach geriet die traditionelle Blaufarbenproduktion zunehmend in die Krise. Die Gründe dafür sind u. a. der zunehmende Konkurrenzdruck aus dem Ausland, das Nachlassen der erzgebirgischen Kobaltvorkommen (ab 1839 musste Erz importiert werden) und vor allem die Erfindung eines neuen Pigments, von dem noch zu berichten sein wird.

So vielgestaltig die Probleme auf technologischer Seite gewesen sein mögen, in administrativer Hinsicht ließen sie sich leicht auf einen Nenner bringen. Die traditionelle Blaufarbenproduktion mit ihren über gut zwei Jahrhunderte unverändert gebliebenen Strukturen war den Anforderungen der neuen Zeit, wie der hereinbrechenden industriellen Revolution, nicht gewachsen. Dringend nötige Reformen kamen zunächst nur schleppend in Gang. Erst als es schon fast zu spät war, quasi in letzter Minute, konnte der gänzliche wirtschaftliche Ruin durch die beherzte Neuordnung des Blaufarbenwesens abgewendet werden. Die Folgen dieses verspäteten Handelns waren allerdings noch lange an schlechten Bilanzen abzulesen.

Tatsächlich begann das 19. Jahrhundert alles andere als erfreulich. Die Zeit der Napoleonischen Kriege (1805–1815) ging auch an den Blaufarbenwerken nicht spurlos vorbei. Besonders der durch die Kontinentalsperre unterbrochene Handel mit England, einem der Hauptabnehmer der Blaufarbenerzeugnisse, traf die Werke schwer. Zur Zeit der Völkerschlacht (1813) hatte Niederpfannenstiel unter Einquartierungen und weiteren direkten Kriegseinwirkungen zu leiden. Zudem mussten erhebliche Militärsteuern aufgebracht werden. Mit dem Ende der kriegerischen Ereignisse besserte sich zwar die politische Lage, doch sahen sich die Werke in den nun folgenden Jahrzehnten zunehmend mit wirtschaftlichen Widrigkeiten, die sowohl im konsortschaftlichen Bergbau als auch in der eigentlichen Farbenproduktion und dem Handel um sich griffen, konfrontiert.

Der Schneeberger konsortschaftliche Bergbau war, abgesehen von den wenigen Annaberger und nichtkonsortschaftlichen Gruben, lange Zeit der einzige und daher unverzichtbare Rohstofflieferant für die Blaufarbenwerke. Trotz getätigter Investitionen in Wasserhaltungs- und Fördertechnik war eine Erhöhung des jährlichen Kobaltausbringens nach 1850 nicht mehr möglich. Das Erschöpfen der Lagerstätte machte sich immer deutlicher bemerkbar. Überdies war die Förderung der Erze aus größeren Teufen nicht nur mit höheren finanziellen Aufwendungen verbunden, sondern sie waren auch ärmer und stärker vergesellschaftet. Die stark variierenden Anteile von Nickel, Wismut und Eisen in den Kobalterzen führten zu Qualitätsschwankungen bei den hergestellten Farben, was von den Abnehmern moniert wurde. Einige sprangen sogar ab und fanden lebhafte Aufnahme bei Konkurrenzunternehmen, die es zu dieser Zeit schon in großer Zahl gab.

In einer Sitzung des Konsortiums am 10. Oktober 1845 in Schneeberg bringt der damalige Oberberghauptmann und Blaufarbenkommissar Friedrich Constantin Freiherr von Beust (1806–1891) die Schwierigkeiten bei der Rohstoffversorgung folgendermaßen auf den Punkt: *Die Frage sei schon lange die gewesen, welche Vorkehrungen wären zu treffen, damit der consortschaftliche Bergbau wohlfeilere Kobalte schaffen könne? Würde nicht mit Nachdruck bei der sehr zu wünschenden größeren Vervollkommnung dieses Bergbaues ... zu Werke gegangen und geschehe in dieser Hinsicht namentlich in nächster Zeit nichts Durchgreifendes, so sei nicht abzusehen, in welcher Weise anders eine billigere Beschaffung der Kobalte möglich werden könne, die sich doch so unbedingt nöthig mache, je mehr durch die steigende Concurrenz die Farbenpreise gegenwärtig immer rascher herabgedrückt würden.*[53]

Die fallenden Farbpreise schmälerten nicht nur die Rentabilität der Blaufarbenwerke, sondern wirkten sich auch in beängstigender Weise auf die Entlohnung der Arbeiter aus. So sahen sich die Vertreter des Konsortiums 1845 gezwungen, insbesondere über die Verbesserung der Lebensumstände der Bergleute zu beraten. Es kommt zur Sprache, dass es ihnen trotz harter achtstündiger Arbeit kaum möglich sei, den Lebensunterhalt für ihre Familien zu bestreiten. Weiterhin wird betont, dass durch die missliche Lage der Bergleute der Kobaltdiebstahl zugenommen habe. Nun könnte man glauben, dass zur Lösung des Problems über Lohnerhöhungen nachgedacht wurde, was in normalen Zeiten wohl auch der Fall gewesen wäre. Jetzt allerdings suchten die Vertreter des Konsortiums nach einer anderen, preisgünstigeren Lösung. So wurde beschlossen, die Anzahl der in Schneeberg beschäftigten Bergleute um 100 Mann zu reduzieren. Sie sollten aber nicht entlassen, sondern ins Freiberger Revier „verschickt" werden. Die verbleibende Mannschaft dürfe dann 12 statt 8 Stunden arbeiten, wodurch eine Verbesserung der Einkünfte erzielt werden könne.

Die Aktion wurde auch tatsächlich im Frühjahr 1846 durchgeführt, allerdings kamen 50 von 100 „verschickten" Bergleuten innerhalb kurzer Zeit nach Schneeberg zurück, so dass die Auswertung des Transfers sehr ernüchternd ausfiel. Zu den Gründen des Misserfolges heißt es im Protokoll der konsortschaftlichen Sitzung vom 1. Oktober 1846, *es (hätte) den mitgenommenen Weibern und Kindern an dem Nebenverdienste gefehlt, den sie in der Heimath gehabt und der zur Erhaltung einer Bergmannsfamilie unumgänglich erforderlich sei.*[53] Das Problem wurde nun in der Weise gelöst, dass man für die nächsten Jahre die Einstellung neuer Bergjungen auf ein Minimum begrenzte.

Man sollte diese recht kurios und unsozial anmutende Aktion nicht in der Weise missdeuten, dass nun der Kapitalismus mit voller Wucht zugeschlagen hätte. Vielmehr erlaubten die ungünstigen wirtschaftlichen Verhältnisse im sächsischen Blaufarbenwesen keine Lohnerhöhungen. So stellt die Verschickungsaktion wohl einen, wenn auch untauglichen Versuch dar, einen Spagat zwischen Verantwortungsbewusstsein für die konsortschaftlichen Arbeiter und den wirtschaftlichen Zwängen auszuführen. Dass dem Konsortium nicht völlig die soziale Ader verloren gegangen war, beweisen die im Winter 1846/47 den Berg- und Hüttenarbeitern gewährten Zuschüsse zum Ausgleich der durch die schlechte Ernte eingetretenen Kornteuerung von insgesamt 3.000 Talern. Dabei erfolgte sogar eine Differenzierung nach der Größe der jeweiligen Familie.

Die sich zunehmend ungünstig entwickelnde Rohstoffversorgung war aber nur eines von vielen Problemen. Auch bei der Farbproduktion selbst traten seit Beginn des 19. Jahrhunderts zunehmend Schwierigkeiten auf. Längst gab es kein Fabrikationsgeheimnis mehr, die lange unter Verschluss gehaltenen Technologien waren zum Allgemeingut geworden. So produzierten zu dieser Zeit zahlreiche Konkurrenzunternehmen billigere und z. T. sogar qualitativ bessere Farben, als das den sächsischen Werken möglich war.

Besonders die englischen Farbfabriken, die hochwertige und sehr preisgünstige Erze aus Norwegen und vom amerikanischen Kontinent bezogen, gewannen immer mehr an Boden. Der technologische Vorsprung der englischen Farbenproduktion wird besonders anhand des Umstandes deutlich, dass nach England fast nur noch Halbfabrikate wie Safflor, Schlich oder andere Kobaltkonzentrate geliefert wurden. Auf der Insel zog man es nämlich vor, die eigentlichen Endprodukte, Couleure und Eschel, selbst herzustellen. Durch den Verkauf der Kobaltkonzentrate förderten die sächsischen Werke also indirekt ihre eigene Konkurrenz. 1834 wurde daher vorgeschlagen, zumindest den Verkauf von Kobaltschlichen (Kobalt-Nasskonzentrat) ins Ausland zu unterlassen.[23-21] Mit dieser und ähnlichen, eher halbherzig anmutenden Maßnahmen war den Missständen freilich nicht nachhaltig beizukommen.

Neben der sich verschlechternden Rohstoffbasis bestand ein weiteres Hauptproblem des sächsischen Blaufarbenwesens in seinen überkommenen Strukturen. Seit dem Abschluss des Soziätätskontraktes im Jahre 1694 hatte sich das wirtschaftliche Umfeld entscheidend gewandelt. Ein Blaufarbenmonopol, von dem alle Werke profitieren konnten, gab es längst nicht mehr. Das gemeinschaftliche Wirtschaften, einst der Garant für stabile Preise und stetige Gewinne, stellte sich gegenüber der erstarkenden ausländischen Konkurrenz als gewichtiger Nachteil heraus. In vier Werken mit fast identischen Produktionslinien parallel das gleiche Produkt herzustellen, mutet geradezu widersinnig an und konnte auf die Dauer nicht rentabel sein. So schrumpften in den 1840er Jahren die Gewinne immer weiter zusammen, bis schließlich 1847 das eintrat, was schon länger zu befürchten war. Erstmals in der mittlerweile über zweihundertjährigen Geschichte des sächsischen Blaufarbenwesens gab es keine Überschüsse, die hätten verteilt werden können. Das Ende des gesamten Industriezweigs schien unausweichlich, wenn nicht sofort grundlegende Reformen auf den Weg gebracht würden.

Am 11. Oktober 1845 hielt Dr. Ludwig Beck, einer der Generalbevollmächtigten der Privatwerke, auf dem zweimal jährlich jeweils zur Messezeit abgehaltenen Gewerkentag der Blaufarbenwerks-Kuxinhaber in Leipzig einen historischen Vortrag. Er sprach zunächst zur Geschichte des sächsischen Blaufarbenwesens, zu den beinahe zwei Jahrhunderte alten Soziätäts- und Handlungskontrakten und der räumlichen sowie administrativen Trennung der vier Werke. Er führte weiter aus, dass diese Strukturen in einer Zeit entstanden, in der von Konkurrenz noch nicht die Rede sein konnte und fügte hinzu: *Wie wenig indessen dieselben geeignet waren, die Fortschritte der Fabrikation zu begünstigen und einen rationellen Betrieb zu fördern, bedarf keiner weitläufigen Auseinandersetzung ... Glaubten anfangs die Sächsischen Blaufarbenwerke bei ihrem Systeme beharren, und durch gleichmäßigere Darstellung der Farben der Concurrenz entgehen zu können, so hatten sie bald genug Gelegenheit von diesem Irrthume zurück zu kommen, sich in ihrem Absatz wesentlich beeinträchtigt, ja selbst ... im Smaltehandel von dem öffentlichen Markte verdrängt zu sehen.*[23-22] An diesem Tag wurde nicht nur die Konsolidation des sächsischen Blaufarbenwesens beschlossen, es ist gleichsam auch die Geburtsstunde des Privatblaufarbenwerksvereins. Eine beherzte Entscheidung, die zwar nichts an den schlechten Bilanzen der Folgejahre ändern konnte, auf längere Sicht aber war es ein wichtiger Schritt auf dem Weg zur Rettung des gesamten Industriezweiges.

Welche Vorteile die Konsolidierung bringen musste, lag auf der Hand. Würde man die Produktion nur in einem statt in vier Werken fortführen, könnten die Fabrikationskosten entscheidend gesenkt werden. Nicht nur Arbeitskräfte würden entbehrlich, auch Transport- und Reiseausgaben mussten sich zwangsläufig verringern. Die Gleichmäßigkeit der Produkte könnte einfacher garantiert werden, durch den Wegfall des umständlichen Kontaktes der Werke untereinander wären Neuerungen schneller durchsetzbar. Diese und weitere Argumente leuchteten den Verantwortlichen nicht erst 1845 ein, vielmehr war die Konsolidierung eine Idee, die schon längere Zeit kursierte. Es war wie ein Gedanke, der immer dann aufleuchtete, wenn

sich die wirtschaftlichen Probleme als erdrückend darstellten. Doch erst jetzt war die Konsolidierung wirklich zur Überlebensfrage geworden, erst jetzt fanden sich Männer, die das schwierige Problem anpackten und in kurzer Zeit zur Lösung brachten. Es erscheint lohnenswert, sich etwas näher mit der Vorgeschichte dieses weittragenden Beschlusses zu befassen.
Bereits im Jahre 1817 erging ein Vorschlag zur Zusammenlegung der Produktionsstätten.[23-22] Insbesondere das weit von den anderen Werken entfernte Zschopenthal sollte geschlossen werden. Das Projekt wurde allerdings nur soweit verfolgt, bis feststand, dass die damit verbundenen Kosten den vermeintlichen Vorteil für viele Jahre zunichtemachen würden. Besonders vor Entschädigungen für die fest angestellten Beamten und Arbeiter schreckte man zurück. Im Oktober 1826 wurde in der Messkonferenz des Konsortiums in Leipzig der Gedanke erneut aufgegriffen, allerdings folgten auch hier keine Taten. Erst im Zusammenhang mit den vom Blaufarbenkommissar Freiherrn von Herder eingeforderten „Vorschlägen zur Verbesserung des Betriebes der Blaufarbenwerke" von 1834 wurde das Thema wieder aktuell. Mehr noch, es tauchte ein Vorschlag auf, der weit über die bisherigen hinausging. Nicht mehr nur von der Einziehung eines Werkes, sondern von der Zusammenlegung der Fabrikation an nur einen Ort ist die Rede: *Eine der wesentlichsten Vervollkommnung des vaterländischen Blaufarbenwesens würde dadurch bewirkt werden können, wenn sämmtliche, sowohl die königlichen als die Privatblaufarbenwerke auch in Ansehung der Fabrikazion und des Besitzes zusammengeschlagen und vereinigt würden.*[23-21]
Der Vorschlag wurde seinerzeit durchaus ernst genommen und heiß diskutiert. Zunächst stellte sich die Frage, welches der vier Werke überhaupt für eine alleinige Konzentrierung der Produktion in Frage käme. In einer Denkschrift an das Konsortium von Carl Beck (Faktor Pfannenstiel) wird dazu Stellung genommen.[23-22] Zschopenthal ist schon aufgrund seiner Abgelegenheit von den anderen Werken bzw. von den Schneeberger Kobaltgruben chancenlos. Auch das Schindlersche Werk kommt denkbar schlecht weg, angeführt werden u. a. die ungünstige Lage, die schlechte Zufahrt und die immer wiederkehrenden Überschwemmungen durch die Zwickauer Mulde. Für Oberschlema führt Beck an, dass die nötigen Erweiterungsmöglichkeiten nicht gegeben wären, ein Argument, dem die Vertreter des königlichen Doppelwerkes ganz und gar nicht folgen wollten. Überhaupt stellte sich die Einbeziehung des Oberschlemaer Betriebes in die Pläne als kompliziert dar. Schon jetzt wurde klar, dass ein weiterer Vorschlag, der sich nur mit der Vereinigung der Privatwerke befasst, ausgearbeitet werden muss. Unbestritten war dagegen, dass das Pfannenstieler Werk die größten Überlebenschancen hatte. Die verkehrsgünstige Lage, ausreichende Wasserkraft und fast beliebige Erweiterungsmöglichkeiten waren Argumente, gegen die auch die Faktoren der anderen Werke nicht ankommen.
Auch wenn der Plan zu diesem Zeitpunkt nicht umgesetzt wurde, so geriet er dennoch nicht wieder in Vergessenheit. In den Folgejahren wurden die Möglichkeiten weiter diskutiert und Details ausgearbeitet. Als Kurt Alexander Winkler 1840 in Zschopenthal seine Stelle als Faktor antrat, war ihm bereits klar, dass das Werk aufgegeben werden musste. Zwar kämpfte er zunächst für dessen Erhalt, indem er dem Konsortium die Wirtschaftlichkeit des ihm anvertrauten Betriebes zweifelsfrei nachwies, dennoch musste er bereits ein Jahr später von dieser Argumentation abrücken.[23-22] Gegen den augenscheinlichsten Nachteil des Standortes, die Entfernung zu den anderen Werken und den Rohstoffquellen, war nicht anzukommen. So unterbreitete er selbst im Jahre 1841 dem Konsortium Vorschläge zur Bildung eines 3/5 Privatwerkes in Niederpfannenstiel. Allerdings sprach er sich auch für den Erhalt von Schindlerswerk aus. In den folgenden zwei Jahren wurde immer wieder über Einzelheiten diskutiert, insbesondere die notwendige Taxierung der drei Privatwerke stellte sich als wichtigstes, aber auch schwierigstes Detail heraus.

Ausschlaggebend dürfte das gemeinsame Gutachten aller Faktoren unter der Federführung von Friedrich Gotthold Öhlschlägel, dem langjährigen Leiter des Schindlerschen Blaufarbenwerkes, vom 6. März 1843 gewesen sein.[23-22] Sowohl Öhlschlägel (Schindlerswerk) als auch Winkler (Zschopenthal), Beck (Pfannenstiel) und Bauer (Oberschlema, in Vertretung des Faktors Graf von Holtzendorff) sprachen sich klar für die Konsolidierung zum nächstmöglichen Zeitpunkt aus. Besonders einleuchtend war das vorgebrachte Argument, dass der Moment gerade jetzt so günstig wäre, da ohnehin eine grundlegende Erneuerung der Anlagen aufgrund der Einführung der Steinkohlenfeuerung erforderlich war. Gestiegene Holzpreise drängten zur zügigen Umsetzung dieses Vorhabens. So wurde denn auch der Vorschlag favorisiert, neue Anlagen in Niederpfannenstiel zu errichten und Zschopenthal, aber auch Schindlerswerk, abzuwerfen. Die Produktion der drei Privatwerke könne ohne weiteres auf dem Pfannenstieler Werk konzentriert werden.

Obwohl die Frage der Einbeziehung von Oberschlema leidenschaftlich diskutiert wurde, liefert das Gutachten hierzu keine klare Aussage. Allerdings fiel die Entscheidung darüber bereits in der Messkonferenz am 13. Mai 1843 in Leipzig, in der die Vertreter des fiskalischen Werkes ihre Ablehnung bekannt gaben.[23-22] Die Gründe hierfür sind nachvollziehbar, man hegte politische Bedenken, da es sich um Staatseigentum handeln würde. Weiterhin wurde angeführt, dass das Doppelwerk über einen ausreichend großen und gesicherten Betrieb verfüge, um für sich keine Vorteile aus der Konsolidierung ziehen zu können. Über die Mitvereinigung der staatlichen Anteile an den Privatwerken bestünden dagegen keine Bedenken.

Nachdem dieser Punkt geklärt war, galt es die schwierige Frage der Konditionen, insbesondere die des finanziellen Ausgleichs unter den drei Privatwerken auszuhandeln. Immerhin waren die Anteile der einzelnen Betriebe in den Händen der verschiedensten Eigner, und es konnte nur mit deren Zustimmung zur Konsolidation gerechnet werden, wenn die Angelegenheit ohne finanzielle Verluste für sie abging. So wurde eine umfangreiche Inventur zur Taxierung der entsprechenden Werksvermögen im Jahre 1844 beschlossen. Schließlich erzielten am 15. August 1845 die sechs Generalbevollmächtigten der drei Privatwerke eine Übereinkunft betreffs der Modalitäten der Vereinigung. In dem entsprechenden Vertragsentwurf heißt es: *Sämtliche drei Werkskonsortschaften werfen ihr Eigenthum an Grundstücken, Gebäuden, Wasserkräften mit dazu gehörigen Baulichkeiten, Inventarien, Materialien, Fabrikaten und Halbfabrikaten-Vorräthen, jedoch mit Ausnahme ihrer Cassen, Capitalien, Blaufarbenwerks-Kuxtheile und Speisvorräthe zu einer gemeinschaftlichen Eigenthumsmasse zusammen.*[23-22]

Als Ergebnis der Inventur von 1844 wurde der Wert des gesamten $^{3}/_{5}$ Privatbetriebes mit 781.986 Talern angegeben. Auf das Schindlersche Werk entfiel mit 268.774 Talern (34,37 %) der größte Anteil, was mit umfangreichem Grundbesitz und Erzvorräten erklärt werden kann. Das Zschopenthaler Werk wurde mit 261.353 Talern (33,42 %) und das Pfannenstieler mit 251.859 Talern (32,21 %) taxiert. Es wurde vereinbart, dass die Pfannenstieler Konsortschaft entsprechende Ausgleichszahlungen an die Eigner der anderen beiden Werke leisten muss. Weiterhin wurde in dem Schreiben festgelegt, dass die Fabrikation unter eine Verwaltung gestellt wird und dass sowohl das Zschopenthaler als auch das Schindlersche Werk aufgelöst und verkauft werden sollen. Allerdings darf die Veräußerung nur unter der Bedingung erfolgen, dass die Etablissements nicht weiter als Blaufarbenwerke betrieben werden. Ein aus dieser Klausel resultierender Mindererlös muss dem Pfannenstieler Werk erstattet werden.

In der bereits erwähnten Gewerkensitzung am 11. Oktober 1845 in Leipzig wurde die Konsolidation auf der Grundlage dieses Vertragsentwurfes schließlich beschlossen. Nur mit der Einziehung von Schindlerswerk wollte man nicht sofort beginnen, da sonst die Investitionen in Pfannenstiel für den Moment zu hoch würden. Man einigte sich daher zunächst auf die Abwicklung des Zschopenthaler Werkes, während in Schindlerswerk in Erwartung der Auflösung keine Investitionen mehr getätigt werden sollen. Zwar war damit für Zschopenthal das Ende beschlossen, trotzdem kam es erst 1848 zur völligen Einstellung der Produktion.

Der Vollständigkeit halber wollen wir noch kurz die weitere Geschichte der aufgelösten Waldkirchener Farbmühle schildern. Schon 1850 konnte ein Teil der Parzellen des Werkes veräußert werden, wenig später wurden die Immobilien an Johann Gottlob Wunderlich verkauft, der in dem ehemaligen Blaufarbenwerk eine mechanische Weberei einrichtete. Mit dem Besitzerwechsel verlor der Gutsbezirk Zschopenthal seine Eigenständigkeit und ging in der Gemeinde Waldkirchen auf. Natürlich bedingte der notwendige Umbau zur Weberei vielfältige Änderungen an der bestehenden Bausubstanz. So musste u. a. die ehemalige Schmelzhütte im westlichen Teil des Werkes einem neuen Herrenhaus weichen. Dennoch blieb ein Teil der historischen Gebäude, wie das Turmhaus mit Offizianten- und Farbmeisterwohnungen erhalten. Heute erinnert hier eine Blaufarbenausstellung an die Geschichte des Ortes (vgl. den Abschnitt „Blaufarbenwerk Zschopenthal"). Die Blaufarbenwerker von Zschopenthal indes sind nach wie vor aktiv. Im blau-weißen Habit, der historischen Paradekleidung des Blaufarbenwesens, sieht man sie oft bei bergmännischen Aufzügen. So besteht das gekrönte Herz, ehemals Warenzeichen des aufgelösten Werkes, als Symbol der Hüttenknappschaft Blaufarbenwerk Zschopenthal bis heute fort.

61 Mitglieder des Traditionsvereins „Hüttenknappschaft Blaufarbenwerk Zschopenthal" in historischer Paradekleidung vor dem markanten Turmgebäude der 1848 aufgelösten Waldkirchener Farbmühle. Die Habits der Blaufarbenwerker entsprechen den historischen Vorgaben von G. E. Rost aus dem Jahre 1831.[64] Aufnahme 2016.

Zur Aufnahme der Produktionslinien des aufgelösten Werkes machten sich in Pfannenstiel Erweiterungen und Neubauten erforderlich. Auf diesen Umstand geht die Errichtung des Fabrikations- und Wohngebäudes (Haus Niederpfannenstiel 1) und des Hüttenlaboratoriums in den Jahren 1846–1847 am Ausgang des Bärengrundes zurück (vgl. den Abschnitt „Nickelhütte Aue GmbH"). Das letztgenannte Gebäude erinnert aufgrund seiner neogotischen Architektur an Sakralbauten und wird daher umgangssprachlich als „Kapelle" bezeichnet. Hier führte Kurt Alexander Winkler, der 1848 mit seiner Familie von Zschopenthal nach Niederpfannenstiel übersiedelte, u. a. Versuche zur Trennung von Nickel und Kobalt durch, die letztlich eine wichtige Grundlage der Entwicklung des Betriebes vom Blaufarbenwerk zur Nickelhütte bildeten.

Die förmliche Gründung des Privatblaufarbenwerksvereins wurde mit der Abstimmung über die neu erarbeiteten Statuten auf der Gewerkensitzung in Leipzig im Oktober 1848 vollzogen. Die Administration der vereinigten Privatwerke bezog ihren Sitz in Niederpfannenstiel, das damit zum Hauptwerk aufstieg. Die Führung des Privatblaufarbenwerksvereins übernahmen insgesamt sechs Generalbevollmächtigte, die jedes Jahr neu gewählt wurden und die Interessen der Anteilseigner im Konsortium vertraten. Diese Generalbevollmächtigten, die aus ihrer Mitte wiederum einen Vorsitzenden und Stellvertreter wählten, rekrutierten sich zunächst aus den bisherigen je zwei Vertretern der einzelnen Werke. Es sollen die Namen der ersten Bevollmächtigten, beginnend mit dem Vorsitzenden, nicht vorenthalten werden: *Regierungsrath Carl Ludwig Schill zu Leipzig, Regierungsrath Dr. Heinrich Dörrien ebendaselbst, Rittergutsbesit-*

62 Niederpfannenstiel, Hauptwerk des sächsischen Privatblaufarbenwerksvereins im Jahre 1858. Deutlich zu erkennen ist das Herrenhaus mit Glockenturm sowie rechts dahinter die „Kapelle" und das heute als Wohnhaus genutzte Fabrikationsgebäude Niederpfannenstiel 1 am Ausgang des Bärengrundes. Aus „Album der Sächsischen Industrie" Louis Oeser, Neuensalza.

zer Christian August Hänel zu Schneeberg, Hofrath Dr. Friedrich Gustav Hoffmann zu Leipzig, Appellationsgerichtspräsident Dr. Johann Ludwig Beck ebendaselbst und Stadtrath Johann Friedrich Uhlmann zu Schneeberg.[23-22]

Interessant ist, wie sich nunmehr die Leitung der konsolidierten Werke darstellte. Erstmals erfolgte eine Unterscheidung zwischen technischer und kaufmännischer Direktion. Winkler, dem ehemaligen Faktor von Zschopenthal, nunmehr Hütteninspektor in Niederpfannenstiel, wurde die technische Leitung des Betriebes übertragen. Zum kaufmännischen Direktor wurde Carl Ludwig Beck, vormals Faktor des Pfannenstieler Werkes berufen. Ein Teil der Belegschaft von Zschopenthal siedelte nach Niederpfannenstiel über, andere erhielten Abfindungen. Auch die Abwicklung von Schindlerswerk wurde in der Weise vorbereitet, dass man dem Leiter Öhlschlägel die eben frei gewordene Stelle des Kommunfaktors übertrug und keinen neuen Werksleiter einsetzte.

Aus Niederpfannenstiel war durch die Übernahme der Quote von Zschopenthal, ebenso wie einst in Oberschlema durch die Einziehung von Jugel, ein ²⁄₅ Werk entstanden. Investitionen in Gebäude und Anlagen ließen wieder Hoffnung auf eine günstige Zukunft aufkommen. Allerdings waren die ersten Jahre des Privatblaufarbenwerksvereins ein wirtschaftliches Desaster. Es konnten nur geringe Gewinne erzielt werden, oftmals gab es gar keine Ausschüttungen. Selbstredend waren das die Auswirkungen des verspäteten Handelns, die Konsolidierungsmaßnahmen griffen erst spürbar nach 1860. Auf jeden Fall erforderte die Vereinigung der

63 Der erste maßstabsgetreue Lageplan des Pfannenstieler Blaufarbenwerks stammt aus dem Jahre 1874. Nur wenige der hier aufgeführten Gebäude sind bis heute erhalten geblieben. Der Hüttenhof (a) als Zentrum des Werkes befand sich vor dem Herrenhaus (b). Südwestlich davon, in die Schwarzwasserschleife vorstoßend, lag der Schmelzhüttenkomplex (c) mit Glas- und Röstöfen sowie einigen Vorratsgebäuden. Von der Rösthütte zweigten in nordöstliche Richtung die Giftfänge (d) ab. Gerade dort, wo sich heute das Verwaltungsgebäude der Nickelhütte befindet, wurden die Rauchgase über einen Schornstein ins Freie abgegeben. Erhalten geblieben sind das Mühlengebäude (f „alte Smalte", heute Instandhaltung), das Magazin (h, heute Kantine), das Wohn- und Fabrikationsgebäude Niederpfannenstiel 1 (l), die Oxidfabrik (m, heute Oxichloridproduktion) und die „Kapelle" (k, heute Blaufarbenwerksausstellung). g: Nickelfabrik und Pochwerk (1957 abgebrochen), e: oberes Pochwerk (um 1900 abgebrochen), i: Pferdestall und Wohnhaus (um 1980 abgebrochen), j: Wohnhaus von Clemens Winkler (2005 abgebrochen), n: Friedhof des Blaufarbenwerks (2017 abgebrochen und eingeebnet).

Privatwerke auch die Neuregelung der Beziehungen zum fiskalischen Werk Oberschlema. Der 1855 ratifizierte Gesellschaftsvertrag löste den in seinen Grundzügen seit 1694 bestehenden Soziätätskontrakt ab. In ihm wurde das Blaufarbenwerkskonsortium als gemeinsame Organisation aller Werke bestätigt.

In der Schwebe befand sich dagegen noch immer die Frage nach der weiteren Zukunft des Schindlerschen Werkes. Der an für sich schon beschlossenen Abwicklung stellten sich Argumente wie die vorzügliche Wasserkraft und die dann notwendigen weiteren Investitionen in Pfannenstiel entgegen. Außerdem ließen die abgeschiedene Lage des Werkes und die notwendige Auflage des Verbotes weiterer Farbenproduktion keine hohen Verkaufserlöse erwarten. So tauchte denn auch eine Alternative zur Stilllegung auf. Der Generalbevollmächtigte Dr. Ludwig Beck schildert die Situation 1855 wie folgt: *Schon vor längerer Zeit ... dachte man an die Räthlichkeit eines angemessenen Nebenbetriebes ... Die unerfreulichen Wahrnehmungen der neueren Zeit, welche insbesondere den Vertrieb von Escheln und Smalten angehen, lassen die weitere Verfolgung dieser Angelegenheit nicht mehr blos als räthlich, sondern als dringend geboten erscheinen ... Zu der Ausführung selbst wäre durch den Besitz der Localitäten des Schindlerschen Werkes eine eben so schickliche wie billige Gelegenheit dargeboten.*[23-22]

Ohne genau zu wissen, um was es sich handelt, gaben die Gewerken auf der Messkonferenz am 2. Mai 1855 grünes Licht für diesen „Nebenbetrieb" auf Schindlerswerk. Ab 1856 wird in dem abgelegenen Tal eben jenes neue Blaupigment erzeugt, das sich immer mehr gegen das Kobaltblau durchsetzte und somit die sächsischen Blaufarbenwerke zunehmend in Bedrängnis brachte. Ein mutiger und vorausschauender Schritt, der sich trotz erheblicher Anlaufschwierigkeiten als richtig erwies. Fortan konnte das Konsortium am Siegeszug des 1828 erfundenen kobaltfreien und daher sehr preisgünstigen künstlichen Ultramarins partizipieren. Die in vielerlei Hinsicht bemerkenswerte Geschichte der Ultramarinfabrik Schindlerswerk, die bis heute fortdauert, soll uns ein eigenes Kapitel wert sein. An dieser Stelle wollen wir es daher bei der Feststellung belassen, dass der Privatblaufarbenwerksverein nunmehr nur noch an einem Standort Kobaltfarben produzierte und Niederpfannenstiel somit zum ³⁄₅ Werk, d.h. zum größten Blaufarbenwerk des Konsortiums aufgestiegen war.

Eine andere Entscheidung der Lenker des Privatblaufarbenwerksvereins, die kurz nach dessen Gründung getroffen wurde, erscheint bei oberflächlicher Betrachtung weniger nachvollziehbar. Am 20. Dezember 1855 wurde das Blaufarbenwerk Modum in Norwegen angekauft. Diese Erwerbung mutet besonders deswegen als geradezu widersinnig an, da man doch eben erst die Anzahl der Produktionsstätten verringert und das „abgelegene" (!) Zschopenthaler Blaufarbenwerk veräußert hatte. Folgt man allerdings der Argumentation der Generalbevollmächtigten des Vereins auf der Gewerkensitzung vom 16. April 1856 in Leipzig, so stellt sich der Ankauf Modums durchaus als überlegter und sinnreicher Schachzug heraus.[23-22]

Das in der Telemark gelegene Blaufarbenwerk wurde auf Anordnung des dänischen Königs Christian VII. im Jahre 1796 erbaut, um die reichen Kobalterzvorkommen der Gegend zu nutzen. Schon früh gab es Verbindungen nach Sachsen, der aus Friedrichsthal stammende deutsche Chemiker Christian Roscher (1791–1859) war lange Zeit Hütteninspektor auf dem Werk Modum. Sein Assistent Theodor Scheerer (1813–1875) wurde später Professor für Chemie an der Bergakademie Freiberg. Nach dessen Tod sollte ihm ein Hüttenmeister aus Niederpfannenstiel, sein Name war Clemens Winkler, auf den Lehrstuhl für Anorganische Chemie nachfolgen. Überdies war Scheerer während Winklers Studium an der Bergakademie Freiberg von 1857 bis 1859 nichts weniger als dessen Chemie-Dozent.[62]

Von diesen „Beziehungen" abgesehen, ergaben sich noch einige handfeste wirtschaftliche Gründe, die für den Kauf des norwegischen Blaufarbenwerkes sprachen. So war der Betrieb in Modum durchaus umfangreich und stellte für die sächsischen Werke eine bedeutende Konkurrenz besonders auf dem englischen Markt dar. Es muss daher nicht verwundern, dass der Ankauf bereits 1819 diskutiert worden war. Der Konkurs des Werkes und seine Versteigerung boten nun eine günstige Gelegenheit, einen Konkurrenten auszuschalten und gleichsam mit den überaus guten norwegischen Erzen die eigene Rohstoffbasis zu verbessern. Nachdem Sachverständige des Privatblaufarbenwerksvereins das Werk besichtigt hatten, kam man zu dem Schluss, dass es einen bedeutenden Wert schon aufgrund der großen Erzvorräte habe.

Der Verein sah sich nun dem Zwang ausgesetzt, zumindest eine „Verschleuderung“ an andere Unternehmer, die dann eine billige und daher gefährliche Konkurrenz dargestellt hätten, zu verhindern. So war schließlich die Kaufsumme von 90.000 norwegischen Speciestalern gewiss nicht zu hoch. Den zu dieser Zeit nicht besonders liquiden Privatwerken half der Staat mit einem entsprechenden Darlehen aus und wurde dadurch nach alter konsortschaftlicher Manier zu ⅖ Teilhaber des Unternehmens. Der Fiskus dürfte bei seiner Beteiligung die Rohstoffsicherung für Oberschlema im Auge gehabt haben. Schon kurz nach dem Kauf übernahm der bisherige Kommunfaktor Gotthold Friedrich Öhlschlägel die Leitung des Werkes. Trotzdem blieb die Entfernung das größte Problem, und so ist es nicht verwunderlich, dass man in Sachsen von Anfang an nicht wirklich die Absicht hatte, in Norwegen die Produktion von fertigen Kobaltfarben aufrechtzuerhalten. Der Betrieb wurde lediglich auf die Lieferung von Rohstoffkonzentraten ausgerichtet. Und tatsächlich stellte sich der Ankauf des Werkes als Erfolg heraus, der nachhaltig dazu beitrug, die Bilanzen des Vereins zu verbessern. Erst im Jahre 1893, als die Kobaltfarbenproduktion für das Konsortium nur noch wenig Bedeutung hatte, wurde die Gewinnung und Veredlung von Kobalterz in Modum eingestellt. Schließlich wurde es 1923, als das norwegische Werk nur noch als Holz-

PRIVAT-BLAUFARBENWERK-VEREIN.

ANTHEIL-SCHEIN

des Sächsischen

Privat-Blaufarbenwerks-Vereines

№ 5524.

Dass Frau Clara Agathe ... in Plauen ... nach Höhe von 1/20 bei dem Eigenthume, dem Gewinne und Verluste des Sächsischen Privat-Blaufarbenwerks-Vereines betheiliget ist, wird auf Grund des Besitzstandsverzeichnisses und nach Maasgabe der unter dem 30. October 1862. confirmirten Statuten bescheiniget.

Leipzig und Pfannenstiel, den 4. Juni 1910.

64 Diese Anteilscheine wurden nach dem Inkrafttreten der neuen Statuten des Privatblaufarbenwerksvereins ab 1862 ausgestellt. Das abgebildete, im Jahre 1910 ausgegebene Exemplar wurde u. a. vom Generaldirektor des Vereins, Johannes Baudenbacher unterzeichnet. Sein Grabmahl fand sich 2017 bei der Auflösung des Pfannenstieler Werksfriedhofes und kann in der Blaufarbenwerksausstellung der Nickelhütte Aue besichtigt werden. Gedruckt wurde das Wertpapier von der traditionsreichen Firma Giesecke & Devrient in Leipzig.

schleiferei diente, wieder verkauft. Noch bis in die 1930er Jahre überwies Niederpfannenstiel Pensionsgelder für ehemalige Modumer Blaufarbenwerker nach Norwegen.[63] Auf dem Gelände des Werkes befindet sich heute ein sehenswertes technisches Museum.[65]

Auch die Eigentumsverhältnisse der Privatwerke bedurften einer Reform. Bisher bestand jedes Werk, so wie es einst auch im Bergbau üblich war, aus 128 Kuxen. Mit der Annahme der „Revidierten Statuten des Sächsischen Privatblaufarbenwerksvereins“ am 30. Oktober 1862 erfolgte gleichsam die Ausgabe von Anteilsscheinen nach dem Schlüssel 1 Kux=20 Anteile.[66] Somit entstanden aus den 3×128 Kuxen der Werke nun 7.680 Anteilsscheine des Vereins. Mit dieser an für sich wenig spektakulären Aktion sollte vor allem ein ganz profanes mathematisches Problem gelöst werden. Durch immer weitere Zerstückelung der Kuxe waren nämlich teilweise unmögliche Zahlen entstanden. So ist im Manuskript für die Versammlung der Mitglieder des Privatblaufarbenwerksvereins von 1862

ANTEILSCHEIN
des
Sächsischen Blaufarbenwerks-Vereines
Nr. [illegible]

Daß [illegible]
nach Höhe von [illegible] am Sächsischen Blaufarbenwerks-Verein nach Maßgabe der Vereinssatzung beteiligt ist, wird auf Grund des Besitzstandsverzeichnisses hiermit bescheinigt.

Aue i. Erzgeb., den [illegible]

Der Vorstand

65 Diese Anteilscheine wurden nach der Übernahme des Privatblaufarbenwerksvereins durch das Land Sachsen und Umbenennung in „Blaufarbenwerksverein" im Jahre 1927 ausgegeben. Das Ausstellungsjahr 1890 erklärt sich durch den statutgemäßen Umtausch infolge von Eigentumswechsel.

zu lesen: *Sie werden zugestehen, dass Brüche, wie 14034821/25719120., oder 15320771/51438280., wenn sie plötzlich vor das Auge treten, problematische Größen sind ...*[23-22] Um solche Verwirrungen in Zukunft zu vermeiden, sollten die neuen Anteile nicht weiter in Bruchteile zerlegbar sein und auf den Namen des Eigentümers eingetragen werden. Nur dann, wenn sich frühere Inhaber ausdrücklich weigerten, ihre Kux-Bruchteile in ganze Anteile aufzustocken oder eine Ausgleichszahlung durch den Verein entgegenzunehmen, war eine Ausnahme vorgesehen.

Als Anteilseigner finden wir die verschiedensten Privatpersonen aus ganz Deutschland, aber auch Institutionen wie die Universität Leipzig oder die Schulgemeinde zu Lößnitz. Offenbar handelte es sich um ein weit verbreitetes Wertpapier, das über Generationen im Besitz einer Familie oder Institution blieb. Die ungünstige wirtschaftliche Situation in den Jahren nach der Gründung des Vereins spiegelt sich allerdings auch in der Wertentwicklung der Papiere wider. So klagt Moritz Gerber im Jahre 1864: *Ein Kux ... an einem Blaufarbenwerke wurde früher mit 2000 Thlr. und mehr bezahlt, in neuerer Zeit nur mit 11-1200 Thaler.*[25] Überhaupt waren verschiedene Anteilseigner alles andere als erfreut über die neuen Statuten. Insbesondere das beschnittene Mitspracherecht der Eigentümer bei anstehenden Entscheidungen stieß auf wenig Gegenliebe. Man fürchtete eine zu hohe Machtkonzentration bei den Bevollmächtigten. Auch ihre vergleichsweise hohen Diäten stießen auf heftige Kritik. So nachvollziehbar diese und ähnliche Einwände auch sind, die revidierte Verfassung entsprach mehr dem modernen Aktienrecht und machte den Verein handlungsfähig. Wichtige Entscheidungen konnten nun schnell und unbürokratisch getroffen werden.

Ab etwa 1860 begannen sich die Konsolidierungsmaßnahmen bei den sächsischen Werken positiv bemerkbar zu machen. Umsatz und Gewinn des Privatblaufarbenwerksvereins erfuhren wieder Steigerungen. Tatsächlich war die Einführung einer zeitgemäßen Verwaltungsstruktur ein wesentlicher Baustein bei der Errichtung eines soliden finanziellen Fundamentes für den Verein. Ein Blick auf die Produktionsstatistiken offenbart aber noch einen anderen Grund dafür, dass der wirtschaftliche Erfolg ins Westerzgebirge zurückkehrte. So verlagerte sich der Produktionsschwerpunkt immer weiter von den Smalteerzeugnissen weg zu Buntmetallen und deren Verbindungen hin. Wurden 1857 in Niederpfannenstiel noch rund ⅔ des Umsatzes mit Kobaltfarben und nur ⅓ mit Produkten wie Wismut, Kobaltoxid und Nickel erwirtschaftet, so entfielen 1874 schon 42 Prozent auf Nickel, 10 Prozent auf Wismut und nur noch 46 Prozent auf die klassischen Blaufarbenprodukte.[24-7] Dieser Trend sollte sich in der Folgezeit unvermindert fortsetzen. Insbesondere das einst wegen seines ungünstigen Einflusses auf den Farbton verschriene Nickel erwies sich nun als ein Retter des Industriezweigs. Durch diese und weitere Innovationen, getragen von hervorragenden Metallurgen und Chemikern, wurden die in Würde ergrauten Blaufarbenwerke zu modernen metallurgisch-chemischen Unternehmen umgeformt. So geriet das ausgehende 19. Jahrhundert nochmals zu einer Blütezeit für das Konsortium.

Neuheiten aus Pfannenstiel und Oberschlema

Das 19. Jahrhundert war zweifelsohne eine Periode umwälzender Erfindungen und Entdeckungen. Wissenschaft und Technik wurden zur Grundlage der industriellen Durchdringung des menschlichen Lebens. Hatte man sich in den Blaufarbenwerken bisher im Wesentlichen darauf beschränkt, vorhandenes technologisches Wissen zu bewahren und von einer Generation zur nächsten weiterzugeben, so waren nun Innovationen gefragt. Ein Grundsatz, der bis heute Bestand hat, begann sich damals im Bewusstsein der Blaufarbenwerker zu verankern: Ein Unternehmen kann nur dauerhaft am Markt bestehen, wenn es zu permanenten Neu- und Weiterentwicklungen fähig und bereit ist. So kam es bereits in den zwanziger und dreißiger Jahren des 19. Jahrhunderts zu einer Reihe von technologischen Neuerungen, die zwar zunächst meist nur auf die Verbesserung der bestehenden Blaufarbenprozesse abzielten, aber dennoch den Auftakt zur völligen Umorientierung des sächsischen Blaufarbenwesens bildeten. Um etwa 1850 hatte sich die chemisch-metallurgische Forschung insbesondere in den neu eingerichteten Laboren des Pfannenstieler Werkes dauerhaft etabliert. Die Früchte all dieser Bemühungen blieben nicht aus. Dominierte um 1800 in allen vier Fabriken die Produktion von Kobaltfarben, so war das Kobaltblau 100 Jahre später in den verbliebenen Werken Oberschlema und Pfannenstiel bestenfalls noch ein wenig gewinnträchtiges Nebenprodukt. Nichteisenmetalle und deren Verbindungen sowie künstliches Ultramarin (Schindlerswerk) waren nun die wichtigsten Erzeugnisse des Konsortiums.

Wesentliche Verdienste um Innovationen im sächsischen Blaufarbenwesen kommen Siegesmund August Wolfgang Freiherr von Herder (1776–1838) zu. Seit 1806 fungierte er als Königlicher Blaufarbenkommissar, darüber hinaus war er von 1821–1838 als Oberberghauptmann der ranghöchste Beamte im sächsischen Montanwesen. Herder erkannte die Schwierigkeiten, die auf die Blaufarbenwerke zukamen, und entwickelte höchst originelle Ideen, um ihnen zu begegnen. Er setzte auf das Potential seiner Farbwerker und begründete eine Art frühes Verbesserungswesen, so wie es heute in vielen namhaften Firmen praktiziert wird. Auf seine Initiative hin wurden die Offizianten, Farbmeister, aber auch die einfachen Hüttenarbeiter in den Werken dazu angeregt, aus ihrer Erfahrung heraus Vorschläge zur Verbesserung der Produktion vorzulegen. Die darauf folgende Flut von Eingaben, die übrigens ohne ausgelobte Prämien in Gang kam, zeugt vom Innovationsgeist der Mitarbeiter. Die vielfältigen Anregungen wurden 1834 von Kurt Alexander Winkler kanalisiert und dem Konsortium vorgelegt.[23-21]

Natürlich beschränkten sich die meisten Neuerungen auf Details aus dem direkten Arbeitsumfeld der jeweiligen Farbwerker. So wurden die Haarsiebe für die Klassierung der Couleure und Eschel durch längerlebige Drahtsiebe, die zunächst aus dem Ausland beschafft werden mussten, ersetzt. Bessere Mahlsteine für die Smaltenzerkleinerung wurden angekauft und die Quarze sollten vor dem Zerkleinern und Schmelzen gründlich mit sauberstem Wasser gereinigt werden. Andere, ohne Zweifel weit wichtigere Anregungen zielten auf die Klassifizierung der Rohstoffe ab. Auf der Grundlage chemischer Analysen war eine Einteilung der Kobalterze nach ihrem Gehalt an Begleitstoffen, wie Eisen, Nickel, Wismut und Gangart vorgesehen. Zum Erreichen eines einheitlichen Vorlaufes und damit gleich bleibender Farbqualitäten sollten die Erze dann entsprechend gemischt werden. Mit diesen und vielen weiteren Verbesserungen konnte zwar kein entscheidender Durchbruch erzielt werden, in der Summe bedeuteten sie aber doch einen merklichen Fortschritt. Vor allem aber trugen die erreichten Einsparungen dazu bei, dem Konsortium einen gewissen Spielraum zu verschaffen, um gezielte Forschungsarbeiten noch rechtzeitig auf den Weg bringen zu können.

Die möglichst vollständige Entfernung des Nickels war zum größten technologischen Problem der

66 Der als Oberberghauptmann berühmt gewordene Freiherr v. Herder fungierte von 1806 bis zu seinem Tode 1838 als Königlicher Blaufarbenkommissar und initiierte eine Reihe von Neuerungen im Sächsischen Blaufarbenwesen. Zeichnung von F. A. Zimmermann.

Kobaltfarbenproduktion geworden, da sich dessen Vorhandensein besonders nachteilig auf den Farbton auswirkte. Bauer (1820) lässt sich sogar dazu hinreißen, das Nickel als *Erbfeind der Blaufarbenwerke* zu betiteln.[61] Bisher reichte es aus, dieses in den Schneeberger Erzen stets vorhandene und darüber hinaus dem Kobalt chemisch sehr ähnliche Metall beim Schmelzen des Glases auf dem Boden der Tiegel in der Speise anzureichern (vgl. den Abschnitt „Technologie der blauen ‚Farbe'"). Mit dieser Methode, die sich seit dem Beginn der Blaufarbenherstellung in Sachsen kaum verändert hatte, konnte natürlich keine ganz vollständige Abscheidung des Nickels erreicht werden. Ein Umstand, der Mitte des 19. Jahrhunderts zu schwerwiegenden Qualitätsproblemen bei den sächsischen Kobaltfarben führen sollte, denn offenbar war es zu dieser Zeit einigen Konkurrenzunternehmen möglich, das Nickel gänzlich abzutrennen und damit bessere Farbprodukte und vor allem reine Kobaltoxide auf den Markt zu bringen.

Um diese Vermutung zu überprüfen, wurden sogenannte „Instruktionsreisende", eine vornehme Bezeichnung für eine Art von Werksspionen, ausgeschickt. Eine Praxis, die auch in anderen Industriezweigen durchaus nicht unüblich war und auch heute noch vorkommen soll. Für das sächsische Blaufarbenwerkskonsortium übernahm diese diffizile Aufgabe der Hauptlagerhalter Peter Robert Kraft, da dieser über entsprechende Kontakte verfügte. Von einer solchen „Instruktionsreise" im Sommer 1845 nach England wusste er zu berichten, *dass mehrere englische Häußer in Birmingham eine geheime Methode den Nickel auf nassem Wege aus Kobalterzen und Speisen zu scheiden, in Anwendung hätten.*[53] Auch in Betreff auf andere Konkurrenzunternehmen wird diese Vermutung geäußert. Noch schockierender auf das Konsortium aber wirkt die Nachricht aus dem Jahre 1846, dass in Birmingham als Hauptprodukt nicht die Kobaltfarbe, sondern das abgeschiedene Nickel angesehen wurde. Die blaue „Farbe" konnte somit als Nebenprodukt sehr billig auf den Markt geworfen werden.

Das Konsortium reagierte nun in der Weise, dass der Entwicklung einer eigenen Nickelabscheidungsmethode höchste Priorität eingeräumt wurde. Die bisher wenig koordiniert und von verschiedenen Personen vorgenommenen Versuche wurden nun allein Kurt Alexander Winkler, momentan noch Faktor des Zschopenthaler Werkes, übertragen. Es sollten keine Kosten gescheut werden, Winkler, der nachweislich schon seit 1828 an der Nickelproblematik gearbeitet hatte, erhielt alle nötigen Vollmachten und Freiheiten.[63] Tatsächlich gelang es ihm in kurzer Zeit, brauchbare Verfahren vorzulegen und damit die Qualität der Farben und Kobaltoxide wesentlich zu verbessern. Auch sein Sohn Clemens, von dem später noch die Rede sein wird, arbeitete seit 1859 in Oberschlema und ab 1862 in Niederpfannenstiel noch an der Vervollkommnung der Nickelscheidungsmethode, wobei aber nicht mehr die Verfeinerung der Farben, sondern bereits die

67 Kurt Alexander Winkler (1794–1862) fungierte von 1840–1848 als letzter Faktor des Zschopenthaler Blaufarbenwerks und setzte nach dessen Auflösung seine Tätigkeit als Hütteninspektor in Pfannenstiel (1848–1862) fort. Er erwarb sich wesentliche Verdienste bei der technologischen Neuausrichtung des sächsischen Blaufarbenwesens. Fotografie 1860.

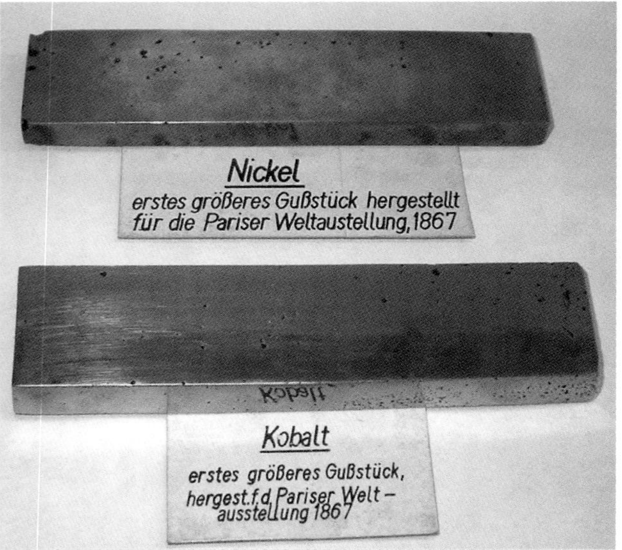

68 Im Jahr 1867 konnten in Niederpfannenstiel erstmals größere Gussstücke aus Nickel (780 g) und Kobalt (580 g) hergestellt werden. Dass das Verfahren noch verbesserungswürdig war, manifestiert sich an den zahlreichen Gussfehlern (Lunkern). Clemens Winkler, seit 1873 Professor für Chemie an der Königlich-Sächsischen Bergakademie Freiberg, nahm die einzigartigen Objekte in seine dortige Lehrsammlung auf. Noch heute befinden sie sich im Besitz des Instituts für Anorganische Chemie der TU Freiberg.

Erzeugung von möglichst reinem Nickelmetall im Vordergrund stand.[62] Ihm gelingt es auch als erstem, größere Gussstücke von Nickel- und Kobaltmetall herzustellen, die das Blaufarbenwerk Pfannenstiel 1867 auf der Weltausstellung in Paris der Öffentlichkeit präsentierte. Diese einzigartigen Objekte blieben erhalten und befinden sich heute im Besitz des Instituts für Anorganische Chemie der TU Bergakademie Freiberg (Abb. 68).

Überhaupt kann die Bedeutung des Nickels in der Phase des Umbruchs gar nicht überschätzt werden. Ihm kommt eine Schlüsselposition bei der Wandlung der sächsischen Farbmühlen zu modernen Hüttenwerken zu. Die neuzeitliche Karriere dieses schon im Altertum bekannten Metalls begann 1822, als es dem Auer Arzt und Chemiker Ernst August Geitner (1783–1852) gelang, aus der früher kaum verwertbaren Speise der Blaufarbenwerke metallisches Nickel abzuscheiden. Ein Jahr später erfand er das Neusilber oder Argentan, eine Legierung aus Nickel, Kupfer und Zink. Freilich handelte es sich hierbei, wie im Falle der Kobaltfarben auch, lediglich um eine Wiederentdeckung, denn immerhin waren ähnliche Legierungen bereits im 17. Jahrhundert aus China nach Europa gelangt. Auf jeden Fall überzeugte das Argentan hinsichtlich seiner Eigenschaften, wie Härte und Dehnbarkeit, und fand bald eine weite Verbreitung.

Nickelmetall wurde seit 1824 im königlichen Werk Oberschlema aus Speise erzeugt. Um diese zunächst als wenig bedeutenden Nebenerwerb betrachtete Produktion auf einen Punkte zu konzentrieren, kam es 1824 zum Abschluss eines sogenannten „Speiskontraktes" zwischen den vier sächsischen Blaufarbenwerken. In diesem Vertragswerk wurde festgelegt, dass das gesamte Speiseaufkommen der Privatwerke nach Oberschlema zum Festpreis von drei Talern pro Zentner geliefert und dort auf Nickel verarbeitet werden sollte. Der Verkauf des Produktes blieb dem Doppelwerk allein überlassen.

Mit dem Verfall der Farbenpreise und dem Anstieg der Nachfrage nach Nickel zu Beginn der 40er Jahre des 19. Jahrhunderts stellte sich die Abmachung als immenser Nachteil für die anderen Werke heraus. Im Jahre 1845 drängten daher die Bevollmächtigten der Privatblaufarbenwerke mit allem Nachdruck auf eine Aufhebung des Speiskontraktes. Sie gingen sogar so weit, die Speiseangelegenheit zur „Lebensfrage" zu erheben und das konsortschaftliche Verhältnis mit dem Doppelwerk Oberschlema in Frage zu stellen. Im Protokoll einer konsortschaftlichen Sitzung aus jenem Jahr heißt es: *Das societätscontractliche Verhältniß, welches das 5/5tel Blaufarben-Consortium zusammen verbindet, könnte denn nicht bestehen, sobald die Privatwerke von dem Mitgenusse der großen Vortheile, welche der gegenwärtig so werthvolle Nickel bei der sächsischen Blaufarbenfabrication darbietet, ausgeschlossen sein.*[53]

Weiterhin wird dargelegt, dass die Vergütung für die Speise von drei Talern pro Zentner in keinem Verhältnis zum Preis von 40 Talern für das daraus gewonnene Nickel steht. In Anspielung auf die Absatzkrise bei den Blaufarbenwaren fügten die Vertreter der Privatwerke in etwas pathetischer Weise hinzu: *Nur mit gleichen Mitteln lässt sich das Ankämpfen der Concurrenz siegbar zurückweisen.*

Zwar sagte der Oberberghauptmann und Blaufarbenkommissar Freiherr von Beust eine Prüfung der Angelegenheit zu, trotzdem tat man sich im Finanzministerium in Dresden mit einer raschen Entscheidung schwer. So drohten etwa zwei Monate später die Privatwerke mit einer Klage gegen den Vertrag, weiterhin wurde ausgesprochen, dass man sich nicht mehr an die fragliche Abmachung halten will. Tatsächlich gelangte im Jahre 1846 in Niederpfannenstiel das erste Nickel zur Auslieferung. Der Disput über die Speiseangelegenheit sollte sich noch bis zum Jahre 1851 hinziehen. Erst dann wurde eine Einigung darüber erzielt, unter welchen Bedingungen der Staat als Eigner des Oberschlemaer Werkes auf sein Nickelmonopol verzichtete. Die Privatwerke mussten eine Zahlung von 25.000 Talern leisten und neun Kuxe vom inzwischen bestehenden Privatblaufarbenwerksverein an das Königreich Sachsen abtreten.[23-22]

Inwieweit bei dem beschriebenen Konflikt die Gemeinschaft mit Oberschlema tatsächlich auf dem Spiel stand, ist nicht leicht abzuschätzen. Die schwerste Zerreißprobe für das Soziätätsverhältnis seit Gründung des Konsortiums im Jahre 1694 war es aber allemal. Auf jeden Fall beginnt erst mit der Aufhebung des Speiskontraktes sozusagen die legitime Nickelproduktion in Niederpfannenstiel. Demnach markiert das Jahr 1851 den Ursprung des modernen Hüttenwerks. Freilich wurde die Bezeichnung „Nickelhütte Aue" erst 1951 offiziell.

Über fast ein Jahrhundert dominierte in den Blaufarbenwerken ein Produkt, das sich insbesondere durch seine einprägsame Erscheinungsform zum Klassiker aufschwang: das Würfelnickel. Auf den ersten Blick muss es merkwürdig erscheinen, einem Metall gerade die Form kleiner Kuben von 12 mm Kantenlänge zu geben, doch handelte es sich hierbei keinesfalls etwa um eine verkaufsfördernde Werbestrategie. Vielmehr waren sowohl die Form als auch die Größe des Materials technologisch bedingt. Die Speise bzw. später auch angekauftes Nickelerz wurde zunächst abgeröstet und anschließend mit Salzsäure gelaugt. Die Lösung durchlief verschiedene Reinigungsstufen und wurde schließlich zur Ausfällung von Nickelkarbonat mit Kalkmilch versetzt. In der Glühhütte, die sich im Werk Niederpfannenstiel im „alten Pochwerk" befand (vgl. Abb. 63), wurde das Karbonat bei etwa 1.000° C zersetzt und das gebildete Oxid mehrfach bis zur Schwefelfreiheit gewaschen. Da das Nickeloxid an für sich schon ein verkaufsfähiges Produkt darstellte, kam immer nur ein gewisser Teil für die Weiterverarbeitung zum Metall in Frage.

Dazu wurde das Oxid mit Stärke und Wasser zu einem Brei angemengt, aus dem anschließend die charakteristischen Würfel geformt werden konnten. Die kubische Ausprägung war der einfachen Realisierbarkeit dieser Form geschuldet, wohingegen durch die geringen Abmessungen der Körper eine vollständige Reduktion des Nickeloxids und Versinterung des gebildeten Metalls gewährleistet war. Dazu wurden die Würfel mit feingemahlener Holzkohle in Tiegel geschichtet und mehrere Stunden bei einer Temperatur von 1.300° C, also deutlich unter dem Schmelzpunkt des Nickels, geglüht. Als vorteilhaft erwies es sich, die entstandenen Metallkuben anschließend in Steinzeugtrommeln, den sogenannten „Rummelfässern",[63] zu polieren, wobei die Oberfläche einen angenehmen Glanz erhielt und besser vor chemischen Einflüssen geschützt war.

Im 19. Jahrhundert dürfte die Reduktionsmasse manuell oder halbautomatisch geformt worden sein, jedenfalls wird in Niederpfannenstiel erst im Jahre 1903 eine „Würfelnickelmaschine" angeschafft, mit deren Hilfe die Formgebung automatisiert werden sollte. Das Modell mit dem viel versprechenden Namen IDEAL der Berliner Firma Dühring war ursprünglich für die Herstellung von Emser Pastillen, Mottenkugeln, Räucherkerzchen und bestenfalls Kakao-Würfeln konzipiert worden und erfüllte die Erwartungen im Falle der Nickelkuben nur unzureichend. Der 400 kg schwere Apparat musste mehrfach nachgebessert werden, bis man sich 1907 schließlich zum Ankauf zweier anderer Fabrikate durchringen konnte. Die neuen Maschinen verrichteten ihren Dienst nun zufriedenstellend und trugen wesentlich zur Rationalisierung des Prozesses bei.[24-8] Nach dem Zweiten Weltkrieg, als nickelhaltige Rohstoffe nicht zu beschaffen waren, wurden sie durch findige Hüttenwerker zu Arzneimittelpressen umfunktioniert (vgl. den Abschnitt „Arsen und Kräutertee"). Die Produktion des Würfelnickels wurde danach zugunsten von Granalien, Gussmetall und Elektrolytnickel, letzteres gehörte seit 1914 zu den Erzeugnissen des Pfannenstieler Hüttenwerks, nicht wieder aufgenommen. In Oberschlema gehörten die Nickelkuben noch bis 1951 zum Produktportfolio.

Während die wegweisenden Entwicklungen im Bereich der Herstellung von Nickel noch bis heute nachwirken, stellten sich andere Forschungen und die daraus abgeleiteten Resultate und Produkte letztlich als weniger zukunftsfähig heraus. Aus damaliger Sicht musste es allerdings logisch erscheinen, dass sich das Blaufarbenwerkskonsortium zuallererst um die Darstellung verschiedenster Farben bzw. Pigmente bemühte, um die starke Abhängigkeit von den Smalten zu verringern. Immerhin handelte es sich dabei um die Kernkompetenz des Industriezweiges. Und schließlich war Nickel nur in den Focus der Forschung geraten, weil es nun einmal mit Kobalt in dessen Erzen vorkommt. Falsch ist es auch, die umfangreichen Forschungen zu neuen anorganischen Farbmitteln komplett als Irrweg abzutun, immerhin ergaben sich daraus einige durchaus erfolgreiche Nebenprodukte. Übrigens schrammte Kurt Alexander Winkler, als er sich 1822/23 in Zschopenthal mit der Zubereitung von Thénards Blau befasste, recht knapp an der Erfindung des künstlichen Ultramarins vorbei. Das wiederum wäre eine Erfindung gewesen, die die Welt hätte aufhorchen lassen und den sächsischen Blaufarbenwerken einen gewaltigen Vorsprung vor den Konkurrenten eingeräumt hätte.

Was also war geschehen? Im Jahre 1822 begann der zu dieser Zeit als Farbmeister im Dienste des Zschopenthaler Blaufarbenwerks stehende Kurt Alexander Winkler mit umfangreichen Versuchen zur Darstellung künstlicher Blautöne. Die Anregung oder besser Anordnung hierzu stammte von keinem geringeren als dem königlichen Blaufarbenkommissar Freiherrn von Herder höchstselbst. Das Unternehmen bei Waldkirchen mit dem eigenständigen Gutsbezirk Zschopenthal war nicht nur Winklers Geburtsort, sondern auch die Wirkungsstätte seiner Vorfahren. Die nun folgenden Erkenntnisse wurden Kurt Alexander Winklers Forschungsberichten aus dem Jahr 1823 entnommen.[63]

Bevor sich der begabte Experimentator mit Thénards Blau, einer schon länger bekannten Kobalt-Aluminium-Verbindung der Spinellstruktur befass-

69 Ab 1903 übernahmen in Niederpfannenstiel „Würfelnickelmaschinen", die nichts anderes als umgebaute Tablettenpressen waren, die Formgebung des kubischen Nickels. Die Maschinen lieferten nun gleichartige Würfel von 12 mm Kantenlänge. Die Abbildung zeigt ein Prospekt der ersten eingesetzten Presse IDEAL der Firma Dühring, Berlin. Vorlage und Repro: Sächsisches Staatsarchiv/Bergarchiv Freiberg, 40173, Nr. 212.

70 Das ab 1851 in Absprache mit dem Konsortium in Niederpfannenstiel erzeugte Würfelnickel wurde anfangs besonders von Argentanfabriken nachgefragt, später gehörten Stahlwerke zu den Hauptabnehmern. Die Abbildung zeigt ein um 1870 in Niederpfannenstiel noch durch manuelles Ausformen hergestelltes Würfelnickel. Dieses und ähnliche Präparate können in der Blaufarbenwerksausstellung der Nickelhütte Aue besichtigt werden.

71 20-Pfennig-Scheidemünzen des Deutschen Reiches aus einer Nickel-Kupfer-Legierung. Auch zu diesem Zweck fand das Nickel aus Niederpfannenstiel und Oberschlema Verwendung. Die Abbildung zeigt eine Erstprägung der Münze Muldenhütten von 1887. Die in ein Glasröhrchen eingeschmolzenen Münzen gehörten einst zur Lehrmittelsammlung von Cl. Winkler und befinden sich heute im Besitz des Instituts für Anorganische Chemie der TU Bergakademie Freiberg.

te, trug er die Erkenntnisse zum Lapislazuli, dem natürlich vorkommenden Vorbild aller künstlichen Blautöne, zusammen. Eine aktuelle chemische Analyse des Tübinger Professors Chr. G. Gmelin (1792–1860) wiedergebend, löste er sich von den vorherrschenden Vorstellungen, dass im Lasurstein Metalle wie Kupfer, Zinn oder Eisen für dessen Farbe verantwortlich sind. Vielmehr fanden sich im Wesentlichen nur Kieselerde, Natron und Schwefel in dem seltenen Naturprodukt. Das war umso verblüffender, als es sich hierbei um durchweg sehr weit verbreitete und daher sehr preisgünstig zu gewinnende Rohstoffe handelte. Winkler führt weiterhin aus: *Jetzt unternommene Synthesen sind übrigens sehr bestätigend ausgefallen, so dass vielleicht zu erwarten steht, damit den immer größer werdenden Mangel dieses Minerals durch die Kunst ersetzen zu können.*

Demnach könnte also Winkler selbst einige nicht ganz erfolglose Tastversuche zur Darstellung von künstlichem Ultramarin unternommen haben, die er aber nicht konsequent weiterverfolgte. Erst 1828, also fünf Jahre nachdem Winkler seinen Bericht verfasst hatte, gelang dem Franzosen J. B. Guimet (1795–1871) in Toulouse gleichzeitig mit Gmelin in Tübingen die Synthese eines brauchbaren künstlichen Ultramarins, das nach und nach alle anderen Blaupigmente, vor allem die Smalte, vom Markt verdrängte. Es ist kaum absehbar, welcher Nutzen den sächsischen Blaufarbenwerken entstanden wäre, hätte man sich frühzeitig auf die Synthese des künstlichen Ultramarins konzentriert.

Kurt Alexander Winkler setzte sich dagegen weisungsgemäß mit einem günstigen Darstellungsweg für das Kobaltultramarin oder Königsblau, wie man das Spinell ($CoAl_2O_4$) seit 1806, als Sachsen zum Königreich von Napoleons Gnaden wurde, noch nannte, auseinander. Er konnte nicht ahnen, dass er bei den annähernd 300 Versuchen, die er dazu in Zschopenthal ausführte, an das Kobaltblau der alten Ägypter anknüpfte, die diese Verbindung bereits in der 18. Dynastie verwendeten (vgl. den Abschnitt „Aus grauer Vorzeit"). Dabei fiel das Fazit seiner umfangreichen Bemühungen durchaus gemischt aus. So äußert er in seinem Bericht aus dem Jahre 1823: *Das Ultramarinblau wird ohne Zweifel Abnehmer finden, dafür bürgt sein innerer Werth, allein ins Große wird sein Absatz deshalb nicht gehen weil diese Farbe zu theuer ist um zu jeder Art Malerei gebraucht zu werden.* Das Königsblau nicht als Malfarbe, sondern als Unterglasurfarbe für das ohnehin teure Meißner Porzellan zu verwenden, erschien auf den ersten Blick vielversprechender. Allerdings brachte der Versand von Musterproben an die königliche Porzellanmanufaktur in Meißen nicht den erhofften Erfolg, so dass Winkler resümieren musste: *Allein man bereitet sich auf solchen Werken bisher die eigentlichen Farben selbst, um sie damit mehr den damit verbundenen Zwecke anpassen zu können, und sonst dürfte von dorther wenig zu erwarten sein.*

Letztlich führten Winklers Versuche zur Verbesserung der lange unter Verschluss gehaltenen Produktion von Königsblau in Zschopenthal, Pfannenstiel und Oberschlema. Das Kobaltultramarin wurde zu einem Spezialprodukt des Konsortiums und war über beinahe 100 Jahre in bis zu sieben Qualitätsabstufungen zu haben. Kunstmaler bedienten sich des Pigments ebenso wie die keramische Industrie. Unter anderem über die Firma Merck in Darmstadt vertrieben, ein Kilo FU (feines Kobaltultramarin) kostete um 1900 stolze 75 Mark, fand der Blauton sogar zum Druck von Banknoten Verwendung.[12] Trotzdem sollte Winkler Recht behalten. Die großen Hoffnungen, die anfangs in das neue Pigment gesetzt wurden, konnte es nie ganz erfüllen. Kobaltultramarin blieb ein Nischenprodukt, da sich das viel preisgünstigere kobaltfreie Ultramarin als bessere Alternative für die meisten Anwendungen herausstellte.

Ebenso akribisch wie mit Thénards Blau befasste sich Winkler mit der Herstellung von Rinmanns Grün, das mitunter auch als Kobalt- oder Türkisgrün bezeichnet wird. Auch diese Versuche mündeten in eine kleine Nebenproduktion (vgl. Abb. 58). Weitere Mineralfarben und vor allem die Herstellung von Kobaltoxiden standen ebenso auf der Forschungsagenda Winklers wie die Verbesserung der bestehenden Smaltefabrikation. Der unermüdliche Einsatz des späteren Zschopenthaler Faktors für den technischen Fortschritt im sächsischen Hüttenwesen blieb auch im Oberbergamt nicht unbemerkt. So wurde Kurt Alexander Winkler das Privileg zuteil, eine Studienreise nach Schweden, verbunden mit einem Forschungsaufenthalt beim berühmtesten Chemiker seiner Zeit, auf Staatskosten unternehmen zu dürfen. Zwar stellte er Jöns Jakob Berzelius (1779–1848) nicht gerade das beste Zeugnis in Sachen Lehrtalent aus, dennoch dürfte er einige Anregungen mit nach Hause gebracht haben, als er 1826 wieder in Sachsen eintraf.[62]

Winkler bekleidete leitende Funktionen in den Freiberger Hüttenwerken, stieg 1840 zum Faktor in Zschopenthal auf und wurde nach der Auflösung des Werkes 1848 Hütteninspektor, d. h. technischer Leiter des Pfannenstieler Blaufarbenwerks. Für so manchen bestand aber sein größtes Verdienst darin, 1838 seinen Sohn Clemens hervorgebracht zu haben, immerhin wurde dieser besonders durch die Entdeckung des Germaniums zu einem der bedeutendsten und populärsten anorganischen Chemiker seiner Zeit. Wir wollen es bei der Frage bewenden lassen, ob der Vater mitunter nicht auch etwas zu Unrecht im Schatten seines Sohnes steht.

Mit dem Abschluss des bereits erwähnten „Speiskontraktes“ im Jahre 1824 hatte sich das Doppelwerk Oberschlema nicht nur das gesamte Nickel der sächsischen Blaufarbenwerke gesichert, sondern auch das darin enthaltene Silber. Allerdings waren die Gehalte des Edelmetalls in der Speise starken Schwankungen unterworfen, sie reichten von 0 bis 10 Loth Silber pro Zentner (0,0–0,3 %). Kurt Alexander Winkler gibt Durchschnittsgehalte von 0,1 Prozent an.[67] Natürlich musste die Gewinnung des Silbers als wünschenswert erscheinen, doch fehlte es offenbar zunächst an einem verlässlichen Verfahren, mit dem diese Aufgabe angegangen werden konnte. Dabei existierte in Halsbrücke bei Freiberg bereits seit 1790 eine innovative Anlage, in der mit Hilfe von Quecksilber auch geringe Quantitäten des Edelmetalls aus bleiarmen, kiesigen Erzen gewonnen werden konnten. Johann Wolfgang v. Goethe (1749–1832) und viele andere Prominente ihrer Zeit ließen es sich nicht nehmen, dieses Werk, das sich 1816 auch der ersten Gasbeleuchtung auf dem europäischen Kontinent erfreuen durfte, höchstselbst zu besichtigen. Nicht umsonst etablierte sich auf diese Weise die Bezeichnung „Achtes Weltwunder“ für das Halsbrücker Amalgamierwerk.[68]

Wiederum war es der Blaufarbenkommissar von Herder, der die Nutzung des Silbergehaltes der Speise durch den Amalgamierprozess anregte. Dabei wird die Eigenschaft von Edelmetallen, wie Silber und Gold mit Quecksilber eine stabile Verbindung, das sogenannte Amalgam, zu bilden, ausgenutzt. Im Halsbrücker Amalgamierwerk wurden die gepochten Erze mit Kochsalz geröstet, um dann in rotierenden Fässern mit Quecksilber „verquickt“ zu werden. Die Salzröstung war erforderlich, um das Edelmetall als Hornsilber (AgCl) zu aktivieren und damit für den Prozess zugänglich zu machen. Das fertige Silberamalgam wurde zur Verflüchtigung des Quecksilbers auf Teller geschichtet und in eisernen Glocken geglüht. Um das teure, flüssi-

72 Das neu in die Produktpalette aufgenommene Kobalt-Blau wurde in kleinen Quantitäten für künstlerische Zwecke verkauft. Es handelt sich dabei nicht um Smalte, sondern um Kobalt-Aluminium-Spinell, auch als „Thenards Blau“ bezeichnet. Dieses Original-Gebinde aus der Zeit um 1900 stammt aus dem Nachlass des Augsburger Malers Otto Scheinhammer (1897–1982). Es befindet sich heute in der Blaufarbenwerksausstellung der Nickelhütte Aue.

73 Vom einstmals so berühmten Amalgamierwerk Halsbrücke, es war von 1790 bis 1857 in Betrieb, blieben der Nordflügel und einige Mauerreste des Südflügels (rechts) erhalten. Leider fand das denkmalgeschützte Gebäude keine Aufnahme in die Welterbeliste der UNESCO im Rahmen der „Montanregion Erzgebirge/Krušnohoři". Aufnahme 2013.

ge Metall zurückgewinnen zu können, standen die Ausglühgewölbe in einem Wasserbad. Hier schlug sich das Quecksilber nieder und konnte erneut verwendet werden. Auf den Tellern aber blieb das begehrte Silber zurück. Eine detaillierte Beschreibung des bemerkenswerten Prozesses, der auch als erstes im industriellen Maßstab genutztes hydrometallurgisches Verfahren gilt, findet sich in Haustein (2013).[68]

Die Verquickung der Speise allerdings stellte sich als wirkliche Herausforderung dar. Insbesondere der hohe Arsengehalt dieser Verbindung führte sowohl zu hohen Silber- als auch Quecksilberverlusten, so dass sich der Verquickungsprozess zunächst als nicht wirtschaftlich darstellte. Die Amalgamierversuche des durch die Einführung der Gasbeleuchtung berühmt gewordenen Freiberger Professors August Wilhelm Lampadius (1772–1842) jedenfalls mündeten nicht in einem anwendbaren Verfahren. Erst die intensiven Forschungen des uns bereits bekannten Oberschlemaer Farbmeisters Christian Friedrich Bauer führten 1827 schließlich zum Erfolg. Sein Amalgamierprozess, der sich einer Vorröstung zur Entfernung des Arsens und weiterer auf den speziellen Rohstoff zugeschnittener Prozessschritte bediente, erlaubte nun ein durchschnittliches Silberausbringen von 87 Prozent bei geringen Quecksilberverlusten. Das gewonnene Silber war sogar reiner als das aus dem Halsbrücker Amalgamierwerk. Die Verquickungsrückstände wurden anschließend auf Nickel weiterverarbeitet.

Die Speiseamalgamation war wohl einzigartig auf der Welt und wurde im Blaufarbenwerk Oberschlema noch längere Zeit fortgeführt. Leider ist von dieser Anlage, wie vom gesamten Blaufarbenwerk, nichts erhalten geblieben. Umso unverständlicher ist es, dass das in einigen Teilen noch erhaltene Gebäudeensemble des ehemaligen Halsbrücker Amalgamierwerkes keine Aufnahme in den UNESCO-Welterbeantrag „Montanregion Erzgebirge/Krušnohoři" gefunden hat und damit einer eher ungewissen Zukunft entgegendämmert.

Eine weitere, sehr bedeutende technologische Neuerung, die im 19. Jahrhundert im Blaufarbenwesen durchgesetzt wurde, war die Einführung der Steinkohlenfeuerung. Während bei den Freiberger Hüttenwerken bereits seit 1823 Steinkohlenkoks zur Anwendung kam, setzte sich der neue Brennstoff in den Blaufarbenwerken nur sehr zögerlich durch.[69] Zwar wurde 1828 erstmals Zwickauer Steinkohle für Niederpfannenstiel angekauft und gleichzeitig die Holzflöße auf dem Schwarzwasser eingestellt,[33] dennoch konnte zu diesem Zeitpunkt von einer breiten Anwendung dieses neuen Brennstoffes nicht die Rede sein. Auch wenn es heute merkwürdig anmutet, so ist es doch richtig, dass Steinkohle zunächst als minderwertiges Brennmaterial und somit dem Scheidholz in keiner Weise als ebenbürtig betrachtet wurde. Die Gründe dafür liegen auf der Hand: Im Gegensatz zu Holz oder Holzkohle war die fossile Verbrennung mit starker Ruß- und Aschebildung verbunden. Mit der Steinkohle konnte man daher zunächst nur das Brennholz bei Trockenprozessen und ähnlichen untergeordneten Arbeiten ersetzen.

So wurden erst 1846 Versuche zur Röstung des Kobalts mittels Steinkohle aktenkundig, erst jetzt wurde der Bau eines größeren Versuchsofens auf dem Oberschlemaer Werk in Angriff genommen. Die Kosten von insgesamt 550 Talern wurden zum größten Teil aus der gemeinsamen Kommunkasse bestritten, nur 200 Taler musste Oberschlema selbst tragen. Auf dem Schindlerschen Werk wurde zur gleichen Zeit mit einem Gasflammofen experimentiert.[53] Wann genau das Holz ganz entbehrlich wurde, ist nicht exakt festzustellen, auf jeden Fall wurde erst nach der Stilllegung von Zschopenthal (1848) die überwiegende Anzahl der Röst- und Schmelzöfen in Niederpfannenstiel auf Steinkohle umgestellt. Jedenfalls wurde die letzte Generation der Glasöfen, etwa im Zeitraum 1920–1946 mit Generatorgas statt mit Holz oder Steinkohle befeuert.

Auch im Bereich des Transportwesens begannen sich neue Möglichkeiten aufzutun. Am 11. Mai 1846 beriet das Konsortium erstmals darüber, ob man künftig der neu entstandenen „Sächsisch-Bayerischen Staatseisenbahn" die Verbringung der Farbwaren auf der Strecke Zwickau-Leipzig überlassen sollte. Die Bahn verlangte für den Transport eines Zentners Farbe auf dieser Strecke 9 Neugroschen, während die Fuhrleute für die Strecke Oberschlema-Leipzig mit 12 Neugroschen entlohnt werden mussten. Da sich nun die Fuhrunternehmer in ihrer Existenz bedroht sahen, schließlich ging es um einige tausend Zentner Fracht im Jahr, senkten sie die Preise auf 10 ½ Neugroschen. Besonders der erforderliche Aufwand durch das mehrfach notwendige Umladen und dabei möglicherweise auftretende Beschädigungen der Farbpakete ließen das Konsortium zunächst weitgehend Abstand vom Eisenbahntransport nehmen. Lediglich ein Versuch mit kleineren Frachtmengen von Oberschlema aus wurde beschlossen.[53]

Der bisher unerklärlich gebliebene Fakt, dass Niederpfannenstiel beim Bau der Eisenbahn Zwickau-Schwarzenberg im Jahre 1858, obwohl die Gleise direkt am Werk vorbeiführen, keinen Anschluss an den Schienenstrang erhielt, könnte durch den wenig befriedigenden Ausgang des Versuchs begründet sein. Erst 1948 sollte das Werk oder besser: das zwischenzeitlich von der Wismut A. G. zur Uranaufbereitung eingerichtete Objekt 100 an die Strecke Aue-Schwarzenberg angebunden werden. Bis dahin erfolgte der Warenumschlag für das Blaufarbenwerk im Bahnhof Aue. Auf jeden Fall wickelt die Nickelhütte bis heute einen nicht unbeträchtlichen Teil ihres Rohstoff- und Warenstromes über diesen Gleisanschluss ab. Dazu wurde im Jahre 2017 die Anbindung des Werkes an das Netz der Erzgebirgsbahn erneuert.

Etwas aus dem Rahmen fallen die Aktivitäten des Oberschlemaer Werksbaumeisters Richard Friedrich (1848–1916), die letztlich dazu führten, dass in dem kleinen Ort zwischen Schneeberg und Aue ein weltweit bekanntes Radiumbad entstand. Da die Ereignisse untrennbar mit dem Blaufarbenwerkskonsortium verbunden sind, wollen wir auch diesen bemerkenswerten Forschungen einige Aufmerksamkeit schenken.

In seiner letzten Publikation vom April 1904 widmet sich der schwer erkrankte und bereits vom Tode gezeichnete Clemens Winkler einem hoch aktuellen Forschungsgebiet. In dem Aufsatz mit dem Titel „Radioactivität und Materie" spiegelt er die Entdeckung der Radioaktivität durch Henri Becquerel (1852–1908) und vor allem die Arbeiten des Ehepaares Marie (1867–1934) und Pierre Curie (1859–1906) wider. Besonders intensiv setzt er sich dabei mit dem einige Jahre zuvor entdeckten Radium auseinander. So stellt Winkler verwundert fest, dass dieses neue Element chemisch zwar dem Barium ähnelt, immerhin steht es wie dieses in der Erdalkalireihe des Periodensystems, trotzdem aber nicht in Bariummineralen, sondern ausschließlich in Uranerzen vorkommt. Den Grund für dieses Phänomen, es ist der erst 1909 entdeckte radioaktive Zerfall des Urans über das Radium bis hin zum Blei, konnte der Autor zu dieser Zeit noch nicht erahnen. Mehr noch, die Umwandlung eines Elements in ein anderes musste einen klassischen Chemiker wie ihn an die Alchimie der Goldmacher und Gaukler längst vergangener Zeiten erinnern. Umso bemerkenswerter ist es, dass Winkler kurz vor seinem Ableben eine Vision äußert, die sich schließlich bewahrheiten sollte: *Aber selbst dann, wenn das Radium ... aus zur Zeit noch unbekannter Ursache ausschliesslich dem Vorkommen des Urans folgen sollte, müsste es sich, wenigstens im Erzgebirge, in verhältnismässig grosser Verbreitung vorfinden ... Es erscheint deshalb nicht unmöglich, in jener Gegend ... Rohmaterialien ausfindig zu machen, die sich mit Erfolg auf radioactive Substanzen verarbeiten lassen.*[70]

Auch der zehn Jahre jüngere Richard Friedrich hatte sich intensiv mit dem Phänomen der Radioaktivität befasst. Aufmerksam studierte er die wissenschaftlichen Journale und war bald ebenso gut über neue Erkenntnisse auf diesem Gebiet unterrichtet wie manch renommierter Wissenschaftler seiner Zeit. Die Einrichtung des ersten Radiumbades 1906 in St. Joachimsthal, dem Herkunftsort der Pechblende, aus der die Curies in Paris das Radium isoliert hatten, beobachtete man in Sachsen mit großer Aufmerksamkeit. Immerhin waren auch hier Vorkommen von Pechblende und verschiedenen anderen Uranmineralen alles andere als selten. Im Königlichen Finanzministerium entschloss man sich nun dazu, der Sache nachzugehen. Systematisch sollten Gruben- und Flurwässer im Erzgebirge und Vogtland auf ihren Radiumgehalt hin untersucht werden. Die Finanzbeamten in Dresden dürften dabei von der Vision eines sächsischen Pendants zum erfolgreichen österreichischen Staatsbad in St. Joachimsthal geleitet worden sein. Jedenfalls behielt sich der Fiskus jegliche Verwertungsrechte auf etwaige radioaktive Funde vor.

Mit den Untersuchungen wurden Prof. Carl Schiffner (1865–1945), übrigens ein Schüler Clemens Winklers und Dr. Weiding, von der Königlich Sächsischen Bergakademie Freiberg betraut. Das Blaufarbenwerkskonsortium wies die Wissenschaftler zu Recht auf das Schneeberg-Neustädtler Kobaltfeld hin, schließlich waren in den konsortschaftlichen Gruben nicht nur Pechblende aufgefunden, sondern auch eine Vielzahl neuer Uranminerale entdeckt worden. Dass die Grubenwässer im Gebiet von Schneeberg und Schlema zu einem Schwerpunkt des Forschungsprojektes wurden, konnte dem Konsortium nur Recht sein, immerhin ging das Kobaltausbringen seit Jahrzehnten stetig zurück und ließ das unausweichliche Ende der Erzgewinnung bereits erahnen. Neben dem Bergbau einen lukrativen Kur- und Badebetrieb zu betreiben, musste dem Konsortium unter diesen Umständen als willkommene Zukunftsvision erscheinen.

Schiffner und Weiding trafen im Januar 1909 in Oberschlema ein und fanden in Werksbaumeister Richard Friedrich einen begeisterten Mitstreiter und fanatischen Radiumjäger, der die hydrologischen Verhältnisse im Marx-Semmler-Stollen und seinen Nebenörtern wie kein anderer kannte. Im Wesentlichen überließen die Freiberger Wissenschaftler dem Oberschlemaer Werksbaumeister alle weiteren Untersuchungen. In den berühmt gewordenen Publikationen „Radioaktive Wässer in Sachsen“ aus den Jahren 1911 und 1912 begegnet uns Friedrich denn auch als gleichberechtigter Co-Autor von Schiffner und Weiding.[71] Das Blaufarbenwerk unterstützte die Forschungen nachdrücklich, zu dem Werksbaumeister gesellten sich als unermüdliche Helfer noch der Straßen- und Wasserwärter Paul Rössel und der Werksaufseher Paul Lippold.

Die drei Blaufarbenwerker untersuchten hunderte Wasser- und Luftproben aus dem Bereich des Marx-Semmler-Stollens auf ihre Radioaktivität. Sie versuchten, die unterirdischen Wasserströme bis zu ihrem jeweiligen Ursprunge zurückzuverfolgen und dabei die Quellen mit besonders hoher Aktivität einzugrenzen. Und die Mühen sollten belohnt werden. Schon im April 1909 fanden sich Wässer, mit deren Aktivität nicht einmal die etablierten Kurbäder von St. Joachimsthal, Bad Kreuznach oder Bad Gastein mithalten konnten. Der entsprechenden Stelle in einem Nebenflügel des Semmler-Stollens gab Friedrich den bezeichnenden Namen „Radiumort“.

In diesem Bereich wurden auf Kosten des Blaufarbenwerkskonsortiums bis 1911 Auffahrungen und Ausbauten vorgenommen, die vielversprechend ausfielen. Sowohl die Aktivität als auch die Menge der Wässer war so hoch, dass die Versorgung eines Kurbades ohne weiteres möglich erschien.

Interessant ist, dass Friedrich, was die Herkunft der radiumhaltigen Wässer betrifft, die These vertrat, dass die Uranvorkommen im Bereich von Oberschlema in größeren Tiefen lägen und eher unbedeutend wären. Durch Klüfte und Spalten sickernd, könnten schon geringe Mengen des Schwermetalls für die hoch aktiven Wässer verantwortlich sein. Er stellte sogar eine Rechnung auf, welche die Unwirtschaftlichkeit eines Uranabbaus, immerhin wurde das Metall zu dieser Zeit bereits zur Herstellung von Farben und zur Gewinnung von Radium verwendet, belegen sollte. Der Schlemaer Ortschronist Oliver Titzmann, der die Geschichte des Radiumbades Oberschlema ausführlich und sehr ansprechend dargelegt hat, vermutet als Grund für diese wenig plausiblen Ausführungen, dass Friedrich unbedingt die Gründung eines Heilbades durchsetzen wollte.[72] Dem wäre noch hinzuzufügen, dass der Oberschlemaer Werksbaumeister womöglich die negativen Auswirkungen des Uranabbaues vorausahnte.

Jedenfalls waren Friedrichs Planungen zu einem möglichen Kurbetrieb bis zum Frühjahr 1911 schon weit fortgeschritten. Doch statt an die zügige Umsetzung des Vorhabens gehen zu können, kamen auf die Befürworter des Projektes nun einige Rückschläge zu. So wurde im März 1911 im vogtländischen Brambach eine ergiebige Radiumquelle entdeckt, worauf der sächsische Fiskus sein Engagement dort bündelte und in kurzer Zeit ein mondänes Staatsbad aus dem Boden stampfte. Die Investitionen in Brambach bedeuteten nichts anderes, als dass sich die Beamten in Dresden gegen Schlema entschieden hatten. Eine zweite Kuranlage im Königreich Sachsen mit öffentlichen Mitteln zu errichten, kam freilich nicht in Frage.

Auch das Blaufarbenwerkskonsortium bekam ob der zu erwartenden hohen Investitionskosten kalte Füße und zog sich weitgehend aus dem Projekt zurück. Dass in Oberschlema Ende 1912 die stärkste Radiumquelle der Welt gefunden wurde, konnte zwar weder den Staat noch das Konsortium umstimmen, führte aber zu einer verstärkten privaten Initiative. Trotz des hereinbrechenden Krieges gelang es einem Arbeitsausschuss, die Gründung einer GmbH als Träger des Kurbetriebes durch weitere Erschließungsarbeiten unter Tage, Grundstückskäufe usw. vorzubereiten. Erst das Argument, dass ein Kurbad durchaus kriegswichtig sei, da es für die Genesung verwundeter Soldaten genutzt werden könne, ermöglichte den Baubeginn. Trotz permanentem Materialmangel, kriegsbedingter Teuerungen und anderer Widrigkeiten konnte das Kurhaus in Oberschlema, wenn auch in einer stark abgespeckten Variante, im Frühjahr 1918 eröffnet werden. Leider konnte sich der geistige Urheber des Projektes nicht mehr an der Verwirklichung seines Traumes erfreuen. Im Alter von 68 Jahren war Richard Friedrich bereits 1916 verstorben. Heute erinnern die Richard-Friedrich-Straße und der Richard-Friedrich-Park im Herzen des nach 1990 neu erstandenen Kurviertels an den unermüdlichen Vorkämpfer für die Radiumbad-Idee.

74 Werksbaumeister Richard Friedrich (1848–1916, Mitte), Straßen- und Wasserwärter Paul Rössel (1865–1935, links) und Werksaufseher Paul Lippold im traditionellen Paradehabit des Sächsischen Blaufarbenwesens. Die Angehörigen des Königlichen Blaufarbenwerkes Oberschlema untersuchten in den Jahren 1909 bis 1912 die radioaktiven Wässer des Marx-Semmler-Stollens. Mit der Auffindung der seinerzeit stärksten Radiumquelle legten sie den Grundstein für das Kurbad Schlema. Foto E. Mittenzwey.

Die Kuranlagen wurden in den 1920/30er Jahren erheblich erweitert. Das 1935 fertig gestellte neue Kurhotel wurde für die kurze Zeit seines Bestehens zum Aushängeschild und Wahrzeichen des Kurbades. Die Kunde von grandiosen Heilerfolgen bei verschiedenen, meist chronischen Leiden bescherte dem Radiumbad Oberschlema besonders in den 1930er Jahren eine ungeahnte Popularität und Blüte. Dabei begann der Aufenthalt vieler Kurgäste mit einem gewissen Schockerlebnis. Mit der Bahn aus Berlin, Leipzig oder Zwickau kommend, erwartete sie am Bahnhof „Radiumbad Oberschlema" ein wenig erfreulicher Anblick. Direkt vis-a-vis der Gleise befand sich nämlich das in die Jahre gekommene Blaufarbenwerk, das mit seiner großen Schlackenhalde und einer Vielzahl von rauchenden Schloten nicht gerade geeignet war, die Gäste auf eine besinnliche Kur einzustimmen (vgl. Abb. 135). Später sollten das reizvolle Silberbachtal und die ansprechend gestalteten Kuranlagen diesen unerfreulichen Empfang vergessen machen.

Nach 1945 endete die Geschichte des Radiumbades wie in einem jähen Alptraum. Friedrichs zweckmäßige Vermutung, dass sich unter Oberschlema kaum nennenswerte Uranvorkommen befinden, sollte von den russischen Besatzern in kurzer Zeit widerlegt werden. Im Gegenteil, das radioaktive Element konnte schon in geringen Teufen angetroffen werden. Der ab 1946 einsetzende Abbau führte zu so gewaltigen Bergschäden, dass nicht nur die Kuranlagen, sondern auch ein großer Teil des Ortes abgebrochen werden mussten. Die Folgen des Raubbaues machten auch vor dem einstmals so bedeutenden Königlichen Blaufarbenwerk nicht Halt. Erst als Fabrik 99 zur Uranerzaufbereitung missbraucht, mussten die größtenteils historischen Gebäude bis 1965 abgebrochen werden. Es waren die Geister, die man einst rief und nun nicht wieder los wurde. Zu DDR-Zeiten eher einer unwirklichen Mondlandschaft gleichend, wurden große Bereiche des Schlematals nach 1990 rekultiviert, so dass der Ort heute wieder mit einem ansehnlichen Kurbetrieb aufwarten kann. Das historische Kurgelände allerdings konnte nur als Parkanlage gestaltet werden, da die Bodensenkungen noch immer nicht abgeschlossen sind. Übrigens suchten Schiffner und Weidig auch im Bereich des Pfannenstieler Blaufarbenwerks nicht ganz erfolglos nach radioaktiven Wässern. Auch dort fiel nach 1945 das bekannte Auer Stadtbad mit dem Naturdenkmal Hakenkrümme dem Uranwahn der Besatzer zum Opfer. Wir wollen nun Schlema und Aue verlassen und uns einem Blaufarbenwerksstandort zuwenden, der ebenfalls mit bemerkenswerten Innovationen aufwarten konnte.

Die Ultramarinfabrik Schindlerswerk

Merkwürdig waren sie schon, diese blauen Ablagerungen, die mitunter in den Brennöfen der Schönebecker Sodafabrik zu beobachten waren. Dabei enthielten die Ausgangsstoffe Glaubersalz (Natriumsulfat), Kohle und Kalkstein, die für das Sodabrennen nach dem Le Blanc-Verfahren herangezogen wurden, keinerlei Metalle, die man für die Färbung hätte verantwortlich machen können. Diese mysteriöse Beobachtung aus dem Jahre 1811 ist uns durch eine Veröffentlichung bekannt geworden, es war aber sicher nicht der erste Fall dieser Art.[73]

Das Phänomen der blauen Massen trat in der Folgezeit in schöner Regelmäßigkeit überall dort auf, wo Soda nach dem Verfahren von Monsieur Le Blanc gebrannt wurde. Analysen erbrachten, sofern sie überhaupt angestrengt wurden, zunächst kein eindeutiges Ergebnis. So blieb den Sodafabrikanten vorerst nichts anderes übrig, als sich mit dem blauen Wunder abzufinden.

Größere Aufmerksamkeit brachte man dem natürlichen Lasurstein, dem kostbaren Lapislazuli, entgegen. Die Ursache für die blaue Färbung des daraus schon im Altertum gewonnenen Ultramarins interessierte eine Vielzahl der bedeutendsten Chemiker des 18. und 19. Jahrhunderts. Andreas Sigismund Marggraf (1709–1782) glaubte, dass die Färbung des Minerals von einem gewissen Gehalt an Eisen herrühre; Martin Heinrich Klaproth (1743–1817) identifizierte 1794 die Tonerde (Aluminiumoxid) als Bestandteil des natürlichen Ultramarins.[12] Schließlich konnte der Lasurstein seine wahre Identität nur noch so lange verbergen, bis es der Stand der chemischen Analyse erlaubte, diese aufzuklären. Das erste, vollständig richtige Untersuchungsergebnis legten die Franzosen Désormes und Clément im Jahre 1806 vor. Dass in einem Ultramarin der besten Sorte nur Kiesel- und Tonerde (Silicium- und Aluminiumoxid), Natron und Schwefel enthalten sein sollten, konnte zu diesem Zeitpunkt allerdings noch nicht gänzlich überzeugen. So setzte sich die Erkenntnis, dass reines Ultramarin völlig frei von Metallen ist, erst allmählich in den 1820er Jahren durch. Heute wissen wir, dass Eisen in Form von Pyrit zwar im Lasurstein vorkommt, dort aber lediglich eine Verunreinigung darstellt, die vor der Analyse entfernt werden muss. Das Mineral ist nichts anderes als ein Natriumaluminiumsilikat wechselnder Zusammensetzung, dessen blaue Färbung auf Schwefelradikale zurückzuführen ist.

Mit etwas Phantasie lässt sich sogar eine theoretische Verwandtschaft zwischen den traditionellen Smalteerzeugnissen und dem Ultramarinblau herstellen. So verdankt die Smalte ihre Färbung den elektronischen Zuständen des Kobalts in einer Glasschmelze. Wie der Name „Smalte" bereits andeutet, müssen die Ausgangsstoffe Sand (Kieselerde), Pottasche (Kaliumkarbonat) und Kobaltoxid bis über den Schmelzpunkt des Gemenges erhitzt werden. Beim Ultramarin rührt die Färbung von elektronischen Zuständen des Schwefels statt des Kobalts her. Die Matrix aus den Rohstoffen Kiesel- und Tonerde sowie Soda (Natriumkarbonat) ist dem Blaufarbenglas sehr ähnlich, nur dass sie sich bereits unterhalb des Schmelzpunktes des Gemisches ausbildet. Das Ultramarinbrennen erfordert daher zwar eine gute Durchmengung der Ausgangsstoffe, aber deutlich geringere Temperaturen als das Glasschmelzen. Später sollte sich das Ultramarinverfahren in der Hinsicht als außerordentlich variabel erweisen, dass abhängig von der Prozessführung der Farbton des Produktes neben Blau sogar in Richtung Grün, Violett bis hin zum Rot variiert werden konnte. Die Smalten unterscheiden sich dagegen nur in der Stärke ihres Blautones.

Natürlich umgab den Lapislazuli von jeher ein gewisser Nimbus, schließlich sollte das daraus gewonnene Ultramarinblau einst mit Gold aufgewogen worden sein. Doch gibt dieser Fakt allein keine hinreichende Begründung dafür ab, dass sich zu Beginn des 19. Jahrhunderts eine große Anzahl bedeutender Chemiker mit dem Mineral befassten. Erklärlich wird das verstärkte Interesse für den schon lange bekannten Lasurstein, wenn man das wirtschaftliche, technische und gesellschaftliche Umfeld dieser Zeit betrachtet. So benötigte besonders die aufstrebende Papierindustrie billige Bleich- und Färbemittel für ihre Produkte. Außerdem wollte sich das Biedermeier-Bürgertum nicht mehr mit grauen, schmucklosen Wohnungen und Fassaden abfinden. So wurden Tapeten- und Anstrichfarben in bisher unbekannten Quantitäten nachgefragt. Dieser gestiegene Bedarf konnte mit den teuren kobalthaltigen Smalteprodukten nicht mehr gedeckt werden, auch wenn der Bestand an Blaufarbenwerken in Europa um 1820 seinen Höhepunkt erreichte.

Der Gedanke, das Ultramarin des natürlichen Lasursteins auf künstlichem Wege zu erzeugen, musste nun beinahe zwangsläufig aufkommen. Immerhin bestand das Mineral lediglich aus den billigen Rohstoffen Ton- und Kieselerde, Natron und Schwefel. Das Phänomen der blauen Massen aus den Sodaöfen, in denen diese Stoffe zugegen waren, gab diesem Gedanken weiteren Auftrieb. Doch damit nicht genug! Um das Ultramarinfieber weiter anzuheizen, lobte die einflussreiche Pariser „Gesellschaft zur Förderung der nationalen Industrie" die stattliche Summe von 6.000 Francs für denjenigen aus, dem es als erstem gelingen würde, ein Verfahren zur Herstellung von künstlichem Ultramarin vorzulegen. Die Umsetzung dieser Aufgabe war nun nur noch eine Frage der Zeit. Dabei kann der Gewinner des Preisausschreibens keinesfalls

als alleiniger Erfinder des künstlichen Ultramarins gelten.
Tatsächlich wurde das Preisgeld im Jahre 1828 an den französischen Chemiker Jean Baptiste Guimet in Toulouse ausgezahlt. Sein Verfahren bediente sich der Rohstoffe Ätznatron (Natriumhydroxid), Kiesel- und Tonerde sowie Schwefel, die er in einem Brennofen zu einem überzeugenden Blauton umsetzte. Die Einzelheiten wurden allerdings geheim gehalten und erst dann ansatzweise veröffentlicht, als das Verfahren nur noch für Chemie-Historiker von Interesse war.[74] Etwas weniger Aufsehen erregte Professor Gmelin in Tübingen, der sich schon seit vielen Jahren mit Ultramarinblau befasst hatte und ebenfalls von dessen künstlicher Darstellungsmöglichkeit überzeugt war. Unabhängig von Guimet gelang es auch ihm, 1828 ein brauchbares Herstellungsverfahren für das Blaupigment vorzulegen. Anders als der Franzose begnügte er sich aber mit der Veröffentlichung seines Prozesses und verzichtete damit bewusst auf dessen wirtschaftliche Ausbeutung.
Obwohl sich weder das natürliche noch das künstliche Ultramarin als Schmelz- oder Glasurfarbe eignen, war es eine berühmte Porzellanmanufaktur, die zur ersten Produktionsstätte des neuen Blautones in Deutschland wurde. Diese überraschende Erkenntnis verdanken wir einem handschriftlichen Aufsatz, der sich im Bergarchiv Freiberg fand.[24-9] Der Autor des Artikels aus dem Jahre 1851, der auch veröffentlicht wurde, war kein geringerer als der Arkanist (Betriebschemiker) der Königlichen Porzellanmanufaktur Meißen. Nach eigenen Angaben agierte August Friedrich Köttig (1794–1864) völlig unabhängig von Guimet und Gmelin. Durch die Beobachtung blauer Färbungen beim Brennen der noblen Produkte seines Unternehmens inspiriert, entwickelte er im Laufe des Jahres 1828 ein Verfahren zur Ultramarinfabrikation unter Zuhilfenahme von Glaubersalz als Schwefelquelle und Holzkohle als Reduktionsmittel. Wenig später ging er zur Verwendung von Soda, Schwefel und Kohle über, womit er den Weg für den zukünftigen industriellen Prozess vorwegnahm. Ab 1829 gehörte das künstliche Lasursteinblau zur Produktpalette der Porzellanmanufaktur, es ist daher nicht abwegig, Meißen als Geburtsstadt der deutschen Ultramarinfabrikation zu bezeichnen. Selbstredend darf man sich die Produktion nicht allzu groß, sondern eher in einem halbtechnischen Maßstab vorstellen. Die Leistungen Köttigs wurden später uneingeschränkt anerkannt.[73] Übrigens trat der Sohn des Meißner Ultramarin-Erfinders, er hieß Otto Friedrich Köttig (1824–1892), später in die Dienste des Blaufarbenwerkskonsortiums und stieg 1858 zum Faktor des königlichen Blaufarbenwerkes Oberschlema auf.
Die Kunde von der Erfindung des neuen Blaupigments erreichte freilich auch das Erzgebirge. Doch selbst die Gründung größerer Ultramarinfabriken wie 1834 durch Carl Leverkus (1804–1889) in Wermelskirchen in der Nähe von Köln oder 1838 in Nürnberg, nahm das sächsische Blaufarbenwerkskonsortium noch verhältnismäßig gelassen auf. Die Herren Bevollmächtigten vertraten die Meinung, dass das kobaltfreie Ultramarin nie und nimmer mit den bewährten Smalteprodukten würde konkurrieren können und bestenfalls als Nachahmung des echten Kobaltblaues zu verstehen sei. Ein Zweckoptimismus, der sich schon bald als fatale Fehleinschätzung erweisen sollte und nicht unwesentlich dazu beitrug, dass sich die Blaufarbenwerke zunehmend in die bereits geschilderte Krise zu Mitte des 19. Jahrhunderts hineinmanövrierten (vgl. den Abschnitt „Der Privatblaufarbenwerksverein"). Tatsächlich verbesserten die Ultramarinfabrikanten ihr Produkt ständig, so dass das lichtechte Pigment den Kobaltfarben an Brillanz bald ebenbürtig war bzw. diese sogar übertraf. War auch das Ultramarin anfangs noch recht teuer, so zog die Erweiterung der Produktion ein schnelles Fallen der Preise nach sich.
Als der Absatz der Smalteerzeugnisse ab etwa 1840 immer weiter zurückging und z. T. erhebliche Preisnachlässe gewährt werden mussten, sah sich das Konsortium veranlasst, der Sache ernsthaft nachzugehen. So reiste im August und September des Jahres 1845 der Hauptlagerhalter Peter Robert Kraft

in Begleitung des Farbmeisters Hermann Scheidhauer aus Oberschlema nach Holland, Belgien und ins Rheinland, um sich in den großen Papier- und Textilfabriken einen Eindruck von der Anwendung der sächsischen Blaufarbenwerkserzeugnisse zu verschaffen. Ihr Reisebericht, der auf einer Sitzung des Konsortiums im Oktober 1845 ausgewertet wurde, ließ die Herrn Bevollmächtigten aufhorchen. Zwar berichten Kraft und Scheidhauer *bei dem blühenden Zustande fast aller Fabrikzweige* von einer wachsenden *Blaufarben-Consumtion*, doch kommen sie nicht umhin, eine erschreckende Erkenntnis hinzuzufügen: *Leider hat die Erfahrung auf dieser Reise bestätigt, dass unter Blaufarben, welche zu Bleichereien, zur Papier- und Stärkefabrikation u. s. w. gebraucht werden, nicht mehr ausschließlich die Smalte verstanden werden könne, sondern dass hierunter gegenwärtig auch ein sehr großer Theil des künstlichen Ultramarins von Nürnberg und Wermelskirchen begriffen werden müsse, indem dieses so beliebte Surrogat bei seinem feurigen Blau verbunden mit großer Feinheit und Leichtheit und bei seiner großen Wohlfeilheit ... fast in allen Fabrikationsbranchen in großen Maßen vortheilhaft mit verbraucht würde. Insbesondere sind es die Maschinenpapierfabriken, welche dieses Ultramarinblau fast ausschließlich gebrauchten und dass einer der größten Fabrikanten dieser Art geäußert habe, daß er seit 5 Jahren nur mit Nürnberger Ultramarinblau arbeite, dass seine Papiere durchaus nicht in der Farbe sich änderten und daß er wenigstens 24 Pfund sächsische SFFE* (feine Eschelsorte, vgl. Abb. 60) *würde nehmen müssen, um einem Quantum von 6 Pfund jenen Ultramarins etwa gleich zu kommen, welches letztere dabei immer noch mehr Feuer und Lieblichkeit in der Färbung zeige.*[53]

Mit Ärger und Bestürzung mussten die Anwesenden außerdem zur Kenntnis nehmen, dass Ultramarin sogar mit Mehl oder Seesand vermengt wurde, um dann als teure Kobaltfarben-Fälschung in den Handel gebracht zu werden. Um sich vor solchen Betrügereien zu schützen, würden die Händler und Verbraucher zunehmend auch die echten Kobaltglasprodukte meiden. Zusammenfassend stellen Kraft und Scheidhauer fest: *Es kann keinen Augenblick bezweifelt werden, daß die Ausbreitung der künstlichen Ultramarine immer größer werde und daß diejenigen großen Häußer, welche bisher streng auf Kobaltfarben hielten, nicht im Stande wären, der selben Einhalt zu thun ... Diese Verhältnisse müßten also den größten Einfluß auf die Consumtion von Kobaltfarben äußern ...*[53]

Sowohl der anwesende Königliche Blaufarbenkommissar Friedrich Constantin von Beust als auch die Bevollmächtigten der Blaufarbenwerke sahen sich in dieser Sitzung offenbar außerstande, angemessen auf die alarmierenden Nachrichten reagieren zu können. Noch immer hegte man die Hoffnung, dass das künstliche Ultramarin wieder *außer Gebrauch* kommen und die Abnehmer auf den rechten Weg zurückfinden würden.[53] Vereinzelt auftretende Qualitätsprobleme bei einigen kleineren Ultramarinfabriken nährten in den folgenden Jahren diese verzweifelte Hoffnung immer wieder aufs Neue, so dass es noch eine Weile dauerte, bis man sich zu einer nachhaltigen Entscheidung durchringen konnte. Erst im Jahre 1855 wagte man den entscheidenden Schritt. Durch die Umwandlung des abseits gelegenen Schindlerschen Blaufarbenwerks in eine Ultramarinfabrik stellte das Blaufarbenwerkskonsortium die Weichen für die Zukunft und konnte fortan am Siegeszug des künstlichen Blaus partizipieren.

Bevor wir uns nun der bemerkenswerten Geschichte der Ultramarinfabrik Schindlerswerk zuwenden, wollen wir uns noch kurz in die letzten Jahre des seit 1649 bestehenden Blaufarbenwerks vertiefen. Dabei werden wir zu der verblüffenden Erkenntnis gelangen, dass die Veränderungen, die sich bei der Umwandlung des alten Werks in eine chemische Fabrik vollzogen, weit weniger dramatisch waren, als es beispielsweise bei der Entstehung der Nickelhütte Aue aus dem Blaufarbenwerk Niederpfannenstiel der Fall war. Tatsächlich ist der Ultramarinprozess dem Herstellungsverfahren des Kobaltblaus in weiten Teilen gar nicht so unähnlich. Dieser Umstand trug wesentlich dazu bei, dass wir heute im Montandenkmal Schindlerswerk auf Schritt und Tritt nicht nur auf Relikte aus der Ultramarinfabrik stoßen, sondern auch stets vielerlei Anknüpfungspunkte an das historische Blaufarbenwerk finden.

Einen ersten Eindruck von der etwas abseits gelegenen Farbmühle liefert uns der bereits mehrfach erwähnte Christian Friedrich Bauer. Im Rahmen seines „praktischen Cursus" auf den sächsischen Blaufarbenwerken war er, nachdem er bereits die anderen drei Standorte besucht hatte, im Februar 1820 schließlich in Schindlerswerk angekommen. Einführend schreibt er: *Die Lage des Werkes ist ziemlich rau doch aber in ökonomischer Hinsicht und vorzüglich wegen der Holzversorgung vortheilhaft. In einem engen Thale, das auf beyden Seiten mit hohen, steilen, dicht mit Schwarzwald bewachsenen Bergen umschlossen ist, liegt das Werk nahe an dem hindurch strömenden Muldenflusse, 2 Stunden von Schneeberg, 2 Stunden von Eybenstock und ¼ Stunde stromaufwärts über dem Schneeberger Rechen, bey welchem der Schneeberger Floßgraben seinen Anfang nimmt. Seine Aufschlagwässer erhält das Werk aus der Mulde in welche in den Jahren 1788 bis 1790 ½ Stunde stromaufwärts über dem Werke ein sehr schönes Wehr aus Werkstücken von Granit eingebaut worden ist. Von hier an führt ein ausgemauerter Graben längst des linken Bergabhanges, dem Werke die Wasser zu und bringt bis zum ersten Aufschlag circa 7 Ellen Gefälle ein.*[61]

Tatsächlich war die Wasserkraft eine essentielle Voraussetzung zum Betrieb eines Blaufarbenwerkes. Wie sonst sollte man die Pochwerke und Mühlen bzw. ein evtl. vorhandenes Sägewerk antreiben? Selbst als im 19. bzw. zu Anfang des 20. Jahrhunderts stationäre Dampfmaschinen und Verbrennungsmotoren gebräuchlich wurden, konnten diese die Wasserkraft zunächst nur ergänzen, aber nicht ersetzen. So finden wir im Jahre 1924 in Schindlerswerk vier Wasserräder und ebenso viele Turbinen, die den Energiebedarf des Betriebes abdeckten. In Niederpfannenstiel nutzte man dagegen bereits einen stationären Dieselmotor, der allerdings auch hier nur zur Ergänzung der Wasserkraft z. B. bei Niedrigwasser eingesetzt wurde. Eine Berechnung der Energiekosten aus jenem Jahr fällt eindeutig zugunsten der Wasserkraft aus. Eine mittels Diesel- oder Dampfantrieb erzeugte Kilowattstunde war mit vier bis fünf Pfennigen etwa doppelt so teuer wie aus der Nutzung der Wasserkraft, bei der weniger als zwei Pfennige für die Abschreibung und Wartung der Anlage zu veranschlagen waren.[23-18]

Sieht man von kurzen Trockenzeiten im Sommer ab, so ist Schindlerswerk in energetischer Hinsicht geradezu ideal gelegen. Die durch die Zwickauer Mulde zur Verfügung stehende Wasserkraft war der in den anderen drei Blaufarbenwerken stets überlegen. Dieser Punkt war daher immer auch ein gewichtiges Argument zum Erhalt des Werkes und hat sicherlich nicht unwesentlich dazu beigetragen, dass die mehrfach erwogene Schließung stets abgewendet werden konnte. Das heute noch vorhandene steinerne Wehr und der akkurat mit Granitquadern ausgesetzte obere Teil des Betriebsgrabens stammen aus den Jahren 1788/89. Durch das in Schindlerswerk vorhandene Aktenmaterial sind wir recht gut über die Umstände des Baus informiert. Sie sollen dem Leser nicht vorenthalten werden.

Demnach trägt der damalige Faktor des Schindlerschen Blaufarbenwerkes, Johann Georg Bauer, den Bevollmächtigten Christoph Friedrich Härtel und Christian Heinrich Richter am 12. April des Jahres 1786 über die missliche Lage der wassertechnischen Anlagen vor. Er führt aus, dass die vorhandene, aus Holz gefertigte Wehr- und Rechenanlage aufgrund der Fäulnis alle 12 bis 13 Jahre erneuert werden müsse. Weiterhin gibt er zu bedenken: *Wenn nun die Hölzer von Zeit zu Zeit immer rarer und kostbarer werden, und in der Folge nur mit sehr schweren Kosten zu erlangen seyn* dürften, so könnte dem hiesigen Werke ein nicht geringer Nutzen für die Zukunft *geschaffet werden, wenn solche Kästen und Lehrwand* (Teil der Wehranlage) *steinern ausgeführet und ihnen so zusagen eine ewige Dauer gegeben würde.*[53]

Überzeugen konnte Bauer mit dem Argument, dass die anstehende Erneuerung des Wehres und Grabens in Holz laut des Kostenvoranschlages 3.077 Taler kosten würde, der Bau in Stein aber mit 4.307 Talern, also schon mit einem verhältnismäßig geringen Mehraufwand zu erlangen sei. Der Neubau in Stein wurde also beschlossen, allerdings sollte, vermutlich aufgrund begrenzter finanzieller Mittel, der Bau über mehrere Jahre, Stück für Stück vorangebracht werden. Dieser Plan scheiterte allerdings schon im Herbst 1786, als starker Regen die Mulde derart ansteigen ließ, dass in der Nacht vom 18. zum 19. September die begonnenen Bauten vom Wasser mit fortgerissen wurden.

In einem Brief vom 5. Juni 1787 an den Bevollmächtigten Christoph Friedrich Härtel führt Faktor Bauer aus: *Allein mit Stückwerk, wie es anfänglich hieß, nemlich alle Jahre ein Stück zu bauen, kommen wir nicht fort, sondern wir müssen die Sache bey trockner Witterung möglichst forcieren, wenn wir uns ... nicht ... neuen Schaden zufügen wollen.* Allerdings fügt er hinzu: *Aber, aber woher nehmen wir Geld? Doch es muß rath dazu werden, und da wir einmal borgen müssen, so ist es einerley ob wir das benöthigte in einem oder in 2 Jahren borgen.*[53]

Schließlich konnte das Finanzierungsproblem gelöst werden, da sich u. a. die Gemeinde Lößnitz zu einem Darlehen bereit erklärte.

Kurzzeitig drohte ein anderes Ärgernis das so überaus wichtige Projekt zu gefährden. So kam es während des Baus im Jahre 1788 zu Diskrepanzen mit der kurfürstlichen Forstverwaltung, da ohne Erlaubnis Granitsteine in den Waldungen am Steinbergmassiv gebrochen worden waren. Allerdings konnten die Unstimmigkeiten durch die Zahlung von acht Talern Entschädigung seitens des Werkes ausgeräumt werden, mehr noch, die Erlaubnis für weitere Steinbrucharbeiten wurde erlangt. Offenbar hatte der Hinweis der Bevollmächtigten, dass ja auch der Kurfürst Kuxe an Schindlerswerk besitze und damit vom Neubau des Wehres und Grabens profitiere, einen gewissen Eindruck bei den Forstbeamten hinterlassen. Auf jeden Fall wurde die Anlage 1789 vollendet. Der dafür notwendige Platz von neun Ellen Breite und 306 Schritt Länge wurde dem Werk für eine jährliche Pacht von sechs Groschen erblich vom Kurfürsten überlassen. Die „Vererbungsurkunde“ wurde am 5. Mai 1789 ausgestellt. Erst nach dem Zweiten Weltkrieg, also im Volkseigenen Betrieb, wurde die wassertechnische Anlage entbehrlich, was zur Vernachlässigung notwendiger Wartungsarbeiten führte. Trotzdem ist der Betriebsgraben in seinen wesentlichen Teilen bis heute funktionstüchtig und soll in absehbarer Zeit wieder zur Erzeugung von Elektroenergie genutzt werden.

Nach diesem kurzen Ausflug in die Geschichte der wassertechnischen Anlagen von Schindlerswerk wollen wir nun weiter den detaillierten Beschreibungen des Werkes aus Christian Friedrich Bauers Journal folgen. Sie sind für uns deshalb von besonderem Interesse, weil einige der Gebäude noch immer existieren und wir somit Aufschluss über deren ursprüngliche Nutzung erhalten. Glücklicherweise fand sich im Bergarchiv Freiberg ein Riss aus dem Jahre 1818, anhand dessen wir Bauers Beschreibung nachvollziehen können (Abb. 75). Ergänzend dazu existiert eine Lithographie von Schindlerswerk, die um 1845 datiert und daher als erste reale Darstellung des Betriebes angesehen werden kann (Abb. 76). Die in Abbildung 75 eingefügten Buchstaben sollen dazu dienen, uns die Orientierung anhand Bauers Schilderung zu erleichtern:

Die Hauptgebäude des Werkes bilden 2 Fronten, die mit einigen Neben Gebäuden einen länglichen vierseitigen Hof einschließen.

Das erste Hauptgebäude vom Eingange ***(a)*** *herein rechts, bildet die Hütte* ***(b)****, in der sich 2 Schmelzöfen mit daran stoßenden Sandtrockenöfen, der Kobaltröstofen, der Temperofen, der Flusssiedeofen und die Schmiede befinden.*

Mit der Hütte in einer Fronte liegt nun das ziemlich lange Herrenhaus ***(c)****, in dessen Parterre 1 Pottaschgewölbe, ein Gewölbe zur Aufbewahrung vorräthiger Farben und Escheln und das Cassengewölbe enthalten sind. In der oberen Etage findet* *man mehrere Zimmer, die sonst die Herrschaft des Werks bewohnte, jetzt aber zum Theil von dem 2ten Farbmeister und einigen Arbeitern bewohnt werden, zum Theil aber auch ganz leer stehen.*

*An dieses Gebäude stößt nun die Schullehrer-Wohnung **(d)** und in einiger Entfernung von diesem aber mit den bisher erwähnten Gebäuden in gleicher Richtung, steht das neue Magazin **(e)**, das unten zur Aufbewahrung der Farb-Vorräthe und oben zum Aufstürzen der Kobalte benutzt wird.*

*Der Hütte **(b)** gegenüber, die 2te Fronte bildend, trifft man*

1. *ein Wohngebäude **(f)*** für den Nachtwächter und den Böttcher
2. *die Getreidemühle **(g)** in der zugleich eine Arbeiter-Wohnung mit eingebaut ist*
3. *stark vorspringend folgt auf diese das im Jahr 1815 neu erbaute, durchaus steinerne Werksgebäude **(h)**, welches im Parterre ... unter der Factorie, 6 Mühlen, 1 Glaspochwerk, 1 Beutelmühle, ferner 1 Wasch- und Reibestube, 1 Trockenstube, 1 Sieb- und Mengkammer und 1 Stübchen für die Arbeiter enthält; oben aber: die 1ste Farbmeisterwohnung und 1ne Schankstube in sich fasst.*

Hart an dieses Gebäude an, stößt die Factorie in derem niedrigem und dunklem Parterre sich folgende Maschinen und Fabrikräume befinden:

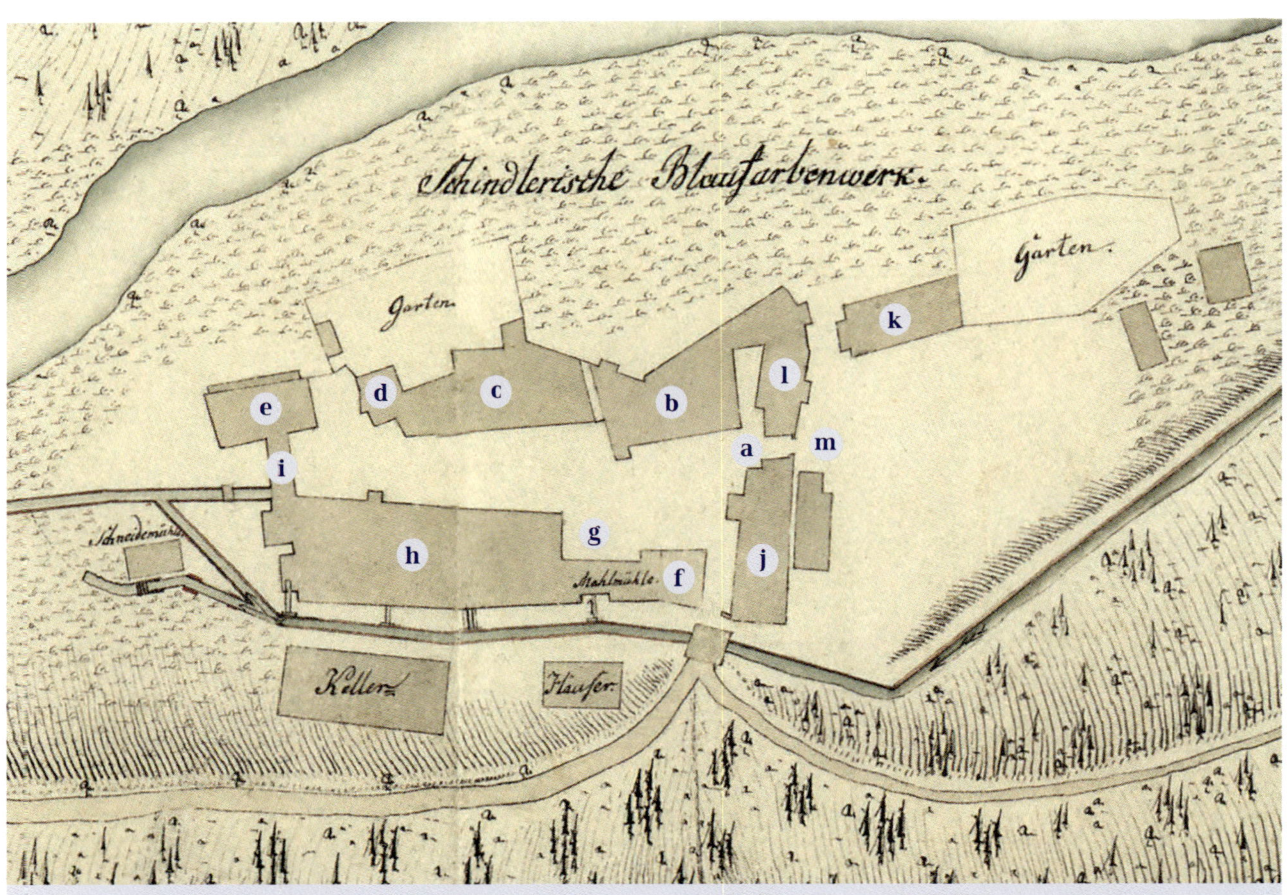

75 Ausschnitt aus einem Riss des Schindlerschen Blaufarbenwerks aus dem Jahre 1818. **a** Eingang, **b** Hütte (teilerhalten), **c** Herrenhaus (erhalten, Dach 1862), **d** Schulmeisterhaus (nicht erhalten), **e** Magazin (erhalten), **f** Wohnhaus Nachtwächter, Böttger (nicht erhalten), **g** Getreidemühle (nicht erhalten), **h** Mühlen, Pochwerk, Faktorenwohnung (teilerhalten), **i** Torhaus (erhalten), **j** Trockenhaus, Gemengkammer (nicht erhalten), **k** Kutscherhaus (erhalten), **l, m** Giftfang mit Esse (nicht erhalten). Die Schneidmühle wurde vom Werk betrieben, später auch verpachtet. Vorlage und Repro: Sächsisches Staatsarchiv, Bergarchiv Freiberg, 40044/1 (MF 20468/1-2).

1. das Kobalt- und das Sandpochwerk
2. das Eschel-Walk-Pochwerk ...
3. 2 Mühlen und 1 Glaspochwerk ...
4. eine dazu gehörige Wasch- und Reibstube
5. eine Siebkammer und endl.
6. eine Trockenstube, die aber jetzt nicht mehr gebraucht wird, da die neue groß genug ist um alle aufkommenden Farben und Escheln in ihr trocknen zu können.

An dieser Stelle findet sich eine interessante Einfügung Bauers, aus der hervorgeht, dass die Wohnung des Faktors, also des Werksleiters, sich im Obergeschoß des zuletzt beschriebenen Maschinengebäudes befand und wohl alles andere als komfortabel war. Wörtlich schreibt er: *Die Wohnung ... muß wohl ziemlich feuchte und ungesund seyn, da nicht allein die Radstube* fürs Kobalt- und Sandpochwerk, sondern auch die *Radstube* für die 3 Räder des neuen Werkes, ferner ein *Behältniß zum ausgeschlagenen Sand, 5 Bottiche, mehrere Sümpfe pp. sich unmittelbar unter dem Wohnzimmer und noch dazu in sehr eingeschlossenem Raume befinden.*

Wer einmal ein Pochwerk mit seinen bis ins Mark gehenden Erschütterungen in Betrieb erlebt hat, kann nachvollziehen, welch beklagenswerte Wohnumstände der Faktor auf Schindlerswerk erdulden musste. Wir wissen nicht, wieso er als höchster Beamter des Werkes in dieser Hinsicht schlechter gestellt war als sein zweiter Farbmeister, der im ruhigen und trockenen Herrenhaus logieren durfte. Auf jeden Fall handelte es sich nicht um ein Provisorium, da die Faktorwohnung bereits im Jahre 1767 wegen ihres bedauernswerten Zustandes in den Akten Erwähnung findet.[24-10] Damals war der Untersuchung eine Überschwemmung des Werkes durch die Mulde vorausgegangen, wodurch die ohnehin baufällige Unterkunft im Pochwerks- und Mühlengebäude nun sogar als einsturzgefährdet galt. Die allernötigsten

76 Schindlerswerk nach einer Lithographie aus dem Jahre 1845. Einige der dargestellten Gebäude, wie das Herrenhaus (mit Glockenturm) oder das Magazin (rechts vom Herrenhaus, mit Aufgang), sind im Wesentlichen bis heute erhalten geblieben.

Reparaturen, von denen wir annehmen dürfen, dass sie auch ausgeführt worden sind, wurden mit gut 230 Talern veranschlagt. Bleibt nur nachzutragen, dass viele der Arbeiter und Offizianten zu dieser Zeit in unmittelbarer Nähe zu den Anlagen und Maschinen wohnten, erst im beginnenden 19. Jahrhundert entstanden nach und nach mehrere Arbeiter- und Beamtenwohnhäuser im Umfeld des Werks. Da wirkt es schon fast wie eine Entschädigung für das Ungemach vieler Faktorengenerationen auf Schindlerswerk, als für den Direktor der Ultramarinfabrik schließlich um 1890 eine mondäne Villa mit Lustgarten und Springbrunnen errichtet wurde. Jedenfalls begeistert dieses Gebäude noch heute durch seine großzügige Raumgestaltung mit Wintergarten im Stile der damaligen Zeit (vgl. den Abschnitt „UNESCO-Welterbe Schindlerswerk“).

Nach den Klagen über die Faktorwohnung beendet Bauer seine Werksbeschreibung mit den beiden Gebäuden, die den rechteckigen Hof nach unten und oben begrenzen: *Unten gegenüber verschließt ein kleines Seitengebäude* **(i)**, *welches unten ein Vorrathsgewölbe und oben die Expedition und das Archiv enthält, den Hof. Auf der oberen Seite bildet diesen Verschluß das Trockenhaus, die Safflor- und die Gemeng-Kammer* **(j)**, *welche sämmtl. dichte aneinander angebaut sind. Außer diesen hat das Werk noch 1 Schneidmühle, 1 Werkstatt für Zimmerleute ... und mehrere Wohnungen für Arbeiter.*

Der technologische Ablauf der Arbeiten entsprach im Wesentlichen der auf den anderen Blaufarbenwerken und wurde bereits im Abschnitt „Technologie der blauen ‚Farbe‘“ dargestellt. Von den beschriebenen Gebäuden existieren noch immer das Herrenhaus **(c)**, das Torhaus; damals Expedition und Archiv **(i)**, sowie das Magazin **(e)**. Das letztere dient sogar noch immer seinem ursprünglichen Zweck, nämlich der Aufbewahrung von Fertigwaren und Rohstoffen. Das heutige Kutscherhaus **(k)** scheint auch schon vorhanden gewesen zu sein, es könnte sich aber auch um einen Vorgängerbau handeln, der später verändert wurde. Andere Nebengebäude werden zwar von Bauer nicht erwähnt, trotzdem ist auf dem Riss von 1818 (Abb. 75) ein Rechteck mit der Aufschrift „Häuser“ zu erkennen. Demnach könnten dort noch weitere Wohngebäude vorhanden gewesen sein, die der Urheber des Risses nicht für wert hielt abzubilden. Eindeutig dagegen ist die Lage der Brettmühle, die sich noch bis etwa 1890 an dieser Stelle befand. Auch die einstigen Keller, die wohl vor allem der Lagerung von Lebensmitteln und Bier dienten, sind bis heute erhalten geblieben.

Überhaupt ist die Aufteilung des Werkes um den rechteckigen Hüttenhof nie wesentlich verändert worden. Die Mühlen- und Pochwerksgebäude wurden allerdings 1904 durch einen Brand zerstört und ein Jahr später im heutigen Stil wiederaufgebaut. Erwähnenswert ist die sogenannte „Mahlmühle“. Es handelte sich dabei um eine Getreidemühle, die mit dem eigentlichen Blaufarbenprozess nichts zu tun hatte und nur deshalb betrieben werden konnte, weil die Wasserkraft am Standort außerordentlich ergiebig war. Der jeweilige Müller pachtete die Anlage vom Werk und verarbeitete hier das Korn der umliegenden Bauernwirtschaften. Es ist anzunehmen, dass das Werk ein Quantum Mehl zu günstigen Konditionen erhielt, jedenfalls war auch ein Bäcker eine Zeitlang in Schindlerswerk tätig. Die werkseigene Backstube war besonders dann von hoher Wichtigkeit, wenn es in Folge von Missernten und Kriegen zur Verknappung von Lebensmitteln kam. An der Stelle dieses Gebäudes befindet sich heute die um 1930 errichtete Schlosserei.

Stets unverändert blieb der Standort der hüttentechnischen Anlagen. Auch wenn die Gebäude und Einrichtungen im Laufe der Zeit mehrfach den sich wandelnden Anforderungen angepasst wurden, war der Platz rechts neben dem Haupteingang immer den Ofenanlagen vorbehalten. Bei der Umgestaltung des Werkes zur Ultramarinfabrik wurden die vorhandenen Glas- und Röstöfen durch Ultramarinöfen ersetzt. Die noch heute vorhandenen Tiegelöfen entstanden in den 1970er bis 1980er Jahren, ihre Bauart entspricht aber der aus dem späten 19. Jahrhundert. Im Gegensatz zu den anderen drei Blaufarbenwerken (vgl. Abb. 15, 51, 63) ist in Schindlerswerk die Lage des Giftfanges nicht ganz so offensichtlich. Diese dem Kobaltröstofen angegliederte Anlage war aber zum Abscheiden des Arseniks aus dem Rauchgas unbedingt erforderlich. Bauer beschreibt den Giftfang mit einer Länge von 124 Ellen (ca. 40 m), einer Höhe von 4 Ellen (ca. 1,2 m) und einer Breite von 2 Ellen (ca. 0,6 m). Er sollte in seinem Verlauf mehrfach gekrümmt und gebrochen sein und am Ende drei Kondensationskammern und einen Schornstein besitzen. Nach Lage der Dinge kann dieser Kanal nur in dem bogenförmigen Anbau **(l)** an der Hütte, der sich gleich rechts neben dem Werkseingang **(a)** befand, installiert gewesen sein. Im Riss (Abb. 75) lässt sich hier auch ein Schornstein **(m)** lokalisieren. Einige Jahrzehnte später wird an dieser Stelle eine Rauchgasreinigungsanlage errichtet werden, die zu ihrer Zeit einzigartig auf der Welt war (vgl. den Abschnitt „Der Zeit voraus – die erste Rauchgaswäsche").

Schon lange nicht mehr existent ist das Wohnhaus des Schullehrers. Direkt ans Herrenhaus angebaut, ist es sowohl im Riss (Abb. 75) als auch in der Lithografie (Abb. 76) gut zu erkennen. Hier wurden die Kinder der Werksangehörigen in einer dreiklassigen Schule kostenfrei unterrichtet. Die Anstalt stand aber auch Werksfremden offen, allerdings mussten diese entsprechende Gebühren entrichten. Über die Schule in Schindlerswerk liegen einige Erkenntnisse vor, wir wollen darauf nochmals im Abschnitt „Leben und Arbeiten im Blaufarbenwerk" zurückkommen. Wie aber kam es nun zur Entstehung der Ultramarinfabrik? Diese an Irrungen und Wirrungen, Merkwürdigkeiten und menschlichen Tragödien reiche Geschichte ist es wert, etwas näher beleuchtet zu werden.

Am 2. Mai 1855 fand in Leipzig, wie üblich zur Frühjahrsmesse, der Gewerkentag des Blaufarbenwerkskonsortiums statt. Die Tagesordnung folgte dabei einem schon über Jahrzehnte praktizierten Muster. So berichteten die Bevollmächtigten zunächst über die wirtschaftliche Entwicklung im vergangenen Jahr, erwartungsgemäß rief dabei die Ankündigung, dass wieder einmal keine Gewinne zu verteilen waren, wenig Gegenliebe bei den Anteilseignern hervor. Positiv aufgenommen wurde dagegen die Ratifizierung des neuen Gesellschaftsvertrages, der die Verbindung mit dem staatlichen Werk Oberschlema regelte. Gegen Ende der Sitzung, unter dem Tagesordnungspunkt 9 wird berichtet, dass die Produktion von Kobaltfarben auf Schindlerswerk systematisch verringert und damit die Auflösung dieses Betriebes planmäßig vorbereitet wurde. Diese Information überraschte zunächst keinen der Anwesenden, immerhin lagen die Auflösung und der Verkauf des Werkes schon länger in der Luft. Was nun aber der Vorsitzende des Privatblaufarbenwerksvereins Dr. Carl Beck unter Punkt 10 zum Vortrag brachte, war durchaus geeignet, die Spannung im Raume nochmals zu steigern. Ohne sich auf Details einzulassen, bietet er den Anteilseignern eine Alternative zur Stilllegung des abgeschiedenen Werkes an. Orakelnd spricht er von einem *angemessenen, jedoch von der Blaufarbenfabrication gesondert zu haltenden Nebenbetrieb.*[23-22] Mit dem Hinweis, dass eine nähere Erläuterung des Vorhabens gegenwärtig nicht erfolgen könne, erbittet er von den Anwesenden die Zustimmung zu dieser Wundertüte. Und tatsächlich erhalten die Bevollmächtigten grünes Licht zur Vorbereitung eines, wie auch immer gearteten Nebenbetriebes auf Schindlerswerk.

Aus dem Protokoll dieser denkwürdigen Sitzung geht nicht hervor, ob das Vertrauen der Anwesenden zu den Bevollmächtigten so groß war, dass sie diesen Blankoscheck auszustellen bereit waren, oder ob sie womöglich ahnten, um was es sich handeln könnte. Offiziell wurde die Katze jedenfalls erst ein Jahr später, in der nächsten Messkonferenz am 16. April 1856, aus dem Sack gelassen. Da teilt Herr Dr. Beck den Anwesenden mit, dass alle Vorkehrungen getroffen worden wären, um in Schindlerswerk künftig Ultramarinblau zu produzieren. Es folgen nun einige Ausführungen dazu, welche Schritte die Bevollmächtigten zur Umsetzung dieses ambitionierten Vorhabens unternommen hatten. Dabei kann es wenig überraschen, dass die größte Schwierigkeit darin bestand, an die zu dieser Zeit in ihren Einzelheiten streng geheim gehaltene Technologie der Ultramarinherstellung zu gelangen. Eigene Versuche, die angeblich in Pfannenstiel vorgenommen worden sein sollen, führten nicht zu befriedigenden Resultaten. Vermutlich aber waren die dortigen Hüttenwerker um Kurt Alexander Winkler mit Forschungen zur Nickel-Kobaltscheidung so ausgelastet, dass ihnen kaum Zeit für die Durchführung anderer Arbeiten geblieben sein dürfte.

Nicht verwunderlich ist, dass nun zunächst die Porzellanmanufaktur Meißen mit ihrer von August Friedrich Köttig eingerichteten Ultramarinfabrik ins Visier des Privatblaufarbenwerksvereins gelangte. Schließlich bestand ja einerseits die althergebrachte Verbindung zum fiskalischen Blaufarbenwerk Oberschlema, andererseits hielt mit dem Königreich Sachsen auch der Eigentümer der Manufaktur einige Anteile an den Privatblaufarbenwerken. Was lag also näher, als die Meißner Fabrikation nach Schindlerswerk zu verlegen und entsprechend auszubauen? Zwar lehnte der Staatsfiskus das Ansinnen nicht grundsätzlich ab, doch tat man sich behördlicherseits mit einer schnellen Entscheidung sehr schwer. So war es der Zufall, der die Weichen in eine andere Richtung stellen sollte.

Im Juli 1855 bot ein gewisser Dr. Carl Ludwig Achtermann als selbsternannter Gründer der „Zwickauer Ultramarinfabrik" sein gesamtes Etablissement, mit sich selbst als Direktor und technischem Sachverständigen, dem Verein zum Kauf an. Als Grund dafür, dass er die Fabrik, deren Produkte angeblich *Beifall fänden* verkaufen wolle, führt Achtermann unverschuldete wirtschaftliche Schwierigkeiten infolge eines Zerwürfnisses mit einem Mitgesellschafter ins Feld. Für die Bevollmächtigten bedeutete diese Offerte die Verlockung, quasi ein „Rundum-Sorglos-Ultramarin-Paket" ohne großen Aufwand erwerben zu können. Zwar wurden Farbmuster, die aus Achtermanns Produktion stammen sollten, für *vorzüglich* befunden, von einer Begutachtung der Zwickauer Produktionsanlagen ist allerdings nicht die Rede. Vielmehr wird von *strenger Geheimhaltung und größter Vorsicht* sowie von *eigenthümlichen persönlichen Geschäftsverhältnissen* des Dr. Achtermann gesprochen.[23-22]

Die anscheinend so vorteilhafte Offerte ließ die Bevollmächtigten alle Vorsicht vergessen. Zeitnah wurde der Kauf der Zwickauer Fabrik für die stolze Summe von insgesamt 45.000 Talern, zahlbar in drei Raten, zum Abschluss gebracht. Gleichzeitig wurde Achtermann als Direktor der künftigen Vereinsfabrik verpflichtet und bezog mit seiner Familie Quartier in Schindlerswerk. Farbmeister Carl Julius Böhmer aus Pfannenstiel sollte ihm zur Seite gegeben werden und sich das Verfahren aneignen. So erlosch im Oktober 1855 der letzte Glasofen in Schindlerswerk, anschließend wurden sowohl einige Blaufarbenwerker als auch nicht mehr benötigte Gerätschaften nach Pfannenstiel abgegeben. Sogar das bisher gut gehütete Werksarchiv wird ins Hauptwerk überführt, daher finden sich heute in Schindlerswerk nur noch sehr wenige Unterlagen aus der Zeit vor 1855. Tragisch ist, dass die nach Pfannenstiel abgegebenen Akten dort in den Wirren der Nachkriegszeit größtenteils vernichtet wurden (vgl. den Abschnitt „Uran um jeden Preis").

Unter Anleitung des viel gerühmten Dr. Achtermann begann die Demontage der beweglichen Einrichtungen in der Zwickauer Ultramarinfabrik und deren Transport in Richtung Albernau. Schindlerswerk bot nach dem Dafürhalten aller Beteiligten bessere Bedingungen für eine Ausweitung der Ultramarinherstellung als der Zwickauer Standort. Schon Ende April 1856, so glaubte man, könne die Produktion in dem ehemaligen Blaufarbenwerk beginnen. Mit diesem viel versprechenden Ausblick beendete Beck seine Ausführungen. Die Anteilseigner durften nun auf die Konferenz im nächsten Frühjahr gespannt sein, um von weiteren großartigen Fortschritten in Sachen Ultramarinfabrik zu erfahren.

Doch ein Jahr später, am 6. Mai 1857, geben sich die Bevollmächtigten des Privatblaufarbenwerksvereins deutlich kleinlauter. Dabei waren die terminlichen Verschiebungen, immerhin kam der erste Ultramarinbrand erst im Juni 1856 zustande, noch das kleinste Problem. Zähneknirschend muss Beck im

Protokoll einräumen, dass keine *einzige der vielfach wiederholten Arbeiten etwas anderes ergab, als verbrannte oder schmutzige Farbe*[23-22]. Wiederholt vertröstete Achtermann den Bevollmächtigten Friedrich Uhlmann, der in Schneeberg wohnte und sich oft im Werk aufhielt, mit der Versicherung, das Problem in Kürze in den Griff zu bekommen. Dass Achtermann in den folgenden Wochen mit immer neuen Versprechungen, nicht aber mit Resultaten aufwarten konnte, ließ auch bei den anderen Bevollmächtigten allmählich Zweifel an den Fähigkeiten des Zwickauers aufkommen. Was dann folgte, kann als nichts anderes als das sprichwörtliche „Ende mit Schrecken" bezeichnet werden. Im frühen Morgengrauen des 9. Oktober 1856 ergriff Direktor Achtermann mitsamt seiner Familie die Flucht. Dem hinzukommenden Farbmeister Julius Böhmer gab er ziemlich kurz angebunden zu verstehen, dass er sich in Zwickau wieder heimisch machen wolle.

Der völlig perplexe Böhmer berichtete später, dass der Geflohene in seinen letzten Tagen in Schindlerswerk mehrfach trotzig und unverhohlen geäußert habe, dass er *in Zwickau sofort eine, womöglich noch größere Fabrik wie die hiesige anlegen werde.*[53] In Wirklichkeit verstarb der glück- und wohl auch talentlose erste Direktor der Ultramarinfabrik Schindlerswerk noch im Dezember 1856 in Zwickau an Typhus. Um nun das Ungemach für den Privatblaufarbenwerksverein vollkommen zu machen, verlangten die Erben des wahrhaft „teuren" Verblichenen die Zahlung der restlichen zwei Raten von je 15.000 Talern, immerhin hätte ja Achtermann, wie vereinbart, sein Betriebsgeheimnis dem Verein zur Kenntnis gegeben. So war der Versuch, in Schindlerswerk Ultramarin zu fabrizieren fürs erste gescheitert und es gab nicht wenige Stimmen, die sich dafür aussprachen, das Vorhaben aufzugeben.

In dieser ausweglos erscheinenden Situation sprang den Bevollmächtigten ein glücklicher Umstand zur Seite. Ein neuer Geheimnisträger, er hieß Gustav Heinrich Gademann, seines Zeichens technischer Leiter einer im fränkischen Schweinfurt beheimateten Ultramarinfabrik, erklärte sich bereit, in Schindlerswerk tätig zu werden. In Begleitung des Bevollmächtigten Uhlmann traf er am 19. Oktober 1856 in Schindlerswerk ein. Zur Überraschung des Farbmeisters Böhmer gelang es Gademann in nur zwei Wochen, 40 Zentner Raugrün, bei dem damals üblichen Verfahren eine Vorstufe des blauen Ultramarins, mit Hilfe der Achtermannschen Öfen herzustellen.[53] Allerdings blieb es zunächst bei diesem Achtungserfolg. Alle nachfolgenden Schritte, wie das Feinbrennen des grünen Ultramarins oder das Trocknen und Mahlen des Produktes konnten nicht durchgeführt werden, da sich die dazu notwendigen Einrichtungen als untauglich erwiesen und entsprechenden Nacharbeiten unterzogen werden mussten. Unter Aufwendung einiger tausend Taler konnten die vorhandenen Anlagen im Verlaufe der folgenden Monate in einen brauchbaren Zustand versetzt werden. Um die Anteilseigner auf der Messkonferenz am 6. Mai 1857 von dem neuerlichen Anlauf in Sachen Ultramarin zu überzeugen, wurden ihnen einige viel versprechende Produktionsproben Gademanns vorgelegt. Schließlich wurde noch eine neue Namensschöpfung für das ehemalige Blaufarbenwerk präsentiert. Fortan ist von der „Schneeberger Ultramarinfabrik" mit dem internen Kürzel „S. U." die Rede. Die Konzession zum Betrieb der Fabrik wurde offiziell am 9. April 1857 erteilt.[38-4]

Doch damit waren die Anlaufschwierigkeiten noch keineswegs überwunden. Direktor Gademann war sich seines Erfolges durchaus bewusst und erwies sich fortan nicht gerade als besonders loyal gegenüber dem Privatblaufarbenwerksverein. Ernsthaft forderte er von den Bevollmächtigen, ihm die Ultramarinfabrik zu verkaufen. Um diesem unerhörten Ansinnen Nachdruck zu verleihen, kündigte er im November 1859 seine Stelle. Da der mit den technischen Feinheiten vertraute Hüttengehilfe Klemm dem Beispiel Gademanns folgte, schien die Zukunft der Fabrik aufs Neue gefährdet. Jedenfalls gaben die Bevollmächtigten dem Direktor zu verstehen, dass ein Verkauf von Schindlerswerk nicht in Frage käme, viel eher würde man sich zur Liquidation des Unternehmens entschließen. Erst im letzten

Moment, die Abwicklung war bereits eingeleitet worden, schwenkte Gademann um und erklärte sich bereit, die Leitung der Fabrik auch weiterhin zu übernehmen. In langwierigen Verhandlungen war ihm dafür eine üppige Gehaltszulage, verbunden mit dem Status eines höheren Industriebeamten, bewilligt worden. Übrigens wurde die Mehrvergütung mit der *vereinsamten Lage des Werkes, welche größeren Aufwand sowohl für die Wirtschaftsführung als für die Befriedigung der geistigen Bedürfnisse fordert*[23-22] begründet. Doch auch Gademann musste eine Kröte schlucken. Die Vereinbarung sah nämlich vor, dass er das ständig aktualisierte Betriebsgeheimnis beim Vorsitzenden der Bevollmächtigten zu hinterlegen und eine geeignete Person in den Herstellungsprozess einzuweihen hatte. Dieser Passus des Vertrages sollte sich in nicht allzu ferner Zeit als Rettungsanker für Schindlerswerk erweisen.

Die gesamten Investitionen, die im Wesentlichen vom Pfannenstieler Hauptwerk des Privatblaufarbenwerksvereins aufgebracht worden waren, beliefen sich bis Anfang 1860 auf über 78.000 Taler. Vergleichsweise glimpflich ging indessen der Streit mit den Erben Achtermanns aus. Über die erste Rate von 15.000 Talern hinaus brauchten keine weiteren Gelder gezahlt werden, da Gutachter das offerierte Ultramarinverfahren als wertlos einstuften. Durch den Verkauf der Gebäude der ehemaligen Zwickauer Ultramarinfabrik konnte der Verein überdies 3.000 Taler vereinnahmen. Vermutlich handelte es sich dabei um eines von vielen Klein- und Kleinstunternehmen, die nach der Erfindung des künstlichen Ultramarins zuhauf entstanden und meist schnell wieder eingegangen waren. Wo genau sich dieses zweifelhafte Etablissement in Zwickau befand, konnte bisher nicht in Erfahrung gebracht werden.

Nach dem Abschluss seines neuen Anstellungsvertrages ging Gademann nun in die Offensive und plante die Durchführung weiterer Investitionen in Schindlerswerk.[24-11] So sollte eine neue Nassmühle angeschafft und neue Wässerungsanlagen und Blausümpfe eingerichtet werden. Die Illuminierung des Werkes mit „Photogenlampen", wie man die damals als verblüffend hell empfundenen Petroleumleuchten nannte, hielt Gademann für besonders vorteilhaft. Dass diese und einige weitere Investitionen tatsächlich getätigt wurden, geht aus einer späteren Rechnungslegung des Farbmeisters Böhmer hervor.[53] Nicht sogleich umgesetzt wurde dagegen ein anderes Lieblingsprojekt Gademanns. Dem Umstand, dass er seine Rollbahn, die alle Produktionsbereiche miteinander verbinden sollte, den Bevollmächtigten mit einer recht detaillierte Skizze schmackhaft machen wollte, verdanken wir den frühesten Grundriss der Ultramarinfabrik vom April 1860 (Abb. 77). Zwar wurde eine Werksbahn in dem Umfange, wie sie dem Direktor vorschwebte nie gebaut, dennoch hielt man es später doch für zweckmäßig, einzelne Produktionsbereiche durch Schienen miteinander zu verbinden.

Gademanns Investitionsplan verlangte dem Privatblaufarbenwerksverein erneut äußerste finanzielle Anstrengungen ab, ließ aber durchaus die berechtigte Hoffnung auf eine gedeihliche Zukunft der Schneeberger Ultramarinfabrik aufkommen. Umso tragischer war ein Ereignis, das sich kurz nach der Abfassung des Investitionsplanes ereignete und das noch bis heute nachwirkt.

Zu Beginn des Monats Mai 1860 herrschte im Westerzgebirge eine ungewöhnlich warme und trockene Wetterlage vor. Am Donnerstag, dem 10. Mai, gesellte sich dazu noch ein stark böiger Wind, der die Abgase der Rauöfen in Richtung des sich dicht am Hüttengebäude befindlichen Herrenhauses ablenkte. Dabei überragte das mit Holzschindeln eingedeckte Dach des 1709–1713 errichteten Gebäudes mit seinem barocken Glockenturm die Schornsteine der Hütte bei weitem. Im Laufe des Betriebes der Ultramarinöfen hatte sich deshalb nicht wenig Ruß auf den Schindeln abgelagert. Gegen 10 Uhr entzündeten einige Funken aus den seit Beginn der Frühschicht geschürten Öfen den Ruß auf dem Dach des Herrenhauses. Kräftige Windböen sorgten dafür, dass in kurzer Zeit der gesamte Dachstuhl in Flammen stand. Schnell war klar, dass das Gebäude nicht zu retten war, so dass die eilig zusammen gestellte

Löschmannschaft nichts weiter tun konnte, als sich auf den Schutz der Nachbargebäude zu konzentrieren.

Während Direktor Gademann mit ansehen musste, wie sein Mobiliar mitsamt der Dienstwohnung im Herrenhaus ein Raub der Flammen wurde, gelang es beherzten Arbeitern, das angrenzende Schul- und Packhaus vor der totalen Zerstörung zu bewahren. Sogar der überdachte Laufgang, der in die erste Etage des Magazins führte, drohte Feuer zu fangen. Nach wenigen Stunden waren vom Herrenhaus nur die massiven Kreuzgewölbe des Erdgeschosses übrig geblieben. Die Produktion war dagegen nur insoweit beeinträchtigt worden, als die aktuelle Ultramarincharge, da sich die Schürer mit der Brandbekämpfung befassen mussten, verdorben war. Der Wiederaufbau des Herrenhauses nahm knapp zwei Jahre in Anspruch. Der Grundriss des Gebäudes und das gesamte Erdgeschoss blieben dabei unverändert erhalten. Das einfacher ausgeführte Dach mit seinem charakteristischen Glockenturm stammt dagegen aus dem Jahr 1862. Die nunmehrige Dacheindeckung mit Schiefern stellte einen wesentlichen Fortschritt in Sachen Brandsicherheit dar und dürfte das wiedererstandene Herrenhaus im Jahre 1904, als die gegenüberliegenden großen Mühlengebäude in Flammen aufgingen, vor größerem Schaden bewahrt haben.[53]

Gademanns selbstbewusster Führungsstil konnte auf Dauer nicht darüber hinwegtäuschen, dass die Rentabilität der Schneeberger Ultramarinfabrik nach wie vor zu wünschen übrig ließ. Die Produkte fanden zwar ihren Absatz, dennoch galt die Qualität der Ware als eher mittelmäßig. Die betrieblichen Abläufe blieben trotz erheblicher Investitionen wenig effizient und die Ausbeute der Rohbrände konnte als steigerungsfähig eingeschätzt werden. In der zweiten Hälfte des Jahres 1861 verschlechterte sich die Einnahmesituation derart, dass das Unternehmen ohne den Verbund mit Pfannenstiel Bankrott gegangen wäre. Immer wieder beteuerte Gademann, dass sich die Situation in absehbarer Zeit verbessern würde und verlangte weitere Investitionen. Das in Schindlerswerk vorhandene Aktenmaterial[53] vermittelt überdies den Eindruck, dass der aus Schweinfurt stammende Direktor nicht gerade für Sanftmut und Milde bekannt war und sich daher womöglich nicht nur Freunde gemacht hatte. Die Differenzen mit den Bevollmächtigten des Privatblaufarbenwerksvereins kulminierten am 14. Oktober 1861. An jenem Tag wurde Gustav Heinrich Gademann durch einen vor Gericht erwirkten Beschluss von seiner Funktion als technischer Direktor der Schneeberger Ultramarinfabrik entbunden. Seine Stellung kampflos aufzugeben, schien allerdings nicht im Naturell des streitbaren Franken gelegen zu haben.

Farbmeister Böhmer berichtet später davon, dass sein Vorgesetzter beim Empfang der Entlassungspapiere einen Wutanfall erlitt und die Anwesenden fortgesetzt aufs schwerste beschimpfte und beleidigte. Zudem weigerte er sich nachdrücklich, die Schlüssel zu maßgebenden Bereichen der Fabrik herauszugeben. Der Tumult zog derartige Kreise, dass die Produktion für einige Tage zum Erliegen kam. Erst nachdem Gademann den Betrieb schließlich doch verlassen hatte, konnte der kommissarisch als Direktor eingesetzte Farbmeister Böhmer mit Hilfe des zu seinem Stellvertreter ernannten Hüttengehilfen Klemm, der sich diesmal nicht wie 1859 auf Gademanns Seite schlug, die Ultramarinherstellung ab dem 19. Oktober 1861 teilweise wieder in Gang bringen. Auch die Arbeiter zeigten sich loyal gegenüber dem Werk, wörtlich schreibt Böhmer: *Die hiesige Mannschaft ist uns treu ergeben und froh, des tyrannischen Jochs entledigt zu sein.*[53]

Nach Gademanns unsanftem Abgang wurde eine umfangreiche Inventur aller in Schindlerswerk vorhandenen Vorräte in Angriff genommen. Aus den erhalten gebliebenen Aufzeichnungen geht hervor, dass das Ultramarin zum Zwecke des Wäschebläuens zu dieser Zeit bereits zu Kugeln, Stücken und Tellermedaillons geformt wurde. Zwar waren solche und andere Fertigprodukte in gewissen Mengen vorhanden, dennoch lagerten die größten Farbvorräte in allen Bereichen des Werkes in Form von Zwi-

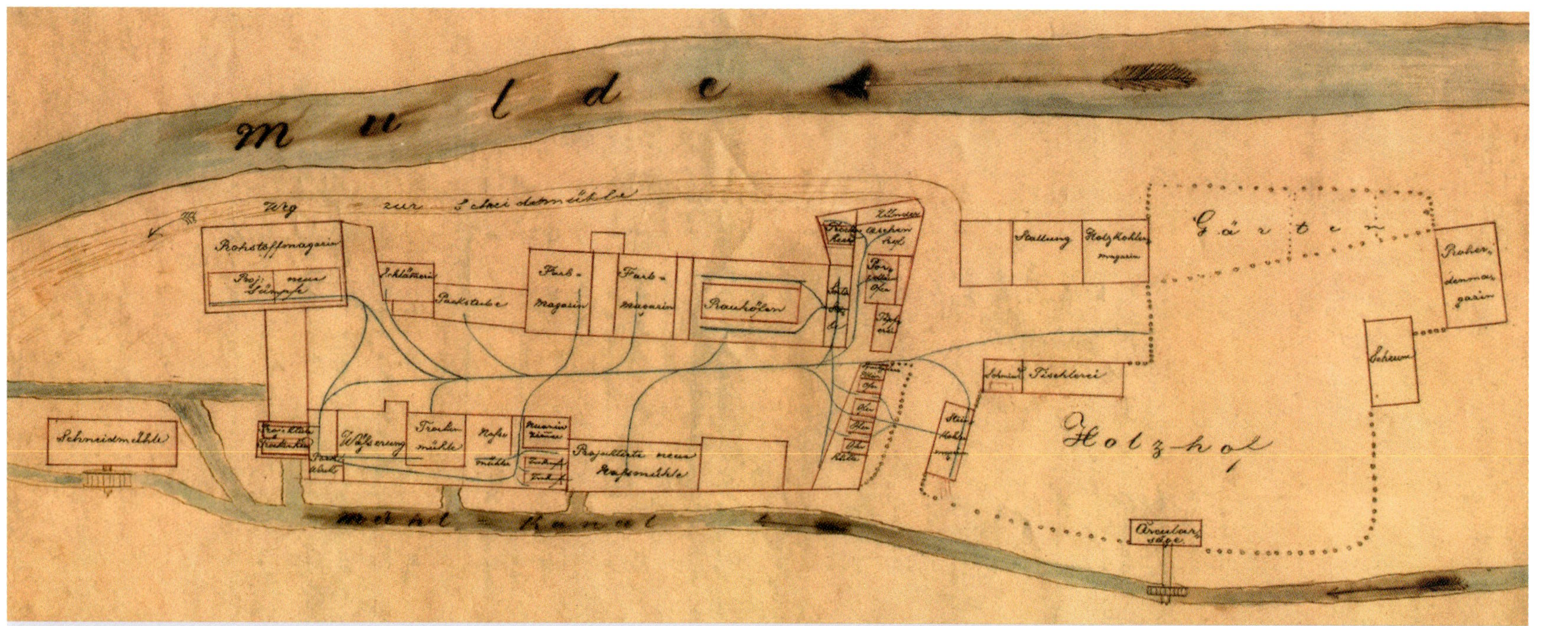

77 Mit dieser Kartenskizze von Schindlerswerk wollte Gademann im April 1860 den Bau einer Werksbahn (blaue Linien) vorbereiten. Es ist die früheste Darstellung der neu eingerichteten Ultramarinfabrik. Von rechts nach links (entgegen dem Uhrzeigersinn): Roherdenmagazin: In diesem einfachen, scheunenartigem Gebäude bzw. dessen Nachfolgebau lagerte noch bis zum Ende der Ultramarinherstellung 1996 das Kaolin. Das Holzkohlenmagazin und die Stallungen befanden sich im Kutscherhaus. Im kühlen Kohlenkeller wurden auch Verstorbene aufgebahrt, weshalb sich die Bezeichnung „Leichenkeller“ einbürgerte. Das nur wenig verändert erhaltene Gebäude diente außerdem zu Wohnzwecken. Der Weg an der Mulde wurde bereits 1856 unter Direktor Achtermann angelegt, um den „fremden Verkehr“ zur Schneidmühle über den Hüttenhof zu vermeiden. Um diese wegen der Geheimhaltung als unabdingbar betrachtete Maßnahme durchführen zu können, wurde sogar etwas Land vom Besitzer des Freigutes Albernau, Major von Petrikowsky, erworben.[53] Der Hüttenkomplex beherbergte neun Rauöfen, die sich an demselben Standort wie die noch heute erhaltenen Öfen befanden. Im Bereich der einstigen Giftfangführung finden sich u.a. das Trockenhaus, der Aschehof, die „Porzellanöfen“, die zum Entwässern des Kaolins dienten, und die Töpferei. Diese Einrichtungen sind in Teilen bis heute vorhanden. Im Untergeschoss des Herrenhauses befand sich das Farbmagazin, oben logierte Direktor Gademann. Es folgen die Packstube und die Schlämmerei. Hier befand sich zu dieser Zeit außerdem noch die Werksschule. Das Rohstoffmagazin ist bis heute unverändert erhalten geblieben. Ob die dort verzeichneten Blausümpfe wirklich eingerichtet wurden, ist unklar. Es folgen das Torhaus (Archiv und Versand), eine neue Trockenstube, die Wässerung, die Trocken- und Nassmühle sowie die projektierte neue Nassmühle. Auf ein Wohnhaus folgt die Muffelhütte mit einer Anzahl kleiner Muffelöfen. Am Holzhof runden das Steinkohlenmagazin sowie die Schlosser- und Tischlerwerkstatt das Gebäudeensemble ab. Die „Circularsaege“ (Kreissäge) mit Wasserkraftantrieb wurde vermutlich nicht gebaut. Vorlage und Repro: Sächsisches Staatsarchiv, Bergarchiv Freiberg, 40138/38.

schenerzeugnissen. Dabei wird grünes Ultramarin, das zu dieser Zeit sowohl eine Vorstufe des blauen Pigments als auch ein Fertigprodukt war, explizit erwähnt. Die Aufarbeitung dieser *Gademannschen Abgänge*, wie sich Böhmer sicherlich nicht ohne Grund etwas geringschätzig über die Qualität dieser Bestände ausdrückt, nahm noch einige Wochen in Anspruch. Gegen Ende des Jahres 1861 gelang es Böhmer und Klemm dann tatsächlich, eine stabile Produktion mit z. T. sehr hochwertigen Erzeugnissen in Gang zu bringen. Was die Wirtschaftsführung des geschassten Direktors betraf, so kam man einmütig zu der Erkenntnis, dass *unter der technischen Leitung der Fabrik durch Gademann nicht nur ein Gewinn nicht erzielt, sondern eher mit Verlust gearbeitet worden ist.*[53]

Aus den geschilderten Anlaufschwierigkeiten kann nur der Schluss gezogen werden, dass die ersten fünf Jahre des Betriebes der Ultramarinfabrik nicht nur von technischen und wirtschaftlichen Schwierigkeiten geprägt, sondern auch reich an menschlichen Tragödien waren. Der Fortbestand des Unternehmens stand dabei mehr als nur einmal auf Messers Schneide. Dass es letztlich doch gelang, eine dauerhafte Produktion mit weltweit gefragten Produkten zu etablieren, ist einerseits der Weitsicht der Bevollmächtigten und andererseits guten Fachleuten wie Böhmer und Klemm zu verdanken. Freilich sollte man auch Gademanns Anteil am Gelingen des Vorhabens nicht geringschätzen, schließlich war der in Ungnade gefallene und vielleicht auch menschlich etwas fragwürdige zweite Direktor der Ultramarinfabrik einst der sprichwörtliche Retter in der Not. Immerhin brachte er die Grundlagen des anspruchsvollen Produktionsprozesses mit nach Schindlerswerk.

Dass die Kenntnis und die praktische Beherrschung des rein empirischen Ultramarinverfahrens der Dreh- und Angelpunkt für den erfolgreichen Betrieb einer solchen Fabrik darstellten, braucht nach den vorangegangenen Schilderungen nicht näher erläutert zu werden. Die Qualität der Produkte und die Rentabilität des Unternehmens stiegen und fielen mit dem Können und der Erfahrung der Farbmeister und Ultramarinarbeiter. Ebenso wie früher die Herstellung der Smalte ein gut gehütetes Geheimnis darstellte, so bemühte sich jetzt ein jedes Unternehmen, die Einzelheiten ihrer Prozessführung unter Verschluss zu halten. Allerdings gab es nach der Gründung des Deutschen Reiches im Jahre 1871 bald eine Möglichkeit, Innovationen unter einen besonderen, staatlich garantierten Schutz stellen zu lassen. So nahm das gesamtdeutsche Reichspatentamt in Berlin am 1. Juli 1877 seinen Betrieb auf. Es bleibt eine interessante Fußnote der Geschichte, dass das erste erteilte Patent auf ein *Verfahren zur Herstellung einer rothen Ultramarinfarbe* lautete. Der Empfänger dieses Deutschen Reichspatentes Nr. 1 (D. R. P. 1) war Johann Zeltner (1805–1882), Gründer der bekannten und florierenden Nürnberger Ultramarinfabrik.

Zwar wurde Zeltners rotes Ultramarin nicht gerade ein Bestseller, dennoch belegt das Patent die Vielseitigkeit dieser Pigmentgruppe. Abhängig von der Zusammensetzung der Rohmischung und der Prozessführung kann die Farbe in weiten Bereichen variiert werden. Neben dem klassischen Blau waren es allerdings im Wesentlichen nur Grüntöne, die sich eine Zeitlang einer nennenswerten Nachfrage erfreuten. Wenn wir nach der Ursache der Farbigkeit der Ultramarine fragen, so müssen wir feststellen, dass diese lange unbekannt war und auch heute noch nicht in allen Einzelheiten aufgeklärt ist. Der Ausspruch des Tübinger „Ultramarin-Professors" Gmelin, in *welcher Verbindung der Schwefel die Färbung des Ultramarins bewirke, lässt sich ... nicht mit völliger Sicherheit entscheiden*[73], gilt an für sich bis heute. Dabei ist eine Eigenschaft allen künstlichen Ultramarinen gemein. So verblasst ihre Farbe immer mehr und verschwindet schließlich ganz, je weiter man sie zerkleinert. Heute erklärt man dieses Phänomen dadurch, dass die für die Färbung verantwortlichen Schwefelradikale durch den Kontakt mit der Luft zerstört werden, in den Hohlräumen der Alumosilikate des Ultramarins sind sie aber optimal geschützt. Durch das Aufmahlen wird diese Struktur geschädigt und schließlich ganz zerstört. Einen ähnlichen Effekt beobachtet man beim Auflösen des Pigments in Säuren oder Laugen.

Die Herstellung eines lichtechten, feurigen Ultramarinblaus war ein empirischer Prozess, der ein Höchstmaß an Erfahrung und Können erforderte. Die nun folgende Darstellung dieses Verfahrens, das in Schindlerswerk noch bis 1996 praktiziert wurde, basiert sowohl auf Fachbüchern und den im Werk bzw. im Bergarchiv Freiberg vorhandenen Akten als auch auf Zeitzeugenberichten. Der Prozess gliedert sich in die Schritte: Aufbereitung der Rohstoffe, Mengen der Brennmischung, Rohbrand, Waschen und Schlämmen sowie Trocknen und Zusammenstellung der Fertigwaren. Wir werden bemerken, dass das Herstellungsverfahren des Ultramarins dem des Kobaltblaus in weiten Teilen gar nicht so unähnlich ist. Diese Kontinuität ist auch der Grund dafür, dass wir heute in Schindlerswerk, anders als in Niederpfannenstiel, wo man schon früh auf Buntmetalle statt auf Farben setzte, noch immer auf Relikte des einstigen Blaufarbenwerks stoßen.

Der Hauptbestandteil einer jeden Ultramarinmischung ist ein Material, das uns vor allem als Rohstoff der Porzellan-, Steinzeug- und Tonwarenherstellung bekannt ist. Tatsächlich ist Kaolin oder Tonerde, wie das Mineralgemenge mitunter auch genannt wird, ein Verwitterungsprodukt des Granits. Abhängig von den örtlichen Gegebenheiten kann es also überall dort auftreten, wo dieses Gestein vorkommt. Allerdings sind die meisten Kaoline mehr oder weniger durch Begleitminerale wie Hämatit oder Magnetit verunreinigt und weisen daher eine rötliche oder gräuliche Färbung auf. Dieser Rohstoff ist dann lediglich zur Herstellung von Tonwaren geeignet. Zur Ultramarinbereitung kommt dagegen nur ein feines, rein weißes Material in Frage.

Da die Tonerde in vergleichsweise hohen Quantitäten benötigt wurde, war die Rentabilität einer Ultramarinfabrik in besonderem Maße von der Nähe zu entsprechenden Koalinlagerstätten abhängig. Was den Standort Schindlerswerk betrifft, so denkt man unwillkürlich an die berühmte Weißerdenzeche in Aue, die lange Zeit das Kaolin für die Porzellanmanufaktur Meißen lieferte. Allerdings gingen die Vorräte dieser Lagerstätte zu Mitte des 19. Jahrhunderts zur Neige, 1855 wurde die Zeche schließlich aufgegeben. Der Privatblaufarbenwerksverein musste sich also um andere Kaolinlieferanten für seine neu gegründete Ultramarinfabrik bemühen. Da sich Schindlerswerk im Bereich des ausgedehnten Eibenstock-Karlsbader Granitmassivs befindet, schien diese Aufgabe lösbar. So geht aus einem Aktenstück in Schindlerswerk aus dem Jahre 1856 hervor, dass nur eine Stunde vom Werk entfernt, in der Grube „Weißer Schwan" in Bockau erhebliche Tonerdevorkommen neu aufgefunden wurden. Diese Zeche scheint denn auch in den Anfangsjahren der Hauptlieferant des weißen Rohstoffes gewesen zu sein, jedenfalls bemühte sich der Privatblaufarbenwerksverein emsig um den Ankauf von Kuxen von diesem Bergwerk. Später wird auch über den Bezug von Porzellanerde aus dem Meißner Raum verhandelt.[24-11] Im 20. Jahrhundert bis zum Erlöschen des letzten Ultramarinofens im Jahre 1996 gelangte Kemmlitzer Kaolin aus der Nähe von Oschatz per Bahntransport nach Schindlerswerk.

Ein weiterer Bestandteil der Rohmischungen, der allerdings nicht in jedem Falle zum Einsatz kam, war das Quarzmehl. Zu den Zeiten, als Ultramarin noch zur Papierbleiche eingesetzt wurde, war für diesen Zweck eine besondere chemische Stabilität des Blaupigmentes gefragt. Diese ließ sich durch die Erhöhung des Kieselsäure-(SiO_2-)Gehaltes des Ultramarins erreichen. Überhaupt galten die siliziumreichen Pigmente als besonders farbkräftig und hochwertig. Entsprechend anspruchsvoll war der Brennprozess. Wie schon im Falle der Kobaltgläser musste der verwendete Quarzsand sehr rein und frei von mineralischen Beimengungen sein. Ein solches Material konnte unproblematisch von den konsortschaftlichen Schneeberger Gruben und Pochwerken oder aus den verbliebenen Blaufarbenwerken bezogen werden, immerhin wurde dieser Rohstoff ja schon seit alters her zur Smaltebereitung gebraucht.

Unbedingt erforderlich waren außerdem Soda (Natriumkarbonat), Elementarschwefel und ein Kohlenstoffträger als Reduktionsmittel. Anfangs wurde noch Holzkohle zu diesem Zweck herangezogen, später ging man dann vermehrt zur Verwendung aschearmer Steinkohlen, Kolophoniumharzen und Paraffinen über. Als sehr geeignet erwiesen sich außerdem Schweröle, da diese besonders innig mit den anderen Bestandteilen vermengt werden konnten. Der Kohlenstoff dient durch seine reduzierende Wirkung dazu, die Bildung von Sulfidschwefel zu ermöglichen, der wiederum die Grundlage für die Sulfidradikale abgibt, die für die Blaufärbung des Ultramarins verantwortlich zeichnen. Das aus den Rohstoffen Ton- und Kieselerde sowie Soda gebildete Mineralgerüst (Natriumaluminiumsilikat) schließt sich schützend um die farbgebenden Radikale. Zur Erhöhung der Reaktivität wurde den Mischungen außerdem Ätznatron (festes Natriumhydroxid) zugesetzt.

Die frühen Ultramarinverfahren bedienten sich noch des Glaubersalzes (Natriumsulfat) als Schwefelträger. Diese Brände führten allerdings zunächst zu einem grünen Ultramarin, das in einem zweiten Schritt unter Beimengung von Elementarschwefel blau gebrannt werden musste. Ein solcher zweistufiger Prozess wurde bis 1861 unter den Direktoren Achtermann und Gademann in Schindlerswerk praktiziert. Das bei diesem sogenannten Raubrand erhaltene grüne Ultramarin musste, sofern es nicht selbst zu einem Verkaufsprodukt aufbereitet werden sollte, unter Zusatz von etwas Schwefel in einem Feinbrennofen zum blauen Endprodukt umgesetzt werden. Nach 1861 wurde durch den Einsatz von Elementarschwefel statt Glaubersalz sogleich blaues Ultramarin erzeugt. Der Feinbrennofen kam nur noch dann zum Einsatz, wenn grünstichige Chargenbestandteile auf hochwertiges Blau umgearbeitet werden mussten. Der einstufige Prozess ermöglichte bessere Ausbeuten, gestaltete sich wirtschaftlicher und lieferte höhere Qualitäten als das zweistufige Verfahren. Ein Nachteil wurde allerdings auch offenbar. Beim Einsatz von Elementarschwefel anstatt von Glaubersalz ist der Schwefelabbrand, d. h. der Verlust dieses Rohstoffes, weit höher. Dabei waren die Kosten für den Einkauf des Schwefels weniger das Problem als die Schäden, die der vermehrte Ausstoß von Schwefeldioxid in den umliegenden Wäldern anrichtete. Wie man dieses für das Werk durchaus existenzbedrohende Problem löste, wird Gegenstand des folgenden Kapitels sein.

Für einen erfolgreichen Rohbrand waren die gute Vorbereitung der Rohmaterialien und die Erzielung eines möglichst homogenen Gemenges essentiell. So enthält die natürliche Tonerde bis zu 50 Prozent Wasser, das chemisch in den Kristallen gebunden oder physikalisch an diesen angelagert ist. Das Glühen der „Erde“, wie die Gemengemacher den Rohstoff nannten, war daher eine der wichtigsten Vorarbeiten. Obwohl zu diesem Zweck spezielle, kontinuierlich arbeitende Ofenkonstruktionen existierten, bediente man sich in der Schneeberger Ultramarinfabrik bis zuletzt der althergebrachten Methode des Glühens in denselben Tiegeln und Öfen, die auch zum Rohbrande benutzt wurden. Es ist nicht ausgeschlossen, dass Achtermann anfangs sogar den seines Giftfanges beraubten Kobalt-Röstofen zu diesem Zweck verwendete. Die beiden noch heute in Schindlerswerk vorhandenen Glühöfen sind, da sie keinen aggressiven Schwefelgasen ausgesetzt waren, neben dem Tiegel-Brennofen der besterhaltene Teil der gesamten pyrometallurgischen Anlage (vgl. den Abschnitt „UNESCO-Welterbe Schindlerswerk“).

Das entwässerte Kaolin wurde gemahlen, gesiebt und schließlich mit den anderen vorzerkleinerten Rohstoffen Quarzmehl, Soda, Schwefel und Kohle angemengt. Diese Mischung musste, um einerseits ein homogenes Gemenge zu erhalten und andererseits möglichst kleine Korngrößen zu generieren, mehrfach trocken gemahlen werden. Aus einem Bericht des einstigen Farbmeisters Tröger aus dem Jahre 1942 geht hervor, dass dafür zunächst ein Kollergang genutzt wurde.[24-12] Über einen Becherelevator wurde die Mischung dann zwei weiteren Mühlen und abschließend einem Mengeapparat zugeführt. Von diesem wurden die Rohmischungen in Karren zu den Brennöfen transportiert. Allgemein galt die Grundregel, dass mit der Feine und der Gleichmäßigkeit der Mischung die Güte des Endproduktes stieg und fiel. Dabei musste für blaue Ultramarinmischungen deutlich mehr Mühe auf den Mahlprozess verwendet werden als für grünes Ultramarin, wobei das letztere lediglich bis zu Beginn des 20. Jahrhunderts einen gewissen Absatz fand. Tröger empfahl 1942 nachdrücklich, das Ergebnis des mehrstufigen Mahlprozesses zwischenzeitlich anhand von Probesiebungen zu überprüfen und die Prozessbedingungen ggf. entsprechend anzupassen.

Die gewünschte Sorte und Qualität bestimmte, ähnlich wie einst beim Kobaltglasschmelzen, die Zusammensetzung der Gemenge. Eine durchschnittliche Rohmischung für ein dunkelblaues, kieselsäurearmes Ultramarin bestand aus etwa 30 Prozent Kaolin, 30 Prozent Schwefel, 25 Prozent Soda, 10 Prozent gepulverte Holzkohle sowie geringen Mengen an Ätznatron und ggf. Glaubersalz. Für die chemisch robusten kieselsäurereichen Ultramarine, die besonders von Papierfabriken zum Bleichen und zur Buntpapierherstellung nachgefragt wurden, musste etwa ein Drittel des Kaolins durch Quarzmehl oder Kieselgur ersetzt werden. Der nun folgende Brennprozess galt als hohe Kunst der Ultramarinherstellung und erforderte viel Erfahrung, Können und wohl auch etwas Glück. In der einschlägigen Fachliteratur wird sogar erwähnt, dass die Brände im Sommer in der Regel besser gelangen als in der kalten Jahreszeit. Als Grund dafür wird der ungünstige Einfluss des feuchten Winterwetters auf die Konsistenz der Rohstoffe angegeben.[74]

Von den Ultramarinöfen existierten zwei sich grundlegend voneinander unterscheidende Systeme. Die häufigste Bauform waren dabei die Tiegelöfen, bei denen mehrere hundert bis zu über tausend Tongefäße mit der Rohmischung gefüllt und in einem Ofengewölbe geglüht wurden. Nicht ganz so häufig waren die Muffelöfen anzutreffen, dort verzichtete man auf die Gefäße und brachte einige Zentner des Gemenges als Haufwerk in eine von außen beheizte Muffel ein. Von den Vor- und Nachteilen beider Systeme wird gleich zu berichten sein, zunächst wollen wir uns aber mit der Feststellung begnügen, dass beide Ofentypen in der Schneeberger Ultramarinfabrik zum Einsatz kamen. Die Muffelhütte, sie befand sich links vom Haupteingang (vgl. Abb. 77 und 91), wurde allerdings um 1970 abgetragen, von da an erfolgte die Ultramarinherstellung ausschließlich nach dem Tiegelverfahren.

Für die Herstellung der Gefäße zum Brennen des Ultramarins bedurfte die aus der Blaufarbenzeit vorhandene werkseigene Töpferei lediglich einiger Anpassungen. Im Unterschied zu den Glasschmelztiegeln für Hafenöfen mussten die Reaktionsgefäße für das Ultramarin deutlich kleiner sein, brauchten aber auch nur noch Temperaturen von bis zu 900° C statt bisher 1.200° C widerstehen. Trotzdem waren die Anforderungen an die Töpfer nicht geringer geworden. Die Brenngefäße für das Ultramarin mussten nämlich eine Eigenschaft besitzen, die bisher nicht nur nicht gefragt, sondern sogar schädlich war. Eine gewisse Porosität des Tiegelmaterials ist für die Ultramarinfabrikation unerlässlich, um gerade die Luftmenge ins Innere der Reaktionsmischung treten zu lassen, die für die Blaubildung notwendig ist. Fürs Glasschmelzen im Blaufarbenwerk taugten poröse, dünnwandige Tiegel nicht, da die hoch erhitzte, dünnflüssige Smalte durch sie hindurchgesickert wäre.

Natürlich musste das Verfahren umso wirtschaftlicher sein, je mehr Fassungsvermögen die verwendeten Tiegel hatten. Doch hier stellten sich recht schnell Grenzen heraus. Die Größe der Gefäße musste nämlich so gewählt werden, dass eine gleichmäßige Durchwärmung des Reaktionsgemisches gerade noch gewährleistet war. Dieses Limit wird bei etwa 35 cm Höhe und 25 cm Durchmesser erreicht. Werden größere Gefäße verwendet, so verbrennen die Außenbereiche der Reaktionsmischung, während im Inneren keine ausreichenden Temperaturen erreicht werden. Außerdem mussten die Tiegel so beschaffen sein, dass sich bei sachgemäßer Bestückung der Öfen in den Räumen zwischen den aufgestapelten Reaktionsgefäßen ideale Rauchgasströmungen herausbildeten und somit eine gleichmäßige Temperaturführung für den gesamten Ofeninhalt ermöglicht wurde. Dazu erhielten die Tiegel eine leicht konische Form und einen Kragen, so dass sich bei zwei aneinander stehenden Gefäßen ein immer gleicher Zwischenraum ergab.

Es ist davon auszugehen, dass die Tiegelherstellung anfangs mit sehr viel Handarbeit verbunden war, später wurden sogenannte Tiegelpressen angeschafft. Die Maschine, die zuletzt in Schindlerswerk ihren Dienst verrichtete, erzeugte leicht konische Gefäße, die 32 cm hoch waren und am Kragen einen Außendurchmesser von 23 cm hatten. Die Wandstärke betrug etwa 1,5 cm. Die Tiegel wurden getrocknet und in einem Ultramarinofen gebrannt. Im Unterschied zur Blaufarbenzeit war das Tempern und heiß Einbringen der Tiegel in den Schmelzofen (vgl. den Abschnitt „Technologie der blauen ‚Farbe'") nicht mehr nötig. Als Lebensdauer für ein solches Reaktionsgefäß werden etwa sieben Zyklen angegeben, woraus folgt, dass nach jedem Brand eine merkliche Anzahl von Tiegeln ersetzt werden musste. Mitunter waren auch Reparaturen möglich.[74]

Je sieben Kilogramm der fertig gemengten Reaktionsmischung wurden per Hand in die etwa ebenso schweren Tiegel eingefüllt und dann verdichtet. Diese umständliche Art der Beschickung wurde 1942 von Farbmeister Tröger scharf kritisiert, doch scheint sie noch lange Bestand gehabt zu haben.[24-12] Mit einem Deckel versehen, erfolgte nun das Einstapeln der bestückten Gefäße in den meist noch nicht völlig ausgekühlten Ofen. Die Schürer, die diese schwere und schweißtreibende Arbeit verrichteten, gelangten durch ein Mannloch in den Brennraum. Es wird davon berichtet, dass an den Stellen des Ofens, an denen erfahrungsgemäß keine günstigen Zugverhältnisse herrschten und daher auch kein gutes Brennergebnis zu erwarten war, nur leere Tiegel positioniert wurden. Das betraf besonders die Ecken und Außenwände.

78 Ultramarin-Tiegel mit dem daraus hervorgegangenen Rohbrand, fotografiert im Mannloch eines Brennofens in Schindlerswerk. Beim Vergleich des kolbenförmigen Rohbrandes mit dem Tiegel wird die Volumenkontraktion der Mischung beim Brennprozess deutlich. Das Rohblau enthält noch etwa 25 Prozent Glaubersalz (helle Partien) und weitere Beimengungen, die bei der sich anschließenden Aufbereitung entfernt werden müssen. Höhe des Tiegels: 32 cm.

79 Vorderansicht eines Tiegelofens in Schindlerswerk. Bei der großen, rechteckförmigen Öffnung handelt es sich um das Mannloch, durch das die Schürer zur Beschickung und Entleerung in den Ofen gelangten. Darunter befindet sich das Schürloch mit eiserner Ofentür, wo der Brennstoff eingebracht und das Feuer unterhalten wurde. Bei der unteren Öffnung handelt es sich um den Aschefall. Beidseitig des Aschefalls sind die durch Schamotteplatten verschlossenen Öffnungen der Rauchgassammler zu erkennen.

80 Blick durch das Mannloch ins Innere des Ofens. Unten sind der 6 Meter lange Feuerrost und das hintere Schürloch zu erkennen. Darüber befindet sich das Mannloch. Beidseitig der Feuerrinne erkennt man die Podeste für die Tiegel und die Abzugsöffnungen für die Rauchgase.

81 Fertig bestückter Tiegelofen in Schindlerswerk. Durch das richtige Aufstellen der insgesamt 1.000 leicht konischen und bekragten Tiegel auf den Ofenpodesten wurde eine gleichmäßige Durchwärmung der Gefäße, die ausschlaggebend für ein gutes Brennergebnis war, gewährleistet.

Die Tiegelöfen waren so konstruiert, dass sich die Hitze aus der Feuerrinne gleichmäßig im Brennraum verteilen und durch die Spalten zwischen den Tiegeln zu den Abzügen hinbewegen konnte. Die mit Roststäben aus Gusseisen belegten, 6 m langen Feuerrinnen waren sowohl von der Vorder- als auch von der Rückseite der Öfen aus durch eine eiserne Türe zugänglich und konnten von beiden Seiten mit Brennstoff beschickt und geschürt werden. Die Rauchgassammler (Füchse) befanden sich im unteren Bereich der Öfen (vgl. Abb. 80), durch die Regulierung des Zuges (vgl. Abb. 82) konnte die Bedienmannschaft eine gute Temperaturverteilung innerhalb der Brennräume erreichen. Bei älteren Konstruktionen passierten die Schürgase noch ein über der Brennkammer liegendes zweites Ofengewölbe. Dieser Raum diente zum Feinbrennen von grünstichigem Ultramarin oder zu anderen Nebenarbeiten. Bei den in Schindlerswerk vorhandenen Öfen wurden die Rauchgase dagegen vom Fuchs aus direkt in unterirdische Kanäle geleitet, die schließlich in den Kamin einmündeten. Der natürliche Zug des um 1950 als Ersatz für einen älteren Kamin errichteten, etwa 50 m hohen Schornsteins reichte zum Betrieb der Öfen aus.

Außerdem wurden die Gefäße verkehrt herum, d. h. mit dem Deckel nach unten aufgestapelt. Beim Erhitzen löste sich auf diese Weise die Rohmischung aufgrund der eintretenden Volumenverringerung von den Tiegelwänden, der entstehende Hohlraum trug wesentlich dazu bei, die Schwefeldämpfe in der Mischung zu halten und eine günstige Temperaturverteilung zu erreichen. Die Blaubildung fiel so viel ebenmäßiger aus als bei aufrecht stehenden Gefäßen. Da zu diesem Zweck aber auch die Deckel der Tiegel sorgfältig eingepasst und mit Ton abgedichtet werden mussten, verzichtete man in Schindlerswerk ab Ende der 1980er Jahre auf diese Maßnahme und nahm die mit der Vereinfachung einhergehenden Qualitätseinbußen in Kauf.

Wichtig war, dass der gesamte Brennraum mit Gefäßen ausgefüllt wurde, offene Stellen hätten zu unkalkulierbaren Zugverhältnissen oder gar zum

82 Auf der Rückseite eines Tiegelofens in Schindlerswerk sind beidseitig des Aschefalls die Rauchgassammler (Füchse) und die Schieberstangen zu erkennen, mit deren Hilfe der Zugang zum unterirdisch verlaufenden Rauchgaskanal abgesperrt und somit der Zug des Ofens reguliert werden konnte.

Einsturz der Beschickung führen können. Die klassischen Tiegelöfen mit nur einer Feuerrinne hatten ein Fassungsvermögen von 400 bis 1.000 Tiegeln, größere Brennkammern bedurften laut Fachliteratur[74] einer zweiten Feuerung. In den noch existenten Öfen in Schindlerswerk wurde die Kapazität des einfachen Konstruktionsprinzips mit je 1.000 Stellplätzen voll ausgeschöpft. Allerdings hatten die jüngsten, um etwa 1985 ausgeführten Öfen Platz für bis zu 1.600 Tiegel, obwohl sie mit nur einer Feuerung ausgestattet waren. Zeitzeugen berichten, dass diese beiden Aggregate am effektivsten arbeiteten und die besten Brände lieferten.[75] Leider waren sie nicht zu erhalten und bestehen derzeit, im Jahre 2020, nur noch als Ruinen.

Die heute als technisches Denkmal vom Förderverein Schindlers Blaufarbenwerk e.V. betreuten Ultramarinöfen stammen zwar aus den 1970er bis frühen 1980er Jahren, ihr Aufbau entspricht aber einem viel älteren Konstruktionsprinzip, das schon 1918 beschrieben wurde und damals als das Modernste für die mit festen Brennstoffen befeuerten Ultramarinöfen galt.[74] Aus dem Bericht eines gewissen Hütteningenieurs Bock, der im Jahre 1922 Hinweise zur Verbesserung der Wirtschaftlichkeit der Schneeberger Ultramarinfabrik gab, geht hervor, dass solche großen Tiegelöfen erst zu Beginn der 1920er Jahre am Standort errichtet wurden.[24-9] Bis dahin begnügte man sich mit einem Fassungsvermögen von nur 200 bis 300 Reaktionsgefäßen.

Der Umgang mit den Tiegelöfen erforderte sehr viel Erfahrung. Vom Können der Schürer hing es ab, ob gute Brände oder Fehlchargen erzeugt wurden. Allerdings spielten auch die Witterungsumstände, da sie sich auf die Konsistenz der Rohstoffe und vor allem auf die Zugverhältnisse in den Öfen auswirkten, eine nicht zu unterschätzende Rolle. Nachdem die Tiegel in die Öfen eingesetzt waren, wurden die Mannlöcher auf beiden Seiten mit Schamottesteinen zugesetzt und die Fugen mit Lehm abgedichtet. Die Feuerung wurde durch die Verwendung von etwas Holz in Gang gesetzt, dann wurden Braunkohlenbriketts und schließlich Koks eingeschürt.

Eine Ofenreise nahm etwa zehn Tage in Anspruch, d.h. mit einem Aggregat konnten im Monat nicht mehr als drei Brände ausgeführt werden. Es war somit zweckmäßig, die Öfen in drei Blöcke aufzuteilen, deren Einzelaggregate sich jeweils im gleichen Betriebszustand befanden. Aus diesem Grund existieren in Schindlerswerk eine Hauptofenzeile zu sechs und zwei Blöcke mit vier bzw. zwei Öfen. Die letztgenannten Aggregate waren mit einem Fassungsvermögen von 1.600 Tiegeln sehr groß dimensioniert. Bei der Hauptlinie ist zu beachten, dass nur drei Öfen wirklich zum Ultramarinbrennen dienten, die anderen drei wurden dagegen lediglich zum Entwässern der Erde bzw. zum Tiegelbrand verwendet. Mit der blockartigen Anordnung der Öfen wird ein deutlich verbesserter Wärmehaushalt gegenüber einzeln stehenden Aggregaten erreicht.

Allgemein kann in eine Anschür-, Reaktions- und Abkühlphase unterschieden werden. Die Führung des Feuers sollte in jedem Fall so langsam erfolgen, dass alle Tiegel gleichmäßig durchwärmt wurden. Die jeweils richtige Temperatur erkannte der erfahrene Schürer an der Glühfarbe der Gefäße. Während der Anschürphase waren nicht nur die über 1.000 Gefäße mit insgesamt 7 Tonnen Mischung, sondern auch das gesamte Ofengewölbe zu durchwärmen. Die Zugverhältnisse waren dabei so einzustellen, dass sich eine reduktive, d. h. sauerstoffarme Atmosphäre im Brennraum herausbildete. Kein einfaches Unterfangen bei einem Schornstein mit wetterabhängigem natürlichem Zug! Aus der Mischung entwichen zunächst Kohlensäure und Kohlenmonoxid, bei etwa 500° C begann schließlich die Ultramarinreaktion. Da das Gemenge nun selbst Wärme entwickelte, wurde das Feuer nur noch sehr sachte weitergeführt und der Zug des Ofens weiter verringert. Den Beginn der reaktiven Phase erkannten die Schürer daran, dass der auf den Tiegeln niedergeschlagene Ruß abzubrennen begann.

Verlief die Reaktion nach Wunsch, musste nach einer gewissen Zeit der Punkt erreicht werden, bei dem der Abbrand des Schwefels begann. Dieser besondere Teil der reaktiven Phase war in Schindlerswerk mit einem speziellen Begriff belegt. Da viel Erfahrung nötig war, um diesen Moment richtig zu erkennen, sprach man von der „blauen Ahnung“. Es war der Zeitpunkt, an dem Schwefeldämpfe aus den Gefäßen herausdrangen und mit blassblauer Flamme abbrannten. Die Temperatur sollte nun noch bis zur hellen Rotglut gesteigert werden, was etwa 850° C entspricht. Seit dem Anschüren des Ofens waren inzwischen etwa zwei Tage vergangen. Der Fortgang der Reaktion konnte durch Gucklöcher beobachtet werden, die Entnahme von Proben war bei den Tiegelöfen schwierig und wurde daher ausschließlich bei Muffelöfen praktiziert. Nur selten wurden Probetiegel unter die Beschickung gestellt, die dann komplett entnommen werden konnten. Dem erfahrenen Schürer genügten die Erscheinungen, die er durch die Gucklöcher beobachten konnte, um den Fortgang der Reaktion abschätzen zu können.

War der Höhepunkt der Temperatursteigerung erreicht, wurde der Luftzutritt zu den Öfen für einige Stunden ganz abgestellt, um der Reaktion Zeit zur Durchdringung der Gemenge zu geben. Danach konnten die Züge wieder etwas geöffnet werden. In den folgenden zehn Stunden trat nun eine Abkühlung um etwa 200° C ein, während der sich die Ultramarinreaktion weiter fortsetzte. Erst nachdem wieder rund 550° C erreicht wurden, begann die eigentliche Blaureaktion. Würde man die Tiegel vor diesem Zeitpunkt aus dem Ofen entnehmen, erhielte man ein überwiegend grünes Produkt.

Zu Beginn der Blaubildungsphase wurden die Rauchgasschieber dicht gestellt und der Ofen komplett verschlossen. Die nun durch die Tiegel diffundierende Luft bewirkte den Oxidationsprozess zur Bildung des blauen Ultramarins. Nun zeigte sich, ob die Mischung richtig verdichtet wurde und ob das Tiegelmaterial eine geeignete Porosität besaß. Auch die Kopfstellung der Gefäße entfaltete nun ihre größte Wirksamkeit. Lange Zeit oblag die Prozessführung allein dem Gespür der Schürer und Farbmeister, erst in der zweiten Hälfte des 20. Jahrhunderts konnten sie teilweise auf elektrische Widerstandsthermometer und wenige andere technische Hilfsmittel zurückgreifen.

Nach mehreren Tagen erreichte der jeweilige Block von zwei, drei oder vier Öfen in Schindlerswerk eine Temperatur von nur noch 200° C, die Reaktion war nun beendet. Um die Tiegel manuell entnehmen zu können, musste die Temperatur nun möglichst schnell auf unter 50° C abgesenkt werden. Dazu waren im Gewölbe eines jeden Ofens zwei kreisrunde Abzugslöcher von etwa 80 cm Durchmesser vorgesehen, die während des Brennprozesses mit eisernen Deckeln verschlossen waren. Das Öffnen der Deckel beschleunigte die Abkühlung durch den eintretenden Kamineffekt erheblich. Natürlich war die Entnahme der schweren Gefäße bei bis zu 50° C trotzdem keine wirklich angenehme Arbeit.

Die umständliche Herstellung und Handhabung der kleinen Tiegel warf schon früh die Frage auf, ob der Ultramarinbrand nicht auch in größeren Muffeln mit mehreren Zentnern Inhalt durchgeführt werden könnte. Tatsächlich kam ein solches Ofensystem fast gleichzeitig mit der Entwicklung der Tiegelöfen in Anwendung. Auch in Schindlerswerk wurden vermutlich schon von Beginn an Muffelöfen zum Brennen von Ultramarinblau verwendet. So belegt die Kartenskizze des Direktors Gademann

83 Bergung des Rohbrandes aus einem Tiegelofen in Schindlerswerk in den 1950er Jahren. Während ein Arbeiter die auf dem Kopf stehenden Tiegel aus dem Ofen herausreicht, bricht ein zweiter den Deckel auf und entnimmt den kolbenförmigen Rohbrand. Die guten Brände werden auf dem Wagen (links) gesammelt, während verbrannte oder minderwertige Anteile in dem bereitgestellten Fass landen. Ob zum Entleeren der Öfen immer so viel Personal zur Verfügung stand, bleibt fraglich.

(Abb. 77) aus dem Jahre 1860 die Existenz von vier Muffelofen-Komplexen zu dieser frühen Zeit. Eine Zeichnung aus dem Jahre 1867 präzisiert die Angabe dahin, dass nun fünf Blöcke mit je acht Öfen, also insgesamt 40 Muffelöfen vorhanden waren.[38-5] Die Muffelhütte wird auch später hin und wieder erwähnt, sowohl das Ofensystem als auch das Gebäude wurden im Laufe der Zeit erweitert bzw. mehrfach umgebaut. Schließlich entschied man sich um 1970 dafür, auf die anstehende Erneuerung der verschlissen Ofenanlage zu verzichten und die Muffelhütte abzubrechen. Glücklicherweise sollte dieser Abriss eines Hauptgebäudes im 20. Jahrhundert in Schindlerswerk die Ausnahme bleiben. Jedenfalls wurde Ultramarin von diesem Zeitpunkt an nur noch in Tiegelöfen erzeugt.

Die Blockbauweise der Muffelöfen diente, wie die der Tiegelöfen auch, dazu, einen besseren Wärmehaushalt zu gewährleisten. In der Fachliteratur[74] ist von Linien von sechs bis zwölf Öfen die Rede. Den Mittelpunkt eines solchen Aggregates bildete die aus Feuerfestmaterial gefertigte Gewölbemuffel, die etwa 1 Meter breit, 0,5 Meter hoch und bis zu 5 Meter lang war. Der Ofen war so konstruiert, dass die heißen Rauchgase aus der Feuerung unter der Muffel den gesamten Brennraum umspülten und somit die darin enthaltene Rohmischung möglichst gleichmäßig durchwärmten. Statt auf Kohle als Brennmaterial wurde bei diesem System in einigen Ultramarinfabriken schon frühzeitig auf Gasfeuerung gesetzt, schließlich kamen, anders als in den Tiegelöfen, die Rauchgase nicht ganz so intensiv mit dem Gemenge in Kontakt. Das Kondenswasser aus der Verbrennung des Gases konnte somit seinen ungünstigen Einfluss auf das Brennergebnis nicht entfalten.

Der größte Vorteil gegenüber den Tiegelöfen aber war der Wegfall der kleinen Reaktionsgefäße. Allerdings hatten die Muffeln auch gravierende Nachteile. Um die große Muffel vollständig durchzuwärmen und die Reaktion zu vollenden, war eine Zeitspanne von nicht weniger als drei bis vier Wochen nötig. Dabei waren die Bedingungen für die Blaubildung aufgrund der großen Menge der eingebrachten Rohmischung meist ungünstiger als in den Tiegeln. Kein Wunder, dass die Muffelbrände als qualitativ eher minderwertig galten, kieselreiche Ultramarine konnten mit diesem System gar nicht erzeugt werden. Gleichwohl lässt sich diese Aussage nicht verallgemeinern. So wie die beiden Technologien weiter entwickelt wurden und stete Verbesserungen erfuhren, so setzte ein Teil der Ultramarinfabrikanten mehr auf das eine als auf das andere System. Wir wollen die vergleichende Betrachtung der beiden Haupttechnologien des Ultramarinbrandes daher mit der Erkenntnis schließen, dass zumindest in Schindlerswerk das Tiegelverfahren hinsichtlich seiner Bedeutung eindeutig vor den Muffelöfen rangierte.

Sowohl Tiegel- als auch Muffelöfen lieferten ein sogenanntes Rohblau, das auf seinem Weg zu einem verkaufsfähigen Produkt noch umfangreicher Nacharbeiten bedurfte. Die aus den Öfen entnommenen Tiegel wurden geöffnet und umgestürzt. Als Ergebnis des Rohbrandes wurde ein kolbenförmiges, blaues Gebilde erhalten (Abb. 78), das wie die eher unförmige Rohmasse aus den Muffelöfen in die Sortierstube, die sich hinter den Tiegelöfen in Richtung Mulde befand, gelangte. Die hier tätigen Arbeiter sorgten dafür, dass die Rohbrände vorzerkleinert und verbrannte oder grünstichige Farbpartien aussortiert wurden. Das grüne Ultramarin konnte in einem Feinbrennofen unter Zusatz von Schwefel bei vergleichsweise niedrigen Temperaturen von wenigen hundert Grad in Blau umgewandelt werden. Die stark schwefelhaltigen Abgase dieses Röhrenofens belästigten allerdings oft die Arbeiter. Der einstige Farbmeister Tröger wusste in seinem Gutachten aus dem Jahre 1942 noch weitere Unzulänglichkeiten der Sortierstube zu monieren. So wären die Räume weder ausreichend erleuchtet noch beheizbar, so dass das Sortieren mit klammen Händen und bei ungünstigen Lichtverhältnissen unangenehm war und nicht wirklich effektiv sein konnte.[24-12]

Neben dem Auslesen der grünstichigen und verbrannten Bestandteile des Rohbrandes bestand der Zweck des Sortierens in der Unterteilung der blauen Masse in verschiedene Qualitäten. Im Jahre 1942 begnügte man sich in Schindlerswerk dabei mit nur zwei Güteklassen, wobei in gutes, reines Blau und in einen schon mit Übergängen ins Grüne tendierendem Farbton unterschieden wurde. Diese als Nr. 1 und Nr. 2 bezeichneten Sorten wurden nun, wie es ja schon früher bei den kobalthaltigen Couleur- und Eschelsorten gang und gäbe war, getrennt der weiteren Aufbereitung zugeführt.

Der Rohbrand bestand aber nicht nur aus Ultramarin verschiedener Qualitäten, vielmehr waren auch unerwünschte Nebenbestandteile darin enthalten. So wurden bei dem ab 1862 in Schindlerswerk angewandten einstufigen Brennprozess neben dem blauen Ultramarin auch etwa 25 Prozent Natriumsulfat (Glaubersalz) erzeugt. Um dieses zu entfernen, musste das vorzerkleinerte Rohblau gewässert werden. Dazu wurde die Masse in Rührbottichen mit warmem Wasser aufgeschlämmt, wobei sich das Sulfat aus dem Ultramarin herauslöste. Die Suspension wurde dann auf einen Nutschenfilter geleitet, wobei der blaue Feststoff solange mit Wasser beaufschlagt werden musste, bis kein Sulfat im Waschwasser mehr nachweisbar war. Früher, als das Glaubersalz noch selbst als wichtiger Rohstoff für den Brennprozess benötigt wurde, scheute man keinen Aufwand, um es durch Eindampfen des Waschwassers wiederzugewinnen. Dieser stark an die Tätigkeit des Pottasche-Waschstübners zu Blaufarbenwerkszeiten erinnernde Arbeitsschritt (vgl. Abb. 42) wurde mit der Verfügbarkeit von industriell erzeugtem Glaubersalz zunehmend unwirtschaftlich. Daher verzichteten die meisten Ultramarinfabriken, so auch Schindlerswerk, auf die Wiedergewinnung dieses Rohstoffes und leiteten das salzhaltige Waschwasser in das nächstgelegene Fließgewässer ein.

An die Wässerung des Rohblaus schloss sich nun ein Prozess an, der wiederum stark an die Verarbeitung der Smalte bei der Herstellung von Kobaltblau erinnert. Genau wie zu Zeiten des Blaufarbenwerks musste das Rohblau in Nassmühlen aufgemahlen werden, wobei vor allem die Mahldauer ganz entscheidend für die Korngröße und somit für die entsprechende Farbtiefe der Sorte 1 oder 2 war. Dazu wurde das salzfreie Ultramarin erneut in Holzbottichen mit Wasser aufgerührt und schließlich den Nassmühlen zugeleitet. Anfangs dürften dafür die mit Granitläufern ausgestatteten Aggregate des Blaufarbenwerks (vgl. Abb. 56, 57) weiterbenutzt worden sein, allerdings plante bereits Direktor Gademann im Jahre 1860 den kompletten Neubau dieser Anlage. Im Jahre 1942 existierten in Schindlerswerk ein unterer und ein oberer Nassmühlenraum (vgl. den Abschnitt „UNESCO-Welterbe Schindlerswerk", Abb. SW1, Gebäude 12 und 14). Dabei wurden die vier Aggregate der unteren Mahlstaffel noch immer direkt durch ein Wasserrad angetrieben, während der obere Mühlenraum bereits mit elektrischen Einzelantrieben ausgestattet war. Tröger kritisierte dabei den ungleichmäßigen Gang der wassergetrieben Mühlen, nach seiner Aussage war ein gleichmäßiges Mahlergebnis unter diesen Umständen eine reine Glückssache.[24-12]

Der nun folgende Schritt wurde fast 1:1 vom Blaufarbenwerk übernommen. Die Gewinnung der beim

Nassmahlen der Farbe entstehenden verschiedenen Korngrößenfraktionen erfolgte von alters her durch Schweretrennung mittels Wasser in Bottichen oder Schlämmkästen (vgl. den Abschnitt „Technologie der blauen ‚Farbe'"). Die Tendenz, dass die Farbe umso blasser wird, je geringer die Korngröße ist, trifft sowohl auf die kobalthaltige Smalte als auch auf das Ultramarin zu. Der einzige gravierende Unterschied zwischen der Schlämmung von Kobaltblau und Ultramarin besteht lediglich darin, dass die Dichte des kobaltfreien Pigments deutlich unter der des Smalteerzeugnisses liegt. Daraus folgt, dass sich die Absetzzeiten in den einzelnen Bottichen deutlich verlängern. Kam man im Blaufarbenwerk noch mit wenigen Minuten bis zu einem Tag zurecht, so waren nun viele Stunden bis hin zu mehreren Wochen erforderlich. Um die Geduld der Farbwerker nicht über Gebühr zu strapazieren bzw. um wirtschaftlich arbeiten zu können, ließ man das feinste Ultramarin nicht mehr absetzen, sondern dampfte die Trübe ein oder gewann es mit Hilfe einer Filterpresse. Auf jeden Fall mussten die Absetzbehälter im Vergleich zum Blaufarbenwerk deutlich vergrößert werden, um überhaupt einen vertretbaren Durchsatz erreichen zu können. Als günstig erwies es sich zudem, die Farbe vor dem Schlämmen mit Wasser aufzukochen. Verunreinigungen, wie nicht umgesetzte Holzkohle oder Schwefel, schwammen dabei auf und konnten abgeschöpft werden. Eine Kocherei, bestehend aus zwei mit Dampf beheizten eisernen Kesseln, wurde in Schindlerswerk allerdings erst im Jahre 1921 eingerichtet.[24-9] Später wurde dieser Prozessschritt nur noch bei den hochwertigsten Sorten praktiziert.

Die Schlämmbottiche in Schindlerswerk wurden im Laufe der Zeit mehrfach erneuert und umgebaut. Bei dem Gebäude selbst handelt es sich um einen Teilneubau, der aufgrund eines Brandereignisses im Jahre 1904 notwendig wurde (vgl. den Abschnitt „UNESCO-Welterbe Schindlerswerk"). Die heute noch vorhandene Schlämmanlage wurde zwar erst 1990 eingebaut, da sie aber nach dem klassischen Konstruktionsprinzip errichtet wurde, ist sie trotz ihres vergleichsweise geringen Alters dennoch von historischem Wert. Das trifft umso mehr zu, als hier gleichfalls das Prinzip des jahrhundertealten Verfahrens des Kobaltglasschlämmens verdeutlicht wird. Da man sich heute bei solchen und ähnlichen Prozessen eher der Nasssiebung bedient, ist es nicht unwahrscheinlich, dass die komplett erhaltene Anlage die letzte ihrer Art ist.

84 Die Korngrößenseparierung des Ultramarinblaus erfolgte analog dem althergebrachten Blaufarbenprozess durch Sedimentation in Wasser. Dazu waren mehrere kaskadenartig angeordnete Setzkästen im Einsatz. Auf dem Foto ist ein Arbeiter beim Ausschaufeln eines Setzkastens zu erkennen. Die mit dem noch feuchten Ultramarin belegten Aluminiumhorden wurden auf transportablen Regalen, den so genannten Hordenwagen (rechts) gestapelt und anschließend in die Trockenkammer verbracht. Aufnahme aus den frühen 1990er Jahren.

Das geschlämmte Ultramarin musste recht umständlich aus den Setzkästen ausgeschaufelt werden, zum Lockern des Satzes bediente man sich Gerätschaften wie der althergebrachten Farbhacke und eines spatenähnlichen Stecheisens. Der nun folgende Schritt entspricht in seiner Ausführung wiederum der Herstellung der Couleure und Eschel aus der Blaufarbenzeit. Um die Farbe von der anhaftenden Feuchte zu befreien, wurde sie, genau wie einst das Kobaltblau auch, in eine ofenbeheizte Trockenstube verbracht. Neu eingerichtete Ultramarinfabriken, die nicht auf eine Vorgeschichte als Blaufarbenwerk zurückgreifen konnten, bedienten sich dazu gern der Abwärme der Brennöfen. In Schindlerswerk dagegen plante schon Direktor Gademann im Jahre 1860 den Neubau eines Trockenhauses. Freilich wurde auch diese Technologie im Laufe der Zeit weiterentwickelt, so dass der Holz- oder Kohleofen schließlich durch eine Dampfheizung und die Trockenbretter durch Aluminiumhorden ersetzt wurden. Die Bleche wurden in Regalwagen eingelegt, die wiederum im Ganzen in den Trockenraum verbracht werden konnten.

Um die trockenen Farbbrocken in eine verkaufsfähige Form zu überführen, mussten diese aufgemahlen, gesiebt und nach vorhandenen Standards zusammengestellt werden. Auch diese Arbeitsgänge sind uns bereits von den Kobaltfarben her bekannt. Die Anwendungsbereiche für die Ultramarine waren außerordentlich vielfältig und deckten sich in weiten, aber nicht in allen Bereichen mit denen der Smalteprodukte. Dabei waren die Ultramarine nicht nur deutlich billiger als die kobalthaltigen Blautöne, sondern oftmals auch stärker und brillanter in ihrer Farbwirkung. Da Ultramarin kein Schwermetall enthält, ist es völlig ungiftig und wurde u. a. zum Weißmachen von Zucker eingesetzt. So braucht es nicht verwundern, dass das Ultramarin die Kobaltfarben in Nischen zurückdrängte, die nicht durch das künstliche Blau besetzt werden konnten. Das trifft im Wesentlichen auf die Anwendung als Glasurfarbe bei der Porzellan-, Keramik- und Emailleherstellung zu.

Ultramarinpigmente können zur Zubereitung von Dispersions-, Anstrich- und Druckfarben ebenso vorteilhaft verwendet werden wie für die Produktion von Industrielacken, Buntpapier oder farbigen Kalk-, Beton- und Kunststoffmischungen. Erst ab den 1930er Jahren erfährt das Ultramarin in diesen Bereichen eine Konkurrenz durch Kupferphthalocyanin, das sich, anders als jenes, als sehr säurestabil erwies und teilweise noch günstiger hergestellt werden konnte. Zwar hat das kupferhaltige Pigment seitdem in manchen Anwendungsbereichen stark an Bedeutung gewonnen, dennoch konnte sich auch Ultramarin bis heute am Markt behaupten. Auch wenn es in Deutschland keine Ultramarinfabrik mehr gibt, so wird das ungiftige, klassische Blaupigment noch immer u. a. in Frankreich und China produziert.

Der Hauptanwendungsbereich für Ultramarinblau allerdings ist inzwischen fast komplett weggebrochen. Das Bläuen der Wäsche hat sich seit der Einführung moderner Waschmittel mit integrierter Sauerstoffbleiche erübrigt und wird wohl nur noch von wenigen Enthusiasten aus nostalgischen Gründen oder in ganz speziellen Fällen praktiziert. Berichte vom Bläuen von Gardinen, die dann in einem ganz besonderem Weiß erstrahlen, sind nicht so außergewöhnlich wie die Aussage eines Hühnerzüchters, der noch heute Ultramarinblau in Schindlerswerk erwirbt, um damit seine weißen Zuchttiere für Ausstellungszwecke zu präparieren. Diese Methode soll ihm stets gute Platzierungen bei der Schönheitskonkurrenz des Federviehs sichern.

Dass Waschblau heute nur noch für solche und ähnlich kuriose Anwendungen benötigt wird, soll nicht darüber hinwegtäuschen, dass es in vergangenen Zeiten die einzige Möglichkeit darbot, wirklich weiße Textilien zu erhalten. Dabei beruht die Wirkung des Blaus nicht wie bei den heute üblichen Waschmitteln auf der chemischen Bleiche durch die Oxidation mit Sauerstoff, sondern wird rein physikalisch realisiert. Da Blau die Komplementärfarbe zum Gelb darstellt, ergibt die Mischung dieser beiden Farbtöne einen Weißeffekt. Gelbliche oder vergilbte Textilien können so merklich aufgehellt werden. In den Zeiten, als ausschließlich Seife zum Waschen zur Verfügung stand, waren daher sowohl Kobaltblau als auch später Ultramarin ein begehrter Waschzusatz. Auch in der Papierindustrie wurde der besagte Effekt zur Bleiche herangezogen.

Als „Germania-Blau“, „Schneeberger Wäscheblau“ oder „Kaiser-Blau“ vermarktet, wurde der farbige Wäschezusatz aus Albernau im In- und Ausland zu einem Bestseller. So finden sich im Werksarchiv um die 200 Etiketten und Bezeichnungen, unter denen das Produkt in beinahe alle Länder der Welt verkauft wurde. Rückstellproben, die von den exportierten Chargen für den Reklamationsfall zurückbehalten wurden, sind in der Musterstube des Werkes erhalten geblieben. Diese zum Teil über 100 Jahre alten Farbproben stellen heute ein bedeutendes Zeugnis der Industriegeschichte dar. Die Abbildungen 86a-h zeigen eine kleine Auswahl der vielfältigen Etiketten und Markenbezeichnungen, unter denen das Waschblau einst vertrieben wurde.

Im ausgehenden 19. und in der ersten Hälfte des 20. Jahrhunderts zählte Schindlerswerk mit seinen 200 bis maximal 400 Tonnen Jahresproduktion eher zu den kleineren Ultramarinherstellern im Deutschen Reich. Trotzdem fand das Unternehmen, ob so mancher technischer Raffinessen, wie der Nachbehandlung der Rauchgase oder der Erfindung eines speziellen Holzschliffes bei der Herstellung der nötigen Verpackungsmaterialien,[76] hin und wieder Erwähnung in der Fachliteratur. Der Betrieb konnte sich stets gegen die Konkurrenz der Großproduzenten, wie den Vereinigten Ultramarinfabriken ehem. Leverkus, Zeltner & Co., behaupten. Dem 1873 gegründeten Verein deutscher Ultramarinfabriken beizutreten, lehnte der Privatblaufarbenwerksverein ab. Vielleicht fürchteten die Herrn Bevollmächtigten dadurch eine Schwächung der Verbindung mit dem Hauptwerk Niederpfannenstiel. Allerdings geht aus den Akten im Werksarchiv zweifelsfrei hervor, dass man sich in Schindlerswerk bemühte, sowohl Kontakte zu dem neu entstandenen Verein zu knüpfen als auch die Aktivitäten der Konkurrenz aufmerksam zu beobachten.[53]

Überhaupt waren die Jahrzehnte um die Jahrhundertwende bis zum Beginn des Krieges 1914 ohne Zweifel die erfolgreichsten in der Geschichte der Ultramarinfabrik. Dabei waren die Anfangsjahre des aus dem Blaufarbenwerk hervorgegangenen Unternehmens alles andere als einfach. Neben den bereits geschilderten technologischen und administrativen Schwierigkeiten war nämlich noch ein weiteres Problem aufgetaucht, mit dem niemand ernsthaft rechnen konnte. Die Produktionsumstellung von Kobaltblau auf Ultramarin, die prozessbedingt einen höheren Ausstoß an Schwefeldioxid zur Folge hatte, schien den im näheren Umfeld von Schindlerswerk liegenden Wäldern nämlich überhaupt nicht zu bekommen. Besonders nach 1862, als die Produktion richtig in Gang kam, griffen die Rauchschäden, die vorher lediglich als kleinflächige Ausnahmeerscheinung bekannt waren, derart um sich, dass sich der Privatblaufarbenwerksverein horrenden Schadensersatzforderungen gegenübergestellt sah.

85 In der Musterstube im Herrenhaus von Schindlerswerk blieben jene Rückstellmuster erhalten, die einst von jeder exportierten Charge genommen und aufbewahrt wurden. Die z. T. über 100 Jahre alten Proben zeugen noch heute von den vielfältigen Handelsbeziehungen, die der Blaufarbenwerksverein in beinahe jedes Land der Welt unterhielt.

Die Familie von Trebra-Lindenau, in deren Besitz sich die betroffenen Waldungen befanden, strengte 1865 einem Prozess gegen den Privatblaufarbenwerksverein an, in dessen Folge sich nur die Alternativen ergaben, Schindlerswerk zu schließen oder schnellstmöglich Abhilfe zu schaffen. Aus dieser Zwangslage heraus sollte ein Verfahren entwickelt werden, das seiner Zeit weit voraus war und das heute in beinahe jeder Großfeuerungsanlage zum Einsatz kommt. Eng verbunden mit dieser Forschungsarbeit ist der Name eines jungen Hüttenchemikers, der später durch seine wissenschaftlichen Leistungen als Professor an der Königlich Sächsischen Bergakademie Freiberg weltberühmt wurde.

86 a–h Auswahl verschiedener in- und ausländischer Marken, unter denen das Wäscheblau von Schindlerswerk zu Ende des 19. und bis zu Beginn des 20. Jahrhunderts vermarktet wurde. Sogar eine noch heute existente Lebensmittelkette hatte das Produkt im Sortiment. „Drei-Kaiser-Blau" wurde 1888 aufgelegt, da in jenem Jahr Wilhelm I. († März 1888), Friedrich III. († Juni 1888) und Wilhelm II., also drei Kaiser das Deutsche Reich regierten.

87 Diese Postkarte aus dem Jahre 1911 zeigt Schindlerswerk in einer Zeit der wirtschaftlichen Blüte. Fast das gesamte Gebäudeensemble inclusive des Bahnhofs blieb bis heute fast unverändert erhalten.

Der Zeit voraus – die erste Rauchgaswäsche

Besonders denjenigen Farbwerkern, die in Albernau wohnten und jeden Tag den steilen Farbmühlenweg zu ihrem Arbeitsplatz in Schindlerswerk zu bewältigen hatten, konnte das immer mehr um sich greifende Ungemach nicht verborgen bleiben. Immer dann, wenn sich die stechend riechenden Abgase der Ultramarinfabrik über die dichten Waldungen am linken Muldeufer zwischen Schindlerswerk und Albernau legten, starben mehr und mehr Fichten, Tannen und Lärchen ab. Selbst weiter entfernte Bäume zeigten kahle Äste und begannen zu verkrüppeln. So mancher Farbwerker dürfte sich in Anbetracht dieses trostlosen Anblickes gefragt haben, wie lange der neue Besitzer des Freigutes Albernau, Hans von Trebra-Lindenau, dem der betreffende Wald gehörte, sich noch würde beschwichtigen lassen. Wenn die Waldschäden weiter so um sich griffen, dürfte es nur eine Frage der Zeit sein, bis er mit sicher nicht geringen Schadenersatzforderungen an das Werk herantreten würde. Damit war nicht nur der Bestand der jungen Ultramarinfabrik, sondern auch das Auskommen all der Familien gefährdet, deren Vorfahren oft schon seit Generationen mit dem abgelegenen Blaufarbenwerk verbunden waren.

Rauchgasschäden waren bisher vor allem von den großen Hüttenwerken bei Freiberg oder aus dem Harz bekannt, für Schindlerswerk war dieses Phänomen dagegen neu. Jedenfalls gab es mit dem früheren Rittergutsbesitzer, dem 1863 verstorbenen sächsischen Major August von Petrikowsky, in dieser Hinsicht bisher keine Schwierigkeiten. Mit seinem Enkel, dem späteren Landtagsabgeordneten Hans Carl August von Trebra-Lindenau (1842–1914), sollte sich das grundlegend ändern. Zunächst noch im Namen der Erbin des Freigutes, seiner Mutter Henriette Caroline Felicie von Trebra-Lindenau, etwas später dann selbst als Eigentümer der Waldungen, strengte er mehrere Prozesse gegen das Werk an, die den Privatblaufarbenwerksverein in ernste wirtschaftliche Bedrängnis brachten. Nun könnte man vermuten, dass mit dem Eigentümerwechsel des Freigutes ein besonders streitbarer Herr in übertriebener Weise gegen Schindlerswerk vorging, bei näherer Betrachtung wird aber offenbar, dass die Forderungen des adeligen Nachbarn durchaus nicht unberechtigt waren. Wieso aber traten die Rauchschäden gerade jetzt, in den Jahren 1863 bis 1865 so massiv zutage?

Nach dem unsanften Abgang des Direktors Gademann gegen Ende des Jahres 1861 war es dem kommissarisch auf diesen Posten gesetzten Farbmeister Julius Böhmer und seinem Vertreter Carl Klemm gelungen, eine stabile Ultramarinproduktion in Gang zu bringen. Den bisher praktizierten zweistufigen Prozess, bei dem zunächst grünes Ultramarin erzeugt wurde, das dann in das blaue Pigment umgearbeitet werden musste, ersetzten sie durch das viel wirtschaftlichere einstufige Brennverfahren. Allerdings stieg damit auch der Bedarf an Schwefel merklich an. Während man sich beim zweistufigen Prozess hauptsächlich des Glaubersalzes als Schwefelträger bediente, kam nun das Element selbst zum Einsatz. Verfahrensbedingt gingen davon zwei Drittel, teilweise sogar drei Viertel in Form von Schwefeldioxid, das mit den Rauchgasen in die Luft entwich, verloren. Bei dem bisher praktizierten Verfahren verflüchtigte sich dagegen nur etwa ein Viertel des im Gemenge enthaltenen Schwefels. Hinzu kam, dass unter den Direktoren Achtermann und Gademann in den Jahren 1856 bis 1861 weder von einer dauerhaften noch von einer umfangreichen Ultramarinherstellung die Rede sein konnte. Erst im Laufe des Jahres 1862 konnte die Situation stabilisiert und der Weg für die Steigerung der Produktionsmenge geebnet werden. Durch die geschilderten Umstände wuchsen die Emissionen des besonders vegetationsschädlichen Schwefeldioxids im Jahr 1865 etwa um den Faktor 10 gegenüber dem Jahre 1860 an. Die sauren Abgase wurden durch insgesamt sechs niedrige, nur wenig über die Dächer der beiden Hüttengebäude hinausragende Fehlessen ins Freie abgeleitet. Der vorherrschende Wind, meist kam er aus Richtung Südwest, trieb die Rauchgase direkt in die Wälder des Freigutes. Ein denkbar schwieriger Auftakt für eine gut-nachbarschaftliche Beziehung zu dem neuen Rittergutsbesitzer von Trebra-Lindenau!

An dieser Stelle sei zunächst die Frage erlaubt, wieso saure Abgase und dabei besonders das Schwefeldioxid eine so verderbliche Wirkung auf die Vegetation entfalten. Um die Mitte des 19. Jahrhunderts herum war zwar das Phänomen der Hüttenrauchschäden hinlänglich bekannt, über deren Ursache konnten allerdings nur Mutmaßungen angestellt werden. Erst im weiteren Verlauf des 19. Jahrhunderts fanden zu diesem Problem umfangreiche Untersuchungen statt, große Verdienste kommen dabei der Königlich-Sächsischen Forstakademie in Tharandt zu, die heute zur Technischen Universität Dresden gehört.[77] Demnach beruht die schädigende Wirkung des Schwefeldioxides auf der Reaktion dieses Gases mit Luftfeuchtigkeit zu schwefliger Säure und deren partieller Weiteroxidation zu Schwefelsäure. Der entstehende feine Säurenebel gelangt einerseits durch die Spaltöffnungen der Blätter direkt in die Pflanze, andererseits führt er längerfristig zur Versauerung des Bodens. In beiden Fällen ist eine Störung des Ionenhaushaltes des betroffenen Gewächses, insbesondere der lebenswichtigen Magnesiumverbindungen, die Folge. Dabei reagieren Nadelhölzer meist empfindlicher auf schweflige Säure als Laubhölzer, eine feuchte Witterung sowie Sonneneinstrahlung verstärken den Schadensverlauf.

Zu Ende des Jahres 1865 entwickelte sich das Rauchschadensproblem zunehmend bedrohlich für die Schneeberger Ultramarinfabrik. Offenbar waren alle Versuche, die Differenzen mit dem Gutsherrn einvernehmlich zu lösen, in Anbetracht des rasant um sich greifenden Waldsterbens gescheitert.[78] Jedenfalls hatte Felicie von Trebra-Lindenau inzwischen einen Prozess gegen den Privatblaufarbenwerksverein angestrengt. Dass die Fäden in Wirklichkeit von ihrem Sohn Hans von Trebra-Lindenau gezogen wurden, war dabei kein Geheimnis. Auf jeden Fall kam nun auf den Anwalt des Privatblaufarbenwerksvereins, einen gewissen Dr. Brox in Leipzig, der mit der schwierigen Aufgabe der Verteidigung der Ultramarinfabrik betraut wurde, eine Menge Arbeit zu.

Die Klage des Rittergutsbesitzers war aber nicht nur der Ausgangspunkt eines Rechtsstreites, der sich sein ganzes Leben hinziehen und vier Direktoren der Ultramarinfabrik beschäftigen sollte, sondern sie bildete auch den Auftakt für eine bemerkenswerte technische Entwicklung, die in der Installation der ersten funktionsfähigen Rauchgasentschwefelungsanlage in einem Industriebetrieb gipfelte. Dabei war der Weg dahin alles andere als einfach und geradlinig. Viele Rückschläge mussten verkraftet und eine Menge Geld aufgewendet werden. Auf jeden Fall erscheint es lohnend, diese Arbeiten, die nichts anderes als die Geschichte der industriellen Rauchgasreinigung abbilden, nachzuvollziehen. Dazu wurde erstmals das im Werksarchiv von Schindlerswerk lagernde Aktenmaterial zusammen mit Dokumenten aus den Staatsarchiven Freiberg und Chemnitz ausgewertet.

Die Taktik des Anwalts Dr. Brox beruhte zunächst darauf, die Klage abzuwehren und die Verantwortlichkeit der Ultramarinfabrik für die Rauchschäden bzw. überhaupt den ungünstigen Einfluss der Rauchgase auf den Wald zu leugnen. Zu einer Zeit, als das Schadensbild der schwefligen Säure noch nicht vollständig wissenschaftlich hinterlegt war, schien das, zumindest aus der juristischen Perspektive heraus, der einzig sinnvolle Ansatz zu sein. Immerhin war es Sache des Klägers, der Fabrik die Schädlichkeit der Abgase nachzuweisen. Die Bemühungen des Anwalts vom Oktober 1865 zielten denn auch zunächst darauf ab, Zeugen zu finden, die bestätigen sollten, dass die Rauchschäden schon vor der Aufnahme der Ultramarinproduktion im Jahre 1857 vorhanden waren. Auch sollte ein dem Werk wohl gesinnter Gutachter, es war zunächst von Professor Wilhelm Fritzsche aus Freiberg die Rede, gewonnen werden.

Tatsächlich scheint sich der Gerichtsprozess äußerst zäh entwickelt zu haben. Auch ein Jahr später, im Oktober 1866 gab es noch kein abschließendes Urteil. Die wenigen erhalten gebliebenen Schreiben des Anwalts, der Werksleitung und einiger anderer Beteiligter erwecken aber den Eindruck, dass zunehmend nicht mehr die Frage der Schädlichkeit der Abgase zur Debatte stand, als vielmehr die Höhe des verursachten Schadens. Das scheint insbesondere nach einem Lokaltermin am 17. Mai 1866 in Schindlerswerk, den das Gericht anberaumt hatte, der Fall zu sein. Sehr nachteilig auf den Fortgang des Verfahrens wirkte sich offenbar auch der im Juni 1866 ausgebrochene deutsch-österreichische Krieg aus, der zur preußischen Besetzung Sachsens führte und hier seine Spuren hinterließ. So starb ein Forstbeamter, der die Rauchschäden beurteilen sollte, im Oktober 1866 an der kriegsbedingt in Leipzig wütenden Cholera. Das Nachrichten- und Eisenbahnwesen wurde zeitweilig unterbrochen, Geldanweisungen per Post galten als unausführbar oder doch als äußerst riskant.

Trotz dieser für den Verein nicht ungünstigen Verzögerungen des Prozesses war klar, dass sich das Rauchschadensproblem auf juristischem Wege nicht nachhaltig würde lösen lassen. Während nun der Anwalt fleißig, aber wenig erfolgreich gegen die Widrigkeiten anging und nach günstigen Zeugen und Gutachtern für die Verteidigung suchte, schmiedete man im Hauptwerk des Privatblaufarbenwerksvereins in Niederpfannenstiel an einem Alternativplan. Schließlich übertrugen die Bevollmächtigten des Vereins einem jungen Hüttenmeister die Aufga-

be, das Rauchgas auf chemischem Wege von seinem SO_2-Gehalt zu befreien und ihm somit seine Vegetationsschädlichkeit zu nehmen.
Es war niemand Geringerer als Clemens Alexander Winkler (1838–1904), dem man die Lösung dieses schwierigen Problems zutraute. Der „erste Hüttenmeister mit Doktortitel", wie man den seit 1862 in Niederpfannenstiel tätigen und 1864 promovierten jungen Chemiker gern nannte, schien der rechte Mann für diese besondere Herausforderung zu sein. Als Winkler um das Jahr 1866 herum begann, sich mit der Thematik zu befassen, konnte er nicht ahnen, dass ihn die Problematik der Hüttenrauchschäden seine ganze wissenschaftliche Laufbahn begleiten und bis zu seinem Tode nie mehr ganz loslassen sollte. Neben den bedeutenden Verdiensten, die sich Clemens Winkler auf diesem Gebiet erwarb, darf aber auch nicht vergessen werden, dass er in dem Bevollmächtigten Emil Bonitz aus Schwarzenberg sowie den späteren Direktoren der Ultramarinfabrik Carl Klemm, Hermann Schmidt und Dr. Hermann Hiller engagierte Mitstreiter fand, die das Verfahren insbesondere nach seiner Berufung als Professor an die Bergakademie Freiberg im Jahre 1873 emsig weiter entwickelten bzw. zu vervollkommnen suchten.
Mit dem Anspruch, die Feuerungsgase der Ultramarinfabrik zu entschwefeln, betrat Clemens Winkler Neuland. Zwar war es im Harz und bei den Freiberger Hüttenwerken zu Ende der 1850er Jahre gelungen, Röstgase zur Herstellung von Schwefelsäure heranzuziehen und ihnen damit gleichsam ihre Vegetationsschädlichkeit zu nehmen, doch waren die Verhältnisse in Schindlerswerk damit nicht vergleichbar. Anders als bei den Röstgasen aus den Kiesöfen der Hüttenwerke war das Schwefeldioxid in den Rauchgasen der Ultramarinöfen stark verdünnt. Der Gehalt schwankte je nach Betriebszustand zwischen 0 und 2 Prozent. Erschwerend kam hinzu, dass die Abgase einen hohen Rußanteil aufwiesen. Aufgrund dieser Randbedingungen erschienen Winkler die Rauchgase zur Schwefelsäuregewinnung als wenig geeignet. Er verfolgte daher zunächst einen viel einfacheren Ansatz.
Da sich Schwefeldioxid unter Bildung von schwefliger Säure in Wasser löst, war es naheliegend, die Rauchgase durch Waschen mit Wasser von dem schädlichen Bestandteil zu befreien. Die am Werk vorbeifließende Mulde bot dazu die besten Voraussetzungen. So könnte das zur Absorption des Schwefeldioxids benötigte Wasser aus dem Fluss entnommen und dann wieder in ihn zurückgeführt werden. Um diese Idee in die Praxis umzusetzen, wurden Modellversuche durchgeführt. Winkler bezeichnet die Resultate dieser Experimente als *kläglich*, das Wasser vermochte nur einen geringen Prozentsatz des Schwefeldioxids zu lösen.[78] Trotzdem hatte es nach seiner Kontaktierung mit den Rauchgasen einen intensiven, stechenden Geruch, so dass es nicht ohne weiteres in die Mulde hätte zurückgeführt werden können. Es gab aber noch einen weiteren Grund dafür, dass der Pfannenstieler Hüttenmeister der einfachen Rauchgaswäsche mit Wasser skeptisch gegenüberstand. So betrachtete Winkler den in den Abgasen enthaltenen Schwefel als Wertstoff, den es zurückzugewinnen galt. Geschlossene Stoffkreisläufe nach dem Vorbild der Natur, das war der Grundgedanke seiner vielfältigen Bemühungen um den Umweltschutz.[62] Nach dem Abbruch der erfolglosen Waschversuche wandte sich der promovierte Hüttenmeister trotz der bereits geschilderten Bedenken dem Ziel zu, die Rauchgase auf Schwefelsäure zu verarbeiten, wie es für schwefeldioxidreiche Röstgase in anderen Hüttenwerken schon länger üblich war.
Clemens Winkler hatte umfangreiche Untersuchungen zu den Vorgängen bei der Schwefelsäureherstellung nach dem Bleikammerverfahren angestellt, die er 1867 in einer viel beachteten Veröffentlichung darlegte.[79] Er wusste, dass die sogenannte nitrose Schwefelsäure in der Lage war, die schweflige Säure direkt in Schwefelsäure überzuführen, wobei die nitrosen Verbindungen reduziert, aber durch Luftsauerstoff erneut oxidiert werden konnten. Die katalytische Wirkung der Stickoxide sollte bei der Absorption der schwefligen Säure aus den Rauchgasen genutzt werden. Es erfolgte der Bau einer klei-

nen Pilotanlage, die auch vorzüglich funktionierte. Die Aussicht, dass die Gewinnung der begehrten Schwefelsäure aus den Rauchgasen erfolgen könne, ermutigte den Privatblaufarbenwerksverein, den Bau einer großen und kostspieligen Absorptionsanlage in Angriff zu nehmen. Diese später als „Absorptionsturm" bezeichnete Anlage sollte ihren Platz dort finden, wo die beiden Hüttengebäude mit ihren 18 kleinen Tiegelöfen bzw. ihren 40 Muffelöfen rechtwinkelig aufeinandertrafen. Mittels neuer Rauchgaskanäle konnten die Abgase beider Hütten an dieser Stelle vorteilhaft miteinander vereinigt und dem Entschwefelungsprozess zugeführt werden. Den ehemaligen Standort des Turmes markiert heute in etwa der um 1950 errichtete 50 Meter hohe Hüttenschornstein.

Mit Schreiben vom 4. Juli 1867 ersuchte kein Geringerer als Clemens Winkler selbst, das Königliche Gerichtsamt in Schneeberg als zuständige Aufsichtsbehörde über gewerbliche Einrichtungen darum, den Bau des Absorptionsturmes zu genehmigen. Eindringlich legt er dar, dass es von *jeher der Wunsch ... des Privatblaufarbenwerksvereins gewesen ist, sich in den Besitz eines Verfahrens zu setzen, mit Hilfe dessen es gelingt, die ... schweflich-sauren Dämpfe zu condensiren und sie dadurch nicht allein in ein nutzbares Fabricat zu verwandeln, sondern auch auf solche Weise sie für ... die das Werk umgebenden Culturen* für immer und unter allen Verhältnissen unschädlich zu machen.[38-5]

Winkler beschreibt nun die Einzelheiten seines innovativen Verfahrens. So soll in einem mit Koks gefüllten Bleizylinder von 9 m Höhe und knapp 2 m Breite die Oxidation der schwefligen Säure zu Schwefelsäure mittels nitroser Gase und deren gleichzeitige Absorption in der vorgelegten verdünnten Schwefelsäure stattfinden. Was den eigentlichen Zweck des Turmes, nämlich die Entschwefelung der vegetationsschädlichen Rauchgase betrifft, so bleibt Winkler in seinen Formulierungen stets vorsichtig. Immerhin war der Entschädigungsprozess mit dem Rittergutsbesitzer von Trebra-Lindenau noch immer anhängig und der Bau der kostspieligen Anlage

88 Clemens Winkler als junger Hüttenmeister um 1865. Als er mit der Entschwefelung der Rauchgase der Schneeberger Ultramarinfabrik beauftragt wurde, konnte er noch nicht ahnen, dass ihn diese Problematik bis an sein Lebensende nicht mehr loslassen würde.

sollte vom Gericht keinesfalls als Schuldeingeständnis gewertet werden. Winkler schreibt: *Mögen nun in der Umgebung von Schindlerswerk ... Rauchschäden stattgefunden haben oder nicht, so viel steht fest, dass die Erbauung der vorbeschriebenen Anlage jeden derartigen Übelstand auf alle Zeiten beseitigen und unmöglich machen würde.*[38-5]

Der Antrag trägt zwar die Unterschriften der Bevollmächtigten Emil Bonitz und Carl Curtius, es handelt sich aber ohne jeden Zweifel um Clemens Winklers Handschrift. Der promovierte Chemiker dürfte wohl geahnt haben, dass er mit seinen technischen Ausführungen die Fachkenntnisse der Beamten des Königlichen Gerichtsamtes über Gebühr beanspruchen würde. Jedenfalls ließ er es sich nicht nehmen, im Zweifelsfalle die Hinzuziehung des Sachverständigen Dr. Stoeckhardt aus Tharandt zu empfehlen, wovon die überforderten Staatsdiener denn auch gern Gebrauch machten. Das positive Gutachten des Tharandter Forstwissenschaftlers lag schon zwei Tage später vor, die Erteilung der Baugenehmigung für die Anlage war damit zur reinen Formsache geworden und erfolgte am 8. August 1867. Bis Januar 1868 entstand mit dem etwa 21 Meter hohen Absorptionsturm in traditioneller Fachwerkbauweise ein Bauwerk, das das Erscheinungsbild von Schindlerswerk über fast ein Jahrzehnt prägen sollte.

Laut Winkler wurde die Anlage im Februar 1868 erstmals in Betrieb gesetzt.[78] Diese Angabe deckt sich übrigens exakt mit den Eintragungen in den Hauptbüchern von Schindlerswerk, die den Ankauf von Schwefelsäure aus Muldenhütten für den „Rauchturm", wie es dort heißt, für den 23. Januar 1868 ausweisen.[53] Abweichend von den Ausführungen im Bauantrag verzichtete man allerdings darauf, den bleiernen Absorptionszylinder im Inneren des Turmes zwecks Vergrößerung seiner Reaktionsfläche mit Koks zu füllen. Die Befürchtung, die Koksstücke würden durch Rußteilchen in kurzer Zeit verkleben und den Zylinder verstopfen, war sicher nicht unbegründet. Gezahnte Bleidächer, es wurden insgesamt 340 Stück eingebaut, boten bessere Voraussetzungen. Der Austritt der Rauchgase aus dem Turm mündete direkt in einen Schornstein, der für den nötigen Zug sorgen sollte.

Voller Zuversicht setzten die Hüttenwerker unter Leitung von Clemens Winkler die Anlage im Februar 1868 in Betrieb. Zunächst schien auch alles nach Plan zu verlaufen. Die vorgelegte, etwa 60-prozentige Schwefelsäure, der etwas Salpetersäure beigemengt worden war, rieselte von oben über die gezahnten Bleidächer den von unten in den Reaktionszylinder einströmenden Rauchgasen entgegen, die vorher im Untergeschoss des Turmes vom größten Teil ihres Rußinhalts befreit worden waren. Tatsächlich fand zunächst eine Reduktion des Schwefeldioxidgehaltes des Rauchgases zu etwa 70 Prozent statt. Doch dann trat ein Problem zutage, das Winkler offenbar unterschätzt hatte.

Anders als bei den Versuchen im Kleinen, bei denen er das Schwefeldioxid durch Verbrennen von Schwefel erzeugt hatte, enthielten die Ultramarinrauchgase auch einen merklichen Anteil von Wasserdampf, der nun durch die Schwefelsäure im Bleizylinder gierig aufgesogen wurde. Durch die sich ständig weiter verdünnende Säure kam der Prozess zum Erliegen. Zwar brachte eine vorherige Trocknung der Rauchgase Abhilfe, doch überstieg der Grad der Entfernung des Schwefeldioxids auch unter den günstigsten Umständen meist nicht einmal die 50-Prozent-Marke. Von einer wirksamen Entsäuerung der Abgase konnte somit keine Rede sein, zumal die Rauchgastrocknung mit Schwefelsäure einen nicht unerheblichen zusätzlichen Aufwand verursachte. Enttäuscht brachen die Experimentatoren die Versuche nach wenigen Wochen ab. Winkler resümiert später, dass der Prozess viel langsamer ablief als vermutet und dass die Absorptionsfläche des Turmes um den Faktor 10 hätte vergrößert werden müssen, um ein befriedigendes Resultat zu erzielen. Abgesehen von den dafür benötigten finanziellen Mitteln war für ein solches Vorhaben schlicht nicht genügend Platz vorhanden.[78]

Clemens Winkler sah sich nun mit gleich mehreren Schwierigkeiten konfrontiert. Allem voran waren da die weiter um sich greifenden Waldschäden und die Auseinandersetzungen mit dem Freiherrn von Trebra. Vermutlich war es zwischenzeitlich gelungen, ihn mit der in Aussichtstellung einer baldigen Lösung des Problems von der Weiterführung des Prozesses abzubringen. Jedenfalls findet das Thema Rauchschäden nach dem Jahr 1867 in den Werksakten zunächst keine Erwähnung mehr. Auch die sächsische Staatsforstverwaltung, die vor allem auf der rechten Muldenseite den Wald bewirtschaftete, hatte unter dem Eindruck einer baldigen Lösung des Problems vorerst von einer schon angekündigten Klage Abstand genommen.[53, 78] Ebenso wenig in Betracht kam, die sich bei immer besser werdender Qualität der Ultramarinprodukte im Steigen befindliche Produktion zurückzufahren oder gar ganz aufzugeben, immer-

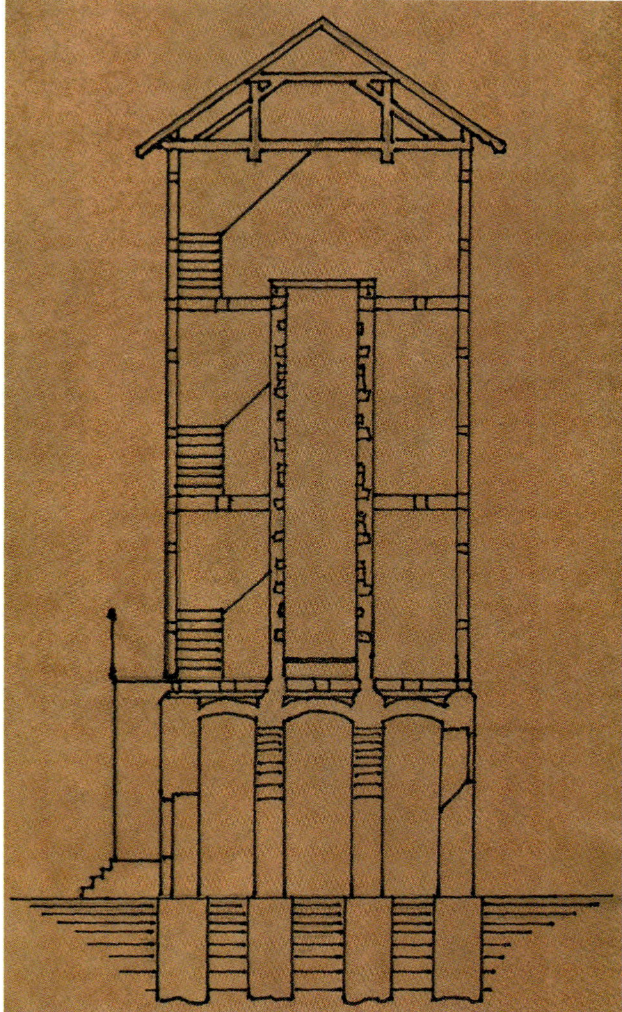

89 Zeichnung des 21 Meter hohen Absorptionsturmes aus dem Bauantrag vom Juli 1867. Auf massiven Streifenfundamenten ruhten drei in Bruchsteinen ausgeführte Gewölbekammern, die als Rußfilter für das Rauchgas dienen sollten. Der 9 Meter hohe Bleizylinder (Mitte) wird von einem dreistöckigen hölzernen Fachwerkbau umschlossen. Die einzelnen Etagen waren zu Wartungszwecken über Treppen erreichbar. In dieser Form wurde der Turm Ende 1867 tatsächlich errichtet. Vorlage: Sächsisches Staatsarchiv Chemnitz, 30049/2986.

hin hatte man lange auf diesen Erfolg hingearbeitet und erhebliche Mittel dafür aufgewendet. Die Forschungen zur Rauchgasentschwefelung aufzugeben, hätte bedeutet, dass all die Probleme stärker als je zuvor zutage getreten wären und den Bestand des Unternehmens erneut ernsthaft gefährdet hätten.

Tatsächlich ließ sich Winkler weder durch den Rückschlag entmutigen noch kapitulierte er vor dem von allen Seiten anwachsenden Druck. Auch von seinem Anspruch, die Rauchgase zu entschwefeln und dabei gleichzeitig einen Wertstoff zu gewinnen, ließ er sich nicht abbringen. Nach seinem Dafürhalten musste sich das neu zu entwickelnde Verfahren durch die Verwertung eines aus den Rauchgasen gewonnenen Nebenproduktes selbst tragen oder anders ausgedrückt: Es sollte keine zusätzlichen Kosten verursachen.

Um dieses ambitionierte Ziel zu erreichen, zog sich Clemens Winkler, der mit seiner Familie im Blaufarbenwerk Niederpfannenstiel ein Haus bewohnte, in das nur wenige Meter entfernte Werkslabor zurück. Es brauchte nicht lange, bis er den Entschluss fasste, die Rauchgase mittels einer Natriumsulfidlösung zu entschwefeln und auf Natriumthiosulfat oder unterschwefligsaures Natron, wie man es damals nannte, nach der Gleichung $\mathbf{2Na_2S + 3SO_2 = 2Na_2S_2O_3 + S}$ zu verarbeiten. Die Chemikalie konnte als chemisches Erzeugnis in den Handel gebracht werden, die zu erwartenden Erlöse würden nach Winklers Kalkulation ausreichen, um die Kosten der Rauchgasentschwefelung zu decken. Der neben dem Thiosulfat entstehende Schwefel konnte erneut als Rohstoff für den Ultramarinprozess eingesetzt werden.

Um sein neues Verfahren zu testen, ließ Winkler einen hölzernen Pilotturm von 3,50 m Höhe und 0,6 m Breite errichten. Eine von oben nach unten rieselnde Natriumsulfidlösung sollte die schweflige Säure, die in einem Ofen erzeugt wurde, aus den Rauchgasen absorbieren. Der Chemiker berichtet von einer getreuen Nachbildung der *auf Schindlerswerk obwaltenden Verhältnisse,*[78] nach Lage der Dinge kann sich diese Versuchsanlage daher nur im Hüttenlaboratorium des Pfannenstieler Blaufarbenwerks, d. h. in der noch heute existenten „Kapelle“ (vgl. den Abschnitt „Nickelhütte Aue GmbH“) befunden haben. Schon die ersten Versuche fielen sehr vielversprechend aus. In der Pilotanlage gelang es, das schwefligsaure Gas vollständig aus dem künstlich erzeugten Rauchgas zu entfernen. Die aus dem

90 In diesem zum Blaufarbenwerk Niederpfannenstiel gehörigen Wohnhaus lebte Clemens Winkler mit seiner Familie von 1862 bis 1873. Zur Zeit der Rauchgasversuche hatte er bereits drei Kinder, ein weiteres war 1868 auf dem Weg. Leider wurde das Gebäude, das sich in unmittelbarer Nähe zum chemischen Laboratorium (heute Haus Niederpfannenstiel 1) und dem Hüttenlaboratorium (heute Blaufarbenwerksausstellung „Kapelle") befand, im Jahr 2005 abgebrochen. Im Hintergrund links ist das Magazin des Blaufarbenwerks (heute Kantine der Nickelhütte) abgebildet. Das „Winkler-Haus" ist auch in Abb. 123 zu erkennen. Außerdem findet sich eine Fotografie aus den 1980er Jahren in 13. Zeichnung von Max F. Winkler um 1890.

Turm austretende Lösung konnte, wie erwartet, auf Natriumthiosulfat und elementaren Schwefel verarbeitet werden.

Nun galt es, den Prozess in Schindlerswerk zu testen. Würde das neu entwickelte Verfahren unter realen Bedingungen und bei Verwendung des bestehenden Absorptionsturmes ebenso gute Resultate liefern bzw. überhaupt funktionieren? Und tatsächlich sollte auch diesmal eine unangenehme Überraschung nicht ausbleiben. Zwar gelang es, das schwefligsaure Gas weitestgehend aus den Rauchgasen zu entfernen, doch ließ sich aus der aus dem Rauchturm abfließenden Waschflüssigkeit trotz aller Bemühungen kein Natriumthiosulfat gewinnen. Winkler erwähnt etwas verbittert, dass *angesichts dieses abermaligen Misserfolgs Verdammungsurteile über den neu betretenen Weg laut wurden*, fügt aber völlig zu Recht hinzu, dass *mit der tatsächlichen Beseitigung der schwefligen Säure ein großer Schritt vorwärts getan* wurde.[78]

Clemens Winkler widmete sich nun dem Studium der Polythionsäuren und stellte fest, dass die Bildung der jeweiligen Thionate stark temperaturabhängig war. Die heißen Rauchgase der Ultramarinöfen ließen nämlich, anders als in der Pilotanlage, die Bildung von Natriumthiosulfat gar nicht zu. Vielmehr entstand mit Natriumtetrathionat eine schwefelreichere Verbindung. Zwar konnte diese Substanz weder sauber isoliert noch gewinnbringend verkauft werden, dafür war ihre Zersetzung zu Elementarschwefel, der erneut für die Ultramarinproduktion eingesetzt werden konnte, möglich. Winkler änderte nun sein Verfahren dahingehend ab, dass als Produkt der Rauchgaswäsche nicht Natriumthiosulfat, sondern Schwefel erzeugt wurde. Der neue Prozess erwies sich nicht nur als wissenschaftlich ausgereift, sondern auch als weitgehend praxistauglich. Bleibt festzuhalten, dass die Entwicklung dieses innovativen Verfahrens, welches für fast zehn Jahre in Anwendung blieb, nur durch die Beharrlichkeit und das Ausnahmetalent des anorganischen Chemikers und Hüttenmeisters Clemens Winkler möglich wurde.

Doch worauf beruhte eigentlich dieses, in den Akten meist als „Turmprozess" bezeichnete Entschwefelungsverfahren? Es handelte sich um einen dreistufigen Prozess, der auf einem reichlich anfallenden Nebenprodukt der Ultramarinfabrikation, nämlich dem Glaubersalz, aufbaute. Das Verfahren lässt sich in folgende Einzelschritte unterteilen:

1. Erzeugung von Natriumsulfid aus Glaubersalz
2. Absorption der schwefligen Säure aus dem Rauchgas mittels Natriumsulfidlösung und
3. Zersetzung des gebildeten Natriumtetrathionates zu Schwefel.

Für den ersten Schritt wurde Glaubersalz getrocknet, mit Steinkohlenpulver vermengt und in Tiegeln längere Zeit geglüht, wobei sich Natriumsulfid oder Schwefelnatrium, wie man es damals nannte, nach $\mathbf{Na_2SO_4 + 4C = Na_2S + 4CO}$ bildete. Das in Lösung überführte Sulfid wurde für den zweiten Schritt in den Absorptionsturm geleitet und mit dem Rauchgas zur Reaktion gebracht. Bei den dabei vorherrschenden Bedingungen bildete sich hauptsächlich Natriumtetrathionat: $\mathbf{Na_2S + 3SO_2 = Na_2S_4O_6}$, wobei eine etwa 90-prozentige Entfernung des Schwefeldioxids gelang.

Im dritten Schritt konnte das Thionat durch Kochen der Lösung in einem eisernen Kessel nach $\mathbf{Na_2S_4O_6 = Na_2SO_4 + 2S + SO_2}$ zersetzt werden, es bildeten sich erneut Glaubersalz und ein Drittel der Ausgangsmenge an Schwefeldioxid, die in den Prozess zurückgeführt werden mussten sowie der für die Ultramarinherstellung so überaus erwünschte Schwefel. Fasst man die ablaufenden Reaktionen zusammen, so wird ersichtlich, dass lediglich ein gewisser Aufwand an Steinkohle notwendig war, ansonsten handelte es sich bei dem Verfahren um einen mustergültigen geschlossenen Kreislauf:

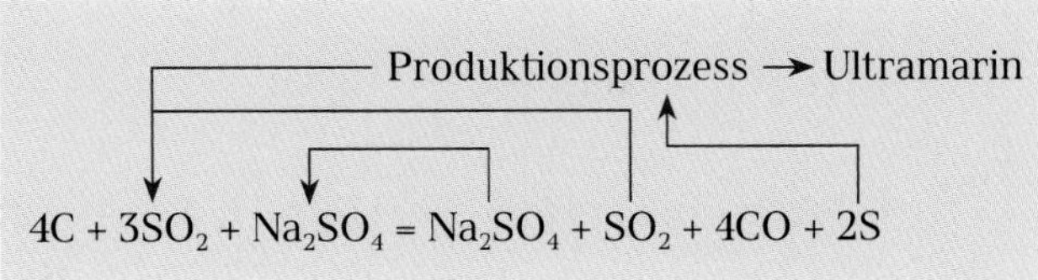

Tatsächlich bewährte sich dieses Verfahren in den beschriebenen Grundzügen von seiner Einrichtung im Jahre 1868 bis 1877. In dieser Zeit erholte sich der Waldbestand des Tales fast vollständig, Winkler spricht von *einem geradezu überraschenden Wiedererwachen der das Werk umgebenden Vegetation.*[78] Gleichzeitig konnte die Ultramarinproduktion erheblich gesteigert werden. Vor dem Hintergrund der Lösung des Problems gelang im Jahre 1877 schließlich ein Vergleich mit dem geschädigten Waldbesitzer Hans von Trebra-Lindenau. Für die Schädigungen der Vergangenheit wird eine pauschale Zahlung von 1.500 Mark vereinbart. Darüber hinaus soll eine einmalige Zahlung von 6.300 Mark erfolgen, dafür wird ein nordöstlich vom Werk gelegenes, etwa 15 Hektar großes Waldstück für alle Zeiten als entschädigt ausgewiesen. Mit dieser Vereinbarung sollten die Streitigkeiten um die Rauchschäden für beinahe 25 Jahre verstummen.[53]

Clemens Winkler verbesserte unterdessen sein Turmverfahren weiter. So empfahl er 1871 eine Trennung der beinahe schwefelfreien Abgase der Steinkohlenverbrennung beim Anfeuern der Ultramarinöfen von den schwefeldioxidgeschwängerten Reaktionsgasen. Im Jahre 1874, Winkler war bereits zum Professor für Chemie an die Königlich Sächsischen Bergakademie Freiberg berufen worden, legte er ein wesentlich verbessertes Verfahren zur Herstellung des zur Absorption benötigten Natriumsulfids vor.[24-9] Schließlich entschloss man sich im Jahre 1876 dazu, den markanten, aber inzwischen baufällig gewordenen Rauchgasturm abzubrechen und durch drei Absorptionskammern mit größerer Reaktionsfläche an gleicher Stelle zu ersetzen. Das beschriebene Entschwefelungsverfahren wurde zunächst unverändert weiter betrieben.

So überzeugend und durchdacht dieses Verfahren auch war, so stellten sich doch im Laufe des weiteren Betriebes der hohe personelle und technologische Aufwand als gravierende Nachteile heraus. Winkler selbst räumt ein, dass es zur einwandfreien Funktion der Anlage der ständigen Überwachung durch einen erfahrenen Chemiker bedurfte.[78] Die mit der Steuerung des Prozesses betrauten Blaufarbenwerker konnten die ablaufenden chemischen Reaktionen nicht ausreichend durchdringen, geschweige denn Proben analysieren, um die optimale Steuerung der Anlage sicherzustellen. Hinzu kam, dass sich die Hoffnung, das Verfahren würde sich selbst tragen, als Wunschdenken herausstellte. Die Rauchgasentschwefelung blieb trotz der Rückgewinnung des Schwefels ein dauerhaftes Zuschussgeschäft. Die Erkenntnis, dass Umweltschutz in der Regel nicht umsonst zu haben ist, gilt übrigens bis heute. Auf jeden Fall schien im Jahre 1877 die Zeit reif, sich einer neuen Methode zuzuwenden.

Am 19. September 1878 griff Professor Winkler in seiner Dienstwohnung in der Brennhausgasse 5 in Freiberg zur Feder und begann mit der Formulierung eines Schreibens an das Kaiserliche Patentamt

91 Auf dieser 1871 entstandenen Aufnahme der Schneeberger Ultramarinfabrik ist der Ende 1867 errichtete Absorptionsturm (Bildmitte) zu erkennen, der nichts weniger als die erste Rauchgasentschwefelungsanlage ihrer Art war und bis zu seinem Abbruch 1876 das Erscheinungsbild des Werkes dominierte. Auch das Rauchschadensproblem wird anhand der Beschaffenheit des Waldes rechts oberhalb des Werkes deutlich. Zu dieser Zeit hatte das Herrenhaus (a) nach dem Brand von 1860 bereits seine neue Dachform erhalten. b: Tiegelofenhütte (teilerhalten), c: Muffelofenhütte (nicht erhalten), d: Kutscherhaus (erhalten), e: Langes Haus (erhalten), f: Wohnhaus, Mahlmühle (nicht erhalten), g: Mühlengebäude (teilerhalten), h: Torhaus (erhalten), i: Schule (nicht erhalten), j: Magazin (erhalten). k, l, m: Arbeiterwohnhäuser Schindlerswerk 3, 5 und 6 (erhalten).

in Berlin. Gegenstand seines Patentantrages ist eine „Vorrichtung zur Unschädlichmachung verdünnter saurer Gase oder Dämpfe auf dem Wege der neutralisierenden Absorption".[24-9] Dem Chemiker dürfte in diesem Moment wohl kaum bewusst gewesen sein, dass er damit den Prototyp für die Rauchgasentschwefelungen moderner Großfeuerungsanlagen schuf. Tatsächlich arbeiten heute beinahe alle industriellen Rauchgasreinigungen nach dem gleichen Prinzip, wie es vor mehr als 150 Jahren durch Clemens Winkler und Carl Klemm auf Schindlerswerk entwickelt wurde. Doch wieso übernahm Winkler die Beantragung des Patents, wo er doch seit fünf Jahren als Professor für Chemie in Freiberg wirkte und daher sicher nur noch sehr selten in der abgelegenen Ultramarinfabrik weilte? Und wie kam es überhaupt zur Entwicklung dieses neuen Verfahrens, wo doch eine funktionstüchtige Anlage auf Schindlerswerk seit fast zehn Jahren in Betrieb war?

Im Juli 1873 wurde der Pfannenstieler Hüttenmeister Dr. Clemens Winkler als Professor für Chemie an die Königliche Bergakademie Freiberg berufen. Zwar nahm er die Offerte ohne Zögern an, doch fiel ihm der Abschied von seinen *geliebten Blaufarbenwerken*, wie er sich später noch äußern wird, alles andere als leicht. Gleichwohl waren sich auch die maßgeblichen Herren des Blaufarbenwerkskonsortiums des Verlustes, den der Weggang eines ebenso qualifizierten wie populären Hüttenmeisters mit sich brachte, wohl bewusst. So wird Winkler das Privileg zuteil, zum Bevollmächtigten des Privatblaufarbenwerksvereins gewählt zu werden. Auf diese Weise stand er trotz seines Arbeitgeberwechsels auch weiterhin in den Diensten der sächsischen Blaufarbenwerke. Die damit verbundenen Verpflichtungen übernahm er gern, noch kurz vor seinem Tode im Oktober 1904 pflegte er Korrespondenzen mit Niederpfannenstiel und mit Direktor Dr. Hiller in Schindlerswerk.[53] Dass Winkler den Patentantrag für den Privatblaufarbenwerksverein verfasste, ist sicherlich dem Umstand geschuldet, dass er am besten mit den chemischen Vorgängen in der neuen

PATENT-URKUNDE

№ 7174.

AUF GRUND DER ANGEHEFTETEN BESCHREIBUNG UND ZEICHNUNG IST DURCH BESCHLUSS DES KAISERLICHEN PATENTAMTES

Sächsischer Privatblaufarbenwerks-Verein in Schneeberger Ultramarin-Fabrik Schindler's Werk bei Bockau

EIN PATENT ERTHEILT WORDEN.

GEGENSTAND DES PATENTES IST:

Vorrichtung zur Unschädlichmachung verdünnter saurer Gase oder Dämpfe.

GESETZ v. 25. MAI 1877

ANFANG DES PATENTES: 20. Oktober 1878.

DIE RECHTE UND PFLICHTEN DES PATENT-INHABERS SIND DURCH DAS PATENT-GESETZ VOM 25. MAI 1877 (REICHSGESETZBLATT FÜR 1877 SEITE 501) BESTIMMT.

ZU URKUND DER ERTHEILUNG DES PATENTES IST DIESE AUSFERTIGUNG ERFOLGT.

Berlin, den 27. October 1879.

KAISERLICHES PATENTAMT.

Beglaubigt durch Schott

Sekretär des Kaiserlichen Patentamtes.

Wegen der Patentgebühr ist die zweite und letzte Seite dieser Urkunde zu beachten!

92 Für die Rauchgasentschwefelungsanlage der Ultramarinfabrik Schindlerswerk erhielt der Privatblaufarbenwerksverein ein frühes Kaiserliches Patent. Das entsprechende „Reichspatentgesetz" war erst 1877 erlassen worden. Die Anlage kann als Prototyp der modernen Rauchgasreinigung angesehen werden.

Kalksteinabsorptionsanlage vertraut war. Das Deutsche Reichspatent (DRP) Nr. 7174 wurde im Übrigen schon am 20. Oktober 1878 ausgestellt.

Über die Entstehung der Kalksteinabsorptionsanlage sind wir leider nur unvollkommen informiert. Zu den Fragen, vom wem die Idee zu dem neuen Verfahren stammte, wer die Details ausarbeitete und durch wen und auf welche Weise der Aufbau der Absorptionskammern erfolgte, geben die vorhandenen Akten nur sehr lückenhaft Auskunft. Allerdings wird später des Öfteren von der „Winkler-Klemmschen Kondensation" o.Ä. die Rede sein,[53] so dass außer Zweifel steht, dass diese beiden Herren die maßgeblichen Schöpfer der Anlage waren. Da Winklers Professur in Freiberg sicher nur noch selten einen Aufenthalt in Schindlerswerk gestattete, ist es sehr wahrscheinlich, dass er eher die Ideen und theoretischen Grundlagen lieferte, während Direktor Klemm den Aufbau vor Ort leitete. Auch wenn einige Aspekte der Entstehungsgeschichte dieser bemerkenswerten Einrichtung im Dunkeln bleiben, so lässt sich die Motivation zur Umsetzung des neuen Verfahrens doch recht eindeutig herausarbeiten.

So wurde der bisher betriebene dreiteilige Winklersche Turmprozess von den Hüttenwerkern als aufwändig, zu wissenschaftlich und letztlich als viel zu teuer betrachtet, um dauerhaft betrieben werden zu können. An eine weitere Vergrößerung der Ultramarinproduktion war unter diesen Umständen nicht zu denken. Clemens Winkler wurde dagegen nicht müde, die Vorzüge des Verfahrens und dessen weitere Entwicklungsfähigkeit herauszustellen. Für ihn war entscheidend, dass der in den Abgasen enthaltene Schwefel zurückgewonnen werden konnte. Mit einigen Verbesserungen in einzelnen Abläufen des Verfahrens gelang es ihm denn auch, das Überleben des Turmprozesses noch einige Zeit zu sichern. Schließlich musste aber auch Winkler zur Kenntnis nehmen, dass *man des kostspieligen Experimentierens müde* war und *an Stelle des bisherigen, stetiger Überwachung bedürfenden Absorptionsverfahrens ein anderes gesetzt zu sehen (wünschte, das sich) unter Verzichtleistung auf ein Ausbringen, doch in einfacher und bequemer Weise, mit einer Art Selbständigkeit, betreiben lasse.*[78] Übrigens empfahl er den Lenkern des Privatblaufarbenwerksvereins, eine Anfrage einer Ultramarinfabrik aus Hannover, die sein Turmverfahren einführen wollte, negativ zu bescheiden. Die schwierige Handhabbarkeit des Prozesses räumte Winkler selbst ein, indem er mit *Komplikationen und Weitläufigkeiten* rechnete, deren Beherrschung er den Hannoveraner Chemikern offenbar nicht zutraute.[53]

Schließlich entschlossen sich alle Beteiligten, die Pläne für die neue Rauchgasreinigung im Sommer 1877 zur Ausführung zu bringen. Die Tatsache, dass durch das Kalksteinverfahren keine zusätzliche Steinkohle verbraucht wurde, rechtfertigte in gewisser Weise den Schwefelverlust. Außerdem ließ es sich Clemens Winkler nicht nehmen, in seinem Patentantrag für das neue Verfahren ausdrücklich darauf hinzuweisen, dass der Prozess nur zur Unschädlichmachung solcher saurer Gase geeignet ist, die zwar vegetationsschädlich, aber zur Nutzbarmachung zu stark verdünnt sind.

Auf jeden Fall stand die Neutralisation der schwefligen Säure mit Kalkstein von Anfang an unter einem guten Stern. Der Rohstoff konnte aus der näheren Umgebung in beliebigen Mengen sehr kostengünstig beschafft werden. Der Aufbau und der Betrieb der Anlage gestalteten sich relativ einfach. In eine ausreichend dimensionierte, dreigeteilte Kammer wurde der stückige Kalkstein eingefüllt und das Rauchgas unter Zuhilfenahme eines Ventilators hindurchgeleitet. Der Kalkstein wurde ständig mit Wasser berieselt, die gebildeten Salze Gips, Kalziumsulfit und -hydrogensulfit führte das Wasser selbsttätig aus der Kammer. Man konnte diese Waschlauge bedenkenlos der Zwickauer Mulde überlassen. Auf diese Weise konnte dem Rauchgas 90 Prozent seines Schwefeldioxidgehaltes entzogen werden, gleichzeitig wurde auch der Ruß entfernt. Nicht ohne Stolz schwärmte Winkler davon, dass man in den ins Freie austretenden Abgasschwaden mühelos atmen konnte.[78]

Tatsächlich erwies sich das neue Verfahren gegenüber dem Turmprozess hinsichtlich seiner Zuverlässigkeit, der Bedienbarkeit und dem geringem Wartungsaufwand als weit überlegen. Der überzeugende Erfolg der Kalksteinabsorption in Verbindung mit der Erteilung des Patentes im Jahre 1878 führte später mitunter zu der falschen Einschätzung, dass dieser Zeitpunkt als eigentlicher Beginn der Rauchgasreinigung auf Schindlerswerk anzusehen ist. Dazu ist festzuhalten, dass das der Kalksteinabsorption vorausgegangene Turmverfahren zwar als aufwändig und kompliziert, aber auch als dauerhaft funktionsfähig und wirksam charakterisiert werden kann. Es steht daher außer Zweifel, dass die erste Rauchgasentschwefelung der Schneeberger Ultramarinfabrik bereits 1868 ihren Dienst aufnahm.

Über die weitere Geschichte der Abgasbehandlung auf Schindlerswerk gibt uns ein Brief des Direktors Dr. Hiller an Clemens Winkler vom 14. April 1904 Aufschluss. Vermutlich plante der inzwischen pensionierte Wissenschaftler eine Veröffentlichung zu dem Thema und hatte den seit Dezember 1902 amtierenden Direktor der Ultramarinfabrik um Auskunft zur Aktualisierung seines Kenntnisstandes gebeten. Leider war Winkler zu diesem Zeitpunkt schon schwer erkrankt und verstarb kaum ein halbes Jahr später, so dass der geplante Artikel nicht mehr zustande kam. Heute ist das Dokument schon deshalb von besonderem Interesse, weil aus dem Zeitraum 1878–1901 keine weiteren Unterlagen aufgefunden werden konnten, die Aussagen über den Routinebetrieb der Anlage zulassen würden. Um es vorwegzunehmen: Der Brief beweist, dass die Kalksteinabsorption in ihrer ursprünglichen Form 20 Jahre in Betrieb war und einwandfrei funktionierte. Wahrlich ein Meilenstein in der Geschichte der Umwelttechnik!

Hiller, der sich auf die Aussagen einiger älterer Betriebsangehöriger beruft, berichtet: *Bis zum Jahre 1892 ist die Anlage genau in dem Zustande erhalten worden, den Sie eingerichtet hatten. Die Gase wurden im Anfang der Schürperiode ... durch die Fehlessen geleitet und hierauf in die Absorption geführt.*[53] Den mittleren Kalksteinverbrauch gibt er mit etwa 30 Tonnen pro Jahr an. Diese ersten, aus Bruchsteinen gemauerten Kammern befanden sich im Bereich des abgebrochenen Absorptionsturmes. Das Wasser, das zum Berieseln der Kalksteinfüllung und zum Antrieb des Saugzugventilators notwendig war, wurde aus dem nahen Betriebsgraben herangeführt. Durch einen Kanal erfolgte die Entwässerung der Anlage in Richtung Mulde. Übrigens wurden Teile dieser Baulichkeiten bei Erdarbeiten eines Energieversorgers im Jahre 2018 angeschnitten. Die gereinigten Rauchgase selbst wurden nun in einen Kanal geleitet, der den gesamten Hüttenhof,

93 Dr. Hermann Hiller stand Schindlerswerk von 1902 bis zu seinem Tod im Jahre 1916 als Direktor vor. Das Foto entstand vermutlich in seiner Dienstwohnung in der um 1890 neu erbauten Direktorenvilla. Dass Clemens Winklers Porträt in der guten Stube über dem Sofa einen Ehrenplatz hatte, zeigt, dass der Geist des inzwischen verstorbenen Chemikers hier noch immer allgegenwärtig war.

das Torgebäude (später Labor) und das dahinter liegende Blaumühlengebäude unterquerte und in der Radstube, direkt unter den Wasserrädern endete. Hier befand sich noch ein Exhauster, der den nötigen Zug für die unterirdische Strecke erbrachte. Der Sinn dieser recht langen Gasführung bestand darin, den Reinigungseffekt des sich in der Radstube zerstäubenden Wassers auf das Rauchgas zusätzlich ausnutzen zu können.

Sowohl Hillers Brief an Winkler als auch ein Bericht des Oberschlemaer Hüttenchemikers Karl Gustav Plattner zur Beschaffenheit der Rauchgase der Ultramarinfabrik aus dem Jahre 1902 vermitteln den Eindruck, dass die Absorptionsanlage in den 1890er Jahren vernachlässigt wurde.[53] Kalksteine wurden nach 1892 nicht mehr angekauft, als die Vorräte 1895 aufgebraucht waren, unterblieb auch das Nachfüllen des Neutralisationsmittels in die Kammern. Schließlich wurden die alten Kammern im Dezember 1898 abgebrochen und an gleicher Stelle durch neue, aus Ziegeln gemauerte Kanäle ersetzt. Vermutlich verfolgte der damalige Direktor Schmidt das Ziel, die Absorption deutlich zu vereinfachen. Ein Ansinnen, das gründlich misslingen und fatale Folgen haben sollte.

In die neuen Kanalkammern wurden Düsen zur feinsten Zerstäubung des Wassers eingebaut, eine Kalksteinfüllung war dagegen nicht mehr vorgesehen. Da sich nun der dem Rauchgas entgegenstehende Widerstand deutlich verringerte, konnte auch der vordere, sich direkt an den Kammern befindliche Ventilator entfallen. Den gesamten Saugzug würde der vor der Radstube eingebaute Exhauster leicht bewältigen können. Jedenfalls glaubte das Direktor Schmidt. Das Ergebnis der „Verbesserungen" war katastrophal.

Schnell stellte sich heraus, dass der Zug eines Ventilators nicht ausreichte, um den gesamten Rauchgasstrom zu bewältigen. Üblicherweise wurden die Abgase der Ultramarinöfen in den ersten drei bis vier Stunden nach dem Anfeuern, da sie in dieser Periode kaum Schwefeldioxid, aber viel Ruß enthielten, über die Fehlessen direkt ins Freie geleitet. Nach dieser Zeitspanne setzte die Reaktionsphase ein und der Säuregehalt der Abgase stieg stark an. Nun mussten die Essenschieber geschlossen und die Rauchgase in die Absorption geführt werden. Der mangelhafte Zug des weit entfernten Ventilators führte dazu, dass die Öfen aus den Feuerungsöffnungen rauchten und die Schürer sich nicht anders zu helfen wussten, als die Schieber zu den niedrigen Fehlessen wieder etwas zu öffnen, um den Zug zu verbessern. Bei ungünstiger Witterung legte sich nun ein beißender Nebel über das Fabrikareal, ganz davon zu schweigen, dass ein Teil der Abgase nun wieder wie früher völlig ungereinigt ins Freie gelangte.

Der zweite wesentliche Nachteil der neuen Kanalkammer war, dass das fein zerstäubte Wasser nur einen geringen Teil des Schwefeldioxides aus den Rauchgasen herauswaschen konnte, danach aber einen intensiven stechenden Geruch aufwies und, einmal in die Mulde eingeleitet, flussabwärts die Anrainer belästigte. Offenbar war Direktor Schmidt entgangen, dass Clemens Winkler gut dreißig Jahre zuvor diesen Ansatz der einfachen Rauchgaswäsche mit Wasser aus den nämlichen Gründen schon einmal verworfen hatte.

Um die Übelstände zu beseitigen, kam Schmidt nun auf eine Idee, die sich nur schwer nachvollziehen lässt. Statt den fehlenden Ventilator wieder einzubauen, ließ der Direktor einen 36 Meter hohen Zentralschornstein errichten. Während Hiller der Meinung ist, dass Schmidt dadurch den Zug der Öfen zu verbessern gedachte, wird in einem späteren Gutachten die Ansicht geäußert, dass die neue Esse die Rauchgaswäsche gänzlich überflüssig machen sollte.[53] Allerdings wurde zur Neutralisation von etwaiger Restsäure in den Abgasen in die Radstube eine wasserberieselte Kalksteinwand eingebaut, was wohl eher für den Wunsch der Beibehaltung der Abgaswäsche spricht. So oder so gestaltete sich ab 1901, als der Schornstein in Betrieb ging, die Fahrweise der Öfen nun derart, dass ein Teil der schwefligsauren Abgase nicht mehr über die niedrigen Fehlessen, sondern über diesen Kamin ins Freie gelangte. Zumindest konnte damit die Belästigung der unmittelbaren Umgebung, sprich: der Ultramarinarbeiter mit Schürgasen verringert werden.

Was Hermann Hiller in seinem Brief an Winkler nicht erwähnt, findet sich im Gutachten des Hüttenchemikers Plattner vom Königlichen Blaufarbenwerk Oberschlema vermerkt. Demnach trat 1901 ein schwerwiegender Defekt an der Bedüsungseinrichtung der Absorptionsanlage auf, gleichzeitig quittierte der Exhauster, vermutlich als Folge ständiger Überlastung, seinen Dienst für immer. Ab diesem Zeitpunkt fand auf Schindlerswerk gar keine Rauchgaswäsche mehr statt. Ein Zustand, der bis zum Ap-

ril 1903 andauern und unangenehme Konsequenzen für das Werk haben sollte.
Durch die abermals auftretenden Rauchschäden sah sich Hans von Trebra-Lindenau veranlasst, wieder aktiv zu werden. Zwar war es nun nicht gerade so, dass der streitbare Rittergutsbesitzer die Ultramarinfabrik zwischenzeitlich mit weiteren Klagen verschont hätte, doch hatten diese Differenzen verschiedenste andere Hintergründe. Was die Rauchschäden betrifft, so hatte sich der Freiherr bisher an den Vergleich aus dem Jahre 1877, in dem ihm eine pauschale Entschädigung zugebilligt wurde, gehalten. Diese Tatsache ist sicherlich ein überzeugender Beleg dafür, dass die bisherige Kalksteinabsorptionsanlage ihren Dienst dauerhaft und wirkungsvoll verrichtete. Die technischen Änderungen bzw. die Außerbetriebsetzung der Anlage hatten eine gravierende Erhöhung des Schadstoffausstoßes der Ultramarinfabrik zur Folge. Anders als früher sorgte jetzt der neue Hüttenschornstein dafür, dass die Schäden nicht nur in den werksnahen, ohnehin für alle Zeit entschädigten Waldbeständen, sondern in weiter entfernten Bereichen des Freigutes Albernau auftraten.
Nach einer vorausgegangenen Unterredung teilte Hans von Trebra-Lindenau am 11. November 1901 der Direktion der Ultramarinfabrik schriftlich mit, dass ein erneuter Prozess nur durch entsprechende Entschädigungen vermieden werden könne. Einen Schock dürfte die von ihm ins Spiel gebrachte Summe ausgelöst haben. Der Rittergutsbesitzer hielt nicht weniger als 30.000 Mark für angemessen, ein Betrag, der fast dem durchschnittlichen Nettogewinn des Werkes in einem ganzen Geschäftsjahr entsprach und zum Bau von drei Häusern ausgereicht hätte. Seine unerhörte Forderung begründete der Freiherr mit der vorläufigen Schätzung eines Forstsachverständigen.
Eine andere unangenehme Überraschung für den seit Dezember 1902 amtierenden Direktor der Schneeberger Ultramarinfabrik, Dr. Hermann Hiller, enthielt die Tagespost vom 15. Juni 1905. In einem Schreiben der Königlichen Oberforstmeisterei in Eibenstock wird er aufgefordert, 6.400 Mark für Rauchschäden im Hundshübler Staatsforstrevier zu zahlen. Freilich kam dieser Bescheid nicht ganz unerwartet, schließlich war dem ein Gutachten des Forstassessors Täger aus Dresden vorausgegangen. Den Auftrag dazu erhielt Täger im September 1903 vom Königlichen Finanzministerium, das von den untergeordneten Forstbehörden über Rauchschäden in den Staatsforsten im Bereich Blauenthal-Bockau-Albernau unterrichtet worden war. Doch auch hier fiel die Entschädigungssumme unerwartet hoch aus, man hatte wohl in Schindlerswerk gehofft, dass der inzwischen etwa zwei Kilometer flussaufwärts entstandenen Papierfabrik Günther & Richter der größere Teil der Forderungen auferlegt würde.
Auf jeden Fall genügte schon der wenig angenehme Kontakt zu dem verärgerten Rittergutsbesitzer, um der Direktion der Ultramarinfabrik die Unentbehrlichkeit der Rauchgasentschwefelung vor Augen zu führen. So bemühte sich Direktor Schmidt noch 1902 darum, die Anlage wieder zu ertüchtigen. Nach dessen Tod ging diese Aufgabe an den neuen Direktor Dr. Hermann Hiller über. Überhaupt soll nicht der Eindruck erweckt werden, dass Hermann Schmidt allein für die entstandenen Kalamitäten verantwortlich war. Immerhin galt er als erfolgreiche Führungskraft und, obwohl einst Buchhalter, als technisch sehr versiert. Er war Inhaber mehrerer Patente, auf ihn ist u. a. die Einführung des neuartigen Tangentialschliff-Verfahrens in der werkseigenen Pappfabrik zurückzuführen.[76] An der Einrichtung der Kondensationsanlage von 1877 soll er ebenfalls beteiligt gewesen sein. Dass diese lange und erfolgreich betrieben werden konnte, ist sicher auch ihm zu verdanken. Seine unglückliche Hand bei der Erneuerung der Entschwefelung soll diese Verdienste nicht schmälern.
Durch Hermann Hiller wurde das Konzept der Rauchgasreinigung gründlich überarbeitet und verbessert. Im Bereich der Radstube wurde eine dreiteilige, vergrößerte Kalksteinkammer errichtet, die nun die Entsäuerung der Abgase übernahm. Der neue Standort erleichterte die Berieselung der Kalk-

steine mit Wasser und ermöglichte die Abführung der Reaktionsprodukte durch den Betriebsgraben. Gleichzeitig konnte eine Nachwäsche durch den Feuchtenebel in der Radstube realisiert werden. Am alten Standort der Anlage, dicht bei den Öfen verblieb dennoch eine Wäschekammer, die eine Art Vorreinigung der Abgase, insbesondere die Abtrennung des Rußes übernehmen sollte. Nach diesem Duschraum, wie man die Einrichtung nannte, fand der einst abgebaute Ventilator erneut seinen Platz. Neu war auch, dass alle Abgase, auch die aus der Anschürphase, in die Reinigung geleitet wurden. Nach dem Passieren des Duschraumes traten sie ihren Weg durch den fast 100 Meter langen Unterkanal zur Absorptionskammer bei der Radstube an. Der hohe Schornstein wurde nun nur noch zur Ableitung der Heizgase der Feinbrennöfen, die nicht mehr schweflige Säure als der gewöhnliche Hausbrand enthielten, genutzt.

Die Wirksamkeit der neuen Rauchgasreinigung wurde durch einen unabhängigen Gutachter eindrucksvoll bestätigt. So besuchte der renommierte Professor Hermann Ost (1852–1931) aus Hannover am 6. Februar 1904 Schindlerswerk. In seinem Gutachten vom 27. Februar 1904 bezeichnet er *die Leistung der Kondensationsanlage (als) außerordentlich günstig.* [53] Auch sonst ist er voll des Lobes für die neue Rauchgasentschwefelung. Das Gutachten diente als Grundlage für eine nachträgliche Betriebserlaubnis für die Anlage, die von der Königlichen Amtshauptmannschaft in Schwarzenberg am 31. Januar 1905 erteilt wurde. Allerdings waren damit auch Auflagen, wie die regelmäßige Bestimmung des Schwefelgehaltes in den Abgasen und sogar die Einhaltung eines Grenzwertes von 1 Gramm Gesamtsäure je Kubikmeter Abgas verbunden. Die Königliche Gewerbeinspektion in Zwickau wurde für die Überwachung der Auflagen für zuständig erklärt und musste regelmäßig vom Ergebnis der durchzuführenden Gasanalysen unterrichtet werden.[53] Übrigens ein behördlicher Vorgang, wie er heute noch genauso praktiziert wird. Der Unterschied besteht nur darin, dass der Grenzwert für Schwefeldioxid im Abgas derzeit um den Faktor 20 niedriger ist. Mit der Einrichtung der neuen Absorptionsanlage wurden übrigens auch die bestehenden Hüttengebäude umgebaut. Die alte Tiegelofenhütte, sie stammte noch aus der Zeit des Blaufarbenwerks (vgl. Abb. 91), wurde in großen Teilen neu errichtet. Starke Veränderungen erfuhr auch das Gebäude am neuen Schornstein, das nun u. a. die Duschkammer beherbergte.

Im Raum standen dagegen noch immer die Entschädigungsforderungen des Freiherrn von Trebra-Lindenau und des Königlichen Finanzministeriums resp. der Königlichen Oberforstmeisterei in Eibenstock. Tatsächlich zeigte sich die Behörde in Anbetracht der technischen Verbesserungen sehr entgegenkommend. Mit der Begründung *weil in Schindlerswerk eine mustergültige Rauchentsäuerungsanlage geschaffen worden ist*[53], werden die Forderungen auf einen eher symbolischen Betrag von 500 Mark reduziert. Mit der Ausfertigung einer Vergleichsurkunde am 7. Juni 1906 und der Zahlung des Betrages hatte sich diese Angelegenheit endgültig erledigt.

Nicht so einfach gestaltete sich dagegen die Einigung mit dem streitbaren Freiherrn. Er hatte das Werk inzwischen mit zahlreichen Eingaben und Widersprüchen, die sich übrigens auch gegen die neue Rauchgasreinigung richteten, traktiert. Schließlich wurde klar, dass von Trebra-Lindenau nur eine ganz spezielle, von ihm angedachte Lösung des Problems akzeptieren würde. Mit der Begründung, dass nicht nur er, sondern auch noch seine Nachfolger an den Schäden zu tragen hätten, bedrängte er Schindlerswerk, das Freigut Albernau anzukaufen. Da wohl auch die maßgeblichen Herren des Privatblaufarbenwerksvereins des Streites müde waren, wurde die Offerte in Erwägung gezogen. Im April 1905 waren die Verhandlungen schließlich so weit gediehen, dass es zum Abschluss eines Kaufvertrages kam. Für 300.000 Mark kehrte das Freigut, nachdem es genau 200 Jahre zuvor vom Blaufarbenwerk verkauft worden war, in dessen Besitz zurück. Schindlerswerk war nun zum Großgrundbesitzer und Forstbewirtschafter geworden.[53]

Der Kauf des Freigutes, der nur aufgrund der guten wirtschaftlichen Lage des Privatblaufarbenwerksvereins um die Jahrhundertwende möglich war, erwies sich zunächst als Glücksgriff. Das Holz der Waldungen konnte in der eigenen Holzschleiferei und Pappfabrik vorteilhaft verarbeitet werden, Felder und Wiesen wurden verpachtet und der Gutshof in Albernau wurde z. T. von Werksangehörigen bezogen. Während der großen Inflation von 1923 stellte sich die Ultramarinfabrik mit ihrem Landbesitz für den Privatblaufarbenwerksverein als wertstabile Größe dar. Allerdings währte die Freude nur bis zum Ende des Zweiten Weltkrieges. Im Zuge der Bodenreform wurde Schindlerswerk schon im Herbst 1945 enteignet, lediglich 17 Hektar Fabrikgelände, das waren nur etwa 11 Prozent des einstigen Landbesitzes, blieben dem Werk erhalten. Als Zeichen für die neuen Machtverhältnisse hielt man es für opportun, ein Jahr später auch den historischen Gutshof zum größten Teil abzureißen. Eine kulturelle Barbarei, die zu dieser Zeit leider kein Einzelfall bleiben sollte.

Was die Rauchgaswäsche betrifft, so wurden bis zu Beginn der 1930er Jahre noch einige Änderungen und Verbesserungen wirksam. So werden beispielsweise bis zu vier elektrisch betriebene Ventilatoren nachgerüstet und das gewaschene Abgas zeitweise in den zweiten Hüttenschornstein am Kesselhaus mit eingeleitet. Das Winkler-Klemmsche Kalksteinverfahren wurde um die Jahrhundertwende übrigens auch in den Ultramarinfabriken in Hannover-Linden angewandt.[53] Allerdings ist nicht bekannt, wie lange das Rauchgaspatent gültig war und in welchem Umfang es verwertet wurde. Sicherlich blieb die Entsäuerung von Industrieabgasen zu jener Zeit eher die Ausnahme, glaubte man doch, das Problem der Rauchschäden mit möglichst hohen Schornsteinen und der damit einhergehenden Verdünnung der Schadstoffe lösen zu können. Dass Winkler und die anderen Herren des Privatblaufarbenwerksvereins mit der Kalkstein-Rauchgasentschwefelung ihrer Zeit weit voraus waren, wird durch den Umstand belegt, dass heute beinahe jede industrielle Feuerungsanlage mit dieser oder einer ähnlichen Technologie ausgerüstet ist.

94 Mit dem Kauf des Freigutes Albernau ging auch der dazugehörige vierseitige Gutshof in den Besitz von Schindlerswerk über. Die altehrwürdigen Gebäude wurden zeitweise von Werksangehörigen bewohnt und leider im Zuge der Bodenreform 1946 zum größten Teil abgebrochen. Zeichnung des Gutshauses von G. Vogel aus dem Jahre 1911.

Schließlich war die Anlage im Jahre 1933 so weit verschlissen, dass sie stillgelegt werden musste. Eine ab 1937 geplante Wiederinbetriebnahme kam wahrscheinlich aufgrund des heraufziehenden Krieges nicht mehr zum Tragen.[24-13] Nach 1945 war man in der zwischenzeitlich volkseigen gewordenen Ultramarinfabrik Schindlerswerk zu der Ansicht gelangt, auf eine Rauchgaswäsche gänzlich verzichten zu können. Aus Richtung des nun ebenfalls volkseigenen Waldes waren schließlich keine Entschädigungsforderungen mehr zu befürchten. Dafür wurde der alte 36 Meter hohe Zentralschornstein abgetragen und durch einen neuen, nunmehr 50 m hohen Schlot ersetzt. Die Abgase der Öfen wurden durch Unterkanäle direkt dem Kamin zugeführt, auf Ventilatoren konnte gänzlich verzichtet werden.

Obwohl nun das gesamte, nach wie vor stark schwefelhaltige Rauchgas völlig ungefiltert in die Umwelt entlassen wurde, sollen sich die Rauchschäden nach der Aussage von Zeitzeugen in der Umgebung des Werkes in Grenzen gehalten haben. Offenbar spielten die 14 Meter, die der neue Schornstein seinen Vorgänger überragte, hierbei die entscheidende Rolle. Nach 1990 allerdings wurde die fehlende

95 Clemens Winkler war durch seine wissenschaftlichen Leistungen in die erste Liga der Chemiker seiner Zeit aufgestiegen. Dieses im Jahre 1900 entstandene Foto zeigt ihn mit dem berühmten russischen Gelehrten Dmitri Mendelejew. Durch die Entdeckung des Germaniums hatte Winkler dessen Lehre vom Periodensystem der Elemente bestätigt.

Rauchgaswäsche dem nunmehr wieder privaten Unternehmen zum Verhängnis. Nach dem Auslaufen einer Übergangsregelung trat 1997 die 17. Bundesimmissionsschutzverordnung (17. BImSchV), die einen sehr niedrigen Grenzwert für Schwefeldioxid vorsieht, vollumfänglich in Kraft. Als Konsequenz mussten alle Ultramarinöfen stillgelegt werden. Sicherlich eine bitter-böse Ironie der Geschichte für ein Unternehmen, in dem einst die erste industrielle Rauchgasreinigung entwickelt wurde.

Bleibt noch nachzutragen, dass der vielfach erwähnte Clemens Winkler nach seiner Berufung an die Königlich-Sächsische Bergakademie Freiberg seine wissenschaftlichen Fähigkeiten vollends entfalten konnte. Der größte Wurf gelang ihm schließlich 1886 mit der Entdeckung eines neuen chemischen Elements, das er „Germanium" nannte. Wie nebenbei bestätigte er damit gleichsam das Periodensystem der Elemente, das heute nichts weniger als das Fundament der chemischen Wissenschaften darstellt. Er stand im Austausch mit vielen der bedeutendsten Chemiker seiner Zeit und erhielt zahlreiche Berufungsangebote an andere Universitäten und Hochschulen im Deutschen Reich. Allerdings blieb er zeitlebens sowohl der Bergakademie als auch „seinen geliebten Blaufarbenwerken" treu. Zum Bevollmächtigten des Privatblaufarbenwerksvereins ernannt und nach wie vor mit vielen Blaufarbenwerkern bekannt und befreundet, brachte er sich als unermüdlicher Berater in allen nur denkbaren Angelegenheiten in den Industriezweig ein. Eine Verbindung, die erst durch seinen Tod am 8. Oktober 1904 gelöst wurde.[62]

Leben und Arbeiten im Blaufarbenwerk

Die Aussage, dass sich das Leben der Menschen im 18. und 19. Jahrhundert völlig vom dem in der Gegenwart unterschied, ist richtig und falsch zugleich. Denn seit den frühesten Zeiten verläuft das menschliche Leben in Parallelen, vieles wiederholt sich in ähnlicher Form. Mögen die Kulissen wechseln, die Prinzipien bleiben die gleichen. Immer gab es einen Kampf um die Existenz, um den Erhalt des Wohlstands und ein Streben nach persönlichem Glück. Es sind die Charaktereigenschaften des Einzelnen, die sein unmittelbares Tun beeinflussen. Demnach folgt unser heutiges Leben denselben Antrieben wie auch in den vergangenen Jahrhunderten, die Lebensumstände dagegen haben sich freilich grundlegend verändert.

Vielleicht kann Industriegeschichte nur dann richtig verstanden werden, wenn man auch etwas über die Menschen in Erfahrung bringt, die dahinterstehen. Ganz sicher aber bleiben uns technische Denkmale abstrakt und verschlossen, wenn es dem Betrachter nicht gelingt, sich in die jeweilige Zeit hineinzudenken. Oft sind es profane Dinge, Nichtigkeiten aus dem Alltag vergangener Zeiten, die den Einstieg ermöglichen und die allzu verzerrende Perspektive aus der Gegenwart heraus vergessen lassen. So wollen wir uns nun, soweit es die Aktenlage zulässt, einigen Szenen aus dem Alltag der Blaufarbenwerker zuwenden. Dabei soll einzelnen Personen ein Gesicht gegeben werden und auch scheinbar unwichtige zwischenmenschliche Dinge mit anklingen. Denn die Geschichte ist keine große homogene Masse, sondern sie setzt sich aus den Leistungen der Einzelnen zusammen. Jeder unserer Vorfahren hat dazu einen Beitrag geleistet, und sei sein Anteil noch so klein.

Nach ihrer Gründung im 17. Jahrhundert entwickelten sich die vier sächsischen Blaufarbenwerke zügig weiter und bildeten schließlich eigene Gutsbezirke, die ähnliche Rechte und Pflichten besaßen wie jede andere Gemeinde. Die Grundlage für die Freiheiten bildeten landesherrliche Privilegien, die regelmäßig erneuert und, um neuen Gegebenheiten entsprechen zu können, dabei angepasst und ggf. erweitert wurden. Neben Backen, Schlachten und Bier brauen bzw. ausschenken zu dürfen, bezog sich eine dieser Freiheiten auf die Ausübung der niederen Gerichtsbarkeit. Ein Aktenstück des Gerichtswesens auf dem Schindlerschen Blaufarbenwerk aus dem Zeitraum 1709 bis 1745 hat die Zeiten überdauert.[53] Es erlaubt uns einen Einblick in die Praxis der Rechtsprechung vor 300 Jahren. Dabei muss vorausgeschickt werden, dass die niedere Gerichtsbarkeit nur solche Vergehen umfasste, die mit Geld-, Ehren- oder kurzen Freiheitsstrafen geahndet wurden. Kapitalverbrechen wie Raub, Totschlag und Mord sucht man in dem Aktenstück vergebens, denn dafür waren nicht die Orts-, sondern die landesherrlichen Gerichte zuständig.

Die Ausübung der niederen Gerichtsbarkeit stand dem Gutsherrn zu, dieser bestellte aber meist einen Gerichtsverwalter, der dann die Aufgabe des Richters übernahm und sich durch Gebühren selbst finanzierte. In Schindlerswerk wurde dieses Amt einem gewissen Johann Gottlieb Hoffmann übertragen, der es von 1709 bis 1745, also über 36 Jahre ausübte. Übrigens war er zugleich für das Freigut Albernau zuständig. Anfangs wechselte der Gerichtsort noch zwischen Albernau und Schindlerswerk, bald aber fanden alle Verhandlungen nur noch auf dem Blaufarbenwerk statt. Die Gerichtstermine wurden in unregelmäßigen Zeitabständen, meist drei bis vier pro Jahr, anberaumt. Vermutlich wartete der in Schneeberg ansässige Gerichtsverwalter immer den Eingang einer lohnenden Anzahl von Klagen ab, bis er sich auf den Weg nach Schindlerswerk machte.

Die ersten, urkundlich belegbaren Verhandlungen fanden am Mittwoch, dem 17. April 1709 statt. In den meisten Fällen ging es mit nicht bezahlten Pachtgeldern, Erbzinsen oder anderen Schulden um eine Problematik, mit der sich das Gericht auch später noch oft auseinandersetzen musste. Da der Gerichtsverwalter aber auch kein Geld herbeizaubern konnte, blieb ihm meist nichts anderes übrig, als die Rechtmäßigkeit der Forderungen zu bestätigen und eine Ratenzahlung zu vermitteln. Freilich musste der Schuldner nun auch noch die Gerichtskosten aufbringen. Etwas anders gelagert ist der ebenfalls an diesem Tag verhandelte Fall des Hans Georg Bauer, Pächter der Kornmühle auf Schindlerswerk.

Angezeigt wurde der Pachtmüller von Magister Christoph Baumann, Pfarrer in Albernau. Dem Angeklagten wird vorgeworfen, mehrfach sonntags und noch dazu während des Gottesdienstes gemahlen und gebacken zu haben. Ermahnungen des Pfarrers, diesen Frevel zu unterlassen und lieber die Kirche zu besuchen, waren bislang erfolglos geblieben. Der Leiter des Blaufarbenwerks, Faktor Müller, der seinen Mühlenpächter sonntags ebenfalls lieber in der Kirche als bei der Arbeit sehen wollte, musste sich sogar einige Grobheiten von dem widerspenstigen Kornmüller anhören. Die Beteuerungen des Angeklagten, dass er stets vor und niemals während des Gottesdienstes gearbeitet hätte, gereichten ihm nicht zu besonderer Milde des Gerichts. Neben einem Taler Strafe, das entsprach etwa einem Wochenlohn, musste er noch 10 Groschen Verfahrensgebühren zahlen. Im Wiederholungsfalle wurde ihm überdies eine sehr viel empfindlichere Geldbuße angedroht.

Neben Schulden kamen recht häufig Fälle von Beleidigung zur Verhandlung. So fand sich am 18. Oktober 1709 ein gewisser Hans Christoph Teubner vor dem Gericht in Schindlerswerk wieder, weil er einen Andreas George als *Hundts-Voigt* beschimpft hatte. Als Grund für die verbale Entgleisung gibt Teubner ein überteuertes Brot an. Der geständige Übeltäter kommt mit einer Geldstrafe von 15 Groschen nebst sechs Groschen Gerichtsgebühren davon. Außerdem ermahnt ihn der Gerichtsverwalter eindringlich, sich künftig vor solchen Äußerungen zu hüten.

Etwas delikater war der gleich im Anschluss verhandelte Fall, zu dem sich der Bergmann Johann Friedrich Freytag aus Neustädtel und Eva Maria Baumann aus Albernau vor Gericht in Schindlerswerk einfinden mussten. Ihnen wird vorgeworfen, sich *vor der Copulation miteinander verleget* zu haben. Überträgt man das Amtsdeutsch des frühen 18. Jahrhunderts in die heute übliche Form, so müsste wohl von „vorehelichem Verkehr" gesprochen werden. Was heute schon lange keinen Straftatbestand mehr erfüllt, galt damals als äußerst sittenwidrig und war strafbar. Natürlich nur dann, wenn es ans Licht der Öffentlichkeit gelangte. Ob eine Denunziation oder etwas anderes den beiden zum Verhängnis wurde, sagen die Gerichtsakten nicht aus. Und obwohl inzwischen die Hochzeit in Zschorlau stattgefunden hatte, bleibt dem Bergmann nichts weiter übrig, als eine Gefängnisstrafe von vier Wochen oder eine Geldstrafe von fünf Talern nebst einem Taler Gerichtsgebühr zu akzeptieren. Natürlich entschied sich Freytag für die Geldstrafe, das Gericht bewilligte dem einsichtigen Bergmann denn auch eine Ratenzahlung von vier Groschen wöchentlich. Das Strafgeld sollte Freytags Schichtmeister in Schneeberg entgegennehmen, vermutlich wurde es gleich vom Wochenlohn abgezogen.

Wie lange die Gerichtstage auf Schindlerswerk bzw. den anderen Blaufarbenwerken ausgeübt wurden, ist nicht genau bekannt. Sicher ist nur, dass den Grundherren die niedere Gerichtsbarkeit im Königreich Sachsen noch bis Mitte des 19. Jahrhunderts zustand, dann wurde sie per Gesetz aufgehoben. Eine Art Fortsetzung fand dieses feudale Recht in einem werksinternen Straf- und Maßregelsystem, das die Vorgesetzten dazu anhielt, Nachlässigkeiten und Vergehen der Arbeiter gegen die jeweiligen Arbeits- und Betriebsordnungen mit Geldbußen zu belegen. Das erhalten gebliebene Strafbuch[53] des Königlichen Blaufarbenwerks Oberschlema ermöglicht uns nicht nur einen lebendigen Einblick in dieses Strafsystem, es spiegelt gleichsam auch die technologischen Entwicklungen des 19. und 20. Jahrhunderts in dem staatlichen Unternehmen wider. Teilweise lassen sich sogar die Veränderungen der politischen und wirtschaftlichen Rahmenbedingungen erahnen.

Der erste Eintrag stammt vom 25. Februar 1863. Der als besonders streng bekannte Faktor Otto Friedrich Köttig notiert unter diesem Datum eine Geldstrafe von 10 Neugroschen gegen den Farbarbeiter Rehm wegen *unstatthaftem Benehmen gegen einen Vorgesetzten*. Andere, häufig genannte Tatbestände sind *Faulheit, Schlafen während der Arbeit, grobe Nachlässigkeit, Unfug treiben* sowie *unentschuldigtes Wegbleiben von der und zu spät kommen zur Arbeit*. Oft wird auch eine *versäumte Donnerwache*, d.h. die Anwesenheit bei Gewitter und damit einhergehender Brandgefahr aufgeführt und bei Nichtbeachtung mit 25 Pfennigen bestraft.

Übrigens erteilte auch der später als unermüdlicher Radiumforscher bekannt gewordene Richard Friedrich (vgl. den Abschnitt „Neuheiten aus Pfannenstiel und Oberschlema") recht saftige Strafen. Allerdings kann die vergleichsweise hohe Geldbuße von drei Mark, die der Dampfkesselwärter Gustav Ebert am 25. August 1883 zahlen musste, als durchaus angemessen betrachtet werden. Immerhin hatte der Delinquent den Kesselwasserstand unter das zulässige Minimum fallen lassen. Im ungünstigsten Fall hätte diese Nachlässigkeit zur Explosion des Dampferzeugers führen können. Überhaupt bestraft Friedrich offenbar vorrangig den unsachgemäßen Umgang mit Licht und Feuer, wie am 3. Dezember 1884 einen Heinrich Höhler, der das Kobaltpochwerk nicht nur besonders gut ausgeleuchtet, sondern wohl beinahe in Brand gesetzt hätte.

Während die oft und gern versäumte Donnerwache um 1910 abgeschafft wird, tauchen andere Tatbestände nun vermehrt auf. So muss das *Bierholen während der Arbeitszeit* des Öfteren mit einer Mark Strafe belegt werden, das Biertrinken dagegen war zu jener Zeit noch erlaubt und üblich. Allerdings durfte der Alkoholgenuss nicht zu *totaler Trunkenheit* führen, denn auch dieser Tatbestand wurde mit ein bis zwei Mark geahndet. Nach dem Ersten Weltkrieg beginnt sich nun auch der Arbeitsschutz durchzusetzen, *Rauchen am Flammofen* und *nicht Tragen des Mundschutzes* u. Ä. werden erwähnt und noch mit vergleichsweise moderaten Geldstrafen belegt. Anders als früher gelten nun auch Fehlbedienungen von Anlagen und Umweltvergehen wie *nickelhaltiger Sumpf in den Schlema-Bach gespült* als strafwürdig.

Den höchsten je verhängten Geldbetrag muss der Elektrolysenwärter Paul Grimm für *grobe Fahrlässigkeit beim Ablassen von Elektrolyt mit beträchtlichem Schaden* bezahlen. Für das Vergehen werden sage und schreibe vier Milliarden Mark Strafe verhängt. Allerdings reichte diese Summe am Tag des Vergehens, dem 26. Oktober 1923, gerade einmal zum Ankauf eines Brotes aus. Als der Elektrolysenwärter die Strafe einen Monat später beglich, hatte die Hyperinflation in Folge des ersten Weltkrieges auch diesen Betrag fast völlig entwertet, so dass Paul Grimm für sich in Anspruch nehmen konnte, sowohl die höchste als auch die geringste Geldbuße in der Werksgeschichte bezahlt zu haben.

Das nach 1930 sehr populär werdende *Radieren auf der Stechkarte* dürfte wohl mit der Einführung neuer Arbeitszeiterfassungssysteme im Zusammenhang stehen. Im Mai 1933, wir befinden uns nun bereits im Dritten Reich, gelangte Ätznatron auf die Werksstraße, ein Blaufarbenwerker namens Rodehau hatte beim Abfüllen der Lauge die nötige Sorgfalt vermissen lassen. Da er es weder für nötig hielt, die Chemikalie zu entfernen noch den Vorfall zu melden, nahm das Verhängnis seinen Lauf. In dem entsprechenden Eintrag heißt es dazu: *Die Folge davon war, dass ein neu lackierter Personenkraftwagen durch die Pfützen gefahren ist und durch die Spritzer an verschiedenen Teilen angefressen wurde. Der Wagenbesitzer hat uns haftbar gemacht.* Mit einer Geldbuße von 2,50 RM dürfte der Arbeiter bei diesem Vorfall noch recht glimpflich davongekommen sein. Im Juni 1939 endet das Strafbuch, gewisse Vergehen werden aber in der Nickelhütte Aue gegenwärtig noch immer werksintern geahndet. Allerdings haben sich dabei die Prioritäten grundlegend verschoben. Während z. B. „Trunkenheit" und „Rauchen" bei gefährlichen Arbeiten die fristlose Kündigung nach sich ziehen können, werden „Faulheit", „Schlafen" und „Unfug treiben" heute meist gar nicht mehr bestraft.

In den sächsischen Farbmühlen bildete sich schon früh eine Stammbelegschaft heraus, aus der im Laufe der Zeit ganze Dynastien von Blaufarbenwerkern hervorgingen. In den ältesten Akten finden sich viele Namen, die immer wiederkehren und z. T. noch heute in den Lohn- und Gehaltslisten der Nachfolgeunternehmen Nickelhütte Aue und Schindlerswerk auftauchen. Als Beispiele seien nur genannt: Bochmann, Brückner, Colditz, Georgi, Gläser, Lauckner, Leonhardt, Mehlhorn, Möckel, Mühlmann, Sack, Schönfelder, Seifert, Süß, Tröger, Trültzsch, Unger und Weiß.

Dass die Menschen in früheren Zeiten wenig mobil waren, ist bekannt und lässt sich durch das Fehlen entsprechender Transportmittel erklären. In den Blaufarbenwerken allerdings wurde die Sesshaftigkeit der Mitarbeiter u. a. durch frühe Sozialleistungen wie Kranken- und Unfallversicherung gezielt gefördert. Stand der Betrieb z. B. wegen Wasser- oder Brennholzmangel still, erhielten die Farbwerker ein „Wartegeld" um diesen Zeitraum überbrücken zu können. Als Grund dafür kann anfangs das Betriebsgeheimnis gelten, durch die Bindung kundiger Mitarbeiter an das Unternehmen sollte ihre Abwanderung verhindert und so der Ausbreitung der Technologien vorgebeugt werden. Diese Strategie ging allerdings nur sehr bedingt auf, immerhin waren bei der Gründung von Blaufarbenwerken außerhalb Sachsens, die besonders im 18. Jahrhundert sehr zahlreich erfolgten, meist abgeworbene Bedienstete des sächsischen Blaufarbenwerkskonsortiums beteiligt. Übrigens trug dieser Umstand dazu bei, dass das sächsische Normensystem für Kobaltglasererzeugnisse in ganz Europa zum Standard wurde (vgl. den Abschnitt „Technologie der blauen ‚Farbe'").

Die schon von Anfang an bestehenden Werkswohnungen in den Blaufarbenwerken wurden im Laufe der Zeit erweitert, zahlreiche Wohnhäuser für Beamte und Arbeiter in unmittelbarer Nähe der Farbfabriken wurden im 18. und 19. Jahrhundert besonders in Niederpfannenstiel und Schindlerswerk errichtet. So können die beiden Gutsbezirke zu Ende des 19. Jahrhunderts nicht ohne Stolz auf jeweils etwa 100 Einwohner verweisen.[63, 24-14] Während in Schindlerswerk die Struktur der Werkssiedlung bis heute erhalten blieb, wurden in Niederpfannenstiel die meisten Wohnhäuser kurz nach der Entstehung des VEB Nickelhütte 1951 an die Stadt Aue abgegeben und im Laufe der Zeit abgebrochen.[24-15] In Oberschlema begann man erst Anfang der 1920er Jahre mit dem Bau einer Werkssiedlung, um 1900 existierten dort nur elf Werkswohnungen in der Nähe bzw. mitunter sogar unmittelbar in den Produktionsgebäuden.[53] Als Gründe für die Ansiedlung der Blaufarbenwerker im Betrieb wird für gewöhnlich die Beschwerlichkeit eines langen Arbeitsweges angegeben. Neben der bereits erwähnten Bindung an das Werk, die auch in Betracht zu ziehen ist, gab es aber noch einen anderen, sehr einleuchtenden Grund.

Wie andere Hüttenwerke auch waren die Blaufarbenwerke stets von Bränden bedroht. Neben der technisch bedingten Feuergefahr waren es vor allem Gewitter, die regelrechte Feuersbrünste in den eng aneinander liegenden Fachwerkgebäuden mit Holzschindeldächern hervorrufen konnten. Der wirksamste Schutz gegen diese Gefahr konnte in früheren Zeiten nur darin bestehen, immer genügend Mitarbeiter vor Ort zu haben, die im Brandfall zu den Löscheimern greifen konnten. Dieses Konzept bewährte sich mehr als nur einmal. Die damit im Zusammenhang stehende, bereits erwähnte „Donnerwache" stellte eine Art Bereitschaft bei Gewitter dar. Sie wurde extra entlohnt bzw. ihr Versäumnis mit geringen Geldbeträgen bestraft. Aufgrund der Abgeschiedenheit war der zusammenhängende Charakter der Montansiedlung Schindlerswerk besonders stark ausgeprägt. Das Blaufarbenwerk bzw. später die Ultramarinfabrik an der Mulde bildete eine eigenständige Gemeinde, die ab 1875 sogar über einen Bahnhof verfügte. Viele der Farbwerker, allen voran der Direktor, wohnten noch zu DDR-Zeiten in Schindlerswerk. Sogar ein Ladengeschäft für die Dinge des täglichen Bedarfs war vorhanden. Ab 1902 besaß das Werk mit dem „Schwarzen Kasino" nicht nur ein zentrales Veranstaltungs- und Sozialgebäude, sondern auch eine öffentliche Gaststätte mit Hotelbetrieb und Kegelbahn. Das Blaufarbenwerk Niederpfannenstiel konnte von 1867 bis 1953 sogar auf einen eigenen Friedhof verweisen. Diese Einrichtung war allein den dortigen Blaufarbenwerkern und ihren Angehörigen vorbehalten, selbst nach dem Tode blieben sie nun dem Unternehmen treu. Die anderen Blaufarbenwerke nutzten die Friedhöfe der Nachbargemeinden zur Bestattung der Verstorbenen. In Schindlerswerk diente ein sogenannter „Leichenkeller", der sich im Kutscherhaus befand (vgl. den Abschnitt „UNESCO-Welterbe Schindlerswerk"), der Aufbewahrung der Verstorbenen bis zur Bestattung. Mit aufwändigen Leichenzügen erwiesen die Blaufarbenwerker in ihrer Paradekleidung dem einstigen Kameraden die letzte Ehre. Nicht selten wurden sie dazu extra vom Dienst freigestellt.

Am 10. August 1843 erscheint in der Leipziger Zeitung eine Anzeige der Administration des Schindlerschen Blaufarbenwerks. Es wird bekannt gegeben, dass die Stelle des Werkslehrers vakant geworden und neu besetzt werden soll. Neben einer vergleichsweise guten Dotation von 130 Talern pro Jahr winkt dem neuen Lehrer eine geräumige Dienstwohnung im Schulgebäude des Blaufarbenwerks nebst freier Heizung und Beleuchtung. Die nun folgende Flut von Bewerbungen zeigt, dass diese Stelle trotz des abgelegenen Arbeitsortes sehr begehrt war. Und

96 Leichenzug im Winter 1850 von Schindlerswerk nach Zschorlau. Zeichnung von G. Vogel, Bockau.

tatsächlich erreichte das Schulwesen auf den Blaufarbenwerken in der ersten Hälfte des 19. Jahrhunderts seine höchste, aber auch seine letzte Blütezeit. Grund genug, um diesen interessanten Einrichtungen, die etwa ein Jahrhundert lang existierten, einige Aufmerksamkeit zuzuwenden. Dabei werden wir um die Erkenntnis nicht herumkommen, dass es bei der Vergabe der attraktiven Lehrerstelle nicht immer gerecht zuging und persönliche Beziehungen mitunter ausschlaggebender waren als die wirklichen Fähigkeiten der Kandidaten. Ein altbekanntes Prinzip, das damals wie heute gültig war und ist.

Es muss vorausgeschickt werden, dass sich über die Entstehung der Werksschulen keine verlässlichen Angaben finden. Aus den Akten geht lediglich hervor, dass mit der Begründung der Abgeschiedenheit um 1750 in Schindlerswerk erstmals Lehrkräfte verpflichtet wurden.[24-16] Der Unterricht dürfte dabei anfangs mehr dem Charakter einer Privat- oder Hauslehranstalt gefolgt sein. Jedenfalls bestimmte der Faktor in Absprache mit den jeweiligen Bevollmächtigten des Werkes selbst über alle maßgeblichen Details. Während man sich in Zschopenthal ebenfalls für die Einrichtung einer Werksschule entschied, glaubte man in Pfannenstiel und Oberschlema auf solche Spezialitäten verzichten zu können. Dort mussten die Kinder der Blaufarbenwerker mit den nahen Ortsschulen in Zelle bzw. Schlema vorliebnehmen. Mit der gedeihlichen Entwicklung des Blaufarbenwesens zu Ende des 17. und zu Beginn des 18. Jahrhunderts und dem damit einhergehenden Ausbau der Werke stieg auch die Zahl der hier beschäftigten Arbeiter und deren Kinder an. Dem Charakter eigenständiger Gemeinden entsprechend, ging mit dieser Entwicklung folgerichtig auch die Entstehung der beiden Werksschulen einher.

Doch nun zurück zur bereits erwähnten Stellenausschreibung vom August 1843. Es waren nicht weniger als neun Bewerber, die ihr Interesse für das Lehreramt in Schindlerswerk bekundeten. Unter ihnen fanden sich Theologen, Hilfslehrer und gestandene Lehrkräfte aus ganz Sachsen ebenso wie ein Literat aus Leipzig. Mit besonders umfangreichen Bewerbungsunterlagen versuchte ein Schulvicar aus Pfaffengrün bei Reichenbach i. Vogtl. den Faktor des Schindlerschen Blaufarbenwerks, Friedrich Gotthold Öhlschlägel, von seinen didaktischen Fähigkeiten zu überzeugen. Tatsächlich konnte Carl Heinrich Adolph Krause nicht nur auf gute Zeugnisse und einen tadellosen Lebenswandel verweisen, vielmehr hob er sich auch als Autor zweier erbaulicher Bücher hervor. Seine angeblich in der Waisenanstalt von Reichenbach bewährten Werke „Wahre Frömmigkeit beglückt die Menschheit“ und „Die mutige Fassung Jesu bei seiner Gefangennehmung, wodurch er, wie immer, als ein leuchtendes Vorbild, insbesondere für Lehrer erscheint“[24-16] legte er sogar dem Bewerbungsschreiben bei. Doch auch seine untertänigste Bitte, ihn bei der Vergabe der Lehrerstelle unbedingt berücksichtigen zu wollen, beeindruckte Faktor Öhlschlägel wenig, hatte dieser doch von Anfang an einen anderen Kandidaten ins Auge gefasst.

Nach Ende der Bewerbungsfrist fasst Öhlschlägel in einem Bericht an die Bevollmächtigten des Werkes, Gerichtspräsidenten Beck in Leipzig und Kaufmann Friedrich Uhlmann in Schneeberg, das Ergebnis der Stellenausschreibung zusammen. Er wird dabei nicht müde, den Bevollmächtigten die Bewerber madig zu machen. Während Kandidat Venus aus Zittau nicht singen könne, offenbarten sich bei dem Theologen Vetter aus Leipzig mangelhafte Fähigkeiten im Rechnen. Dem Schulvicar Krause aus Reichenbach werden, wie den anderen Bewerbern auch, fehlende Französischkenntnisse zur Last gelegt. Um nicht missverstanden zu werden, sei erwähnt, dass für die Kinder der Werksschule gar kein Fremdsprachenunterricht vorgesehen war. Vielmehr sollte der Lehrer auch Privatunterricht im Hause Öhlschlägel abhalten und dieser wünschte sich neben Klavier und Zeichnen auch die Befähigung seiner Kinder in französischer Sprache. Geschickt bringt der Faktor nun seinen bisherigen Hauslehrer Carl Alwin Müller ins Spiel, der nach seinem Dafürhalten im Gegensatz zu den anderen Kandidaten alle notwendigen Fähigkeiten besäße. Was Öhlschlägel dabei wohlweislich verschweigt, ist die Tatsache, dass er mit der Familie Müller befreundet und vom Vater des Hauslehrers vorher um die Anstellung des Sohnes gebeten worden war. Die Protektion blieb nicht ohne Erfolg. Ohne Bewerbungsunterlagen vorlegen zu müssen, wird Müller als neuer Werkslehrer auf Schindlerswerk verpflichtet.

Doch die, heute würden wir sagen, „Affäre Müller" sollte sich innerhalb kurzer Zeit als Bumerang für das Blaufarbenwerk erweisen. So wurden die Schul- und Gerichtsbehörden auf den Fall aufmerksam und verlangten nicht nur ein Mitspracherecht bei der Vergabe der Lehrerstellen, sondern auch die Aufsicht über die Schule. Das Argument Öhlschlägels und der Bevollmächtigten, dass es sich ja gar nicht um eine öffentliche Lehranstalt, sondern lediglich um eine privat finanzierte Werksschule handelt, ließen die Königlich Sächsischen Behörden nicht gelten. Es wird festgehalten, dass Schindlerswerk zwar eine Fabrikschule betreibt und dem Faktor bzw. den Bevollmächtigten daher ein gewisses Mitspracherecht in maßgeblichen Angelegenheiten einzuräumen ist, die Aufsicht soll aber wie sonst auch üblich der Schulinspektion bzw. dem „Localschulinspector" obliegen. Übrigens war dieser zu jener Zeit mit dem Pfarrer der Gemeinde Zschorlau identisch.

Diese Konstellation lässt keinen Zweifel darüber aufkommen, welche Prioritäten der Lehrplan setzte. Selbstredend stand Religion gefolgt von Biblischer Geschichte auf dem Stundenplan ganz oben. Der Unterricht erfolgte in drei Klassen, die insgesamt durchschnittlich 20 Schüler umfassten. Auch der restliche Lehrinhalt entsprach in etwa dem einer Ortsschule, vielleicht kann man ihn mit Lesen, Kopfrechnen, stilistischen Schreibübungen, Vaterlandskunde, Sprech- und Gesangslehre sowie Sinn-, Denk- und Verstandsübungen als gehoben bezeichnen.[24-17] Jedenfalls musste die Ausstattung der Schule keinen Vergleich mit anderen Dorfschulen scheuen. So fanden sich in dem Schulgebäude (vgl. Abb. 91) mit Klassenraum, Nebengelässen und Lehrerwohnung neben einer großen Anzahl von Gebets- und Gesangsbüchern auch ein Globus sowie Landkarten von Europa, Deutschland und Sachsen. Rechentafeln und Volksschulfreunde (Lesebücher) standen in ausreichender Stückzahl zur Verfügung, sogar eine Lesemaschine mit Buchstaben war vorhanden. Zumindest für die Kinder von Hüttenwerkern schien auch ein Lehrbuch zur „Verhütung der Feuersbrunst", einen ganz praktischen Wert zu haben.[24-18]

Wie bereits erwähnt, hatte der Lehrer auch den Kindern des Faktors Privatunterricht zu erteilen. Da diese Stunden extra vergütet wurden, galten sie dem Pädagogen als durchaus willkommene Nebeneinnahme. Der Lehrer hatte aber noch weitere Pflichten zu erfüllen. So oblag ihm das Läuten der Werksglocke ebenso wie die Abhaltung der sogenannten Betstunden für die Arbeiter morgens zum Beginn und abends zum Ende der Schicht. Wöchentlich musste jeder verpflichtete Blaufarbenwerker für diese obligatorische Dienstleistung drei Pfennige an den Lehrer zahlen. Nach oder besser während der Umwandlung des Blaufarbenwerks zur Ultramarinfabrik im Jahre 1856 veranlasste die Gattin des neuen Direktors Achtermann eine Reform des Gebetswesens auf dem Werk in der Weise, dass die Betstunden drastisch von zweimal täglich auf einmal wöchentlich reduziert wurden. Nun entbrannte ein erbitterter Streit darüber, ob die Arbeiter trotzdem die Gebetspauschale entrichten mussten. Der Bevollmächtigte Uhlmann aus Schneeberg sprach schließlich ein Machtwort. Die Zahlung wurde abgeschafft. Um dem Lehrer keine Einbußen zumuten zu müssen, erfuhr sein Gehalt eine entsprechende Aufstockung.[53]

Die protegierte Anstellung Müllers erwies sich letztlich als Fehlgriff. Schon im Dezember 1844, also nach gut einem Jahr, kündigte er wieder, um an eine Schule nach Schlema zu wechseln. Die Neuausschreibung der Stelle erfolgte am 26. Dezember 1844, wie gehabt in der Leipziger Zeitung. Auch diesmal mangelte es nicht an Bewerbern, ohne Bevorzugung kamen davon zwei Kandidaten in die engere Wahl. Bei der Abhaltung einer Schulprobe unter Anwesenheit des „Localschulinspectors" mussten beide Bewerber ihre didaktischen Fähigkeiten unter Beweis stellen. Als Sieger ging Hermann Rudolph aus Glösa bei Chemnitz hervor, der die Stelle am 9. April 1845 denn auch antrat. Doch auch diesen Lehrer hielt es nicht lange in Schindlerswerk, schon im März 1847 ergriff er die Gelegenheit, an das angesehene Königliche Lehrerseminar nach Freiberg zu wechseln. Öhlschlägel blieb nur bis Ende April 1847 Zeit, erneut die Besetzung der vakant gewordenen Stelle voranzutreiben. Was nun folgte, mutet wie das große Finale des Schulwesens auf Schindlerswerk an. Nie wieder sollte so engagiert um die Einstellung eines möglichst fähigen Werkslehrers gerungen werden. Übrigens wurde zur gleichen Zeit die Schule auf dem sich in Auflösung befindlichen Zschopenthaler Blaufarbenwerk geschlossen.

Tatsächlich wurde die Lehrerstelle am 23. März 1847 in der Leipziger Zeitung ausgeschrieben, worauf sich noch einmal eine Vielzahl von Bewerbern meldete. Nach der Vorauswahl blieben die Kandidaten Carl Friedrich Liebig aus Colditz und Hermann Friedrich Friedrich aus Hartmannsdorf bei Kirchberg übrig. Eine auf den 13. April 1847 festgesetzte Schulprobe soll die Entscheidung zwischen den beiden finalen Bewerbern herbeiführen. Neben einer Anzahl von „Probeschülern" wohnen dem Ereignis der Bevollmächtigte Uhlmann, Faktor Öhlschlägel, die Beamten des Blaufarbenwerks, der „Localschulinspector" Pastor Öhme aus Zschorlau, Pastor Kohl aus Neustädtel sowie der noch amtierende Schullehrer Hermann Rudolph bei.

Um 9 Uhr eröffnete Rudolph den „Lehrercontest" mit dem Absingen eines erbaulichen Kirchenliedes durch die Schüler mit Instrumentalbegleitung. Danach durften sich die Kandidaten anhand der Ausarbeitung zu jeweils einem Zitat aus dem Neuen Testament beweisen. Diese als „Katechismus" bezeichnete Arbeit musste vorher schriftlich eingereicht werden und diente gleichsam als Exempel für die Qualität der Handschriften. Nun kam die Probeklasse zum Einsatz. Es oblag den Kandidaten, mit den Schülern einige Übungen im Kopfrechnen auszuführen, inwieweit sie dabei mit den Kindern harmonierten, wurde durch die anwesenden Herren interessiert zur Kenntnis genommen.

Als Höhepunkt der Veranstaltung waren die beiden Vorträge der Bewerber zu betrachten, in deren Mittelpunkt besondere Begebenheiten aus der Regierungszeit der Kurfürsten August I. von Sachsen (Regierungszeit 1553–1586) und Friedrich August I. (Regierungszeit 1694–1733) standen. Da es sich bei den beiden Landesherren mit „Vater August" und „August dem Starken" um die berühmtesten, von Sagen und Legenden umwobenen Herrscher aus dem Hause Wettin handelte, dürfte es weder Friedrich noch Liebig schwer gefallen sein, mit vaterländisch angehauchten, kurzweiligen Anekdoten gewürzte Vorträge zu halten. Doch auch damit waren die beiden Kandidaten noch keineswegs entlassen. Vielmehr mussten Friedrich und Liebig nun noch Proben ihres musikalischen Talents durch das Singen von Kirchenliedern erbringen. Hatten sich beide Bewerber bisher recht wacker geschlagen und somit eine Art Gleichstand erreicht, so verzogen sich bei Liebigs Gesang die Minen der kirchlichen Würdenträger. Das mochte kein gutes Omen für den Colditzer Schulamtskandidaten sein. Mit dem gemeinsamen Singen des Liedes „Unsern Ausgang segne Gott" unter Anleitung des Lehrers Rudolph fand das Bewerbungsduell schließlich sein Ende.

Für die anwesenden Entscheidungsträger war der Fall nun klar, insbesondere die Pastoren Kohl und Öhme bestanden darauf, dass ein Mindestmaß an Gesangstalent für einen Lehrer, zumal er ja auch die täglichen Betstunden für die Belegschaft des Werkes abzuhalten hatte, unbedingt erforderlich sei. Faktor Öhlschlägel allerdings nahm an einigen zweideutigen Formulierungen im Sittenzeugnis des bevorzugten Kandidaten Friedrich Anstoß, das ihm vom Lehrerseminar in Freiberg ausgestellt worden war. Er bat daher den Seminarleiter, einen gewissen Herrn Hiebold, schriftlich um Auskunft über mögliche sittliche Verfehlungen Friedrichs. In seinem prompt abgefassten Antwortschreiben bedauert Hiebold den Ausgang der Schulprobe und empfiehlt nachdrücklich Liebig als einen *fleißigen, treuen und gewissenhaften Menschen.* Friedrich fehle es dagegen an *häußlichem Fleiß, Ordnung und Pünktlichkeit.*[24-16] Doch Öhlschlägel gab sich mit der Versicherung des Seminarleiters zufrieden, dass an Friedrichs Lebenswandel in sittlicher Hinsicht nichts zu beanstanden gewesen sei. Den mangelhaften Gesang Liebigs konnten dessen menschliche Vorzüge also offenbar nicht aufwiegen. Um einem Unterrichtsausfall vorzubeugen, ersuchte Faktor Öhlschlägel den im nahen Bockau beschäftigten Friedrich, das Lehreramt in Schindlerswerk bis zu einer finalen Entscheidung durch die Bevollmächtigten ab sofort provisorisch zu übernehmen.

Doch wieder einmal sollte sich die Situation anders entwickeln als erwartet. Wenn Hermann Friedrich glaubte, seine Festanstellung sei nun nur noch eine Formalität, irrte er gewaltig. Es war eine verspätete Bewerbung, sie traf erst eine Woche nach der geschilderten Schulprobe in Schindlerswerk ein, die dem ob seiner ungenügenden Ordnung und Pünktlichkeit getadelten Kandidaten einen Strich durch die Rechnung machte. Tatsächlich waren die Zeugnisse und Empfehlungen des Hilfslehrers Christian Friedrich Röder aus Johanngeorgenstadt so überzeugend und vorteilhaft, dass von einer dauerhaften Verpflichtung Friedrichs abgesehen wurde. Natürlich kam aber eine Einstellung Röders nur aufgrund seiner eingereichten Unterlagen nicht in Frage, eine erneute Schulprobe anzusetzen erschien allerdings auch zu aufwändig und zeitraubend. So entschied sich Faktor Öhlschlägel dafür, einen etwas unkonventionellen Weg zu beschreiten.

Um sich kurzfristig einen Eindruck vom Unterricht des neuen Bewerbers verschaffen zu können, begab er sich höchstselbst auf die Reise nach Johanngeorgenstadt. Der dortige „Localschulinspector" Pastor Lenk unterstützte das Vorhaben und ermöglichte dem Faktor eine zweistündige Hospitation in Röders Unterricht. Öhlschlägels Urteil fällt denn auch eindeutig aus. An die Bevollmächtigten des Werkes schreibt er: *Ich fand ihn als Lehrer vollkommen eingeübt und lebhaft, in Behandlung der Kinder freundlich. Sein Ruf war allgemein der beste.* [26-16] Öhlschlägel votierte nun uneingeschränkt zu Gunsten Röders, worauf auch die anderen Entscheidungsträger seiner Bewertung folgten. Schließlich wurde der neue Lehrer am 30. September 1847 offiziell in sein Amt eingewiesen.

Die geschilderte Episode und die Tatsache, dass sich der höchste Werksbeamte persönlich und vehement dafür einsetzte, eine in jeder Hinsicht fähige Lehrkraft für das Unternehmen zu gewinnen, belegt, welch hohen Stellenwert die Schule in Schindlerswerk zu dieser Zeit noch hatte. Dass der allseits geschätzte Lehrer Röder kaum zwei Jahre später wieder kündigte und nach Johanngeorgenstadt zurückkehrte, kann dem Faktor nicht zur Last gelegt werden. Schließlich gelang es 1849, einen gewissen Julius Albert Bonitz aus Ehrenfriedersdorf nach Durchlaufen der bekannten Bewerbungsprozedur als Lehrkraft zu verpflichten. Dieser versah sein Amt denn auch beinahe sechs Jahre lang. Sicherlich wäre der als sehr fähig und redlich eingeschätzte Bonitz noch länger geblieben, doch verstarb er mit gerade einmal 42 Jahren am 11. Oktober 1855 auf Schindlerswerk.

Da Bonitz' Tod in die Zeit der Umwandlung des Blaufarbenwerks in eine Ultramarinfabrik mit den bereits geschilderten wirtschaftlichen und technischen Schwierigkeiten fiel (vgl. den Abschnitt „Die Ultramarinfabrik Schindlerswerk"), entspann sich ein Disput über die Frage, ob die Werksschule überhaupt beibehalten werden sollte. Der neue Direktor Achtermann sprach sich nicht nur klar dafür aus, sondern brachte sogar sich selbst als Lehrer ins Spiel. Wenn unterstellt werden darf, dass Achtermanns didaktische Fähigkeiten ebenso gering ausgeprägt waren wie seine Kenntnisse der Ultramarinherstellung, konnten sich die Kinder glücklich schätzen, dass diese Offerte letztlich nicht zum Tragen kam. Jedenfalls votierten auch die Generalbevollmächtigten des zwischenzeitlich entstandenen Privatblaufarbenwerksvereins ebenfalls für die Beibehaltung der Schule. Allerdings fühlten sie sich aufgrund der unsicheren wirtschaftlichen Lage der Ultramarinfabrik genötigt, einen neuen Passus in die Bestimmungen für die Werksschule aufzunehmen. Demnach sollte die Lehrerstelle nicht mehr dauerhaft, sondern nur noch befristet vergeben werden. Ein attraktives Angebot sah freilich anders aus.

Tatsächlich gelang es trotz mehrerer Ansätze in der Folgezeit nicht mehr, die Stelle dauerhaft zu besetzen. Der Unterrichtsausfall häufte sich, immer öfter mussten die Schüler interimsweise in die Dorfschule nach Albernau geschickt werden. Schließlich wurde die Werksschule 1866 befristet auf vier Jahre mit Albernau vereinigt. Nach Ablauf dieser Zeit bemühte sich allerdings niemand mehr darum, die selbständige Lehranstalt wieder zu beleben. Vielmehr wurde die Ausschulung der Kinder nach Albernau dauerhaft vertraglich geregelt. Die dortige Dorfschule erhielt für die Aufnahme der Schüler des Gutsbezirks Schindlerswerk entsprechende Geldzuwendungen. Das einstige Werksschulgebäude wurde schließlich aus Platzgründen und zur Gewinnung von Baumaterialien abgetragen. An der Stelle entstand um 1890 ein neues Mannschafts- und Packereigebäude.

Aus Zeitzeugenberichten[63] geht hervor, dass die Arbeit in den Blaufarbenwerken schwer und mitunter sehr gesundheitsschädlich war. Insbesondere waren es Arsen- und andere giftige Stäube, die so manchen Blaufarbenwerker schon früh hinwegrafften. In den meisten Abteilungen wurde sechs Wochentage in 12-Stunden-Schichten, oft auch über Sonntag gearbeitet. Zwar beinhaltete die Schicht zwei Stunden Pause, allerdings musste die Zeit nicht selten am Arbeitsplatz verbracht werden. Wer nun noch einen längeren Arbeitsweg in Kauf nehmen musste, es waren dies meist mehr als die Hälfte der Farbwerker, dem blieb freilich keinerlei Freizeit. Von den Arbeitern, die sonntags frei hatten, wurde selbstverständlich erwartet, dass sie sich zum Gottesdienst in der Kirche einfanden.

Wie in anderen Betrieben auch konnten die einfachen Farbwerker vor 1918 von Regelurlaub nur träumen. Lediglich bei besonderen Anlässen war ausnahmsweise eine Freistellung möglich. Deutlich besser waren da die Beamten der Leitungsebene gestellt. Sie hatten schon im Kaiserreich Anspruch auf einige Tage Urlaub, wohnten bei Bedarf in geräumigen Werkswohnungen und bekamen Bedienstete gestellt. Die patriarchischen Verhältnisse werden noch heute in den auf Schindlerswerk weitgehend original erhaltenen Beamtenwohnhäusern deutlich. Während die Dienstboten in ihren Kammern unter dem Dach lebten, logierten die höheren Beamten und leitenden Angestellten in hochherrschaftlichen Räumen mit Meißner Kachelöfen und Spülklosett.

Trotz aller Mühsal und der zeittypischen Klassenunterschiede waren die Blaufarbenwerker stolz auf ihren Status und standen loyal zu ihren Unternehmen. Anders als in vielen Industriebetrieben, die im 19. Jahrhundert überall in Deutschland entstanden, bedeutete ein Arbeitsverhältnis in den Blaufarbenwerken wirtschaftliche Sicherheit fürs ganze Leben. Neben einem schon früh ausgebildeten Traditionsbewusstsein waren es einige Feierlichkeiten und Rituale, die die Gemeinschaft der Blaufarbenwerker stärkten. So begann die Laufbahn eines Arbeiters in der Regel als Tagelöhner oder Hilfskraft, erst nach einer gewissen Bewährungszeit konnte eine Verpflichtung zum „ständigen“ oder „wirklichen“ Blaufarbenwerker erfolgen. Die Verpflichtung bedeutete den offiziellen Eintritt in die Gemeinschaft und war mit der Aufnahme in die jeweiligen Betriebskassen verbunden. Sie wurde mehr oder weniger aufwändig zelebriert.

Noch bis ins 20. Jahrhundert hinein mussten die Arbeiter an ihrem Verpflichtungstag, früher sogar die Tagelöhner am Tage ihres Eintritts in das Werk einen feierlichen Eid leisten. Die Eidesformel unterschied sich von Werk zu Werk etwas und wurde im Laufe der Zeit immer wieder angepasst. Nach heutigen Maßstäben bedeutete der Schwur, der im Übrigen auch schriftlich festgehalten wurde, nichts anderes als die Bestätigung eines dauerhaften Arbeitsverhältnisses mit dem Werk. Eine solche Vereidigung der 21, 22 und 26 Jahre alten „Tagelöhner und Arbeiter" Johann Gottlieb Trültzsch, Christian Gottlieb Schüller und Johann Heinrich Bonesky fand am 22. Juni 1792 auf Schindlerswerk statt. Dazu mussten sich die Kandidaten vor einer Kommission, bestehend aus dem Faktor Christian Gottlob Bauer und zwei Beisitzern einfinden. Feierlich wurde der Eid wie folgt gesprochen: *Ich schwöre hiermit zu Gott dem Allwissenden und Allmächtigen im Himmel mit Mund und Herzen, diesen theuren lieblichen Eyd, dass nachdem ich bei dem hiesigen Schindlerschen Blaufarben Werk zu einem Taglöhner und Arbeiter angenommen und bestellet worden bin, ich zu vörderst Ihro Chur Fürstlichen Durchlaucht zu Sachsen, meinem gnädigsten Herrn, denn auch denen Hoch und Wohltitulierten Herrn und treuen Besitzern und Consorten des Werks in meiner Arbeit jederzeit treu, hold, gewärtig und gehorsam seyn (will) ...*[24-19]

Im weiteren Verlauf der Eidesleistung gelobten die Arbeiter absolute Verschwiegenheit das Fabrikationsgeheimnis betreffend und sich etwaigem Kobaltunterschleif nicht nur zu enthalten, sondern ihm mit aller Konsequenz entgegen zu treten. Um die Ernsthaftigkeit dieser Punkte zu unterstreichen, wurden sogar die z. T. schon recht alten landesherrlichen Patente gegen den Kobaltschmuggel, die schwere Leibes- oder sogar die Todesstrafe vorsahen, verlesen. Mit ihrer etwas ungeübt anmutenden Unterschrift erkannten die drei Kandidaten die Regeln an und waren nunmehr Blaufarbenwerker. Der Eid, der noch um das Jahr 1900 in der Schneeberger Ultramarinfabrik geleistet wurde, unterschied sich nicht wesentlich von seinem historischen Vorbild.[53] So versäumte man es ebenso wenig, den Allmächtigen im Himmel zu bemühen wie nachdrücklich auf das Fabrikationsgeheimnis zu verweisen. Lediglich der Kurfürst von Sachsen und der Kobaltschmuggel finden naturgemäß keine Erwähnung mehr. In der neuen Arbeitsordnung des Königlichen Blaufarbenwerks Oberschlema aus dem Jahre 1916 wird ausdrücklich darauf hingewiesen, dass „*Eidliche Verpflichtungen*" nicht mehr stattfinden.[53] Es ist davon auszugehen, dass diese jahrhundertealte Praxis zur gleichen Zeit auch in den Privatwerken aufgegeben wurde.

Eine lange Tradition hatte auch das alljährliche Sommerfest auf den Blaufarbenwerken, das je nach Zeitgeschmack als „Farbburschbier", „Werksbier", „Vogelschießen" o. Ä. bezeichnet wurde. Es wurde dabei getanzt, gekegelt oder besonders im 18. und frühen 19. Jahrhundert auf eine Zielscheibe in Form eines Adlers geschossen. Der 1898 geborene Zeitzeuge Johannes Vögtel erinnerte sich 1981 noch sehr genau an diese Festivitäten im Blaufarbenwerk Oberschlema.[63] Demnach fand das Fest immer an einem Werktag im Juli statt. Schon lange hatten die Belegschaftsmitglieder sich auf diesen Tag gefreut und vorbereitet. Traditionsgemäß endete die Arbeitszeit bereits gegen Mittag, woraufhin sich die Blaufarbenwerker nach Hause begaben, um ihre besten Kleider anzulegen. Oft waren sie extra für diesen Anlass oder höchstens noch zur Hochzeit angeschafft worden. Es gehörte zum guten Ton, dass auch die Herren der Werksleitung mit ihren Ehefrauen vollständig auf dem Fest in Erscheinung traten.

Die Feierlichkeiten, meist spielte die Schneeberger Bergkapelle dazu auf, begannen stets mit einer Polonaise. Bei der nun folgenden Eröffnung des Tanzes herrschte immer eine gewisse Spannung unter den Festbesuchern. Für die jungen Farbburschen galt es nämlich als eine Art Mutprobe, die wohlsituierten Damen der höheren Werksbeamten zum Tanze aufzufordern. Als besonders couragiert galt dabei ein gewisser Victor Stölzel aus Lößnitz. Der junge, als sehr fleißig bekannte Farbwerker musste viele unschöne Arbeiten verrichten. Deshalb gelang es ihm nie, Teer und sonstigen Schmutz gänzlich von seinen Händen zu entfernen. Alle Blicke richteten sich beim ersten Walzer des Abends auf ihn. Würde er, wie schon im vergangenen Jahr, an eine der Beamtengattinen herantreten? Die Erwartungen sollten nicht nur nicht enttäuscht, sondern weit übertroffen werden. Zielsicher lenkte Stölzel seine Schritte direkt in Richtung des Tisches der Direktion. Mit einer artigen Verbeugung forderte er keine Geringere als die Gattin des Werksdirektors, Frau Bergrat Wünsche, zum Tanz auf. Der vornehmen Dame und ihrem Gemahl blieb nichts anderes übrig, als der Offerte stattzugeben. Für seinen Mut wurde der Arbeiter durch reichen Beifall von allen Seiten belohnt.

Obwohl er damals erst 10 Jahre alt war, erinnert sich der Zeitzeuge ebenfalls noch recht gut an einen ganz besonderen Anlass. Nach seinen Angaben besuchte am 4. Juli 1908 Seine Majestät König Friedrich August III. von Sachsen das Blaufarbenwerk Oberschlema. Übrigens kamen die anderen Werke Niederpfannenstiel und Schindlerswerk gleichfalls in den Genuss der Anwesenheit des hohen Gastes. Sowohl die Vorbereitungen auf das Ereignis als auch der Besuch des Landesherrn selbst dürfte dort ganz ähnlich wie in Oberschlema abgelaufen sein. So begannen schon einige Wochen zuvor umfangreiche Vorbereitungen. Überall wurde geputzt und geschrubbt, ein Besichtigungsplan ausgearbeitet und verschiedene Rohstoffe und Fertigprodukte zu einer Ausstellung zusammengetragen. Als der Freudentag schließlich herangekommen war, nahmen die Blaufarbenwerker in ihrer traditionellen Paradekleidung auf dem Hüttenhof, inmitten des Werkes, Aufstellung. Die Beamten und Oberbeamten standen ebenso erwartungsvoll bereit wie eine Abordnung der Schneeberger Bergleute.

97 Ein besonderes Zeugnis von Unternehmenskultur war dieses im Verwaltungsgebäude des Pfannenstieler Blaufarbenwerks (heute Verwaltung Nickelhütte Aue) vorhanden gewesene Fresko. Unter dem Flötenspiel des Direktors Bischoff, einem Studienfreund Clemens Winklers, tanzen die Gesellen Kobalt, Nickel, Wismut, Arsen und Schwefel (v. l.), getrieben von Gebläseluft in den Mischkasten. Hier werden sie von den Hüttenmeistern Baudenbacher und Thiemann (v. l.) gemengt und in den Glasofen geschaufelt, während Hüttenmeister Georgi die fertige Smalte ausschöpft. Rechts oben droht der Förster des Schönburgischen Waldes mit entnadelten Bäumen, ein Hinweis auf die Hüttenrauchschäden. Das um 1900 entstandene und einer gewissen Selbstironie der Direktion nicht entbehrende Fresko wurde oft von Gästen des Werkes bewundert, aber später leider übermalt.

98 Diese Ausstellung von Blaufarbenwerkserzeugnissen in der Kraftzentrale des Werkes Oberschlema wurde aus Anlass des Besuchs der sächsischen Königs 1908 eingerichtet: gestapelte „Wismut-Brote", Büste des Königs, Nickel-Bleche und Anoden (v.l.). Rechts ist eine der beiden Dampfmaschinen zur Elektroenergieerzeugung zu erkennen.

Als das Automobil des Königs fast pünktlich 12 Uhr mittags eintraf, erfuhr Seine Majestät zunächst einen stimmungsvollen Empfang durch die Schneeberger Bergkapelle. Mit warmen Worten wurde der Herrscher von Direktor Wünsche begrüßt, die Werksbeamten wurden dem hohen Gast vorgestellt. Anschließend besichtigte der König mit seinem Gefolge die vorbereitete Ausstellung und begab sich zu einem Mahl in die Wohnung des Direktors. Kaum zwei Stunden später endete die Veranstaltung bereits wieder. Unter kräftigen Hoch- und Hurra-Rufen wurde Seine Majestät zum nur wenige hundert Meter entfernten Bahnhof Oberschlema geleitet, wo er seinen Salonwagen bestieg. Das repräsentative Automobil taugte offenbar nur für kurze Strecken, jedenfalls folgte es, auf einen offenen Güterwagen verladen, dem König per Bahn. Es ist nicht unwahrscheinlich, dass Friedrich August III. an jenem Tage

99 Anlässlich des Besuchs Seiner Majestät König Friedrich Augusts III. nahm die Belegschaft des Privatblaufarbenwerks Niederpfannenstiel in historischer Paradekleidung vor dem neuen Verwaltungsgebäude Aufstellung. Mittig im dunklen Anzug sind die Herren der Direktion zu erkennen: Generaldirektor Baudenbacher (3.v.l.), Direktor Thiemann (6.v.l.), und Dr. von Großmann (2.v.l.).

alle drei Blaufarbenwerke beehrte, möglicherweise war Oberschlema nach Niederpfannenstiel die zweite Station. Vielleicht hielt der Sonderzug anschließend im Bahnhof von Schindlerswerk. Jedenfalls existieren von den beiden Privatwerken Fotografien der Blaufarbenwerker in froher Erwartung des Herrschers, auch wenn der König auf den Bildern selbst nicht in Erscheinung tritt.

Im beginnenden 20. Jahrhundert machte sich die Abkehr von althergebrachten Strukturen und Produkten im sächsischen Blaufarbenwesen zunehmend bemerkbar. Schon vor dem Ersten Weltkrieg waren die traditionellen Kobaltglaserzeugnisse in eine Nische zurückgedrängt worden. Nickel, Wismut und Kupfer, Kobaltoxide und Nickelsalze waren nun zu den Hauptprodukten der Werke geworden. Auch die Verwaltungs- und Eigentumsstrukturen begannen sich zu wandeln. Der Staat übernahm immer mehr die Kontrolle über die Werke, im gleichen Zuge verlor das einst so mächtige Blaufarbenwerkskonsortium an Bedeutung. Diese schleichende Entwicklung wurde durch die Änderung der politischen Verhältnisse in Folge der großen Kriege des 20. Jahrhunderts enorm beschleunigt. Einen weit reichenden Einschnitt brachte die Auflösung der Gutsbezirke Niederpfannenstiel und Schindlerswerk im Jahre 1921. Die Angliederung der Werke an Aue bzw. Albernau bedeutete das Ende ihrer Eigenverwaltung und den Verlust der damit verbundenen Freiheiten. Das Jahr 1945 schließlich brachte das endgültige Aus für das traditionelle Blaufarbenwesen. Es war wie der Schlussstrich unter eine Ära, die so nie wiederkehren sollte. Diese unheilvolle Entwicklung ließ sich schon einige Jahre vorher erahnen.

Vom Ende einer Ära

„Feindliche Maschinen im Anflug aus Richtung Aue." Die Stimme des für die Schneeberger Ultramarinfabrik zuständigen Luftschutzbeobachters überschlägt sich fast am Telefon. Weniger aufgeregt nimmt der Betriebsführer und Luftschutzleiter von Schindlerswerk, Dr. Fritz Hoffmann, die Bedrohung aus der Luft zur Kenntnis. Umgehend alarmiert er den aus 24 Farbwerkern bestehenden Einheitstrupp des Werkes, die handbetriebene Feuerspritze, Löscheimer und Verbandsmaterial werden eilig bereitgestellt. Inzwischen hat sich das Brummen der Flugzeugmotoren zu einem ohrenbetäubenden Lärm gesteigert, wenige Augenblicke später explodiert das Kesselhaus, unter Entwicklung einer mächtigen Staubwolke stürzt der Schornstein auf den hinteren Hüttenhof und beschädigt dabei die Turbinenanlage sowie das Blaumühlengebäude. Eine weitere Sprengbombe zerstört die Muldenbrücke, die das Werk mit dem Bahnhof Bockau verband. Von mehreren Brandbomben getroffen, geht das Dach der neuen Tiegelhütte in Flammen auf. Die feindlichen Flugzeuge setzen nun ihren zerstörerischen Weg in Richtung Blauenthal fort.

Nüchtern wird eine Schadensbilanz des Angriffes erstellt. Kesselhaus, Schornstein und Muldenbrücke sind zerstört, die Tiegelhütte steht in Brand. Ein Heizer ist schwer verletzt, die Brandwache der Hütte hat sich Verbrennungen zugezogen. Zu allem Überfluss wird auf dem Weg zwischen Schachtelhaus und Magazin ein chemischer Kampfstoff festgestellt, der Meldegänger des Luftschutzbeobachters hat sich damit die Hände und Beinkleider kontaminiert. Mit dem Anlegen der Gasmasken und der andeutungsweisen Versorgung der Verletzten endet schließlich diese Übung des Luftschutztrupps der Schneeberger Ultramarinfabrik. Die Sachverständigen von der Stelle für Werksluftschutz in Aue zeigen sich überwiegend zufrieden mit dem Ablauf. Sie attestieren den Farbwerkern, dass diese auf die postulierte Bedrohung und das vorgegebene Schadensszenario umsichtig und beherzt reagiert haben. Lediglich das Aufsetzen der Gasmasken ohne Befehl

und die dürftige Ausrüstung der Werksfeuerwehr werden von den Auer Spezialisten moniert.
Die geschilderte Luftschutzübung vom 20. Mai 1939 dürfte so manchem Blaufarbenwerker vor Augen geführt haben, was ihnen bevorstehen könnte. Immerhin war im Frühjahr 1939 die Kriegsgefahr durch die zunehmenden politischen Spannungen für alle spürbar. Glücklicherweise trat das Schreckensszenario der Luftschutzübung niemals ein. Vielmehr überstand die abseits größerer Städte an der Zwickauer Mulde gelegene Schneeberger Ultramarinfabrik den Zweiten Weltkrieg völlig unbeschadet. Trotzdem bedeuteten die neuen Verhältnisse nach dem Krieg das Ende des traditionellen Blaufarbenwesens. Niederpfannenstiel und Schindlerswerk wurden voneinander getrennt und in Volkseigentum überführt. Schon zuvor musste die Schneeberger Ultramarinfabrik durch die Bodenreform auf fast 90 Prozent ihres Grundbesitzes verzichten. Das traditionelle Produkt Kobaltblau überlebte die Nachkriegs- und Besatzungszeit ebenso wenig wie der Blaufarbenwerksverein, das Hauptblaufarbenlager und das einst so bedeutende Doppelwerk Oberschlema. Dabei war diese gewaltsame, politisch bedingte Zerschlagung der über Jahrhunderte gewachsenen Strukturen nur der Höhepunkt einer Entwicklung, die ihre Schatten schon länger vorauswarf.
Im frühen 20. Jahrhundert, noch unter den Bedingungen des Deutschen Kaiserreichs, war der Privatblaufarbenwerksverein zu einem weltweit agierenden Unternehmen geworden. Die Rohstoffe wie Kobalt-, Nickel-, Kupfer- und Wismuterze kamen u. a. aus Bolivien, Neukaledonien, Australien, Kanada und China. Reger Handel wurde mit der belgischen Katangagesellschaft getrieben, die vorveredelte Kobalterze aus Belgisch-Kongo anbot. Große Mengen an Fertigprodukten gingen nach England und Russland. Ertragreich war die 1885 erzielte „Wismutkoalition". Durch Absprachen vor allem mit der Johnson Matthey & Co. Corp., die noch heute zu den Handelspartnern der Nickelhütte Aue gehört, konnte ein weltweites Aufkaufsmonopol für Wismuterze durchgesetzt werden. Wismutmetall und andere Erzeugnisse gingen wiederum in alle Welt. Sehr gefragt waren auch die vielfältigen Ultramarinprodukte von Schindlerswerk. Es existierte kaum ein Land auf der Erde, das nicht wenigstens in den Genuss von Wäscheblau aus der Schneeberger Ultramarinfabrik kam. Ab 1914 lieferte Niederpfannenstiel sogar hochreines Elektrolytnickel. Freilich endete in jenem Jahr diese erneute Blütezeit der Blaufarbenwerke jäh mit dem Ausbruch des Ersten Weltkrieges.
Der verderbliche Einfluss der Ereignisse machte sich zuallererst durch eine dramatische Verschlechterung der Rohstofflage bemerkbar. Überseeische Einfuhren brachen völlig weg. Nur teilweise konnte Ersatz aus den österreichischen Kronländern beschafft werden. Einberufungen führten zu einem Mangel an Arbeitskräften, auch Kriegsgefangene konnten diese Lücken nur ungenügend ausfüllen. Die ausländischen Abnehmer der Werke wurden durch Rüstungsaufträge des Reiches ersetzt. Eine fatale Entwicklung, denn nach dem Krieg tat man sich sehr schwer, die alten Handelsbeziehungen wieder aufzunehmen. Überhaupt ist es eine Mär, dass Kriege der Wirtschaft eines Landes zuträglich sind. Eine durch Kredite finanzierte und unnatürlich gesteigerte Produktion taugt bestenfalls als Strohfeuer, die kurzfristig erzielten Gewinne werden durch die immensen negativen Folgen der Konflikte mehr als nur wieder vernichtet. Zumindest waren das die Auswirkungen der verheerenden Weltkriege des 20. Jahrhunderts auf die deutsche Wirtschaft. Das sächsische Blaufarbenwesen zerbrach an den politischen und wirtschaftlichen Nachwehen der bewaffneten Auseinandersetzungen. Während nach dem Zweiten Weltkrieg der Industriezweig aufgrund der politischen Entwicklung endgültig zerschlagen wurde, waren es nach 1918 vor allem ökonomische Widrigkeiten, die den Hüttenwerken schwer zu schaffen machten.
Dabei schienen sich zunächst insbesondere die Bedingungen für die Arbeiter und Angestellten des Privatblaufarbenwerksvereins zu verbessern. Wie überall in der neuen Republik wurde der acht-

stündige Arbeitstag eingeführt. Die neue Regelung führte zu einem Absinken der Produktivität, da nun höhere Lohnkosten verkraftet werden mussten. Bis 1923, als die kriegsfolgebedingte Inflation schließlich astronomische Höhen erreichte, konnten weder Gewinne erwirtschaftet noch nachhaltige Investitionen getätigt werden. Die beängstigende wirtschaftliche Lage dieses Krisenjahres führte darüber hinaus zu politischen Unruhen in Niederpfannenstiel und schädigte den Privatblaufarbenwerksverein nachhaltig. Erst mit der Stabilisierung der Währung 1924 beruhigte sich die Situation. An die ertragreiche Zeit vor dem Krieg konnte freilich nicht mehr angeknüpft werden.

Noch immer liefen in Oberschlema und Aue parallele Produktionslinien, ein Luxus, den man sich angesichts des schwierigen wirtschaftlichen Umfeldes nicht mehr leisten konnte. So kam erneut der Konsolidierungsgedanke auf. Anders als im 19. Jahrhundert ging diesmal die Initiative von Seiten des Staates aus, Vorstellungen, das Auer Werk zu schließen und die Produktion allein in Oberschlema oder gar nur in Muldenhütten weiterzuführen, kursierten schon länger im Dresdner Finanzministerium. Zwischen 1924 und 1927 bemühte man sich daher sehr emsig um den Privatblaufarbenwerksverein, wie schon in den Jahren 1844–1848 wurden Gutachten erstellt und Inventuren vorgenommen. Allerdings sträubten sich die Privatwerke aus verständlichen Gründen von Anfang an vehement gegen die Konsolidierungspläne der Regierung. Dennoch bewies man in Dresden den längeren Atem. Jedenfalls beschritt nun das Finanzministerium einen Weg, der den Erfolg auch fernab des Verhandlungstisches versprach.

Schon immer besaßen die sächsischen Kurfürsten, Könige und schließlich das Land Sachsen Anteile an den privaten Blaufarbenwerken. Das war für beide Seiten von Vorteil. Einerseits hatte so der Fiskus Einfluss auf die Unternehmen, andererseits konnte sich der Privatbetrieb eines gewissen Rückhaltes durch den Staat, wie etwa beim Ankauf des Werkes Modum, sicher sein. Jetzt begann allerdings der Fiskus mit einem z. T. recht aggressiven Ankauf des Privateigentums. Das Ziel war klar: Mit dem Besitz der Anteilsmajorität hatte man auch die Stimmenmehrheit im Verein und konnte so die Konsolidierung erzwingen. Im Jahre 1927 besaß der Staat 3.615 von insgesamt 7.680 Anteilen. Um die Majorität zu erhalten, begannen Verhandlungen mit der Universität Leipzig, die sich schließlich bereit erklärte, ihre 340 Anteile am Privatblaufarbenwerksverein an das Finanzministerium in Dresden zu veräußern. Mit 3.955 von 7.680 Anteilen war nun der Staat der Hauptaktionär der Privatwerke geworden, was de facto einer weitgehenden Verstaatlichung des gesamten Blaufarbenwesens gleichkam.[23-18]

Um von den neuen Eigentumsverhältnissen zu künden, firmierten Aue und Schindlerswerk von 1927 an unter der Bezeichnung „Sächsischer Blaufarbenwerksverein". Die überlieferte Fünftel-Struktur des Blaufarbenwesens, die im 20. Jahrhundert aufgrund des drastischen Rückganges der Smalteerzeugung ohnehin kaum noch Bedeutung hatte, wurde somit endgültig hinfällig. Dennoch teilte man, der alten Gewohnheit folgend, die wenigen in Schneeberg geförderten Kobalterze noch bis 1931 nach dem überlieferten Schlüssel zwischen den verbliebenen Blaufarbenwerken Aue (3/5) und Oberschlema (2/5) auf.[24-20]

Die Frage, wann genau in Niederpfannenstiel endgültig mit der überkommenen Kobaltfarbenproduktion gebrochen wurde, konnte bislang nicht gänzlich geklärt werden. Der letzte schriftliche Nachweis über eine Smalteerzeugung datiert in das Jahr 1924, nach Kriegsende 1945 existierte eine solche Produktion nicht mehr. Da das Werk, wie erwähnt, 1931 letztmalig mit Kobalterz nach der alten Quotenregelung bedient wurde, ist es auch wahrscheinlich, dass in jenem Jahr hier die Blaufarbenproduktion zugunsten von Oberschlema zur Einstellung kam. Immerhin setzte man nach der Teilverstaatlichung der Privatwerke alles daran, parallele Produktionen zu vermeiden. Eindeutig belegbar ist, dass in Oberschlema noch bis 1946 Kobaltblau erzeugt wurde. Dabei unterschied sich die letzte Generation der

100 Blaufarbenwerk Aue, nunmehr Hauptwerk des Sächsischen Blaufarbenwerksvereins im Jahre 1934. Das Werk war seit 1927 de facto in staatlicher Hand und intensivierte die Zusammenarbeit mit Oberschlema.

101 Der „Tag der nationalen Arbeit", hier der 1. Mai 1937, wurde im Blaufarbenwerk Aue wie überall im Dritten Reich mit einem verordneten Festakt begangen. Der stellvertretende „Betriebsführer" Dr. Alfred Debuch (9. v. l., als SA-Sturmführer) löste nach Ende des Zweiten Weltkrieges den bisherigen Direktor des Blaufarbenwerksvereins Oberbergrat Willy Hänig ab.

Glas- oder Hafenöfen von den historischen Konstruktionen nur insofern, als für die Beheizung kein Scheidholz mehr, sondern Generatorgas eingesetzt wurde. Sogar der erste, nach Kriegsende aufgestellte Produktionsplan sah für 1948 noch immer die Herstellung von einer Tonne Smalte vor, was allerdings aufgrund von Rohstoffmangel oder weil die russischen Besatzer kein Interesse an dem Produkt hatten, nicht mehr zur Ausführung gelangte.[63] Offiziell trugen beide Hütten die Bezeichnung „Blaufarbenwerk" noch bis 1950, umgangssprachlich hielt sich der Begriff noch sehr viel länger.

In Dresden war man nach der Übernahme der Anteilsmajorität der Privatwerke inzwischen zu der Einsicht gelangt, dass die begrenzte Kapazität des staatlichen Werkes eine vollständige Aufnahme der Auer Produktion kurzfristig gar nicht zuließ.

Der Schließungsplan für Aue verschwand einstweilen wieder in der Schublade und man begnügte sich mit Rationalisierungsmaßnahmen. Mit dem Ziel, die Kosten zu verringern, rückten beide Hüttenwerke enger zusammen. Ein sogenannter „Umarbeitungsvertrag" legte ab 1932 eine weitgehende Arbeitsteilung bei der Elektrolytnickel- und Kobaltoxidproduktion fest. Der 1935 zustande gekommene „Gemeinschaftsvertrag" ging noch weiter und könnte fast mit der Vereinigung der Hütten gleichgesetzt werden, wenn das Problem der räumlichen Trennung nicht fortbestanden hätte. Zwar musste nun nicht mehr doppelt in gleiche Anlagen investiert werden, aber die gestiegenen Transportkosten verdeutlichten, dass auch die weitgehende Arbeitsteilung nicht als Dauerlösung taugte.

Die unglücksselige politische Entwicklung des Jahres 1933 ließ aus den Direktoren des Blaufarbenwerksvereins „Betriebsführer" werden, denen nun die „Gefolgschaft" unterstellt war. Diese Begriffe prägten sich offenbar derart ein, dass sie noch bis etwa 1950 in den Akten auftauchen.[53] Auch die Reichsstraße, die das Werk mit der Auer Neustadt verband, musste eine Umbenennung in „Martin-Mutschmann-Straße" über sich ergehen lassen. Heute trägt sie den Namen des Sozialdemokraten Rudolf Breitscheid. Von einem wirtschaftlichen Aufschwung unter der Diktatur, von dem oft unter Verkennung der Tatsache, dass er auf immensen Staatsschulden basierte, gesprochen wird, war im Blaufarbenwerksverein nicht viel zu bemerken. Im Gegenteil, von 1933 bis 1939 fuhr Niederpfannenstiel einen Verlust von rund einer halben Million Reichsmark ein. Dass Schindlerswerk im gleichen Zeitraum einen, wenn auch bescheidenen Überschuss von etwa 110.000 RM erwirtschaftete, konnte nicht verhindern, dass der Verein immer weiter in die Schuldenfalle geriet.

Mehrere Stillhalteabkommen mit den Gläubigern, insbesondere mit der Deutschen Bank, konnten das finanzielle Siechtum des Auer Hüttenwerkes lediglich verlängern. Schließlich musste der Blaufarbenwerksverein 1940 einräumen, dass aufgrund fehlender Liquidität der Betrieb aus eigener Kraft nicht weiter fortgeführt werden kann. Daraufhin kam es am 8. April 1940 zum Abschluss eines Pachtvertrages mit der Generaldirektion der Staatlichen Hütten- und Blaufarbenwerke in Freiberg. Gegen eine monatliche Zahlung von 10.000 RM übernahm der Staat vollständig die Regie in Aue. Das Werk arbeitete nun im Wesentlichen für Oberschlema und wurde auch von dort aus verwaltet. In einer Sitzung der Oberdirektion der Staatlichen Hütten in Freiberg am 19. Dezember 1941 wird resignierend festgestellt: *Privatwirtschaftlich ist das Blaufarbenwerk Aue ... eine hoffnungslose Angelegenheit. Ein allein von Erwerbsgesichtspunkten bestimmter Privatunternehmer würde und müsste liquidieren.* Die Gründe für die missliche Lage glaubte man in der weltweiten Konkurrenz von Großkonzernen erkannt zu haben. Dass die auf den Krieg hinauslaufenden Autarkiebestrebungen des Dritten Reiches und die damit verbundene Isolation vom Weltmarkt auch nicht ganz unschuldig an der Entwicklung gewesen waren, traute man sich wohl nicht offen zu äußern. Schließlich einigte man sich auf folgenden Beschluss: *Es geht nicht um die künstliche Erhaltung eines in der Gesellschaftsform überlebten ... Kleinunternehmens auf Kosten des Staates, sondern um die Erhaltung des sächsischen Metallhüttenwesens schlechthin. Diesem Gesichtspunkt ist alles andere unterzuordnen.*[24-20]

So stimmte der Staat in der Folgezeit immer wieder einer Verlängerung des Pachtvertrages zu, was gleichsam als Subventionierung des Werkes betrachtet werden kann. Zwar konnten die Verluste, vermutlich durch die aufgrund des Krieges gestiegene Nachfrage nach Buntmetallen, in Aue etwas verringert werden, dafür wuchs nun das Defizit von Schindlerswerk. Ständiger Rohstoffmangel, insbesondere wurde die Beschaffung des kriegswichtigen Schwefels immer schwieriger, hatte dazu geführt, dass in der Ultramarinfabrik nur noch eingeschränkt produziert werden konnte. Die damit verbundene geringe Auslastung der Anlagen konnte freilich nicht ökonomisch sein. Kurzum, ein Ende des wirtschaftlichen Desasters war nicht abzusehen. So wurde schließlich 1944 das Konkursverfahren über den Blaufarbenwerksverein eröffnet. Die Werke sollten aber nicht liquidiert werden, sondern vollständig in Staatseigentum übergehen. Im Zuge des Verfahrens übernahm das Land Sachsen die verbliebenen privaten Anteile gegen geringe Entschädigungszahlungen. Bei Kriegsende befanden sich bereits 87 Prozent der Papiere in Staatseigentum, das allgemeine Chaos und die sich verändernde politische Situation unterbrachen die Weiterführung der Aktion. Die zum 1. Januar 1947 wirksam werdende Enteignung des Vereins, die nur mehr 13 Prozent der Anteile mit einem geradezu lächerlichen Restwert von weniger als 50.000 RM betraf, war in der Realität nichts anderes als die sozialistische Version der Beendigung des Konkursverfahrens.

All diese wenig erfreulichen Entwicklungen spielten sich naturgemäß im Hintergrund ab und dürften für die etwa 200 Auer Hüttenwerker wenig spürbar gewesen sein. Jedenfalls wurden in Gemeinschaft mit Oberschlema ohne nennenswerte Unterbrechung bis zum Kriegsende Nickel und Nickelsalze, Kobaltverbindungen, Kupfer, Wismut und Arsenikalien erzeugt. Ab 1940 kam die Produktion von Pflanzenschutzmitteln hinzu, doch davon wird später noch die Rede sein. Dass sich der Alltag im Blaufarbenwerk Aue auch abseits der Politik und der Bilanzen abspielte, wird an einem an sich völlig bedeutungslosen Vorkommnis deutlich, das sich fast zu einer Affäre ausweitete und die Werksleitung ebenso wie den Oberbürgermeister von Aue in seinen Bann zog.

Ab etwa 1925 bestand im ehemaligen Magazin des Werks (heute Kantine) die öffentliche Gaststätte „Hüttenschänke“ als Pendant zum „Schwarzen Kasino“ in Schindlerswerk. Der Blaufarbenwerksverein überließ das Etablissement zur Bewirtschaftung pachtweise an Gewerbetreibende. Um die Attraktivität ihrer Wirtschaft zu erhöhen, ließ im März 1938 die damalige Pächterin Gertrud Neumann eine beleuchtbare gläserne Reklamekugel mit der Aufschrift „Hütten Schänke“ anfertigen und am Eingang zum Gasthaus, an der Mehnertstraße (heute Clara-Zetkin-Straße) anbringen. Die Werksleitung selbst nahm zunächst kaum Notiz von dieser Neuerung der geschäftstüchtigen Wirtin. Dem allzu konservativen „Amt für Propaganda und Verkehr“ der Stadt Aue dagegen war das nächtliche Leuchten an der Schänke mehr als nur ein Ärgernis. So wenden sich die Beamten an die Hüttenleitung und bezeichnen das Werbeaccessoire als *Unmöglichkeit* und fügen ungehalten hinzu *Frau Neumann hätte sich mindestens beraten lassen müssen*. Doch damit nicht genug, denn nun schaltete sich sogar der Oberbürgermeister von Aue ein. In einem amtlichen Schreiben fordert er die Pächterin auf, *das betreffende Leuchtreklamezeichen zu entfernen und evtl. durch eine Laterne ... zu ersetzen*. Allen Ernstes fügt er hinzu: *Die Leitung des Blaufarbenwerkes wird bestimmt bereit und in der Lage sein, Ihnen entsprechende Anregungen zu geben.*[63]

Der „Betriebsführer“, Oberbergrat Willy Hänig, kam nun nicht umhin, die aufgebrachten Behörden zu beruhigen. In einem knapp abgefassten Schreiben teilt er dem Oberbürgermeister lapidar mit, dass das Werk *für die Erstellung einer passenden Lichtreklame* Sorge tragen will. Dass man es mit der Entfernung des Ärgernisses dann doch nicht so genau nahm, dürfte in Anbetracht dessen, dass das Werk, wie bereits geschildert, zu jener Zeit mit anderen Schwierigkeiten zu kämpfen hatte, verständlich sein. Nachdem die zum Austausch der Reklame bis 1. Mai 1938 gesetzte Frist verstrichen war, worauf eine neuerliche Mahnung in Niederpfannenstiel eintraf, meldete die Werksleitung im Juli endlich den Vollzug der Maßnahme. Nach dem Dafürhalten des Amtes passte die neue Laterne, mit ihrer auffallend unspektakulären Erscheinung, nun zum *altertümlichen* Gebäudeensemble des Blaufarbenwerks. Ihrem Reklameanliegen dürfte die rührige Gastwirtin aber trotz der Fehlinvestition in die moderne Werbetechnik gerecht geworden sein, denn zweifellos hatte die „Laternenaffäre“ für ein gewisses Aufsehen gesorgt. In Anbetracht dessen, dass bald eine Zeit anbrechen sollte, in der die meisten der histori-

schen Hüttengebäude dem Abriss zum Opfer fielen, mutet die geschilderte Auseinandersetzung um dieses Detail geradezu grotesk an.
In den 1930er Jahren wurde der Blaufarbenwerksverein mit Sitz in Aue vom Betriebsführer Oberbergrat Willy Hänig geleitet. Sein Stellvertreter, Dr. Fritz Hoffmann, fungierte gleichzeitig als Betriebsführer in Schindlerswerk. Ihm unterstanden wiederum zwei Prokuristen, die den Absatz der Schneeberger Ultramarinfabrik koordinierten. Als 1938 Österreich und das Sudetenland an das Deutsche Reich angeschlossen wurden, versuchte Schindlerswerk die neuen Inlandsmärkte zu erschließen. Allerdings stellte sich dieses Unterfangen als äußerst mühselig heraus. So reiste der Prokurist Kurt Wendler tagelang mit seinem Musterkoffer per Bahn durch das Sudetenland. Ungünstige Verbindungen und entlegene Ortschaften ließen das Unterfangen zu einem wirklichen Geduldsspiel werden. Der Absatz blieb allerdings selbst dann bescheiden, als Wendler Anfang 1939 einen Personenkraftwagen spendiert bekam und dadurch deutlich effektiver arbeiten konnte.
Als 1939 der Krieg ausbrach, wurden viele Arbeiter des Blaufarbenwerksvereins eingezogen. Auch der zweite Prokurist Bauer musste in die Wehrmacht eintreten. Da alle Versuche ihn „UK“ (unabkömmlich) zu stellen, scheiterten, war Kurt Wendler nun allein für die Betreuung der Kunden zuständig. Dabei scheute der in Schindlerswerk wohnhafte Prokurist nicht davor zurück, seine Stellung auch für fragwürdige Geschäftspraktiken zu nutzen. So wurde die Handelsgesellschaft J. C. Stein & Co in Dresden mit Ultramarinblau beliefert, die das Produkt wiederum an andere Abnehmer weiterverkaufte. Im Laufe der Zeit hatte Stein, dessen Geschäftsräume sich in bester Lage am Wiener Platz, nahe des Dresdner Hauptbahnhofes befanden, eine beachtliche Anzahl zahlungskräftiger Kunden im In- und Ausland gewinnen können. Allerdings wurde dem erfolgreichen Ultramarinhändler nun ein Umstand zum Verhängnis, für den er selbst nicht verantwortlich war. Es ist ein beschämender Vorgang, der sich

102 Die Pächterin der Hüttenschänke Gertrud Neumann erregte 1938 mit ihrem beleuchtbaren Reklamezeichen „Hütten Schänke“ Anstoß bei den konservativ denkenden Auer Stadtvätern.

103 So präsentierte sich der Eingang zur Hüttenschänke 1938, nachdem das gar zu modische Werbeaccessoire gegen eine unspektakuläre Laterne ausgetauscht worden war. Im Hintergrund ist das Herrenhaus mit dem Glockenturm sichtbar. Das Gebäude rechts wurde nach seinem letzten Bewohner „Kämmerhaus“ genannt. Außer der Hüttenschänke fielen etwa 20 Jahre später alle hier sichtbaren Bauten dem Abriss zum Opfer.

aus den Akten rekonstruieren lässt und der hier, weil er ebenfalls Teil der Geschichte ist, nicht verschwiegen werden soll.[24-12]
Die Handelsgesellschaft Stein & Co fiel, da ihr Inhaber der jüdischen Glaubensgemeinschaft angehörte, unter die „Verordnung über den Einsatz des jüdi-

schen Vermögens“ vom 3. Dezember 1938.[80] Demnach „konnte“ jüdischen Besitzern aufgegeben werden, ihr Geschäft veräußern oder abwickeln zu müssen. Für den Fall, dass der Inhaber nicht ausreichend kooperierte, erlaubte die Verordnung, von Amts wegen einen Treuhänder zu bestellen, der die Veräußerung oder die Auflösung des Geschäftes vorantrieb. Das Gesetz reiht sich in ein ganzes Maßnahmebündel ein, das nach der Pogromnacht vom 9. November 1938, der sogenannten „Reichskristallnacht“, erlassen wurde und die endgültige Verdrängung der Juden aus dem deutschen Wirtschafts- und Geschäftsleben zum Ziel hatte. Formal stand den ehemaligen Besitzern zwar eine Entschädigung für ihr Eigentum zu, allerdings mussten sie ihr Vermögen meist weit unter Wert verkaufen und zudem Schuldverschreibungen akzeptieren, die praktisch nicht eingelöst werden konnten. De facto bedeutete die „Arisierung“, dieser Begriff taucht auch in den Akten auf,[24-12] nichts anderes als die Enteignung jüdischen Vermögens zu Gunsten des Reiches. Es war ein kalkulierter Baustein für die immensen Kosten der Aufrüstung und des heraufziehenden Krieges. Schlimm genug, dass auch Kurt Wendler sich anschickte, von dem staatlich verordneten Unrecht zu profitieren.

Tatsächlich war die jüdische Ultramarinhandlung Stein & Co einem Treuhänder unterstellt worden. So kam es im März 1940 zum Abschluss eines Kaufvertrages zwischen Wendler und dem Treuhänder, der jüdische Alteigentümer hatte zu diesem Zeitpunkt keinerlei Mitspracherecht mehr. Für 500 RM in bar wurden dem Prokuristen nicht nur das Inventar der Gewerberäume in Dresden, sondern auch sämtliche Geschäftsbücher und Akten incl. der Kundenkartei überlassen. Wenn man in Betracht zieht, dass auf diese Weise die lukrativen Geschäftsbeziehungen der Firma Stein für den Käufer nutzbar wurden, handelte es sich wohl eher nur um einen symbolischen Betrag. Noch vorhandene Farbvorräte sollen Wendler zum Einkaufspreis überlassen werden. Da Ultramarin zu dieser Zeit bereits knapp war, ist es sehr wahrscheinlich, dass er von dieser Offerte Gebrauch machte. Aus den Akten geht allerdings klar hervor, dass der Prokurist keine weiteren Zahlungen geleistet hat.

Besonders pikant ist die Tatsache, dass Wendler das Geschäft nicht für seine Firma, also die Schneeberger Ultramarinfabrik tätigte, sondern auf eigene Rechnung, quasi als Privatmann handelte. Zwar gab er an, das Gewerbe auf seinen Namen weiterführen zu wollen, doch dazu hätte er seine Anstellung in Schindlerswerk kündigen müssen. Kurt Wendler muss sich also den Verdacht gefallen lassen, dass er das jüdische Geschäft billig erwarb, um es später mit gutem Gewinn an seinen Arbeitgeber, den Blaufarbenwerksverein, weiter zu veräußern. Dass besonders die ausländischen Kunden der Firma J.C. Stein & Co für die Ultramarinfabrik interessant waren, steht außer Frage, immerhin würde man diese nun direkt devisenbringend beliefern können.

Schließlich verkaufte Wendler das Geschäft in Dresden im Juli 1941 tatsächlich an die Schneeberger Ultramarinfabrik. Allerdings war der erzielte Gewinn wohl doch nicht ganz so üppig, wie er sich erhofft hatte. Die Direktoren Hänig und Hoffmann waren sich nämlich darüber einig, dem Prokuristen nicht mehr als 2.000 RM für das ehemals jüdische Geschäft anzubieten. Nach Wendlers, allerdings zweifelhaften Angaben deckte diese Summe gerade seine Aufwendungen. Jedenfalls wurden die Geschäftsräume in Dresden aufgegeben und die Firma gelöscht. Eine Belieferung der Abnehmer von Stein & Co konnte nun direkt von Schindlerswerk aus erfolgen. Doch auch der Ultramarinfabrik bescherte das fragwürdige Geschäft nicht den erwarteten Gewinn. Durch den kriegsbedingten Mangel an Rohstoffen für die Ultramarinproduktion stellten sich nämlich die neuen Geschäftsbeziehungen als weniger lukrativ heraus als erhofft. Im Gegensatz zu seinen Geschäftsräumen in Dresden, die in der Bombennacht vom 13./14. Februar 1945 zerstört wurden, ist über das weitere Schicksal des jüdischen Unternehmers J.C. Stein nichts bekannt.

Der Beginn des Krieges am 1. September 1939 und die damit einhergehenden Verordnungen über die

Kriegswirtschaft blieben für die Schneeberger Ultramarinfabrik nicht ohne Folgen. Die erste unangenehme Überraschung hielt schon der 5. September 1939 für das Werk bereit. An jenem Tag wurden 90 Prozent der in Schindlerswerk lagernden Rohschwefelvorräte, es handelte sich dabei um insgesamt 53 Tonnen, durch die in Berlin ansässige Reichsstelle Chemie beschlagnahmt.[24-12] Für die Ultramarinherstellung wurden monatlich etwa 30 Tonnen Schwefel benötigt, sollte keine Änderung der Situation herbeigeführt werden können, würde in wenigen Tagen das gesamte Werk stillgelegt werden müssen. So beginnt an diesem Tag ein langwieriger Disput zwischen der Werksleitung und der Reichstelle Chemie um die Zuteilung des begehrten Rohstoffes. Es war der Betriebsführer Dr. Fritz Hoffmann, der den Kampf um den Fortbestand des Unternehmens in den schwierigen Kriegsjahren mit zäher Verbissenheit führte. Letztlich gebührt ihm der Verdienst, das Kunststück fertig gebracht zu haben, eine Fabrik ohne jegliche Rüstungsproduktion mit der defizitären Herstellung des nicht kriegswichtigen Ultramarins am Markt zu halten und damit die Grundlage für den Neubeginn nach 1945 geschaffen zu haben. Welche Kniffe, Tricks und Notlügen dafür angewendet werden mussten, soll uns einige Ausführungen wert sein.

Neben Kaolin und Soda ist Schwefel der wichtigste Rohstoff für die Herstellung des künstlichen Ultramarins. Warum aber wurde ausgerechnet dieses gelbe, brennbare Material zur Achillesferse der Rohstoffversorgung der Schneeberger Ultramarinfabrik während der Kriegszeit? Die Antwort findet sich darin begründet, dass Schwefel der Ausgangsstoff gleich mehrerer kriegswichtiger Produktionen war, die vorrangig beliefert werden mussten. Da Importe von Baumwolle in das Deutsche Reich kaum mehr möglich waren, mussten Uniformstoffe u. Ä. zunehmend aus Kunstfasern hergestellt werden, wofür wiederum Schwefelkohlenstoff (CS_2) und somit Schwefel unerlässlich war. Noch wichtiger war die Herstellung von Schwefelsäure und Sprengmitteln aus dem knappen Rohstoff. Es liegt auf der Hand, dass es einiger Überzeugungsarbeit und guter Argumente bedurfte, überhaupt Schwefel für die Herstellung von Ultramarin in Konkurrenz zur Kunstfaser- und Sprengmittelindustrie zu erhalten, schließlich konnte es als zumutbar gelten, in Kriegszeiten auf das Bläuen der Wäsche zu verzichten.

Schon bei Kriegsausbruch wurde die Arbeitszeit von sechs auf drei Wochentage bei gleichzeitiger Halbierung der Produktion verringert. Da die jungen Arbeiter eingezogen wurden, mussten Frauen und ältere Farbwerker ihren Platz einnehmen. Später wurde auch auf einige der sogenannten Ost-Arbeiter, im wesentlichen Polen und Ukrainer, zurückgegriffen.[53] Ob wie in Oberschlema und Niederpfannenstiel auch Kriegsgefangene zur Arbeit herangezogen wurden, bleibt unklar. Insgesamt ist die Aktenlage in dieser Beziehung als sehr dürftig zu bezeichnen. Auf jeden Fall waren, um selbst die gekürzte Produktion aufrechterhalten zu können, noch immer mindestens 15 Tonnen Schwefel pro Monat nötig. Das Argument Hoffmanns, dass das Ultramarin als Luftschutzanstrich von Industriefenstern gebraucht werde, überzeugte die Reichsstelle Chemie nicht. Eine Einstufung des Pigments als kriegswichtig blieb aussichtslos.

Nicht ganz so verschlossen zeigten sich die Beamten in Berlin, als auf die Exportaufträge ins Ausland verwiesen wurde. Tatsächlich erbrachten die nach wie vor möglichen Ausfuhren in Länder wie Schweden, die Schweiz, Rumänien, Bulgarien und Griechenland der Kriegswirtschaft des Reiches wertvolle Devisen. Allerdings fielen die Summen eher bescheiden aus und das Werk konnte damit keine Gewinne erwirtschaften. Die letzten beiden Fakten, die sich aus den Akten klar belegen lassen,[24-12] hielt der Betriebsführer gegenüber der Reichsstelle Chemie wohlweislich zurück. Mit diesem kleinen Schwindel gelang es Hoffmann schließlich, eine Ausnahmegenehmigung für den Verbrauch des bereits beschlagnahmten Schwefels zu erhalten. Eine darüber hinausgehende Neuzuteilung des Rohstoffes an die Ultramarinfabrik schloss die Reichstelle allerdings kategorisch aus. Immerhin konnte der

Betrieb nun bis zum Jahresende 1939 aufrechterhalten werden.
Um das Schwefelproblem längerfristig zu lösen, zeigte sich die Werksleitung außerordentlich kreativ. So wurden alle Einsparungsmöglichkeiten beim Brennprozess ausgeschöpft. Dass dabei wieder verstärkt auf Glaubersalz als Schwefelträger, wie einst in der Anfangszeit der Ultramarinherstellung gesetzt werden musste, trug allerdings nicht gerade zur Qualitätsverbesserung der Produkte bei. Insbesondere bei der Herstellung hochwertiger Ultramarinsorten blieb ein erheblicher Bedarf nach dem knappen gelben Rohstoff bestehen. Interessant war auch die Idee der „Umarbeitung", d. h. die ausländischen Abnehmer sollten selbst für den Rohstoff sorgen, Schindlerswerk würde dann nur die Herstellung übernehmen und das fertige Blau zurückliefern. Obwohl diese Variante sogar den Beifall der Reichsstelle Chemie fand, ist kein Fall bekannt geworden, in dem ein Kunde von dem Umarbeitungsangebot Gebrauch machte. So blieb Hoffmanns wichtigstes Argument der Verweis auf den devisenbringenden Export. Immerhin gelang es ihm auf diese Weise, hin und wieder eine Schwefelzuteilung zu erhalten, die allerdings ausschließlich zur Erfüllung von Auslandsaufträgen verwendet werden durfte.
Inlandskunden konnten bis zu diesem Zeitpunkt zwar noch aus Restbeständen bedient werden, allerdings war das Erschöpfen der Vorräte absehbar. Auf das Inlandsgeschäft gänzlich zu verzichten, hätte die weitere Herabsetzung der Arbeitszeit auf zwei Wochentage und die weitere Verteuerung der Produkte bedeutet. Über kurz oder lang hätte der völlig unwirtschaftliche Betrieb dann geschlossen werden müssen. Um die Reichstelle Chemie zu erweichen, ein Schwefelkontingent für das Inlandsgeschäft freizugeben, versuchte Hoffmann, die „Deutsche Arbeitsfront" (DAF), eine Art nationalsozialistische Ersatzorganisation für die verbotenen Gewerkschaften, als Fürsprecher für sein Vorhaben zu gewinnen. Er argumentierte, dass die Schließung von Schindlerswerk die Abwanderung der fachkundigen Arbeitskräfte zur Folge hätte, was für diese eine unzumutbare Härte bedeuten würde. Noch schwerer wiege aber das Problem, dass die Produktion nach dem Krieg nicht wieder aufgenommen werden könnte und somit das traditionsreiche deutsche Ultramarinwesen nachhaltig geschädigt würde. Ein eher verzweifeltes als stichhaltiges Argument, da die jungen Ultramarinarbeiter zu dieser Zeit ohnehin Kriegsdienst leisten mussten und die im Werk verbliebenen Frauen und Greise wohl kaum das Erzgebirge verlassen hätten.
Tatsächlich erbrachte die eher halbherzige Fürsprache der Gauwaltung Sachsen der DAF bei der Reichsstelle Chemie nicht den gewünschten Erfolg. Dennoch signalisierte Berlin, allerdings anders als erwartet, ein gewisses Entgegenkommen. Statt weiteren Schwefel für die Ultramarinherstellung freizugeben, überraschten die verantwortlichen Beamten die Farbwerker in Schindlerswerk nun mit einem etwas unkonventionellen Vorschlag. So boten sie dem Betriebsführer der Schneeberger Ultramarinfabrik an, „Cyanblau" von einer Tochterfirma der Deutschen Gold- und Silberscheideanstalt (Degussa) in Frankfurt am Main zu beziehen und das Ultramarin damit zu strecken. Immerhin könnte das auch als „Berliner Blau" bezeichnete Pigment, chemisch handelt es sich dabei um Eisenhexacyanoferrat, aus einheimischen Rohstoffen in beliebiger Menge hergestellt werden.
In Schindlerswerk traf dieser Vorschlag auf wenig Gegenliebe. Ultramarin mit Berliner Blau zu strecken, ist dem Vermengen von Bohnenkaffee mit Gerstenmehl oder anderen minderwertigen Ersatzstoffen vergleichbar. So braucht es nicht verwundern, dass sich Hoffmann vehement gegen das Ansinnen der Reichstelle sträubte. In einem Schreiben wird er nicht müde, die Minderwertigkeit des schon seit dem 18. Jahrhundert bekannten Blautones hervorzuheben und seine Nachteile gegenüber dem Ultramarin aufzuzählen. So wäre Berliner Blau nicht lichtecht, tauge nicht zur Bereitung von Kalkfarben und hinterließe beim Wäschebläuen einen Grün-Graustich. Doch aller Widerstand blieb zwecklos. Mit dem Hinweis, dass auch andere Ultramarin-

fabriken Cyanblau als Surrogat in Betracht ziehen würden, verlangte die Reichsstelle Chemie eine eingehende Prüfung des Vorschlages. So trafen im Mai 1940 erstmals 500 kg Cyanblau in Schindlerswerk für Versuchszwecke ein.

Das Ergebnis der Experimente fällt erwartungsgemäß ernüchternd aus. Zwar ist eine Mischung von Ultramarin mit Cyanblau für einige Einsatzzwecke möglich, doch sind die damit einhergehenden Qualitätseinbußen beträchtlich. Hoffmann gibt an, dass ein solcherart gestrecktes Wäscheblau höchstens im „Generalgouvernement", also im besetzten Polen verkauft werden könne. So kommt die Bahnsperre für zivile Transporte kurz vor Beginn des Westfeldzuges Ende Mai 1940 Hoffmann gerade recht, um vorerst keine weiteren Cyanblaubestellungen tätigen zu müssen. Mehr noch, der unerwartet schnelle Sieg im Westen führte dazu, dass sich ein Güterwagen mit feinstem französischem Ultramarinblau als Kriegsbeute auf den Bahnhof von Köstritz in Thüringen verirrte. Doch die Bemühungen um die Ware blieben für Schindlerswerk ebenso erfolglos wie der Widerstand gegen das Berliner Blau. Ab Juni 1940 kam man nicht mehr umhin, wo immer möglich, das ungeliebte Surrogat beizumischen.

Wenig erfreulich war auch der Besuch eines Vertreters des Landwirtschaftsamtes Dresden am 12. Juni 1942. Da nun auch die Sowjetunion und die USA zu den Gegnern des Deutschen Reiches zählten, sollten alle nur denkbaren Ressourcen für kriegswichtige Zwecke gebündelt werden. So versprach man sich von der Stilllegung eines Großteils der energiehungrigen deutschen Papierindustrie eine bedeutende Einsparung von Kohle und die Freisetzung von Arbeitskräften für die Wehrmacht und die Rüstung. Das Landwirtschaftsamt hatte es also nicht direkt auf Schindlerswerk, sondern auf die zum Werk gehörige, sich etwa einen Kilometer muldeaufwärts befindliche Holzschleiferei und Pappfabrik abgesehen. Während man bei den dort Beschäftigten nichts zu beschönigen braucht, immerhin war deren Zahl bereits von zwölf auf sechs, wovon die Hälfte über 60 Jahre alt waren, verringert wurden, nimmt man es bei der Angabe des Kohlenverbrauchs mit der Wahrheit nicht so genau. Statt der tatsächlich benötigten Menge von 400 Tonnen pro Jahr, werden lediglich 40 Tonnen Kohle angegeben. Diese Notlüge sowie die Aussage, dass die Erzeugnisse zur Verpackung von Arzneimitteln, also kriegswichtigen Zwecken dienen, bewahrte die werkseigene Kartonagenfabrik vor der Schließung. Dass die Verpackungsmittel auch für das Überleben von Schindlerswerk selbst essentiell waren, braucht nicht näher erläutert zu werden.

Die vielfältigen Bemühungen um den Erhalt des Blaufarbenwerksvereins blieben, trotz vieler Rückschläge und Unzulänglichkeiten, letztlich nicht ohne Erfolg. Nur so gelang es, das Blaufarbenwerk Aue und die mehrfach von der Schließung bedrohte Schneeberger Ultramarinfabrik über die schwierigen Kriegsjahre hinaus zu erhalten. Bei Kriegsende standen die beiden regional bedeutenden Unternehmen dafür bereit, ihren Anteil für den Wiederaufbau zu leisten und einer Vielzahl von Arbeitnehmern Halt und Auskommen in ihrer Heimat zu geben. Freilich hatte sich mit dem Einmarsch der Besatzungsmacht das wirtschaftliche und soziale Umfeld völlig verändert. Der Bruch mit den althergebrachten Strukturen und Traditionen bedeutete das Aus für den Blaufarbenwerksverein und führte zur Abtrennung der Ultramarinfabrik von Aue und Oberschlema. Während man in Schindlerswerk unter dem bisherigen Direktor Hoffmann zügig die Produktion des althergebrachten Ultramarinblaus wieder aufnehmen und somit an die alten Traditionen anknüpfen konnte, standen den beiden Blaufarbenwerken einschneidende Veränderungen bevor. Es war wahrlich eine andere Zeit, die nun in Aue und Oberschlema anbrach.

MEHR NICKEL FÜR DIE REPUBLIK – EINE ANDERE ZEIT BRICHT AN

Die Zeit zwischen 1945 und 1990 nimmt in der deutschen Geschichte eine Sonderstellung ein. Sie war geprägt von dem mehr oder weniger ernstgemeinten Versuch, in einem Teil Deutschlands ein neues Modell des menschlichen Zusammenlebens zu etablieren. Diese neue Gesellschaft sollte von einer möglichst breiten Masse der Bevölkerung, den Arbeitern und Bauern sowie der Intelligenz getragen werden und zielte letztlich auf Gleichheit und Wohlstand für alle ab. Soweit jedenfalls die Theorie. In der Realität folgte das neue Gesellschaftsmodell in der Ostzone den Vorgaben der sowjetischen Besatzungsmacht und erhielt eine diktatorische Ausprägung. So haftete der 1949 gegründeten DDR auch stets der Makel an, dass sie von „Oben" verordnet wurde und eben nicht dem freien Willen der Mehrheit der Menschen entsprach. Der deutsche Sozialismus, wenn man ihn so nennen will, wurde lediglich von einer Minderheit getragen, von der Masse der Bevölkerung aber bestenfalls nur als gegeben hingenommen.

In der Nachkriegs- und DDR-Zeit erfolgte eine völlige Umstrukturierung des althergebrachten sächsischen Blaufarbenwesens. Dabei sind die Spuren, die diese Periode hinterließ, in den einzelnen Werken unterschiedlich stark ausgeprägt. Während in Aue erhebliche Eingriffe in die historische Bausubstanz vorgenommen und Technologien grundlegend verändert wurden, blieb Schindlerswerk sowohl von den Einwirkungen der Besatzungsmacht als auch von Umbauten und Rekonstruktionen weitgehend verschont. Dieser Umstand trug mit dazu bei, dass hier ein einzigartiges Denkmal des sächsischen Blaufarbenwesens erhalten blieb. Dem gegenüber steht allerdings auch die völlige Vernichtung des einst so bedeutenden Blaufarbenwerks Oberschlema als Folge des Uranbergbaus. Die historische Betrachtung der DDR-Zeit dürfte, neben den tief greifenden Veränderungen, die sie mit sich brachte, noch aus einem weiteren Grund besonders reizvoll sein. Es handelt sich nämlich um Geschichte, die vielen von uns noch gegenwärtig erscheint und daher geeignet ist, Emotionen hervorzurufen. Umso mehr ist es geboten, sich bei der Betrachtung dieser noch jungen Historie um Nüchternheit und Objektivität zu bemühen.

Augenscheinlich ist der Zeitraum nach 1945 bis zur politischen Wende 1989 keineswegs als Einheit zu betrachten. Besonders die unmittelbaren Nachkriegsjahre waren von Willkür und Zwangsmaßnahmen durch die Besatzungsmacht geprägt. Es herrschte quasi ein permanenter Ausnahmezustand. So muss die Beschlagnahme von Teilen der Auer und Oberschlemaer Hüttenwerke durch die Wismut A. G. als das dunkelstes Kapitel in der Geschichte des gesamten Industriezweiges angesehen werden. Schon ab August 1947 breitete sich die Uranaufbereitung wie ein Geschwür im Blaufarbenwerk Aue aus und drohte, die mühsam wieder in Gang gebrachte normale Produktion fast abzuwürgen. Grund genug, auch diesen, in der DDR tabuisierten und bisher wenig aufgearbeiteten Zeitabschnitt in die nachfolgenden Betrachtungen mit aufzunehmen. Ansatzpunkte waren durch das im Werksarchiv der Nickelhütte vorliegende, historisch einmalige Aktenmaterial ausreichend vorhanden.

Erst ab 1957, nach der Rückgabe der „Objekte 99 und 100", wie die Uranaufbereitungen genannt wurden, kehrte allmählich Normalität ein. Zwar stand anfänglich aufgrund der verschlissenen Anlagen neben dem Abbruch des Blaufarbenwerks Oberschlema auch die Schließung des traditionsreichen Auer Betriebes zur Diskussion, aber als man von diesen Plänen Abstand nahm, kamen umfangreiche Rekonstruktions- und Neubaumaßnahmen zur Ausführung. Dadurch konnte die bisher am Standort Oberschlema vorhandene Produktion mit in Aue integriert werden. Mitte der 1960er Jahre waren diese Maßnahmen weitgehend realisiert und nur noch wenige Relikte erinnerten im VEB Nickelhütte Aue an das Blaufarbenwerk Niederpfannenstiel, einstmals Hauptwerk des sächsischen Privatblaufarbenwerksvereins.

Arsen und Kräutertee – vom schweren Neuanfang

Nach Kriegsende, die Gesamtkapitulation wurde am 8. Mai 1945 unterzeichnet, blieb ein Gebiet, das im Wesentlichen dem Bereich der ehemaligen Amtshauptmannschaft Schwarzenberg entsprach, von den Alliierten unbesetzt. Dazu zählte auch die Stadt Aue mit dem Blaufarbenwerk. Diese merkwürdige Situation, die am glaubhaftesten durch ein Missverständnis zwischen Amerikanern und Sowjets erklärt werden kann, führte zur Ausbildung von so wundersamen Legenden wie der von der „Freien Republik Schwarzenberg". Die Realität in jenen Tagen sah freilich anders aus. Es herrschten Chaos und Auflösung. Versprengte Wehrmachtsteile suchten den Weg gen Westen, um der sowjetischen Gefangenschaft zu entgehen. Flüchtlinge aus den deutschen Ostgebieten und dem Sudetenland, denen kaum mehr als das eigene Leben geblieben war, suchten verzweifelt ein Unterkommen. Oft waren sie alles andere als gern gesehen. Fremdarbeiter und Kriegsgefangene verließen ihre Lager und verschärften die Situation zusätzlich. Dass in jenen Tagen Plünderungen und Diebstähle häufig vorkamen, ja zeitweise sogar allgemeine Rechtlosigkeit herrschte, braucht nicht näher erläutert zu werden.

Die Bemühungen von Aktionsausschüssen, die spontan gebildet worden sein sollen, zielten dann auch nicht auf die Schaffung einer Selbstverwaltung oder gar eines Separatstaates hin, sondern eher auf die Besetzung des Niemandslandes um Schneeberg, Aue und Schwarzenberg, wobei selbstredend den Amerikanern der Vorzug vor den Sowjets eingeräumt wurde. Allerdings konnte sich der Kommandeur des im Vogtland stationierten 347. US-Infanterieregiments, Colonel Tupper, lediglich dazu entschließen, Jeep-Patrouillen in das unbesetzte Gebiet zu entsenden. Dabei scheint es aber zu erheblichen Verständigungsproblemen mit den Einheimischen gekommen zu sein. Nach einer Fahrt durch Aue und Johanngeorgenstadt stellten die Amerikaner fest, dass ihre Deutsch-Englisch-Übersetzer wenig ausrichten konnten, da sie des Erzgebirgischen nicht mächtig waren. So soll ein US-Major entnervt geäußert haben: *Die sprechen alle Polnisch!*[81] Eine Aussage, die etwas verwundern muss, denn immerhin müssten die Amerikaner doch bereits mit den im Vogtland vorherrschenden Dialekten in Berührung gekommen sein, die für das ungeübte Ohr sicherlich auch nicht einfacher zu verkraften sind als die westerzgebirgischen Mundarten. Unbestritten bleibt, dass die Sowjetarmee noch im Juni 1945 in das unbesetzte Gebiet einrückte, womit der paradoxen Situation ein Ende gesetzt wurde.

Für das Pachtwerk Aue der Staatlichen Sächsischen Hütten- und Blaufarbenwerke, wie die Bezeichnung des Betriebes seit 1940 offiziell lautete, war ausschlaggebender, dass es keine direkten Kriegsschäden zu verkraften hatte, obwohl besonders die Nickelerzeugung für die Rüstungsindustrie des Dritten Reiches nicht unbedeutend war. Auf jeden Fall konnte die Produktion sowohl im Bereich Metallurgie (Kobalt- und Nickelspeise sowie Elektrolytnickel) als auch in der Abteilung Chemie (Pflanzenschutzmittel) in beschränktem Umfang bis Ende April 1945 aufrechterhalten werden. Allerdings führten die Kampfhandlungen im westerzgebirgischen Raum, insbesondere Tieffliegerangriffe und Artilleriebeschuss dazu, dass der Versand der Waren unterbrochen wurde. Auch als schließlich nach der Kapitulation die Fremdarbeiter und Kriegsgefangenen, die bisher die zur Wehrmacht eingezogenen Männer ersetzt hatten, abzogen, brach die Produktion nicht gänzlich zusammen. Um die Stilllegung aller Anlagen zu vermeiden, wurden die verbliebenen etwa 70 Arbeitskräfte auf Kurzarbeit gesetzt. Auf diese Weise konnten die Nickelelektrolyse, die Röst- und Schmelzhütte sowie die Pflanzenschutzmittelanlage über die besatzungsfreie Zeit hinaus zumindest betriebsbereit gehalten werden.

Der Einmarsch der Roten Armee im Juni 1945 blieb erwartungsgemäß nicht ohne Folgen für das Werk. Der Zeit der Orientierungslosigkeit folgte eine Periode der Willkür durch die Besatzungsmacht, die bis zum Ende der 40er Jahre und darüber hinaus anhielt. So wurde der Betriebsführer, Oberbergrat Hänig, verhaftet und zur Vernehmung durch die russische Gerichtsbehörde nach Annaberg verbracht. Zwar setzten sich daraufhin die verbliebene Werksleitung und offenbar auch weitere Betriebsangehörige, die sich hinter der Bezeichnung „Vertrauensrat" verbargen, für seine Freilassung ein, allerdings blieben diese Bemühungen trotz des nachdrücklich vorgebrachten Hinweises, dass Hänig für die angestrebte Wiederaufnahme der Produktion unentbehrlich sei, erfolglos. Über das weitere Schicksal des Betriebsleiters des Blaufarbenwerksvereins existiert lediglich noch eine vage handschriftliche Notiz vom 2. August 1945, wonach sich Hänig in Bautzen, d. h. dem berüchtigten Zuchthaus, befinden soll. Sicher ist, dass er 1946 in der Nähe von Freiberg verstarb, ohne wieder nach Aue zurückgekehrt zu sein.

Über Recht und Unrecht dieser Maßnahme, die keineswegs ein Einzelfall war, lässt sich auf der Grundlage der vorliegenden Erkenntnisse kein Urteil fällen und Spekulationen sollen hier keinen Raum erhalten. Es sei nur noch bemerkt, dass für das Werk Oberschlema der Staatlichen Sächsischen Hütten- und Blaufarbenwerke ein sehr glaubhafter Zeitzeugenbericht aus dem Jahre 1973 vorliegt, wonach die dort während des Krieges eingesetzten Fremdarbeiter und Kriegsgefangenen auf Weisung des Direktors Schmieder, der 1946 ebenfalls in Bautzen inhaftiert wird, durchaus anständig und korrekt behandelt worden sind.[63]

Was den stellvertretenden Betriebsleiter des Blaufarbenwerksvereins und Direktor der Schneeberger Ultramarinfabrik Dr. Fritz Hoffmann betrifft, so hatte dieser deutlich mehr Glück als Hänig und Schmieder. Obwohl er Mitglied der SA (Sturm-Abteilung) und einiger anderer nationalsozialistischer Organisationen war, hinderte ihn niemand daran, seine Tätigkeit in Schindlerswerk fortzuführen.[24-12] Offenbar war sein Wissen und Können für die Wiederaufnahme der Produktion nach Kriegsende unentbehrlich. Die Abtrennung des Freigutes Albernau von Schindlerswerk im Zuge der Bodenreform im Herbst 1945 konnte Hoffmann zwar nicht verhindern, als aber übereifrige, selbsternannte „Antifa-Aktivisten" nach Teilen des eigentlichen Produktionsareals im Muldental griffen, konnte er diese erfolgreich abwehren.[24-21]

Die Verwaltungs- und Besitzstrukturen des Niederpfannenstieler Hüttenwerks änderten sich nach der sowjetischen Besetzung des Auer Gebietes nur insofern, als der Betrieb unter militärische Zwangsverwaltung genommen wurde. Eine Enteignung des Blaufarbenwerksvereins, also von Pfannenstiel und Schindlerswerk, kam zwar zum 1. Januar 1947 zustande, allerdings waren davon nur noch etwa 13 Prozent der vorhandenen Werte betroffen, da sich das Gros der privaten Anteilseigner im Zuge des seit 1944 anhängigen Konkursverfahrens gegen staatliche Abfindungszahlungen bereits aus den Unternehmen zurückgezogen hatten. Die Enteignung, die von den neuen Machthabern selbstredend als Akt der Bestrafung angeblicher Kriegsverbrecher propagiert wurde, war in Wirklichkeit nur ein formal-juristischer Schritt, mit dem das komplizierte Konkursverfahren zum Abschluss gebracht wurde.

Historisch bedeutungsvoll ist dagegen, dass Pfannenstiel und Schindlerswerk von nun an getrennte Wege gingen, d. h. der Blaufarbenwerksverein wurde aufgelöst. Das seit 1694 bestehende konsortschaftliche Verhältnis, die Feste Hand, war somit endgültig Geschichte geworden. Das Hütten- und

HÜTTEN- UND BLAUFARBENWERK AUE

Industrieverwaltung 5 — Buntmetalle — Landeseigene Betriebe Sachsens

Gegründet 1635

AUE I. SA.

Drahtanschrift: KOBALT Auesachsen

Erzeugnisse: Elektrolytnickel, Reinnikel, Nickelanoden, Elektrolytkupfer Wismutmetall, arsen- und kupferhaltige Pflanzenschutzmittel

104 Offizieller Briefkopf, wie er 1947 Verwendung fand. Nach der formalen Überführung des Werkes in Volkseigentum 1948 wurden die „Landeseigenen Betriebe" durch „Vereinigung Volkseigener Betriebe-VVB" ersetzt. Da Papier rar war, musste in der ersten Zeit auch oft ein Zusatzstempel „VEB Hüttenwerk Aue" genügen, um von den vermeintlich neuen Eigentumsverhältnissen zu künden. Auch die Produktpalette blieb Wunschdenken. Von den offerierten Erzeugnissen konnten lediglich Nickelanoden und Pflanzenschutzmittel geliefert werden.

Blaufarbenwerk Aue wurde der Industrieverwaltung 5, Buntmetalle, der Landeseigenen Betriebe Sachsens unterstellt. Seine Überführung in Volkseigentum, verbunden mit der Eingliederung in die VVB (Vereinigung Volkseigener Betriebe) Buntmetall bzw. von Schindlerswerk in die VVB Lacke und Farben im Jahre 1948 war nicht viel mehr als eine Formalität. De facto waren es sowieso die Militärbehörden der Besatzer, die in den ersten Jahren nach dem Krieg über alle Belange der Produktion bestimmten.

Anders als die Muldner und Halsbrücker Hütten bei Freiberg blieb Niederpfannenstiel von der sonst so ungezügelten Demontagewut der Sowjets verschont. Dieser Umstand, aber mehr noch die von der alten Werksleitung beschlossene Kurzarbeit ermöglichten wenige Monate nach Kriegsende ein teilweises Wiederanlaufen der Produktion. Facharbeiter und Instandhaltungs-Kräfte standen bereit, viele der vorhandenen Anlagen waren betriebsfähig. Allerdings musste zunächst auf noch vorhandene Rohstoffe zurückgegriffen werden, da neue Lieferungen nicht zu erlangen waren. Auf jeden Fall wurden bereits im Juli 1945 wieder Pflanzenschutzmittel produziert, auch die Nickel-Gießerei fertigte, wenn auch in geringem Umfang Nickelanoden für galvanische Zwecke. Das dazu notwendige Metall wurde durch Umschmelzen von Resten und Schrott gewonnen. Ebenfalls relativ früh, im August 1945, lief der Bereich Rohschmelze wieder an, die erzeugte Nickelspeise gelangte zur weiteren Verarbeitung ins Werk Oberschlema. Freilich verschwanden große Teile sowohl dieser frühen als auch der späteren Produktion als Reparationsleistung in Richtung Osten.

Ein Kuriosum in der Werksgeschichte blieb eine Ausweichproduktion, die im September 1945 in Niederpfannenstiel aufgenommen wurde. Die Herstellung von Pharmazeutika war ein Novum für das Auer Hüttenwerk. Die Initiative zur Bereicherung der Produktpalette mit Kohle- und Kräutertabletten ging vom Laborleiter Dr. Georgi aus, der zusammen mit dem bisherigen stellvertretenden Betriebsführer Dr. Debuch die Leitung des Werkes anstelle des verhafteten Oberbergrats Hänig übernommen hatte. Die Motive für diesen innovativen Schritt dürften einerseits darin zu suchen sein, eine brachliegende Anlage wieder einer Nutzung zuzuführen, andererseits bestand in der Bevölkerung ein erheblicher Bedarf an Arzneimitteln. Besonders Kohlepräparate wurden dringend zur Bekämpfung ruhrähnlicher Erkrankungen benötigt, deren Ursache in der damaligen Ernährungslage zu suchen war. Die Maschinen, die einst der Erzeugung des begehrten Würfelnickels dienten und die aus Mangel an Rohstoffen stillstanden, konnten kurzfristig zu Tablettenpressen umfunktioniert werden, so dass „Terosan", wie das aktivkohlehaltige Mittel genannt wurde, ab September 1945 im Handel erhältlich war. Etwas später verließen auch Kräutertabletten auf der Basis einheimischer Gewächse das Werk.

Im April 1946 bestand die Belegschaft des Werkes aus 160 Mitgliedern, damit waren bereits wieder

105 Hütten- und Blaufarbenwerk Aue im Spätsommer 1947. Das Werk weist keine Kriegsschäden auf. In der Arsenatanlage (a) läuft die Produktion von Pflanzenschutzmitteln auf Hochtouren. Ungünstiger stellt sich die Situation im Bereich Metallurgie dar. Nickel- und Entkupferungselektrolyse (b, c) liegen brach bzw. werden von der SAG Wismut beansprucht. In der Würfelnickelabteilung (d) werden Kohle- und Kräutertabletten hergestellt. Röst- und Schmelzhütte (e) liefern Kalziumarsenat für Pflanzenschutzmittel sowie Nickelspeise und Kupferstein, die nach Oberschlema zur Weiterverarbeitung gelangen. Nickelanoden werden in der Nickelgießerei (f) gefertigt. Die Kraftzentrale (g) mit je zwei Wasserturbinen und Dampfmaschinen ist einsatzfähig. h: Hüttenschänke (ehem. Magazin), i: Werkstätten- und Laborbereiche (ehem. Smaltefabrikation), j: Laugen-Kocherei, k: Wohnhaus Mehnertstraße 101, dahinter (mit Glockentürmchen) das ehemalige Herrenhaus des Blaufarbenwerks, l: altes Pochwerk und Nickelfabrik, m: Material- und Rohstofflager.

106 Original-Behelfsverpackung der Kohletabletten, wie sie von 1945 bis 1949 vom Hütten- und Blaufarbenwerk Aue in Kooperation mit einer Apotheke hergestellt wurden. Selbst auf diesem für ein Hüttenwerk sehr exotischen Produkt durfte das traditionelle Zeichen des einstigen Blaufarbenwerkskonsortiums nicht fehlen.

108 In der Nickelgießerei (vgl. Abb. 105) wurden mit Hilfe eines Erdwindofens mit Graphittiegeleinsätzen aus Nickelschrott und sonstigen Resten Anoden für galvanische Zwecke in kleinen Stückzahlen gegossen. Aufnahme 1947.

107 In diesem Gebäude wurde einst das bekannte Würfelnickel geformt. Von 1945 bis 1949 dienten die Pressen der Produktion von Kohle- und Kräutertabletten, dann wurde das Gebäude von der SAG Wismut beschlagnahmt. Das Foto zeigt den Bau nach der Rückgabe 1957. Dass die Wismut keinen Wert auf die Erhaltung der Bausubstanz legte, wird selbst aus der Entfernung deutlich. Im Vordergrund ist das alte Pochwerk mit der ehemaligen Nickelfabrik (Schornstein) zu erkennen.

109 Die Nickelelektrolyse wurde zwar über das Kriegsende hinaus betriebsbereit gehalten, doch kam es dann aufgrund des Mangels an Rohstoffen nicht zu einer kurzfristigen Wiederaufnahme der Elektrolytnickel-Produktion. Zwei Jahre nach Kriegsende waren die Einrichtungen unbrauchbar geworden. Mit viel Aufwand gelang es schließlich 1950, die Anlage wieder in Gang zu setzen. Aufnahme 1947.

fast 90 Prozent des Standes vom Januar 1945 erreicht. Im Bereich Rohschmelze wurden Nickelspeise und Kupferstein erzeugt. Die Gießerei lieferte etwa 1 Tonne Nickelguss-Anoden im Monat und in der Arsenatanlage war die Pflanzenschutzmittelproduktion im Steigen begriffen. Hinzu kamen die erwähnten Arzneimittel. Allerdings war damit die Produktpalette bereits erschöpft. An eine Wiederinbetriebnahme der Kupfer- und Nickelelektrolyse oder der einst so bedeutenden Wismutverarbeitung war nicht zu denken, da entsprechende Rohstoffe fehlten. Überhaupt dürfen die erwähnten ersten Erfolge nach dem verheerenden Krieg nicht darüber hinwegtäuschen, wie mühsam es war, wieder eine stabile Produktion in Gang zu bringen. Zwar erging schon im Oktober 1945 von der Sowjetischen Militäradministration im Land Sachsen (SMA LS) der Befehl, dass die Hüttenwerke Aue und Oberschlema die volle Produktion wieder aufzunehmen hätten, doch fehlende Rohstoffe ließen sich nun einmal nicht herbefehlen.

Immerhin bedeutete diese Weisung der Sowjets, die später durch die SMAD (Sowjetische Militäradministration in Deutschland) in Berlin-Karlshorst in ähnlicher Form wiederholt wurde, eine Art Legitimation und Überlebensgarantie für die Hütte. Jedenfalls wurden Dr. Debuch und Dr. Georgi in der Folgezeit nicht müde, sich auf die Weisungen der Besatzer zu berufen, wenn es darum ging, dringend benötigte Rohstoffe oder auch nur die Genehmigungen zu deren Beschaffung zu erhalten. Trotzdem kann man sich bei der Auswertung der Werksakten der Nachkriegsjahre nicht des Eindruckes erwehren, dass es der sprichwörtliche Kampf gegen Windmühlen war, den die Werksleitung führen musste.

Sowohl russische als auch deutsche Behörden stellten dem Werk Produktionsauflagen, die aber oftmals nur deswegen nicht erfüllt werden konnten, weil keine Brennstoffe, die zum Betrieb der Gasgeneratoren, Dampferzeuger usw. benötigt wurden, erhältlich waren. So fiel von Oktober 1946 bis Mai 1947 fast die gesamte Produktion aus, weil keine Briketts angeliefert wurden. Es war der als besonders streng in Erinnerung gebliebene Jahrhundertwinter, der die schwierigen Bedingungen in dem vom Krieg gezeichneten Land noch zusätzlich verschärfte. Tausende Menschen fielen der Kälte und dem Hunger zum Opfer. Oft mussten die Verstorbenen monatelang aufbewahrt werden, weil der Boden derart tief gefroren war, dass keine Beerdigungen durchgeführt werden konnten. In einigen Kellern der Wohnhäuser in Niederpfannenstiel erfroren trotz aller Vorkehrungen die eingelagerten Kartoffeln, die Folgen für die Ernährungslage waren katastrophal.

Auch beim Blick in die Rechnungsbücher jenes Winterhalbjahres wird man von roten Zahlen geradezu erdrückt.[63] Der Stillstand der Anlagen kostete Unsummen und zog den Betrieb weit in die Verlustzone. Allerdings waren Gewinn- und Verlustrechnungen zu jener Zeit sowieso eher symbolisch, da die alte Reichsmark (RM), die den Krieg vorerst überdauert hatte, kaum mehr einen Gegenwert an Waren aufzuweisen hatte. Zudem erschwerten absurde Preisbindungen die wirtschaftliche Entwicklung. So hatte ein Kilogramm Nickelguss-Anoden (nach Tonnen zu kalkulieren lohnte damals nicht) einen Einheitswert von 1,75 RM, die Beschaffungskosten für Erze lagen, falls überhaupt erhältlich, weit höher. Ende Juni 1948, zwei Tage später als in den westlichen Besatzungszonen, griff auch im sowjetisch besetzten Teil Deutschlands eine Währungsreform, womit die Reichsmark endgültig der Vergangenheit angehörte. Ein freier Rohstofferwerb war mit der neuen Währung freilich auch nicht möglich. Die (Ost-)DM (offiziell: Deutsche Mark der Deutschen Notenbank, später Mark der Deutschen Notenbank, schließlich Mark der DDR) blieb lediglich eine Binnenwährung, deren Inlandskaufkraft durch ein Übermaß an staatlichen Subventionen künstlich gesteuert wurde.

Zwar entspannte sich in den Sommern der Nachkriegsjahre stets die prekäre Brennstofflage, die während der Wintermonate regelmäßig die Produktion zum Stillstand brachte, doch traten dann andere Schwierigkeiten in den Vordergrund. So kam es von Juni bis August 1947 zu einem drastischen Absinken der Produktion in der Arsenatanlage, obwohl Rohstoffe vorhanden waren. Der Grund lag in einem außergewöhnlich hohen Krankenstand der dort arbeitenden Belegschaft, der Ende August 1947 fast 50 Prozent betrug. In einem Schreiben an die SMAD in Berlin-Karlshorst weist die Werksleitung auf diesen Umstand hin und gibt die zunehmende Ermattung der Arbeiter aufgrund der schlechten Ernährungslage als Grund für den Missstand an. Nachdrücklich wird um Sonderzuteilungen von Milch und Lebensmitteln für die durch *schwere Gifteinwirkung besonders stark gefährdeten Belegschaftsmitglieder*[63] nachgesucht. An anderer Stelle bemühte man sich verbissen um den Erwerb eines

Elektrokarrens, um Roharsenik innerhalb des Betriebes transportieren zu können. Keine leichte Aufgabe, immerhin beanspruchte die Reparationsabteilung der SMAD selbst einen Großteil der Produkte des entsprechenden Herstellerwerkes in Hennigsdorf.

Überzogene Produktionsauflagen, bürokratische Hürden, fehlende Verpackungsmaterialien und Glühlampen: die weitere, schier endlose Aufzählung der wirtschaftlichen und politischen Schwierigkeiten, mit denen die Hütte nach dem Krieg zu kämpfen hatte, soll der Phantasie des Lesers überlassen bleiben. Es erscheint lohnender, an dieser Stelle auf eine Gruppe von Erzeugnissen etwas näher einzugehen, die das Gros der Produktion bis Anfang der 50er Jahre ausmachte. Bei kaum einem anderen Erzeugnis lagen Licht und Schatten so nah beieinander. Einerseits trugen die in Aue hergestellten arsen- und kupferhaltigen Pflanzenschutzmittel wesentlich zur Besserung der Ernährungslage in der Ostzone bei und das alte Blaufarbenwerk wurde durch sie zu einem der wichtigsten Industriebetriebe in der Sowjetischen Besatzungszone bzw. jungen DDR, andererseits beschränkt sich die Giftwirkung des Arsens natürlich nicht allein auf die Pflanzenschädlinge. Vielmehr werden große Teile der gesamten Fauna in Mitleidenschaft gezogen. So reagieren Bienen besonders empfindlich auf den toxischen Stoff. Zudem wird das Arsen auch von der Nutzpflanze aufgenommen und gelangt somit in die menschliche Nahrung. Der letzte Punkt lieferte dann auch das Hauptargument zum Verbot von Arsenikalien in der Landwirtschaft der DDR im Jahr 1953. Bis dahin war die Pflanzenschutzmittelerzeugung in Aue von wenigen 100 Tonnen in den ersten beiden Nachkriegsjahren auf nahezu 3.000 Tonnen angewachsen.

Arsenverbindungen gegen tierische Pflanzenschädlinge, also als Pestizid einzusetzen, war keineswegs eine Erfindung der Nachkriegszeit. In den USA wurde Calciumarsenat ($Ca_3As_2O_8$) bereits 1918 erfolgreich zur Bekämpfung des Baumwollkapselkäfers herangezogen. Auch in Deutschland findet sich die Chemikalie im ersten Pflanzenschutzmittelverzeichnis der Biologischen Reichsanstalt für Land- und Forstwirtschaft von 1920 wieder. Im Weinbau kam das Mittel noch sehr viel früher, etwa um 1905 in Gebrauch.[82] Es drängt sich nun die Frage auf, aus welchem Grund die Pestizide überhaupt Eingang in die Produktpalette eines metallurgischen Betriebes finden konnten.

Die seit den frühesten Zeiten in den Blaufarbenwerken verarbeiteten Kobalterze des Erzgebirges enthielten immer auch gewisse Anteile an Arsen. Um das Halbmetall zu entfernen, mussten die Erze abgeröstet werden. Dabei entsteht Arsentrioxid, das sogenannte Arsenik. Der Feststoff wurde in langen Flugstaubkanälen aus dem Hüttenrauch abgeschieden und stellte ein wichtiges Nebenprodukt der Farbfabriken dar. Teilweise wurde das Roharsenik an Gift- und Glashütten zur Weiterverarbeitung verkauft, eine gewisse Menge gelangte aber auch in die Kobaltfarbenproduktion zurück. Hier diente es zur Bindung des Nickels, das sonst die Farbtöne verfälscht hätte (vgl. den Abschnitt „Technologie der blauen ‚Farbe'"). Später fungierte die Nickelspeise (eine Nickel-Arsen-Verbindung) als ein wichtiges Zwischenprodukt bei der Herstellung von metallischem Nickel.

Es war demnach nur ein kleiner Schritt, den das Hüttenwerk vom ohnehin vorhandenen Arsenik zum Pflanzenschutzmittel gehen musste. Auf Initiative des bereits erwähnten Betriebsführers Willy Hänig wurde 1940 eine Anlage zur Herstellung von Calciumarsenat errichtet. Sein Unterkommen fand der neue Produktionszweig in Gebäudeteilen der Oxidfabrikation oberhalb der Mehnertstraße. Das Land Sachsen übernahm etwa die Hälfte der Investitionskosten. Die Produkte wurden bis 1944 besonders in der Landwirtschaft im besetzten Belgien und in Westfrankreich eingesetzt. Da das beim Rösten von Nickel-Kobalt-Erzen im Werk selbst anfallende Arsenik nun nicht mehr zur Deckung des Bedarfs ausreichte, mussten Arsenerze aus Schlesien und Roharsenik sowie Flugstäube von Muldenhütten zugekauft werden. Noch 1944 kam es zu wesentlichen

110 Dieser Stundenplan von 1950, der in den Schulen der DDR weite Verbreitung fand, belegt, wie präsent der Kartoffelkäfer im öffentlichen Leben der jungen Republik war. Andere, z.T. hetzerische Druckwerke nutzten den Pflanzenschädling als ideologische Waffe und richteten sich gegen die westlichen Besatzungsmächte, die für die Plage verantwortlich sein sollten. Mit der Bezeichnung „Amikäfer" dürfte die DDR-Propaganda allerdings die Grenze der Glaubwürdigkeit überschritten haben.

Verbesserungen an der Anlage, so dass die vorhandenen modernen Einrichtungen eine gute Basis für einen Neubeginn nach Kriegsende boten.

Der Erfolg dieses Produktionsbereiches ist allerdings einem weiteren Umstand geschuldet. Jenen, die im Nachkriegsdeutschland aufwuchsen, wird ein Insekt in Erinnerung geblieben sein, das durch seine Vorliebe für die Kartoffelpflanze die ohnehin kritische Ernährungslage insbesondere in der Ostzone noch verschärfte und dadurch zum Politikum avancierte: der Kartoffelkäfer. Besonders die Tatsache, dass der Schädling zuerst massenhaft im westlichen Teil der sowjetischen Zone auftrat und sich dann ostwärts ausbreitete, erregte den Argwohn der mit Ernährungsfragen betrauten deutschen Dienststellen. Die Vorstellung, dass die Käfer als Waffe im Kalten Krieg eingesetzt und von den Amerikanern über dem russisch besetzten Gebiet aus Flugzeugen abgeworfen wurden, wirkt heute mehr als grotesk. Dennoch wurde diese Propaganda-Mär besonders in den Schulen verbreitet und fiel in einem unterernährten und im ideologischen Zweikampf der Systeme stehenden Land mitunter durchaus auf fruchtbaren Boden. Ganze Schulklassen opferten daraufhin ihre Sommerferien dem Absammeln der ungeliebten Insekten von den Kartoffeläckern. Auf jeden Fall war es bequem, dem politischen Gegner die missliche Ernährungslage in die Schuhe zu schieben. Die westlichen Besatzungsmächte nahmen den Fehdehandschuh auf und schickten tatsächlich Kartoffelkäfer in die „Zone", allerdings aus Pappe und mit der Aufschrift „Freiheit".[83]

Die russischen Behörden schätzten die Lage etwas realistischer ein. So heißt es im Befehl Nr. 128 des Obersten Chefs der SMAD, Sokolowski, vom 27. Juli 1948: *Die ungenügende Bekämpfung des Kartoffelkäfers in den westlichen Zonen Deutschlands hat zur Folge gehabt, dass eine erhebliche Anzahl dieses Schädlings in die sowjetische Zone herübergeflogen und in Kreisen aufgetreten ist, in denen der Käfer früher nicht festgestellt worden war.*[63] Hier handelt es sich demnach nur um eine indirekte Schuldzuweisung, die nicht gänzlich von der Hand zu weisen ist, denn dass die Ausbreitung des Schädlings von West nach Ost erfolgte, ist unbestritten. Der Ausdruck des „Herüberfliegens" ist allerdings etwas unglücklich gewählt, entsteht so doch der Eindruck, als würde erwartet, dass die Tiere die Zonengrenze zu respektieren hätten.

Wenn man den Anteil des ideologischen Grabenkampfes von der Realität trennt, bleibt doch ein erhebliches Problem bestehen. Die Bedrohung der Nahrungsgrundlage der Bevölkerung durch den Käfer bzw. durch seine gefräßigen Larven war eine Tatsache, der allein mit dem Absammeln der Tiere und ihrem Abtöten in Salzwasser (vgl. Abb. 110) nicht beizukommen war. So enthält der genannte Befehl denn auch detaillierte Anweisungen, welche Maßnahmen gegen den Schädling zu ergreifen sind. Das Bespritzen befallener Kartoffelpflanzen mit Arsenkalk, wie man das Calciumarsenat noch nannte, wird dabei als wirksamste Aktion aufgeführt.

Für das Hüttenwerk in Aue ergab sich damit nicht zum ersten Mal die Konsequenz, dass Produktionsauflagen für Pflanzenschutzmittel gestellt wurden.

Schon am 6. Februar 1946 erließ Marschall Schukow, der damalige oberste Chef der SMAD, den Befehl 45, in dem für das laufende Jahr die Herstellung von mehr als 2.000 Tonnen Schädlingsbekämpfungsmittel gefordert wurde. Diese hohen Vorgaben überstiegen die in Aue vorhandenen Produktionskapazitäten, die infolge wiederholten Roh- und Brennstoffmangels ohnehin nicht voll ausgenutzt werden konnten, bei weitem und waren nicht annähernd zu erreichen. Jedenfalls unternahm die Werksleitung ab diesem Zeitpunkt alle denkbaren Anstrengungen, um den Ausstoß an Pflanzenschutzmitteln zu steigern. Wie erfolgreich sie dabei war, manifestiert sich darin, dass ab 1949 nicht nur die Auflagen voll erfüllt wurden, sondern sogar eine Überproduktion mit zeitweisen Absatzstockungen zu verzeichnen war.
Die Produktpalette des Hüttenwerks umfasste insgesamt drei arsenhaltige Schädlingsbekämpfungsmittel, nämlich Spritz-, Stäube- und Kupfer-Spritz-Arcal, wobei die ersten beiden bereits während des Krieges in Aue hergestellt wurden. Ein viertes Mittel, Cupral, kam dagegen ohne Arsenik als Grundstoff aus. Sowohl Spritz- als auch Stäube-Arcal beinhalten Calciumarsenat, wobei das Gift im Spritzmittel wesentlich höher dosiert vorliegt als im Stäubemittel, das mit Schiefermehl, Bentonit u. a. Füllstoffen gestreckt wurde.
In der 1940 errichteten Arsenatanlage erfolgte die Erzeugung des giftigen Wirkstoffes auf nasschemischem Wege. Dazu wurde Arsenmehl in großen, mit Blei ausgeschlagenen Rührbehältern mit Natronlauge gelöst. Das dabei gebildete Natriumarsenat konnte vom unlöslichen Rückstand mittels Filternutschen abgetrennt werden. Es schlossen sich die Fällung des Calcium-Salzes mit Kalkmilch in großen Holzbottichen sowie das Abtrennen mittels Filterpressen und die Entfernung der Restfeuchte in Walzentrocknern an. Je nachdem, ob der Arsenkalk für Stäube- oder Spritz-Arcal Verwendung finden sollte, wurden die weiteren Bestandteile zugemischt.
Da die Lösestation der Arsenatanlage ob der horrenden Produktionsauflagen schon bald an ihre Kapazitätsgrenze stieß, wurde im Sommer 1946 zusätzlich ein thermisches Darstellungsverfahren für Calciumarsenat durch Erhitzen von Weißkalk mit Arsenik entwickelt. Die ohnehin aufgrund des Mangels an Rohstoffen nicht ausgelasteten Röstöfen des Werkes wurden dazu quasi zweckentfremdet. Allerdings war der so erzeugte Arsenkalk anfangs nicht sehr rein und schwerer suspendierbar als der nasschemisch gewonnene, was die Anwendbarkeit einschränkte. Dem hochwertigem Spritz-Arcal konnte der thermisch erzeugte Wirkstoff zunächst nur beigemischt werden, als Stäubemittel taugte er aber ohne weiteres. Die Qualität des Produktes konnte schrittweise verbessert werden, so dass es in der Folgezeit universell einsetzbar wurde.
Das neue thermische Verfahren sowie die Erweiterung der bestehenden nasschemischen Anlagen ermöglichten enorme Produktionssteigerungen. So erhöhte sich der Ausstoß von Pflanzenschutzmitteln von ca. 400 Tonnen im Jahre 1946 bis auf etwa 1.200 Tonnen 1949. Diese Leistung erscheint umso bemerkenswerter, wenn man in Betracht zieht, dass durch die Besetzung des Betriebes durch die SAG Wismut ab Sommer 1947 erhebliche Behinderungen der Produktionsabläufe zu verkraften waren. Die Abbildungen 111–116 vermitteln einen Eindruck von den in der Arsenatanlage bzw. der Rösthütte vorhanden gewesenen Einrichtungen. Diese und vermutlich auch die Abbildungen 105, 108 und 109 verdanken wir einer Anweisung der SMAD in Berlin-Karlshorst vom 10. September 1947, wonach ein detaillierter, möglichst bebilderter Bericht über die Herstellung anorganischer Produkte im Werk angefertigt werden musste. Die Aufnahmen erfolgten im Auftrag der Werksleitung vom Fotoatelier Landgraf in Aue.
Spritz-Arcal, das vorwiegend in 25-kg-Papiersäcken in den Handel kam und fast ausschließlich gegen den Kartoffelkäfer eingesetzt wurde, war das mit Abstand meistproduzierte Schädlingsbekämpfungsmittel der Auer Hütte. Beim Anrühren mit Wasser entstand eine Suspension, die meist mit Handspritzen auf die Äcker gebracht wurde und den Käfer

111 Rührwerksfässer zum Lösen des Arsenmehls und Filternutschen (vorn) zur Abtrennung des Löserückstandes. Die Rührwerke wurden durch elektrisch angetriebene Transmissionen bewegt.

113 Im Walzentrockner (rechts oben) wurde das Calciumarsenat entfeuchtet. Die Arsenarbeiter, wie die werksinterne Bezeichnung der hier Beschäftigten lautete, waren gar nicht oder nur primitiv vor dem giftigen Staub geschützt. Viele erkrankten und starben früh an den Folgen der gesundheitsschädlichen Arbeit.

112 Hölzerne Bottiche zur Fällung des Arsencalciums und Filterpresse zur Abtrennung des Produktes. Der im Vordergrund sichtbare Wagen diente zum Transport von Fässern.

114 Mischtrommel für Stäube-Arcal. Hier wurde der eigentliche Wirkstoff Arsencalcium, der in seiner Reinform viel zu konzentriert für den Einsatz in der Landwirtschaft gewesen wäre, mit den anderen Bestandteilen des Pflanzenschutzmittels wie Schiefermehl und Bentonit vermengt. Im Hintergrund ist das Lager für die Fertigwaren erkennbar. Eine übliche Verpackung waren Papiersäcke zu je 25 kg.

115 Abfüll- und Verwiegemaschine der Arsenatanlage. Ein Arbeiter (ohne Mundschutz) füllt Papiersäcke mit je 25 kg Spritz-Arcal. Man beachte das schwarze Etikett auf der Verpackung! Danach gelangten die Pflanzenschutzmittel ins Lager. Der Vertrieb wurde von der Niederlassung in Leipzig, dem ehemaligen Hauptblaufarbenlager, organisiert.

116 Blick in die Röstofenhalle im Inneren des Betriebes. Die manuell zu beschickenden Röstöfen wurden in die Pflanzenschutzmittelproduktion mit einbezogen. Arsencalcium wurde hier durch Erhitzen von Arsenik mit Kalk auf trockenem Wege hergestellt. Im Vordergrund erkennt man noch die klassischen Schür- und Krählgeräte, wie sie in ähnlicher Form bereits zu Zeiten des Blaufarbenwerks zur Kobalterzröstung benutzt wurden.

bzw. seine Larven abtötete. Die Prozedur war entsprechend den Vermehrungsstadien des Insekts mehrfach auszuführen. Das Stäube-Arcal musste dagegen als Feststoff auf den Feldern fein vernebelt werden. Im Wesentlichen beruht die Wirkung dieses Mittels darauf, dass es den auf den Pflanzen befindlichen Tau, der von Schädlingen wie dem Rübenaaskäfer aufgenommen wird, vergiftet.

Die in vergleichsweise geringen Tonnagen produzierten kupferhaltigen Mittel machen sich die fungizide Wirkung dieses Schwermetalls zu Nutze. Das Kupfer-Spritz-Arcal wurde im Oktober 1945 neu in die Produktion aufgenommen. Es wurde bei gleichzeitigem Pilz- und insektizidem Schädlingsbefall als kombiniert wirkende Substanz vor allem im Obstbau eingesetzt. Aufgrund des Arsengehaltes fiel es 1953 in der DDR unter das Verbot solcher Wirkstoffe und musste aus der Produktion genommen werden. Das Cupral dagegen kam als einziges der in Aue produzierten Pflanzenschutzmittel ohne das problematische Arsen aus. Sieber[33] erwähnt eine Produktion dieses inzwischen zum Klassiker gewordenen Mittels bereits ab 1940, wahrscheinlich handelt es sich dabei aber um eine Verwechslung, da sich diese Angabe in den Akten[63] nicht nachvollziehen lässt.

Gesichert ist, dass Cupral mit dem darin enthaltenen Wirkstoff Kupferoxichlorid ab April 1946 in Aue erzeugt wurde. Die hergestellten Mengen blieben jedoch weit hinter denen der Arsenikalien zurück und schwankten zudem beträchtlich. Die unstete Produktion der ersten Jahre ist vermutlich auf Beschaffungsschwierigkeiten der kupferhaltigen Ausgangsstoffe zurückzuführen. Auf jeden Fall wurde das Cupral als ungiftiges, mild wirkendes Fungizid im Wein- und Obstbau eingesetzt. Auch Kleinabnehmer, wie z. B. Hobbygärtner, deren Mühen von Krautfäule und Schorf bedroht wurden, fanden in dem Mittel einen willkommenen Verbündeten, da es zu moderaten Preisen in 500 Gramm-Packungen in Drogerien erhältlich war. So wurde das Fertigprodukt noch bis 1990 im VEB Nickelhütte Aue hergestellt. Der Wirkstoff des Cuprals aber, das Kupfer-

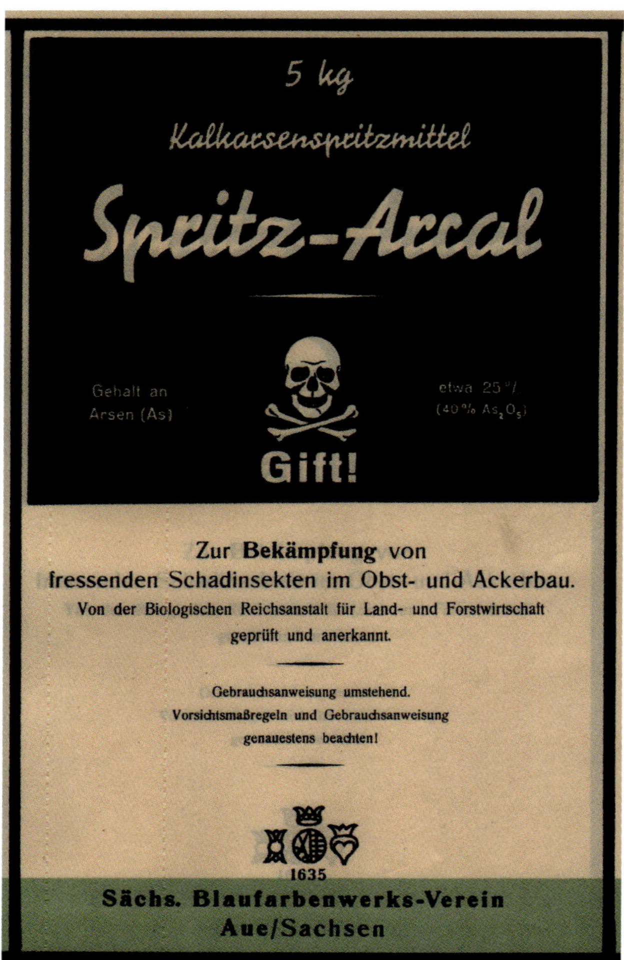

117 Etikett einer Spritz-Arcal-Packung aus dem Jahre 1944. Das traditionelle Siegel des Blaufarbenwerkskonsortiums fand hier als Warenzeichen Verwendung. Das arsenhaltige Mittel wurde ab 1940 in Aue hergestellt, nach dem Krieg, als es zur massenhaften Verbreitung des Kartoffelkäfers kam, trug die giftige Substanz ganz wesentlich zur Sicherung der Nahrungsgrundlage der Bevölkerung in der sowjetisch besetzten Zone bei.

118 Etikett einer Kleinabnehmer-Packung des in Aue erzeugten Cuprals aus dem Jahre 1953. Das kupferhaltige Mittel wurde bis 1990 als Fertigprodukt hergestellt. Der Wirkstoff, Kupferoxichlorid, wird noch heute von der Nickelhütte Aue GmbH erzeugt.

oxichlorid, ist noch heute ein fester Bestandteil der Produktpalette der Nickelhütte Aue GmbH. Es wird aus kupferhaltigen Ätzlösungen gewonnen. Die entsprechende Produktionsanlage fand in der 1881 errichteten ehemaligen Oxidfabrik des Blaufarbenwerks (vgl. den Abschnitt „Nickelhütte Aue GmbH“) unweit der „Kapelle“ ihr Unterkommen.

Übrigens wurde der gesamte Vertrieb der Waren nicht vom Betrieb selbst, sondern wie zu Zeiten des Konsortiums vom Sächsischen Hauptblaufarbenlager, das seit 1941 eine Abteilung Pflanzenschutz und Schädlingsbekämpfung unterhielt, übernommen. Nach der Liquidation der Hauptblaufarbenlager GmbH im Jahre 1950 entstand die „Außenstelle Leipzig des VEB Hüttenwerk Aue“, die jegliche Vertriebs- und Verkaufstätigkeit des Werkes abwickelte. Auch die Vertretung der Produkte auf Messen und Ausstellungen gehörte zu den Aufgaben der Leipziger Niederlassung, deren Mitarbeiter, anders als vorher, nun in einem direkten Arbeitsverhältnis mit dem VEB Nickelhütte Aue standen. Mit der Auflösung des Hauptblaufarbenlagers verschwand auch das letzte Relikt des Blaufarbenwerkskonsortiums.

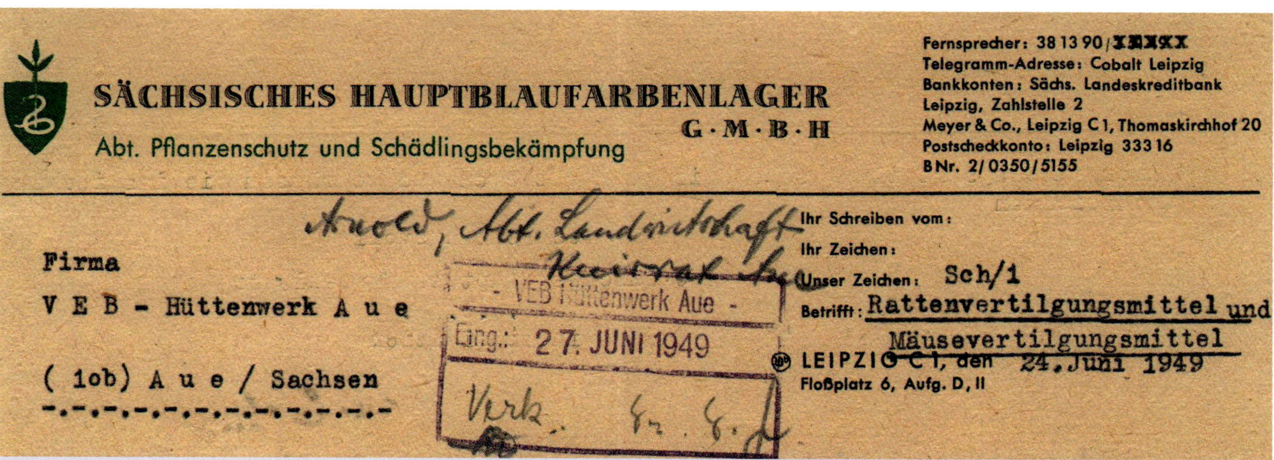

SÄCHSISCHES HAUPTBLAUFARBENLAGER
G·M·B·H
Abt. Pflanzenschutz und Schädlingsbekämpfung

Fernsprecher: 38 13 90/
Telegramm-Adresse: Cobalt Leipzig
Bankkonten: Sächs. Landeskreditbank
Leipzig, Zahlstelle 2
Meyer & Co., Leipzig C 1, Thomaskirchhof 20
Postscheckkonto: Leipzig 333 16
BNr. 2/0350/5155

Arnold, Abt. Landwirtschaft

Firma
V E B - Hüttenwerk A u e
(1ob) A u e / Sachsen

- VEB Hüttenwerk Aue -
Eing.: 27. JUNI 1949
Werk

Ihr Schreiben vom:
Ihr Zeichen:
Unser Zeichen: Sch/1
Betrifft: Rattenvertilgungsmittel und Mäusevertilgungsmittel
LEIPZIG C 1, den 24. Juni 1949
Floßplatz 6, Aufg. D, II

119 Briefkopf der Abteilung Pflanzenschutz des Sächsischen Hauptblaufarbenlagers Leipzig, wie er von 1941 bis 1949 Verwendung fand. Auch Rattengift u. ä. Mittel, die nicht in Aue, sondern vermutlich von der Firma Fahlberg-List in Magdeburg hergestellt wurden, gehörten zum Sortiment. Die erweiterte Produktpalette sollte die Attraktivität der Vertriebsstelle erhöhen und sich somit günstig auf den Absatz des Auer Blaufarbenwerks auswirken.

Demnach war es nicht mehr als ein formal-juristischer Akt, der den endgültigen Schlussstrich unter die Geschichte eines über fast 300 Jahre währenden Wirtschaftssyndikates zog.

Die Bedeutung, die der Pflanzenschutzmittelproduktion für das Auer Hüttenwerk nach dem Krieg zukam, ist kaum zu überschätzen. Jedenfalls sprechen die vorhandenen Statistiken für sich. So wurden beispielsweise im ersten Quartal 1949 300 Tonnen Pflanzenschutzmittel bei einem Umsatz von 174.000 DM erzeugt. Der Gewinn betrug immerhin 20.000 DM. Die Relationen werden erst richtig klar, wenn man die Mengen der wenigen anderen, mit erheblichem Verlust hergestellten Produkte gegenüberstellt. So verließen von Januar bis März 1949 nur 8 Tonnen Nickelgussanoden bei einem Umsatz von lediglich 15.000 DM das Werk. Der Schmelzbetrieb, d. h. die Erzeugung von Nickelspeise und Kupferstein, war mit 3,8 Tonnen fast bedeutungslos und die Pharmazeutika mussten in diesem Jahr wieder aufgegeben werden.[63] Also wurden in dem fraglichen Zeitraum der gesamte Gewinn und über 90 Prozent des Umsatzes mit Schädlingsbekämpfungsmitteln erzielt.

Allerdings war damit der Zenit erreicht. Auch wenn die Tonnagen insbesondere durch die Errichtung neuer Produktionsanlagen noch weiter gesteigert werden konnten, so gewannen ab 1950 die traditionellen Bereiche des Hüttenwerks wieder mehr an Bedeutung. Im Jahre 1953 wurde schließlich das Arsenausbringen in der Landwirtschaft der DDR verboten. Chlorierte polyzyklische Kohlenwasserstoffe, wie das berüchtigte DDT (Dichlordiphenyltrichlorethan), die von der chemischen Industrie geliefert wurden, schienen die bessere Alternative zu sein. Eine Ansicht, die aus heutiger Perspektive fraglich erscheint. Auf jeden Fall bewirkte das Verbot, dass sich die Giftküche allmählich in einen metallurgischen Betrieb zurückverwandelte. Allerdings blieb Natriumarsenat weiter in der Produktion, da es als Zutat für das devisenbringende Holzschutzmittel „Donalit" der chemischen Werke Dohna bei Dresden gebraucht wurde. Das ungeliebte Nebenprodukt verursachte weiter erhebliche Umweltschäden. Die Klagen der Bienenzüchter, deren Bestände auch in größerer Entfernung durch die Arsenstaubemissionen des Werkes immer wieder geschädigt wurden, füllen ganze Ordner. Ein Bienenschutzgebiet, eigentlich ein Gebiet, das die Nickelhütte vor den Entschädigungsforderungen der Imker schützen sollte und einen Radius von 20 km um das Werk beschreibt, existierte schon

Handelsname	Wirkstoff	Anwendung	Produktion Jan.–März 1949 in t	Abgabepreis Jan. 1949 (DM/kg)	Produktionszeitraum
Spritz-Arcal	Calciumarsenat	Kartoffelkäfer	187	0,92	1940–1953
Stäube-Arcal	Calciumarsenat	Rübenaaskäfer	46	0,61	1940–1953
Kupfer-Spritz-Arcal	Calciumarsenat, Kupferoxichlorid	Obstmade und Schorf	26	1,75	1945–1953
Cupral	Kupferoxichlorid	Krautfäule und Rebenschädlinge	35	0,44	1946–1990

Tab. 2 Tabellarische Zusammenstellung der in Aue produzierten Pflanzenschutzmittel. Spritz- und Stäube-Arcal waren die Hauptprodukte. Die kupferhaltigen Präparate wurden 1945/46 in die Produktpalette aufgenommen, das Kupfer-Spritz-Arcal konnte als kombiniert wirkendes Mittel sowohl gegen Pilzbefall als auch tierische Schädlinge eingesetzt werden. Das Cupral kam als einziges Pflanzenschutzmittel ohne das giftige Arsen aus, es fand vor allem im Weinbau Verwendung. Der verordnete Verkaufspreis von 0,44 DM/kg deckte allerdings nur die Hälfte der Produktionskosten, so dass dieses Präparat anfangs hohe Verluste einfuhr.

1944. Die Einstellung der Natriumarsenatproduktion, die 1985 sogar gegen den Willen der Kombinatsleitung und andere Widerstände durchgesetzt werden konnte, besserte die Situation und war ein großer Erfolg für den Betrieb.

Heute, da man große Summen aufwendet, um auch noch so geringe schädliche Emissionen zu vermeiden und die naturnahe, d.h. pestizidfreie Landwirtschaft weiter auf dem Vormarsch ist, muss es geradezu widersinnig erscheinen, toxische Arsenverbindungen in großen Quantitäten in der Lebensmittelproduktion zu verwenden und sich auf diese Weise selbst das Gift auf den Teller zu bringen. Zieht man allerdings die Umstände der Nachkriegszeit, insbesondere die schwierige Ernährungslage und die fehlenden Alternativen zur Schädlingsbekämpfung in Betracht, erscheint die Problematik in einem anderen Licht. Die Unterernährung der Bevölkerung war allgegenwärtig und so führte die massenhafte Vermehrung der Pflanzenschädlinge zu einer Ausnahmesituation, die den Einsatz der Arsenikalien rechtfertigte bzw. sogar zwingend erforderlich machte. Keiner hätte es verstanden, wenn die vorhandenen Möglichkeiten zur Lösung der Problematik nicht voll ausgeschöpft worden wären. Die besondere Situation nach dem Krieg war es auch, die einen metallurgischen Betrieb wie die Nickelhütte Aue in kurzer Zeit zur allseits verschrienen Giftküche werden ließ, ein negatives Stigma, das dem Werk noch lange anhing.

Uran um jeden Preis – die Wismut A.G. im Blaufarbenwerk

Am 19. November 1945, einem Montag, trifft im Blaufarbenwerk Aue eine wirtschaftlich-wissenschaftliche Sonderkommission der sowjetischen Besatzungsmacht ein, die sich mit den beiden Betriebsleitern Dr. Debuch und Dr. Georgi zu einem vertraulichen Gespräch zurückziehen. Ein Protokoll der Unterredung, die auf Anordnung der sowjetischen Militäradministration für das Land Sachsen stattfand, konnte nicht aufgefunden werden. Man könnte also annehmen, dass es sich um eine der zahlreichen Kommissionen handelte, die damals fast täglich im Werk auftauchten und vielleicht überprüfen wollten, ob die Abarbeitung von Reparationsaufträgen, die bereits ab Oktober 1945 vorlagen, planmäßig vonstattenging. Allerdings finden sich in den Akten einige Schriftstücke, die zweifelsfrei belegen, dass diese Unterredung von weit größerer Tragweite gewesen sein muss. Demnach beginnt an jenem Montag das dunkelste Kapitel in der Werksgeschichte: die Besetzung durch die Wismut A. G.

So richtete die Werksleitung wenige Tage nach dem Besuch der Kommission an den Polizeiausschuss der Stadt Aue ein Schreiben, in dem die Befreiung des Produktions- und Laborleiters Dr. Georgi von der Ableistung von 300 *Wiedergutmachungsarbeitsstunden* gefordert wird. Als Begründung führt die Werksleitung an, *dass eine sowjetrussische wirtschaftlich-wissenschaftliche Sonderkommission unserem Werk die Auflage gemacht hat, bis zum 1. Febr. 1946 die Verarbeitung von bestimmten erzgebirgischen Erzvorkommen im Laboratoriums- und Grossversuchsmaßstab auszuarbeiten und betriebsmäßig auszubauen,* was unbedingt die volle Arbeitskraft der beteiligten Betriebsmitglieder erfordern würde. Im Konzept des Schreibens, das vermutlich von Dr. Debuch erstellt wurde, erscheint sogar der Ausdruck *gewisse wertvolle erzgebirgische Erzvorkommen*, dieser Passus wurde aber nachträglich gestrichen.[63] Um der Angelegenheit Nachdruck zu verleihen, setzt ein Kapitän Blinov, seines Zeichens sowjetischer Militärbeauftragter der sächsischen Blaufarbenwerke, am 4.12.1945 ein fast identisches Schreiben in russischer Sprache auf, in dem ebenfalls von *neuen umfangreichen Aufgaben ... der damit beauftragten Betriebsmitglieder* die Rede ist. Eine beglaubigte Kopie des Schreibens (Abb. 120) ist im Archiv der Nickelhütte Aue erhalten geblieben.

Es ist nicht schwer zu erraten, welcher Art diese *bestimmten Erzvorkommen* waren. Bereits 1943 hatte die UdSSR ein Programm zur Entwicklung von Kernwaffen aufgelegt, allerdings waren die Fortschritte während des Krieges eher bescheiden, insbesondere weil es an kernwaffenfähigem Uran mangelte. Es muss paradox erscheinen, das ein riesiges, rohstoffreiches Land wie die damalige Sowjetunion kaum mit größeren Uranvorkommen aufwarten konnte, während das radioaktive Element in exorbitanten

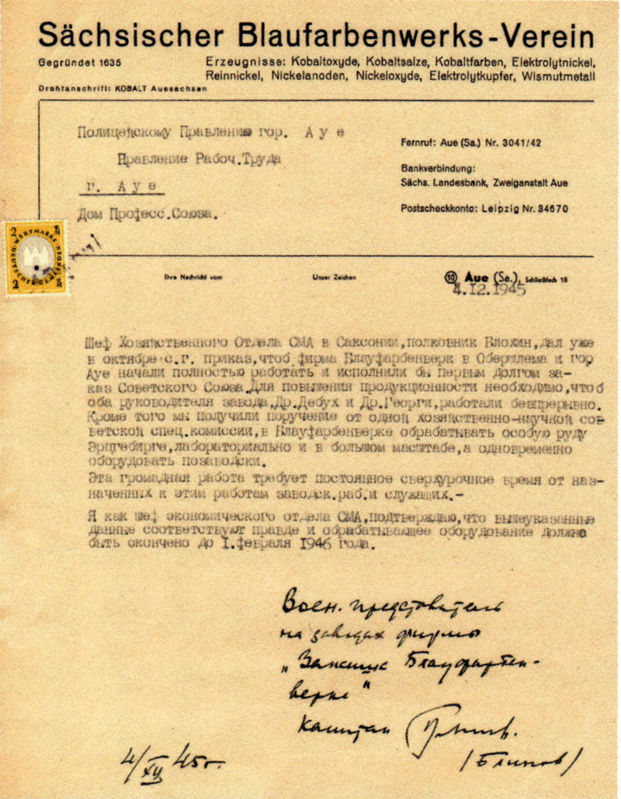

Sächsischer Blaufarbenwerks-Verein

Gegründet 1635

Erzeugnisse: Kobaltoxyde, Kobaltsalze, Kobaltfarben, Elektrolytnickel, Reinnickel, Nickelanoden, Nickeloxyde, Elektrolytkupfer, Wismutmetall

Drahtanschrift: KOBALT Auesachsen

Полицейскому Правлению гор. А у е
Правление Рабоч.Труда
г. А у е
Дом Професс.Союза.

Fernruf: Aue (Sa.) Nr. 3041/42
Bankverbindung:
Sächs. Landesbank, Zweiganstalt Aue
Postscheckkonto: Leipzig Nr. 34670

Ihre Nachricht vom | Unser Zeichen | Aue (Sa.), Schließfach 18
4.12.1945

Шеф Хозяйственного Отдела СМА в Саксонии, полковник Блохин, дал уже в октябре с.г. приказ, чтоб фирма Блауфарбенверк в Оберплеме и гор Ауе начали полностью работать и исполнили бы первым долгом заказ Советского Союза. Для повышения продукционности необходимо, чтоб оба руководителя завода, Др. Дебух и Др. Георги, работали безпрерывно. Кроме того мы получили поручение от одной хозяйственно-научной советской спец. комиссии, в Блауфарбенверке обрабатывать особую руду Эрцгебирге, лабораториально и в большом масштабе, а одновременно оборудовать позаводски.

Эта громадная работа требует постоянное сверхурочное время от назначенных к этим работам заводск. раб. и служащих.-

Я как шеф экономического отдела СМА, подтверждаю, что вышеуказанные данные соответствуют правде и обрабатывающее оборудование должно быть окончено до I. февраля 1946 года.

Воен. представитель
на заводах фирмы
„Заксише Блауфарбен-
верке"
капитан [signature]
(Блинов)

4/XII 45г.

120 Dieses am 4. Dezember 1945 vom sowjetischen Militärbeauftragten der „Sächsischen Blaufarbenwerke", Kapitän Blinov, abgezeichnete Schreiben, belegt, dass auf Befehl der Besatzungsmacht bereits Ende 1945 Versuche zur Aufbereitung von Uranerzen in Niederpfannenstiel vorgenommen wurden. Übersetzt lautet die Handschrift: Der Militärbeauftragte bei den Werken der Firma „Sächsische Blaufarbenwerke".

Größenordnungen im Erzgebirge zu finden war. Der Rückstand ihres Atomwaffenprogramms wurde der Sowjetführung durch die Bombenabwürfe auf Hiroshima und Nagasaki im August 1945 überdeutlich vor Augen geführt. Kein Wunder, dass daraufhin eine geradezu hysterische Suche nach dem Rohstoff einsetzte. So bekamen die unter sowjetischem Einfluss stehenden osteuropäischen Länder und besonders das besetzte Deutschland die Auswirkungen der rücksichtslosen „Uran-um-jeden-Preis"-Politik[84] der Sowjetunion zu spüren.

Bis heute ist über die ersten Uranaufbereitungen der sowjetischen Wismut A. G. sehr wenig bekannt, selbst die elementarsten Fakten zu Beschäftigtenzahlen, Durchsatz und Aufbereitungsverfahren sind oft unvollständig oder fehlerhaft. Zu den Objekten 99 und 100 in den Blaufarbenwerken Oberschlema und Aue findet sich in den Staatsarchiven keinerlei Aktenmaterial, selbst im Archiv der Wismut sind kaum Aufzeichnungen vorhanden. Es ist anzunehmen, dass die Sowjets, als sie 1990 das Erzgebirge verließen, das Gros der Akten mitgenommen oder vernichtet haben. Ein umso größerer Schatz findet sich im Werksarchiv der Nickelhütte. So liegen aus der Zeit von 1945 bis 1957 Aufzeichnungen vor, aus denen sich sowohl die Besetzung des Betriebes durch die Sowjets als auch der tägliche Umgang mit dem sich im Hüttenwerk befindlichem Objekt 100 rekonstruieren lässt. Die Unterlagen erzählen von den alltäglichen Schrecken und der Willkür, denen die Hüttenwerker in einem aussichtslos erscheinenden Kampf gegen den Uranwahn der Besatzer ausgesetzt waren. Aber auch der enorme Erfolgsdruck, unter dem die russischen Objektleiter standen, und die strenge, unmenschliche Subordination in den sowjetischen Militäreinheiten lassen sich erahnen.

Hinter dem harmlos klingenden Namen „Sächsische Erkundungsexpedition“ verbarg sich ab September 1945 ein im Aufbau befindliches sowjetisches Unternehmen, das ihre Angehörigen, meist eilig herbeigeschaffte russische Geologen, ins Erzgebirge entsandte. Ihr Auftrag war einzig die Auffindung von Uranvorkommen. Alte Gruben wurden hastig wieder aufgewältigt, Schürfgräben angelegt und Archive durchforstet. Mitarbeiter der Bergakademie Freiberg und der Sachsenerz A. G., die im Rahmen der Autarkiebestrebungen des Hitlerstaates Buntmetallerze gefördert hatte, wurden in die Arbeiten einbezogen. Diese intensiven Prospektionsbemühungen erbrachten tatsächlich nach kurzer Zeit Resultate. Nun stand fest, dass es abbauwürdige Uranvorkommen gab, auch wenn man sich erst im Verlauf der nächsten Jahre über die vorhandenen Mengen, die die kühnsten Erwartungen übertreffen sollten, richtig klar wurde.

Bereits im Juli 1946 verstärkten die Sowjets ihre Bemühungen. Fast könnte man glauben, dass die zu diesem Zeitpunkt aus der „Erkundungsexpedition“ hervorgegangene „Sächsische Bergbauverwaltung“ eine Behörde des Landes war, was wohl auch die Absicht der verharmlosenden Namensgebung gewesen sein dürfte. In Wirklichkeit begann sich hier der Kopf der späteren sowjetischen Aktiengesellschaft „Wismut“ zu formieren. Größere Erzfunde und die sich ständig erweiternden Strukturen und Aktivitäten führten im November 1947 schließlich zur Gründung der „SABM Wismut“, wobei das Kürzel für „Sowjetische Aktiengesellschaft Buntmetall“ steht. In Aktenstücken ist allerdings meist umgangssprachlich von der „Wismut A. G.“ die Rede. Wir wollen dagegen die später gebräuchlich und heute üblich gewordenen Bezeichnungen SAG (Sowjetische Aktiengesellschaft) bzw. ab 1954 SDAG (Sowjetisch-Deutsche Aktiengesellschaft) Wismut verwenden, da hier die Macht- und Besitzstrukturen deutlicher werden.

Eine teilweise abstruse Geheimniskrämerei gehörte von Anfang an zur Doktrin dieses Bergbauunternehmens, das bald einen Staat im Staate bildete. Niemand konnte ernsthaft glauben, dass die Sowjets einen dermaßen hohen materiellen und personellen Aufwand betreiben würden, um irgendwelche Buntmetalle, wie eben das Wismut, aus unrentablen Lagerstätten des Erzgebirges zu fördern, die sie selbst zuhauf besaßen. Dennoch räumte das Staatsunternehmen erst 1962 das offiziell ein, was ohnehin jeder wusste; nämlich dass alle Bemühungen fast ausschließlich auf die Gewinnung von Uran ausgerichtet waren, um das amerikanische Atombombenmonopol zu brechen. Die Tarnbezeichnung „Wismut“, die sich wahrscheinlich, wie wir noch feststellen werden, aus dem Blaufarbenwerk Aue herleitet, wurde tatsächlich erst nach 1990 mit der politisch bedingten Umstrukturierung des Unternehmens aufgegeben.

Auf jeden Fall brauchten die Sowjets, nachdem sich die Höffigkeit einiger erzgebirgischer Uranvorkommen abzuzeichnen begann, auch entsprechende Aufbereitungsanlagen. Es war klar, dass Erzmassen, die in der Regel deutlich weniger als ein Prozent des begehrten Elements enthalten, nicht rentabel über tausende Kilometer in Richtung Osten verbracht werden konnten, zumal auch dort erst entsprechende Aufbereitungskapazitäten hätten neu geschaffen werden müssen. Eine Anreicherung vor Ort war also zwingend notwendig. Warum aber geriet gerade das Auer Blaufarbenwerk zu diesem Zweck ins Visier der Sowjets? Zwei Gründe dürften hierbei ausschlaggebend gewesen sein. So konzentrierten sich die ersten Uranabbauaktivitäten im Raum Aue-Schlema-Johanngeorgenstadt, weshalb auch die Generaldirektion der SAG Wismut ihren Sitz bis 1952 in Aue hatte, bevor ihre Verlagerung nach Chemnitz erfolgte. Ein noch entscheidenderes Kriterium als die räumliche Nähe zum Uranbergbaugebiet stellte der Umstand dar, dass im Blaufarbenwerk Aue schon seit dem 19. Jahrhundert die BiCoNi-Erze des Westerzgebirges auf die entsprechenden Metalle verarbeitet wurden. Einige der Anlagen konnten für die Urananreicherung modifiziert werden, dabei erleichterte die im Werk vorhandene Infrastruktur die notwendigen Umstellungen und Neueinrichtungen ganz wesentlich. Außerdem war gut ausgebildetes Personal, wie Chemiker, Laboranten und Facharbeiter, vorhanden.

Doch wollen wir nicht zu weit vorauseilen, noch befinden wir uns im Dezember 1945. Nach der Aktenlage waren es tatsächlich zunächst Belegschaftsmitglieder des Auer Hüttenwerkes, die unter der Leitung von Dr. Georgi ab diesem Zeitpunkt und unter strenger Geheimhaltung mit Versuchen zur Uranaufbereitung begannen.[63] Dass es zur Aufnahme dieser Tätigkeiten gekommen ist, geht auch aus den Unterlagen der Wismut hervor, in denen bereits zu Anfang des Jahres 1946 ein „Erzlabor" im Blaufarbenwerk Aue erwähnt wird.[84] Da Aufzeichnungen über die Resultate dieser frühen Aufbereitungsversuche im Werksarchiv der Nickelhütte nicht vorhanden sind, kann ihre Bedeutung für den erst später eingerichteten und unter russischer Führung stehenden Aufbereitungsbetrieb nur schwer eingeschätzt werden. Dass das sogenannte „Objekt 100", als es im August 1947 offiziell die Arbeit in der Hütte aufnahm, nicht in einer leeren Halle beginnen musste, sondern vielmehr eine bereits vorhandene Anlage übernehmen konnte, geht wiederum aus den im Werksarchiv vorhandenen Akten hervor. Es scheint daher durchaus denkbar, dass die von Betriebsangehörigen durchgeführten Versuchsarbeiten eine wesentliche Grundlage für die später von den Sowjets im Erzgebirge und Vogtland aufgebauten großtechnischen Uranaufbereitungsanlagen abgaben. Als historisches Faktum ist in jedem Fall festzuhalten, dass jenes in Aue eingerichtete Erzlabor eine der ersten, ja vermutlich sogar die erste Uranerzaufbereitung der späteren SAG Wismut war, da der Betrieb in der ehemaligen Zinnerzwäsche in Tannenbergsthal (Objekt 32) erst 1946 begann.[84]

Interessant ist der Zusammenhang zwischen der Bezeichnung „Wismut A. G." und dem Blaufarbenwerk Aue. Wie bei den anderen Farbmühlen auch gehörte das Schwermetall seit den frühesten Zeiten zur Produktpalette des Niederpfannenstieler Werkes. Gegen Ende des 19. und zu Beginn des 20. Jahrhunderts war die Wismutherstellung stark angewachsen und sehr bedeutungsvoll für den Privatblaufarbenwerksverein geworden. Die „Sächsische Bergbauverwaltung", sprich die Sowjets, begannen im August 1947 mit ihrer Uranerzaufbereitung gerade in der ehemaligen Wismutlaugerei, die einstige Bedeutung dieses Produktionsbereiches dürfte ihnen dabei nicht entgangen sein. Vermutlich befand sich hier auch die ab Ende 1945 unter Leitung von Dr. Georgi errichtete Versuchsanlage zur Laugung von Uranerzen. Jedenfalls spricht die Tatsache, dass die Bezeichnung „Wismut A. G." erstmals im November 1947 auftaucht, sehr dafür, dass der später berühmt gewordene Tarnname von diesem Gebäude abgeleitet, d. h. letztendlich aus dem Blaufarbenwerk Aue entlehnt wurde.

Was die Beschlagnahme eines Teils des Hüttengeländes durch die SAG Wismut im August 1947 und die damit verbundene Einrichtung des Objektes 100 betrifft, so geben die geschilderten Erkenntnisse Anlass, sich von stereotypen Bildern zu lösen. Die Vorstellung, dass eines Tages schwerbewaffnete russische Offiziere im Werk auftauchten und mit dem Recht der Sieger große Gebäude- und Anlagenteile kurzerhand konfiszierten, trifft gewiss in anderen Fällen zu, in Aue aber verlief die Geschichte schon deswegen anders, weil sich auch die spätere Wismut noch im Aufbau befand. Zudem fielen die bis Mitte 1947 geförderten und zur Aufbereitung anstehenden Mengen an Uranerz noch sehr bescheiden aus.

Eine rigorose Beschlagnahmungsaktion, wie sie z. B. ein halbes Jahr später in Oberschlema durchgeführt wurde und bei der sich die Wismut auf einen Streich der Hälfte des Betriebes bemächtigte, fand demnach in Aue nicht statt.[63] Vielmehr war hier die Besetzung ein stufenweise ablaufender Prozess, der erst im Juli 1949 weitgehend zum Abschluss kam. So beanspruchten die Sowjets bzw. die Sächsische Bergbauverwaltung anfangs nur einen kleinen Bereich des Werkes in der Nähe des Haupteinganges. Dazu gehörten selbstredend die bereits erwähnte Wismutlaugerei sowie einige Bereiche in den angrenzenden Gebäuden. Auch die bis dahin stillliegende Kupferelektrolyse war Teil dieser Keimzelle der Uranaufbereitung (vgl. Abb. 121).

Auf den ersten Blick erscheint es etwas merkwürdig, dass auch das Pförtnerhäuschen mit der werkseigenen Wäschemangelstube auf der Wunschliste der Besetzer ganz oben stand und schon am 16. August 1947 de facto den Besitzer wechselte. Der Umstand, dass hier Wachmannschaften einzogen, belegt aber, dass von Anfang an eine strenge Kontrolle und Überwachung der Anlagen seitens der Bergpolizei bzw. später sowjetischer Militärangehöriger angedacht war und auch kompromisslos durchgesetzt wurde.

Tatsächlich ließen die Vorkommnisse im August 1947 den Hüttenwerkern noch Raum zu glauben, dass die Sowjets die Aufbereitungsversuche nur kurzzeitig selbst in die Hand nehmen wollten. Offenbar wurde die geheime Uranaufbereitung bis dato als ein mögliches neues Betätigungsfeld des Hüttenwerkes betrachtet. Davon zeugen jedenfalls mehrere Mietvertragsentwürfe über die Wismutlaugerei, die die Werksleitung mit der Sächsischen Bergbauverwaltung abzuschließen gedachte. Dort ist die Rede davon, dass ein für das fragliche Gebäude und die darin befindlichen Apparaturen (die Versuchsanlage?) zu schließendes Mietverhältnis bereits zu Ende des Jahres wieder auslaufen soll und monatliche Mietzahlungen von 5.000 RM zu leisten sind. Weiter heißt es: *Die Wismutlaugerei bleibt ... verwaltungstechnisch Bestandteil des Werkes, alle erforderlichen Arbeitskräfte werden vom Werk eingestellt, betreut und entlohnt ...*[63] Zudem sollte Dr. Georgi die Leitung der Anlage weiterführen, dieser Punkt wurde aber nur handschriftlich eingefügt und musste offenbar relativ schnell wieder aufgegeben werden.

Bis Mitte Oktober 1947 entstanden noch weitere, ähnlich lautende Vertragsentwürfe, die ein beredtes Zeugnis dafür sind, wie falsch die Lage von der Werksleitung eingeschätzt wurde. Während die Hauptverwaltung der Landeseigenen Hütten in Freiberg die Verträge prüfte und naive Abänderungswünsche äußerte, hatte die Sächsische Bergbauverwaltung andere Pläne. Der Abschluss von bindenden Verträgen gehörte sicher nicht dazu. Jedenfalls weigerte sich die Wismut-Vorgängerin kategorisch, irgendwelche Kontrakte einzugehen. Den ersten Schock ereilte die Werksleitung denn auch schon am 21. Oktober 1947. Hilfesuchend telegrafierte sie zur Hauptverwaltung nach Freiberg: *Sächsische Bergbauverwaltung verlangt ... Vergrößerung ihrer Produktion auf das Zehnfache – stopp – dafür müssen weitere Betriebsanlagen zur Verfügung gestellt werden – stopp – ... Blaufarbenwerk Aue.*[63] Mehr als einen neuen Vertragsentwurf anzumahnen und auf das baldige Ende des Spuks zu hoffen, konnte die Hauptverwaltung aber auch nicht tun.

So überschlugen sich bis Ende 1947 die Ereignisse. Die Wismut kümmerte sich nicht um getroffene Absprachen und besetzte kurzerhand alle Abteilungen des Werkes, die zu dieser Zeit stillstanden. So gingen dem Betrieb quasi über Nacht und ohne Vorwarnung viele der sich in der Nähe des bereits besetzten Areals befindlichen Gebäude verloren. Das betraf u. a. die Speise- und Nickelelektrolyse sowie die Laugenreinigung. Außerdem waren Werkstatt- und Instandhaltungstrakte betroffen. Nur bei Gebäuden, die vom Hüttenwerk intensiv genutzt wurden, hielt sich die Wismut vorerst noch zurück. So begnügten sich die Uranaufbereiter im Verwaltungsgebäude mit der Besetzung eines Teils der Räumlichkeiten, wie dem dort vorhandenen Sanitätsraum. Solche gemischte Nutzungen sind auch vom Laborgebäude, dem Erzlager, verschiedenen anderen Lagergebäuden und den sozialen Einrichtungen bekannt.

Auf jeden Fall musste die Belegschaft des Blaufarbenwerks hilflos mit ansehen, wie sich die Objekt-Mitarbeiter in den beschlagnahmten Gebäuden Baufreiheit schafften. Anlagen, wie die Entkupferungselektrolyse wurden hastig demontiert und ins Freie verbracht. Was nicht schon beim Abbau zerstört wurde, bekam nun durch die unsachgemäße Lagerung den Rest. Erst jetzt wurde sich die Werksleitung ihrer Ohnmacht voll bewusst und bemühte sich, da an ein baldiges Ende des Alptraums nicht mehr zu denken war, in der Folgezeit um Schadensbegrenzung. Was die Nickelelektrolyse betrifft, konnte sie dabei sogar einen kleinen Erfolg verbuchen. Als Anfang 1948 die Vernichtung der Anlage drohte, wandte sich die Hüttenleitung hilfesuchend an die sächsische Landesregierung. Daraufhin traf am 14. Februar 1948 ein Telegramm des Ressorts Wirtschaft und Chemie in Aue ein, in dem es heißt: *Anlagen zur Nickelelektrolyse müssen unbedingt erhalten bleiben, da Einzige in der Ostzone*.[63] Durch Einschaltung der Sowjetischen Militäradministration in Deutschland (SMAD) in Berlin-Karlshorst gelang es schließlich, die Elektrolysebäder vor der drohenden Vernichtung zu retten.

Wie chaotisch die Zustände im Werk zu dieser Zeit gewesen sein müssen, belegt ein Vorkommnis, das sich am Nachmittag des 3. Januars 1948 abspielte. Ein Fahrstuhl in einem der vom Objekt besetzten Gebäude war aufgrund eines Schalterdefektes ausgefallen. Ein russischer Elektromechaniker, der sich offenbar außer Stande sah, den Schaden zu beheben, wies zwei deutsche Fahrstuhlführer an, den defekten Schalter auszuwechseln. Diese wollten folgerichtig zunächst die Hauptsicherung der Anlage im Erdgeschoss demontieren, was sich aber als undurchführbar herausstellte, da der sich dort befindliche Sicherungskasten *infolge mehrerer, vorher stattgefundener Kurzschlüsse bereits angeschmort war*, wie es im Bericht über das Vorkommnis heißt.[63] Um den Fahrstuhl möglichst schnell wieder in Betrieb nehmen zu können, zwang der russische Ingenieur die Deutschen dazu, unter Verwendung von Gummihandschuhen an der unter Strom stehenden Anlage zu hantieren. Die Leichtfertigkeit blieb nicht ohne Folgen. Zwei Kabel berührten sich und der dadurch hervorgerufene schwere Kurzschluss wirkte sich bis in die Kraftzentrale aus, wo der 225 KW-Generator und weitere Anlagenteile völlig zerstört wurden.

Überhaupt waren die durch Unkenntnis, Unachtsamkeit und grenzenlose Hektik von der Wismut im Werk angerichteten Schäden immens. Eine Liste des Zerstörungsstandes vom Dezember 1949 belegt, dass es die Sowjets mit ihrer „Uran-um-jeden-Preis"-Politik, die man auch mit „Uran ohne Rücksicht auf Verluste" hätte betiteln können, durchaus ernst meinten. Die größten Posten machen zertrümmerte Elektrolysebäder, verschmorte Gleichstromanlagen und ein zu 40 Prozent demontierter und dadurch unbrauchbar gewordener Drehrohr-Röstofen aus. Der Wert der vernichteten Anlagen wird mit fast einer halben Million DM angegeben.[63]

Ein weiteres Problem für die Hüttenleitung bestand darin, dass sich das im Aufbau befindliche Objekt 100 gern der Fachkräfte des Blaufarbenwerks bediente, wodurch des Öfteren die Produktion insbesondere in der stark ausgelasteten Arsenatanlage ins Stocken geriet. Nun muss man sich nicht vorstellen, dass die Blaufarbenwerker womöglich mit vorgehaltener Maschinenpistole zur „Arbeit für den Frieden", wie man später die Urangewinnung zynisch nannte, gezwungen wurden. Vielmehr waren die Arbeitsplätze im Objekt durchaus begehrt, so dass einige Arbeiter freiwillig und frohgemut dem Hüttenwerk den Rücken kehrten. Diese vermeintliche Untreue hatte nachvollziehbare Ursachen. Die Wismut konnte nämlich mit einer wesentlich besseren Verpflegung und Bezahlung aufwarten, als es dem Hüttenwerk möglich war. Durch die räumliche Nähe zum Objekt konnte dieser Umstand keinem Hüttenarbeiter verborgen bleiben. So drängten sich beispielweise die Kraftfahrer der Hütte regelrecht darum, für das Objekt Transportleistungen erbringen zu dürfen, um in den Genuss der Lebensmittelversorgung der Wismut zu gelangen. Dass die beiden in die Jahre gekommenen VOMAG-LKW des Blaufarbenwerks davon nicht besser wurden, braucht nicht näher erläutert zu werden. Es bildete sich eine Zwei-Klassen-Belegschaft heraus; wer eine Lebensmittelkarte der Wismut hatte, gehörte zu den Privilegierten. Ein Status, den man freiwillig nicht mehr aufgab.

Der Werksleitung war inzwischen klar geworden, wie ernst es die Wismut meinte und wie bedrohlich die Lage war. Deutsche Behörden, die zu jener Zeit ohnehin überwiegend nur Befehlsempfänger der Besatzer waren, konnten wenig ausrichten. So wandte sich das Werk an die SMAD in Berlin-Karlshorst und machte deutlich, dass die Produktionsauflagen insbesondere die für Pflanzenschutzmittel unter den gegebenen Umständen nicht zu realisieren waren. Nachdrücklich wurde zuallererst eine bessere Verpflegung der eigenen Hüttenarbeiter, deren Tätigkeit mitnichten leichter als der im Objekt Beschäftigten war, angemahnt, um die weitere Abwanderung von Arbeitskräften zu verhindern. Es stellte sich auch tatsächlich ein Erfolg ein, allerdings hielt es die SMAD für zweckmäßiger, den Hüttenwerkern den Übertritt zur Wismut zu verbieten als die Lebensmittelversorgung zu verbessern. Jedenfalls erhielt das Objekt 100 eine Anweisung, wonach keine Angehörigen des Blaufarbenwerks mehr eingestellt werden durften.

Trotzdem wurde die SMAD während dieser bedrückenden Zeit ein überraschend zuverlässiger Fürsprecher für den Betrieb. Die Pflanzenschutzmittelproduktion war einfach zu wichtig, um darauf verzichten zu können. Zudem verstand es die Werksleitung geradezu meisterhaft, ihren Trumpf, nämlich die hohen Produktionsauflagen für die dringend benötigten Arsenikalien, stets im richtigen Augenblick auszuspielen. Diese Zweckgemeinschaft mit den Besatzern in Berlin erwies sich dann auch als das einzig wirksame Mittel, mit dem sich der Expansionsdrang des Objektes 100 im Betrieb zumindest zeitweise etwas eindämmen ließ. Als größter Erfolg dürfte dabei der Bau einer neuen Halle mit zwei Flammöfen zur Arsenkalkherstellung im Jahre 1950 zu werten sein, die von der Wismut als Ausgleich für das beschlagnahmte Glasofengebäude (vgl. Abb. 121) oberhalb der Mehnertstraße neu errichtet werden musste.

Art	**Objekt 100**	**Hüttenwerk Aue**
Brot	900 g/Tag	500 g/Tag
Kartoffeln	1.350 g/Tag	600 g/Tag
Fleisch	125 g/Tag	50 g/Tag
Branntwein	1,5 l/Monat	–
Zigaretten	60–80 Stück/Monat	–
Entlohnung Facharbeiter	500–600 DM/Monat	230–280 DM/Monat

Tab. 3 Gegenüberstellung der Lebensmittelversorgung und Entlohnung von Objekt- und Hüttenarbeitern im Juni 1948. Die Angaben für Lebensmittel beziehen sich auf die mit Karte I und Zusatzverpflegung für Schwerstarbeit maximal erreichbaren Mengen.

Das Jahr 1949 begann für das Auer Hüttenwerk alles andere als verheißungsvoll. Nachdem im Vorjahr bereits das ehemalige Smaltegebäude abgegeben werden musste und sich die Laugenreinigung schon seit 1947 in der Hand des Objektes befand, interessierte sich die Wismut nun auch noch für das dazwischen liegende Labor. So sah sich der Werksleiter Dr. Debuch gezwungen, mit dem russischen Verwalter der Uranaufbereitung, Oberleutnant Rokoff, am 11. Januar 1949 eine Vereinbarung zur Überlassung von Räumen und Einrichtungen des Laboratoriumsgebäudes zu treffen. Bereitwillig quittierten die Russen dem Laborleiter Dr. Georgi sogar den Empfang einer Platindrahtspirale mit einem Gewicht von 17,085 Gramm. Ein merkwürdig bürokratischer Vorgang, wenn man bedenkt, dass zu dieser Zeit im Hauptwerk ganze Produktionsbereiche vernichtet wurden. Dass in der Vereinbarung als verbindlicher Rückgabetermin der 31. Januar 1949 genannt wird, dürfte als verzweifelter Versuch zu werten sein, ein Festsetzen der Objektarbeiter in dem Gebäude zu verhindern. Wie schon so oft blieben auch diese Bemühungen wirkungslos.

Die SAG Wismut war sich dessen bewusst, dass ihre nächste Forderung von großer Tragweite für das besetzte Hüttenwerk sein würde. So wurde auch gar nicht erst eine Besprechung zwischen Werks- und Objektleiter vereinbart, sondern gleich ein Termin an übergeordneter Stelle, bei der Direktion der VVB Buntmetall in Freiberg anberaumt. Dort eröffneten hochrangige Abgesandte des russischen Bergbauunternehmens dem Vorstand der VVB am 4. April 1949, dass sowohl das Verwaltungsgebäude als auch das Labor bis zum 9. April, also binnen fünf Tage, vollständig zu räumen seien. Für die der Besprechung beiwohnenden Auer Werksangehörigen bedeutete diese Anweisung einen neuerlichen Schock, denn nun war klar, dass auch die vom Werk unbedingt benötigten Räumlichkeiten von der Wismut nicht mehr verschont wurden. Tatsächlich rollte nun eine neue Beschlagnahmungswelle an, der u.a. auch die Tee- und Kohletablettenherstellung sowie Teile des metallurgischen Betriebes zum Opfer fielen. Durch Vermittlung der SMAD konnte betreffs der Räumung des Verwaltungsgebäudes ein Aufschub von einigen Tagen, bis Ostern 1949 erreicht werden. Das Labor wurde notdürftig im Haus Niederpfannenstiel 1 gegenüber der „Kapelle" untergebracht, wo es bis zur Fertigstellung des Neubaus im Hauptwerk schon einmal beheimatet war. Für die Verwaltung konnten dagegen im Bereich der Arsenatanlage oder überhaupt im Bärengrund nicht ohne weiteres Ausweichquartiere gefunden werden. Schließlich blieb nur die Möglichkeit, Werksunterkünfte in den heute nicht mehr existenten Beamtenwohnhäusern zwischen Schwarzwasser und Betriebsgraben, die zu dieser Zeit nicht nur voll-, sondern aufgrund des Wohnungsmangels sogar überbelegt waren, zu räumen. Mit Hilfe der Auer Stadtverwaltung wurde verzweifelt nach Ersatz für die betroffenen Familien gesucht. Eine fast unlösbare Aufgabe, denn immerhin strömten zu jener Zeit unzählige neu angeworbene Wismut-Arbeiter in die Stadt, die untergebracht werden mussten.

Neben den menschlichen Tragödien, die sich abspielten, geschah in jenen April-Tagen auch eine kulturelle Barbarei ersten Ranges, die zum Verlust unersetzlicher historischer Dokumente führte. Für das jahrhundertealte, die wechselvolle Geschichte des sächsischen Blaufarbenwesens nachzeichnende Werksarchiv gab es in dieser Situation keine Zukunft. Für eine ersatzweise Unterbringung waren keine Räumlichkeiten vorhanden. Nach der Aussage von Zeitzeugen wurde das Material auf den Hof geworfen, wo sich in der Folgezeit noch der eine oder andere bedient haben soll. Der verbliebene Rest wurde schließlich auf die Halde des Blaufarbenwerks gefahren.[85] Der Verlust ist umso bedauerlicher, als hier nicht nur die Unterlagen von Niederpfannenstiel, sondern auch jene von Zschopenthal und die älteren Dokumente von Schindlerswerk aufbewahrt wurden.

Für den Verlust des kulturellen Gedächtnisses des Werks bzw. des Privatblaufarbenwerksvereins kann den russischen Besetzern nur eine indirekte Schuld zugewiesen werden, da aus den Akten[63] eindeutig ersichtlich ist, dass die Räumung des Verwaltungsgebäudes von den Angehörigen des Hüttenwerkes selbst vorgenommen werden musste. Dass man zu jener Zeit unter den gegebenen Umständen wenig Interesse an der Werkshistorie hatte, ist verständlich, möglicherweise bot sich hier aber auch einigen fanatischen Anhängern der neuen, vermeintlich besseren Gesellschaftsordnung die willkommene Chance, endgültig mit der Vergangenheit zu brechen. Das ist allerdings nicht mehr als eine Spekulation. Ein geringer Trost ist dagegen die Tatsache, dass ein kleiner Teil der historisch wertvollen Dokumente von Dr. Sieber, dem bekannten Auer Stadtchronisten, gerettet und an das Sächsische Staatsarchiv in Leipzig übergeben werden konnte.[33] Durch Bestandsbereinigungen gelangte das Material über Dresden schließlich ins Bergarchiv Freiberg, wo es heute für jedermann zugänglich ist. Ohne diese Akten wäre unser Wissen über die privaten Blaufarbenwerke sehr spärlich, die Unterlagen waren auch für die vorliegende Publikation von essentieller Bedeutung.

Obwohl die Wismut eine Zeitlang beabsichtigte, das gesamte Hauptwerk zu beschlagnahmen, konnte sie diese Pläne gegen den gemeinsamen Widerstand der Hüttenleitung, der VVB Buntmetall, der SMAD und deutscher Behörden nicht durchsetzen. Ausschlaggebend war dabei, dass sich die als Alternative angedachte Verlagerung aller Produktionsabteilungen der Hütte in den Bärengrund als zu kostspielig herausstellte. Ende Juni 1949 erreichte die beiden Werksleiter Dr. Debuch und Dr. Georgi endlich wieder eine gute Nachricht. Bei einer Besprechung mit dem Objektleiter Oberleutnant Rokoff wurde ihnen

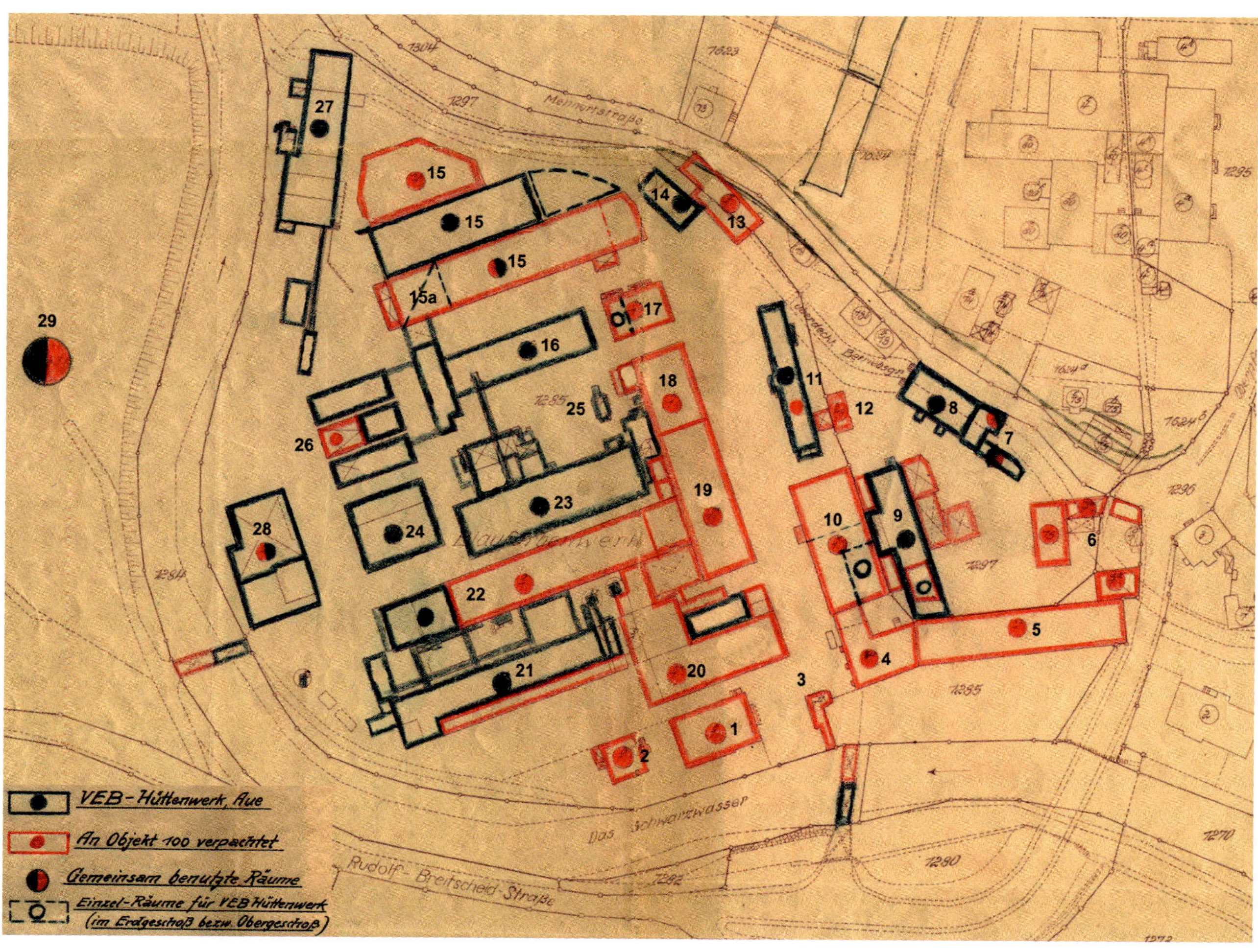

◄ **121** Leicht modifizierter Lageplan des Hütten- und Blaufarbenwerks Aue vom 1. Juli 1949, mit dem die Nutzung der Gebäude und Einrichtungen des ehemaligen Blaufarbenwerks fixiert wurde. Die diesbezügliche Besprechung zwischen der SAG Wismut als übergeordnete Instanz des Objektes 100 und der VVB Buntmetall für das Hüttenwerk Aue fand am 5. Juli 1949 in Freiberg statt. Die von der SAG Wismut beschlagnahmten Gebäude sind rot gekennzeichnet. Es wird deutlich, dass zu dieser Zeit noch keine strikte Trennung zwischen Wismut- und Hüttengelände existierte, einige Einrichtungen wurden gemeinsam genutzt. Dieses erzwungene Miteinander gab oft Anlass zu zahlreichen Auseinandersetzungen, meist zog dabei das Hüttenwerk den Kürzeren. Schließlich wurde 1951 das Objekt umzäunt und vollkommen vom Rest des Betriebes abgeschottet.

1 Das Verwaltungsgebäude musste im April 1949 an die SAG Wismut abgetreten werden.

2 Ehemaliges Wohnhaus des Werksbaumeisters, belegt mit Angehörigen des Objektes.

3 Pförtnerhaus, ab 1949 von sowjetischen Militärangehörigen besetzt.

4 Laborgebäude. Bis 1948 nur sporadische Nutzung durch das Objekt, im April 1949 musste die Hütte das Labor räumen.

5 Das Smaltegebäude musste 1948 abgetreten werden. Es entstanden Wohnungen für Objekt-Arbeiter und später die Kantine der Wismut.

6 Werkstätten. Die Gebäude wurden um 1950 teilweise an die Hütte zurückgegeben.

7 Die Lagerschuppen an der Kantine wurden zeitweise von der Wismut mitbenutzt.

8 Die Hüttenschänke (früher Magazin) blieb dem Hüttenwerk als Kantine erhalten. Freilich war die Verpflegungssituation deutlich schlechter als bei der Wismut.

9 Die Nickelelektrolyse konnte erhalten werden. Sie wurde 1950 wieder in Betrieb genommen.

10 Nickellaugenreinigung und Nickelkarbonatherstellung. Das Gebäude musste schon frühzeitig an das Objekt 100 abgegeben werden.

11 Ehemaliges Herrenhaus. Das älteste Gebäude im Werk war in Zeiten der akuten Wohnungsnot sowohl von Objekt- als auch Hüttenarbeitern als Wohnhaus begehrt. Gegen die Wismut zog, wie fast immer, die Hütte den Kürzeren und musste ihren Mitarbeitern die Wohnungen zugunsten des Objektes kündigen. Ab 1950 in Gänze Bestandteil des Objektes.

12 Trafostation, vom Objekt genutzt.

13 Nickelfabrik am „alten Pochwerk". Wegen der hüttentechnischen Einrichtungen vom Objekt beansprucht, später aber an das Werk zurückgegeben.

14 „Altes Pochwerk". Blieb dem Werk zur Verfügung.

15 Zwei der Erz- und Vorratslagergebäude wurden vom Objekt beansprucht. Die Kugelmühle in 15a wurde eine Zeitlang gemeinsam benutzt.

16 Die ehemalige Wismut-Saigerei und Kondensation blieb bei der Hütte, Wismut wurde allerdings nicht hergestellt, das Gebäude wurde für den Schmelzbetrieb benötigt.

17 Ehemalige Würfelnickelproduktion, ab 1945 Tablettenpresse. Mit der Abgabe des Gebäudes war 1949 der pharmazeutische Exkurs der Nickelhütte beendet.

18 Um die Glasofenhütte gab es in den Jahren 1948 und 1949 heftige Auseinandersetzungen zwischen der Hütte und dem Objekt 100. Zur Steigerung der Arsenkalkproduktion wollte die Hütte hier zwei neue Flammöfen installieren. Die Wismut hatte bereits Filterpressen aufgestellt. Diesmal gaben die Sowjets nach. Zwar behielt die Wismut das Gebäude, aber sie musste als Ausgleich eine neue Produktionshalle für die Hütte im Bereich der Arsenatanlage errichten.

19 Die Kupferelektrolyse stand nach Kriegsende still und gehörte mit zu den ersten Gebäuden, die durch die russischen Besatzer beschlagnahmt wurden.

20 In diesen Gebäuden befanden sich ehemals die Wismutlaugerei, eine Aufschlussanlage für Kupfer- und Nickelrohstoffe sowie die Entkupferungs- und Speiseelektrolyse. Der Gebäudekomplex kann als Keimzelle des Objektes 100 und Namensgeber der Wismut A.G. angesehen werden. In der Wismutlaugerei nahmen die Sowjets im August 1947 die Uranaufbereitung im technischen Maßstab auf. Wahrscheinlich stand hier auch die 1945/46 von deutschen Werksangehörigen errichtete Versuchsanlage zur Laugung von Uranerzen.

21 Die Kondensations- und Giftfangeinrichtungen durften größtenteils beim Werk bleiben.

22 Ein Großteil der Rösthütte wurde von der Wismut beansprucht, der verbliebene Bereich diente zur Arsenkalkproduktion.

23 Auch in der Flammofenhalle wurde zeitweise Arsenkalk produziert.

24 Die Fritthütte wurde ebenfalls im Rahmen der Pflanzenschutzmittelproduktion vom Hüttenwerk genutzt.

25 Der Quarzofen, ein Relikt aus der Zeit der Blaufarbenproduktion, diente zu dieser Zeit dem Hüttenwerk zum Vorbereiten der Flammofenmassen.

26 Lagerschuppen, zeitweise gemeinsam genutzt.

27 Die Kraftzentrale blieb überwiegend in der Obhut der Hütte, musste aber Elektroenergie und Dampf für das Objekt liefern. Später wurde durch die Wismut eine Erweiterung der Dampferzeugungskapazität vorgenommen.

28 Schmiede und Lager. Nach längerer gemeinschaftlicher Nutzung musste das Gebäude an die Wismut abgegeben werden.

29 Halde. Zwar hatte bereits das Blaufarbenwerk auf dem Gelände Schlackeaufschüttungen vorgenommen, aber gegen die Massen an Schlamm und Sand der Uranerzaufbereitung fielen diese Mengen kaum ins Gewicht. Bereits 1951 war die Kapazitätsgrenze erreicht, fortan wurden die radioaktiven Rückstände in Richtung Hakenkrümme gepumpt. Die sogenannte „Sandhalde" blieb dem VEB Nickelhütte und den Einwohnern von Aue als gefährliches, weil radioaktiven Staub verbreitendes Andenken an das Objekt 100 noch bis 1971 erhalten.

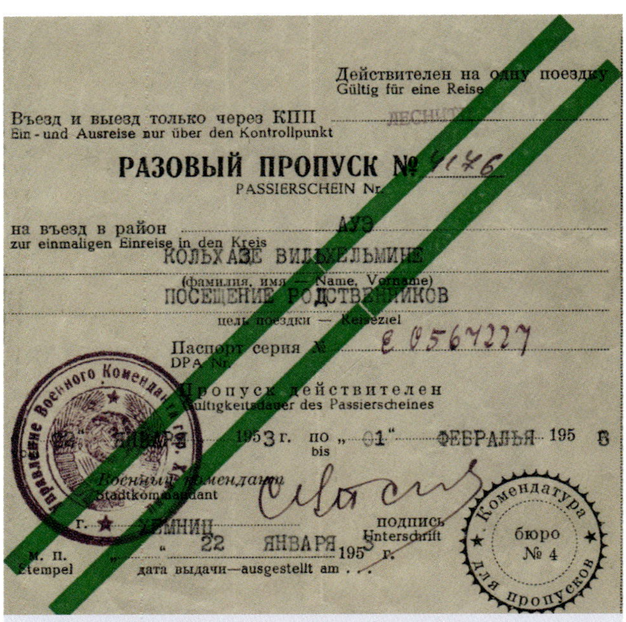

Действителен на одну поездку
Gültig für eine Reise

Въезд и выезд только через КПП
Ein- und Ausreise nur über den Kontrollpunkt

РАЗОВЫЙ ПРОПУСК № 4176
PASSIERSCHEIN Nr.

на въезд в район АУЭ
zur einmaligen Einreise in den Kreis

КОЛЬХАЗЕ ВИЛЬГЕЛЬМИНЕ
(фамилия, имя — Name, Vorname)

ПОСЕЩЕНИЕ РОДСТВЕННИКОВ
цель поездки — Reiseziel

Паспорт серия № E 0567227
DPA Nr.

Пропуск действителен
Gültigkeitsdauer des Passierscheines

1953 г. по „01“ ФЕВРАЛЬЯ 195 3
bis

Военный комендант
Stadtkommandant

г. ХЕМНИЦ

подпись
Unterschrift

м. п.
Stempel

„22 ЯНВАРЯ 1953 г.
дата выдачи—ausgestellt am . . .

122 Dieser 1953 in Chemnitz ausgestellte Passierschein „PROPUSK“ berechtigte die Inhaberin Wilhelmine Kohlhase dazu, einmalig in den Sperrkreis Aue über den Kontrollpunkt Lößnitz einreisen zu dürfen. Das Blaufarbenwerk bzw. die Nickelhütte zu erreichen, war nun zu einem schwierigen Verwaltungsakt geworden, zumal die Kontrollen im Umkreis des Objektes 100 noch verschärfter waren.

123 Teile des Objektes 100 zu fotografieren, war streng verboten. Auf diesem beim Hochwasser 1954 entstandenen Foto ist die 3 Meter hohe und mit Stacheldraht bewährte Einzäunung der Uranaufbereitung eher zufällig mit abgelichtet worden. Es ist das einzig bekannte Zeugnis dieser unwirklichen Einrichtung aus der Betriebszeit des Objektes. Das Foto zeigt den Bereich der Kreuzung der heutigen S 222 mit der Clara-Zetkin-Straße, links kämpft sich ein PKW durch die Wasserfluten, in der Bildmitte ist das 2005 abgebrochene „Winkler-Haus“ (vgl. Abb. 90) zu erkennen.

eher beiläufig mitgeteilt, dass mit einer weiteren Steigerung der Aufbereitungskapazitäten in Aue nicht zu rechnen sei, vielmehr wären neue Erzverarbeitungsanlagen an anderer Stelle geplant. Heute wissen wir, dass damit u. a. die 1950 in Betrieb gegangene Uranerzwäsche in Crossen (Objekt 101) bei Zwickau gemeint war, die ab 1957 auch alles Erz aus dem Aue-Schlemaer Raum aufnahm.

Im Juli 1949 war schließlich ein Status Quo erreicht, so dass sich in der Folgezeit die Aufteilung des Werksgeländes zwischen Hütte und Objekt 100 nur noch geringfügig veränderte. Das alte Herrenhaus war das letzte größere Gebäude, das 1950 an die Wismut ging. Damit waren knapp ³⁄₅ der Fläche des Hauptwerkes vom Objekt belegt. Die Abbildung 121 gibt die Situation am 1. Juli 1949 wieder. Der Plan wurde als Grundlage für eine Besprechung zwischen der SAG Wismut und der VVB Buntmetall angefertigt, die am 5. Juli 1949 stattfand und bei der im Wesentlichen das bestehende Verteilungsmuster fixiert wurde. Im Ergebnis der Beratung kam es schließlich zum Abschluss eines Pachtvertrages, worauf entsprechende Zahlungen, wenn auch oft unvollständig oder verspätet, an die Hütte geleistet wurden. Zwar hatte die Werksleitung bzw. die VVB Buntmetall schon in den Jahren 1947 und 1948 versucht, einige Miet- bzw. Pachtverträge mit dem Objekt 100 auf den Weg zu bringen, diese waren allerdings durch die sich ständig verändernde Situation im Werk schon nach kurzer Zeit wieder hinfällig geworden. Darüber hinaus versichern sich beide Seiten ihres Willens, *im guten Einvernehmen miteinander zu arbeiten, und jede Behinderung nach Möglichkeit zu vermeiden.* Jedenfalls wurde es so im Protokoll der Besprechung festgehalten.[63]

In der Realität kam es dagegen immer wieder zu Spannungen und Streitigkeiten zwischen Hüttenwerkern und Objektangehörigen. Anlässe bot das erzwungene Nebeneinander genug und immerhin arbeiteten beide Kontrahenten unter hohem Erfolgsdruck. Während Auseinandersetzungen z. B. in Bezug auf Kohlekontingente, Dampf- und Elektroenergieverbrauch nachvollziehbar sind, nahmen die Reibereien mitunter auch groteske Züge an. So hatte das Hüttenwerk dem Objekt seine beiden VOMAG-LKW (Hersteller: Vogtländische Maschinen AG, Plauen) nebst Fahrern zwar nicht ganz freiwillig, aber wohl auch deswegen vermietet, weil keine Ersatzteile, insbesondere Reifen zur Verfügung standen. Am 22. April 1950 fordert die Hüttenleitung nachdrücklich die Rückgabe eines Wagens, als Begründung werden dringende Transportaufgaben im Bereich der Pflanzenschutzmittelproduktion angeführt. Nun hatte aber inzwischen die Wismut, die offenbar weniger mit Beschaffungsschwierigkeiten zu kämpfen hatte, für eine Neubereifung des Fahrzeuges gesorgt. Zwar konnte die Hütte die Rückgabe des Wagens durchsetzen, allerdings ließ die verärgerte Objektleitung vorher die Reifen wieder abmontieren. Mit dem aufgebockten LKW aber konnte niemand etwas anfangen.

Dass die SAG Wismut auch mit ihren eigenen Leuten nicht zimperlich umging, wenn es Schwierigkeiten

124 Dieses Foto entstand vermutlich 1957, kurz nach der Auflösung des Objektes 100. Das Luftbild verdeutlicht die Ausmaße der durch die Wismut aufgeschütteten Sandhalde mit dem darin befindlichen Schwemmteich. Ein Dammbruch während der Betriebszeit des Objektes bescherte den Bewohnern der Auer Neustadt die Einspülung radioaktiven Materials in ihre Keller. In der Bildmitte unten ist die Erzverladestelle mit Gleisanschluss zu erkennen. Über eine Förderbrücke wurde das Uranerz in das Objekt transportiert. Das Erz wurde gebrochen, gemahlen und schließlich sauer oder basisch gelaugt. Da das Rohmaterial meist nur 1–2 % Uran enthielt, fielen große Mengen an Laugungsrückständen an, die zu der markanten Spülhalde aufgeschichtet wurden. Nähere Angaben zu den angewendeten Aufbereitungsverfahren finden sich in der 1999 erschienen „Chronik der Wismut".[84]

125 Blick von der Arsenatanlage auf Teile des Hauptwerkes und die Stadt Aue. Die Aufnahme entstand 1957, nach der Auflösung des Objektes 100. In der Bildmitte ist noch ein Wachturm zu erkennen, der zur Umzäunung des Objektes gehörte und von sowjetischen Militärangehörigen besetzt war. Die Wismut hinterließ nicht nur die im Hintergrund sichtbare riesige Sandhalde, sondern auch heruntergewirtschaftete Anlagen und Gebäude.

gab, manifestiert sich schon daran, dass sie die Führungsspitze des Objektes 100 unverhältnismäßig oft austauschte. So standen der Uranaufbereitung allein zwischen 1947 und 1949 vier russische Leiter, darunter sogar eine Oberingenieurin mit Namen Weselowa, vor. Im Frühjahr 1949 kam es zur militärischen Besetzung des Werkes und damit zu einer weiteren Verschärfung der Bewachungs- und Sicherungsmaßnahmen. Die Sowjetführung trug damit der gewachsenen Bedeutung der Uranlieferungen aus dem Erzgebirge Rechnung. Für die Belegschaft des Hüttenwerks hatte die Abschottungsmanie der Besatzer unangenehme Folgen. Die ohnehin schon strengen Kontrollen wurden weiter verschärft; um überhaupt Zugang zum Werksgelände zu erhalten, waren spezielle Ausweise („Propusk“) erforderlich, die in kurzen Abständen erneuert werden mussten. Selbst die Stadt Aue und angrenzende Bereiche wurden zum Sperrgebiet erklärt und die Zufahrtsstraßen mit Schlagbäumen abgeriegelt. Monteure auswärtiger Firmen auf das Betriebsgelände zu bekommen, war nun zu einem schwierigen Verwaltungsakt geworden. Selbst Abgesandten der VVB aus Freiberg wurde zeitweise der Besuch ihres Zweigbetriebes in Aue verwehrt.

Schließlich passierte 1951 das, womit eigentlich schon länger zu rechnen war. Die Wismut ließ ihr Gelände durch eine stabile Umzäunung vom Rest des Betriebes absperren. Die Werksleitung protestierte wie schon im Falle der militärischen Besetzung vergeblich gegen diese von ihr als *unnatürliche Abgrenzung und Zerstückelung*[63] bezeichnete Maßnahme. Besonders nachteilig wirkte sich aus, dass für die Anfuhr von Brenn- und Rohstoffen bzw. für die Beseitigung von Schlacken und Ascheresten unverhältnismäßig lange Umwege in Kauf genommen werden mussten, da das von der Wismut besetzte Gelände nicht mehr mitbenutzt werden durfte.

Da auch der bisherige Haupteingang nunmehr tabu war, mussten neue Zugänge am Pochwerk (Bereich Rohschmelze), an der Kantine (Nickelelektrolyse) und etwas später auch bei der Kraftzentrale geschaffen werden. An der zweiten Schwarzwasserbrücke, in der Nähe der Sandhalde, entstand ein neues Pförtnerhäuschen. Mit diesem wenig repräsentativen, höchstens als Provisorium tauglichen Haupteingang mussten sich die Hüttenwerker auf unabsehbare Zeit zufriedengeben. Das Anwachsen der Abraumhalde des Objektes führte ihnen tagtäglich vor Augen, welch gigantische Erzmengen hinter dieser neu errichteten Grenze, die sogar Gebäude wie die Kraftzentrale oder das Erzlager teilte, verarbeitet wurden. Tatsächlich war schon bald die Aufnahmekapazität des Geländes zwischen Hütte und Auer Neustadt erreicht. Fortan wurden die Rückstände der Uranaufbereitung in die etwa 1 Kilometer entfernte Hakenkrümme, eine enge Schleife des Schwarzwassers, gepumpt. Bereits vorher hatte hier die Wismut einen Schacht, der allerdings kaum Ausbeute erbrachte, abgeteuft. Auf jeden Fall wurde nicht nur der natürliche Lauf des Gewässers verändert und das dort befindliche Auer Stadtbad vernichtet, sondern auch ein bemerkenswertes Naturdenkmal unwiederbringlich zerstört.

Bis heute ist nicht genau bekannt, wie viele Personen im Objekt 100 dauerhaft beschäftigt waren. Zeitzeugen der Wismut schätzen ihre Zahl auf durchschnittlich 500 bis 1.000 Personen.[84] Die Hütte brachte es

dagegen auf nur etwa 200 Mitarbeiter. Der Erzdurchsatz betrug 1950 etwa 90.000 Tonnen, der Kulminationspunkt wurde 1953 mit 172.000 Tonnen erreicht. Danach gingen die verarbeiteten Mengen bis zur Auflösung des Objektes 100 im Jahre 1957 kontinuierlich zurück.
Dass es trotz alledem in Aue gelungen war, die übermächtige Wismut in Schach zu halten, wird am Schicksal des Werkes Oberschlema deutlich. Dort waren zu Beginn des Jahres 1948 über 50 Prozent des Betriebes für die Uranaufbereitung beschlagnahmt wurden. Der Erzdurchsatz wurde rücksichtslos auf mehr als das Doppelte der in Aue verarbeiteten Mengen (1950: 213.000 Tonnen, 1953: 376.000 Tonnen) hochgetrieben. Zu allem Ungemach machten sich in der Ortslage von Oberschlema schon kurz nach Beginn der Abbauaktivitäten erhebliche Bergschäden bemerkbar, die in zunehmendem Maße auch das Blaufarbenwerk betrafen. So fielen letztlich nicht nur große Teile des einstigen Kurbades, sondern auch das traditionsreiche Staatsunternehmen dem Uranwahn der Wismut zum Opfer.

Aufbruchstimmung und Planwirtschaft

Vielsagend blicken Marx und Lenin aus ihren Porträts in den mittelgroßen Festsaal über der Werkskantine, dem einige Gebinde aus künstlichen Blumen sowie schwarz-rot-goldene und sowjetrussische Fahnen ein Mindestmaß an Festlichkeit verleihen sollen. Der nunmehrige Werkleiter des VEB Nickelhütte Aue, Rüdiger, der auch dem Werksteil Oberschlema vorsteht, wendet sich in seiner Festrede an die Herren von der Hauptverwaltung der SDAG Wismut. Rüdiger bedankt sich für ihre Bemühungen um den Weltfrieden und versichert, dass die Hütte durch konsequente Planerfüllung den Kampf in ihrem Sinne fortsetzen will. Die Gesichter der wenigen zum Festakt hinzu gebetenen Werksangehörigen wirken wie versteinert. Alle haben den Wahnsinn der vergangenen Jahre noch vor Augen. Willkür, Schikanen, sinnlose Zerstörungen und Umweltverschmutzungen nie gekannten Ausmaßes waren es, wovon der Werksleiter in dieser Farce von Festveranstaltung, die aus Anlass der Rückgabe der Objekte 99 und 100 verordnet wurde, eigentlich hätte sprechen müssen. Kroll, der deutsche Generaldirektor der SDAG Wismut, der aus Chemnitz-Siegmar herbeigekommen ist, erwidert die gestellten Freundlichkeiten. Generös führt er aus, dass allein mit dem Objekt 99 in Oberschlema dem VEB Nickelhütte Werte von über 17 Millionen DM überlassen würden. In Aue könne das Werk die von der Wismut, links des Schwarzwassers neu errichteten Gebäude übernehmen. Dass es über 400.000 Kubikmeter radioaktive und schwermetallhaltige Aufbereitungsrückstände und die inzwischen völlig heruntergewirtschafteten Hüttengebäude gratis dazu gab, erwähnt er freilich nicht. Pionier-Abordnungen einer Auer Schule überreichen magere Blumensträuße an die honorigen Herren und bringen noch einige naive Kampfparolen, eben die üblichen Phrasen zum Vortrag. Einerlei, bei der anschließenden Festivität fließt reichlich Wodka durch russische und deutsche Kehlen und die Hüttenwerker verlassen den Saal schließlich mit einem guten Gefühl: Der Spuk hat ein Ende!
Dieser Veranstaltung, die so oder in ähnlicher Form 1957 stattfand, gingen einige Ereignisse voraus. Was sich hinter den Kulissen abspielte, d. h. wie es abseits der Propaganda zur Rückübertragung der Uranaufbereitungen in Aue und Oberschlema tatsächlich kam und welche hochfliegenden Pläne man vorher im Ministerium für Hüttenwesen und Erzbergbau der DDR hegte, soll, soweit es die Aktenlage zulässt, in den folgenden Abschnitten dargelegt werden.
Im März 1949 konnte niemand ernsthaft glauben, dass sich die Wismut in absehbarer Zeit wieder aus

den Hüttenwerken zurückziehen würde. Noch immer hatte die Beschlagnahmungswelle in Aue kein Ende gefunden und tagtäglich stieg die Zahl der im Objekt beschäftigten Arbeitskräfte an. So reifte ein Plan, der, wenn er zur Ausführung gekommen wäre, auch ein völlig anderes Erscheinungsbild der heutigen Nickelhütte zur Folge gehabt hätte. Man war sowohl bei der SAG Wismut als auch bei der Hüttenleitung zu der Ansicht gekommen, dass beide Unternehmungen nicht auf Dauer nebeneinander existieren konnten. Das gesamte Hüttenwerk in den Bärengrund zu verlegen, schien eine für beide Seiten akzeptable Lösung zu sein. Das alte Werksgelände wäre in diesem Fall komplett an die Wismut gefallen und die Hütte hätte einen neuen, nach rationalen Gesichtspunkten geplanten Gebäudekomplex erhalten. Die Hauptverwaltung der Wismut ließ sich sogar zu der Zusage hinreißen zu überprüfen, inwieweit sie die Kosten für die Verlagerung übernehmen könne. Allerdings machte sich, nachdem die ersten Kalkulationen vorlagen, schnell Ernüchterung breit. Trotz einer äußerst knappen Rechnung, die eine Weiterverwendung aller bereits vorhandenen metallurgischen Einrichtungen vorsah, hätten allein die nötigsten Neubauten fast zwei Millionen DM gekostet.[63]

Obwohl absehbar war, dass eine solche, für die damaligen Verhältnisse hohe Investition nicht kurzfristig realisierbar sein würde, ließ man die Angelegenheit nicht sogleich fallen. Insbesondere dann, wenn sich die Zusammenarbeit zwischen dem Objekt 100 und der Hütte besonders schwierig gestaltete, flammte diese Idee erneut auf. Der von Werksbaumeister Max Finsterbusch am 5. Februar 1951 angefertigte Projektentwurf zeigt, wie man sich den Neubau des Werkes im Bärengrund vorstellte (Abb. 126). Es handelt sich im Wesentlichen um eine kompakte, den anderen Geländegegebenheiten angepasste Nachbildung des bestehenden Werkes. Am geplanten Haupteingang, etwas oberhalb der Arsenatanlage finden sich Verwaltung, Labor und Werkstätten. Dem Uhrzeigersinn folgend schließen sich die Bereiche Rohschmelze, Rohvitriolreinigung (RV), Entkupferungselektrolyse und Nickelfabrikation mit der Nickelektrolyse an. Die Abgase wären über einen zentralen Schonstein mit elektrischer Gasreinigung (EGR) abgeführt wurden. Die geplante neue Kraftzentrale (Abb. 126 oben) sollte analog der Anlage am Schwarzwasser eine Wasserturbine erhalten, was allerdings angesichts der geringen und zudem stark schwankenden Wasserführung des Rumpelsbaches fragwürdig erscheint. Alles in allem handelte es sich aber bei dem Entwurf um ein modernes Hüttenwerk, das alle erforderlichen metallurgischen Prozesse der Nickelherstellung auf engem Raum vereinigt hätte.

Zu Beginn des Jahres 1952 verschwand das Projekt Bärengrund endgültig in der Schublade. Eine völlig neu konzipierte Nickelhütte, die den gesamten Bedarf der DDR an Elektrolytnickel, Galvanosalzen und Nickelkonzentraten abdecken würde, sollte an anderer Stelle entstehen. Noch bevor sich aber die Fachleute aus Aue, allen voran Dr. Debuch, Dr. Georgi und Werksbaumeister Finsterbusch mit diesem Mammutprojekt befassten, begannen im Bärengrund doch noch Bauarbeiten. Die Aktivitäten oberhalb der Arsenatanlage galten allerdings nicht der Schaffung neuer Produktionsanlagen, sondern einer viel profaneren Einrichtung.

Der Bau eines Schwimmbades lag vielen Mitarbeitern der Nickelhütte deswegen besonders am Herzen, weil das bislang sehr beliebte Auer Stadtbad in der Hakenkrümme durch die Wismut zerstört worden war. Das 1953 eröffnete Werksbad, an das sich ältere Hüttenwerker noch gern erinnern, war nicht besonders groß, es bildete aber eine geeignete Kulisse für das alljährlich im Juli zum „Tag des Berg- und Hüttenmannes“ stattfindende Strandfest. Zwar wurde das Bad überwiegend von Werksangehörigen genutzt, es stand aber allen Besuchern offen. Der Eintritt war frei, dafür musste aber auch ein gewichtiger Nachteil in Kauf genommen werden. So legten sich bei ungünstigen Windverhältnissen die nicht gerade gesundheitsfördernden Abgase der Schmelz- und Röstöfen über das Gelände und beeinträchtigten den Badespaß erheblich. Die Werksleitung kam nicht umhin, eine Anweisung zu erlassen, wonach bei anhaltendem Südwestwind das Bad geschlossen werden musste.[63] Erst mit der Inbetriebnahme des 180 Meter hohen Zentralschornsteins im Jahre 1973 war dieses Problem beseitigt. Die Einrichtung existierte noch bis zur politischen Wende 1989/90, danach diente das Becken nur noch als Lagerplatz. Schließlich wurde auf dem Gelände ein neues Wohngebäude errichtet.

Unter dem Arbeitstitel „Projekt Callenberg“ startete 1952 ein Bauvorhaben, das in eine Reihe mit anderen Großprojekten zur Entwicklung der Schwer-, Chemie- und Grundstoffindustrie wie dem Aufbau des Eisenhütten-Kombinates Ost (EKO) oder des Petrolchemischen Kombinates Schwedt (PCK) in der noch jungen DDR gestellt werden kann. So wurde etwa 30 km nördlich von Aue, im Bereich von St. Egidien und Callenberg ein neues Hüttenwerk geplant, das den gesamten Nickelbedarf der sozialistischen Volkswirtschaft abdecken sollte. Selbstredend würde damit auch die Nickelhütte Aue entbehrlich und könnte geschlossen oder komplett der SAG Wismut überlassen werden. Schon 1954 sollte St. Egidien das erste Nickel liefern, ab 1956 wurde mit dem Erreichen der vollen Produktionskapazität gerechnet.[63] So weit jedenfalls der ebenso ambitionierte wie unrealistische Plan des Ministeriums für Hüttenwesen und Erzbergbau der DDR. Die Fragen, wieso gerade in dem eher verschlafenen Örtchen St. Egidien eine solche Großinvestition begonnen wurde, welche enormen Schwierigkeiten dabei auftraten und warum der Nickelhütte Aue eine zentrale Rolle bei der Umsetzung des Vorhabens zukam, sollen uns einige Ausführungen wert sein. Das im Auer Werksarchiv vorhandene Aktenmaterial erlaubt uns dabei einen Blick hinter die Kulissen des sozialistischen Vorzeigeprojektes.

Nach 1945 begann unter der Regie der sowjetischen Besatzungsmacht in Sachsen und Thüringen die fieberhafte Suche nach Uranvorkommen. Im Bereich des dem Erzgebirge vorgelagerten Granulitmassivs zwischen Hohenstein-Ernstthal, Limbach-Oberfrohna und Waldenburg fanden die Geologen zwar

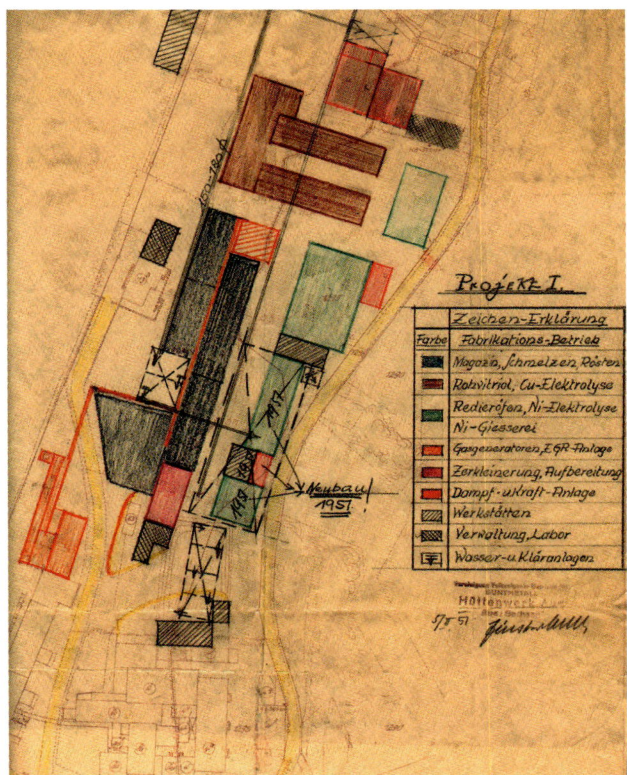

126 Dieser, von Werksbaumeister Finsterbusch 1951 ausgearbeitete Plan zeigt, wie man sich den Neubau des Hüttenwerks im Bärengrund, oberhalb der „Kapelle“ vorstellte. Die Anlagen zur Nickelherstellung, insbesondere die Elektrolyse, sollten zuerst realisiert werden, da dieser Produktionszweig durch die Wismut im Hauptwerk stark eingeschränkt war. Wäre der Plan tatsächlich umgesetzt worden, dann hätte die Nickelhütte Aue heute ein völlig anderes Erscheinungsbild.

keine Spur des begehrten radioaktiven Elements, dafür wurden in einigen Bohrkernen stark erhöhte Gehalte an Eisen und Nickel festgestellt. Besonders hoch waren die Anreicherungen in der Nähe von Callenberg. Dass in dem ehemals Schönburgischen Gebiet in historischen Zeiten in kleinerem Umfang Eisenerze abgebaut und verarbeitet wurden, war nicht wirklich neu. Die detektierten Nickelgehalte, sie lagen nicht selten im Prozentbereich, überraschten dagegen schon. Zur Erklärung der Anomalien einigten sich die Geologen darauf, dass das Granulitgebirge an einigen Stellen mit Serpentinit durchsetzt war, bei dessen Verwitterung eine Anreicherung des darin enthaltenen Nickels stattgefunden

hatte. Auf diese Weise waren silikatische Eisen-Nickellagerstätten entstanden, die meist nur wenige Meter unter der Rasenoberfläche lagen und daher im Tagebau ausgebeutet werden konnten.
In ersten Schätzungen ging die Geologische Kommission der DDR von einigen Millionen Tonnen Erz mit Durchschnittsgehalten von 1,1 Prozent Nickel aus. Es war sogar von den *größten Nickelerzlagerstätten Mittel- und Westeuropas* die Rede.[63, 86] Der Erztyp sollte dem der bekannten und erfolgreich von französischen Unternehmen ausgebeuteten lateritischen Lagerstätten von Neukaledonien gleichen. Allerdings bestand zwischen den einheimischen und den überseeischen Erzkörpern ein gravierender Unterschied. Die von den Franzosen bebauten Lagerstätten konnten mit bis zu zehnmal höheren Nickelgehalten aufwarten als die Vorkommen von Callenberg. Dieser Punkt sollte sich noch entscheidend auf die Wirtschaftlichkeit und die Umsetzung des gesamten Projektes auswirken.
Am 25. September 1951 fand bei der VVB Buntmetall in der Nonnengasse 22 in Freiberg, dem ehemaligen Sitz des sächsischen Oberhüttenamtes, eine erste offizielle Besprechung zu dem Schwerpunkt „Verarbeitung Callenberger Nickelerze" statt. Neben Vertretern der VVB und des Ministeriums nahmen an der Besprechung auch der renommierte Professor für Metallhüttenkunde der Bergakademie Freiberg, Alfred Lange, sowie die uns schon bekannten Herren Dr. Debuch und Dr. Georgi von der Nickelhütte Aue teil. Dass die Nickelvorkommen ausgebeutet werden sollten, stand zu diesem Zeitpunkt offenbar schon fest, so befasste sich die Beratung hauptsächlich mit der Suche nach einer geeigneten Methode zur Erzaufbereitung. Dabei wird ein ammoniakalisches Laugungsverfahren aufgrund ungenügender Ausbeute zugunsten des sulfidierenden Schmelzens im Flammofen verworfen. Die notwendigen Schmelzversuche in der Nickelhütte Aue wurden für Mitte Oktober 1951 geplant, wofür ein Erzposten von 50 Tonnen durch Probeschürfungen in Callenberg gewonnen werden sollte.

Schon bei der nächsten Beratung, sie fand am 9. November 1951 in Aue statt, wurden die anwesenden Herren von der Realität eingeholt. Die Großversuche im Flammofen der Nickelhütte waren wegen ungenügender Leistung des Gasgenerators gescheitert, so dass man sich zunächst mit Probeschmelzungen im Labormaßstab zufriedengeben musste. Bemerkenswert ist, dass trotz eher durchwachsener Versuchsergebnisse an diesem Tag von den Vertretern des Ministeriums für Hüttenwesen und Erzbergbau die Freigabe von zwei Millionen DM Investitionsmitteln für den Aufbau der neuen Nickelhütte für das Jahr 1952 bekannt gegeben wurde. Offenbar war das Projekt am grünen Tisch bereits Realität geworden, Zweifel und ungünstige Versuchsergebnisse waren nicht vorgesehen bzw. bereits planwirtschaftlich ausgeschlossen worden. Der naive Zweckoptimismus des Ministeriums muss umso mehr verwundern, als es zu diesem Zeitpunkt weder eine konkrete Vorstellung zu einem Verhüttungsverfahren für das lateritische Erz noch einen geeigneten Standort für die neue Hütte gab. Die Vertreter des Ministeriums äußerten lediglich noch den Wunsch, dass die *Herren von Aue mit Praxis dieses Projekt entwerfen.* [63]
Somit lag alle Verantwortung für die Planung der neuen Nickelhütte komplett in Aue. Bei einer Besprechung am 21. Dezember 1951 im Ministerium in Berlin wurde dieser Punkt nochmals präzisiert. Im Protokoll der Sitzung heißt es: *Mit Rücksicht darauf, dass nach Erstellung der Nickelhütte Callenberg die Nickelhütte Aue höchstwahrscheinlich aufgelöst wird, soll die Bearbeitung des gesamten Callenberger* Hüttenproblems der Nickelhütte Aue ... *angegliedert werden.* [63] Der Plan, den Auer Betrieb quasi in die neue Nickelhütte zu überführen, wurde zwar nicht offiziell bekannt gegeben, dennoch sickerten einige Informationen darüber an die Belegschaft durch. Kein Wunder, dass man sich fortan in Aue auf dem sprichwörtlichen „sinkenden Schiff" wähnte und so mancher Mitarbeiter seine berufliche Zukunft in der neuen Hütte sah. Tatsächlich wechselten zu Beginn der 1950er Jahre, als die

127 Neben unzähligen Zeitungsartikeln wurde der Nickelhütte St. Egidien sogar ein eigener „Aufbauroman" gewidmet. Das mediale Interesse zeigt, wie hoch die Erwartungen in das sozialistische Vorzeigeprojekt waren. Die Realität holte die Beteiligten allerdings nach und nach auf den Boden der Tatsachen zurück.

128 Dr. Konrad Georgi galt als „alter Hase" in Sachen Buntmetallurgie. Er war lange in leitenden Positionen im Blaufarbenwerk Aue tätig und widmete ab 1952 den Rest seiner beruflichen Laufbahn dem Aufbau der Nickelhütte St. Egidien. Dass das sozialistische Großprojekt trotz vieler Schwierigkeiten doch noch Früchte trug, ist in großen Teilen ihm zu verdanken. Aufnahme um 1955.

Arbeiten in St. Egidien in Gang gekommen waren, einige Facharbeiter und Auszubildende von Aue an den neuen Standort.

Der Anfang 1952 gebildete „Aufbaustab St. Egidien" fungierte zunächst als Betriebsteil der Nickelhütte Aue. Ihm gehörten u. a. Dr. Debuch, Dr. Georgi und Werksbaumeister Finsterbusch an. Diese gestandenen Fachleute, quasi der Kopf der Nickelhütte, wurden von ihren Leitungsfunktionen in Aue entbunden, um sich ganz dem Aufbauprojekt widmen zu können. Der Posten des Aufbauleiters wurde allerdings einem anderen anvertraut. Der Genosse Herbert Greif hatte zwar keine Kenntnisse von metallurgischen Prozessen, dafür wird er aber im Aufbauroman „Nickel aus St. Egidien. Ein Lied vom Sozialismus" ausdrücklich für seinen klaren Klassenstandpunkt und seine frühe Mitgliedschaft in der *Partei der Arbeiterklasse* gelobt.[87] Greif, der nun formell von der Nickelhütte Aue angestellt werden musste, hielt seine kommunistische Weltanschauung allerdings nicht davon ab, ein fürstliches Gehalt für seine Dienste zu fordern.[63]

Mit den ersten groben Vorentwürfen des Baumeisters Finsterbusch konnte der Platzbedarf für die neue Hütte abgeschätzt werden. So wurden Anfang 1952 mögliche Bauplätze im Bereich von Glauchau, Callenberg und St. Egidien begutachtet. Dabei kristallisierte sich das Gelände gleich nördlich des Bahnhofes von St. Egidien recht schnell als Favorit heraus. Die vergleichsweise einfache Anbindung an die Gleise der Deutschen Reichsbahn und die Nähe zum geplanten ersten Tagebau Callenberg-Süd waren die wichtigsten Gesichtspunkte bei der Auswahl des Standortes. Unmittelbar nach Ende des Winters sollten die Bauarbeiten beginnen. Durch fehlende Planungsunterlagen verschob sich dieser Termin weit in den Sommer hinein. Überhaupt wurde der Aufbau von Anfang an von den üblichen systembedingten Schwierigkeiten wie Material- und Arbeitskräftemangel, Fehlplanungen und der Realitätsferne übergeordneter Parteifunktionäre begleitet. Der Dauerregen und die völlige Verschlammung des gesamten Geländes im Herbst 1952 ist freilich nicht der Politik anzulasten, eine erhebliche Behinderung des Baugeschehens trat dadurch aber dennoch ein.

Mit Abschluss des Jahres 1952 endet auch das Aktenmaterial im Werksarchiv der Nickelhütte Aue. Der Grund dafür ist, dass der Aufbaustab St. Egidien ab dem 1. Januar 1953 in die Selbstständigkeit entlassen, d. h. von Aue abgetrennt wurde. Immerhin hatte das Vorhaben einen solchen Umfang angenommen, dass eine Weiterführung als Betriebsteil der Nickelhütte Aue nicht mehr in Frage kam. Die Mitglieder des Aufbaustabes Dr. Debuch, Dr. Georgi und Max Finsterbusch kehrten, wie einige andere Hüttenwerker auch, nicht mehr nach Aue zurück. Bis zu seinem Ausscheiden aus dem Berufsleben 1961 wirkte besonders Konrad Georgi als Leiter der Forschung und Entwicklung (F&E), Direktor bzw. technischer Leiter maßgebend an der Gestaltung der Nickelhütte St. Egidien mit. In großen Stücken ist es sein Verdienst, dass die neue Hütte, wenn auch mit erheblicher Verspätung im Dezember 1960, doch noch in Betrieb gehen konnte. Immerhin sah es nach den politischen Ereignissen des Jahres 1953 fast danach aus, als bliebe von dem hochgelobten Vorzeigeprojekt nicht mehr als eine schäbige Investruine zurück.

Tatsächlich brachte der Volksaufstand in der DDR am 17. Juni 1953 das gesamte Aufbauprojekt zum Erliegen. Erst 1954 wurden die Arbeiten wieder aufgenommen, allerdings hatten sich die Rahmenbedingungen nun grundlegend verändert. Statt wie geplant auf die klassische Flammofentechnologie mit einer breiten Palette von Nickelerzeugnissen zu setzten, favorisierte man nun den sogenannten Krupp-Renn-Prozess. Neuere Betrachtungen hatten ergeben, dass sich dieses Verfahren für die zu verarbeitenden silikatischen, relativ nickelarmen Erze deutlich wirtschaftlicher gestaltete. Für den Prozess wurden drei Drehrohröfen mit einer beeindruckenden Länge von je 90 Metern errichtet. Der Energieverbrauch der Aggregate war anfangs so hoch, dass beinahe die Gasversorgung der gesamten DDR in sich zusammenbrach. Durch den Einsatz von Flüssiggas und Koksgrus ließ sich das Energieproblem schließlich beherrschen. Allerdings brachte das Rennverfahren noch einen weiteren Nachteil mit sich, der letztlich eine Art Überlebensversicherung für die Nickelhütte Aue bedeutete.

So konnten mit dem neuen Verfahren lediglich Nickel-Eisenluppen oder bestenfalls Ferronickel produziert werden. Zwar taugten diese Halbzeuge ohne weiteres zur Veredelung von Stahl, eine Weiterverarbeitung zu Nickelmetall oder Nickelsalzen wurde aber als viel zu aufwändig eingeschätzt und schließlich Ende 1960 ganz aufgegeben. So blieb die Nickelhütte Aue der einzige Betrieb in der DDR, der Elektrolytnickel und Nickelsulfat für die Galvanotechnik herstellen konnte. Dieses Alleinstellungsmerkmal war denn auch der Grund dafür, dass das schon mehrfach totgesagte Auer Traditionsunternehmen allen Schließungsplänen trotzte.

Was St. Egidien betrifft, so erfüllten sich die hohen Erwartungen auch in der produzierenden Phase von 1961 bis 1990 nie ganz. Zwar konnten im Laufe der Jahre die Erzeugerkosten für die Nickelhalbzeuge gesenkt werden, mit den Weltmarktpreisen mitzuhalten, erschien allerdings mehr als aussichtslos. Die Auffahrung weiterer Tagebaue wie Callenberg-Nord I+II und Callenberg-Süd II hielt zwar die Hütte am Leben, trotzdem blieben die Nickelgehalte des Erzes meist deutlich hinter den Erwartungen zurück. Im Jahre 1986 wurde schließlich festgelegt, auf den Aufschluss weiterer Erzkörper zu verzichten und die Nickelerzeugung in St. Egidien zum Jahre 1990 hin auslaufen zu lassen. Unter den vielen VEBs, die nach der politischen Wende 1989/90 aufgeben mussten, war die Hütte wohl der einzige Betrieb, dessen Aus just zu diesem Zeitpunkt schon in der DDR beschlossen worden war. Andere Produktionseinheiten, die ursprünglich zum Auffangen der frei werdenden Hüttenleute gedacht waren, wurden aber sehr wohl systembedingt abgewickelt. Das betraf vor allem die Fertigung von Zulieferteilen für die Trabant-Schmiede VEB Sachsenring Zwickau. Heute findet sich auf dem Gelände ein Industriepark, wobei die Herstellung von Mineralwolle-Dämmstoffen direkt an die Tradition der ehemaligen Nickelhütte anknüpft. Schließlich war die Produktion dieses zukunftsfähigen Produktes schon 1968 auf der Grundlage der in großen Mengen anfallenden silikatischen Schlacken des Rennprozesses aufgenommen worden.

Bleibt noch nachzutragen, dass es Mitte der 2000er Jahre tatsächlich Überlegungen gab, die Nickelgewinnung im Bereich Callenberg zu reaktivieren. Wahnwitzige Ideen wie der Einsatz mobiler Laugungsstationen wurden ernsthaft diskutiert. Dabei war die Unwirtschaftlichkeit hydrometallurgischer Aufschlussverfahren für die Callenberger Erze schon 1951 klar herausgestellt worden. Die sinkenden bzw. stagnierenden Nickelpreise nach 2008 ließen dieses unrealistische Ansinnen denn auch schnell wieder in der Schublade verschwinden. Die Tagebaurestlöcher südlich und nördlich von Callenberg haben sich inzwischen teilweise zu Naturschutzgebieten mit einer bemerkenswerten Flora und Fauna entwickelt. Bei dem unweit der Autobahn A 4 gelegenen Naherholungsgebiet „Stausee Oberwald" handelt es sich indes um nichts anderes als um den ersten, ab 1952 aufgeschlossenen Tagebau Callenberg-Süd.

Nach diesem Exkurs nach St. Egidien wollen wir nun wieder nach Aue, in die noch immer von der Wismut besetzte Nickelhütte zurückkehren. Als sich der Traum von einer einzigen, großen Nickel-Produktionsstätte in der DDR zerschlagen hatte, wurde im März 1956 die Vorplanung zur Rekonstruktion der Nickelhütte Aue unter Berücksichtigung des weiteren Bestehens des Objektes 100 im Detail fertig gestellt.[63] Demnach rechnete selbst zu diesem Zeitpunkt noch niemand mit einem Rückzug der Uranaufbereitung aus dem Werksgelände. Doch dann überholte die Realität alle Planungen. Ende 1956 mehrten sich die Anzeichen dafür, dass die Wismut ihre Objekte 99 (Oberschlema) und 100 (Aue) nicht als dauerhafte Lösung betrachtete. Letztlich waren die zur Uranaufbereitung umgerüsteten Hüttenwerke auch nur Provisorien, deren Entstehung dem dringenden Bedarf nach solchen Anlagen in der wilden Anfangszeit der Wismut geschuldet war. Die Erzaufbereitungen in Crossen (Objekt 101, ab 1950) und Seeligstädt (Objekt 102, ab 1960) zeigten, dass die Wismut selbst lieber neue, auf ihren Bedarf zugeschnittene Betriebe baute, als ein altes Werksgelände zu übernehmen. Bei der Entscheidung die Erzwäschen Oberschlema und Aue aufzugeben, dürfte neben dem Vorhandensein neuer Kapazitäten auch das Erreichen der Aufnahmegrenzen der Abraumhalden und überhaupt die unmittelbare Nähe zu Wohngebieten eine Rolle gespielt haben.

Vermutlich waren es nicht viel mehr als Gerüchte, die Ende 1956 über die mögliche Rückgabe der besetzten Gebäude in der Nickelhütte kursierten. Jedenfalls erhielt die Werksleitung erst am 11. Januar 1957 darüber eine offizielle Mitteilung. In dem betreffenden Schreiben des Ministeriums für Berg- und Hüttenwesen der DDR mit dem Vermerk *Streng vertraulich!* heißt es: *Der Minister hat heute eine Aussprache mit dem deutschen Generaldirektor der SDAG Wismut ... geführt. Hierbei ergab sich, daß die Objekte 99 und 100 bereits im I. Quartal 1957 übernommen werden können.*[63] Tatsächlich war im Januar 1957 die Einstellung der Uranaufbereitung in Oberschlema bereits in vollem Gange. Etwas später, im März 1957, verließ das letzte Urankonzentrat das Objekt 100 in Richtung Osten.

Anders als es der eingangs beschriebene Festakt suggerieren sollte, kam es erst im April 1957 zur verbindlichen, d. h. schriftlich fixierten Rückübertragung beider Objekte an die Nickelhütte. Für den größeren Aufbereitungsbetrieb in Oberschlema errechnete die Wismut bewegliche Vermögenswerte von rund 17,6 Millionen DM, die mit übergeben und somit in Volkseigentum überführt werden sollten. Ein Betrag, der aufgrund dessen, dass es sich sicher nicht um durchweg neue Anlagenteile handelte, stark übertrieben scheint. Sehr real waren dagegen

129 Blick vom Haupteingang in das Werksgelände im Winter 1957/58. Links sind Teile der alten Kupferelektrolyse, rechts der ehemaligen Laugenreinigung zu erkennen. Die Gebäude wurden vom Objekt als Filterhalle bzw. für Erzmühlen genutzt. Der Zustand der Bausubstanz nach der Rückgabe an die Nickelhütte ließ nur noch den Abriss zu.

130 Auch die Kraftzentrale der Nickelhütte befand sich 1957/58 in einem desolaten Zustand. Den linken Anbau, in dem Dampferzeuger untergebracht waren, hatte die Wismut errichtet. Im Hintergrund erkennt man die gewaltige Sandhalde. Das heutige Erscheinungsbild des Gebäudes ist im Abschnitt „Nickelhütte Aue GmbH" dokumentiert.

die Vorstellungen zur Zukunft des Werkes Oberschlema. Da für das Objekt 99 nur die baldige Liquidation in Betracht kam, war über kurz oder lang auch die vollständige Auflassung des gesamten Hüttenwerks in Sicht.

Auf jeden Fall sah es erst einmal nicht danach aus, als würde die Nickelhütte großen Gewinn aus der Entwicklung ziehen können und womöglich damit eine Art Entschädigung für die Besetzung erhalten. Zunächst musste Wachpersonal für die Objekte eingestellt und die übernommenen Einrichtungen mussten inventarisiert werden. Da die wenigsten Anlagen und Gerätschaften ohne weiteres in der Produktion des VEB Verwendung finden konnten, beraumte die Vereinigung Volkseigener Betriebe Nichteisen-Metallindustrie (VVB NE-Metallindustrie), seit 1952 Nachfolger der VVB Buntmetall, Besichtigungstermine für die anderen Werke des Verbandes im aufzulösenden Objekt 99 in Oberschlema an. An zwölf aufeinander folgenden Werktagen, beginnend am 23. April 1957, besichtigten Abgesandte der Freiberger Hütten, des Mansfelder Hütten-Kombinats, des Halbzeugwerkes Auerhammer und neun weiterer Betriebe die vorhandenen Einrichtungen. Anlagen und Maschinen wurden reserviert, die Abgabe erfolgte innerhalb der VVB NE-Metallindustrie kostenfrei, nur die Demontage, die von Mitarbeitern der Nickelhütte übernommen wurde, musste erstattet werden. Inventarien, die bis dato keinen verbandseigenen Interessenten gefunden hatten, gelangten zum Verkauf an andere Bedarfsträger.

In Aue brachen sich im Frühling 1957 vielfältige Veränderungen Bahn. Schnellstmöglich nahm die Hütte ihr altes Werksgelände wieder in Besitz. Die Einplankung des ehemaligen Objektes 100 fiel zuerst. Schon im Mai war die verhasste Trennlinie verschwunden. Die provisorischen Zugänge über die Schwarzwasserbrücke an der Sandhalde, am Elektrolysetor bei der Kantine sowie am „alten Pochwerk" wurden verschlossen, der Haupteingang stand nun wieder allen Werksangehörigen offen. Mitarbeiter der Nickelhütte begannen vom Objekt übernommene Materialbestände, die z.T. im Freien lagerten, zu sichern. Die anfängliche Euphorie wich, da man die rückübertragenen Gebäude und Anlagen nun näher in Augenschein nehmen konnte, schnell einer Ernüchterung. Die Bausubstanz war größtenteils in besorgniserregendem Zustand, die Instandhaltungsarbeiten des Objektes hatten sich offensichtlich auf ein absolutes Mindestmaß beschränkt.

Lediglich die links des Schwarzwassers, im Bereich der ehemaligen Erzverladestation von der Wismut neu errichteten Gebäude konnten einer Nutzung zugeführt werden. So entstand in einer der Hallen eine Versuchsanlage zur Gewinnung von Germaniumkonzentrat aus dem Flugstaub der Bleihütte Hettstedt. Das seltene Element war in diesen Rückständen mit einem Gehalt von etwa 500 g/t vertreten und konnte durch Löse- und Fällprozesse angereichert werden. Schon 1959 lieferte die Nickelhütte das erste Konzentrat zur Weiterverarbeitung an den VEB Spurenmetalle Freiberg aus. In den Folgejahren wurde die Anlage weiter verbessert und die Produktion gesteigert. Die Germaniumherstellung lag so manchem der Auer Hüttenwerker auch deswegen besonders am Herzen, weil es sich um nicht weniger als um das von Clemens Winkler im Jahre 1886 entdeckte Element handelte. Immerhin war Winkler von 1862 bis 1873 in Niederpfannenstiel als Hüttenmeister tätig. So ganz war die Tradition trotz der neuen Zeit also nicht in Vergessenheit geraten, zumal man sich auch an der Bergakademie Freiberg gern des berühmten Chemikers erinnerte. Auch heute, fast 40 Jahre nach dem Aus für die einst so innovative Anlage, wird das fragliche Gebäude trotz der Tatsache, dass hier inzwischen Nickelsulfat für galvanische Zwecke hergestellt wird, noch hin und wieder als „Germanium“ betitelt.

In einem weiteren Wismut-Neubau entstand bis 1960 eine Anlage zur Rückgewinnung von Kupfer aus Leiterplatten. Obwohl die Anlage 1990 außer Betrieb gesetzt wurde, existiert auch dieses recht solide ausgeführte Gebäude noch heute unter der Bezeichnung „Entplattierung“. Was allerdings die Verbesserung bzw. Steigerung der wenig rentablen Nickelherstellung, also des eigentlichen Kernbereiches der Produktion betrifft, war durch den überraschenden Rückzug der ungebetenen Gäste auf kurze Sicht keine Besserung zu erwarten. Drastisch ausgedrückt, war die Nickelhütte eigentlich nur in den Besitz eines ausgedehnten Ruinenfeldes gekommen, das zusätzliche Kosten verursachte und für die laufende Produktion so gut wie nutzlos war.

Der metallurgische Betrieb hatte erst 1950, als die Nickelelektrolyse wieder in Gang kam, ein mit dem Vorkriegsstand vergleichbares Niveau erreicht. Das Problem bestand aber darin, dass ein kontinuierlicher Fertigungsprozess nicht mehr möglich war, da durch die Besetzung des Werksgeländes nur noch auf Fragmente des einstigen Produktionsablaufes

STAATL.
HÜTTEN- U. BLAUFARBENWERK OBERSCHLEMA
ZWEIGBETRIEB DER VEREINIGUNG VOLKSEIGENER BETRIEBE — BUNTMETALL — (VVB)
RADIUMBAD OBERSCHLEMA/SACHS.
BANKVERBINDUNGEN: KREISSPARKASSE AUE, ZWEIGSTELLE OBERSCHLEMA NR. 301 - POSTSCHECK-KONTO LEIPZIG 42227
SÄCHSISCHE LANDESKREDITBANK SCHNEEBERG NR. 2393
FERNRUF: AMT SCHNEEBERG SAMMEL-NR. 241/242 - DRAHTANSCHRIFT: BLAUFARBENWERK OBERSCHLEMA
GESCHÄFTSZEIT:
MONTAG BIS FREITAG 7–16.30 UHR
SONNABENDS 7–12 UHR
RADIUMBAD OBERSCHLEMA I. SA., den .... 19......
POST-, EISENBAHN- UND TELEGRAPHENSTATION

131 Letzter in klassischem Blau gehaltener Briefkopf des eigenständigen Werks Oberschlema, wie er von 1948 bis 1950 Verwendung fand. Ab 1951 war das ehemalige Königliche Blaufarbenwerk nur noch der Betriebsbereich 2 der Nickelhütte Aue.

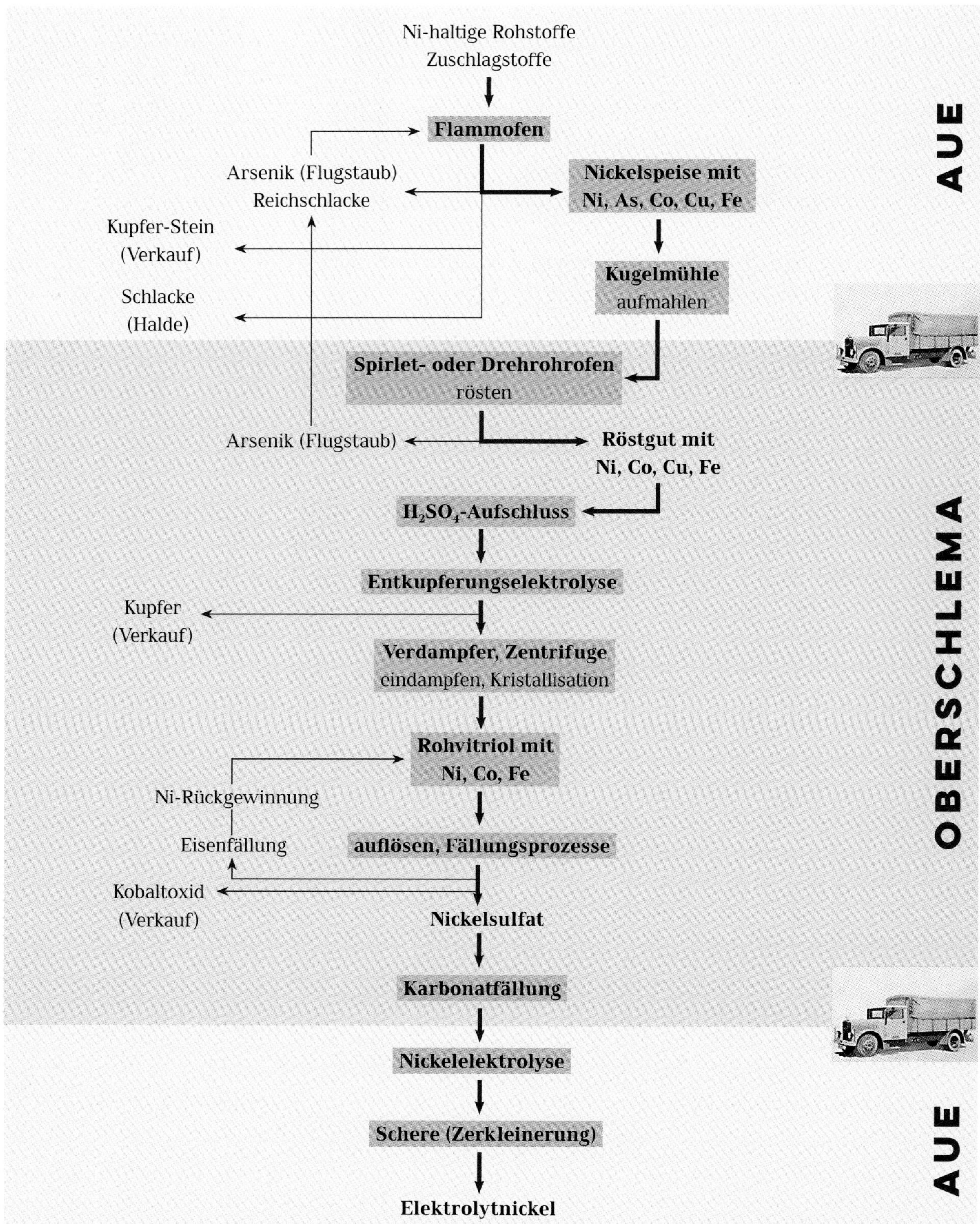

132 Durch die Arbeitsteilung zwischen den Werken Aue und Oberschlema gestaltete sich die metallurgische Produktion im VEB Nickelhütte Aue von 1950 bis 1962 besonders umständlich und unwirtschaftlich. Der ständige Hin- und Hertransport von Zwischenprodukten war bestenfalls als Notlösung während der Besetzung durch die SAG bzw. SDAG Wismut akzeptabel.

zurückgegriffen werden konnte. Sowohl das Rösten der Speise als auch die Entkupferungselektrolyse sowie die gesamten nasschemischen Trenn- und Reinigungsprozesse waren in Aue nicht mehr verfügbar. Der Ausweg, der gefunden wurde, bedeutete viel Arbeit für die Kraftfahrer des volkseigenen Betriebes. Er bestand darin, dass die in Aue und Oberschlema verbliebenen Anlagen miteinander kombiniert wurden, d. h. die unbesetzt gebliebenen Bereiche beider Hüttenwerke teilten sich die anfallenden Arbeiten. Im Dezember 1949 wurde der dazu notwendige Pendelverkehr zwischen Aue und Oberschlema mit Lkws aufgenommen.

Dieses gemeinsame Wirtschaften war durchaus nicht neu, schon ab 1932, aber besonders während der Pachtzeit, gab es eine Arbeitsteilung zwischen beiden Betrieben. Auch der Hin- und Hertransport von Rohstoffen und Halbzeugen zwischen den Standorten wurde bereits früher praktiziert. Dass es sich also eigentlich nur um die Wiederbelebung einer Tradition handelte, machte die Sache aber auch nicht rentabler. Tatsächlich war es nicht mehr als eine Notlösung, ohne die der metallurgische Betrieb nicht wieder hätte aufgenommen werden können. Die Vereinigung des unbesetzten Teiles der Hütte Oberschlema, der nur noch etwa die Hälfte des einstigen Werkes ausmachte, mit Niederpfannenstiel war 1951 insofern sinnvoll, als damit wenigstens der Verwaltungsaufwand reduziert werden konnte. Trotzdem muss diese Degradierung des einstmals so bedeutenden Königlichen Blaufarbenwerkes zur verlängerten Werkbank der Nickelhütte Aue beschämend gewesen sein, denn immerhin kannte man, zumindest was die jüngere Geschichte betraf, bisher nur die umgekehrten Verhältnisse. Demnach war Niederpfannenstiel stets der hilfsbedürftige, von Oberschlema mitverwaltete Zweigbetrieb des Blaufarbenwerksvereins.

Die metallurgische Produktion folgte im Wesentlichen einem Schema, wie es in Abbildung 132 vereinfacht wiedergegeben ist. Demnach wurden die nickelhaltigen Rohstoffe, wie verschiedene Industrieabfälle und ab etwa 1960 auch BiCoNi-Erzkon-

133 Spirlet-Röstofen im Werk Oberschlema. In den mit Generatorgas beheizten Öfen wurde die aus Aue angelieferte Speise abgeröstet. Moderne Ausführungen dieses Ofentyps, die sogenannten Etagenröstöfen, werden bis heute für spezielle metallurgische Prozesse herangezogen. Aufnahme 1947.

zentrate, die als Nebenprodukt des Uranbergbaus anfielen, nach Aue geliefert und in einem Flammofen zu Speise (einer Arsenverbindung) verschmolzen. Die Nebenprodukte Arsenik, Reichschlacke und Kupfer-Stein gelangten in den Prozess zurück oder wurden als Halbzeug verkauft. Die aufgemahlene Speise trat dagegen ihren Weg zum Röstprozess nach Oberschlema per LKW an. Das dort erzeugte Röstgut, das vorwiegend aus den Oxiden des Nickels, Kobalts, Kupfers und Eisens bestand, wurde mit Schwefelsäure aufgeschlossen, während das beim Rösten anfallende Arsenik den Rückweg zu den Auer Flammöfen antrat.

Die in Oberschlema vorhandene, aus dem Jahr 1919 stammende Entkupferungselektrolyse bildete das Herzstück und den Trumpf des geschundenen Werkes, da dieser Prozessschritt unbedingt erforderlich war und in Aue auch nicht notdürftig oder anderweitig durchgeführt werden konnte. Die solcherart entkupferte Lösung wurde eingedampft und das auskristallisierte Rohvitriol, das hauptsächlich eine

134 Entkupferungselektrolyse im Werk Oberschlema. In der aus dem Jahre 1919 stammenden Anlage machten sich ab 1957 besonders massive Bergschäden bemerkbar. 1961 kam es zu einem Verbruch, der aber glücklicherweise keine Personenschäden nach sich zog. Aufnahme 1947.

Mischung aus Nickel-, Kobalt- und Eisensulfat darstellte, erfuhr weitere Lösungs- und Fällprozesse, wobei schrittweise Kobalt und Eisen abgeschieden wurden. Das Kobaltoxid war, wie ehemals das Safflor der Blaufarbenwerke, ein begehrtes Färbemittel in der Porzellan-, Emaille- und Keramikherstellung. Aus der mit Soda versetzten Rohvitriollösung kam schließlich das Nickel als Karbonat zur Ausfällung und ging, in Fässer verpackt, wiederum auf Achse nach Aue. Nach der Auflösung und elektrolytischen Abscheidung wurde das Metall in gefällige Größen zerkleinert und gelangte zum Verkauf.

Nach dem beschriebenen Verfahren kostete 1959 die Herstellung einer Tonne Elektrolytnickel 19.385 DM, die Planwirtschaft ließ aber nur einen sogenannten „Abgabepreis“ von 7.800 DM zu. Die in diesem Jahr produzierten 168 Tonnen fuhren demnach einen Verlust von rund 1,9 Millionen DM ein, der durch Subventionen gedeckt werden musste. Demnach war die metallurgische Produktion der Nickelhütte aus betriebswirtschaftlicher oder finanzplanerischer Sicht, wie man es damals nannte, ein Desaster. Die hierbei zugrunde liegende Logik basierte aber darauf, mit einem Mehraufwand an Binnenwährung eine Einsparung von Devisen zu erreichen, denn der Nickelinhalt der verarbeiteten Industrieabfälle wäre sonst nicht nutzbar gewesen. Außerdem waren die horrenden Subventionen bisher durch die Ausnahmesituation in den besetzten Werken in gewisser Weise gerechtfertigt. Nach der Rückübertragung der Wismut-Objekte mussten die Verluste allerdings zunehmend als unerträglich empfunden werden. So stellte schon 1957 die Werksleitung resignierend fest: ... *die bereits mehrfach angestellten Rentabilitätsberechnungen [ergaben] einwandfrei, dass unter den gegenwärtigen Bedingungen der Produktion und vor allem auf Grund der beiden räumlich getrennten Betriebsabteilungen Aue und Oberschlema ein rentables Arbeiten niemals möglich sein wird.*[63]

Grundsätzlich kamen als dauerhafte Lösung der Problematik nur zwei Varianten, nämlich die weitgehende Rekonstruktion der Nickelhütte oder deren komplette und endgültige Stilllegung in Betracht. Dass der Erhalt des Betriebes schon aufgrund der unumgänglichen Eingliederung der Oberschlemaer Produktionslinien erhebliche Investitionen erfordern würde, war kein Geheimnis. Die Kosten wurden 1959 vom Werk selbst mit knapp 20 Millionen DM angegeben.[63] Allerdings waren Elektrolytnickel und Nickelsalze für die DDR unverzichtbar, ihre Produktion hätte demnach an anderer Stelle fortgeführt werden müssen. Mit einer Entscheidung tat man sich bei den zuständigen Stellen, vor allem bei der Staatlichen Plankommission, die als oberste Instanz das sozialistische Wirtschaftsschiff steuerte, und bei der Hauptverwaltung der VVB NE-Metallindustrie sehr schwer. So konnten merkwürdig widersinnige Dinge geschehen, die sich wohl nur mit einer gewissen Planlosigkeit innerhalb der Planwirtschaft erklären lassen.

Bereits kurz nach der Rückübertragung der Wismut-Objekte flossen nicht unerhebliche Investitionsmittel nach Aue. Alte Gebäude wurden abgerissen, der Bau neuer Anlagen in Angriff genommen. Allein von 1956 bis 1959 wurden etwa vier Millionen DM, also bereits ein Fünftel der als notwendig erachteten Gesamtsumme investiert. Man könnte demnach meinen, der Aufbau wäre beschlossene Sache gewesen. Weit gefehlt; über die Zukunft des VEB Nickelhütte herrschte noch 1960 völlige Unklarheit. Tatsächlich rief die VVB NE-Metallindustrie im Februar des genannten Jahres eine Arbeitsgruppe „Perspektive der Nickelhütte Aue" ins Leben, der Vertreter anderer Hüttenwerke und des Forschungsinstitutes für NE-Metalle in Freiberg angehörten. Zum Entsetzen der Auer Hüttenleute favorisierte die Arbeitsgruppe recht schnell die Stilllegung des Werkes und die Verlagerung der metallurgischen und chemischen Produktion nach Muldenhütten. Zudem glaubte man zu diesem Zeitpunkt noch, dass die kurz vor dem Anfahren stehende Nickelhütte St. Egidien zumindest einen Teil der Auer Produktion übernehmen würde. Erst zu Ende des Jahres 1960 wurde klar, dass in St. Egidien lediglich Ferronickel für die Stahlindustrie, aber keine hochwertigeren Erzeugnisse wie Elektrolytnickel oder Nickelsalze mit vertretbarem Aufwand hergestellt werden konnten.

Auch in ihrer Heimatstadt fand die Nickelhütte keine Freunde. Insbesondere das Halbzeugwerk (HZW) Auerhammer begann, als die Schließung in der Luft lag, sich ganz besonders für den Betrieb zu interessieren. Mehrfach betonten Vertreter des HZW, dass sich das Gelände hervorragend zum Aufbau einer Großstanzerei und einer Walzstraße eignen würde. In der Nickelhütte war man über diese neuerliche Entwicklung erschüttert. Seit zwei Jahren wurde verstärkt an den Rekonstruktionsplänen des Werkes gearbeitet, nicht wenig davon war bereits in Angriff genommen worden. In aller Schärfe wendet sich Heinz Oettel, seit Herbst 1957 Werksdirektor in Aue, an den Leiter der Arbeitsgruppe, Diplomingenieur Richter vom Forschungsinstitut für NE-Metalle in Freiberg: *Kann man nicht ermessen, welche ernsten Sorgen auch in der Projektierung entstehen ..., wenn man immer und immer wieder neue Varianten ausarbeitet, die unserer Wirtschaft letzten Endes nicht helfen voranzukommen, sondern nur hemmen ... Ich denke, daß es daher gut wäre, wenn der Arbeitskreis recht schnell seine Arbeit beenden könnte und die ... Kollegen sich auf die Lösung der Aufgaben [die Rekonstruktion der Nickelhütte] konzentrieren würden.*[63]

Dass Oettel, unabhängig von seinem eigenen Interesse das Werk zu erhalten, Recht behielt, zeigte sich schon bei der vierten Zusammenkunft der Arbeitsgruppe. Bei einer Besichtigung von Muldenhütten hatte man feststellen müssen, dass auch dort die Beschaffenheit der Bausubstanz nicht die beste war und erhebliche Investitionen notwendig gewesen wären. Dass man diese Variante schließlich verwarf, ist darüber hinaus aber auch dem Bestand an qualifizierten Facharbeitern in Aue geschuldet. Die ohnehin schon sehr hohe Konzentration metallurgischer Betriebe im Raum Freiberg ließ nämlich Zweifel aufkommen, ob in dieser Region überhaupt noch genügend geeignete Arbeitskräfte erlangt werden könnten. Nach weiteren zähen Diskussionen und Erörterungen stellte man letztlich das fest, was man eigentlich schon vorher wusste; nämlich dass die Auer Nickelproduktion zwar unrentabel, aber aufgrund der Spezialisierung auf sonst nicht verwertbare Rohstoffe alternativlos sei. Die notwendigen Investitionen müssten getätigt werden. Auch dem HZW Auerhammer wurde eine Absage erteilt.

Im Nachhinein muss es paradox erscheinen, dass der Betrieb gerade in einem künstlich gesteuerten System, das an sich selbst die Garantie für den Bestand noch so unwirtschaftlicher VEBs abgab, auf der Kippe stand, während andere Herausforderungen wie der Niedergang des Blaufarbenwesens zu Mitte des 19. Jahrhunderts oder auch die politische Wende 1989/90 souverän gemeistert werden konnten. Sicherlich kann man es als besonderes Qualitätsmerkmal betrachten, wenn ein Unternehmen in der Planwirtschaft in Frage gestellt wird, aber unter realen Marktbedingungen aufblüht. Dass solche Beispiele sehr rar sind, ist unbestritten, letztlich waren es aber auch die Nachwirkungen einer Ausnahmesituation, nämlich der Wismut-Besetzung mit ihren katastrophalen Zerstörungen, die den Schließungsgedanken überhaupt erst aufkommen ließen. Jedenfalls konnte nun, da einigermaßen Planungssicherheit herrschte, mit der Rekonstruktion des

Werkes fortgefahren werden. Und wirklich war es höchste Zeit, denn noch mehr als durch die schlechte wirtschaftliche Bilanz wurde die Hütte von einem anderen Faktum unter Druck gesetzt.

Seit 1946 wütete in Oberschlema der Uranbergbau. Die unterirdischen Hohlräume wuchsen in kurzer Zeit enorm an. Viele der Strecken und Abbaue reichten bis wenige Meter unter die Oberfläche, so dass schon 1947 erste Schäden durch Tagesbrüche in Schlema auftraten. Ab 1950 verschärfte sich die unglückselige Entwicklung derart, dass ein großer Teil der Ortslage von Oberschlema inklusive des einst so berühmten Radiumbades abgebrochen werden mussten.[84] Das ehemalige Blaufarbenwerk lag am Rande dieses Deformationsbereiches. Nach Lage der Dinge müssen sich auch hier bereits um 1950 Bergschäden bemerkbar gemacht haben, diese wurden aber vermutlich vertuscht bzw. notdürftig ausgebessert, um den Betrieb der Fabrik 99 nicht zu gefährden. Nach der Rückgabe des Objektes dürften diese Probleme offenkundig gewesen sein, immerhin wird nirgends eine Weiternutzung des ehemaligen Aufbereitungsbetriebes, sondern immer nur dessen baldige Liquidation in Betracht gezogen.

Ab 1957 muss sich die Nickelhütte ernsthaft mit den Bergbaufolgeschäden im Werksteil Oberschlema auseinandersetzen. In den Akten ist von *großräumigen Senkungen im gesamten Betriebsbereich* die Rede.[63] Die wichtigste Produktionseinheit, die dringend benötigte Entkupferungselektrolyse, war besonders schwer betroffen. Eiserne Fenstereinfassungen wurden durch die Erdbewegungen verformt, die Risse in den Wänden, eher Klüfte, waren oft mehr als 10 cm breit und gaben die Sicht auf das Gebäudeinnere frei. Die Kranbahn zur Bedienung der Elektrolysebäder hatte sich dermaßen verschoben, dass das Ende einer Laufschiene die Giebelwand des Gebäudes durchstieß und 20 cm nach außen ragte. Ein Produktionsstopp in Oberschlema hätte das Aus für den gesamten metallurgischen Betrieb der Nickelhütte bedeutet. Außerdem hemmte die erwähnte Entscheidungsträgheit der übergeordneten Stellen den zügigen Aufbau der maßgeblichen Produktionsbereiche im Werk Aue. Also musste man sich auch in dieser kritischen Situation vorerst mit Flickwerk zufriedengeben. Durch Abstützmaßnahmen und andere notdürftige Reparaturen war dem Problem aber nicht dauerhaft beizukommen.

Die 1958 bei verschiedenen Sachverständigen in Auftrag gegebenen Gutachten stimmten insofern überein, als niemand eine Garantie für die Sicherheit der hier beschäftigen Arbeitskräfte übernehmen wollte. Die private Firma Goldhahn aus Aue weist in ihrem Bericht neben der Gefahr plötzlicher und unvorhersehbarer Tagesbrüche darauf hin, dass eine Verschiebung der unterirdischen Generatorgaskanäle der Röstöfen zum Eindringen von Luft führen könnte und somit eine permanente Explosionsgefahr bestehe. Am 22. April 1959 kam es zu einer Beratung im Werk Oberschlema, die über die weitere Zukunft des Betriebsteils entscheiden sollte.

Die Teilnehmerliste ist lang, neben Werksangehörigen finden sich auch Vertreter verschiedener staatlicher Stellen ein, darunter ein Abgesandter des Bereiches Arbeitsschutzinspektion der DDR-Einheitsgewerkschaft FDGB (Freier Deutscher Gewerkschaftsbund) in Oberschlema. Ein hinzu gebetener Markscheider der SDAG Wismut blieb allerdings aus. Es ist die Rede davon, dass die Schäden am Elektrolysegebäude ein solches Ausmaß erreicht hätten, dass eine dauerhafte Stilllegung in Betracht gezogen werden müsse. Werksleiter Oettel formuliert es so: *Die Menschen, die dort arbeiten müssen, sind uns so wichtig, daß wir uns klar überlegen müssen: Können wir weiterarbeiten oder nicht.* Mit Blick auf den Gewerkschaftsvertreter gibt er aber zu bedenken, dass der Produktionsstopp eine sofortige Umorientierung (eine Freisetzung war ja damals nicht wirklich zu befürchten) von 350 Arbeitern in Oberschlema und Aue zur Folge hätte. Nach einem Verweis auf die Bedeutung des Nickels für die DDR schließt die Rede mit dem Satz: *Wir können uns also nicht allein nur für die Menschen verantwortlich fühlen, sondern müssen auch die volkswirtschaftlich wichtige Produktion des Betriebes mit in Betracht ziehen.*[63]

Die Beratung schloss nicht mit einer greifbaren Entscheidung. Wohl aber musste die anschließende Besichtigung vor allem bei dem Gewerkschaftsvertreter einen tiefen Eindruck hinterlassen haben. Jedenfalls wurde der FDGB, der sich in Wismut-Angelegenheiten bisher eher zurückhielt, plötzlich erstaunlich mutig. So traf kurz nach der Beratung ein Schreiben des Bezirksvorstands Karl-Marx-Stadt (Chemnitz), Bereich Arbeitsschutzinspektion, in Aue ein. Unverblümt heißt es dort: *Die vorliegenden Gutachten, Ortsbesichtigung und die sich daraus ergebende Diskussion ergaben eindeutig, dass für die Beschäftigten in der Elektrolysehalle eine akute Gefahr für Leben und Gesundheit besteht.*[63] Dem Brief liegt sogar ein Auszug eines noch fast druckfrischen Arbeitsschutz-Gesetzes der DDR bei. Der Brief schließt mit der Anweisung zur Sperrung der Halle. Und tatsächlich musste das Werk am 1. Mai 1959 die Nickelherstellung unterbrechen.

Fieberhaft suchte man in Aue nach einer Lösung des Problems. Ob und wann hier eine Entkupferungselektrolyse eingerichtet würde, stand zu dieser Zeit noch in den Sternen. So konzentrierte man sich auf einen Kompromiss. Unter der Voraussetzung der Ausführung wirksamer Sicherungsmaßnahmen und ständiger markscheiderischer Kontrollen erklärte sich die Arbeitsschutzinspektion des FDGB bereit, die Entscheidung zu überprüfen. Unter Ein-

135 Blaufarbenwerk Oberschlema 1936. Vorn rechts sind Teile des Bahnhofs Oberschlema an der Strecke Niederschlema-Neustädtel zu erkennen. Als das Foto entstand, stiegen hier u. a. die Kurgäste des Radiumbades aus dem Zug. Die Bodensenkungen aufgrund des Uranbergbaues erzwangen schon 1951 die Stilllegung des Streckenteils nach Neustädtel und bis 1965 auch den kompletten Abbruch des Blaufarbenwerkes.

beziehung anderer staatlicher Stellen, wie der Bauaufsicht, entschloss man sich schließlich im August 1959, also ein viertel Jahr nach der Sperrung, einer befristeten Wiederinbetriebnahme der Anlage bis Ende 1960 zuzustimmen. Immerhin war zu diesem Zeitpunkt die Entscheidung zugunsten der Rekonstruktion der Auer Hütte endlich gefallen, aber die notwendigen Neubauarbeiten zogen sich hin. Zähneknirschend mussten die zuständigen Stellen, inzwischen gehörte dazu auch die Wismut-Bergbehörde in Karl-Marx-Stadt, noch mehreren Terminverschiebungen zustimmen. Als letztes Datum einigte man sich schließlich auf den 1. April 1963.

Am 22. Oktober 1961 passierte schließlich das, was man gefürchtet und wovon man gehofft hatte, dass es nie geschehen würde. Im hinteren Teil der Elektrolysehalle öffnete sich die Erde. Wo eben noch Nutschfilter gestanden hatten, klaffte eine 4×4 Meter große, etwa 8 Meter tiefe Grube. Glücklicherweise waren im Moment des Verbruchs keine Arbeiter in dem Bereich zu Gange, so dass niemand zu Schaden kam. Auf jeden Fall wurde das Gebäude sofort gesperrt. Wieder begann ein zermürbendes Gerangel zwischen den für die Sicherheit zuständigen Stellen und dem Hüttenwerk. Die Aufbauarbeiten in Aue ließen sich aber nicht von heute auf morgen zum Abschluss bringen, so dass die Produktion in Oberschlema nochmals kurzzeitig aufgenommen werden musste. Der Termin zur endgültigen Schließung der Entkupferungselektrolyse wurde aber auf das Jahresende 1962 vorgezogen. Auch die Wismut-Bergbehörde lehnte jegliche Verantwortung über das genannte Datum hinaus ab und drängte zur größtmöglichen Eile.

Zum Jahreswechsel 1962/63 wird die instabile Elektrolysehalle in Oberschlema endlich entbehrlich. Die Einstellung der Arbeiten erfolgte am 24. Dezember 1962, die Aufarbeitung von Restlaugen dauerte noch bis zum 31. Januar 1963 an. Dann setzte sich der bereits früher im ehemaligen Wismut-Objekt 99 begonnene Rückbau des Werkes, ein verharmlosender Ausdruck für den radikalen Abriss, unaufhörlich fort. Zu Ende 1965 erinnerten nur noch vereinzelte Trümmerhaufen in einer vom Uranbergbau völlig verwüsteten Landschaft an das traditionsreiche Staatsunternehmen. Es war, als wenn sich die Geschichte wiederholt hätte. Etwas mehr als 100 Jahre vor der Eingliederung des Werkes Oberschlema in die Nickelhütte Aue war bereits das Zschopenthaler Blaufarbenwerk nach Niederpfannenstiel verlegt worden. Auch damals entstanden Neubauten, wie das Fabrikationsgebäude und die „Kapelle" im Bärengrund (vgl. den Abschnitt „Nickelhütte Aue GmbH"), um die entsprechenden Produktionslinien des aufgelassenen Werkes aufnehmen zu können.

Ab Mitte der 1950er Jahre begann sich im Werk, wie in der übrigen DDR auch, so etwas wie Aufbruchstimmung zu verbreiten. Die Besatzungsmacht lockerte die Zügel, die horrenden Reparationsforderungen wurden spürbar verringert. Das Interesse der Sowjetunion an einem stabilen deutschen Bündnispartner an der Trennlinie zwischen Ost und West wuchs. So kann man auch der DDR ein kleines „Wirtschaftswunder" zugestehen, das durch die schrittweise Verbesserung der Lebensumstände spürbar wurde. Neben denen, die sahen, dass die Fortschritte im Westen Deutschlands noch weit deutlicher waren als hierzulande und die aus ökonomischen oder politischen Gründen dem System den Rücken kehrten, mag es zu dieser Zeit auch manchen gegeben haben, der wirklich glaubte, eine Alternative zum westlichen Wirtschafts- und Gesellschaftssystem aufzeigen zu können.

Im VEB Nickelhütte Aue äußerte sich die Aufbruchstimmung in den umfangreichen Rekonstruktionsmaßnahmen, die zwischen 1957 und 1965 zur Ausführung kamen. Tatsächlich veränderte das Werk nun stetig sein Erscheinungsbild. Den Erfordernissen einer modernisierten Produktion entsprechend, mussten viele der historischen Bauwerke dem Fortschritt weichen. Als eines der ersten Relikte aus der Blaufarbenzeit verschwand das „alte Pochwerk" mit der angrenzenden ehemaligen Produktionsstätte für Würfelnickel im Dezember 1957. Den frühen Abrissaktivitäten fielen ebenfalls der Lagerkomplex zwischen dem Pochwerk und der Kraftzentra-

136 „Altes Pochwerk“ im Jahre 1957. Früher galt das weithin hörbare, rhythmische Aufschlagen der schweren eisenbeschlagenen Stempel, das nur sonntags eine Unterbrechung erfuhr, als Herzschlag des Betriebes. Es war, als hätte mit dem Abbruch des Pochwerkes das Herz des Blaufarbenwerks aufgehört zu schlagen. An dem Gebäude befand sich während der Wismut-Besetzung ein provisorischer Zugang zum Werksgelände. Links oben ist das 1950 neu errichtete Röstofengebäude der Arsenatanlage zu erkennen.

137 Das „alte Pochwerk“ war eines der ersten historischen Gebäude, die dem Abriss zum Opfer fielen. Die Aufnahme entstand kurz nach der Sprengung des Schornsteins der angrenzenden Nickelfabrik im Januar 1959. Dem Herrenhaus (rechts) blieben ab diesem Zeitpunkt noch knapp zwei Jahre, die Hüttenschänke (Mitte oben) besteht noch heute. Das kleine Wohnhaus und den ehemaligen Pferdestall (links oben) ereilte das gleiche Schicksal wie das Pochwerk.

le sowie ein großer Teil der alten metallurgischen Produktionsstätten, vor allem die von der Wismut zurückgegebenen Gebäude, zum Opfer. Berechnungen hatten ergeben, dass sich Neubauten rentabler gestalteten als die Wiederbelebung der alten Bausubstanz. Schließlich wurde 1962 das über 200 Jahre alte Herrenhaus, ehemals Sitz der Administration der Hütte und des Gutsbezirks Niederpfannenstiel, abgebrochen. Fast scheint es, als hätte man damit unwiederbringlich einen Schlussstrich unter die Blaufarbenwerksära ziehen wollen.

Unter dem Motto „Mehr Nickel für unsere Republik“ versuchte das Nationale Aufbauwerk der DDR (NAW), der Vorläufer der späteren „Mach-mit-Bewegung“, 1960 auch in der Nickelhütte Fuß zu fassen. Mitarbeiter sollten durch die Ableistung unentgeltlicher Arbeitsstunden einen Beitrag zur Rekonstruktion der Hütte leisten. Die Begeisterung schien sich allerdings in Grenzen gehalten zu haben, von 3.500 geplanten Arbeitsstunden kamen nur etwa 2.500 zustande. Vermutlich ist auch diese Zahl noch geschönt. Jedenfalls waren die damit erwirtschafteten 10.000 DM bei einer Gesamtinvestition

138 Wie ein deplatziertes Relikt aus einer anderen Zeit wirkt das ehemalige Herrenhaus des Blaufarbenwerks (links, mit Glockenturm), als es im Januar 1962 bereits von Neubauten der Nickelhütte umringt war.

von 20 Millionen nicht mehr als der sprichwörtliche Tropfen auf den heißen Stein.

Nach dem Abschluss der Rekonstruktionsmaßnahmen 1965 war die Nickelhütte in vielen Bereichen eine durchaus zeitgemäße Produktionsstätte geworden. Die Lage im Auer Talkessel mit dem daraus resultierenden geringen Luftaustausch und die auf

139 Altes Herrenhaus kurz vor dem Abbruch 1962. Das 1757 erbaute Gebäude war einst der Mittelpunkt des Blaufarbenwerks. Der aufgesetzte Glockenturm kündete von den Freiheiten des selbstständigen Gutsbezirks Niederpfannenstiel. Im 20. Jahrhundert diente es noch zu Wohnzwecken, als Umkleide o.Ä. Der Abriss des Gebäudes 1962 war wie das Setzen eines Schlussstriches unter die Blaufarbenwerksära.

Mehr Nickel für unsere Republik
NAW
Schwerpunkt
VEB Nickelhütte Aue
Einsparung von Jnvestmitteln = Mehr Wohnungen, Krankenhäuser,

140 Durch die freiwillige Ableistung unbezahlter Arbeitsstunden sollte 1960 ein Beitrag zur Rekonstruktion der Nickelhütte erbracht werden. Die Resonanz war begrenzt, die große Zeit der Massenbewegung, wie die umfassenden Enttrümmerungsaktionen nach dem Krieg, war längst vorbei.

der arsenhaltigen Speise basierende metallurgische Produktion verursachten aber immer wieder größere Umweltschäden und brachten dem Werk, das ab 1966 zum VEB Mansfeld Kombinat „Wilhelm Pieck" gehörte, alles andere als einen guten Ruf ein. Eine große Erleichterung bedeutete der Abtransport der riesigen Sandhalde, die das Objekt 100 als Souvenir zurückgelassen hatte. Nicht selten hatte der Wind radioaktiv belastetes Material in die Stadt getragen. Auf dem frei gewordenen Gelände entstand das Tanklager für ein modernes Schwerölheizwerk, das 1973 den Betrieb aufnahm. Zur Abführung der Abgase wurde im gleichen Jahr der 180 Meter hohe Schornstein, der noch heute das Unternehmen dominiert, fertig gestellt.

Da der dreizügige zentrale Schlot auch die Abgase der metallurgischen Produktion aufnahm, wurde eine spürbare Verbesserung der Luftbelastungssituation im Auer Talkessel erreicht. Dass man allerdings die dazu aufgewandten vier Millionen Mark in den DDR-Medien als reine Umweltschutzmaßnahme hochjubelte, dürfte so manchem bitter aufgestoßen sein. Heute erscheint es geradezu grotesk, einen übergroßen Schornstein als Sinnbild für den Umweltschutz verkaufen zu wollen. Einen wirklichen Fortschritt bedeutete dagegen der 1977 eingeführte Druckaufschluss, dessen Realisierung eine ingenieurtechnische Meisterleistung der Auer Hüttenwerker in Zusammenarbeit mit Freiberger Forschern war. Damit entfiel das Rösten der Nickelspeise, wodurch sich die Arsen-Emissionen des Werkes deutlich verringerten. Endgültig verabschieden konnte sich der Betrieb von der giftigen Substanz aber erst 1985, als das Ende der Herstellung von Natriumarsenat für Holzschutzmittel durchgesetzt werden konnte.

Anfang der 1980er Jahre hatte die Sowjetunion die Rohöllieferungen an die DDR eingeschränkt. Der Mangel an Erdölprodukten führte zur zwangsweisen Restaurierung längst überwunden geglaubter Technik. Eisenbahnfreunde mögen sich über die nostalgische Dampflokdichte der Deutschen Reichsbahn gefreut haben, die aus dem Mangel resultierende Weisung zum Bau eines Rohbraunkohleheizwerks stieß in Aue allerdings auf wenig Gegenliebe. Als das neu errichtete Heizwerk, das nunmehr den zweiten Schornstein zum Wahrzeichen der Hütte lieferte, 1984 die ölbefeuerten Dampferzeuger ablöste, handelte es sich um einen technologischen Rückschritt. Daran konnte auch die gegenteilig lauten-

141 Im Sommer 1971 ist der Abtrag der Sandhalde, einer Hinterlassenschaft des Objektes 100, in vollem Gange. Das mit Schwermetallen und radioaktiven Nukliden belastete Material wird in die Hakenkrümme verbracht. Mit der Aktion wurde eine wirkliche Gefahrenquelle in unmittelbarer Nähe zur Auer Neustadt beseitigt.

de Propaganda in den DDR-Medien nichts ändern. Heute beherbergt das Gebäude die Aufbereitungsanlage der Erzgebirgischen Fluss- und Schwerspat (EFS) GmbH. Der Schornstein wurde schon 2016 wieder zurückgebaut.

Unbedingt anerkennenswert ist, dass man sich auch im volkseigenen Betrieb seiner Wurzeln zu besinnen begann. So erhielt 1982 die „Kapelle" den Schutzstatus nach dem Denkmalpflegegesetz der DDR. Kurioserweise wurde im selben Jahr auch das Herrenhaus unter Denkmalschutz gestellt. Offenbar war dem Rat des Kreises entgangen, dass das Gebäude schon seit 20 Jahren nicht mehr existierte. Der Werkleiter Hans Götze sandte die entsprechende Urkunde mit der Bemerkung, dass man etwas spät dran sei, an die Behörde zurück.[56] Auf jeden Fall suchten die zum 350-jährigen Bestehen des Werkes 1985 ausgerichteten Feierlichkeiten zu einem solchen, wenig sozialistischen Anlass, ihresgleichen. Viele Hüttenwerker beteiligten sich ohne ideologischen Zwang an der Vorbereitung der Festwoche, die weit über die Stadt Aue hinaus auf gute Resonanz stieß. Es war sicher ein Baustein, der zur Erhöhung der Akzeptanz des Betriebes in der Bevölkerung beitrug.

142 Zum 1. Mai 1970 maß die Betonhülle des neuen Zentralschornsteins bereits eine Höhe von 105 Metern. Zwar wurde schon gut einen Monat später die Endhöhe von 175 Meter erreicht, doch ruhte die Baustelle dann für ein Jahr. Erst im Mai 1972 begann ein Spezialbetrieb des Mansfeldkombinates mit der Einbringung der drei Rauchrohre, so dass der Schlot schließlich am 27. Januar 1973 in Betrieb genommen werden konnte. Die Esse wurde zum neuen Wahrzeichen der Hütte und verrichtet bis heute ihren Dienst.

In Schindlerswerk lief die Nachkriegsgeschichte in weiten Teilen deutlich unspektakulärer ab, als im ehemaligen Hauptwerk des Blaufarbenwerksvereins in Niederpfannenstiel. Der abgelegene Betrieb verlor durch die Bodenreform zwar den größten Teil seines Grundbesitzes, von Kriegsschäden oder schwerwiegenden Beeinflussungen durch die Besatzungsmacht blieb er dafür aber weitgehend verschont. Allerdings setzte sich der kriegsbedingte Rohstoffmangel, es fehlte insbesondere nach wie vor an

143 Diese „Luftaufnahme" der Nickelhütte gelang 1972 aus 175 Meter Höhe vom neu errichteten Schornstein. Gut erkennbar ist die Arsenatanlage mit rauchendem Schlot. Viele der historischen Wohngebäude des ehemaligen Gutsbezirks Niederpfannenstiel existierten zu dieser Zeit noch und sind im oberen rechten Bildteil zu erkennen.

Schwefel, auch in den ersten Nachkriegsjahren fort. So konnten 1945/46 kaum nennenswerte Mengen an Ultramarin erzeugt werden. Nach der Auflösung des Blaufarbenwerksvereins zum 1. Januar 1947 firmierte das Werk zunächst als „VEB Farbenfabrik Schindlerswerk", um ein Jahr später der VVB Lacke und Farben mit Sitz in Leipzig unterstellt zu werden. Schließlich wurde 1969 der bislang juristisch selbständige VEB als Betriebsteil in die volkseigene Kali-Chemie Berlin mit der Bezeichnung „Werk 6 Ultramarinfabrik Schindlerswerk" eingegliedert. Diese Konstellation blieb bis 1990 bestehen.[53]

Wie schwer man sich noch zu Beginn der 1950er Jahre mit der Wiederaufnahme einer geregelten Produktion tat, belegt ein Gesuch der Werksleitung von Schindlerswerk an die übergeordnete VVB Lacke und Farben. In jener Zeit war das für die Transportbelange des Betriebes unbedingt erforderliche Pferd schon ziemlich in die Jahre gekommen. Um des Morgens anspannen zu können, musste das Tier zunächst mit einem Flaschenzug aufgerichtet werden. Dann verrichtete es, so gut es eben ging, die anstehenden Tagesaufgaben. Brach die altersschwache Stute allerdings unterwegs zusammen, was wohl mehr als nur einmal vorkam, so gab es kaum eine Möglichkeit, das Huftier ohne mechanische Hilfe wieder flott zu bekommen. *Um das Transportproblem ein für alle mal* lösen zu können, wie es in dem Schreiben heißt, bat die Werksleitung ernsthaft um die Zuteilung von einem, oder besser von zwei jüngeren Pferden.[53] Ob diesem nachvollziehbaren Wunsch tatsächlich entsprochen wurde, ist nicht genau belegt. Auf jeden Fall hielten nun zeitnah motorisierte Fahrzeuge in Schindlerswerk Einzug.

Auch an der Produktpalette der Ultramarinfabrik änderte sich zunächst wenig. Nach wie vor wurde Ultramarin in verschiedenen Qualitäten nach dem hergebrachten Verfahren erzeugt und wie vor dem Krieg in Form von Wäscheblau in alle Welt exportiert. Besonders viele Abnehmer fanden sich erneut im arabischen Raum, wo es als Bleichmittel für die weit verbreitete weiße Kleidung besonders geschätzt wurde. Mit dem Aufkommen moderner Waschmittel geriet das Wäschebläuen allerdings immer mehr aus der Mode. Dem abnehmenden Bedarf entsprechend, verringerte sich die Produktion des blauen Waschzusatzes nun stetig zugunsten anderer Ultramarinerzeugnisse. So wurde das ungiftige und lichtechte Blaupigment ebenso vorteilhaft zum Einfärben von Kunststoffen, Kunstleder und Wachstuch wie zur Zubereitung von Alkydharz- und Anstrichfarben verwendet. Mit neuen Produkten, wie verschiedenen Verschnittpigmenten für den Malerbedarf, Öl- und Dispersionsfarben, konnte die Ultramarinfabrik in den 1970er und 1980er Jahren ihre Angebotspalette abrunden.

Dass die Nachkriegs- und DDR-Zeit in Schindlerswerk ihre Spuren hinterlassen hat, ist noch heute an so manchem Detail ersichtlich. Allerdings wirkte sich dieser Zeitabschnitt an dem abgelegenen Standort weit weniger einschneidend aus, als es in Niederpfannenstiel oder gar in Oberschlema der Fall war. Bis auf die Muffelofenhütte nahe des Haupteinganges gingen keine Gebäude aus der Vorkriegszeit verloren. Die Zahl der DDR-, Neu- und Anbauten ist überschaubar, es handelt sich dabei lediglich um zwei Aufzugstürme und wenige Nebengebäude bzw. Überdachungen, wobei sich letztere meist recht gut in das vorhandene historische Gebäudeensemble einpassen. So beschränken sich die Hinterlassenschaften des „real existierenden Sozialismus“ auf einige Modernisierungen und Innenausbauten in den Produktions- und Wohngebäuden. Treffend formuliert haben die Nachkriegs- und DDR-Verhältnisse Schindlerswerk zwar geprägt, aber keineswegs überprägt. Seine historische Ursprünglichkeit konnte sich der Montankomplex auf jeden Fall bewahren. Gleiches gilt übrigens auch für den Zeitraum von der politischen Wende 1989/90 bis in die Gegenwart.

144 Der Hüttenhof von Schindlerswerk mit Rohhütte, Herrenhaus, Packerei, Labor, Schlämmerei sowie Wässerung und Trockenmühle (v.r.) wurde um 1970 DDR-typisch von grauen Fassaden und Kohlebergen dominiert. Neuere Anbauten wie der Aufzugsturm (Mitte links) blieben die Ausnahme. Die jüngere Vergangenheit hinterließ nur wenige Spuren an dem historischen Gebäudeensemble.

Wahrscheinlich wird die Geschichtsschreibung späterer Jahrhunderte die DDR als einen kleinen Teil von diktatorischen Systemen begreifen, deren Entstehung mit den großen kriegerischen Auseinandersetzungen des 20. Jahrhunderts im Zusammenhang steht. Jene, die behaupten, es ließ sich gut leben in diesem Staat, haben nicht weniger Recht als die, die das untergegangene System komplett ablehnen. So wie es keinen Menschen mit ausschließlich guten oder schlechten Charaktereigenschaften gibt, muss auch der DDR eine gewisse Ambivalenz zugestanden werden. Neben dem kleinen Glück, das sicher möglich war, belegen die historischen Fakten aber auch eindeutig, dass das Individuum durch den Staat sowohl in seinen Entwicklungsmöglichkeiten als auch in seinen Rechten eingeschränkt wurde. Aus der ökonomischen Entwicklung des Landes lässt sich

145 Ganz im Gegensatz zum Einheitsgrau der Fassaden kam die für das nichtsozialistische Ausland gedachte Werbung für das Waschblau der Ultramarinfabrik Schindlerswerk recht farbenfroh daher. Tatsächlich konnte das Produkt wie in alten Zeiten wieder in alle Welt exportiert werden.

ableiten, dass es eine Illusion ist zu glauben, dass die Wirtschaft und der Bedarf der Bevölkerung anhand eines starren Planes gesteuert werden kann. Ein solches System ist unflexibel und entspricht darüber hinaus nicht der menschlichen Natur, da Leistungsanreize und Motivationen nur künstlich durch Prämien, Auszeichnungen u. Ä. geschaffen werden können. Der Idealismus des Menschen ist begrenzt und bei jedem unterschiedlich stark entwickelt.

Ein geringerer beruflicher Leistungsdruck und die mitunter daraus resultierenden besseren zwischenmenschlichen Beziehungen geben heute so manchem Anlass dazu, die DDR zu verklären und ihre Schattenseiten auszublenden. Allerdings kann man diese Entwicklung auch als Folge einer derzeit verbreiteten, allzu materialistischen Einstellung ansehen, die manchen ausschließt und so zur Bildung gesellschaftlicher Randgruppen führt. Es scheint also geboten, sich den Wert von Unternehmenskultur und ethisch korrekten Wirtschaftsgrundsätzen neu zu vergegenwärtigen. Nur Mitarbeiter, die sich einbezogen fühlen und deren Leistungen eine angemessene Würdigung erfahren, werden sich mit ihrem Unternehmen identifizieren. Von diesen Grundsätzen rückte die Nickelhütte Aue auch nach 1990 nicht ab. Sie führt damit eine prägende Tradition der sächsischen Blaufarbenwerke fort, die von jeher bestrebt waren, ihre Beschäftigten an sich zu binden.

DIE TRADITIONSUNTERNEHMEN FORMIEREN SICH NEU

Die Nickelhütte Aue ist eine moderne Produktionsstätte für Nichteisenmetalle ... Sie ging aus dem historischen Blaufarbenwerk Niederpfannenstiel hervor, das 1635 von Veit Hans Schnorr gegründet wurde ... Nach dem Ende der DDR übernahmen 1991 die Siegfried Jacob Metallwerke ... aus Ennepetal die Nickelhütte und führten sie in die Marktwirtschaft.[88] Diese Informationen hält eine bekannte Online-Enzyklopädie für jeden bereit, der etwas über jenes Auer Unternehmen in Erfahrung bringen will, das schon aus einiger Entfernung durch seinen 180 Meter hohen Schornstein auf sich aufmerksam macht. Die lange Geschichte, der bemerkenswerte wirtschaftliche Erfolg und das vielfältige Engagement für die Erzgebirgsregion sind denn auch die Eckpunkte, die beinahe jedem Einheimischen spontan zu Bewusstsein gelangen, wenn von der Nickelhütte die Rede ist. Tatsächlich genießt das Unternehmen heute eine breite Akzeptanz in der Bevölkerung und stellt einen wichtigen Wirtschaftsfaktor für den westsächsischen Raum dar.

Auch im Falle von Schindlerswerk weiß das Internet Außergewöhnliches zu berichten. Demnach ist die *Schindlerswerk GmbH & Co.KG ... heute die wahrscheinlich weltweit älteste noch produzierende Farbenfabrik. (Sie) ist eine ausgewählte Stätte in der Montanregion Erzgebirge für die ... Kandidatur zum UNESCO-Welterbe. Im August 2017 wurde ein Förderverein gegründet. Dieser soll sich um die Erhaltung ... und die museale Nutzung kümmern.*[88] In wirtschaftlicher Hinsicht lässt sich Schindlerswerk indes nicht mit der Nickelhütte vergleichen. Das Fehlen eines finanzstarken und aufbauwilligen Investors ist ein wesentlicher Grund dafür, dass sich an dem abgelegenen Standort kein nachhaltiges Wachstum einstellten konnte. Im dem durch starke Konkurrenz geprägten Pigment- und Farbenmarkt geriet das Unternehmen immer wieder in Schwierigkeiten. Mit viel Engagement und Enthusiasmus gelang es der kleinen Firma dennoch, bis in die Gegenwart zu bestehen.

Rückblickend kann es heute als ein großes Glück betrachtet werden, dass es nach 1990 in Schindlerswerk weder zur Schließung noch zur wirtschaftlichen Blüte des Unternehmens kam. Während die Abwicklung den baldigen Abbruch der Gebäude zur Folge gehabt hätte, schließlich spielte der Denkmalschutz in den frühen 1990er Jahren nur eine sehr untergeordnete Rolle, wäre auch die wirtschaftliche Prosperierung mit umfangreichen Erneuerungen und Investitionen verbunden gewesen. Beiden Extremen hätte die historische Gebäudesubstanz im Wege gestanden und wäre daher vernichtet oder zumindest stark beeinträchtigt worden. So kommen den beiden Unternehmen, die einst gemeinsam wirtschafteten, heute wichtige Funktionen für die Region zu. Während Schindlerswerk ein außergewöhnliches Denkmal darstellt und als Bestandteil der UNESCO-Welterbestätte Montanregion Erzgebirge/Krušnohoři Zeugnis vom reichen montanistischen Erbe des Erzgebirges ablegen und den Tourismus fördern wird, gilt die Nickelhütte als wirtschaftlicher Leuchtturm. Dass auch für das Auer Unternehmen der Start in die Marktwirtschaft alles andere als leicht war und viele Widerstände überwunden werden mussten, ist aus der öffentlichen Wahrnehmung inzwischen weitgehend verdrängt worden. Anlass genug, um daran zu erinnern, dass sich der Erfolg auch hier durchaus nicht von selbst einstellte und erhebliche Anstrengungen nötig waren, um aus dem verschlissenen, als „Giftküche" verschrienen volkseigenen Hüttenwerk ein modernes, hoch spezialisiertes metallurgisches Unternehmen zu formen.

Bewegte Zeiten in der Nickelhütte

Geht auf die Barrikaden. Die Nickelhütte muss weg! Dieser spontane Ausruf eines Bürgers brachte den ohnehin schon emotionsgeladenen, bis zum letzten Platz besetzten Saal zum Überkochen. Tosender Beifall, der Einwurf traf haargenau den Nerv derjenigen Bernsbacher, die sich zur Einwohnerversammlung im Gasthof „Grüner Baum“ zusammengefunden hatten. Peter Koch, seit 1990 Geschäftsführer des Unternehmens, fühlte sich wie in der Höhle des Löwen. Dass er in dem Ort, der aufgrund der vorherrschenden Luftströmungen mehr als andere unter den Emissionen des Hüttenwerks zu leiden hatte, nicht mit übermäßigen Sympathien rechnen konnte, war zu erwarten. Mit solcherart ausufernden Anfeindungen, ja sogar mit dem offenen Hass, der ihm hier entgegenschlug, hatte er allerdings nicht gerechnet. Immerhin hatte das Werk in der kurzen Zeit seit 1990 den Schadstoffausstoß erheblich reduzieren können, das Gros der Millionenbeträge, die in die Modernisierung der Anlagen bereits investiert worden waren, machten Umweltschutzmaßnahmen aus. Und den Dialog mit den Anwohnern hatte die Werksleitung ja selbst gesucht. Die Öffentlichkeit in wichtige Entscheidungen mit einzubeziehen, also mit offenen Karten zu spielen, sollte ein fester Bestandteil der Strategie eines Unternehmens sein, das sich ehrlich um Akzeptanz in der Bevölkerung bemühte. Jetzt musste Koch feststellen, dass für eine sachliche Argumentation in dieser aufgeheizten Atmosphäre kein Raum blieb und für die eigentlichen Fakten schien sich von den aufgebrachten Bürgern kaum einer wirklich zu interessieren. Sogar die Vertreter des staatlichen Umweltfachamtes Plauen, einer unabhängigen Behörde, die mit kühlen Zahlen überzeugen wollten, sahen sich nun dem Vorwurf ausgesetzt, mit der Nickelhütte „unter einer Decke“ zu stecken.[89, 90]

Was aber war der Anlass für die hochkochenden Emotionen auf dieser und weiteren Einwohnerversammlungen, die im Jahr 1994 zum Thema Nickelhütte einberufen wurden? Und wieso hatten sich gerade jetzt, fast vier Jahre nach dem Ende der DDR, die Gemüter so erhitzt, wo doch der Schadstoffausstoß bereits drastisch zurückgegangen war und sich der Betrieb, nachdem die ersten Jahre der Marktwirtschaft gemeistert werden konnten, insgesamt auf dem Weg einer gesunden wirtschaftlichen Entwicklung befand? Die Vorkommnisse werden nur verständlich, wenn man die Umstände jener Zeit in Betracht zieht.

Das Herzstück des Unternehmens bildete damals wie heute das Schmelzwerk, Abfallprodukte wie Galvanikschlämme und Flugstäube, die sonst deponiert werden müssten, erfahren hier hinsichtlich ihres Wertstoffgehaltes eine Anreicherung. Es entstehen letztlich Produkte, die dem Wirtschaftskreislauf erneut zugeführt werden können. An und für sich war dieses Konzept nicht neu, schon seit Beginn des 20. Jahrhunderts zeichnete sich ein Trend ab, zunehmend Sekundärrohstoffe für den Hüttenbetrieb einzusetzen. Unter DDR-Bedingungen war besonders ausschlaggebend, dass Nichteisen-(NE-) Metalle, insbesondere Nickel und Kupfer, zurückgewonnen und damit Importe minimiert werden konnten, was sich sehr vorteilhaft auf die an chronischem Devisenmangel leidende Planwirtschaft auswirkte.

Der Ansatz ist aber auch unter marktwirtschaftlichen Gesichtspunkten interessant. Die Verknappung und damit Verteuerung der Rohstoffe ist eine logische Folge der Endlichkeit natürlicher Ressourcen. Es lässt sich aber noch viel einfacher formulieren: Die Rückgewinnung von Wertstoffen ist ein Gebot der Vernunft. Es wäre widersinnig, mit hohem finanziellem und technologischem Aufwand Erze mit geringem Wertmetallgehalt abzubauen und aufzubereiten, während z. B. nickelhaltige Galvanikschlämme gegen Gebühr wieder in Deponien unter die Erde verbracht werden. Das Recyclingkonzept an sich war also durchaus zukunftsfähig, als erneuerungsbedürftig stellte sich allerdings das Schmelzwerk der Nickelhütte mit seinen noch aus

den 1930er Jahren stammenden Herdflammöfen dar.
Die geplanten Modernisierungsmaßnahmen beinhalteten die Errichtung neuer Gebäude ebenso wie eine Abwärmenutzung und mehrstufige Reinigung der Abgase. Die damit einhergehende Verminderung des Schadstoffausstoßes ist eine behördlicherseits geforderte und bestätigte Tatsache. Trotzdem stieß der geplante Ausbau der Nickelhütte, so ökonomisch und ökologisch sinnvoll er auch war, auf die geschilderten Ressentiments in der Bevölkerung. Das Misstrauen saß tief und hatte seinen Ursprung in der Zeit des volkseigenen Betriebes, als die Produktion über alle anderen Interessen gestellt wurde und Belange des Umweltschutzes nur eine nachgeordnete Rolle spielten. Proteste waren kaum möglich, wer sich zu kritisch äußerte, musste mit Repressalien durch die Staatsmacht rechnen. Zum rüden Umgang mit der eigenen Bevölkerung kam verschärfend hinzu, dass Smogsituationen im Auer Talkessel besonders häufig auftraten, allerdings war dafür bei weitem nicht die Nickelhütte allein verantwortlich zu machen. Auf jeden Fall war es, als wenn sich der über Jahrzehnte aufgestaute Volkszorn entladen würde. Auf Unkenntnis basierende Ängste, deren Äußerung z. T. hysterische Formen annahm, brachen sich nun, da eine Erneuerung und Erweiterung des Schmelzbetriebes anstand, die Bahn. Vertrauensaufbau kann nur über einen längeren Zeitraum erfolgen und muss von positiven Erfahrungen getragen werden. Dieser Prozess kam erst nach 1994 allmählich in Gang. Wie aber gelang dem als „Giftküche“ verschrienen Hüttenwerk überhaupt der Sprung in die Marktwirtschaft, wo doch so viele andere Betriebe aufgeben mussten? Um diese Frage beantworten zu können, müssen wir uns zurück in die bewegte Zeit um 1990 begeben.
Die Welt stand Kopf. Was eben noch wahr und richtig sein sollte, stimmte nicht mehr. Die ehemals volkseigene Nickelhütte wurde unter Regie der Treuhand in eine GmbH umgewandelt und reihte sich ein in die graue Konkursmasse eines Staates, der sich rasant veränderte und dabei immer weiter

146 Am 30. Mai 1990 wurde die Nickelhütte unter Regie der Treuhand vom volkseigenen Betrieb in eine GmbH umgewandelt. Schon einen Tag später ging man daran, das sozialistische Kürzel „VEB“ von der Fassade des Sozialgebäudes zu entfernen. So schnell wie der Schriftzug konnten die aus der Planwirtschaft resultierenden Probleme freilich nicht beseitigt werden.

auflöste. Noch wurde produziert, doch es war anders als bisher. Die Gespräche drehten sich um Reisen in Richtung Westen, die neuen Möglichkeiten, um Ängste und um persönliche Schuld der ehemals Verantwortlichen. Ob das verdiente Geld überhaupt noch etwas wert war, wusste zu diesem Zeitpunkt niemand so genau, aber so lange es die alte Währung noch gab, war zumindest der Absatz einigermaßen gesichert. Freilich war das Ende der Ostmark absehbar und gewollt.
Auch in der alten BRD war eine Ausnahmesituation entstanden. Nicht wenige Glücksritter machten sich auf den Weg in Richtung Osten. Viele dachten kühl darüber nach, wie man den neuen, im Entstehen begriffenen Absatzmarkt am besten erschließen könne. Firmen suchten ihresgleichen, um mögliche neue Konkurrenten bereits im Keim zu ersticken. Andere dachten daran, ihre Aktivitäten auszuweiten. Auch ein Unternehmer aus dem Ruhrgebiet war zu Beginn des Jahres 1990 in der noch bestehenden DDR unterwegs. Siegfried Jacob galt in seiner Heimat als Pionier des Metallrecyclings. 1953, mit 21 Jahren, hatte er in Ennepetal ein Unternehmen zum Handel und zur

Aufarbeitung von Sekundärmetallen gegründet. Der wirtschaftliche Erfolg ermöglichte es ihm, die Aktivitäten stetig zu erweitern. Ende der 1950er Jahre gelang ihm die Entwicklung eines Schmelzverfahrens zur Rückgewinnung von Nickel aus Produktionsrückständen. Der dafür genutzte Brennstoff, Steinkohlen-Teeröl, fiel damals in den Kokereien an der Ruhr in großen Mengen an und war entsprechend preiswert. In den folgenden Jahrzehnten stieg er immer weiter ins Recyclinggeschäft ein. Es gehörte nicht wenig Wagemut dazu, denn das Propagieren geschlossener Wirtschaftskreisläufe war damals alles andere als populär. Vor dem Hintergrund niedriger Rohstoffpreise waren buntmetallhaltige Galvanikschlämme und Beizlösungen Ausgangsstoffe, für die sich sonst kaum jemand interessierte. Auf jeden Fall waren die Parallelen mit dem Produktionsspektrum des Auer Hüttenwerks mehr als augenscheinlich.

Das Einheitsgrau der Fassaden, überlastete und in bedauernswertem Zustand befindliche Straßen, geplünderte Autowracks an jeder Ecke. Kurzum, die Situation in der sich auflösenden DDR war für Investoren nicht gerade einladend. Als Jacob am 27. Februar 1990 erstmals die Nickelhütte aufsuchte, setzte sich dieser Eindruck auf dem Betriebsgelände fort. Trotzdem, hinter veralteten Anlagen und renovierungsbedürftigen Gebäuden erkannte er auch das Potential des Noch-VEB. Ein spezialisierter und gut ausgebildeter Stamm an Facharbeitern und Ingenieuren war ebenso vorhanden wie der Wille, das Unternehmen weiterzuführen. Der zu erwartende horrende Investitionsaufwand hielt den westfälischen Unternehmer nicht davon ab, sein Interesse an einer Übernahme des erzgebirgischen Hüttenwerks zu bekunden. Mehr noch, für den Rest des ebenso unsicheren wie turbulenten Jahres 1990 fühlte sich Jacob, obwohl der Erwerb der von der Treuhand geschaffenen GmbH noch alles andere als sicher war, für die Nickelhütte und deren Mitarbeiter verantwortlich. Gegenseitige Besuche wurden organisiert und der eine oder andere Geldbetrag floss, in der Manier eines Unternehmers von altem Schrot und Korn, ohne viele Fragen und Bedenken nach Aue.

Für die oft zermürbenden Verhandlungen mit der Treuhandanstalt war tatsächlich Stehvermögen gefragt. Jacobs Leitspruch, „Auch mit vielen kleinen Schritten kommt man voran“, wäre, wenn er ihn nicht schon früher geprägt hätte, wohl spätestens jetzt entstanden. Tatsächlich zog sich das Procedere unverhältnismäßig in die Länge, über viele Fragen konnte nur schwer eine Einigung erzielt werden. Ein wichtiger Punkt war die Freistellung von Altlasten. Kein vernunftbegabter Unternehmer würde, ohne diese Frage geklärt zu haben, ein Areal übernehmen, auf dem einst hunderttausende Tonnen Uranerze aufbereitet und über einen Zeitraum von fast 50 Jahren Arsenikalien hergestellt wurden. Nach der Schätzung des Umfanges der Problematik und der Freistellungszusage kam es schließlich im März 1991 zum Abschluss eines Kaufvertrages. Mag sein, dass zu jener Zeit ganze Industriezweige den Besitzer für die symbolische Mark wechselten, für die Nickelhütte musste Jacob einen Millionenbetrag auf den Tisch legen. Arbeitsplatzgarantien und Investmittelzusagen schienen der Treuhand dagegen nicht so wichtig gewesen zu sein, jedenfalls bestand sie keineswegs auf die Aufnahme entsprechender Klauseln in den Vertrag.[63, 90]

Die Art und Weise, wie die frohe Botschaft Aue erreichte, ist bis heute in der Nickelhütte unvergessen geblieben. Ferngespräche von West nach Ost oder umgekehrt galten damals noch immer als schwieriges Unterfangen, so war es ein zeittypisches Telefax, das am 8. März 1991 die Mitarbeiter über den Ausgang der langwierigen Verhandlungen mit der Treuhand informierte. Das schlichte Stück Papier wird heute in der Blaufarbenwerksausstellung in der „Kapelle“ aufbewahrt und gilt beinahe als eine Art Reliquie. Der Text des Schriftstückes soll dem Leser nicht vorenthalten werden:

Liebe Mitarbeiter,
nach langem Ringen mit der Treuhand ist es uns gestern gelungen, die Übernahme zu vollziehen. Ich bin zuversichtlich, dass wir mit gemeinsamen Kräften die derzeitigen Schwierigkeiten der Nickelhuet-

te ueberwinden und sie zu einem Unternehmen mit Rang und Namen aufbauen können. Für Ihren tatkräftigen Einsatz zur Erreichung unseres gemeinsamen Zieles möchte ich mich schon heute bedanken ...
Mit besten Grüßen an die gesamte Belegschaft
Ihr neuer Boss

Es kann kein Zweifel darüber bestehen, dass ohne das Engagement Siegfried Jacobs ein Bestand des Betriebes über 1991 hinaus fraglich, wenn nicht gar unmöglich gewesen wäre. Die Rettung der Nickelhütte ist, ohne pathetisch sein zu wollen, ein bemerkenswertes Kapitel gelungener deutsch-deutscher Zusammenarbeit. Der Westfale betrachtete es als seinen persönlichen Beitrag zur Einheit, sogar Kritiker und politische Gegner erkannten sein *segensreiches Wirken für den Industriestandort Aue*[91] an. Als Siegfried Jacob 1999 mit nur 67 Jahren verstarb, fasste der Stadtrat den Beschluss, die Brücke über das Schwarzwasser der eben fertig gestellten S 222, die direkt am Werk vorbeiführt, nach ihm zu benennen. Seither erinnert eine bronzene Gedenktafel an den ebenso liebenswerten wie etwas kauzigen Querdenker aus Ennepetal.

Am 1. Juli 1990, es bestand noch keine Gewissheit über den Ausgang der Verhandlungen zwischen dem designierten Investor und der Treuhand in Bezug auf die Privatisierung der Nickelhütte, hielt die Deutsche Mark ihren Einzug zwischen Rügen und Erzgebirge. Schlagartig veränderte sich das wirtschaftliche Umfeld. Ab sofort musste sich der Betrieb den Bedingungen des Marktes stellen. Die Hauptabnehmer für Nickel und Nickelsalze wie der ehemalige VEB Grubenlampe Zwickau oder die Galvanotechnik Leipzig gerieten selbst in Schwierigkeiten und fielen als Partner aus. Die Absatzlage entwickelte sich zunehmend kritisch, neue Verbindungen zu knüpfen war in dem veränderten Marktumfeld naturgemäß schwierig. Betriebsbedingte Kündigungen blieben nicht aus, im Laufe des Jahres 1990 verloren annähernd 100 Mitarbeiter, also mehr als ein Viertel der Belegschaft, ihren Arbeitsplatz.

147 Seit 1999 trägt die im Zuge des Baus der S 222 entstandene Brücke über das Schwarzwasser, die direkt an der Nickelhütte vorbeiführt, den Namen Siegfried Jacobs. Der westfälische Querdenker, dessen spezielles Erkennungszeichen stets eine markante Kopfbedeckung war, scheint auf der angebrachten Gedenkplatte gut getroffen. Aufnahme 2010.

In dieser kritischen Situation wurde nach Auswegen und neuen Betätigungsfeldern gesucht. So wurde kurzerhand eine Annahmestelle für Altfahrzeuge eingerichtet. Viele in die Jahre gekommene Kraftwagen, meist DDR-Fabrikate, traten nun ihren letzten Weg in die Nickelhütte an. Die Fahrzeuge wurden zerlegt, enthaltene Betriebsstoffe und Buntmetalle konnten im Betrieb selbst verwertet werden. Bis Ende 1992, als dieses Betätigungsfeld wieder aufgegeben wurde, waren einige tausend Autowracks entsorgt worden. Die Aufnahme dieser für ein Hüttenwerk eher untypischen Dienstleistung ist ein beredtes Beispiel dafür, wie stark der Wille zum Überleben war, und finanziell gelohnt hatte sich die Fahrzeugverschrottung allemal.

Neu aufgebaut wurde auch eine Abteilung, die noch heute besteht und auch zukünftig beibehalten werden soll. Die Schließung von Betrieben, aber auch die notwendige Erneuerung vieler Umspannwerke führte besonders nach 1990 zum Anfall einer hohen Zahl von ausgedienten Transformatoren, die voller Wertstoffe wie Kupfer und Aluminium steckten. Was lag also näher, als die Entsorgung solcher Geräte anzubieten? Tatsächlich wurden

148 Der noch heute genutzte Zerlegeplatz für Alttransformatoren der Nickelhütte Aue GmbH ist im Herbst 1993 gut ausgelastet.

149 Spektakulär ist stets der Transport von schrottreifen Großtransformatoren vom Pumpspeicherwerk Markersbach zur Nickelhütte Aue. Die historischen Lokomotiven und der Umweg über die mitunter als „Sächsischer Semmering" bezeichnete Strecke Aue-Zwönitz waren ein Zugeständnis an zahlreiche Eisenbahnfreunde. Foto: Marcel Grauke (2012).

von Monat zu Monat immer mehr Aggregate angeliefert, innerhalb kurzer Zeit übernahm die Nickelhütte die Marktführerschaft im Bereich des Traforecyclings in den neuen Bundesländern. Die Metalle wurden aufbereitet und gelangten in den Rohstoffkreislauf zurück. Selbst für das Transformatorenöl, sonst ein problematischer Abfall, wurde eine sinnvolle Verwendung gefunden. Es eignet sich als Brennstoff in den Flammöfen der Hütte und ersetzt somit wertvolles primäres Heizöl oder Erdgas.

Inzwischen ist das Aufkommen von Trafoschrott naturgemäß wieder zurückgegangen, so dass diese Abteilung nur noch wenig zum Gesamtumsatz des Unternehmens beiträgt. Trotzdem kommt es in diesem Bereich von Zeit zu Zeit mitunter zu durchaus spektakulären Aktionen wie z. B. 2007 oder 2012, als im Zuge der Erneuerung des Pumpspeicherwerks Markersbach der Auftrag zur Entsorgung mehrerer Großtrafos an die Nickelhütte ging. Die je 220 Tonnen schweren Kolosse wurden auf Tiefladern von der Umspannstation des Kraftwerks zum Haltepunkt Grünstädtel transportiert, um dann per Bahn ihre Weiterreise zur Zerlegung nach Aue anzutreten. Als zusätzliche Attraktion für die vielen Eisenbahnfreunde und Schaulustigen, die zu diesem Spektakel erwartet wurden, kam mehrfach die historische Dampflok 50 3616 des Vereins Sächsischer Eisenbahnfreunde e. V. Schwarzenberg zum Einsatz. Die Trafozüge wurden extra auf die kurven- und steigungsreiche Strecke Aue-Zwönitz-Thalheim und zurück dirigiert, um entsprechende Fotomotive zu bieten.

Zwischen der Geschäftsführung der Nickelhütte, insbesondere Peter Koch und dem neuen Besitzer aus Ennepetal, Siegfried Jacob, stimmte in mehrfacher Hinsicht von Anfang an die Chemie. In einer von gegenseitiger Wertschätzung und Vertrauen geprägten Atmosphäre wurde eine weitsichtige Konzeption für die zukünftige Entwicklung des Betriebes ausgearbeitet. Dass die Hütte nach wie vor im Bereich der Wiederverwertung NE-metallhaltiger Abfälle tätig sein sollte, stand dabei nicht zur Diskussion, wohl aber die zukünftige Ausrichtung am Markt. Eine Nischenposition fand der mittelständische Betrieb in dem Bereich des Recyclinggeschäfts, dessen Umfang für Großunternehmen nicht lukrativ und für kleinere Betriebe schlichtweg zu groß ist. Dieser Grundsatz wurde als eine Art Unternehmensphilosophie zur Grundlage des wirtschaftlichen Erfolgs. Allerdings ging damit einher, dass die Produktionslinien sehr flexibel ausgelegt werden mussten, um kurzfristig auf Wandlungen am Markt reagieren zu können.

An eine Weiterführung des Schmelzbetriebes wie im ehemaligen VEB war unter den veränderten Um-

150 Peter Koch begann seine berufliche Laufbahn 1966 als Technologe in der Nickelhütte Aue und fungierte von 1990 bis 2008 als Geschäftsführer der Produktion (GFP). Ihm kommt ein entscheidender Anteil an der erfolgreichen Restrukturierung des Betriebes nach 1990 zu. Für seine vielfältigen Verdienste wurde der passionierte Mineraliensammler zum Ehrenbürger von Aue ernannt, mit dem Bundesverdienstkreuz ausgezeichnet und mit der Ehrendoktorwürde der Bergakademie Freiberg bedacht. Aufnahme aus den frühen 1990er Jahren.

ständen nicht zu denken. Die vorhandenen Herdflammöfen waren von ihrer Konstruktion her, aber besonders hinsichtlich der eingesetzten Generatorgasfeuerung hoffnungslos veraltet. Die Gaserzeugung aus Braunkohlenbriketts brachte unangenehme Nebenerscheinungen mit sich. Als besonders problematisch stellte sich der Umgang mit dem in hohen Quantitäten anfallenden Schwelteer dar. Aber auch bei der Verbrennung des Gases selbst entstanden reichlich Schadstoffe. Überhaupt war der Generatorbetrieb umständlich und arbeitsintensiv, einzig der Mangel an anderen Brennmaterialien rechtfertigte den Einsatz der überkommenen Technik unter DDR-Bedingungen. Demnach bestand hier der dringendste Handlungsbedarf. Die erste Maßnahme, die im Bereich des eigentlichen Hüttenbetriebes realisiert wurde, war denn auch der Ersatz der Generatorgasfeuerung durch moderne Öl-Sauerstoff-Brenner. Der Einsatz von technisch reinem Sauerstoff anstatt wie bisher von Luft minimierte die Abgasmenge auf einen Schlag um 80 Prozent.

151 Aus dieser Perspektive erinnert der Abstich eines stationären Herdflammofens in der Nickelhütte Aue 1992 beinahe an eine Szene aus Dantes „Inferno". Mit modernisierter Brennertechnik ausgestattet war ein Schmelzaggregat dieser Bauart noch bis 1997 in Betrieb.

In Verbindung mit den gleichzeitig installierten Gewebefiltern, die die bisherige, kaum mehr funktionstüchtige elektrische Abgasreinigung (EGR) ersetzten, wurden beachtliche Schadstoffreduktionen erzielt.

Trotz dieser Maßnahmen war langfristig mit den alten Öfen weder an ein rationelles Arbeiten noch an eine Erweiterung der Kapazitäten zu denken. Deshalb blieben die Erneuerung bzw. der wesentliche Umbau des gesamten Schmelzbetriebes eines der dringendsten Erfordernisse auf dem Weg zu einem modernen Hüttenwerk. Die dazu unter Einbeziehung der Öffentlichkeit durchgeführten Planungen waren jener Stein des Anstoßes, der für

152 Während in der alten Flammofenhalle (rechts) der Schmelzbetrieb weiterläuft, entsteht die neue Anlage. Die Abbildung zeigt die Installation des Abhitzekessels im September 1996 in die noch im Rohbau befindliche neue Ofenhalle.

153 Die alte, etwa um 1900 erbaute Flammofenhalle hatte, als der erste der neuen Drehflammöfen seinen Betrieb aufnahm, ausgedient. Im September 1998 musste sie dem deutlich größer dimensionierten Neubau weichen.

die eingangs geschilderten, oft sehr emotional vorgebrachten Proteste in Teilen der Bevölkerung sorgte. Dabei waren bereits in den letzten Jahren des volkseigenen Betriebes Planungen zur Neugestaltung des Schmelzwerkes ausgearbeitet worden. Diese Überlegungen wurden jetzt aufgegriffen und neu bewertet. Die Anschaffung von Elektroöfen wurde zwar in Betracht gezogen, allerdings war recht schnell klar, dass einfacher aufgebaute, in ihrer Reduktionswirkung steuerbare Drehflammöfen den Anforderungen eines flexiblen Betriebes, der wie bisher auf der Technologie des sulfidierenden Schmelzens beruhen sollte, eher entsprachen. Dabei waren die neuen Schmelzaggregate nur ein Teil der Gesamtkonzeption. Eine Lager- und Gemengehalle für die Ausgangsstoffe war ebenso erforderlich wie eine neue Ofenhalle an sich, da das vorhandene, aus der Zeit um 1900 stammende Gebäude zu gering dimensioniert und zudem völlig verschlissen war. Für die Realisierung der Maßnahme war ein Zeitraum von mehreren Jahren vorgesehen, daraus ergab sich die Notwendigkeit, dass zumindest einer der alten Herdflammöfen parallel zu den Baumaßnahmen weiterbetrieben werden musste.[92]

Die Lösung des Problems bestand darin, dass zu Beginn der Arbeiten 1995 zunächst nur der westliche Teil der alten Flammofenhalle inclusive der dort vorhandenen zwei Schmelzaggregate abgetragen wurde. Somit entstand Baufreiheit für die partielle Errichtung der neuen Anlage, während der östliche Bereich des vorhandenen Industriebaus weiterhin für den laufenden Schmelzbetrieb genutzt werden konnte. Es lässt sich kaum realistisch beschreiben, welche Schwierigkeiten und Herausforderungen ein solches kontrastreiches Nebeneinander von Alt und Neu über mehrere Jahre zwangsläufig mit sich brachte. So musste die Abgasleitung von der rudimentären alten Schmelzhalle um die Neubaustelle herum bis zum Schornstein provisorisch verlegt werden. Die gleichzeitig anlaufenden Fundamentierungsarbeiten für die neue Lager- und Gemengestation engten die ohnehin schon beschränkten Platzverhältnisse noch weiter ein. Zu allem Überfluss wurden in dem gesamten Areal noch erhebliche Kontaminationen des Bodens mit Schwermetallen und Arsen festgestellt. Überraschen konnte dieser Befund freilich nicht, da das noch bis 1976 übliche „Speiseschmelzen“, also die Anreicherung der Wertmetalle in einer arsenidischen Matrix, zwangsläufig Spuren hinterlassen musste. Der kontaminierte Untergrund bedurfte in einigen Bereichen des kompletten Austausches in bis zu fünf Metern Tiefe. Erst als 1998 der erste der drei

154 Zu Beginn des Jahres 1999 steht die Rekonstruktion des Schmelzwerkes kurz vor dem Abschluss. Nur der letzte der drei Drehflammöfen wartet noch auf seine Komplettierung.

neuen Drehflammöfen einsatzbereit war, verloren sowohl die alte Halle als auch der letzte Rundofen ihre Existenzberechtigung und wurden abgerissen. Schließlich konnte das neue Schmelzwerk 1999 seinen Dauerbetrieb aufnehmen.

Der Neubau bedeutete nicht nur in Hinsicht auf die Kapazität, das Wertstoffausbringen und die Handhabung einen bedeutenden Fortschritt gegenüber der alten Technik, sondern auch in Sachen Umweltverträglichkeit. Ohne Übertreibung kann, was die Minimierung des Schadstoffausstoßes betrifft, sogar von einem Quantensprung gesprochen werden. Die gleichzeitig mit den neuen Flammöfen installierte mehrstufige Rauchgasreinigung, bestehend aus Nachbrennkammer, Abhitzekessel, Gewebefilter und Nasswäscher, gilt als äußerst wirksam und erfüllt bis heute die schon mehrfach verschärften Grenzwerte für Luftschadstoffe in der Europäischen Union.

Die Erneuerung des gesamten Schmelzbetriebes der Nickelhütte war zwar die umfangreichste, aber eben nur eine von vielen Investitionen, die in den 1990er Jahren umgesetzt wurden. Andere wichtige Maßnahmen, wie die Instandsetzung der Wasserkraftanlage inclusive des Betriebsgrabens in den Jahren 1991/92 oder der Aufbau einer neuen Energiezentrale, in der mittels einer Gasturbine und eines Gasmotors sowohl Strom als auch Wärme für den Eigenbedarf erzeugt werden, können hier nur Erwähnung finden. Das Investitionsvolumen im ersten Jahrzehnt nach der Privatisierung lag bei nahezu 200 Millionen DM. Dabei kam gut die Hälfte dieser Summe dem Umweltschutz zugute.

Insgesamt befand sich die Nickelhütte nach der Privatisierung auf dem Wege einer gesunden wirtschaftlichen Entwicklung. Ab 1994 stieg die Zahl der Mitarbeiter wieder kontinuierlich an, die Umsatzerwartungen konnten von Jahr zu Jahr weiter nach oben korrigiert werden. Das Konzept, als mittelständischer Betrieb komplette Recyclinglösungen anzubieten, wurde im In- und Ausland gut aufgenommen. Ende der 1990er Jahre bestanden Handelsbeziehungen in 35 Länder, viele namhafte deutsche Firmen, insbesondere aus der Chemie- und Automobilindustrie, konnten als Kunden gewonnen werden. Die energieintensive Herstellung von Elektrolytnickel, einst ein zentrales Erzeugnis des Werkes, war in dem betriebenen Umfang unrentabel und wurde eingestellt. Das Vorprodukt, den Nickelstein, an entsprechende Großverarbeiter zu verkaufen und lediglich Nickelsalze herzustellen, erwies sich als ökonomisch sinnvoller. Auch weitere Betätigungsfelder, wie der Metallhandel oder die Anfertigung von Speziallegierungen wurden neu erschlossen und erwiesen sich als durchaus lukrativ. Keiner konnte ahnen, dass es gerade ein Naturereignis sein würde, das all diese Erfolge in Frage stellen sollte.

Am Abend des 18. Juni 1856 ziehen sich dunkle Wolken über dem Westerzgebirge zusammen. Noch vor Einbruch der Nacht entlud sich ein Unwetter bisher nicht gekannten Ausmaßes. Bäume knickten wie Streichhölzer, taubeneigroße Hagelkörner schlugen selbst die Schiefer der Dächer entzwei. Dauerregen setzte ein. In Niederpfannenstiel schwoll der Rumpelsbach, sonst ein friedlich den Bärengrund herabplätscherndes Gewässer, binnen kurzer Zeit zum reißenden Strom an. Einige Stunden später suchten sich auch die Fluten des Schwarzwassers ihre Bahn durchs Werksgelände. Am Morgen des 19. Juni hatte sich das Unheil verzogen, im Laufe des Tages ebbten auch die Wassermassen ab. Das ganze Ausmaß der Verwüstungen wurde nun sichtbar. Pochwerks- und Glasofengebäude waren stark beschädigt, die Einrichtungen unbrauchbar. Auch die eben erst am Ausgang des Bärengrundes errichteten Neubauten, der ganze Stolz des neu gegründeten Privatblaufarbenwerksvereins, wurden beträchtlich in Mitleidenschaft gezogen. Als die Schäden weitgehend behoben waren, die Reparaturen zogen sich fast ein Jahr hin, wurde das Werksgelände erneut vom Hochwasser heimgesucht. Die Flut vom Sommer 1858 hinterließ nicht weniger Verwüstungen als die Unwetternacht zwei Jahre zuvor.[23-22]

Überschwemmungen waren schon immer der natürliche Feind oder zumindest die größte Bedrohung der sächsischen Blaufarbenwerke. Da die Farbmühlen auf Gedeih und Verderb auf die Nutzung der Wasserkraft angewiesen waren, mussten sie unmittelbar an Fließgewässern errichtet werden. In Niederpfannenstiel kommt erschwerend hinzu, dass das Werk dem Rumpelsbach bei seiner Einmündung ins Schwarzwasser quasi in die Quere kommt. Der kleine Bach kann bei starken Niederschlägen innerhalb kurzer Zeit beträchtlich anschwellen, die entfesselten Wassermassen suchen sich dann den kürzesten Weg in Richtung Schwarzwasser. Hochwasserschäden waren in Niederpfannenstiel auch 1954 und in den 1970er Jahren zu verzeichnen. Man könnte demnach die Flut des Jahres 2002 zu den Ereignissen zählen, die über kurz oder lang erneut auftreten mussten. Dennoch waren sowohl das Ausmaß der Katastrophe als auch die Begleitumstände außergewöhnlich. Bewegende Momente, die nicht nur den Mitarbeitern der Nickelhütte in lebhafter Erinnerung geblieben sind.

Der 11. August 2002 war ein warmer und angenehmer Sonntag. Zwar war hier und da von der Möglichkeit starker Niederschläge die Rede, die halbherzig verbreiteten Warnungen fanden aber kaum Beachtung. In den Nachtstunden setzte im Erzgebirge Dauerregen ein, am darauf folgenden

155 Mitarbeiter der Nickelhütte versuchen am Abend des 12. August 2002 die Schwarzwasserbrücke zu sichern. Noch vor Einbruch der Dunkelheit müssen die Arbeiten aufgegeben werden.

Montag drang erst am späten Morgen etwas Tageslicht durch die dichte Wolkendecke. Wer sich ungeschützt im Freien bewegte, war schon nach wenigen Sekunden völlig durchnässt. In der Nickelhütte hatte zunächst ein normaler Arbeitstag begonnen, der stetig steigende Schwarzwasserpegel führte aber jedem vor Augen, dass sich die Situation zunehmend bedrohlich entwickelte. Nachmittags ging die Belegschaft dazu über, besonders gefährdete Stellen im Werksgelände notdürftig mit Sandsäcken zu schützen. Einige Mitarbeiter des Unternehmens bezogen auf der Schwarzwasserbrücke Position. Mit Stangen bewaffnet, versuchten sie eine Stauung der ansteigenden Wassermassen durch mitgeführtes Treibgut zu verhindern. Als die Flut schließlich die Brückenkrone erreichte, wurden die Arbeiten lebensgefährlich und mussten eingestellt werden.

Immer mehr Werksangehörige treffen nun im Betrieb ein, um zu retten was zu retten ist. Doch gegen die hereinbrechende Katastrophe gibt es keine Handhabe. Etwa ein Uhr nachts wird ein Horrorszenario zur Realität. Der Mittelpfeiler der unterspülten Brücke hält dem Druck der Wassermassen nicht mehr länger stand. Das Bauwerk neigt sich in den Strom und staut die Fluten wie ein Wehr auf. Hilflos muss die Belegschaft zusehen, wie das Betriebsgelände innerhalb weniger Minuten komplett

156 Am 13. August, etwa um 1 Uhr hatte sich die unterspülte Schwarzwasserbrücke quer in den Strom gelegt. Die aufgestauten Wassermassen drangen in kurzer Zeit ins Werksgelände vor und zogen einen Totalausfall der Produktion nach sich. Die Aufnahme entstand am Morgen des 13. August 2002.

157 Die Kraftzentrale gehörte zu den Bereichen des Werkes, die am schwersten von der Flutkatastrophe betroffen waren. Die durchströmenden Wassermassen beschädigten das historische Gebäude und die darin befindlichen technischen Einrichtungen schwer.

überschwemmt wird. In einigen Abteilungen erreicht das Wasser eine Tiefe von über zwei Metern. Alle Anlagen müssen abgeschaltet werden, die Produktion kommt vollständig zum Erliegen.

Am Morgen des 13. August gleicht das Werksgelände einer unwirklichen Seenlandschaft. Erst allmählich zieht sich das Wasser zurück und offenbart dabei das ganze Ausmaß der Zerstörungen. Großflächige Ausspülungen und Berge von Treibgut vermitteln ein trostloses Bild. Dabei sind die Schlammmassen in den Gebäuden noch das geringste Problem. In allen Bereichen des Unternehmens wurden Maschinen und Anlagen zerstört. Besonders schlimm war die Situation in der Kraftzentrale. Sowohl das Gebäude als auch die technischen Einrichtungen sind schwer beschädigt. Die Schwarzwasserbrücke ist völlig unterspült und muss abgetragen werden. Somit war der Betrieb über den Haupteingang nicht mehr zu erreichen.

Die Zerstörungen waren immens. Erste Schätzungen gingen von 12 Millionen Euro aus, später musste die Zahl noch weiter nach oben korrigiert werden. Die stillstehende Produktion bedeutete jeden Tag eine Umsatzeinbuße von etwa 400.000 Euro, ganz zu schweigen von den Problemen, die sich dadurch ergaben, dass Verträge nicht erfüllt werden konnten und vereinbarte Termine nicht zu halten waren. Resignation und Verzweiflung machten sich breit. War das das Ende? Die Leistungen des letzten Jahrzehnts, die gute wirtschaftliche Entwicklung umsonst und die vielversprechenden Zukunftsaussichten mit der Flut weggeschwemmt?

158 Im Bärengrund hinterließ der Rumpelsbach eine Spur der Verwüstung. Der sich hier befindliche historische Gebäudekomplex hat schon einige Hochwasser, wie z. B. 1856 und 1858, überstanden.

Keine dieser Befürchtungen sollte sich bewahrheiten, vielmehr rollte eine Welle der Hilfsbereitschaft an. Freiwillige Feuerwehren, darunter sogar eine

159 Mit dieser Anzeige in der Regionalpresse bedankt sich der Betrieb bei den zahlreichen Helfern. Ohne Zweifel ist die Nickelhütte nun bei der Bevölkerung angekommen.

Truppe aus dem bayerischen Ansbach, das Technische Hilfswerk, die Bundeswehr sowie viele regionale Firmen und Vereine wirkten an der Beseitigung der Schäden mit. Unzählige Privatpersonen boten ihre Hilfe an. Letztlich war es gar nicht möglich, all die Offerten anzunehmen. Etliche Kunden und Geschäftspartner versicherten dem Betrieb ihre Solidarität und machten deutlich, dass die Katastrophe keine negativen Auswirkungen auf die bestehenden Geschäftsbeziehungen haben werde. Tatsächlich ermöglichten die vielfache Hilfe und die außerordentliche Einsatzbereitschaft der Mitarbeiter bereits am 20. August 2002 ein teilweises Wiederanfahren der Produktion, wenig später wurde die volle Kapazität erreicht. Um den Haupteingang zumindest für Fußgänger passierbar zu halten, entstand ein behelfsmäßiger Übergang zur Rudolf-Breitscheid-Straße. Die vollständige Wiederanbindung des Werksgeländes an die Auer Neustadt konnte 2003 mit der Errichtung der neuen Rundbogenbrücke, die nun ohne einen problematischen Mittelpfeiler auskommt, realisiert werden. Durch die Umsetzung weiterer Hochwasserschutzmaßnahmen, wie der Errichtung eines Tosbeckens mit einem unterirdischen Umgehungskanal für den Rumpelsbach im Bärengrund, ist der Betrieb nun wesentlich besser auf zukünftige Unbilden der Natur vorbereitet.

Ob die Flut vom August 2002 das schwerwiegendste Ereignis dieser Art in der langen Firmengeschichte war, lässt sich nicht zweifelsfrei feststellen. Immerhin kam es weder im Werk noch in der Stadt Aue zu Personenschäden. Sehr sicher ist aber davon auszugehen, dass keine der vorangegangenen Naturkatastrophen eine solche Welle der Solidarität auszulösen vermochte. Dabei waren die Reaktionen in der Bevölkerung mittlerweile grundverschieden von denen des Jahres 1994, als so mancher nichts sehnlicher herbeiwünschte, als dass der Betrieb über Nacht mit Mann und Maus hinweggespült würde. Das Jahrhunderthochwasser hinterließ demnach nicht nur Verwüstungen, sondern auch die Erkenntnis, dass die Nickelhütte nun wirklich in der Region angekommen ist und auf einen breiten Rückhalt in der Bevölkerung bauen kann.

Made in Aue-Niederpfannenstiel

Tagtäglich trifft ein Schwarm von Lastkraftwagen mit den verschiedensten in- und ausländischen Kennzeichen in der Nickelhütte ein. Die Ladungen bestehen aber nicht aus fertigen Waren oder anderen nützlichen Dingen, sondern es ist ein Strom von Abfällen, Reststoffen und Metallschrott, der sich stetig über den Betrieb ergießt. In mannshohen Kunststoffsäcken, den sogenannten Big Bags, werden graue Flugstäube, Aschen und Krätzen angeliefert. Verbeulte Fässer aus aller Welt beinhalten eine Unzahl fingerkuppengroßer Körperchen. Es sind verbrauchte Katalysatoren aus der chemischen Industrie, die bis zu ihrer Erschöpfung u.a. bei der Margarine- oder Benzinherstellung wertvolle

Dienste leisteten. Tankwagen schlagen eine schmutzig-grüne Flüssigkeit um, die in der Halbleiterindustrie anfällt, wenn die kupfernen Leiterbahnen aus den Platinen mit Salzsäure herausgeätzt werden. Auch Firmen, die sich mit der Veredlung von Metalloberflächen befassen, wissen, dass sie in Aue nicht nur ihre verbrauchten Galvanisierlösungen entsorgen lassen können, sondern auch hochwertige Nickelsalze, eben die benötigten Ausgangsstoffe, wieder zurückerhalten.

„Aus Abfall wird Produkt. Wir schließen den Kreislauf." Allmählich lässt sich erahnen, was sich hinter diesen beiden Sätzen verbirgt, mit denen die Nickelhütte Aue GmbH selbst ihr Betätigungsfeld umschreibt. Durch die Kombination von Schmelzbetrieb und ausgeklügelten nassmetallurgischen Verfahren gelingt es, aus ungeliebten Industrieabfällen wieder begehrte Produkte zu erzeugen. Ein Nutzen wird damit in doppelter Hinsicht erzielt. Problemstoffe, die sonst auf einer Deponie enden würden, erfahren eine fachgerechte Entsorgung, indem die enthaltenen Wertmetalle zurückgewonnen werden und damit erneut als Rohstoff für die Industrie zur Verfügung stehen. Genauso wie im Energiesektor zunehmend auf regenerative Quellen gesetzt wird, dürfen auch die wertvollen NE-Metalle, wenn sie einmal aus dem Erz gewonnen wurden, nicht wieder verloren gehen.

Niemand kann ernsthaft daran zweifeln, dass ein solcher Ansatz durch die fortschreitende Verknappung der Rohstoffe zukünftig weiter an Bedeutung gewinnen wird. Trotzdem wäre es äußerst naiv, aus diesen Überlegungen den Schluss abzuleiten, dass damit der Bestand und die Entwicklung des Betriebes zwangsläufig gegeben sind. In der Realität ist die Abfallverwertung schon aufgrund der Vielfalt der anfallenden Reststoffe eine komplexe Herausforderung, für deren Bewältigung hochentwickelte Technologien flexibel eingesetzt werden müssen. Als großes mittelständisches Unternehmen besetzt die Nickelhütte eine Nische in dem Bereich der Recyclinglösungen, der für Großunternehmen unwirtschaftlich ist und von den Kleinen nicht bewältigt werden kann. Nur ganz wenige andere Betriebe bewegen sich in diesem Marktsegment und können entsprechende Lösungen anbieten. Nicht zufällig werden einige der zu verwertenden Abprodukte um die halbe Welt bis nach Aue transportiert.

160 Aus aller Welt treffen Abfälle und Produktionsrückstände in der Nickelhütte ein. Ihre Entsorgung erfolgt durch Wiederverwertung der darin enthaltenen Wertstoffe.

Im Amtsdeutsch ist die Nickelhütte ein Entsorgungsfachbetrieb, der die Anforderungen nach dem Kreislaufwirtschafts- und Abfallgesetz erfüllt. Das bedeutet nichts anderes, als dass der Betrieb unter Einhaltung der aktuellen Umweltgesetzgebung in der Lage ist, bis zu etwa 300 verschiedene Abfallarten einzusammeln und fachgerecht zu verwerten. Das schließt natürlich auch die Lagerung, den Umgang und den lückenlosen Nachweis des Verbleibs der jeweiligen Reststoffe mit ein. Dass all diese Voraussetzungen erfüllt sind, wird regelmäßig von den Mitarbeitern einer unabhängigen Institution überprüft. Sie nehmen sowohl die technischen und baulichen Einrichtungen als auch die Buchführung des Unternehmens genau unter die Lupe. Das Procedere ist gar nicht so verschieden von der Hauptuntersuchung, die jeder Autobesitzer alle zwei Jahre über sein Fahrzeug ergehen lassen muss, nur dass die Überprüfung statt einer halben Stunde mehrere Tage dauert und zudem jedes Jahr erfolgt. Mit der Ausstellung eines Zertifikates wird schließlich der Status als „Entsorgungsfachbetrieb" aufs Neue bestätigt. Die Kunden der Nickelhütte erhalten somit

161 In den insgesamt vier, jeweils 16 Meter langen Drehrohröfen der Nickelhütte werden pro Jahr mehrere tausend Tonnen Buntmetallkonzentrate hergestellt. Die imposante Anlage erlaubt die Nutzung der entstehenden Abwärme durch die Gewinnung von Heizdampf und Strom und ist mit modernster Rauchgasreinigungstechnik ausgerüstet.

162 Von einen „Abstich" im eigentlichen Sinne kann bei den neuen Drehflammöfen eigentlich gar nicht mehr gesprochen werden, da das Ausbringen der Schlacke und des Steins durch Drehen des Ofens erfolgt. Trotzdem fasziniert der finale Vorgang des Schmelzprozesses immer wieder aufs Neue. Das erschmolzene Material gelangt zur Erstarrung in eiserne Pfannen und wird dann mechanisch zerkleinert.

die Gewissheit, dass ihr Abfall ordnungsgemäß und nutzbringend verwertet wird.

Doch was geschieht nun eigentlich mit den Schlämmen, Aschen, Lösungen u. a. Reststoffen, nachdem sich die Werkstore hinter ihnen geschlossen haben? Für den Hüttenbetrieb sind diese Industrieabfälle nichts anderes als die Erze des 21. Jahrhunderts. So wie hier am Ort in früheren Zeiten aus bergbaulich gewonnenen primären Wertstoffträgern Blaufarben bzw. später Nickel, Kobaltoxide, Kupfer und andere NE-Metalle und deren Verbindungen erzeugt wurden, so entstehen heute ähnliche Produkte aus Rückständen.

Verbrauchte Katalysatoren und andere Rückstände, die hohe Gehalte an Nickel, Kupfer, Kobalt, Molybdän usw. aufweisen, werden durch Abrösten im Drehrohrofen von organischen Reststoffen befreit. Die entstehenden Konzentrate finden z. B. in der Stahl- und Buntmetallindustrie ihre Abnehmer. Galvanikschlämme, Flugstäube u. ä. Abfälle mit geringeren Anteilen an NE-Metallen gelangen ins Schmelzwerk der Nickelhütte. Mit dem Schmelzprozess wird das Ziel verfolgt, die Wertstoffe, vorwiegend Nickel, Kupfer und Kobalt, in einer sulfidischen Matrix, dem sogenannten Stein zu sammeln, während sich die nichtmetallischen Bestandteile und Verunreinigungen in der Schlacke anreichern. Die Gemengezusammenstellung für die beiden pyrometallurgischen Prozesse ist schon aufgrund der komplexen Zusammensetzung der Ausgangsstoffe eine anspruchsvolle Aufgabe. Sie erfolgt auf der Grundlage chemischer Analysen der einzelnen Rohstofflose. Dabei liegt das Augenmerk nicht allein auf der Erzielung eines maximalen Wertstoffausbringens, sondern auch darauf, keine Extremsituationen hinsichtlich der Schadstoffkonzentration im Abgas zu provozieren. Die Erfüllung dieser Forderungen bedarf sowohl einer ständigen Anpassung der Zusammensetzung der Gemenge als auch der Röst- bzw. Schmelzbedingungen.

Naturgemäß entsteht beim Schmelz- bzw. Röstprozess neben den Wertstoffen auch Abgas, dem in früheren Zeiten nur insofern Beachtung geschenkt wurde, als man darauf bedacht war, sich seiner mit möglichst geringem Aufwand zu entledigen. Der 1973 in Betrieb gegangene, 180 Meter hohe Zentralschornstein bedeutete zwar eine geringere Umweltbelastung in der unmittelbaren Umgebung des Werkes, allerdings wurde dieses Ziel im Wesentlichen nur durch die Verdünnung der Schadstoffe in höheren Luftschichten erreicht.

Diese Art der Rauchgasbeseitigung gehört nun endgültig der Vergangenheit an. Heute sorgt ein komplexes System dafür, dass dem Abgas sowohl seine Restwärme als auch der Schadstoffgehalt entzogen wird. Auf dem Weg vom Flamm- bzw. Röstofen bis zum Eintritt in den Kamin muss es zunächst eine Nachbrennkammer passieren. Ruß, Kohlenmonoxid und gefürchtete organische Schadstoffe wie Dioxine werden hier zu ungiftigen Produkten oxidiert. Das ausgebrannte, etwa 900° C heiße Gas strömt nun durch einen Abhitzekessel und gibt hier den größten Teil seines Wärmeinhaltes ab. Der dabei erzeugte Dampf wird je nach Anfallmenge und Jahreszeit an anderer Stelle im Werk eingesetzt, an Verbraucher im Umfeld des Betriebes abgegeben oder in elektrische Energie für den Eigenbedarf umgewandelt. Diese sinnvolle Sekundärenergienutzung führt zu einer Einsparung von bis zu 10.000 Tonnen Heizöl im Jahr, was gleichbedeutend mit der Minimierung des Kohlendioxidausstoßes um ca. 30.000 Tonnen ist.

Die Entstaubung des Abgases übernimmt ein großzügig dimensionierter Gewebefilter. Der anfallende schwermetallhaltige Feststoff wird in die Prozesse zurückgeführt. Schließlich sorgen Wäschertürme dafür, dass Schwefeldioxid, eben jener gasförmige Schadstoff, der einst hauptverantwortlich für das Waldsterben war, aus dem Abgas entfernt wird. Die in die Wäscher eingedüste Kalksteinsuspension wird durch die Aufnahme des Schwefels in Gipshydrat überführt, das erneut als Sulfidierungsmittel beim Schmelzprozess Verwendung finden kann. Übrigens erinnert diese Technologie frappierend an die von Clemens Winkler entwickelte Rauchgasentschwefelungsanlage, die als erste ihrer Art durch den Privatblaufarbenwerksverein im Jahre 1877 auf Schindlerswerk installiert wurde (vgl. den Abschnitt „Der Zeit voraus – die erste Rauchgaswäsche").

163 Die einwandfreie Funktion der komplexen Rauchgasreinigungsanlage wird sowohl innerbetrieblich als auch behördlicherseits ständig überwacht.

Große Teile der Anlage wurden von Mitarbeitern des Unternehmens selbst konstruiert und umgesetzt. Die strengen gesetzlichen Vorgaben der 17. BImSchV[93] lassen sich damit nicht nur mühelos einhalten, sondern werden in der Regel sogar deutlich unterboten. Salopp könnte man es auch so formulieren: Das Abgas, dass weithin sichtbar den Betrieb über den 180 Meter hohen Schlot verlässt, enthält kaum mehr Schadstoffe als die Luft in der Umgebung. Erst der beim Austritt aus dem Schornstein in die kühlere Atmosphäre kondensierende Wasserdampf lässt den Abgasstrom sichtbar werden. Es sei noch erwähnt, dass die Einhaltung der Grenzwerte durch entsprechende Messeinrichtungen ständig kontrolliert und behördlicherseits überwacht wird.

Seit wenigen Jahren verarbeitet die Nickelhütte einen neuartigen Rohstoff, dessen Aufkommen derzeit in starkem Steigen begriffen ist. Mit dem Recycling von Lithium-Ionen-Akkumulatoren aus dem Bereich Elektromobilität betritt das Unternehmen Neuland und bewegt sich damit nicht nur in einem Wachstumsmarkt, sondern sieht sich gleichzeitig mit enormen Herausforderungen konfrontiert. Al-

164 Die Demontage kompletter Unterflurakkus ist sehr aufwändig und muss von geschultem Fachpersonal durchgeführt werden. Hier zerlegen zwei Elektromonteure der Nickelhütte eine Stromspeichereinheit eines namhaften deutschen Automobilherstellers.

lein im Zeitraum 2018/19 hat sich das Aufkommen von zu verwertenden Batterien verdoppelt. Dabei handelt es sich noch nicht einmal um ausgediente Stromspeicher, sondern lediglich um solche Module, die die strengen Qualitätsstandards der Automobilhersteller nicht erfüllten. Die Hauptkomponenten der aussortierten Batterien sind mit Nickel, Kupfer und Kobalt gerade jene Metalle, die das Kerngeschäft der Nickelhütte ausmachen. Trotz der Bezeichnung „Lithium-Ionen-Akku" liegt der Gehalt des Alkalimetalls oft nur im unteren Prozentbereich.

Das Recycling der von Fahrzeug zu Fahrzeug sehr verschiedenen Akkus ist ein komplexer Prozess, der derzeit noch mit viel Handarbeit verbunden ist und ständig weiterentwickelt wird. Kompakte Unterflur-Autobatterien bestehen stets aus mehreren, miteinander kombinierten Modulen, die vor der eigentlichen Verwertung teilweise aufwändig demontiert werden müssen. Da die Stromspeicher meist noch geladen sind und somit mehrere 100 Volt Spannung anliegen, müssen die Arbeiten von geschultem Fachpersonal unter Beachtung entsprechender Sicherheitsvorschriften ausgeführt werden. Die bei der Demontage anfallenden Batteriegehäuse und Kabel werden der Abteilung Metallhandel der Nickelhütte als Schrott zugeführt und schließlich an andere Hüttenwerke zur weiteren Verarbeitung verkauft.

Die aus dem Batteriegehäuse entnommenen, etwa 50 kg schweren Einzelmodule werden nun unter Einmengung verschiedener Zuschlagstoffe in einem Flammofen geschmolzen. Die dabei stattfindende Entladung der Batterien liefert durch die Bildung elektrischer Lichtbögen sogar selbst einen Teil der benötigten Energie. Beim Schmelzprozess werden die Wertstoffe Nickel, Kupfer und Kobalt in einem Stein gesammelt, der wiederum die Grundlage für die folgenden Prozessschritte bildet. Das in den Batterien enthaltene Lithium findet sich dagegen in der Schlacke wieder und kann derzeit noch nicht oder nur unzureichend genutzt werden. An der Entwicklung eines Verfahrens, das auch die Wiedergewinnung des wertvollen Alkalimetalls gestattet, wird daher mit Nachdruck gearbeitet. Dabei gilt es viele Varianten und Ansätze durchzuspielen, immerhin muss neben einem optimalen Wertstoffausbringen auch die wirtschaftliche Umsetzbarkeit eines solchen Prozesses im Mittelpunkt der Bemühungen stehen.

Der bei den Schmelzkampagnen gewonnene Rohstein wird nun an andere Abnehmer als Halbzeug verkauft oder, was zunehmend dem Anspruch des Unternehmens entspricht, selbst bis zu den entsprechenden Fertigprodukten weiterverarbeitet. Dazu wird der Stein im Bereich Hydrometallurgie in einem speziellen Druckaufschlussverfahren gelöst. Aus der bei diesem Prozess entstehenden Rohlauge werden nacheinander chemisch reines Kupfer-, Nickel- und Kobaltsulfat abgetrennt. Es handelt sich dabei um jene Rohstoffe, die für die Herstellung neuer Lithium-Ionen-Akkus benötigt werden. Diese sehr weit reichende Wertschöpfungskette ist in der Nickelhütte nur deshalb zu realisieren, weil Synergien, die sich im Schnittfeld mehrerer Abteilungen ergeben, konsequent genutzt werden. Es handelt sich dabei um ein komplettes Recyclingpaket, das in dieser Form nur von sehr wenigen anderen Unternehmen angeboten werden kann. Niemand wird leugnen, dass die Verwertung ausgedienter Batteriemodule einen unverzichtbaren Baustein auf dem

165 a–c Kupfersulfatpentahydrat, Nickelsulfathexahydrat und Kobaltsulfatheptahydrat (v. l.). Diese aus Alt- oder Fehlchargenbatterien erzeugten Buntmetallsalze können erneut zur Herstellung von Akkumulatoren oder für andere Zwecke Verwendung finden.

Weg zur Elektromobilität darstellt und für den angestrebten Umbruch in der Automobilindustrie unverzichtbar ist.

Zwar ist das Batterierecycling in starkem Steigen begriffen, dennoch werden im hydrometallurgischen Bereich des Unternehmens Nickel-, Kobalt- und Kupfersalze bzw. deren Lösungen größtenteils noch immer aus den „klassischen" Sekundärrohstoffen, wie z. B. Ätzlösungen aus der Leiterplattenindustrie erzeugt. Auch Vanadiumverbindungen, die u. a. für die Herstellung verschiedener Pigmente und Farben Verwendung finden, gehören seit 2002 zur Produktpalette des Betriebes. Bei den vorlaufenden Rohstoffen handelt es sich im Wesentlichen um Rückstände aus der Erdölraffination.

Kunden, die spezielle Kupferlegierungen benötigen, schätzen die hohe Flexibilität der Abteilung Legierungsschmelze der Nickelhütte. Mit Hilfe je eines elektrischen Induktions- und Lichtbogenofens können die verschiedensten Messing-, Bronze- und Rotgusssorten speziell nach Kundenwunsch geschmolzen werden. In Form von Barren gelangen sie zum jeweiligen Auftraggeber. Bei den eingesetzten Rohstoffen handelt es sich ausschließlich um Sekundärmetalle, die auf diese Weise erneut in den Rohstoffkreislauf zurück gelangen. Der Ankauf von NE-Schrott und dessen sortenreine Aufbereitung ist die Aufgabe des Bereichs Metallhandel. Die Abteilung kann somit als Bindeglied zwischen den Anfallstellen der Sekundärmetalle und den entsprechenden Verarbeitern, wie z. B. Buntmetallhütten, betrachtet werden. Auch die beim Transformatorenrecycling gewonnenen Metalle gelangen hierher.

Ein anderes Projekt, das von der Nickelhütte seit 2008 verfolgt wird, hatte bereits in den Medien für Schlagzeilen gesorgt. Der politische und wirtschaftliche Umbruch nach 1989 brachte auch das Aus für den traditionsreichen Bergbau im Erzgebirge. Die niedrigen Rohstoffpreise in den 1990er Jahren ließen niemanden ernsthaft daran glauben, dass es in absehbarer Zeit noch einmal zu neuen Aktivitäten in diesem Bereich kommen würde. Inzwischen hat diesbezüglich ein Umdenken eingesetzt. Noch immer hält das Gebirge mächtige Erzreserven in seinem Schoße verborgen. Die Vorräte an Zinn, Zink, Wolfram, Molybdän und einigen Spurenmetallen sind zwar erheblich, aber ihre Gewinnung ist aufwändig und kann daher nur wirtschaftlich betrieben werden, wenn sich die entsprechenden Notierungen dauerhaft auf einem sehr hohen Niveau einpegeln. Diese Schätze werden dem Erzgebirge demnach noch einige Zeit erhalten bleiben.

Anders ist die Situation bei Bodenschätzen, die von unseren Vorfahren kaum beachtet wurden. Zwar kannten bereits die Hüttenwerker vergangener Jahrhunderte die günstige Wirkung des Flussspates auf den Schmelzprozess durch die Verbesserung des Fließverhaltens der Schlacke, allerdings waren die dafür benötigten Mengen nur sehr bescheiden. Heute erfreut sich dieses Mineral einer großen Nachfrage. Der Zusatz von Fluoriden zu Zahncremes und Speisesalz zur Verminderung von Karieserkrankungen ist vielleicht die populärste Anwendung, aber bei weitem nicht die einzige. Viel größere Mengen Kalziumfluorid werden in der Metallurgie und vor allem in der chemischen Industrie benötigt. Die Teflonbeschichtungen so mancher Haushaltsgeräte basieren auf Flussspat. Fluorhaltige Kältemittel finden sich in Kühlaggregaten und Klimaanlagen und ersetzen hier die ozonschädigenden FCKW (Fluor-Chlor-Kohlenwasserstoffe). Ätzmittel, die für die Produktion von mikroelektronischen Bauteilen oder Solarmodulen benötigt werden, enthalten ebenso Fluor wie viele andere Chemikalien. Diese Aufzählung könnte fast endlos fortgesetzt werden. Kurzum, der Flussspat als einzig bedeutender Fluorträger wird heute in hohen Quantitäten benötigt.

Das Fluss- und Schwerspatvorkommen bei Niederschlag, etwas nördlich von Oberwiesenthal, wurde eher beiläufig um 1950 beim Abbau von Uranerz durch die SAG Wismut entdeckt. Obwohl auf tschechischer Seite bei Schmiedeberg (CZ: Kovářská) schon zwischen 1952 und 1957 Fluss- und Schwerspat abgebaut wurde, hatte man es auf der deutschen Seite der grenzübergreifenden Lagerstätte nicht so eilig. Erste Vorratsberechnungen auf der Grundlage von bergmännischen Erkundungen erfolgten 1958, Tiefbohrungen wurden dagegen erst 1974 bis 1977 durch die SDAG Wismut niedergebracht. Eine Neubewertung der dabei gewonnenen Erkenntnisse ergab 1990 einen Gesamtvorrat von etwa 3,3 Mio. Tonnen Rohspat mit 1,4 Mio. Tonnen Fluorit und 0,56 Mio. Tonnen Baryt.[94] In den 1970er Jahren wurde ein Abbau der Lagerstätte ab dem Jahr 2010 ins Auge gefasst. Dass dieser Plan trotz der veränderten wirtschaftlichen und politischen Rahmenbedingungen tatsächlich umgesetzt wurde, dürfte wohl einzigartig sein. Als Gesellschafter einer Grube knüpft die Nickelhütte an die Tradition der Blaufarbenwerke an, die zeit ihres Bestehens auch immer Bergwerke in ihrem Besitz hatten.

Die Erzgebirgischen Fluss- und Schwerspatwerke GmbH (kurz: EFS) gingen 2011 aus der 2008 gegründeten EFS GEos GmbH hervor. Das Ziel der Firma besteht darin, die Lagerstätte Niederschlag auszubeuten und den gewonnenen Spat sowie anfallende Nebenprodukte zu verwerten. In der Praxis bedeutete das nichts anderes, als dass neben dem Gruben- auch ein Aufbereitungsbetrieb eingerichtet werden musste. Diese Anlage fand ihr Unterkommen im stillgelegten Braunkohleheizwerk der Nickelhütte in Aue. Trotz unzähliger administrativer und technologischer Anlaufschwierigkeiten konnte das Unternehmen 2015 den Regelbetrieb mit insgesamt 45 Mitarbeitern aufnehmen. Aktuell beschäftigt die EFS an ihren beiden Standorten Niederschlag und Aue 63 Mitarbeiter.

Der Grubenbetrieb in Niederschlag entspricht so gar nicht den üblichen Vorstellungen, die wir mit einem klassischen Bergwerk verbinden. Auf dem Areal, es befindet sich zwischen dem Haltepunkt Niederschlag der Fichtelbergbahn und der von Annaberg nach Oberwiesenthal führenden Bundesstraße 95 nahe der tschechischen Grenze, sucht man einen Förderturm vergebens. Lediglich ein unscheinbares Wirtschaftsgebäude und ein übergroßes, durch Eisentore verschließbares Mundloch deuten auf das Vorhandensein des Grubenbetriebes hin. Von hier aus führt die „Neu Straßburger Glück Rampe" etwa 1,4 Kilometer gerade in den Berg hinein, um dann in eine Wendel mit 13,3 Prozent Gefälle überzugehen. Durch diesen Zugang wird der Rohstoff mittels Ladern ans Tageslicht befördert. Die moderne Rampentechnologie stellt sich im vorliegenden Fall gegenüber der klassischen Schachtförderung als wesentlich effektiver und kostengünstiger dar.

Pro Tag verlassen etwa 400 Tonnen vorangereicherter Rohspat die Grube und werden mit Lkws in Richtung Aue verbracht. Ein anfangs angedachter Bahntransport kam aus preislichen und logistischen Gründen zunächst nicht zustande, dennoch wird derzeit die Möglichkeit des Versandes von Flussspatkonzentrat aus der Aufbereitung in Aue zu den Endverbrauchern auf dem Schienenweg geprüft. Immerhin könnte hierfür das Anschlussgleis der Nickelhütte vorteilhaft genutzt werden.

Aus der Eigenschaft des Spates der Lagerstätte Niederschlag, besonders stark und kleinteilig mit dem Nebengestein verwachsen zu sein, ergaben sich für den Aufbereitungsbetrieb in Aue hohe technologische Herausforderungen. So lässt sich ein wirtschaftlich vertretbares Ausbringen nur erreichen, wenn das Material sehr fein aufgemahlen wird. Um die anschließende Flotationsanlage optimal auf diesen Rohstoff abzustimmen, war wiederum eine Vielzahl von Versuchen erforderlich. Inzwischen ist der Prozess so weit ausgereift, dass das Produkt allen Anforderungen der Fluorchemie genügt. Tatsächlich zählen namhafte Chemieunternehmen der Branche zu den Kunden der EFS. Dabei wird der größte Teil der jährlich produzierten etwa 25.000 Tonnen hochwertigen Säurespates an inländische Verarbeiter ausgeliefert. Auf diese Weise können fast 10 Prozent des deutschen Flussspatbedarfs durch den Rohstoff aus dem Erzgebirge abgedeckt werden.

Als Nebenprodukte des Gruben- und Aufbereitungsbetriebes werden ein Schwerspatvorkonzentrat und Flotationsrückstände an die Zementindustrie geliefert. Das beim Abbau anfallende taube Gestein erfährt eine Verarbeitung zu Kies und Schotter und findet beispielsweise beim Wegebau im Forst Verwendung. Zusätzlich kann die EFS noch auf ein weiteres Standbein verweisen, das zwar wenig zum Umsatz, aber doch zum Ansehen und zur Wahrnehmung des Unternehmens in Fachkreisen beiträgt. Tatsächlich sind Flussspatstufen und verschiedene Begleitminerale aus der Grube Niederschlag bei Mineraliensammlern sehr begehrt. Hin und wieder kommt es dabei sogar zu spektakulären Funden, wie am 22. Januar 2016, als eine 240 kg schwere Fluoritstufe geborgen werden konnte. Nachdem ein privater Sammler das überdimensionale Mineral angekauft und aufwändig gereinigt hatte, sorgte es für einige Wochen in der „Terra Mineralia“ in Freiberg für Aufsehen. Dort erhielt die Fluoritstufe denn auch den schmeichelhaften Beinamen „Perle von Sachsen“. Der EFS wurde bis zum Jahre 2040 Bergwerkseigentum verliehen.

166 Laden von Rohspat. Das Foto verdeutlicht die Ausmaße der Abbaue in der Grube Niederschlag. Das fluss- und schwerspathaltige Material wird in einer untertägigen Anlage vorsortiert, um dann zur Aufbereitung nach Aue transportiert zu werden. Aufnahme M. Zimmermann (EFS), 2018.

Ob der Betrieb tatsächlich bis zu diesem Datum aufrechterhalten werden kann, hängt nicht allein von den Rohstoffvorräten, sondern in entscheidendem Maße auch von den wirtschaftlichen und politischen Rahmenbedingungen ab. So wirkt sich die derzeit in Sachsen erhobene Förderabgabe für Flussspat sehr nachteilig auf das Unternehmen aus. Ein weiteres neues Betätigungsfeld eröffnete sich 2016 durch den Erwerb der Firma „Gussmagnete Bitterfeld“. Seitdem führt der nun unter der Bezeichnung „Deutsche Magnetwerke“ firmierende Kleinbetrieb die Produktion von Spezialmagneten als Tochterunternehmen der Nickelhütte in Bitterfeld fort.

Das von Seiten der Politik allerorten beinahe strapaziös propagierte wirtschaftliche Wachstum hat in der Nickelhütte seit 1990 tatsächlich stattgefunden. Die entsprechenden Zahlen und Statistiken können nicht nur überzeugen, sondern sind in vielerlei Hinsicht bemerkenswert. Die Zahl der Beschäftigten liegt aktuell bei etwa 450, das ist mehr als je zuvor in der nunmehr fast 400-jährigen Firmengeschichte. Der Umsatz stieg von gerade einmal 20 Millionen DM im ersten Halbjahr nach der Währungsunion auf nahezu 200 Millionen Euro im Geschäftsjahr

2018/19. Die Wirtschafts- und Bankenkrise, die ihren Höhepunkt 2009 erreichte, brachte auch für die Nickelhütte einen entsprechenden Umsatzrückgang mit sich, konnte aber dennoch recht souverän gemeistert werden. Jedenfalls waren Kurzarbeit oder gar betriebsbedingte Kündigungen kein Thema für das Auer Traditionsunternehmen. Derzeit, im April 2020, werden alle Anstrengungen unternommen, um die wirtschaftlichen Folgen der Corona-Pandemie so gering wie möglich zu halten. An erster Stelle steht dabei aber die Gesundheit der Mitarbeiter und deren Angehörigen.

Trotz der außerordentlichen Entwicklung ist klar, dass ein gesundes Wachstum nicht nur eine quantitative Steigerung des Umsatzes beinhalten darf. Jedem vernunftbegabten Menschen dürfte bewusst sein, dass die industrielle Produktion nicht endlos in die Höhe getrieben werden kann. Eine verantwortungsvolle Unternehmenspolitik muss auch die Weiterentwicklung auf einer qualitativen Ebene mit einschließen. Potential ist auf diesem Gebiet reichlich vorhanden, denn Verbesserungen im Bereich der Produktqualität sowie des Umwelt- und Arbeitsschutzes sind immer möglich. Genau wie Wissenschaft und Technik voranschreiten, so müssen auch die entsprechenden Recyclinglösungen ständig verbessert und neuen Gegebenheiten angepasst werden. Stillstand bedeutet eine Abkopplung von der Entwicklung und führt über kurz oder lang ins wirtschaftliche Abseits. Das gilt insbesondere für die Nickelhütte. Dass der Betrieb heute auf eine fast 400-jährige Geschichte zurückblicken kann, ist nicht unwesentlich darauf zurückzuführen, dass neue Trends erkannt und angemessen darauf reagiert wurde. Den bevorstehenden Umbruch auf dem Energie- und Rohstoffsektor begreift das Unternehmen daher als Herausforderung und Chance zugleich.

Die Nickelhütte Aue GmbH ist ein privatwirtschaftliches Unternehmen, das Gewinne erwirtschaften muss, um langfristig am Markt bestehen zu können. Gleiches galt bereits für das Blaufarbenwerk, doch schon in früheren Zeiten hatte man erkannt, dass ein erfolgreiches und nachhaltiges Wirtschaften mehr beinhaltet, als Profit zu erzielen. Dass die erste deutsche Betriebskrankenkasse in Niederpfannenstiel beheimatet war, ist dafür nur ein Beleg (vgl. den Abschnitt „Die Blaufarbenwerke in ‚Fester Hand'"). Soziale Verantwortung zu übernehmen, ist nicht gleichbedeutend mit der Verteilung von Almosen, sondern als Ausdruck dafür zu werten, wie stark sich das Unternehmen in die Region einbringt und sich mit ihr identifiziert. Rückhalt in der Bevölkerung bedeutet in gewisser Weise auch die Sicherung des Unternehmensstandortes.

„Made in Niederpfannenstiel" bezieht sich demnach nicht allein auf die Produkte, die hier hergestellt werden, sondern auch auf eine von sozialer Kompetenz geprägte Unternehmenspolitik. Schon 1963 wurde in der Nickelhütte eine Betriebssportgemeinschaft (BSG) ins Leben gerufen. Das war damals nichts Außergewöhnliches, viele volkseigene Betriebe unterhielten solche Organisationen. Bemerkenswert ist, dass der Verein als „SG (Sportgemeinschaft) Nickelhütte Aue e. V." die privatwirtschaftliche Umstrukturierung des Betriebes nicht nur überdauerte, sondern sich sogar zu einem bedeutenden Nachwuchsförderer in den Bereichen Handball, Skispringen und anderen Sportarten entwickelte. Als Gesellschafter bekannte sich die Familie Jacob zu dieser für die alten Bundesländer eher ungewöhnlichen Einrichtung. Gegenwärtig zählt der Verein etwa 400 Mitglieder, wobei die meisten von ihnen in der Abteilung Handball aktiv sind.[95]

Das soziale Engagement der Nickelhütte konzentriert sich nicht von ungefähr auf die Förderung des Kinder- und Jugendsports. Es genügt nicht, sich nach alter Manier über die „heutige Jugend" zu echauffieren. Phrasen helfen nicht weiter, vielmehr müssen den Heranwachsenden Perspektiven aufgezeigt und Leistungsanreize vermittelt werden. Jede Investition in den Nachwuchs ist auch ein konkreter Beitrag für die Entwicklung der Region. Neben der Unterstützung für weitere Sportvereine, wie den FC Erzgebirge Aue, betreibt das Unternehmen eine Eislaufhalle in der Auer Neustadt. In ehemaligen

Werkhallen der SDAG Wismut, die von der Nickelhütte erworben und umgestaltet wurden, entstanden außerdem ein Bowling-Zentrum mit Restaurant, ein Kino sowie ein Fitnessstudio.

Das Verantwortungsbewusstsein für die Region erschöpft sich für die Nickelhütte nicht in der Förderung des Sportes. Vielfältig sind auch die Aktivitäten in den Bereichen Kultur, Behindertenbildung und Denkmalschutz. Es gibt wohl kaum einen gemeinnützigen Verein in Aue und Umgebung, der nicht durch die Nickelhütte finanzielle oder materielle Hilfe erfahren durfte. Die eigene Geschichte, die aufs engste mit dem Montanwesen des Erzgebirges verwoben ist, betrachtet der Betrieb gewissermaßen als Verpflichtung, sich für den Erhalt von Denkmalen und Brauchtum aus dem heimischen Bergbau und Hüttenwesen einzusetzen. Es geht dabei um nichts weniger als um die Bewahrung des ideellen und materiellen Vermächtnisses unserer Vorfahren. Der verantwortungsbewusste Umgang mit der firmeneigenen historischen Bausubstanz ist dabei schon fast selbstverständlich, darüber hinaus wurden z.B. die Restaurierung des Auerhammer-Herrenhauses, des Pochwerkes der Grube Wolfgangmaßen in Schneeberg und die Notsicherungen in Schindlerswerk großzügig unterstützt. Sehenswert ist die von der Nickelhütte betriebene und vom Förderverein Schindlers Blaufarbenwerk e.V. betreute Blaufarbenwerksausstellung in der „Kapelle“ (vgl. den Abschnitt „Nickelhütte Aue GmbH“). All die weiteren Zuwendungen für kulturelle Veranstaltungen und gemeinnützige Zwecke aller Art aufzuführen ist müßig. Wir wollen daher mit der Erkenntnis schließen, dass der wirtschaftliche Erfolg der Nickelhütte nicht nur den Mitarbeitern und Subunternehmern des Betriebes, sondern einer ganzen Region zugutekommt.

167 Die Bezeichnung „blaue Stunde“ für die Zeit nach dem Sonnenuntergang kann im Falle der Nickelhütte mit ihren vom Pfannenstieler Blaufarbenwerk stammenden Genen durchaus zweideutig verstanden werden. Haupteingang des Betriebes am Schwarzwasser mit Verwaltung, Sozialgebäude und Labor (v.l.). Aufnahme 2013.

Schindlerswerk – der Tradition treu

Ebenso wie für die Nickelhütte stellte sich auch für Schindlerswerk nach 1990 die Frage nach der wirtschaftlichen Existenz. Dabei hatte der Betrieb, anders als das Auer Unternehmen, weniger mit Ressentiments aus der Bevölkerung als mit Formalien und finanziellen Problemen zu kämpfen. Zunächst einmal fungierte Schindlerswerk seit seiner Eingliederung in den „VEB Kali-Chemie Berlin“ im Jahre 1969 nicht mehr als eigenständiger Betrieb, sondern lediglich als Betriebsabteilung des volkseigenen Unternehmens. Dieser zunächst wenig bedeutsam erscheinende juristische Aspekt erschwerte einen Verkauf deswegen erheblich, weil die Privatisierung einer einzelnen Betriebsabteilung von der Treuhand nicht vorgesehen war. Zudem war ein finanzstarker und vor allem aufbauwilliger Investor aus den alten Bundesländern nicht in Sicht, so dass die Abwicklung des Werkes und damit der Verfall und Abbruch der historischen Bausubstanz unabwendbar schien.

Wenig ermutigend war auch der erste Auftritt eines führenden Treuhand-Mitarbeiters zu Ende des Jahres 1990 in Schindlerswerk. Seine Nobelkarosse am

168 Drei Mitarbeiter der US-Sächsisches Blaufarbenwerk GmbH befüllen Tiegel mit Kaolin und beschicken damit den noch heute vorhandenen Tiegelofen Nr. 1. Dieses Aggregat wurde vornehmlich dazu genutzt, um Tiegel zu brennen oder, wie hier dargestellt, die sogenannte „Erde“ (Kaolin) zu kalzinieren. Die Abbildung entstand 1996, als das Ende der Ultramarinproduktion absehbar war.

169 Der Rohbrand wurde bis zum Auslaufen der Produktion 1996 nach dem klassischen Verfahren mit hohem personellem Aufwand durchgeführt. Hier ist ein Schürer gerade dabei, den Tiegelofen während des Brennprozesses mit Koks zu beschicken.

Haupteingang abparkend, verrichtete der offenbar nicht vollständig nüchterne Westimport ungeniert seine Notdurft am Schornstein des Tiegelofengebäudes, um anschließend den hinzukommenden Ultramarinwerkern mitzuteilen: *Das kommt hier alles weg.*[75] Trotz oder gerade wegen dieses Erlebnisses machten sich der Betriebsabteilungsleiter Gerd Bochmann und der Farbmeister Jörg Schmalfuß auf den Weg nach Berlin, um Schindlerswerk von der Treuhand zu übernehmen. Allerdings gestalteten sich die Verhandlungen insbesondere durch die genannten juristischen Gegebenheiten äußerst zäh und langwierig. Schließlich gelang es den beiden engagierten Albernauern im Oktober 1992 dann doch, einen Kaufvertrag mit der Treuhand abzuschließen. Allerdings mussten die neuen Gesellschafter und Geschäftsführer nicht nur einen stattlichen Kaufpreis für den museumsreifen Betrieb auf den Tisch legen, sondern auch Beschäftigungsgarantien für 40 Mitarbeiter abgeben und hohe Investitionsverpflichtungen eingehen.

Mit der neuen Bezeichnung „Ultramarinfabrik Schindlerswerk (US) Sächsisches Blaufarbenwerk GmbH“ sollte bewusst an die lange Tradition der Firma angeknüpft werden. Die Produktion von Ultramarin und Dispersionsfarben wurde zunächst in der bisherigen Weise fortgesetzt, doch gestaltete sich insbesondere der Absatz des klassischen Blaupigmentes zunehmend schwieriger. Die bisherigen Hauptabnehmer, es handelte sich im Wesentlichen um die Kunststoffindustrie und die Wachstuchhersteller der ehemaligen DDR, wurden in ihrer Mehrzahl abgewickelt. Neue Kunden in diesem Segment zu akquirieren, erwies sich als außerordentlich schwierig. Ähnliche Probleme ergaben sich mit den Herstellern von Buntpapieren und Alkydharzfarben. Immerhin fand das althergebrachte Waschblau, nun unter der Bezeichnung „Schneeberg“, nach wie vor seine Liebhaber. Freilich konnte mit dieser Mindermengenproduktion das Unternehmen nicht dauerhaft gesichert werden.

Einen Lichtblick für das klassische Blaupigment bedeutete die Lohnarbeit für eine österreichische

Firma, die ihr Ultramarin in Schindlerswerk produzieren ließ. Die strengen Abgasvorschriften in der Alpenrepublik machten das Ultramarinbrennen dort zunehmend unwirtschaftlich. In den neuen Bundesländern galten zunächst Ausnahmeregelungen, allerdings liefen diese Übergangsfristen 1997 aus, so dass nun auch hier die strengen Vorgaben der Bundesimmissionsschutzverordnung erfüllt werden mussten. Die Konkurrenz ausländischer Ultramarinproduzenten verbunden mit den geringen Margen, die mit dem Produkt erzielt werden konnten, ließen die Modernisierung der Ofenanlage alles andere als wirtschaftlich erscheinen. So erloschen Ende 1996 die vorhandenen zwölf Ultramarinöfen in Schindlerswerk für immer. Übrigens war das Unternehmen zu diesem Zeitpunkt auch der letzte Ultramarinhersteller in Deutschland.

Das Aus für die klassische Ultramarinproduktion bedeutete sowohl psychologisch als auch wirtschaftlich eine Zäsur für das Unternehmen. Versuche, die Produktion in Polen weiterzuführen, scheiterten ebenfalls. Dennoch konnte sich Schindlerswerk mit der Herstellung von Dispersions- und Silikatfarben, Pigmenten, Reinigungsmitteln und anderen Spezialprodukten weiterhin am Markt behaupten. Neue Erzeugnisse, wie die STREICHMICH-Produkte fanden ihre Abnehmer. Die nun einsetzende Renovierung der Hauptgebäude, die bis zum Ende der 1990er Jahre abgeschlossen wurde, gab der Hoffnung auf einen langfristigen Bestand des Unternehmens einen weithin sichtbaren Ausdruck.

Nach und nach wurde aber auch klar, dass das umfangreiche historische, in dem Zusammenhang wohl eher als überaltert zu bezeichnende Gebäudeensemble für eine zeitgemäße Produktion völlig überdimensioniert und schlichtweg ungeeignet war. Allein die Kosten für die Heizung verschlangen in jedem Winter Unsummen an dringend benötigtem Betriebskapital. Auch die Verwertung der zahlreichen Wohn- und Gewerbegebäude des ehemaligen Gutsbezirkes gestaltete sich zunehmend schwieriger, nach und nach zogen sich die Mieter aus den Objekten zurück. Der Einnahmeausfall verhinderte wiederum die nötigen Renovierungs- und Instandhaltungsmaßnahmen. Ein wirtschaftlich sinnvoller Ausweg aus dieser Abwärtsspirale hätte nur die Aufgabe des alten Firmengeländes, verbunden mit einem Neubau auf der grünen Wiese sein können. Heute ist es als ein großes Glück zu bezeichnen, dass diese Variante nie zur Umsetzung kam.

Die geschilderten Probleme und andere widrige Umstände führten dazu, dass die kreditgebende Bank 2002 alle weiteren Finanzierungen versagte, worauf der Blaufarbenwerk GmbH nichts weiter übrig blieb, als Insolvenz anzumelden. Nun begann eine Zeit der Unsicherheit, die von betriebsbedingten Kündigungen, Produktionsunterbrechungen und dem Verfall nicht genutzter Gebäude gekenn-

170 a, b Die neu gegründete GmbH versuchte sowohl mit althergebrachten Produkten in einer zeitgemäßen Verpackung als auch mit Innovationen auf dem Markt Fuß zu fassen. „Wäscheblau“ und STREICHMICH-Produkte sind noch heute erhältlich.

171 In der zweiten Hälfte der 1990er Jahre fanden in Schindlerswerk umfangreiche Sanierungsarbeiten statt. Hier erhalten das Torgebäude und das Magazin neue Fassadenputze. Gut erkennbar ist die massive Ausführung dieser altehrwürdigen Gebäude in Natursteinen.

zeichnet war. Erst mit Abschluss des Insolvenzverfahrens 2007 verbesserte sich die Situation. Die neu gegründete Schindlerswerk GmbH & Co. KG stellt seitdem mit einem kleinen Stamm von Mitarbeitern weiterhin Farben, Reinigungsmittel und einige Spezialprodukte her. Die Stärke des nunmehr gesund geschrumpften Unternehmens besteht in seiner Flexibilität, nicht selten werden verschiedene Produkte direkt nach Kundenwunsch angerichtet. Nicht zuletzt sind noch größere Bestände des klassischen Ultramarins aus der Zeit vor 1997 vorhanden, so dass der Absatz des nach wie vor beliebten Wäscheblaus noch auf viele Jahre hinaus gesichert ist. Aber auch von anderer Seite kam Hoffnung für die Zukunft des Standortes auf.

Am 11. August 2017 fanden sich in Schindlerswerk einige Heimatfreunde und Enthusiasten in Sachen Denkmalschutz zusammen, die sich vom eher bemitleidenswürdigen Zustand des ehemaligen Blaufarbenwerkes nicht abschrecken ließen. Der an diesem Tag aus der Taufe gehobene „Förderverein Schindlers Blaufarbenwerk e. V.“ setzte sich das ehrgeizige Ziel, das Montandenkmal in seinem ganzen Umfang für die Nachwelt zu erhalten. Zu den insgesamt 23 Gründungsmitgliedern des Vereins gehören auch die Nickelhütte Aue und die Hüttenknappschaft Blaufarbenwerk Zschopenthal. Zwei Jahre später, im August 2019 konnte der Verein schon auf 45 Mitglieder verweisen. Durch unzählige Arbeitseinsätze und öffentliche Veranstaltungen aller Art gelang es, wichtige Notsicherungsarbeiten an den historischen Gebäuden zu unterstützen und die öffentliche Wahrnehmung des Denkmalkomplexes entscheidend zu befördern. Als Motivationsschub wertet der Verein die Erhebung von Schindlerswerk zum Bestandteil der UNESCO-Welterbestätte Montanregion Erzgebirge/Krušnohoři im Juli 2019.

Klar ist, dass es eine Zukunft für das Industriedenkmal nur mit einem nachhaltigen Entwicklungs- und Nutzungskonzept geben kann. Neben der Weiterführung der Produktion und verschiedenen Wohnprojekten wird dabei die touristische Erschließung des Standortes eine entscheidende Rolle spielen. Mit Führungen, Seminaren, Lehrveranstaltungen und nicht zuletzt mit den jährlich stattfindenden bisher zwei öffentlichen Tagen in Schindlerswerk sind dazu die ersten Schritte getan. Der immense Investitionsaufwand an den insgesamt 28 Hauptgebäuden des Denkmalkomplexes und der dazugehörigen Infrastruktur verdeutlicht aber auch, dass dieser Weg noch sehr weit ist. Dennoch sind sich die Vertreter der Schindlerswerk GmbH & Co. KG, des Fördervereins, der Gemeinde Zschorlau, des Freistaates Sachsen und des Bundes darin einig, dass dieser Weg beschritten werden soll. Dieser einmalige Standort, der uns und nachfolgenden Generationen so viel mehr als jedes Lehrbuch über die eigene Geschichte und Identität vermitteln kann, erscheint jeder Mühe wert.

DENKMALE DES SÄCHSISCHEN BLAUFARBENWESENS

Der historische Wert eines Gebäudes bzw. Gebäudekomplexes manifestiert sich keineswegs allein an seinem Alter. Es sind eher eine Vielzahl von Kriterien, die in ihrer Gesamtheit einem Bauwerk den Charakter eines Denkmales verleihen können. Neben einer möglichst im Urzustand erhaltenen Substanz sind vor allem Kenntnisse über den ursprünglichen Zweck des Baus und seiner weiteren Geschichte von ausschlaggebender Bedeutung. Der Begriff „Denkmal" steht eben dafür, einen Anstoß zu geben, sich der Umstände, die mit einem Relikt aus vergangener Zeit verbunden sind, zu erinnern. Geschichte wandelt sich so von einer abstrakten Vorstellung hin zu einem greif- und erlebbaren Ereignis. Im Idealfall wird ein solches Bild durch die sinnvolle Einbindung eines denkmalwürdigen Gebäudes in die Gegenwart abgerundet. Die Nutzung alter Bausubstanz zeugt von Kontinuität und belegt den Respekt gegenüber den Leistungen unserer Vorfahren. Auf jeden Fall ist so die eigene Geschichte weit näher, als wenn sie museal konserviert und wie im Panoptikum vergangener Zeiten vorgeführt wird. Die folgende Aufstellung gibt einen Überblick über die noch vorhandenen materiellen Zeugen des sächsischen Blaufarbenwesens. Da sie gleichsam als Exkursionsführer dienen soll, finden sich in den Beschreibungen auch entsprechende Hinweise zur Zugänglichkeit des jeweiligen Denkmals.

UNESCO-Welterbe Schindlerswerk

Schindlerswerk 9, 08321 Zschorlau, Ortsteil Albernau

172 Die historischen Gebäude des Herrenhauses, der Packerei, des Torhauses, der Schlämmerei sowie der Wässerung und Nassmühle (v. r.) bilden den U-förmigen Kernbereich des Montandenkmals Schindlers Blaufarbenwerk.

Schindlerswerk kann für sich in Anspruch nehmen, das einzige noch fast vollständig erhaltene historische Hüttenwerk des Erzgebirges zu sein. Der Gebäudekomplex ist das größte Einzeldenkmal der grenzübergreifenden UNESCO-Welterbestätte „Montanregion Erzgebirge/Krušnohoří". Von 1650 bis 1855 wurde hier Kobaltblau hergestellt, danach etablierte sich das Unternehmen als Ultramarinfabrik mit weltweitem Absatz. Die Brennöfen erloschen erst 1996, noch heute produziert die Schindlerswerk GmbH & Co. KG verschiedene Farben und Spezialprodukte, wie z. B. Wäscheblau. Da die Herstellung des Ultramarins dem klassischen Blaufarbenprozess in weiten Teilen ähnlich war, machten sich an dem Standort keine radikalen Umbauten erforderlich. Dieser Kontinuität ist es zu verdanken, dass sogar noch Gebäude aus der Anfangszeit des Blaufarbenwesens vorhanden sind.

Im Wesentlichen besteht der denkmalgeschützte Montankomplex aus einem Kernbereich mit den

Produktionsstätten und Sozialeinrichtungen sowie aus einem Außenbereich mit Beamten- und Arbeiterwohnhäusern. Auch der ehemalige Bahnhof Bockau/Erzgeb. gehört zu Schindlerswerk. Das Gelände ist aufgrund dessen, dass hier gegenwärtig noch eine Produktion stattfindet, nur teilweise öffentlich zugänglich. Besichtigungen sind aber generell zweimal im Jahr, jeweils am „Deutschen Mühlentag" (Pfingstmontag) und zum „Tag des offenen Denkmals" (zweiter Sonntag im September) ohne Voranmeldung möglich. Zusätzlich können Besichtigungstermine und Führungen mit dem Förderverein Schindlers Blaufarbenwerk e. V. vereinbart werden. Weitere Öffnungszeiten sind derzeit in Planung, aktuelle Informationen sind über die Homepage (www.förderverein-schindlers-blaufarbenwerk.de) abrufbar.

SW1 Aktuelle Lageskizze von „Schindlers Blaufarbenwerk". Die Bezeichnung der Gebäude ist überliefert oder orientiert sich an der letzten Nutzung.
1a, b, c: Hütte 1, 2 und 3 mit insgesamt 12 Tiegelöfen; 2: Sortierstube und Rohblaumühle; 3: Herrenhaus; 4: Packereigebäude mit Mannschaftsräumen; 5: Schachtelhaus; 6: Magazin; 7: Torhaus; 8: Kistenmacherei; 9: Kesselhaus mit Oktagonalschornstein; 10: Brettmühle; 11: Böttcherei und Wasserkraftanlage; 12: Blaumühle; 13: Schlämmerei; 14: Wässerung und Nassmühle; 15: Trockenmühle; 16: Mischboden und Schlosserei; 17: Direktorenvilla mit Springbrunnen; 18: Kutscherhaus; 19: Remise; 20: Langes Haus; 21: Schwarzes Kasino mit Kegelbahn; 22, 23: Beamtenwohnhäuser Schindlerswerk 2 und 7; 24, 25, 26, 27: Arbeiterwohnhäuser Schindlerswerk 3, 4, 5 und 6; 28 a, b, c: Bahnhof Bockau mit Empfangsgebäude, Güterboden und Waschhaus.

(1 a, b, c) Hütte 1, 2 und 3

Baujahr:	*um 1900, einige Gebäudeteile noch aus der Blaufarbenzeit*
ursprünglicher Zweck:	*Herstellung des Ultramarin-Rohbrandes in Tiegelöfen, früher Hafenöfen zur Smaltebereitung*
Erhaltungszustand:	*notgesichert mit Blechdach (Hütte 1), Noteindeckung (Hütte 2), Ruine (Hütte 3)*
derzeitige Nutzung:	*museal (Hütte 1 und 2), Hütte 3 wird aufgegeben*

Als im Jahre 1855 Schindlers Blaufarbenwerk zur Ultramarinfabrik umgestaltet wurde, war die Hütte der Bereich, in dem die größten Änderungen vorgenommen werden mussten. So wurden die beiden Hafenöfen abgetragen und durch eine Ofenzeile mit 18 kleinen Tiegelöfen, die nur wenige hundert Gefäße fassen konnten, ersetzt. Die heute vorhandene Anlage entstand durch mehrere Umbauten und Verbesserungen aus dieser ersten Ofenzeile. Die einzelnen Aggregate wurden zwar in den 1970er und frühen 1980er Jahren erneuert, dennoch entsprechen sie dem historischen Konstruktionsprinzip der Tiegelöfen aus der Zeit zu Beginn des 20. Jahrhunderts. Mit großer Wahrscheinlichkeit handelt es sich um die letzte erhaltene Anlage dieser Art.

Die Hüttengebäude selbst entstanden um 1900, dabei wurden Teile des Vorgängerbaus in den Neubau einbezogen. Entscheidend für den Denkmalcharakter der Anlage ist auch, dass sich die pyrometallurgischen Einrichtungen von Schindlerswerk seit Anfang an immer in diesem Bereich befanden und quasi kontinuierlich auseinander hervorgegangen sind. Hier wurde 1865 auch der von Clemens Winkler entworfene Wäscherturm errichtet, der als die erste Rauchgasentschwefelungsanlage der Welt gelten darf. Es ist anzunehmen, dass sich die massiven Fundamente dieses innovativen Bauwerkes noch immer auf dem Areal befinden. Der erst um 1950 errichtete, 50 Meter hohe Schornstein ersetzte ein nur 36 Meter hohes Vorgängerbauwerk aus dem Jahre 1901. Trotz des geringen Alters gehört die Esse zum selbstverständlichen Erscheinungsbild einer Hütte und soll erhalten bleiben.

Nachdem die Brennöfen 1996 erloschen waren, gerieten die Hüttengebäude zunehmend in Verfall. Anders als früher, da die Abwärme der Anlage keine Schneeablagerungen auf den Dächern zuließ, lastete die weiße Pracht nun mit ihrer ganzen Schwere auf

SW2 Das Hüttengebäude 1 befindet sich dort, wo einst auch die Glasöfen des Blaufarbenwerks standen. Wie an dem Natursteinfragment (links im Bild) zu erkennen ist, wurde es um 1900 unter Verwendung älterer Gebäudeteile neu errichtet. Die Gestaltung der Fenster ist typisch für Industriebauten des späten 19. und frühen 20. Jahrhunderts. Nur etwa ein Drittel des Daches konnte 2018 gerettet werden. Aufnahme 2019.

SW3 In der Hütte 1 befinden sich sechs Tiegelöfen. Um einen guten Wärmehaushalt zu erreichen, wurden die Einzelaggregate zu einer Zeile angeordnet. Die Anlage wurde 2018 mit einem Blechdach notgesichert und zu Anschauungszwecken hergerichtet. Aufnahme 2019.

den Gebäuden, was im Winter 2005/06 schließlich zum Zusammenbruch der Hütten 1 und 3 führte. Von nun an waren die Öfen schutzlos dem Wetter ausgesetzt. Auf Initiative des 2017 gegründeten Fördervereins Schindlers Blaufarbenwerk e.V. wurde die Hütte 1 beräumt und eine Notdachkonstruktion geplant. Das Projekt konnte mit Hilfe junger freiwilliger Denkmalschützer aus aller Welt im Rahmen des European Heritage Volunteers (EHV)-Programms im Sommer 2018 umgesetzt werden. Seitdem steht die historische Tiegelofenanlage im Mittelpunkt öffentlicher Veranstaltungen des Fördervereins. Die Hütte 2 wurde ebenfalls gesichert und soll zukünftig zugänglich gemacht werden. Dagegen muss die sich bereits im fortgeschrittenen Verfallsstadium befindliche Hütte 3 aufgegeben werden. Bis zu einer endgültigen Entscheidung zur zukünftigen Nutzung des Geländes bleibt das Gebäude, das übrigens die beiden größten Tiegelöfen mit einem Fassungsvermögen von je 1.600 Gefäßen beherbergte, als Ruine bestehen.

(2) Sortierstube und Rohblaumühle

Baujahr:	*um 1900, wurde vermutlich zeitnah zu den Hüttengebäuden errichtet*
ursprünglicher Zweck:	*Sortieren und Brechen der Rohbrände*
Erhaltungszustand:	*gesichert, aber sanierungsbedürftig*
derzeitige Nutzung:	*Lagerraum, museale Nutzung ist vorgesehen*

Nach Abschluss des Brennprozesses wurden die Tiegel umgestürzt und ausgeleert. Der dabei erhaltene Rohbrand glich einem kolbenförmigen blauen Gebilde, das an verschiedenen Stellen verbrannte, weiße oder grüne Partien aufweisen konnte (vgl. Abb. 78). Da diese Anhaftungen den Farbton negativ beeinflussten, war es notwendig, sie vor der weiteren Verarbeitung manuell zu entfernen. Außer dieser aufwändigen Arbeit fand in der Sortierstube eine Klassifizierung der Brände hinsichtlich ihrer Qualität statt.

Das Gebäude selbst entstand vermutlich bei der Neugestaltung der Hüttenanlage um 1900. Es ist in einer funktionalen, aber nicht reizlosen Architektur

SW4 Das Sortierstubengebäude tritt uns in einer nüchternen und funktionalen, aber nicht reizlosen Architektur entgegen. Es entspricht, bis auf die verschwundenen Dachgaupen dem historischen Vorbild (vgl. Abb. SW5). Links sind das steile Satteldach der Hütte 2 sowie der Hüttenschornstein zu erkennen. Aufnahme 2019.

SW5 Diese detailgetreue Zeichnung von Gerhard Vogel zeigt das Sortierstubengebäude (dahinter Herrenhaus), das Packerei- und Mannschaftsgebäude (dahinter das Dach des Magazins) sowie das Schachtelhaus (v.l.) im Jahre 1914.

ausgeführt. Die original erhaltenen, sehr großen, vielsprossigen Fenster sollten einst dafür sorgen, dass der Innenraum gut ausgeleuchtet wurde, um die manuelle Sortierung zu begünstigen. Dennoch galten die Arbeitsbedingungen in dem unbeheizten Raum als nicht gerade ideal. Leider wurden die anfangs vorhandenen Dachgaupen um 1970 entfernt. Das Gebäude wird derzeit zu Lagerzwecken genutzt, zukünftig soll es für Führungen erschlossen werden, womit ein Rundgang durch die Hütten 1 und 2 unter folgerichtiger Einbeziehung der Sortierstube möglich wird.

(3) Herrenhaus

Baujahr:	*1709–1713, Dachform 1862*
ursprünglicher Zweck:	*Administration des Blaufarbenwerks, Faktor- und Offiziantenwohnungen, Vorratsgewölbe*
Erhaltungszustand:	*teilweise sanierungsbedürftig*
derzeitige Nutzung:	*Sitz des FV Schindlers Blaufarbenwerk e. V., Verwaltung*

Das Herrenhaus ist nicht nur eines der ältesten Gebäude im Unternehmen, sondern auch der Mittelpunkt des Montankomplexes. Es wurde von 1709–1713 errichtet und beherbergte neben der Administration des Blaufarbenwerks bzw. der Ultramarinfabrik auch immer andere wichtige Einrichtungen. So lagerten unter den massiven Kreuzgewölben des Erdgeschosses zeitweise die Pottaschevorräte sowie die fertigen Kobaltfarben. Auch das Kassengewölbe, die Direktorenwohnung und das Archiv befanden sich hier. Am 10. Mai 1860 brannte der Dachstuhl mit dem barocken Glockenturm ab, die massiven Kreuzgewölbe des Untergeschosses blieben dagegen erhalten. Das Obergeschoss und der Dachstuhl mit dem Glockenturm wurden bis 1862 in einer etwas vereinfachten Form wiederhergestellt. Auf dem Dachboden fand eine Musterstube ihr Unterkommen, die Ultramarin-Rückstellmuster und ähnliche Produktproben aus der Zeit um 1900 bis etwa 1970 beherbergt (vgl. Abb. 85).

Großzügig gestaltete Zimmer, ein breiter Treppenaufgang und vor allem die unerschütterlichen

SW6 Das Herrenhaus in Schindlerswerk ist das einzige Gebäude dieser Art, das von den sächsischen Blaufarbenwerken erhalten blieb. Der 1862 in vereinfachter Form wieder hergestellte Glockenturm kündete einst von den landesherrlich garantierten Freiheiten des selbstständigen Gutsbezirkes. Im Untergeschoss links hat der Förderverein Schindlers Blaufarbenwerk e. V. sein Unterkommen gefunden. Aufnahme 2017.

SW7 Diese Aufnahme des Herrenhauses von der Muldenseite aus verdeutlicht den originalen (vgl. Abb. 91), aber auch sanierungsbedürftigen Zustand dieses zentralen Gebäudes. Aufnahme 2006.

Kreuzgewölbe im gesamten Untergeschoss des Herrenhauses zeugen vom repräsentativen Charakter des Bauwerkes. Heute hat der Förderverein Schindlers Blaufarbenwerk e. V. im Herrenhaus sein Domizil in Form eines authentischen Vereinszimmers gefunden. Für öffentliche Veranstaltungen steht außerdem das geräumige Foyer des Gebäudes zur Verfügung. Ein weiterer Teil des Erdgeschosses soll zukünftig eine Ausstellung aufnehmen und damit für Besucher offenstehen. Die ehemalige Werksuhr mit viertelstündigem Schlagwerk aus den 1860er Jahren (nach dem Brandereignis) ist zwar im Original erhalten, aber derzeit nicht funktionstüchtig. Die Instandsetzung dieses Kleinodes inclusive der Wiederbeschaffung der verloren gegangenen Glocken ist ein Ziel des Fördervereins. Da der Finanzbedarf hierfür als vergleichsweise hoch eingeschätzt werden muss, ist mit einer kurzfristigen Umsetzung dieses Vorhabens eher nicht zu rechnen.

(4) Packereigebäude mit Mannschaftsräumen

Baujahr:	*um 1890*
ursprünglicher Zweck:	*Verpackung von Fertigwaren, Aufenthaltsräume*
Erhaltungszustand:	*gut erhalten*
derzeitige Nutzung:	*Aufenthaltsräume, Produktion, Werksarchiv und Lager*

Das Packereigebäude wurde um 1890 an Stelle der abgebrochenen Werksschule (vgl. Abb. 91) errichtet. Hier wurden die Fertigwaren verpackt und zum Versand vorbereitet. In dem Gebäude waren außerdem ein Sozialtrakt mit Aufenthaltsräumen, Umkleiden und Waschgelegenheiten untergebracht. Noch heute befinden sich hier ein Pausenraum und der Sanitärbereich für die Belegschaft der Schindlerswerk GmbH & Co. KG. Andere Räume werden zu Produktions- und Lagerzwecken genutzt. Auch das Werksarchiv hat in dem Gebäude sein Unterkommen gefunden.

SW8 Das in einer typischen Industriearchitektur des späten 19. Jahrhunderts ausgeführte Packereigebäude beherbergt heute Aufenthalts-, Sanitär- und Produktionsräume sowie das Werksarchiv. Aufnahme 2019.

(5) Schachtelhaus

Baujahr:	*1872*
ursprünglicher Zweck:	*Herstellung von Verpackungen für Ultramarinerzeugnisse*
Erhaltungszustand:	*teilweise sanierungsbedürftig*
derzeitige Nutzung:	*zu Lagerzwecken oder leerstehend*

Das sogenannte Schachtelhaus wurde 1872 als Produktionsstätte für die Verpackungen der Ultramarinprodukte, insbesondere Waschblau errichtet. Die dazu notwendigen Pappmaterialien lieferte ab 1886 die zu Schindlerswerk gehörige Holzschleiferei und Pappenfabrik. Der dreistöckige Massivbau bot viel Raum für die dazu notwendigen Maschinen und ausreichend Lagerplatz für fertige Verpackungsmaterialien. Kurios ist, dass das Gebäude eher an ein Wohnhaus als an einen Industriebau erinnert. Möglicherweise war schon anfangs eine gemischte Nutzung zu Produktions- und Wohnzwecken geplant. Nach derzeitigen Erkenntnissen wurden allerdings erst unmittelbar nach dem Zweiten Weltkrieg einige Wohneinheiten in dem Gebäude eingerichtet, um der damals vorherrschenden Wohnungsnot zu begegnen. Im Inneren finden sich noch viele Stilelemente des späten 19. Jahrhunderts sowie historische Produktionsbereiche. Sogar einige vierflügelige Fenster dürften noch aus dem Entstehungsjahr stammen.

SW9 Das 1872 errichtete Schachtelhaus ähnelt in seiner Ausführung eher einem Wohnhaus als einem Fabrikbau. Dennoch bot es auf drei Etagen viel Raum für die Herstellung von Verpackungen. Im Inneren finden sich noch viele originale Einbauten wie Transmissionen u. ä. Aufnahme 2019.

(6) Magazin

Baujahr:	*1748 oder um 1800, vermutlich existierte ein Vorgängerbau*
ursprünglicher Zweck:	*Magazin für Kobalterze und Smaltefabrikate*
Erhaltungszustand:	*gut erhalten*
derzeitige Nutzung:	*Farbmagazin*

Das Magazin wird von Christan Friedrich Bauer im Jahre 1820 als *neues Magazin* bezeichnet.[61] Körner spricht zwar von einem Brand im 1748 fertig gestellten *Vorrathshaus*,[49] dabei könnte es sich allerdings auch um einen Vorgängerbau gehandelt haben. Tatsächlich entstanden in den Blaufarbenwerken Pfannenstiel und Oberschlema um 1800 fast baugleiche Gebäude, so dass das heutige Magazin wohl eher in diese Zeit einzuordnen ist.[24-22, 63] In Aue blieb das ehemalige Vorratshaus des Pfannenstieler Blaufarbenwerks ebenfalls erhalten und dient heute der Nickelhütte als Betriebskantine (vgl. den Abschnitt „Nickelhütte Aue GmbH"). Einst wurde das Gebäude zur sicheren Aufbewahrung der wertvollen Kobalterze und der fertigen Smalteprodukte errichtet, woraus sich auch die in vielerlei Hinsicht bemerkenswerten Konstruktionsmerkmale erklären. So ist die besonders massive Ausführung des Baues einer-

SW10 a, b Hinter der eher unspektakulären Fassade des Magazins verbirgt sich eine bemerkenswerte Konstruktion, die anhand des von Christan Fr. Bauer um 1820 gezeichneten Schnittes[24-22] durch das fast baugleiche Magazin von Oberschlema deutlich wird. Die massive Ausführung des Gebäudes mit einem aus Bruchsteinen gemauertem Tonnengewölbe diente der Brandsicherheit und war typisch für die sächsischen Blaufarbenwerke. Aufnahme 2017.

seits dem Umstand geschuldet, dass eine größtmögliche Diebstahlsicherheit für die Rohstoffe und Fertigwaren des Blaufarbenwerks erreicht werden sollte, andererseits waren die eingelagerten Tonnagen beträchtlich, so dass durch Fundamentierung und Oberbau entsprechende Tragfähigkeiten gewährleistet sein mussten.

Das herausragendste Merkmal des Gebäudes aber ist ein stabiles Tonnengewölbe, das sowohl das erste als auch das zweite Obergeschoss umspannt. Darauf wiederum wurde eine Satteldachkonstruktion aufgesetzt. Der Raum zwischen dem Tonnengewölbe und der Dachkonstruktion ist von innen nicht erreichbar. Diese aufwändige Ausführung des Baues diente einzig dem Zweck, die Lagerräume vom Dachbereich feuerfest abzutrennen und somit eine zuverlässige Brandsicherheit herzustellen. Immerhin hätte ein Brandereignis alle Vorräte vernichten und so dem Unternehmen die wirtschaftliche Existenzgrundlage entziehen können. Es ist nicht bekannt, dass solche oder ähnliche Gebäude auch in anderen Hüttenwerken oder sonstigen Industriebauten vorhanden waren. Offenbar sind die Farbmagazine als Unikate des sächsischen Blaufarbenwesens zu betrachten.

Die Ausführung des Magazins von Schindlerswerk mit dem rechteckigen Querschnitt von 11,30 m × 22,60 m (20 × 40 sächs. Ellen) gleicht bis ins Detail

SW11 Im 1. OG des Magazins wird nicht nur die spezielle Bauform des Gebäudes mit dem Tonnengewölbe sichtbar, sondern auch, dass es noch immer seinem ursprünglichen Zweck als Farblager dient. Aufnahme 2019.

dem in Niederpfannenstiel erhaltenen Bau. Allerdings dient es hier noch immer seinem ursprünglichen Zweck als Farblager. Das Gebäude befindet sich in einem weitgehenden Originalzustand, nur wenige Umbauten wie einige Glassteinfenster im Untergeschoss stören das historische Erscheinungsbild. Die massive hölzerne Innenauszimmerung ist original erhalten. Eine Fassrampe, die zum Transport der Farbfässer ins erste OG diente (vgl. Abb. 76 und 91), wurde zwar im Laufe der Zeit entfernt, die entsprechende Tür blieb allerdings erhalten. Das Magazin ist aufgrund seiner hohen montanhistorischen Bedeutung stets ein fester Bestandteil von Führungen im Denkmalkomplex Schindlers Blaufarbenwerk. Um 1910 entstand in nordöstliche Richtung ein kleinerer Anbau an das Magazin, das „alte Eisenlager", zu dem sich später noch eine Trafostation gesellte.

(7) Torhaus

Baujahr: *um 1700, Anbau um 1900*
ursprünglicher Zweck: *vermutl. Eingang zum Werk und Kobaltgewölbe*
Erhaltungszustand: *gut erhalten*
derzeitige Nutzung: *Labor*

SW12 Das Torhaus zählt zu den ältesten Gebäuden in Schindlerswerk und bildet den nordöstlichen Abschluss des U-förmigen Hüttenhofes. Der Durchgang befand sich einst rechts, an der Stelle des großen Rundbogenfensters. Aufnahme 2019.

SW13 Diese Aufnahme der Belegschaft von Schindlerswerk vor dem Torhaus und der Schlämmerei (links) aus dem Jahre 1908 entstand aus Anlass des Besuchs des sächsischen Königs Friedrich August III. Der Vergleich mit der aktuellen Fotografie (Abb. SW12) belegt, dass in der Zwischenzeit kaum Veränderungen an den Gebäuden vorgenommen wurden.

SW14 Kreuzgewölbe und neuer Durchgang im Untergeschoss des Torhauses. In diesem Raum befand sich in den frühen Zeiten vermutlich das Kobaltgewölbe. Aufnahme 2019.

Das Torhaus ist eines der ältesten, wenn nicht sogar das älteste Gebäude der Montansiedlung. Vermutlich diente es in der Anfangszeit als Zugang zum Werk, wobei sich das Eingangstor, anders als heute, vom Hof aus gesehen auf der rechten Gebäudeseite befand. Das gesamte Untergeschoss wurde in massiven Kreuzgewölben ausgeführt. Bemerkenswert ist, dass sich dieses Konstruktionsprinzip rechts, über dem ehemaligen Eingangstor, sogar im 1. OG fortsetzt. Dafür, dass das Gebäude früher tatsächlich den Zugang zum Werk bildete, spricht auch, dass es mit einer Breite von nur knapp 5 Metern und mit Wandstärken von 1,10 Meter im Untergeschoss kaum anderen Zwecken gedient haben kann. Vielleicht bildete das Schindlersche Blaufarbenwerk in seiner Frühzeit ein geschlossenes Gebäudeensemble, das nur über das Torhaus zugänglich war. Eine solche Ausführung in Form einer Burg- oder Wehranlage könnte zur Unterbindung des Kobaltschmuggels gedient haben oder auch den Erfahrungen aus dem eben erst zu Ende gegangenen 30-jährigen Krieg geschuldet sein. Auf jeden Fall erwähnt Magister Körner in seiner Bockauer Chronik aus dem Jahre 1763 drei Torwege, durch die der *gut verwahrte Hof* von Schindlerswerk zu erreichen ist.[49]

Offenbar hatte das Torhaus um 1820 seine ursprüngliche Funktion verloren, da sich der Haupteingang zum Werk, wie auch heute noch, auf der anderen Hofseite befand. Bauer[61] erwähnt für das schmale Gebäude nur noch eine Nutzung als Vorratsgewölbe im Untergeschoss und als Expedition und Archiv im Obergeschoss. Die Verlegung des Durchganges von der rechten auf die linke Seite erfolgte vermutlich um 1900, als das Gebäude ohnehin durch einen Anbau erheblich vergrößert wurde. Heute ist in dem geschichtsträchtigen Bau das Labor der Schindlerswerk GmbH & Co. KG untergebracht.

(8) Kistenmacherei, (9) Kesselhaus mit Oktagonalschornstein, (10) Brettmühle, (11) Böttcherei und Wasserkraftanlage, (12) Blaumühle

In den Blütejahren der Ultramarinfabrik, um die Wende zum 20. Jahrhundert, entstanden in Schindlerswerk zahlreiche Neubauten. Der größte Komplex dieser Art bildet eine Fortsetzung des ehemaligen Blaufarbenwerks in nordöstliche Richtung. Bei den Bauarbeiten musste nicht nur die alte Brettmühle verlegt, sondern auch die Führung des Betriebsgrabens umgestaltet werden. Das neu errichtete Sägewerk wurde noch bis Anfang der 1970er Jahre durch ein Wasserrad angetrieben. Die Ruine der ehemaligen Kistenmacherei bildet heute den nordöstlichen Abschluss des Denkmalkomplexes.

Kistenmacherei

Baujahr:	*um 1890*
ursprünglicher Zweck:	*Anfertigung von hölzernen Versandgebinden, Werkstischlerei*
Erhaltungszustand:	*Ruine*
derzeitige Nutzung:	*keine*

Kesselhaus mit Oktagonalschornstein, Brettmühle

Baujahr:	*1893, Brettmühle um 1890 erneuert*
ursprünglicher Zweck:	*Ergänzung der Wasserkraft und Dampfversorgung, Sägewerk*
Erhaltungszustand:	*sanierungsbedürftig*
derzeitige Nutzung:	*keine*

SW15 In der „Kistenmacherei" wurden Holzkisten für den Versand der Ultramarinwaren gefertigt. Selbstverständlich führten die hier beschäftigten Tischler auch andere Arbeiten für die Ultramarinfabrik aus. An der Ruine finden sich die typischen Stilelemente eines Industriebaus aus dem späten 19. Jahrhundert. Ob das Gebäude wiederaufgebaut werden soll oder kann, ist derzeit noch unklar. Aufnahme 2019.

SW16 Das Kesselhaus (hinten) mit seiner 60-PS-Dampfmaschine war einst die Kraftzentrale von Schindlerswerk und kam vor allem bei Niedrigwasser der Mulde zum Einsatz. Der zeittypische Oktagonalschornstein ist fast original erhalten, lediglich der Essenkopf (hell) wurde später erneuert.

Das Kesselhaus wurde in Zuge einiger Modernisierungen in Schindlerswerk 1893 errichtet. Das Herzstück der Anlage bildete ein Dampfkessel der Firma F.L. Oschatz aus Meerane mit 75 m² Heizfläche und 7 Atmosphären Überdruck, an den eine Dampfmaschine der Firma Theodor Wiede aus Chemnitz mit einer Leistung von 60 PS angeschlossen war.[53] Über die Anschaffung einer Dynamomaschine finden sich keine Unterlagen, so dass angenommen werden kann, dass die Anlage zu dieser Zeit nicht zur Elektroenergieerzeugung, sondern nur dann zum Antrieb von Maschinen verwendet wurde, wenn die Wasserkraft nicht ausreichte. So konnten die sonst so gefürchteten unwirtschaftlichen Stillstände des Werkes in Trockenzeiten vermieden werden. Der für die Anlage errichtete, 33 Meter hohe Oktagonalschornstein ist weitgehend original erhalten geblieben. Er diente in den 1920er Jahren zeitweise auch zur Ableitung der Rauchgase der Ultramarinöfen, nachdem diese die Entschwefelungsanlage im Bereich der Wasserräder passiert hatten.

Die ergiebige Wasserkraft am Standort Schindlerswerk ermöglichte schon seit Beginn des 18. Jahrhunderts den Betrieb einer Brettmühle. Dieses Sägewerk befand sich muldeabwärts etwas abseits des Werkes und wurde zeitweise an externe Betreiber verpachtet (vgl. Abb. 75 und 77). Mit der Erweiterung der Ultramarinfabrik um 1890 wurde die Brettmühle in den neu errichten Gebäudekomplex integriert. Noch bis zur Stilllegung der Anlage zu Anfang der 1970er Jahre erfolgte der Antrieb des Sägegatters mit Wasserkraft.

SW17 Noch bis Ende der 1970er Jahre beschäftigte Schindlerswerk einen Werksböttcher. Während in früheren Zeiten mehrere Facharbeiter mit dem Anfertigen von Fässern für den Versand der Fertigwaren beschäftigt waren, reparierte der Werksböttcher zuletzt nur noch Holzfässer für innerbetriebliche Transportzwecke. Vorher soll dieses traditionelle Handwerk im „Langen Haus" und noch früher, zur Zeit des Blaufarbenwerks, in einem Gebäude gegenüber der Hütte (vgl. Abb. 75) ausgeübt worden sein. Hinter der linken Tür befand sich ein Generator, der mittels Wasserkraft angetrieben wurde. Aufnahme 2019.

Böttcherei und Wasserkraftanlage

Baujahr:	*um 1890*
ursprünglicher Zweck:	*Böttcherei und Wasserkraftanlage*
Erhaltungszustand:	*sanierungsbedürftig*
derzeitige Nutzung:	*Lager*

SW18 Diese Zeichnung des Bockauer Heimatforschers Gerhard Vogel zeigt die Werksböttcher von Schindlerswerk bei ihrer Arbeit im Jahre 1905.

Blaumühle

Baujahr: *um 1890*
ursprünglicher Zweck: *Feinmahlen des Ultramarinblaues*
Erhaltungszustand: *teilweise sanierungsbedürftig*
derzeitige Nutzung: *für Produktionszwecke*

SW19 Das Blaumühlengebäude wurde in einer gefälligen Industriearchitektur des späten 19. Jahrhunderts mit Schweizerstilelementen ausgeführt und ist weitgehend original erhalten. Sicher nicht zufällig gleicht der Bau der 1881 in Niederpfannenstiel errichteten Oxidfabrik (vgl. Abb. NH5), schließlich war der dortige Werksbaumeister auch für Schindlerswerk zuständig. Aufnahme 2019.

In der Blaumühle erfolgte das Feinmahlen des gewässerten Rohultramarins. Zum Antrieb der Nassmühlen befanden sich an der Rückseite des Gebäudes mehrere Radstuben, die Kraft der Wasserräder wurde durch Wellen und Transmissionen übertragen. Eine Zeitlang wurden die Abgase der Brennöfen durch einen unterirdischen Kanal über den Hüttenhof mittels eines Ventilators bis hinter das Gebäude gesaugt, um hier eine wasserberieselte Kalksteinkammer zu passieren. Das nunmehr gereinigte Rauchgas trat schließlich durch eine Radstube ins Freie. Einige Relikte dieser innovativen Anlage und der Radstuben sind noch vorhanden. In den 1980er Jahren fand hier auch die neu aufgenommene Dispersionsfarbenproduktion ihr Unterkommen.

SW20 Auf der schwer zugänglichen Rückseite des beschriebenen Gebäudekomplexes finden sich noch einige Relikte der Radstuben, wie die hier sichtbare Welle des Wasserrades des Sägewerkes. Für museale Zwecke ist später der Wiedereinbau eines Wasserrades vorgesehen.

(13) Schlämmerei

Baujahr:	*1905*
ursprünglicher Zweck:	*Schlämmen des Ultramarins*
Erhaltungszustand:	*notgesichert*
derzeitige Nutzung:	*Produktion, Lager*

Mit einem umbauten Raum von etwa 5.000 Kubikmetern ist die Schlämmerei das größte und darüber hinaus auch eines der dominantesten Gebäude des Montankomplexes. Hier wurde das gewässerte und in der Blaumühle feingemahlene Ultramarin einem Sedimentationsprozess in Wasser zur Separierung der Korngrößen unterzogen. Diese althergebrachte Methode des Schlämmens kam seit frühester Zeit in allen Blaufarbenwerken zum Einsatz. Das Gebäude wurde bei einem Großbrand am 8. Dezember 1904 stark beschädigt und danach in der heutigen Form wiederaufgebaut. Umgestaltet wurden dabei das Dach, die hofseitige Fassade sowie große Teile des Innenausbaues.[53] Architektonisch orientiert sich das Gebäude sicher nicht zufällig an der wenige Jahre zuvor erbauten Blaumühle und der Pfannenstieler Oxidfabrik (vgl. Abb. SW19 und NH5). So finden sich auch an der Schlämmerei zeittypische Schweizerstilelemente.

Im Gebäude blieb eine Kaskade von Schlämmkästen erhalten, die wohl die letzten ihrer Art sein dürften. Ein Versuch, das hölzerne Innentragwerk durch einen Stahlbau zu ersetzen, wurde in den 1980er Jahren begonnen, aber nicht vollendet. Da zu diesem Zweck schon Teile der Holzkonstruktion entfernt worden waren, musste das Gebäude als instabil eingeschätzt werden. Durch Undichtigkeiten im Dach verschlimmerte sich die Situation zusehends. Bei den 2019 durchgeführten Notsicherungsmaßnahmen machten sich daher neben einer Eindeckung mit Trapezblech auch statische Stabilisierungsmaßnahmen erforderlich.

SW21 Die Schlämmerei wurde unter Weiternutzung von Teilen des bei einem Brandereignis beschädigten Vorgängerbaus im Jahre 1905 errichtet. Das 2019 notgesicherte Gebäude dominiert das heutige Erscheinungsbild des Montankomplexes. Aufnahme 2019.

SW22 Im Inneren des Gebäudes finden sich noch Schlämmkästen der klassischen Bauart. Die schon in der Blaufarbenwerkszeit angewandte Methode der Korngrößentrennung durch Sedimentation in Wasser wurde in dieser Anlage noch bis 1996 praktiziert. Aufnahme 2018.

(14) Wässerung und Nassmühle

Baujahr:	*1905*
ursprünglicher Zweck:	*Wässern und Feinmahlen des Ultramarinblaus*
Erhaltungszustand:	*teilsanierungsbedürftig*
derzeitige Nutzung:	*Produktion, Lager*

SW23 Das Gebäude wurde bei dem Brandereignis am 8. Dezember 1904 fast völlig zerstört und unter Verwendung einiger älterer Gebäudereste in einer ebenso ansprechenden wie aufwändigen Industriearchitektur 1905 neu errichtet. Leider beeinträchtigt der 1958 angebaute Aufzugsturm das historische Erscheinungsbild nicht unbeträchtlich. Hier wurde das vorzerkleinerte Ultramarin gewässert, um das als Nebenprodukt des Rohbrandes entstandene Glaubersalz aus dem Pigment herauszulösen. Die ebenfalls vorhanden gewesenen Nassmühlen (obere Nassmühle) hatten die gleiche Funktion wie im bereits beschriebenen Blaumühlengebäude (untere Nassmühle). Hinter dem Gebäude befand sich einst eine Badeanstalt, heute existiert dort nur noch ein überdachter Lagerplatz.

(15) Trockenmühle

Baujahr:	*um 1900*
ursprünglicher Zweck:	*Aufmahlen und Homogenisieren der Rohmischung*
Erhaltungszustand:	*teilsanierungsbedürftig*
derzeitige Nutzung:	*Produktion, Lager*

SW24 Im Trockenmühlengebäude wurde die Rohmischung mittels zweier großer Kollergänge aufgemahlen und homogenisiert, um dann der sich gegenüber befindlichen Tiegelofenhütte zugeführt zu werden. Die beeindruckenden Mahlaggregate mit direktem Elektroantrieb bzw. Elektroantrieb und Kraftübertragung durch Transmission sind in betriebsfähigen Zustand erhalten. Im rechten Bereich des Gebäudes hatte zeitweise auch eine Packerei ihr Unterkommen gefunden. Hinter dem Gebäude befand sich einst eine Kegelbahn, die 1904 abgebrochen und am neu errichteten „Schwarzen Kasino" angebaut wurde.[53]

(16) Mischboden und Schlosserei

Baujahr:	*um 1930*
ursprünglicher Zweck:	*Mischboden und Schlosserei*
Erhaltungszustand:	*teilsanierungsbedürftig*
derzeitige Nutzung:	*Schlosserei*

SW25 Die sachliche, an den Bauhausstil erinnernde Architektur des Mischboden- und Schlossereigebäudes verdeutlicht, dass es sich hierbei um ein vergleichsweise junges Bauwerk handelt. Wenn man von zwei Aufzugstürmen und kleineren Anbauten aus den 1950er Jahren absieht, ist es das jüngste Gebäude im gesamten Montankomplex. Der von der Rückseite ebenerdig erreichbare Mischboden diente zur Lagerung und Anmischung der Rohstoffe, bevor sie der Trockenmühle zugeführt wurden. Im Untergeschoss befindet sich noch heute die Schlosserei der Schindlerswerk GmbH & Co. KG.

(17) Direktorenvilla mit Springbrunnen

Baujahr:	*um 1890*
ursprünglicher Zweck:	*Direktorenwohnung mit Unterkünften für Bedienstete*
Erhaltungszustand:	*sanierungsbedürftig*
derzeitige Nutzung:	*keine*

SW26 Die um 1890 im Stile des Historismus errichtete Direktorenvilla blieb fast im Originalzustand erhalten. Sogar Reste des Springbrunnens in einer Art vorgelagertem „Lustgarten“ sind noch vorhanden. Aufnahme 2019.

Die Wohnumstände der Faktoren des Schindlerschen Blaufarbenwerks bzw. der Direktoren der noch jungen Ultramarinfabrik galten als eher bescheiden. Zeitweise mussten die Werksleiter sogar im Vorgängerbau der Schlämmerei über den Radstuben und Mühlen logieren.[24-21, 61] In der Blütezeit der Ultramarinfabrik, zu Ende des 19. Jahrhunderts, fasste der Privatblaufarbenwerksverein daher den Entschluss, dem Direktor eine angemessene Wohnanlage zu spendieren. So entstand etwas abseits des Werkes, idyllisch am Muldeufer gelegen, ein repräsentativer Klinkerbau im Stile der Zeit. Das Gebäude besaß im Erdgeschoss eine sehr geräumige, hochherrschaftliche Wohnung für den Direktor und seine Familie und kleinere, bescheidene Wohneinheiten für das Gesinde im Obergeschoss. Im Keller befanden sich die Waschküche und einige Vorratsgewölbe. Ein geschmackvoller Wintergarten und ein Springbrunnen in einem dem Werk zugewandten Garten rundeten das Bild ab.

(18) Kutscherhaus und (19) Remise

Baujahr:	*um 1750*
ursprünglicher Zweck:	*Wohnhaus, vermutlich auch Vorrats- und Stallgebäude*
Erhaltungszustand:	*sanierungsbedürftig*
derzeitige Nutzung:	*keine*

SW27 Das Kutscherhaus ist zwar sanierungsbedürftig, aber für ein Gebäude dieses Alters bemerkenswert original erhalten. Im einem Vorratskeller (hinten rechts) wurden einst die Verstorbenen des Gutsbezirkes Schindlerswerk bis zu ihrer Bestattung in Albernau aufgebahrt, daher hat sich nicht von ungefähr für diesen kühlen Raum die Bezeichnung „Leichenkeller" erhalten. In der Mitte unten befand sich ein Stall und links unten die Mangelstube. Aufnahme 2019.

SW29 Am Steinsockel des Kutscherhauses finden sich in vielen Bereichen, wie hier an den Lüftungsöffnungen des „Leichenkellers", ausgediente Läufer der Glasmühlen aus der Blaufarbenzeit. Die typisch geformten, halbkreisförmigen Granitsteine mit Einkerbungen für die nötigen Eisenklammern taugten, nachdem sie verschlissen waren, offenbar noch gut als Baumaterial. Durch diese Funde sind wir über den Aufbau und die Funktion der frühen Glasmühlen gut informiert (vgl. Abb. 57). Aufnahme 2019.

SW28 Noch 1912 konnte sich der Kutscher Wilhelm Anger stolz mit dem „Werksgeschirr" vor seinem Wohnsitz ablichten lassen. Die Motorisierung setzte in Schindlerswerk erst sehr spät ein. Im Hintergrund ist die Hütte 3 in ihrer ursprünglichen Form mit dem 1901 errichteten und in den 1950er Jahren erneuerten Schornstein zu erkennen.

Obwohl das genaue Baujahr des Kutscherhauses nicht bekannt ist, dürfte es sich um das älteste noch bestehende Nebengebäude des Denkmalkomplexes handeln. So erweckt das mit Holzschindeln eingedeckte Haus auf dem Foto von Schindlerswerk aus dem Jahre 1871 (vgl. Abb. 91) bereits den Eindruck eines historischen Gebäudes. Auch auf einem Riss aus dem Jahre 1818 (vgl. Abb. 75) ist es verzeichnet. Natürlich dürften im Laufe der Zeit einige Umbauten und Umnutzungen stattgefunden haben, so erscheint der hintere Teil mit den Außenaufgängen älteren Ursprungs zu sein als der vordere Teil des Hauses, dennoch tritt uns dieses markante Nebengebäude in einem stimmigen und originalen Gesamterscheinungsbild entgegen.

Wie der Name schon verrät, wohnte hier einst der Werkskutscher mit seiner Familie. Im Obergeschoss befinden sich noch drei weitere Wohneinheiten. Zu Zeiten des VEB hatte hier auch die Sanitätsstelle des Werkes ihr Unterkommen gefunden. Im Untergeschoss befanden sich Vorratskeller, ein Stall sowie die Mangelstube des Werkes. Die um 1910 gebaute Wäschemangel ist im Original erhalten geblieben. Die nur etwa 50 Meter entfernte Wagenremise befindet sich zwar noch immer an ihrem ursprünglichen Standort, wurde aber in den 1950er oder 60er Jahren erneuert. Durch die IG „Historische Feuerwehr Bockau" soll dort eine Ausstellung historischer Feuerlöschtechnik entstehen.

(20) Langes Haus

Baujahr:	*um 1860*
ursprünglicher Zweck:	*Mehrzweckgebäude*
Erhaltungszustand:	*sanierungsbedürftig*
derzeitige Nutzung:	*keine*

SW30 Das „Lange Haus" wurde um 1860 vermutlich schon als Mehrzweckbau errichtet. Das massiv ausgeführte Gebäude beherbergte u. a. mehrere Wohnungen, die Böttcherei sowie zu Zeiten des volkseigenen Betriebes ein genossenschaftliches Ladengeschäft (Konsum). Aufnahme 2019.

(21) Schwarzes Kasino mit Kegelbahn

Baujahr:	*1902*
ursprünglicher Zweck:	*öffentliche Gaststätte, später Werkskantine mit Festsaal*
Erhaltungszustand:	*notgesichert*
derzeitige Nutzung:	*keine*

SW31 Die Ende 2017 durchgeführten Notsicherungsarbeiten waren sehr umfangreich, dank dieser Aufwendungen kann der Bestand des Gebäudes heute als gesichert gelten. Die Aufschrift „Schwarzes Kasino" über der Eingangstüre lässt sich noch erahnen. Aufnahme 2017.

Das Schwarze Kasino wurde 1902 anstelle eines zuvor abgetragenen Vorgängerbaus errichtet. Trotz der Nähe zum Werk und besonders zu der damals noch bestehenden Muffelofenhütte wurde die Gaststätte auch von Werksfremden und Sommerfrischlern gern frequentiert. Zur Beliebtheit des Etablissements dürfte die 1904 angebaute Kegelbahn, deren Vorgänger sich hinter dem Trockenmühlengebäude befand, nicht unwesentlich beigetragen haben. Das Kasino wurde vom Werk zur Bewirtschaftung an externe Betreiber verpachtet. Noch bis Mitte der

1990er Jahre wurde das Gebäude genutzt, u.a. hatte sich hier ein Jugendklub eingerichtet. Nach 2000 führten Undichtheiten am Dach zu rasch um sich greifenden Schäden, so dass bei den 2017 durchgeführten Notsicherungsarbeiten etwa zwei Drittel des Daches ersetzt werden mussten. Zusätzlich machten sich statische Stabilisierungsmaßnahmen erforderlich. Das Gebäude soll zukünftig eine wichtige Rolle bei der Präsentation des UNESCO-Denkmals Schindlerswerk spielen, so ist hier u.a. eine Anlaufstätte für Besucher vorgesehen. Der vorhandene Festsaal wurde früher von der Belegschaft des Werkes genutzt, zukünftig könnten hier Veranstaltungen des Fördervereins Schindlers Blaufarbenwerk e.V. stattfinden. Auch eine Mitnutzung durch andere Vereine, für Tagungen o.ä. erscheint denkbar.

SW32 Das „Schwarze Kasino“ war eine öffentliche Gaststätte mit Fremdenzimmern, daher findet es sich als Motiv auf einigen historischen Postkarten. Im Hintergrund rechts ist das Wohnhaus 6 mit regionaltypischer Bretterverschalung zu erkennen, vorn rechts geriet ein kleiner Teil des Giebels der heute nicht mehr existenten Muffelofenhütte mit ins Bild.

(22, 23) Beamtenwohnhäuser Schindlerswerk 2 und 7

Baujahre:	*1899 und 1912*
ursprünglicher Zweck:	*Wohnhäuser für Industriebeamte und Bedienstete*
Erhaltungszustand:	*sanierungsbedürftig*
derzeitige Nutzung:	*keine bzw. Wohnhaus*

In früheren Zeiten war es in der Privatindustrie nicht unüblich, leitende Positionen mit Beamten zu besetzen. Diese Industriebeamten, über deren Einstellung und ggf. Entlassung staatliche Stellen mit entscheiden konnten, waren u.a. auch in Schindlerswerk tätig. Selbstverständlich benötigten diese Führungspersonen auch angemessene Dienstwohnungen. So wurde, das 250-jährige Bestehen von Schindlerswerk zum Anlass nehmend, im Jahre 1899 das ebenso repräsentative wie luxuriöse Beamtenwohnhaus Nr. 2 errichtet. Auf zwei Etagen bot es je einem Werksbeamten mit seiner Familie eine geräumige Wohnung. Die Inneneinrichtungen sind in vielen Details originalgetreu erhalten geblieben. Im Dachgeschoss finden sich die deutlich kleineren und viel einfacher gehaltenen Wohnungen für die Bediensteten. Der ebenerdig erreichbare Keller beherbergt

SW33 Das 1899 errichtete Beamtenwohnhaus Schindlerswerk 2 weist noch viele originale Details wie die beiden übereinander angeordneten Wintergärten mit Jugendstilelementen auf. Aufnahme 2019.

SW34 Das Beamtenwohnhaus Schindlerswerk 7 wurde 1912 im Stil der Zeit mit einem massiven Granitsockel errichtet. Es besitzt zwei separate Eingänge. Aus den noch vorhandenen Bauunterlagen geht hervor, dass es als erstes Wohnhaus des Gutsbezirkes bereits mit einer elektrischen Anlage geplant wurde. Es ist bis heute bewohnt. Aufnahme 2019.

die z. T. noch original ausgestatteten Waschhäuser und Vorratsgewölbe. Besonders hervorzuheben sind außerdem die beiden übereinander angeordneten Wintergärten mit schönen Jugendstilmotiven. Vor dem Gebäude, in Richtung Werk, befanden sich einst terrassenförmig angelegte Gärten.

Das etwas jüngere Beamtenwohnhaus Nr. 7 ist ebenfalls in einem originalen Zustand erhalten geblieben. Bemerkenswert sind die beiden separaten Eingangstüren und Treppenhäuser, die eine komplette Trennung der Beamtenwohnung im Erdgeschoss von der im ersten Obergeschoss gewährleisteten. Ob das Haus in dieser eher unüblichen Ausführung womöglich für zwei Beamtenfamilien geplant wurde, die nicht wirklich miteinander befreundet waren, lässt sich freilich nicht mehr sagen.

(24, 25, 26, 27) Arbeiterwohnhäuser Schindlerswerk 3, 4, 5 und 6

Baujahre: *um 1800, um 1890, um 1830, um 1840*
ursprünglicher Zweck: *Wohnhäuser des Gutsbezirks für Werksangehörige*
Erhaltungszustand: *sanierungsbedürftig bzw. saniert (Schindlerswerk 4)*
derzeitige Nutzung: *keine bzw. Wohnhaus (Schindlerswerk 4)*

SW35 Das Gebäude Schindlerswerk 3 dürfte um 1800 errichtet worden sein und gehört damit zu den ältesten Arbeiterwohnhäusern im Denkmalkomplex. Das Fachwerk ist derzeit von einer Eternitbeplankung aus den 1970er Jahren verdeckt. Im Hintergrund ist das in Massivbauweise ausgeführte Wohnhaus Nr. 4 zu erkennen. Aufnahme 2016.

SW36 Das Gebäude Schindlerswerk 5 (vorn) ist insofern bemerkenswert, als es um 1830 auf einem alten Zinnabbau errichtet wurde. Der geräumige Hohlraum mit einer kurzen Nebenstrecke im anstehenden Granit leistete gute Dienste als wohltemperierter Keller. Im Hintergrund links ist das Haus Nr. 6 zu erkennen, das um 1840 als etwas geräumigeres Zweifamilienwohnhaus konzipiert wurde. Aufnahme 2019.

Die Arbeiterwohnhäuser Schindlerswerk Nr. 3, 4, 5 und 6 wurden zwischen 1800 und 1890 errichtet. Vermutlich dienten alle Gebäude von Anfang an als Werkswohnungen. Im Gegensatz zu den großzügig gestalteten Beamtenwohnhäusern sind die Unterkünfte der Arbeiter durch niedrige Räume, kleine Fenster und überhaupt wenig Komfort gekennzeichnet. Die älteren drei Gebäude wurden in der klassischen Fachwerkbauweise ausgeführt, nur das jüngste Haus Nr. 4 wurde um 1890 zeittypisch in Klinkern auf einem Granitsockel errichtet. Es weist außerdem Schweizerstilelemente auf. In den Fachwerkhäusern, die in den 1970er Jahren mit Eternitplatten eingedeckt und beplankt wurden, finden sich noch eine Vielzahl originaler Einbauten.

(28 a, b, c) Bahnhof Bockau mit Empfangsgebäude, Güterboden und Waschhaus

Baujahr: *um 1880*
ursprünglicher Zweck: *Empfangsgebäude und Beamtenwohnhaus der Königlich Sächsischen Staatseisenbahn (ab 1920 Deutsche Reichsbahn)*
Erhaltungszustand: *sanierungsbedürftig*
derzeitige Nutzung: *keine*

Als in den Jahren 1875/76 die Eisenbahnstrecke von Chemnitz über Aue nach Adorf (CA-Linie) gebaut wurde, gelang es den Bevollmächtigten des Privatblaufarbenwerksvereins, den Bahnhof Bockau nahe an Schindlerswerk heranzuziehen. Während die Einwohner und Gewerbetreibenden von Bockau einen längeren Anmarschweg in Kauf nehmen mussten, konnte die Ultamarinfabrik nun vorteilhaft ihre Rohstoffe und Fertigwaren umschlagen. Der immer wieder genannte Nachteil des Werkes, die Abgeschiedenheit verbunden mit ungünstigen Transportverhältnissen, war somit überwunden. Tatsächlich wurde zwischen 1876 und 1990 der größte Teil des Warenverkehrs der Ultramarinfabrik über diese Station abgewickelt. Noch lange dienten Pferdefuhrwerke dazu, die letzten Meter bis zum Werk zurückzulegen. Eine Zäsur brachte die Unterbrechung des Streckenab-

SW37 Empfangsgebäude des ehemaligen Bahnhofs Bockau. Wo sich einst die Gleise befanden, verläuft nun ein Radweg von Aue nach Blauenthal. Aufnahme 2016.

SW38 Die Empfangshalle des Bahnhofsgebäudes mit Fahrkartenschalter und Gepäckannahme lässt Erinnerungen an vergangene Reichsbahnzeiten wieder aufleben. Aufnahme 2016.

schnittes von Aue nach Adorf durch den Bau der Talsperre Eibenstock im Jahre 1975. Der letzte Zug verließ den Bahnhof Bockau im September 1995, bei der Einrichtung des Radweges 2007 wurde er schließlich seines Gleisanschlusses beraubt. Der Bahnhof ist bemerkenswert original erhalten. Im Inneren findet sich überwiegend die typische Einrichtung aus der frühen Reichsbahnzeit. Auch der zugehörige Güterboden und das Waschhaus sind noch vorhanden.

Ehemalige Holzschleiferei und Pappfabrik

Baujahr:	*1886*
ursprünglicher Zweck:	*Holzschleiferei und Pappfabrik von Schindlerswerk*
Erhaltungszustand:	*Ruine*
derzeitige Nutzung:	*keine*

Die Holzschleiferei und Pappfabrik wurde 1886 vom Privatblaufarbenwerksverein etwa 1 km muldeaufwärts von Schindlerswerk errichtet. Die Wasserkraft des Betriebsgrabens nutzend, wurden hier Pappen für die Verpackungen der Ultramarinerzeugnisse hergestellt. Mit Schindlerswerk war die Fabrik durch einen heute nicht mehr existierenden Wirtschaftsweg verbunden. Das Hauptgebäude wurde in einer typischen Industriearchitektur des späten 19. Jahrhunderts ausgeführt. Bemerkenswert ist das an die Fabrik angebaute Meisterhaus, das im Erdgeschoss Wirtschaftsräume und im Obergeschoss eine nicht unkomfortable Wohnung mit Balkon für den Werksmeister aufbieten konnte. Nach 1945 wurde die Schleiferei von Schindlerswerk abgetrennt und dem VEB Papier- und Kartonagenfabrik Schlema angegliedert. Die Gebäude befinden sich heute in einem ruinösen Zustand und sind, trotz bestehendem Denkmalschutz, allem Anschein nach nicht zu retten.

SW39 Holzschleiferei von Schindlerswerk mit Meisterwohnhaus (rechts) um 1940. Die Gebäude bestehen heute, im Jahr 2020, leider nur noch als Ruinen.

Nickelhütte Aue GmbH

Rudolf-Breitscheid-Straße 65–75, 08280 Aue-Bad Schlema

Anders als Schindlerswerk war das ehemalige Hauptwerk des Privatblaufarbenwerksvereins, die heutige Nickelhütte Aue, einem starken Wandel unterworfen. Dementsprechend haben nur wenige Gebäude aus der Blaufarbenwerksära die Zeiten überdauert. Auch die Wohnhäuser des einstigen Gutsbezirkes Niederpfannenstiel sind zum größten Teil verschwunden. Nur hier und da künden noch einige versteckte Grundmauern von der untergegangenen Werkssiedlung. Die verbliebenen historischen Gebäude allerdings wurden mustergültig und mit viel Sachkenntnis saniert und einer nachhaltigen Nutzung zugeführt. Als Zeugnis regionaler Industriearchitektur aus der Mitte des 19. Jahrhunderts ist besonders der Gebäudekomplex Niederpfannenstiel 1 am Ausgang des Bärengrundes sehenswert. In der „Kapelle“ befindet sich zudem eine Blaufarbenwerksausstellung, die vom Förderverein Schindlers Blaufarbenwerk e. V. betreut wird und nach Voranmeldung besichtigt werden kann. Alle anderen nachfolgend beschriebenen historischen Gebäude befinden sich auf dem inneren Betriebsgelände der Nickelhütte und sind daher nicht ohne weiteres zugänglich. Sie können aber von außen gut eingesehen werden.

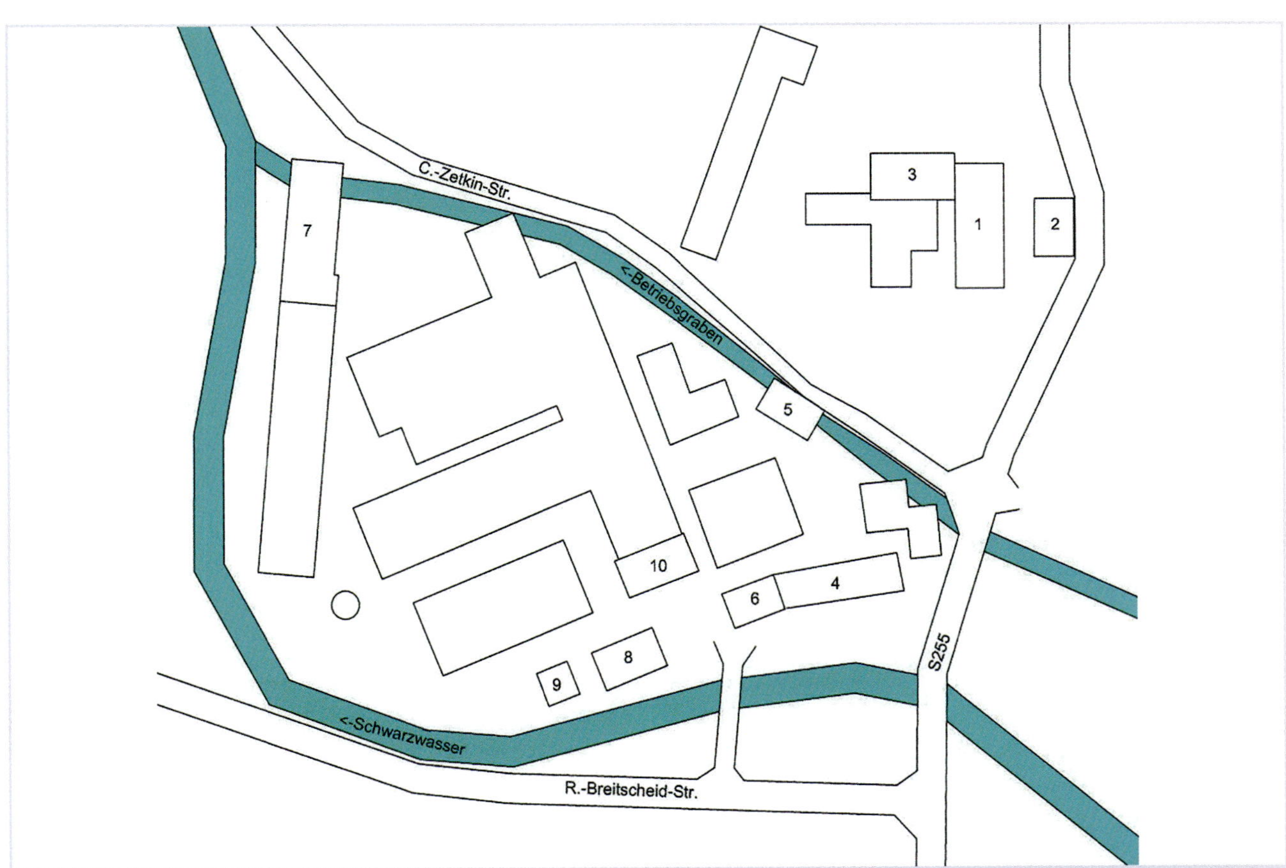

NH1 Aktuelle Lageskizze des historischen Teils der Nickelhütte Aue.
1, 2, 3: Gebäudekomplex Niederpfannenstiel 1 mit Haus Nr. 1, „Kapelle“ und ehemaliger Oxidfabrik; 4: Ehemalige Smaltefabrikation; 5: Ehemaliges Magazin; 6: Laboratoriumsgebäude; 7: Kraftzentrale und Betriebsgraben; 8, 9: Verwaltungsgebäude und ehemaliges Wohnhaus des Werksbaumeisters; 10: Neues Sozialgebäude.

(1, 2, 3) Gebäudekomplex Niederpfannenstiel mit Haus Nr. 1, „Kapelle" und ehemaliger Oxidfabrik

Baujahre:	*1846/47, Erstbezug April 1848, Oxidfabrik: 1881*
ursprünglicher Zweck:	*Haus 1: Fabrikations-, Wohn- und Laboratoriumsgebäude; „Kapelle": Hüttenlaboratorium; Oxidfabrik: Produktionsgebäude für Kobaltoxid*
Erhaltungszustand:	*originalgetreu restauriert*
derzeitige Nutzung:	*Haus 1: Wohngebäude; „Kapelle": Blaufarbenwerksausstellung mit Tagungsraum; Oxidfabrik: Produktionsgebäude*

Die beiden, oberhalb des Hauptwerkes am Ausgang des Bärengrundes gelegenen Gebäude (Haus Nr. 1 und „Kapelle") entstanden als Ersatzneubau für das 1848 geschlossene Blaufarbenwerk Zschopenthal. Kurt Alexander Winkler, der letzte Faktor des Zschopenthaler Werkes, hatte dort umfangreiche Versuche zur Scheidung von Nickel und Kobalt unternommen. Nach seiner Übersiedlung nach Niederpfannenstiel im April 1848 setzte er hier diese Arbeiten fort, wobei die Laboratoriumshütte („Kapelle") für pyrometallurgische Prozesse genutzt wurde. Das gegenüber liegende, größere Gebäude (Haus 1) diente dagegen von Anfang an mehreren Zwecken. Es beherbergte ein analytisches Labor und wurde für die Produktion von Kobaltultramarin, Kobaltoxid und chemischen Spezialprodukten eingerichtet. Darüber hinaus bezog Kurt Alexander Winkler mit seiner Familie in der ersten Etage im südlichen Teil des Gebäudes eine geräumige Wohnung. In nördlicher Richtung befanden sich das Labor sowie einige andere Räume, die der Verpackung und dem Versand der Waren dienten. Die Produktion fand dagegen im Souterrain und im Erdgeschoss Platz. Diese detaillierten Erkenntnisse ergeben sich, wenn man die Aktenlage[23-22] mit den im Werk vorhandenen Unterlagen[63] in Übereinstimmung bringt.

NH2 Das Haus Niederpfannenstiel 1 wurde wie die gegenüber liegende „Kapelle" 1846/47 als Ersatzneubau für das Blaufarbenwerk Zschopenthal errichtet. Das originalgetreu restaurierte Gebäude vermittelt den Eindruck einer repräsentativen Wohn- und Industriearchitektur aus der Mitte des 19. Jahrhunderts. Hütteninspektor Kurt Alexander Winkler hatte hier seine Wohn- und Arbeitsräume. Auch sein Sohn Clemens Winkler, der spätere Freiberger Professor und Entdecker des Germaniums, war hier von 1862-1873 tätig. Aufnahme 2009.

NH3 Ehemaliges Hüttenlaboratorium des Pfannenstieler Blaufarbenwerks. Das im neogotischen Stil erbaute Gebäude diente anfangs vor allem zu Versuchen der Nickel-Kobalt-Scheidung und kann somit als Keimzelle der heutigen Nickelhütte angesehen werden. Spätere Anbauten, wie die Mangelstube oder der Kohlenschuppen, die sich alles andere als positiv auf das Erscheinungsbild des Gebäudes auswirkten, wurden inzwischen wieder entfernt. Aufnahme 2019.

NH4 Im Inneren des ehemaligen Hüttenlaboratoriums beeindruckt besonders der aus dem Jahre 1847 stammende, aufwändig gezimmerte Dachstuhl des Gebäudes. Hier befindet sich auch ein kleines Museum, in dem die Geschichte des sächsischen Blaufarbenwesens anhand einer Vielzahl von Ausstellungsstücken dargestellt wird. Das Gebäude wird auch gern für Festivitäten und Vorträge genutzt.

NH5 Die 1881 errichtete ehemalige Oxidfabrik des Pfannenstieler Blaufarbenwerks tritt uns in einer gefälligen, für das Ende des 19. Jahrhunderts nicht untypischen Industriearchitektur entgegen. In seiner Ausführung ähnelt es sowohl dem Packerei- als auch dem Blaumühlen- und dem Schlämmereigebäude in Schindlerswerk (vgl. Abb. SW8, SW19 und SW21). Die Pfannenstieler Oxidfabrik dürfte somit als Vorbild für die etwas später entstandenen Gebäude in Schindlerswerk gedient haben. Aufnahme 2009.

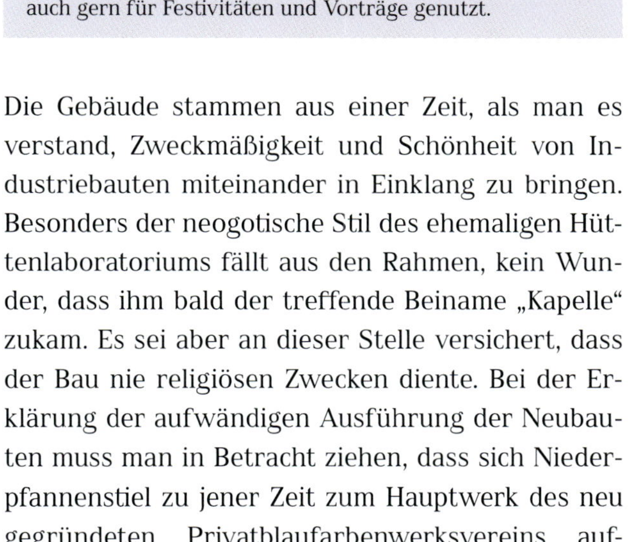

Die Gebäude stammen aus einer Zeit, als man es verstand, Zweckmäßigkeit und Schönheit von Industriebauten miteinander in Einklang zu bringen. Besonders der neogotische Stil des ehemaligen Hüttenlaboratoriums fällt aus den Rahmen, kein Wunder, dass ihm bald der treffende Beiname „Kapelle" zukam. Es sei aber an dieser Stelle versichert, dass der Bau nie religiösen Zwecken diente. Bei der Erklärung der aufwändigen Ausführung der Neubauten muss man in Betracht ziehen, dass sich Niederpfannenstiel zu jener Zeit zum Hauptwerk des neu gegründeten Privatblaufarbenwerksvereins aufschwang und somit auch gewisse repräsentative Zwecke zu erfüllen hatte.

Es sei noch erwähnt, dass die rückwärtig an den nördlichen Teil des Hauses Nr. 1 angrenzende Oxidfabrik 1881 entstand, als sich eine Erweiterung der erfolgreichen Kobaltoxidproduktion erforderlich machte. Die später hinzugekommenen Mühlengebäude und die Arsenatanlage mit Kesselhaus existieren nicht mehr. Die „Kapelle" indes durchlebte eine wechselvolle Geschichte. So musste sie den Anbau von Nebengebäuden und einige Umbauten im

NH6 Auf der historischen Aufnahme des Gebäudekomplexes Niederpfannenstiel 1 aus dem Jahre 1929 ist noch der um 1950 entfernte Schornstein an der „Kapelle" zu erkennen. Das Gebäude dürfte zu dieser Zeit noch als Hüttenlabor bzw. als Glühhütte für Kobaltoxid genutzt worden sein.

Inneren über sich ergehen lassen. Nach dem Zweiten Weltkrieg wurde hier eine Trafostation eingerichtet. Danach wusste man das Haus lediglich noch zu Lagerzwecken zu nutzen. Im Zuge der umfangreichen Baumaßnahmen zu Beginn der 1960er Jahre stand sogar der Abriss zur Debatte. Schließlich be-

sann man sich aber auch in der DDR auf die Erhaltung von Kulturgütern und stellte das Gebäude 1982 unter Denkmalschutz. Die Nickelhütte Aue GmbH setzte den gesamten Gebäudekomplex instand, wobei großer Wert auf die originalgetreue Aufarbeitung der Bausubstanz gelegt wurde. Das Haus Nr. 1 dient heute ausschließlich zu Wohnzwecken, während sich in der ehemaligen Oxidfabrik eine Anlage zur Herstellung von Kupferoxichlorid befindet.
Die „Kapelle" beherbergt seit 2014 ein kleines Museum, das vom Förderverein Schindlers Blaufarbenwerk e.V. betreut wird. Neben vielen originalen Ausstellungsstücken aus fast 400 Jahren Geschichte des sächsischen Blaufarbenwesens finden sich hier auch einige Relikte des 2017 aufgelösten ehemaligen Werksfriedhofes von Niederpfannenstiel, wie das Grabmal des Generaldirektors Johannes Baudenbacher (1861–1924). Die „Kapelle" kann jährlich zum Tag des offenen Denkmals oder nach Voranmeldung besichtigt werden. Der Gebäudekomplex ist vom Autobahnzubringer (S 222) aus Richtung Schwarzenberg gut einsehbar.

(4) Ehemalige Smaltefabrikation

Baujahr:	*1857*
ursprünglicher Zweck:	*Mahlen und Schlämmen der Smalte, von 1948 bis 1957 Objekt 100*
Erhaltungszustand:	*restauriert, Dach und Anbau aus der Nachkriegszeit*
derzeitige Nutzung:	*Werkstätten- und Instandhaltungstrakt*

Leider sind die Baupläne des Gebäudes nicht mehr vorhanden. Das Baujahr 1857 ergibt sich aber aus einem Lageplan, der um 1890 datiert. Weil dort auch für andere Bauten des Werkes Jahreszahlen eingetragen sind, die sich zweifelsfrei belegen lassen (z.B. „Kapelle"), ist die Angabe glaubhaft.[63] Es kann angenommen werden, dass der Neubau mit der Übernahme der Kobaltquoten von Zschopenthal (1848 aufgelöst) und Schindlerswerk (1855 zur Ultramarinfabrik umgewandelt) in Verbindung steht. Schließlich übernahm Pfannenstiel seit 1855 drei Fünftel der Smaltefabrikation des Konsortiums und erzeugte somit mehr Kobaltblau als das Doppelwerk Oberschlema.

NH7 Hofseitige Ansicht der ehemaligen Smaltefabrikation. Ursprünglich erfolgte hier das Mahlen und Schlämmen des Kobaltglases. Das Fachwerk auf der Hofseite wurde durch eine Verblendung hervorgehoben, auf der Straßenseite ist es dagegen verborgen. Der heutige Haupteingang mit Werksuhr (Anbau hinten) wurde um 1950 von der SAG Wismut errichtet. Aufnahme 2009.

Bis zu seiner Verlegung im Jahre 1900 wurde der obere Teil des Betriebsgrabens an der etwa 60 Meter langen Südseite des Gebäudes entlanggeführt, um dann ein sich an der westlichen Giebelseite anschließendes Pochwerk anzutreiben. Ab 1878 findet sich an dieser Stelle (heute Laborgebäude) auch eine Dynamomaschine mit Turbinenantrieb. Aus dem Bärengrund kommend, wurde der Rumpelsbach unter der Smaltefabrik hindurch in den Betriebsgraben geführt. Das Gebäude befand sich damit etwa je zur Hälfte auf schönburgischem Grund bzw. auf Zeller Flur. Als die Smalteherstellung in Niederpfannenstiel auslief, vermutlich war das im Jahre 1931, muss auch dem Gebäude eine neue Nutzung zugekommen sein. Sicher wissen wir, dass sich hier die „Schere“, also die Zerschneideinrichtung für das in der benachbarten Nickelelektrolyse hergestellte Elektrolytnickel befand. Außerdem wurden Nickelanoden gewalzt, gelagert und für den Versand vorbereitet. Fest steht auch, dass der Bau 1948 an die SAG Wismut (Objekt 100) abgetreten werden musste, die hier Arbeiterwohnungen und die Verpflegungsstelle des Objektes einrichtete. Nach der Rückgabe 1957 fanden in dem Gebäude Werkstätten und Instandhaltung des VEB Nickelhütte Aue ihren Platz. Diesem Zweck dient die inzwischen grundhaft sanierte ehemalige Smaltefabrik noch immer. Das Gebäude ist von der Rudolf-Breitscheid-Straße bzw. vom Haupteingang der Nickelhütte aus einsehbar.

(5) Ehemaliges Magazin

Baujahr: *um 1800*
ursprünglicher Zweck: *Lagerhaus für Kobalterze und Smaltefabrikate, später Hüttenschänke und Werkskantine*
Erhaltungszustand: *originalgetreue Restaurierung*
derzeitige Nutzung: *Werkskantine und Tagungsraum*

Das ehemalige Magazin wird bereits 1820 von Bauer[61] erwähnt und ist damit das älteste noch existente Gebäude der Nickelhütte Aue. Die Bauform, massive Außenmauern und Tonnengewölbe im

NH8 a, b Ansicht des ehemaligen Magazins von der Clara-Zetkin-Straße aus. Blick in nördliche Richtung. Die Durchführung des Betriebsgrabens (abgedeckt) machte sich bei dessen Verlegung im Jahr 1900 erforderlich. Anbauten erhielt das Gebäude schon im 19. Jahrhundert, der hier links zu erkennende Werkstatttrakt entstand 2005 und ersetzte einen unschönen Zweckbau. Aufnahme 2009. Der Schnitt durch das Magazin, entnommen aus dem originalen (undatiertem) Bauplan, verdeutlicht die massive Ausführung des Baues mit dem charakteristischen Tonnengewölbe.[63] Neben dem Magazin in Schindlerswerk dürfte dieses Gebäude das letzte seiner Art sein.

NH9 Der gläserne Anbau an das Magazin, ein notwendiges Zugeständnis an die heutige Nutzung als Werkskantine, wirkt nicht dominant, sondern passt sich der Erscheinung des historischen Gebäudes an. Fast könnte man meinen, dass der Architekt mit dieser Lösung eine Versinnbildlichung der in der Nickelhütte oft zitierten „Verbindung von Tradition und Fortschritt" bezweckt hat. Aufnahme 2009.

Obergeschoss mit aufgesetztem Satteldach, war typisch für die Blaufarbenwerke (vgl. Magazin Schindlerswerk). Das Gebäude wurde mit einem rechteckigen Querschnitt der Außenmaße 20 × 40 Ellen (11,30 m × 22,60 m) errichtet und gleicht damit bis ins Detail dem Magazin in Schindlerswerk. Sowohl im Erd- als auch im Obergeschoss weisen die Außenwände eine durchschnittliche Stärke von 1,3 Meter auf. Die Fundamente reichen bis fast 4 Meter unter Oberflächenniveau. Bei der Verlegung des Betriebsgrabens aus dem inneren Werksgelände an die Mehnertstraße (heute Clara-Zetkin-Straße) im Jahre 1900 stand das Gebäude im Wege. Die ungewöhnliche Lösung des Problems bestand darin, den unteren Teil des Baus zu durchtunneln, so dass seitdem das Wasser auf Erdgeschossniveau durch das Haus fließt. Als zu Anfang des 20. Jahrhunderts eine neue Farben- und Smalteniederlage erbaut wurde, konnte das bemerkenswerte Gebäude einer neuen Nutzung zugeführt werden. Fortan befand sich hier mit der „Hüttenschänke" eine öffentliche Gaststätte. Nach einer umfassenden Sanierung, bei der u. a. auch ein unschöner Anbau aus DDR-Zeiten entfernt wurde, dient das Bauwerk der Nickelhütte heute als Werkskantine, Festsaal und Tagungsraum.

(6) Laboratoriumsgebäude

Baujahr: *1902*
ursprünglicher Zweck: *Niederlage und chemisches Laboratorium*
Erhaltungszustand: *weitgehend originalgetreue Restaurierung*
derzeitige Nutzung: *chemisches Laboratorium*

Das Gebäude wurde 1902 errichtet und nahm das bisher im Haus Niederpfannenstiel 1 untergebrachte Laboratorium auf. In den Keller des neuen Labors wurde eine Niederdruck-Dampfkesselanlage eingebaut, die über ein System von Radiatoren die Heizung des gesamten Baus ermöglichte, um die Jahrhundertwende eine durchaus moderne und komfortable Lösung. Vormals befand sich auf dem Gelände ein 9-stempeliges Pochwerk sowie ab 1878 eine Dynamomaschine, die allerdings durch die Verlegung des Betriebsgrabens an die Mehnertstraße und den Bau der neuen Kraftzentrale im Jahr 1900 überflüssig geworden waren. Ein Pförtnerhäuschen musste dem Neubau ebenfalls weichen, es wurde in etwa an der Stelle wiedererrichtet, an der sich heute sein Nachfolgebau aus dem Jahre 1923 befindet. Überhaupt wurde durch den Laboratoriumsbau in Verbindung mit dem 1890 errichteten neuen Verwaltungsgebäude ein repräsentativer Eingangsbereich für das Unternehmen geschaffen.

Zu Ende der 1930er Jahre wurden im Keller des Hauses Luftschutzräume eingerichtet. Ebenfalls weniger erfreulich ist, dass bereits Ende 1945 hier die

NH10 Ansicht des Laborgebäudes am Haupteingang der Nickelhütte Aue. Vergleicht man die Abbildung mit dem Bauplan von 1902, wird deutlich, dass sich das äußere Erscheinungsbild des Gebäudes kaum verändert hat. Die Schweizerstilelemente finden sich auch an zahlreichen Gebäuden aus dieser Zeit in Schindlerswerk. Aufnahme 2009.

NH11 Auszug aus dem originalen Bauplan des Laboratoriums aus dem Jahre 1902.[63] Das mit viel Fantasie nachträglich eingezeichnete Werkstor mit Fahnenschmuck dürfte mit dem Besuch des Königs im Jahre 1908 in Zusammenhang stehen (vgl. den Abschnitt „Leben und Arbeiten im Blaufarbenwerk"). Ob der etwas kitschig anmutende Entwurf tatsächlich umgesetzt wurde, wissen wir freilich nicht. Nach dem Abbau der Heizkesselanlage im Keller des Gebäudes entfiel auch der Schonstein.

ersten Versuche zur Uranaufbereitung von Werksangehörigen auf Befehl der Sowjets durchgeführt werden mussten. Von 1949–1956 wurde der gesamte Bau vom Objekt 100 beansprucht. Heute befindet sich im Obergeschoss des Gebäudes der Bereich Analytik der Nickelhütte Aue GmbH. Die Laborräume beherbergen moderne Analysentechnik, die zur Untersuchung der Rohstoffeingänge sowie zur Qualitätskontrolle der metallurgisch-chemischen Produkte des Unternehmens unabdingbar ist.

(7) Kraftzentrale und Betriebsgraben

Baujahr:	*E-Anlage: 1900, Graben ursprünglich vor 1635 angelegt*
ursprünglicher Zweck:	*Antrieb der Pochwerke und Mühlen, Elektroenergieerzeugung*
Erhaltungszustand:	*Gebäude weitgehend originalgetreu restauriert, Wasserkraftanlage 1991 erneuert, gleichzeitig Instandsetzung des Grabens*
derzeitige Nutzung:	*Elektroenergieerzeugung*

Vor der Erfindung der Dampfmaschine war die Nutzung der Wasserkraft die einzige Möglichkeit einer von Mensch und Tier unabhängigen Energieerzeugung. Für ein Blaufarbenwerk war sie zum Antrieb der Glasmühlen und Pochwerke vom ersten Betriebstag an essentiell. Als Veit Hans Schnorr d. Ä. 1635 seine Farbmühle am Pfannenstiel errichtete, konnte er auf bereits vorhandene wassertechnische Anlagen zurückgreifen. Nach Lage der Dinge dürfte somit lediglich die Erweiterung des bestehenden Grabens, der noch bis 1660 ein parallel existierendes Hammerwerk mit Aufschlagwasser versorgte, erforderlich gewesen sein. Sicher ist, dass sowohl die Lage des Wehres im Schwarzwasser als auch der Verlauf des oberen Teils des Betriebsgrabens seit spätestens 1834 unverändert geblieben ist, da aus diesem Jahr der älteste bekannte Riss der Anlage vorliegt (vgl. Abb. 28). Das ehemals hölzerne Wehr wurde vermutlich zu Ende des 18. Jahrhunderts durch eine steinerne Ausführung ersetzt, so wie es auch in Schindlerswerk der Fall war.[53]

Im inneren Werksgelände wurde der Betriebsgraben mehrfach verlegt. So existierten bis 1878 ein Ober- sowie ein Untergraben, die sich im Bereich des heutigen Laborgebäudes (damals Pochwerk) wieder vereinigten, um dann in nördlicher Richtung am Herrenhaus vorbei dem Schwarzwasser zuzufließen. Mit der Errichtung einer ersten Turbinenanlage mit Dynamomaschine 1878 an der Nordseite der Smaltefabrik entfiel auch der Untergraben. Durch den wachsenden Bedarf an Elektroenergie machte sich 1900 der Bau einer neuen Wasserkraftanlage notwendig, wofür der verbliebene Obergraben an die damalige Mehnertstraße verlegt wurde. Die Wasserkraft wurde künftig nur noch im unteren, dem sogenannten „alten Pochwerk", und in der neu erbauten Kraftzentrale genutzt.

Der Bau des Gebäudes wurde am 5. November 1900 von der Königlichen Amtshauptmannschaft in Schwarzenberg für zulässig befunden.[63] Über die technische Erstausstattung wissen wir nur, dass eine Turbine über eine Welle mit Transmissionen zwei Dynamomaschinen antrieb. Bereits 1915 wurde die Anlage durch den Einbau von zwei Francis-Turbinen von 214 bzw. 166 PS Leistung erneuert. Zwanzig Jahre später bemühte sich die Werksleitung um die Instandsetzung der Technik, da durch Verschleiß ein merklicher Rückgang der elektrischen Leistung zu verzeichnen war. Die notwendigen Arbeiten kamen 1940 zur Ausführung. Es wurden dabei lediglich Teile der Turbinen erneuert, Kraftübertragung und Generatoren blieben unverändert. In den 1980er Jahren bemühte man sich wiederum um einen Ersatz der veralteten Einrichtung. Die heutige Anlage stammt aus dem Jahr 1991 und erzeugt je nach Wasserführung des Schwarzwassers zwischen 500 und 1.500 MWh elektrische Energie im Jahr für den Eigenbedarf des Unternehmens.

Im Jahre 1904 wurde die Wasserkraftanlage durch den Einbau einer leistungsstarken Zwillingsdampfmaschine der Germania-Maschinenfabrik Chemnitz ergänzt. Um die zum Betrieb notwendige Kesselanlage aufnehmen zu können, machte sich in südlicher Richtung ein etwas erhöhter Anbau nötig, der heute noch vorhanden ist. Ein 40 Meter hoher Schornstein ergänzte das Ensemble. Die Dampfmaschine kam aber nur dann zum Einsatz, wenn die Wasserkraft den Energiebedarf nicht abdecken konnte, wie es vor allem bei Trockenheit der Fall war. Leider wurde die Dampfmaschine um 1960 verschrottet, womit auch der Schornstein überflüssig wurde.

NH12 Blick auf die Kraftzentrale an der Mündung des Betriebsgrabens ins Schwarzwasser in südwestliche Richtung. Die beiden vorderen Gebäude stammen aus dem Jahr 1900 und dienen bis heute der Unterbringung der technischen Einrichtungen der Wasserkraftanlage. Aufnahme 2009.

NH13 Historische Aufnahme aus dem Inneren der Elektrizitätszentrale (1957). Zu erkennen sind Teile der Wasserkraftanlage, wie das Schwungrad mit Einrichtung zur Drehzahlregulierung (rechts). Eine solche Anlage verrichtete auch in Schindlerswerk ihren Dienst.

Das Gros der in der Nickelhütte benötigten Elektrizität erbringt heute eine Dampfturbine, die den aus der Abwärme der Schmelz- und Röstöfen gewonnenen Dampf nutzt. Ein Gasmotor sowie eine Gasturbine, die in Kraft-Wärmekopplung arbeiten, sind ebenfalls vorhanden.

(8, 9) Verwaltungsgebäude und ehemaliges Wohnhaus des Werksbaumeisters

Baujahr:	*1890 und 1899*
ursprünglicher Zweck:	*Verwaltungs- und Expeditionsgebäude, später Sanitätsstelle, 1949-1956 Verwaltung Objekt 100, Wohnhaus (kleine Verwaltung)*
Erhaltungszustand:	*Fassaden originalgetreu restauriert, Gedenkplatten für Clemens Winkler und Veit Hans Schnorr d. Ä. am Haupteingang*
derzeitige Nutzung:	*Verwaltungs- und Archivgebäude*

Das neue Verwaltungsgebäude entstand in einer Phase verstärkter Bautätigkeit im ausgehenden 19. Jahrhundert und kann als Zeugnis für die Modernisierung des Unternehmens, die durch den Übergang vom Blaufarbenwerk zum metallurgischen Betrieb ihren Ausdruck fand, gewertet werden. Auf dem Gelände befanden sich vorher die Giftfänge (Flugstaubkanäle) der Rösthütte. Mit dem Gebäude erhielt der neue Hauptzugang zum Blaufarbenwerk von der Reichsstraße (heute Rudolf-Breitscheid-Straße) einen repräsentativen Charakter, noch heute prägt es maßgeblich das Erscheinungsbild der Nickelhütte. Dass dem Neubau von Anfang an eine zentrale Rolle zukam, belegt die Werksuhr mit dem aufgesetzten Läutewerk, das noch immer seinen Dienst verrichtet. Indem das Verwaltungsgebäude bis 1948 die Sanitätsstelle des Werkes aufnahm, kam ihm auch ein sozialer Zweck zu. Der Bau ist als modernes Gegenstück zum alten Herrenhaus zu verstehen, das allein schon durch seine nunmehrige Randlage an Bedeutung verloren hatte und im Wesentlichen nur noch als Wohn- und Lagerhaus genutzt wurde.

Die sogenannte kleine Verwaltung wurde als Wohnhaus für den Werksbaumeister des Privatblaufarbenwerksvereins errichtet. Das Gebäude weist zeittypische Schweizerstilelemente auf und gleicht darin der Oxidfabrik und dem Labor (Abb. NH5 und NH10) sowie einigen Wohn- und Produktionsgebäuden in Schindlerswerk. Überhaupt sind die Ähnlichkeiten zwischen einigen historischen Gebäuden der Nickelhütte und in Schindlerswerk mehr als offensichtlich. Das kann nicht verwundern, wenn man in Betracht zieht, dass es sich um ein Unternehmen an zwei Standorten handelte, für die ein Werksbaumeister zuständig war. Übrigens war der letzte Bewohner der kleinen Verwaltung kein Geringerer als Werksbaumeister Max Finsterbusch, der schon vor 1930 für den Blaufarbenwerksverein tätig war und

NH14 Das 1890 erbaute Verwaltungsgebäude kann als modernes Gegenstück zum einstigen Herrenhaus verstanden werden. Es ist ein Sinnbild für den Wandel des Unternehmens vom Blaufarbenwerk hin zum modernen metallurgischen Betrieb am Ende des 19. Jahrhunderts. Das Gebäude hinten rechts, die so genannte kleine Verwaltung, wurde 1899 als Wohnhaus für den Werksbaumeister errichtet. Beide Gebäude sind heute durch einen modernen Zwischenbau sinnvoll miteinander verbunden. Aufnahme 2019.

ab 1952 noch maßgeblich am Aufbau der Nickelhütte St. Egidien mitwirkte.
Das Verwaltungsgebäude musste im April 1949 zugunsten des Objektes 100 eilig geräumt werden. Dem erzwungenen und überhasteten Auszug fielen große Teile des Werksarchivs zum Opfer. Der Verlust ist umso bedauerlicher, als hier auch die historischen Unterlagen des aufgelösten Werkes Zschopenthal und des 1855 zur Ultramarinfabrik umgewandelten Schindlerschen Blaufarbenwerks lagerten. Heute stellen beide Gebäude das Nervenzentrum der Nickelhütte Aue dar. Geschäftsführung, Verwaltung und Kundenbetreuung haben hier ihren Platz. Das im Obergeschoss befindliche Archiv beinhaltet überwiegend Material aus der Zeit nach 1945. Dabei sind besonders die Akten aus der unmittelbaren Nachkriegszeit von hohem historischem Wert.

(10) Neues Sozialgebäude

Baujahr: *1960*
ursprünglicher Zweck: *zentrales Sozialgebäude des VEB Nickelhütte Aue*
Erhaltungszustand: *originalgetreu instand gesetzt*
derzeitige Nutzung: *Sozial- und Bürogebäude*

NH15 Das 1960 erbaute Sozialgebäude wurde als Sinnbild für die Rekonstruktion der Hütte nach dem Krieg vor kurzem unter Denkmalschutz gestellt.

Den einen oder anderen mag es verwundern, dass das relativ junge, neue Sozialgebäude der Nickelhütte auch zum kulturellen Erbe des Werkes zu zählen ist. Tatsächlich wurde das Gebäude erst kürzlich unter Denkmalschutz gestellt. Das erscheint auch gerechtfertigt, immerhin prägt der Bau die heutige Nickelhütte nicht unwesentlich und kann als Sinnbild für den Wiederaufbau bzw. die Rekonstruktion des Werkes im Zeitraum von 1957 bis 1965 gelten. Tatsächlich entstand das Gebäude in einer zeittypisch nüchternen und funktionalen, aber auch repräsentativen und keineswegs reizlosen Nachkriegsarchitektur. Damals wie heute befinden sich in dem Mehrzweckbau Büro- und Sozialräume für die Belegschaft der Nickelhütte.

Blaufarbenwerk Zschopenthal

Zschopenthal 9-11, 09579 Grünhainichen, Ortsteil Waldkirchen

Das Blaufarbenwerk Zschopenthal wird 1820 von Christian Friedrich Bauer[61] aus einem alten und einem neu erbauten Werk bestehend beschrieben. Das neue Werk bildete eine Fortsetzung des Gebäudeensembles in nördliche Richtung. Es entstand insbesondere deshalb, weil das alte Mühlengebäude (Abb. Z 1, Nr. 5) sehr tief lag und oft von Überschwemmungen der Zschopau heimgesucht wurde. Dabei gingen stets erhebliche Mengen an Escheln (feine Blaufarben), die sich in den tief liegenden Sümpfen befanden, verloren.[61] Ursprünglich wurde das Blaufarbenwerk in Form eines geschlossenen Quadrates errichtet, der Zugang war nur über eine enge Durchfahrt im Torgebäude möglich. Ähnlich wie in Schindlerswerk diente diese Anordnung einerseits der Abwehr nach außen, andererseits sollte so dem Kobaltdiebstahl vorgebeugt werden. Der quadratische Grundriss der Anlage lässt sich an den erhaltenen Gebäuden auch heute noch gut nachvollziehen.

Mit der Auflösung des Blaufarbenwerks im Jahre 1848 und der darauf folgenden Einrichtung einer mechanischen Weberei gingen naturgemäß nicht unerhebliche bauliche Veränderungen einher. So wurden einige Gebäude wie die Hütte abgerissen, andere erfuhren Umbauten. Schließlich fiel im Jahre 2009 auch das große, auf der Ostseite des Areals gelegene ehemalige Fabrikationsgebäude der Weberei dem Abriss zum Opfer. Es war um 1855 durch den Umbau des alten Herrenhauses und aus Teilen der eingangs erwähnten neuen Mühlengebäude des Blaufarbenwerks entstanden. Auch die Wohnhäuser des ehemaligen Gutsbezirkes blie-

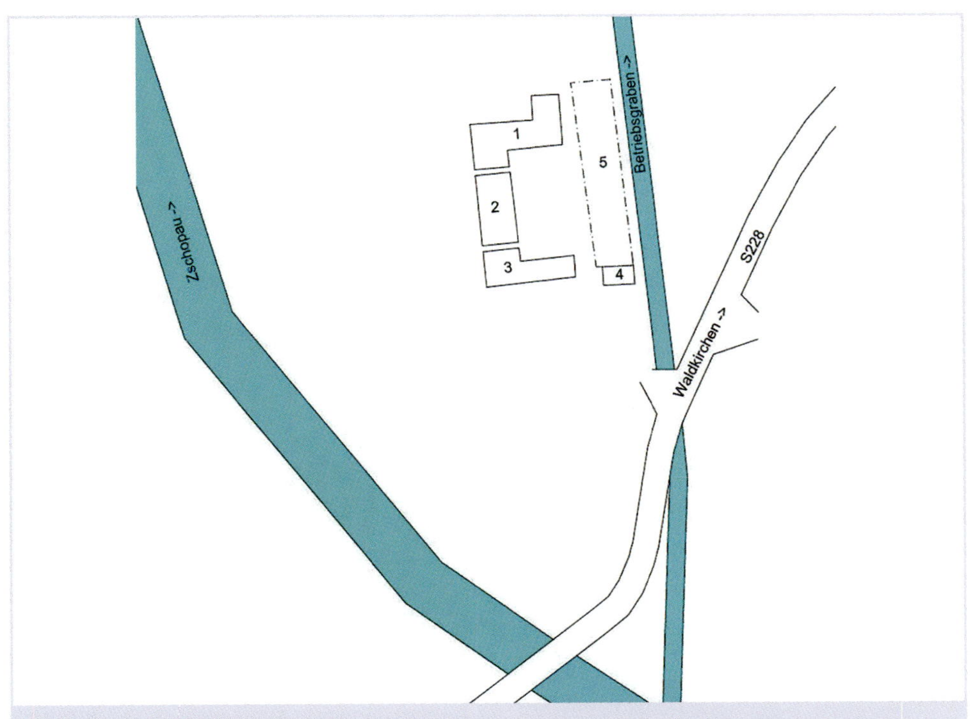

Z1 Aktuelle Lageskizze des ehemaligen Blaufarbenwerks Zschopenthal.
1: Turmhaus mit Heimatmuseum; 2: Neues Herrenhaus der Weberei; 3: Torgebäude; 4: Neue Veranstaltungsbühne; 5: Ehemaliger Standort der Fabrikationsgebäude der Weberei bzw. der Mühlen und des alten Herrenhauses des Blaufarbenwerks.

ben nicht erhalten, zumindest lassen sich die wenigen noch vorhandenen Gebäude nicht eindeutig der Blaufarbenwerkszeit zuordnen. Auf jeden Fall legt die noch vorhandene Gebäudegruppe ein beredtes Zeugnis von der ansprechenden Architektur des einstigen Werkes ab. Das Gelände ist öffentlich zugänglich und z.B. mit der Erzgebirgsbahn über den Haltepunkt Waldkirchen gut zu erreichen. In Kooperation mit der benachbarten Rolle-Mühle finden jährlich zum Deutschen Mühlentag öffentliche Veranstaltungen statt. Ein vorhandenes Heimatmuseum mit einer Blaufarbenausstellung kann nach Voranmeldung bei der Hüttenknappschaft Blaufarbenwerk Zschopenthal (Tel. 03725/6582, E-Mail: hkb-zschopenthal@hotmail.com) besichtigt werden.

(1) Turmhaus mit Heimatmuseum

Baujahr:	*um 1690, um 1800 oder 1855 umgebaut*
ursprünglicher Zweck:	*Wohn- und Vorratsgebäude*
Erhaltungszustand:	*originalgetreu instand gesetzt*
derzeitige Nutzung:	*Heimatmuseum und Wohnhaus*

Im Gegensatz zu den anderen Blaufarbenwerken trug in Zschopenthal nicht das Herrenhaus, sondern das größere nördliche Gebäude des Werkskomplexes den Glockenturm, der einst von den Freiheiten des kurfürstlich privilegierten Unternehmens bzw. eigenständigen Gutsbezirkes kündete. Bauer[61] erwähnt für das Turmhaus, ebenso wie für das Torgebäude, eine gemischte Nutzung als Wohnung für Offizianten und Arbeiter sowie als Vorratsstuben für Kobalte und Eisenwaren. Einst soll sich der Glockenturm in der Mitte des Gebäudes befunden haben, es setzte sich also in gerader Linie nach Osten fort. Es war, wie das gegenüberliegende Torhaus auch, vollkommen symmetrisch ausgeführt. So jedenfalls rekonstruierten es die beiden Architekturstudenten Helmut Stingel und Karl Windisch im Jahre 1954.[96] Demnach entstand die Abwinkelung des Baus in

Z2 Das vorhandene Gebäudeensemble legt Zeugnis von der gelungenen Architektur des einstigen Zschopenthaler Blaufarbenwerks ab. Der Zugang zu dem quadratisch angelegten Hof war früher nur durch das Tor (links) möglich. Das Herrenhaus (Mitte) wurde um 1855 von der Weberei an Stelle der Schmelzhütte errichtet. Das Turmhaus setzte sich einst in gerader Linie nach Osten fort und war, wie das gegenüberliegende Torhaus auch, vollkommen symmetrisch ausgeführt. Die Abwinkelung in nördliche Richtung (vorn rechts) entstand erst später. Aufnahme 2019.

Z3 Ansicht des Turmhauses von Süden. Dass das Gebäude in seinem Verlauf verändert wurde, wird an der untypischen Unterbrechung des Fachwerkes (rechts) deutlich. Links ist ein Teil des ehemaligen Herrenhauses der Weberei zu erkennen. Aufnahme 2019.

nördliche Richtung später, d.h. entweder beim Bau des neuen Werkes um 1800 oder bei der Einrichtung der mechanischen Weberei um 1855.
Auf jeden Fall erlitt das Gebäude im Februar 1954 einen Brandschaden, wobei Teile des Daches und der ursprüngliche Glockenturm zerstört wurden. Unter Verwendung von noch nutzbarem Originalmaterial wurde das Gebäude wiederaufgebaut. Im Inneren des Dachstuhles zeugen noch immer angekohlte Balken von diesem Ereignis. Heute befindet sich in dem Gebäude ein sehenswertes Heimatmuseum mit einer Blaufarbenausstellung. Hier kann man u.a. Bruchstücke originaler Blaufarbenschmelztiegel bewundern, die bei Erdarbeiten auf dem Areal im April 2014 aufgefunden wurden. Außerdem erinnert eine Gedenktafel an die beiden Faktoren August Fürchtegott und Kurt Alexander Winkler, die in Zschopenthal tätig waren und uns wertvolle Aufzeichnungen zu den Blaufarbenprozessen hinterließen bzw. wichtige Forschungsarbeiten zur modernen Buntmetallverhüttung durchführten.

(2) Neues Herrenhaus der Weberei (vgl. Abb. Z2 und Z3)

Baujahr: *um 1855*
ursprünglicher Zweck: *Administration der Weberei und Wohnhaus*
Erhaltungszustand: *originalgetreu instand gesetzt*
derzeitige Nutzung: *Wohnhaus*

Es ist nachvollziehbar, dass die Schmelzhütte des Blaufarbenwerks für die Zwecke einer mechanischen Weberei nicht sinnvoll genutzt werden konnte. Daher wurde das Gebäude abgetragen und an seiner Stelle ein repräsentatives Herrenhaus für das von Johann Gottlob Wunderlich geleitete Unternehmen errichtet. Dass sich hier tatsächlich einst die Schmelzhütte befand, geht eindeutig aus der Zeichnung von Friedrich Krafft aus dem Jahre 1765 hervor (vgl. Abb. 15) und wird zudem von Bauer[61] erwähnt. Natürlich ist das Gebäude selbst nicht als Denkmal des Blaufarbenwerks anzusprechen, auch architektonisch wirkt es viel moderner als die beiden Fachwerkbauten, die es gewissermaßen einrahmen. Dennoch schließt das Gebäude die Lücke, die sonst zwischen dem Turmhaus und dem Torgebäude entstehen würde, und trägt somit dazu bei, den ursprünglich geschlossenen Charakter der Anlage zu verdeutlichen.

(3) Torgebäude

Baujahr: *um 1690, um 1855 eingekürzt*
ursprünglicher Zweck: *Zugang zum Werk, Wohnhaus und Stallungen*
Erhaltungszustand: *originalgetreu instand gesetzt*
derzeitige Nutzung: *Wohnhaus mit Vereinsräumen der Hüttenknappschaft Blaufarbenwerk Zschopenthal*

Das Torgebäude bildete einst den Zugang zum Blaufarbenwerk. Es dürfte, wie das Turmhaus auch, in seiner Grundkonstruktion noch aus der Anfangszeit des Blaufarbenwerks stammen. Im Obergeschoss waren damals wie heute Wohnungen eingerichtet, auch Kurt Alexander Winkler soll hier während seiner Zeit als Faktor von 1840 bis 1848 logiert haben. Stabile Kreuzgewölbe im Untergeschoss weisen auf die Nutzung als Vorratskammern und Stallungen hin. Der in Massivbauweise ausgeführte Ostgiebel am heutigen Hofeingang verdeutlicht, dass das Gebäude vermutlich bei der Einrichtung der Weberei

Z4 Durch die Verkürzung des Torgebäudes (links) bei der Einrichtung der Weberei entstand ein geräumiger Zugang zum Werkshof. Im Hintergrund mittig ist das Turmhaus kurz vor dem Brand im Februar 1954 zu erkennen. Rechts befindet sich das heute nicht mehr existente Fabrikationsgebäude der Weberei. Aufnahme 1953 aus Stingel und Windisch.[96]

Z5 Aus dieser Perspektive werden die enormen Ausmaße des sich in N-S-Richtung erstreckenden, heute nicht mehr vorhandenen Produktionskomplexes der Weberei deutlich. Das mittlere Gebäude entstand unter Verwendung von Teilen des alten Herrenhauses, links wurden Teile der ehemaligen Blaufarbenmühle einbezogen. Das Foto zeigt auch den Brandschaden am Turmhaus, dem nunmehr ein Teil der Dachkonstruktion mit dem Glockenturm fehlt. Das Gebäude im Vordergrund soll einst die Werksschule beherbergt haben. Aufnahme 1954 aus Stingel und Windisch.[96]

um 1855 an dieser Stelle eingekürzt wurde. Heute ziert ein gekröntes Herz, das ehemalige Warenzeichen des Zschopenthaler Blaufarbenwerkes, diesen sonst eher schmucklosen Gebäudeteil.

Die Nr. 5 in der Lageskizze (Abb. Z1) markiert den ehemaligen Standort des Fabrikationskomplexes der Weberei. Dieses dominante Gebäude, das sich direkt am Betriebsgraben befand, bestand im Untergeschoss aus Teilen des alten Herrenhauses und des ehemaligen Mühlengebäudes des Blaufarbenwerks. In ihrer Seminararbeit beschreiben die Dresdener Architekturstudenten Stingel und Windisch[96] die Ausführung des Baus recht detailliert und liefern sogar ein Foto eines Eingangsportales, das einst zum alten Herrenhaus gehört haben soll. Der Abbruch im Jahre 2009 folgte nachvollziehbaren wirtschaftlichen Überlegungen und wertet die verbliebenen Gebäude in ihrer Wirkung auf. Dennoch bleibt der damit verbundene Verlust sächsischer Industriekultur mehr als bedauerlich. Immerhin wird der entstandene Platz zu öffentlichen Veranstaltungen vorteilhaft genutzt, wobei auch die hier entstandene Bühne (Nr. 4) stets gute Dienste leistet

Denkmal Blaufarbenwerk Oberschlema

Platz der neuen Heimat, 08301 Aue-Bad Schlema

Vom einstmals größten Blaufarbenwerk der Welt, dem Kurfürstlichen bzw. Königlichen Doppelwerk Oberschlema, existiert heute lediglich noch eine unscheinbare Brücke über den Schlemabach. Alle anderen Gebäude fielen dem Wismutbergbau zum Opfer und wurden im Wesentlichen bis Ende der 1960er Jahre abgetragen. Einige kleinere Nebengebäude existierten noch bis in die 1990er Jahre. Ein Denkmal, das die Nickelhütte Aue am ehemaligen Standort errichten ließ, weist heute auf das einstmals so bedeutende Blaufarbenwerk hin. Das Gelände am Rande des Kurparks ist frei zugänglich.

OS1 Diese Brücke ist das letzte Überbleibsel des Blaufarbenwerks Oberschlema. Die gekreuzten Schwerter, einst das Markenzeichen des Werkes, finden sich im Schlussstein des Bogens. Aufnahme 2018.

OS2 Am ehemaligen Standort des Blaufarbenwerks Oberschlema erinnert heute dieses von der Nickelhütte Aue GmbH errichtete Denkmalensemble an das traditionsreiche Staatsunternehmen. Aufnahme 2009.

CHRONOLOGIE DES SÄCHSISCHEN BLAUFARBENWESENS

Die Anfänge (bis 1634)

Um 1500 v. Chr. In Ägypten wird Kobaltblau in Form des Kobalt-Aluminium-Spinells für Keramikglasuren verwendet. Etwa 200 Jahre später geht dieses Wissen wieder verloren. Die sächsischen Blaufarbenwerke produzieren dieses Pigment im 19. und frühen 20. Jahrhundert unter der Bezeichnung „Kobaltultramarin“ oder „Königsblau“. Auch in Mesopotamien, Griechenland, Rom, Persien, Indien und im keltischen Kulturkreis wird Kobalt als farbgebende Komponente für Gläser und Glasuren in vorgeschichtlicher Zeit verwendet.

15. Jh. Kobaltblau auf chinesischem Porzellan (Ming Dynastie). Böhmische und venezianische Glashütten fertigen kobaltblaue Gläser. Vereinzelt werden Smalten bereits als Pigmente verwendet.

1520 Der Franke Peter Weidenhammer soll in Schneeberg Kobaltblau aus Wismutgraupen hergestellt und erfolgreich in den Handel gebracht haben.

1540 Christoph Schürer verbessert angeblich die Farbe und stellt in seiner Glashütte in Platten (Sachsen, ab 1547 zu Böhmen) Kobaltglas her. Die Angabe ist allerdings nur ungenügend belegt. In Holland entstehen Farbmühlen, die Schneeberger Safflor verarbeiten.

1568 Christoph Stahl errichtet die erste sächsische Farbmühle bei Schneeberg, die durch Hochwasser im Jahre 1573 zerstört wird.

1575 Dem sächsisch-kurfürstlichen Kammersekretär Hans Jenitz und dem Kammermeister Hans Harrer wird ein Privileg zur Safflor- und Farbbereitung erteilt. Damit verbunden ist das Recht und die Pflicht, die gesamten im Schneeberger Revier brechenden Kobalte aufzukaufen. Dieser erste Versuch, das Farbgeschäft monopolistisch zu organisieren, scheitert.

1592 Hans Wörner aus Schneeberg ersucht um ein Privileg zur Kobaltverarbeitung. Es bleibt unklar, ob seine Unternehmung in Gang gekommen ist.

1603–1608 Es ergehen mehrere kurfürstliche Verordnungen, die Steuern und Beschränkungen beinhalten, um das sächsische Blaufarbenwesen immer mehr unter staatliche Aufsicht zu bringen.

1609 Verstaatlichung des Kobalthandels. Kurfürst Christian II. legt per Verordnung fest, dass alles in Schneeberg geförderte Kobalterz dem kurfürstlichen Zehntner zu Festpreisen verkauft werden muss. Das Aufkaufsrecht wird an Kaufleute (anfangs meist Holländer) weiterverpachtet, was in die Praxis der Kobaltkontrakte, die in regelmäßigen Abständen erneuert werden, mündet.

1610 Der erste Kobaltkontrakt wird mit den Holländern Greifinger aus Geldern und Woldring aus Harlem auf sechs Jahre geschlossen und bis 1620 verlängert.

1621 Kobaltkontrakt mit den Kaufleuten Jordan und Panzer aus Erfurt und Hans Friese aus Hamburg. Eine unwiderrufliche erbliche Überlassung des Kobaltankaufs an die Kontrahenten wird vom Oberbergamt verhindert. Die Geldentwertung und andere widrige Umstände hebeln den Kontrakt schließlich aus.

1624 Der kurfürstliche Kammer- und Bergrat Christoph Carl von Brandenstein übernimmt den Vertrag und überwirft sich in kurzer Zeit mit den Schneeberger Gewerken. Der Vertrag wird kassiert, an seine Stelle tritt der freie Verkauf des Kobalts.

1627 Der Frankfurter Kaufmann Daniel de Briers und Hans Friese schließen einen neuen Kobaltkontrakt mit dem Kurfürsten. Erstmals werden vier Qualitätssorten definiert. Die Abstimmung der Gewerken über den Kontrakt führt schon 1628 wieder zu dessen Auflösung.

1628–1640 Schwerste Zeit des Schneeberger Bergbaus. Geringster Kobaltabsatz, Verelendung der Bergleute und schwere Verheerungen in Folge des 30-jährigen Krieges.

Entstehung des sächsischen Kobaltsyndikats (1635–1694)

1635 Veit Hans Schnorr d. Ä. erhält am 20. Februar das Privileg zur Erbauung und zum Betrieb einer Farbmühle am Pfannenstiel durch Otto Albrecht und Veit von Schönburg. Der Kauf des Grundstückes ist unter dem 12. Februar im Lehnsbuch der Grafschaft Hartenstein verzeichnet.

1641 Abschluss des „Hauptkobaltkontraktes". Zwei von drei Kontrahenten, Veit Hans Schnorr d. Ä. und Johannes Burckhardt, sind Inländer und wollen das Kobalterz selbst verarbeiten. Burckhardt wird die Erlaubnis zum Bau einer Farbmühle in Aussicht gestellt.

1642 Johannes Burckhardt erhält das kurfürstliche Privileg zum Bau des Blaufarbenwerks Oberschlema, der aber erst 1644 ausgeführt wird. Erlass des kurfürstlichen Patentes gegen die „Kobaltparthiererei". Vermutliches Entstehungsjahr der Farbmühle Jugel.

1644 Sebastian Öhme erhält das kurfürstliche Privileg zum Bau eines Blaufarbenwerks an der Sehma bei Annaberg. Der Bau wird aber erst 1649/50 ausgeführt.

1649 Erasmus Schindler erhält die Erlaubnis, eine Blaufarbenmühle an der Mulde, beim Gut Albernau zu erbauen. Das Privileg für den Betrieb der „Schindlerschen Blaufarbenmühle" wird am 7. September 1650 erteilt.

1651 Johannes Burckhardt, der Gründer des Blaufarbenwerks Oberschlema, verstirbt ohne leibliche Nachkommen und vererbt seine Farbmühle dem Kurprinzen von Sachsen. Der nunmehr herrschaftliche Anteil am Blaufarbenwesen trägt maßgeblich zu dessen Entwicklung bei.

1653 Das kurfürstliche Privileg vom 14. September garantiert den bestehenden vier Blaufarbenwerken, dass binnen zwölf Jahren keine Genehmigung für den Bau weiterer Farbmühlen in Sachsen vergeben wird. Der erste Schritt auf dem Weg zum Monopol ist getan.

1656/59 Die Blaufarbenwerke vereinbaren verbindliche Produktionsquoten und einen gemeinsamen Vertrieb der Waren zu Festpreisen. Diese Kontrakte sind ein wesentlicher Schritt auf dem Weg zum Blaufarbenwerkskonsortium.

1668 Der Kurfürst kauft die Farbmühle Jugel. Sie wird 1677 geschlossen und seine Kobaltquote auf Oberschlema übertragen. Fortan ist das „Doppelwerk Oberschlema" das größte Blaufarbenwerk der Welt.

1676 „Faktore der Blaufarbenhandlung" werden zur Koordinierung des Warenabsatzes bestellt.

1687 Die Farbmühle an der Sehma bei Annaberg wird bei Waldkirchen als Zschopenthaler Blaufarbenwerk neu errichtet.

1692 Der Kurfürst Johann Georg IV. verpachtet das Blaufarbenwerk Oberschlema für zehn Jahre an die drei Privatwerke. Der Pachtvertrag wird unter Kurfürst Friedrich August I. zweimal bis 1724 verlängert. 1722 müssen die Privatwerke neben dem Pachtzins eine Entschädigung von 150.000 Talern leisten.

1694 Gründung des Blaufarbenwerkskonsortiums. Einrichtung der Farblager in Schneeberg und Leipzig. Mit dem Abschluss des Kompaniekontraktes am 30. Mai verpflichten sich die vier bestehenden Werke zum gemeinsamen Vertrieb der Farbwaren unter dem Dach des Blaufarbenwerkskonsortiums, das fortan das Weltmonopol auf Blaufarbenwaren innehat.

Die sächsischen Blaufarbenwerke unter dem Dach des Konsortiums (1695–1847)

1696 Mit einer Zusatzvereinbarung zum Kompaniekontrakt werden die Bestimmungen von 1694 bestätigt und weiter vertieft. Bestellung eines „Kommunfaktors" zur Überwachung der Absprachen und Koordinierung der Zusammenarbeit.

1696 Die Kobaltzechen St. Anna und Daniel in Neustädtel werden vom Blaufarbenwerkskonsortium, also von allen Werken gemeinsam angekauft. Nach und nach werden auch alle anderen Kobaltgruben im Revier konsortschaftlich.

1709 In Schindlerswerk wird mit dem Bau des bis heute existenten Herrenhauses begonnen.

1724 Der Schneeberger Spitzenhändler und Bergherr Johann Fr. Bortenreuther bemüht sich vergeblich um eine Konzession zum Bau einer Farbmühle in Lauter.

1788/89 Erneuerung des Betriebsgrabens in Schindlerswerk, Ausführung in Granit. Mit dem nun fast zwei km langen Graben hat das Werk die größte Wasserkraftreserve von allen sächsischen Blaufarbenwerken.

1806 Der spätere Oberberghauptmann v. Herder übernimmt als Königlicher Blaufarbenkommissar die Oberaufsicht über die Werke.

1827 In Oberschlema wird ein Amalgamierwerk zur Entsilberung der Kobalt- und Nickelspeise in Betrieb genommen.

1828 Erfindung des künstlichen, kobaltfreien Ultramarins durch J.B. Guimet in Paris, Chr. G. Gmelin in Tübingen und A.F. Köttig an der Porzellanmanufaktur Meißen. Die Konkurrenz des Ultramarins löst einen allmählichen Preisverfall und den schleichenden Niedergang des sächsischen Blaufarbenwesens aus.

1830 König Anton „der Gütige" schenkt das Blaufarbenwerk Oberschlema dem sächsischen Staatsfiskus.

1834 Auf Initiative des Königlichen Blaufarbenkommissars v. Herder wird eine Vielzahl von Verbesserungsvorschlägen von den Mitarbeitern der Blaufarbenwerke vorgelegt.

1845 Auf der konsortschaftlichen Sitzung zur Leipziger Michaelismesse wird die Vereinigung der Privatblaufarbenwerke zur Kostenreduzierung beschlossen.

Der Privatblaufarbenwerksverein (1848–1926)

1848 Die Privatwerke Niederpfannenstiel, Zschopenthal und Schindlerswerk werden zum „Privatblaufarbenwerksverein" zusammengelegt, bleiben aber mit dem staatlichen Werk Oberschlema unter dem Dach des Konsortiums verbunden. Hauptwerk des Privatvereins wird Niederpfannenstiel, dem auch die Kobaltquote des aufgelösten Werkes Zschopenthal zufällt.

1855/56 Schindlerswerk wird zur Ultramarinfabrik umgebaut, die Kobaltquote geht ebenfalls auf Niederpfannenstiel über, das nun als 3/5-Werk mehr Blaufarben als Oberschlema (2/5-Werk) produziert.

1856 Das Konsortium kauft das Blaufarbenwerk Modum in Norwegen.

1862 Clemens Alexander Winkler beginnt seine berufliche Laufbahn als Hüttenchemiker in Niederpfannenstiel. 1873 wird er zum Professor für Chemie an die Bergakademie Freiberg berufen und entdeckt hier 1886 das neue Element Germanium.

1865 Felicie von Trebra-Lindenau, Besitzerin des Freigutes Albernau, verklagt Schindlerswerk wegen der Verursachung extremer Rauchschäden in ihren Waldungen. Es ist der Auftakt zu einer Reihe von Schadenersatzforderungen gegen das Werk. Die Klage ist der Anstoß dafür, dass der Pfannenstieler Hüttenmeister Dr. Clemens Winkler mit seinen bahnbrechenden Arbeiten zur Entschwefelung der Rauchgase der Ultramarinöfen in Schindlerswerk beginnt. Nach mehreren Fehlschlägen arbeitet eine erste Anlage ab Ende 1868 funktionssicher und gestattet sogar die Rückgewinnung des Schwefels. 1877 wird eine verbesserte Anlage auf der Basis des „Kalkstein-Absorptionsverfahrens“ errichtet und 1878 patentiert. Sie kann als Funktionsmuster aller modernen Rauchgasentschwefelungsanlagen gelten.

1875 Schindlerswerk erhält Anschluss an die Eisenbahnlinie Chemnitz-Adorf, der Bahnhof Bockau wird extra nah an das Werk gelegt.

1885 Am 7. September wird das 250-jährige Bestehen des Pfannenstieler Blaufarbenwerks mit einem Festakt gefeiert. Im Vorfeld finden umfangreiche Recherchen zur Geschichte des sächsischen Blaufarbenwesens statt.

1886 Schindlerswerk nimmt eine Holzschleiferei und Pappenfabrik etwa einen Kilometer oberhalb des Hauptwerkes in Betrieb. Hier kommt eine neue, von Direktor Schmidt entwickelte und 1881 patentierte Holzschleifmethode zum Einsatz.

1905 Am 5. April kauft Schindlerswerk das Freigut Albernau für 300.000 Mark.

1916 Mit Erlass einer neuen Arbeitsordnung für das Werk Oberschlema entfällt die traditionelle Vereidigung der Arbeiter. Vermutlich trifft das auch auf die Privatwerke zu.

1921 Auflösung des Gutsbezirks Niederpfannenstiel und Angliederung des Werksareals an die Stadtgemeinde Aue. Erst jetzt kann vom „Blaufarbenwerk Aue“ gesprochen werden. Die Gutsbezirke Schindlerswerk und Freigut Albernau verlieren durch die Eingliederung nach Albernau ebenfalls ihre Selbstverwaltung.

Der Blaufarbenwerksverein (1927–1945)

1927 Ankauf der Aktienmajorität des Privatblaufarbenwerksvereins (Werke Aue und Schindlerswerk) durch das Land Sachsen. Durch die De-facto-Verstaatlichung entfällt der Zusatz „Privat“. Auch die über fast drei Jahrhunderte praktizierten Kobaltquoten sind nun bedeutungslos, werden aber noch bis 1931 beibehalten.

1931 Wahrscheinliches Ende der Smalteproduktion in Niederpfannenstiel.

1939 Mit Kriegsausbruch im September werden 90 Prozent der Schwefelvorräte in Schindlerswerk konfisziert. Bis Kriegsende muss die Werksleitung immer wieder um Zuteilungen des knappen, kriegswichtigen Rohstoffes kämpfen. Der Schwefelmangel bedingt die Herabsetzung der Arbeitszeit auf drei Wochentage und macht die Produktion unwirtschaftlich.

1940 Die Generaldirektion der staatlichen Hüttenwerke Muldenhütten, Halsbrücke und Oberschlema mit Sitz im ehemaligen Oberhüttenamt in Freiberg, Nonnengasse 22, pachtet das Blaufarbenwerk Aue für 120.000 RM im Jahr. Das „Pachtwerk Aue“ wird zur verlängerten Werkbank von Oberschlema. Auch die Verwaltung erfolgt von dort aus.

1944 Über den Blaufarbenwerksverein wird ein Konkursverfahren eröffnet. Die verbliebenen Privatanteile werden dadurch praktisch wertlos.

Zwangsverwaltung und Volkseigentum (1945–1990)

1945 Unmittelbar nach dem Einmarsch der Roten Armee in das unbesetzte Gebiet wird der Blaufarbenwerksverein unter Zwangsverwaltung durch die Sowjetischen Militärbehörden gestellt. Schindlerswerk verliert fast 90 Prozent seines Grundbesitzes durch die Bodenreform in der Sowjetischen Besatzungszone.

1945 Im Blaufarbenwerk Aue erfolgen auf Befehl der Besatzungsmacht bereits Ende des Jahres Versuche zur Aufbereitung von Uranerzen. Bis 1948 werden einige Gebäude im Werk besetzt.

1946 In Oberschlema wird letztmals eine geringe Quantität Smalte erzeugt.

1947 Formale Enteignung und Zerschlagung des Blaufarbenwerksvereins. Das Hütten- und Blaufarbenwerk Aue wird der Industrieverwaltung 5, Buntmetall, Verband landeseigener Betriebe Sachsens unterstellt. Die Verwaltungshoheit verbleibt de facto bei der SMAD. Bildung des „VEB Farbenfabrik Schindlerswerk".

1948 Das Hütten- und Blaufarbenwerk Aue wird in die neu gebildete Vereinigung Volkseigener Betriebe (VVB) Buntmetall mit Sitz in Freiberg eingegliedert. Ab 1952 VVB Nichteisenmetallindustrie. Schindlerswerk wird der VVB Lacke und Farben mit Sitz in Leipzig unterstellt.

1948 Die Besatzungsmacht beschlagnahmt etwa die Hälfte des Blaufarbenwerks Oberschlema und richtet die Uranaufbereitung Objekt 99 ein. Im gleichen Jahr lässt die Wismut für ihr Objekt 100 in Aue einen Gleisanschluss erstellen. Die Nickelhütte nutzt diese Anbindung bis heute.

1949 Die SAG Wismut besetzt ³⁄₅ des Blaufarbenwerks Aue.

1950 Liquidation des Sächsischen Hauptblaufarbenlagers in Leipzig. Die Veräußerung und Verbuchung der konsortschaftlichen Restwerte zieht sich noch bis 1954 hin. Nach mehr als 250 Jahren endet damit die Geschichte des sächsischen Blaufarbenwerkskonsortiums.

1951 Der Volkseigene Betrieb (VEB) Nickelhütte Aue entsteht. Angliederung Oberschlemas als Werksteil II.

1952 Die Mehrzahl der Wohnhäuser und Grundstücke des ehemaligen Gutsbezirks Niederpfannenstiel werden an die Stadt Aue abgegeben. Als Ersatz für das von der Wismut zerstörte Bad in der Hakenkrümme wird der Bau eines Schwimmbades in der Nickelhütte begonnen.

1952 In der Nickelhütte Aue wird der Betriebsteil „Aufbaustab Nickelhütte St. Egidien" gebildet. Einige leitende Mitarbeiter und Fachkräfte wechseln von Aue nach St. Egidien, allerdings erfüllen sich die hohen Erwartungen an die neue Hütte in der Folgezeit nur teilweise.

1953 Bildung des „VEB Ultramarinfabrik Schindlerswerk" in der VVB Lacke und Farben.

1954 Die Nickelhütte nimmt die Erzeugung von Vanadiumverbindungen aus Schlacken auf.

1957 Die Wismut-Objekte 99 und 100 werden aufgelöst. Gebäude und Anlagenteile werden an die Hüttenwerke zurückgegeben, befinden sich aber meist in desolatem Zustand. In Oberschlema machen sich verstärkt Bergschäden bemerkbar. In Aue beginnt ein umfangreiches Rekonstruktionsprogramm, dem ein Großteil der historischen Bausubstanz zum Opfer fällt.

1959 In der Nickelhütte wird in einem von der Wismut errichteten Gebäude eine Anlage zur Gewinnung von Germaniumkonzentraten in Betrieb genommen. 1961 folgt eine Anlage zur Entplattierung von Kupfer-Leiterplatten.

1962 Abbruch des historischen Pfannenstieler Herrenhauses. Es galt einst als das schönste aller Blaufarbenwerksherrenhäuser und war das Wahrzeichen des Betriebes.

1963 In der Nickelhütte wird eine Betriebssportgemeinschaft gegründet. Sie besteht bis heute.

1965 Abbruch und Liquidation des Werkes Oberschlema aufgrund von extremen Bergschäden.

1966 Eingliederung der Nickelhütte in den VEB Mansfeld Kombinat „Wilhelm Pieck".

1969 Bildung des „VEB Kali-Chemie Berlin, Werk 6 Ultramarinfabrik Schindlerswerk".

1969 In der Nickelhütte beginnt der Bau des 180 Meter hohen Zentralschornsteins und eines modernen Ölheizwerkes. Inbetriebnahme 1973. Die Esse gilt heute als Wahrzeichen der Hütte.

1971 Beginn des Abtrages der Sandhalde der ehemaligen Uranaufbereitung in Aue.

1977 Durch die Inbetriebnahme einer Druckaufschlussanlage kann die Rentabilität des VEB Nickelhütte gesteigert und die Arsenemissionen des Betriebes verringert werden. Die Anlage verrichtet ihren Dienst bis heute.

1979 Eingliederung der Nickelhütte in den VEB Bergbau- und Hüttenkombinat „Albert Funk".

1985 Die Ölknappheit in der DDR zwingt die Nickelhütte zur Errichtung eines Rohbraunkohle-Heizwerkes. Das Gebäude dient heute der Erzgebirgischen Fluss- und Schwerspatwerke GmbH (EFS) als Aufbereitung. Der 160 Meter hohe Schornstein wird schon 2016 wieder abgetragen. In einer Festwoche mit vielen Veranstaltungen feiert die Nickelhütte ihre 350-jährige Geschichte.

Neuorientierung und Traditionspflege (seit 1990)

1990 Bildung der Nickelhütte Aue GmbH im Besitz der Treuhand.

1991 Kauf und Reprivatisierung des Werkes durch die Siegfried Jacob Metallwerke (SJM) GmbH & Co. KG in Ennepetal.

1992 Kauf des Betriebsteils Schindlerswerk der Kali-Chemie Berlin von der Treuhand und Bildung der US-Sächsisches Blaufarbenwerk GmbH.

1996 In der Nickelhütte wird mit der Rekonstruktion des Schmelzbetriebes begonnen.

2000 Gründung der Hüttenknappschaft Blaufarbenwerk Zschopenthal.

2002 Insolvenz der Blaufarbenwerk GmbH Schindlerswerk, Produktion und Handel können in begrenztem Umfang bis in die Gegenwart fortgeführt werden. Schwere Flutschäden in der Nickelhütte.

2007 Die Anlieferung eines Großtrafos in der Nickelhütte erregt große Aufmerksamkeit. Solche Transporte finden noch mehrfach statt.

2014 Eröffnung der Sächsischen Blaufarbenwerksausstellung im historischen Gebäude „Kapelle" der Nickelhütte Aue zum Tag des offenen Denkmals.

2016 Beginn von Notsicherungsarbeiten im Denkmalkomplex Schindlerswerk.

2017 Der ehemalige Werksfriedhof an der Hakenkrümme muss einer neuen Zufahrt für den Steinbruch weichen. Erhaltene Grabsteine werden in die Blaufarbenwerksausstellung in der „Kapelle" übernommen. Umbettung von Gebeinen auf den Friedhof Klösterlein-Zelle.

2017 Gründung des Fördervereins Schindlers Blaufarbenwerk e. V. am 11. August.

2018 Errichtung eines Notdaches über den historischen Ultramarinöfen unter Mitwirkung junger Freiwilliger aus verschiedenen Nationen im Rahmen der „Europeen Heritage Volunteers". Auszeichnung des Fördervereins mit dem 2. Bürgerpreis des Landkreises Erzgebirge für „eine lebenswerte Heimat".

2019 Schindlerswerk wird im Rahmen der „Montanregion Erzgebirge/Krušnohoří" als Welterbe der Menschheit unter den Schutz der UNESCO gestellt. Verleihung des „Georg-Agricola-Preises" an den Förderverein Schindlers Blaufarbenwerk e. V.

QUELLEN UND LITERATUR

1 Berke, H., Chemie im Altertum: die Erfindung von blauen und purpurnen Farbpigmenten, Zeitschrift für Angewandte Chemie 114, Heft 14/2002, S. 2595–2600.

2 Röhrig, H., Dreitausend Jahre Ultramarin, Farbe und Lack, Zentralblatt, Heft 37 und 39, 1933.

3 Yalcin, Ü., Pulak, C., Slotta, R., Das Schiff von Uluburun, Welthandel vor 3000 Jahren. Katalog der Ausstellung des Deutschen Bergbau-Museums Bochum, Bochum 2005.

4 Dayton, J.E., Geological Evidence for the discovery of Cobalt Blue Glass in mycenaen times as a by-product of silver smelting in the Schneeberg area of the Bohemian Erzgebirge, Revue d'Archeometrie III, S. 57–61, 1981.

5 Dayton, J.E., The Discovery of Glass, Experiments in the Smelting of Rich, Dry Silver Ores, and the Reproduction of Bronze Age-type Cobalt Blue Glass as a Slag, Peabody Museum of Archaeology and Ethnology, Harvard University, Cambridge, Massachusetts 1993.

6 Haustein, M., Isotopengeochemische Untersuchungen zu möglichen Zinnquellen der Bronzezeit Mitteleuropas, Forschungsber. Landesmuseum f. Vorgeschichte Halle, Bd. 3, 2013.

7 Albinus, P., Meißnische Bergk Chronica, Zweiter Teil der Meißnischen Land- und Bergchronik, 1590.

8 Melzer, Chr., Bergkläufftige Beschreibung der Churfürstl. Sächß. Freyen und im Meißnischen Ober-Ertz-Gebürge löbl. Bergk-Stadt Schneeberg, Schneeberg 1684.

9 Melzer, Chr., Historia Schneebergensis renovata, Schneeberg 1716.

10 Kaszmarszyk, A., The source of cobalt in ancient Egyptian pigments, Proceedings of the 24th international archaeometry symposium, S. 369-376, 1986.

11 Lutz, D., Jennifer Smith helps solve „blue" mystery, The Source, https://source.edu/2010/03/jennifer-smith-helps-solve-blue-mystery, Washington 2010.

12 Rose, F., Die Mineralfarben und die durch Mineralstoffe erzeugten Färbungen, Verlag Otto Spamer, Leipzig 1916

13 Wagenbreth, O. und Wächtler, E. (Hg.), Bergbau im Erzgebirge, Deutscher Verlag für Grundstoffindustrie, Leipzig 1990.

14 Kirchberger Natur- und Heimatfreunde, Natur- und Bergbaulehrpfad „Zum Hohen Forst", Presseservice Rödelbachtal, Kirchberg 2003.

15 Lahl, B., Von 1470 bis 1956: Der Schneeberger Bergbau, Lapis 30, Nr. 7–8, 2005.

16 Kugler, J., Der Silberfund und das unterirdische Gastmahl 1477 in Schneeberg – Legende oder Wirklichkeit? Rundbrief Agricola-Forschungszentrum Chemnitz 8, 3-12, 2002.

17 Agricola, G., De natura fossilium. Neuauflage und Übersetzung ins Deutsche von G. Fraustadt, Matrixverlag Wiesbaden, 2006.

18 Matthesius, J., Serepa oder Bergpostill, Bergpredigten, Nürnberg 1562.

19 Lippmann, E.O. von, Die Geschichte des Wismuts zwischen 1400 und 1800, Verlag Julius Springer Berlin, 1930.

20 Agricola, G. (1556), De re Metallica libri XII, übersetzt und bearbeitet von Carl Schiffner u.a., VDI-Verlag, Berlin 1928.

21 Agricola, G., Bermannus, sive de re metallica dialogus, Basel 1530.

22 Unbekannter Autor, Ober-Ertz-Gebürgischer Wißmuth-Grauppen und Kobelt-Schatz, um 1730, aufbewahrt im Archiv der Nickelhütte Aue GmbH.

23 Akten des Sächsischen Hauptstaatsarchivs Dresden
23-1 10036, Rep. IX, Loc. 36155, Nr. 2592,
23-2 10036, Rep. IX, Loc. 36197, Nr. 3153, S. 6f.,
23-3 10036, Rep. IX, Loc 36196, Nr. 3150,
23-4 10036, Rep. IX, Loc. 36118, Nr.1683,
23-5 10036, Rep IXb, Abt. C, Nr. 12,
23-6 10036, Rep. IXb, Loc. 41814, Nr. 4,
23-7 10036, Rep. IX, Loc. 36058, Nr. 41,
23-8 10036, Rep. IXb, Loc. 41814, Nr. 3,
23-9 10036, Rep. IX, Loc. 36087, Nr. 990,
23-10 10036, Rep. IX, Loc. 36151, Nr. 2552,
23-11 10036, Rep. IX, Loc. 36152, Nr. 1931,
23-12 10036, Rep. IX, Loc. 36152, Nr. 2561,
23-13 10036, Rep. IX, Loc. 36152, Nr. 29b,
23-14 10036, Rep. IX, Loc. 36058, Nr. 45,
23-15 10036, Rep. IXb, Loc. 41814, Nr. 201,
23-16 10036, Rep. IX, Loc. 36062, Sect. I, Nr. 217a und Loc. 36278, Nr. 3821,
23-17 10036, Rep. IX, Loc. 36058, Nr. 62 und 10036, Rep. IXb, Loc. 41983, Nr. 205,

23-18 10036, Rep. IX, Loc. 41726, Nr. 2, 2b, 3a,
23-19 10026, Loc. 1329/09,
23-20 10036, Rep. IX, Loc. 36132, Nr. 1939,
23-21 10036, Rep. IXb, Loc. 42000, Nr. 196,
23-22 10036, Rep. IXb, Loc. 41995.

24 Akten im Bergarchiv Freiberg
24-1 40136/1,
24-2 40136/429,
24-3 40142/74,
24-4 40136/360,
24-5 40142/1, 2,
24-6 40136/65,
24-7 40173/116,
24-8 40173/212,
24-9 40173/246, 247,
24-10 40138/27,
24-11 40138/38,
24-12 40173/250, 251,
24-13 40173/249,
24-14 40138/100,
24-15 40095-1/2245,
24-16 40138/92,
24-17 40138/88,
24-18 40138/91,
24-19 40138/26,
24-20 40035/2212,
24-21 40035/2274,
24-22 40136/354,
24-23 40044/1 (MF 20468/1-2).

25 Gerber, M., Die sächsischen Privat-Blaufarbenwerke in der Vergangenheit und Gegenwart, Verlag H. Schöpff, Dresden 1864.

26 Mothes, J., Chr., Historische Beschreibung von dem Chur-Sächs. Blau-Farben und Kobalt-Wesen ..., 1771 (unveröff.), mehrere Exemplare aufbewahrt im Sächs. Hauptstaatsarchiv Dresden und Bergarchiv Freiberg.

27 Haustein, M., Das Erbe des Blaufarbenwerks. Impressionen aus 375 Jahren Geschichte der Nickelhütte Aue. Druck- und Verlagsgesellschaft Marienberg, 2010.

28 Lehmann, C., Historischer Schauplatz derer natürlichen Merkwürdigkeiten in dem Meißnischen Ober-Ertztgebirge. Vl. Fr. Lanckisches sel. Erben, Immanuel Tietze, Leipzig 1699.

29 Nachricht, von Aufkunft der Blaufarbenwerke, in dem Obererzgebürge, Sammlung vermischter Nachrichten zur Sächsischen Geschichte, 3. Band, Johann Christoph Stößel, Chemnitz 1769.

30 Meiche, A., Sagenbuch des Königreichs Sachsen, Leipzig 1903.

31 Bruchmüller, W., Der Kobaltbergbau und die Blaufarbenwerke in Sachsen bis zum Jahre 1653, Verlag R. Zeidler, Crossen 1897.

32 Neumann, B., Zur Erfindung des blauen Kobaltglases. Glastechnische Berichte 10, Heft 9, 1932.

33 Sieber, S., Die Geschichte der fünf Sächsischen Blaufarbenwerke, 1974 (unveröff.), aufbewahrt im Archiv der Nickelhütte Aue GmbH und dem Stadt-Museum Aue.

34 Albinus, P., Gründliche und vleissige Beschreibung der erschrecklichen Wasserfluth, welche im Augustmonat dieses lauffenden 1573. Jahrs am Schneeberge, der weitberühmbten Bergkstadt, im Landt zu Meissen gelegenen, grossen Schaden gethan hat, Wittenbergk, Druckts Clemens Schleich und Antonius Schöne, 1573.

35 Müller, G., Hans Harrer, Kammermeister des Kurfürsten August. Neues Archiv für sächs. Geschichte und Altertumskunde, Hrsg. Dr. Hubert Ermisch, Bd. XV, Dresden 1894.

36 Müller, G., Hans Jenitz, Geheim-Sekretär des Kurfürsten August. Dresdner Geschichtsblätter, Verein für Geschichte Dresdens, 2. Jg., Nr. 4, Dresden 1893.

37 Falke, J., Die Geschichte des Kurfürsten August von Sachsen in volkswirtschaftlicher Hinsicht, Leipzig 1868.

38 Akten im Staatsarchiv Chemnitz
38-1 30584/1903,
38-2 30584/1890,
38-3 30768/2,
38-4 30049/3019,
38-5 30049/2986.

39 Lorenz, W., Die Familie Schnorr von Carolsfeld, Erzgebirgische Genealogien, H. 3, Annaberg-Buchholz 1998.

40 Sieber, S., Geschichte des Blaufarbenwerks Niederpfannenstiel, Aue 1935.

41 Edelmann, C. A., Rückblick in die Geschichte des Königlich Sächsischen Blaufarbenwerks zu Oberschlema, Jahrbuch f. d. Berg- und Hüttenwesen im Königreich Sachsen, 1901.

42 Sieber, S., Die Geschichte des Blaufarbenwerks Oberschlema, 1944 (unveröff.), aufbewahrt im Archiv der Nickelhütte Aue GmbH.

43 Steche, R., Beschreibende Darstellung der älteren Bau- und Kunstdenkmäler des Königreichs Sachsen. 8. Heft, Dresden, 1887.

44 Lahl, B. und Kugler, J., Alles kommt vom Bergwerk her, Chemnitzer Verlag, 2005.
45 Strubell, W., Das Handelsgeschlecht Oheim in Leipzig. Genealogie, Bd. 17, Jg. 33, 7/1984.
46 Festschrift 650 Jahre Waldkirchen, Gemeinde Waldkirchen, 1999.
47 Winkler, K. A., Nachrichten über das Blaufarbenwerk Zschopenthal, 1847 (unveröff.), aufbewahrt im Archiv der Hüttenknappschaft Blaufarbenwerk Zschopenthal.
48 Sieber, S. Die Geschichte von Schindlerswerk, 1949 (unveröff.), aufbewahrt im Archiv von Schindlerswerk.
49 Körner, G., Anhang und Beschluß der alten und neuen Nachrichten von dem Bergflecken Bockau bey Schneeberg, im meißnischen Obererzgebirge, zum Neuenjahre 1763. Schneeberg, 1763.
50 Vogel, G., Einmaliges historisches Bildmaterial. Sämtliche Sächsischen Blaufarbenwerke, 1980 (unveröff.), aufbewahrt in der Sächsischen Landes-, Staats- und Universitätsbibliothek Dresden.
51 Archiv der Nickelhütte Aue GmbH, Dauerleihgabe Hartmut Schnorr von Carolsfeld.
52 Kühling, K., Mundus, D., Leipzigs regierende Bürgermeister vom 13. Jahrhundert bis zur Gegenwart. Sax-Verlag Beucha, 2000.
53 Akten im Archiv von Schindlerswerk, betreut vom Förderverein Schindlers Blaufarbenwerk e. V.
54 Schwenger, R., Die deutschen Betriebskrankenkassen, Verlag Duncker & Humblot, München und Leipzig 1934.
55 Sächsischer Privatblaufarbenwerksverein, Regulativ für die Arbeiter-Casse der Privatblaufarbenwerke, Druck von Carl Moritz Gärtner, Schneeberg und Schwarzenberg 1871.
56 Akten im Kreisarchiv Aue, Bestände: Stadt Aue vor 1945, insbes. Sign. 2158 und Dokumentensammlung Nr. 1354.
57 Lehmann, J. G., Cadmiologia oder Geschichte des Farben-Kobolds ..., Königsberg, 1761.
58 Rösler, B., Speculum Metallurgiae Politissimum. Hellpolierter Berg-Bau-Spiegel, Verlag J. Winckler, Dresden, 1700, Reprint: Deutscher Verlag für Grundstoffindustrie, Leipzig 1980.
59 Kapff, F., Beiträge zur Geschichte des Kobolts, Koboltbergbaues und der Blaufarbenwerke, Meyerische Verlagsbuchhandlung, Breslau 1792.
60 Winckler, A. F., Zeichnungen ueber das Saechsische Blaufarbenwesen, 1790; Reprint-Ausgabe von Alfred Lange, Akademie-Verlag, Berlin 1959. Anm. Ein Teil der Arbeiten wurde aufgrund der spärlichen Beschreibungen des Autors vom Herausgeber im Jahr 1959 ungenau bzw. falsch interpretiert.
61 Bauer, Chr. F., Journal über meinen auf den im Königreiche Sachsen befindlichen Blaufarbenwerken gemachten praktischen Cursus, 1820 (unveröff.), aufbewahrt im Archiv von Schindlerswerk.
62 Haustein, M., Clemens Winkler – Chemie war sein Leben, Verlag H. Deutsch, Frankfurt am Main 2004.
63 Werksarchiv der Nickelhütte Aue GmbH.
64 Rost, G. E., Trachten der Berg- und Hüttenleute im Königreich Sachsen. Freiberg 1831.
65 Steinsvik, T., Die Kobaltgruben und das Königsblau aus Norwegen, Stiftelsen Modums Blaafarvenwark, 2000; Homepage des Museums: www.blaa.no.
66 Sächsischer Privatblaufarbenwerksverein, Revidierte Statuten des Privatblaufarbenwerksvereins, Druck von Hirschfeld, Leipzig 1862.
67 Winkler, K. A., Die Europäische Amalgamazion der Silbererze und silberhaltigen Hüttenprodukte. Verlag Engelhardt, Freiberg 1848.
68 Haustein, M., Christlieb Ehregott Gellert und die Amalgamation der Silbererze in: Christlieb Ehregott Gellert zum 300. Geburtstag, Hg.: W. Voigt, Diachron-Verlag, Berlin 2014 und Haustein, M., Der andere Gellert, Acamonta, 20. Jg, 2013.
69 Winkler, K. A., Beschreibung der Freiberger Schmelzhüttenprozesse, Verlag Engelhardt, Freiberg 1837.
70 Winkler, Cl., Radioactivität und Materie. Ber. d. dt. chem. Gesellschaft 37, 1904.
71 Schiffner, C., Weiding, M, Friedrich, R., Radioaktive Wässer in Sachsen. Teil I, II, III, Freiberg 1911, 1912.
72 Titzmann, O., Radiumbad Oberschlema. Die Geschichte eines Kurortes, Schlema 1995.
73 Hoffmann, R., Ultramarin. Verlag Vieweg u. Sohn, Braunschweig 1902.
74 Bock, L., Die Fabrikation der Ultramarinfarben. Verlag Knapp, Halle/S. 1918.
75 Zeitzeugen Gerd Bochmann, Dietmar Seidel, Monika Brückner, Gerhard Fritzsche nach eigenen Erlebnissen und den Erzählungen früherer Mitarbeiter von Schindlerswerk.
76 Espig, U., Zur kurzen Ära des Tangentialschliffes, Wochenblatt für Papierfabrikation 9/2016.
77 Ein frühes, wissenschaftlich fundiertes Werk ist: Schroeder, J., Reuss, C., Die Beschädigung der Vege-

tation durch Rauch und die Oberharzer Hüttenrauchschäden, Verlag Parey, Berlin 1883.

78 Winkler, Cl., Mitteilungen über die Versuche zur Beseitigung des Hüttenrauches bei der Schneeberger Ultramarinfabrik zu Schindlers Werk bei Bockau in Sachsen. Jahrbuch f. d. Berg- und Hüttenwesen im Königreich Sachsen, 1880.

79 Untersuchungen über die chemischen Vorgänge in den Gay-Lusac'schen Condensationsapparaten der Schwefelsäurefabriken. Verlag Engelhardt, Freiberg 1867.

80 Reichsgesetzblatt Nr. 206, S. 1709, ausgegeben am 5.12.1938.

81 Meinel, H., 42 Tage deutsches Niemandsland, Spiegel Online, 28.01.2008.

82 Claus, P., Arsen zur Schädlingsbekämpfung im Weinbau 1904–1942. Schriften zur Weingeschichte 58, Wiesbaden 1981.

83 Deutsches historisches Museum Berlin, Ausstellung zum Kalten Krieg, Amikäfer, http://www.dhm.de.

84 Hagen, M. und Scheid, R. (Hrsg.), Chronik der Wismut, Chemnitz 1999.

85 Zeitzeugenberichte ehemaliger Werksanghöriger, insbes. Horst Seifert (Bernsbach).

86 Ebert, W., Kuttritz, M., Liebold, P., Chronik des VEB Nickelhütte St. Egidien. Studien zur mitteldeutschen Industriegeschichte Bd. 3, Langenweißbach 2008.

87 Grunau, E., Nickel aus St. Egidien. Ein Lied vom Sozialismus. Verlag Tribüne, Berlin 1961.

88 https://de.wikipedia.org/wiki/Nickelhütte_Aue; https://de.wikipedia.org/wiki//Schindlersches_Blau farbenwerk, aufgerufen am 19.04.2019.

89 Freie Presse, Artikel in der Regionalausgabe Aue, Juni/Juli 1994.

90 Zeitzeugenbericht Dr. Peter Koch (Bad Schlema).

91 Freie Presse, Regionalausgabe Aue vom 26.11.1999.

92 Stenzel, R. und Carluß, V., Das neue Schmelzwerk der Nickelhütte Aue GmbH, Erzmetall 53, 2000.

93 17. Durchführungsverordnung zum Bundes- Immissionsschutzgesetz (17. BImSchV).

94 Zimmermann, M., EFS Hauptbetriebsplan 2018-2020 (unveröff.).

95 Haustein, M., 50 Jahre BSG/SG Nickelhütte Aue, Verlag Rockstroh, Aue 2013.

96 Windisch, K., Stingel, H., Das Blaufarbenwerk Zschopenthal, Belegarbeit TU Dresden, 1954.

ABBILDUNGSNACHWEIS

Bochmann, G. (Schindlerswerk GmbH & Co. KG): 83, 84, 86 a–h, 91, 92, 93, 144, 145, 147, 148, 168–171, SW13, SW28, SW39
Förderverein Schindlers Blaufarbenwerk e. V.: 64, 65, 76, 87, SW 32
Grawitschky, M.: SW1, NH1, Z1
Großmann, G. von: 34–47, 49–50, 52, 67, 97
Haustein, M.: 12, 13, 20, 25, 26 a–d, 27 a, 32 a, b, 33, 53, 54, 57–59, 68, 70–73, 78–82, 85, 110, 132, 164 165 a–c, 172, SW2–SW4, SW6–SW12, SW14–SW17, SW19–SW27, SW29–SW31, SW33–SW38, NH2–NH5, NH7–NH8 a, NH9, NH10, NH12, NH14, NH15, OS1, OS2
Nickelhütte Aue GmbH: 15, 27 b, 63, 98, 99–109, 111–126, 128–131, 133–143, 146, 150–163, 167, NH6, NH8 b, NH11, NH13
Stadtmuseum Aue: 8, 16, 17, 28, 29, 60
Ullmann, S. (Hüttenknappschaft Blaufarbenwerk Zschopenthal): 61, Z2, Z3
Universitätsbibliothek Freiberg (Nachlass Clemens Winkler): 88, 95
Vogel, G. (Nachlass im Museum für Bergmännische Volkskunst Schneeberg): 18, 19, 94, 96, SW5, SW18
Winkler, H.-J.: 30, 31, 90

Der Bildnachweis für Abbildungen, die hier nicht aufgeführt sind, erfolgt direkt in der jeweiligen Bildunterschrift.

PERSONENREGISTER

Umschlagabbildung vorn: Mürbebrennen von „Quarzsteinen" im Blaufarbenwerk Zschopenthal. Dieser etwa drei Tage andauernde Arbeitsschritt diente dazu, die anschließende Zerkleinerung des besonders festen und zähen Materials zu erleichtern. Aus: Zeichnungen ueber das Saechsische Blaufarbenwesen von August Fürchtegott Winckler aus dem Jahre 1790 (Original in Privatbesitz).

Umschlagabbildung hinten: Das Generalbrandzeichen des Blaufarbenwerkskonsortiums vereint die einzelnen Symbole der vier Werke (Krone – Pfannenstiel, Schwerter – Oberschlema, Lilie – Schindlerswerk und Herz –Zschopenthal) miteinander. Es wird heute wieder von der Nickelhütte Aue GmbH und vom Förderverein Schindlers Blaufarbenwerk e. V. verwendet.

Bibliografische Information der Deutschen Nationalbibliothek
Die Deutsche Nationalbibliothek registriert diese Publikation in der Deutschen Nationalbibliografie; detaillierte bibliografische Daten im Internet unter https://d-nb.de.

1. Auflage

www.mitteldeutscherverlag.de

Gesamtherstellung: Mitteldeutscher Verlag, Halle (Saale)

ISBN 978-3-96311-438-0

Printed in the EU